Grundkurs Technische Mechanik

Frank Mestemacher

Grundkurs
Technische Mechanik

Statik der Starrkörper, Elastostatik, Dynamik

Spektrum
AKADEMISCHER VERLAG

Autor

Prof. Dr.-Ing. Frank Mestemacher
Fachhochschule Stralsund
Fachbereich Maschinenbau
Zur Schwedenschanze 15
18435 Stralsund
E-Mail: Frank.Mestemacher@fh-stralsund.de

Bibliografische Information Der Deutschen Nationalbibliothek

Die Deutsche Nationalbibliothek verzeichnet diese Publikation in der Deutschen Nationalbibliografie; detaillierte bibliografische Daten sind im Internet über http://dnb.d-nb.de abrufbar.

Springer ist ein Unternehmen der Springer Science+Business Media
Springer.de

© Spektrum Akademischer Verlag Heidelberg 2008
Spektrum Akademischer Verlag ist ein Imprint von Springer

08 09 10 11 12   5 4 3 2 1

Planung und Lektorat: Dr. Andreas Rüdinger, Barbara Lühker
Herstellung: Katrin Frohberg
Umschlaggestaltung: SpieszDesign, Neu-Ulm
Satz: Autorensatz
Druck und Bindung: Stürtz GmbH, Würzburg

Printed in Germany

ISBN 978-3-8274-1838-8

Vorwort

Bücher über **Technische Mechanik** gibt es reichlich. Und der Vorlesungsstoff ist, wie er üblicherweise in den ersten drei Semester gebracht wird, seit Jahrzehnten der Gleiche. Für die Probleme, die die Anfänger der Ingenieurwissenschaften damit haben, gilt das auch. Nahezu unabhängig von Ort, Zeit und Hochschultyp werden die gleichen Fehler gemacht und die gleichen Unsitten gepflegt. Im Hörsaal also nichts Neues? Nach rund fünfzehn Jahren Vorlesungen in Technischer Mechanik zeichnet sich für mich folgendes Erfahrungsbild ab:

- Der *Einsatz von Farben* nicht nur in Zeichnungen, sondern auch in der mathematischen Symbolik erleichtert vieles. Die jeweilige Vorgehensweise wird dadurch leichter verständlich, denn durch Farbgebung lässt sich die Aufmerksamkeit steuern. Die wissenschaftliche Aussage jedoch bleibt davon unberührt. Sie muss allein durch die Symbolik gegeben sein.

- Das *Mittel der Simplifizierung* wird häufig als die „Generalmethode" angesehen, um den Lernprozess zu erleichtern und zu beschleunigen.[1] Das Problem ist, dass dieses Mittel einen recht hohen Preis hat, denn jede Simplifizierung muss bei späterer Vertiefung erst einmal aufgehoben, gewissermaßen rückgängig gemacht werden. Damit ist immer eine gewisse Hemmschwelle verbunden. Man kann insbesondere seinen Studenten nicht erzählen, dass Vektoren grundsätzlich Spaltenmatrizen sind, und dann im Hauptstudium – gewissermaßen kurz vor dem Abschluss – die indizierte Tensornotation einführen, ohne die die moderne Ingenieurwissenschaft nicht auskommt.

- Das *räumliche Vorstellungsvermögen* vieler, die sich für ein Ingenieurstudium entscheiden, ist – unabhängig vom Geschlecht – weitgehend unterentwickelt. Man mag darüber spekulieren, woran das liegt. Tatsache ist aber, dass selbst die früher im Maschinenbau obligatorischen Zeichenübungen im CAD-Zeitalter als anachronistisch angesehen werden und demzufolge leider weitgehend abgeschafft sind.

- „*Wundertüten*" sind schwer verkäuflich. Es gibt nichts Schlimmeres als Sätze, die mit „Man kann zeigen, dass ..." oder ähnlichen Einleitungen anfangen. Solche Sätze rauben jungen Menschen die Motivation, den jeweiligen Sachverhalt wirklich verstehen zu wollen. Sie werden sich dann nur noch auf die Aufgabentypen konzentrieren, die in der Klausur drankommen.

Das vorliegende Lehrbuch ist als Reaktion auf diese – zugegebenermaßen subjektiven – Erfahrungen zu verstehen. Was den Einsatz von Farben angeht, davon wird im folgenden Absatz die Rede sein. Die Einführung der indizierten Tensornotation parallel zu den anderen Schreibweisen ist mir ein besonderes Anliegen. Sie

---

[1] Das gilt vor allem, wenn Studiengänge „gestrafft" werden sollen.

vereinfacht so vieles, was in den konventionellen Schreibweisen recht mühsam ist. Man muss nur die „Aktivierungsenergie" aufbringen, um sich darauf einzulassen. Da dies aber ein Buch für die ersten Semester ist, bleibt die diesbezügliche Darstellung auf kartesische Koordinatensysteme und Orthonormalbasen beschränkt. Damit entfällt die Unterscheidung zwischen „kovariant" und „kontravariant", so dass man mit unten stehenden Indizes auskommt. Die Erweiterung auf krummlinige Koordinaten wird dem Einzelnen später aber nicht mehr schwer fallen, hat man sich an die Darstellung erst einmal gewöhnt.

Um die *indizierte Schreibweise* von den anderen optisch abzusetzen, sind die indizierten Terme in Blau gehalten. Das kann die gesamte Gleichung betreffen, etwa

$$\sigma_{ij} = \lambda \, \varepsilon_{kk} \, \delta_{ij} + 2 \, \mu \, \varepsilon_{ij}$$

oder nur Teile einer Gleichung, wie z. B.

$$\boldsymbol{\sigma}^{(2)} = \sigma_{ij} \, \mathbf{e}_i \, \mathbf{e}_j \,,$$

wo die symbolische Darstellung wie üblich schwarz erscheint. Wenn aber Indizes ausgeschrieben sind (d. h. statt $i, j, \ldots$ erscheinen $1, 2, 3$), so werden, damit der Bezug zur indizierten Form nicht verloren geht, nur die Einzelsymbole – nicht aber die übrigen Zeichen – blau ausgeführt, wie es z. B. bei

$$\sigma_{jj} = \sigma_{11} + \sigma_{22} + \sigma_{33} = \mathrm{sp} \, \boldsymbol{\sigma}^{(2)} \,.$$

durch Ausschreiben der (automatischen) Summation der Fall ist.

Natürlich hat man als Autor zunächst die Idealvorstellung, dass eine bestimmte Farbe immer die gleiche Bedeutung hat. Doch davon trennt man sich wieder (so wie man sich als Erstsemester bald von der Illusion einer umkehrbar eindeutigen Zuordnung zwischen physikalischen Größen und Formelzeichen verabschieden muss). Wenn das Ganze übersichtlich bleiben soll, bleiben nur wenige Farben, und eine eindeutige Zuordnung ist illusorisch. Daher besitzen die weiteren farblichen Hervorhebungen lediglich lokale Bedeutung, wie etwa bei bestimmten Operationen:

$$\sum_{i=1}^{N} \left[\mathbf{F}_i + \sum_{j=1}^{N} \mathbf{F}_{ij} \right] = \sum_{i=1}^{N} \left[m_i \frac{\mathrm{d}\mathbf{v}_i}{\mathrm{d}t} \right]$$

$$\sum_{i=1}^{N} \mathbf{F}_i + \underbrace{\sum_{i=1}^{N} \sum_{j=1}^{N} \mathbf{F}_{ij}}_{= \, \mathbf{0}} = \sum_{i=1}^{N} m_i \frac{\mathrm{d}\mathbf{v}_i}{\mathrm{d}t} \,.$$

Das Verschwinden des zweiten Termes wird hier frühzeitig angezeigt. Die Erklärung dafür folgt im weiteren Text.

Da sich in jedem Semester in den Klausuren aufs Neue zeigt, dass ein erheblicher Prozentsatz der Teilnehmer daran scheitert, die freigeschnittenen Teilkörper zu skizzieren, erscheint an dieser Stelle Handlungsbedarf[2]. Die Bilder in diesem Buch sollen dazu motivieren, selbst den Stift in die Hand zu nehmen. Sie sind – mit wenigen Ausnahmen – Handzeichnungen des Autors. Die Farbgebung erklärt sich dabei gewissermaßen von selbst. Kräfte und Momente werden üblicherweise rot dargestellt, die übrigen Farben sind für Geometrisches vorgesehen.

Es ist natürlich nicht immer möglich, in einem einzelnen Lehrbuch alles von Grund auf herzuleiten. Schon der Übersichtlichkeit wegen muss man auf manches verzichten. Um nun aber nicht auf solche Sätze wie „Man kann zeigen, dass ..." zurückgreifen zu müssen, wird ein neues stilistisches Mittel eingeführt: Neben dem (schwarzen) Haupttext, welcher der bewährten wissenschaftlichen Verschriftlichungstradition folgt, habe ich eine zweite „Ebene" der Information bereitgestellt:

In den **blauen Absätzen**[3] erfährt der Leser zusätzliche Informationen, die ihm den Zugang zum behandelten Thema erleichtern sollen. Hier werden Dinge angesprochen bzw. plausibel gemacht, für die eine Herleitung nicht gebracht werden kann. Außerdem geht es regelmäßig um Fragen wie: Warum machen wir das? Wie hat man sich das vorzustellen? Sehr häufig wird auch auf „beliebte" Fehler bzw. Verständnishürden hingewiesen. Dabei ist die sprachliche Diktion eher persönlich, was in wissenschaftlichen Texten ja sonst nicht üblich ist.

Auch wenn man in den ersten Semestern eines Ingenieurstudiums andere Sorgen hat, als englische Vokabeln zu pauken, werden für ausgesuchte Grundlagenbegriffe die englischen Bezeichnungen in Klammern angegeben. Hier wird keinerlei Vollständigkeit angestrebt. Um aber Irritationen vorzubeugen, wird der englische Begriff jeweils im Singular genannt, auch wenn das entsprechende deutsche Wort syntaktisch bedingt im Plural steht.

Es war Verlag und Autor ein zentrales Anliegen, ein Lehrbuch der Technischen Mechanik zu einem bezahlbaren Preis anzubieten, welches die übliche Dreiteilung dieses Grundlagenfaches in einem Band abdeckt. Gleichzeitig sollte es aber nicht ausschließlich Lehrbuch zum Bestehen der einschlägigen Klausuren sein, sondern in gewissem Unfang auch für die spätere Berufspraxis als Fachbuch taugen. Hier wurde – wie so oft, wenn zahlreiche Kriterien gleichzeitig erfüllt sein sollen – ein Kompromiss erforderlich: Um auf der einen Seite theoretischen Anspruch und didaktisches Konzept nicht beschneiden zu müssen, auf der anderen Seite aber Umfang und Preis des vorliegenden Buches begrenzt zu halten, werden die obligatorischen Übungsaufgaben (einschließlich der Lösungen) im Internet auf der Seite

http://www.mb.fh-stralsund.de/mestem

angeboten. Die Entscheidung dazu fiel insofern leicht, da diese Art von Informationsbeschaffung inzwischen für praktisch jedermann problemlos ist und außerdem noch zwei besondere Vorteile bietet: Erstens lässt sich das Aufgabenangebot

---

[2] Vgl. **Anhang C**, Zum Studienbeginn ...
[3] Und gelegentlich auch Fußnoten

jederzeit aktualisieren, ohne dass dafür eine neue Buchauflage erforderlich wird. Zweitens bieten zahlreiche weitere Autoren bzw. Fachbereiche Technischer Universitäten und Fachhochschulen Übungsaufgaben und Lösungen an, da das Verteilen von Übungsblättern im akademischen Betrieb längst dem „download" gewichen ist. Diese Angebote dürfen und sollten genutzt werden! Somit wird deutlich, dass der oben erwähnte Kompromiss letztlich kein Zugeständnis darstellt, sondern einer inzwischen verbreiteten Praxis entspricht.

Wie schon zahlreiche Autoren vor mir muss auch ich um Nachsicht bitten, was die Darstellung mathematischer Sachverhalte angeht. Mir ist klar, dass vom Standpunkt des Mathematikers vieles unbefriedigend bleibt. Als Mathematik-Anwender aber muss man zuweilen Prioritäten setzen und auf manches Detail verzichten. So wurde die Angabe von mengentheoretischen Aussagen auf ein Minimum beschränkt. Dennoch hoffe ich, dass dieses Buch angehende Ingenieure auch mathematisch ein bisschen weiter bringt.

Am Schluss bleibt mir die angenehme Pflicht denen zu danken, die zu diesem Buch mittelbar oder unmittelbar beigetragen haben. Da sind zunächst meine Hörer aus den letzten fünfzehn Jahren, die mir zu meinen oben angesprochenen Erfahrungen verholfen haben. Außerdem danke ich Herrn DR. ANDREAS RÜDINGER und Frau BARBARA LÜHKER von Spektrum Akademischer Verlag für die angenehme Zusammenarbeit sowie FRANK HERWEG als EDV-Berater in Sachen LaTeX und Farbgestaltung.

Stralsund, im Herbst 2007   **F. Mestemacher**

Inhaltsverzeichnis

Teil I

Statik der Starrkörper

1

Mathematische Vorüberlegungen

Die Grundtatsachen der Vektorrechnung sind den meisten Lesern aus dem Schulunterricht bekannt. Offensichtlich haben Vektoren einen „Richtungscharakter", der sie zu geeigneten mathematischen Objekten macht, um etwa die physikalische Wirkung von Kräften, aber auch die Lage ihrer Angriffspunkte im Raum zu beschreiben. Erfahrungsgemäß fällt das Verständnis der diesbezüglichen Sachverhalte nicht schwer, solange keine Koordinatentransformationen stattfinden. Das ist in Teil I weitgehend der Fall. In Teil II und III sind sie jedoch unvermeidlich. Um auf diese Situation optimal vorzubereiten, werden wir insbesondere die Komponentenschreibweise verwenden, die im Gegensatz zur (schulüblichen) Spaltenschreibweise den Blick auf die zugrunde liegende Vektorbasis nicht verstellt.

In Teil II werden wir die Erfahrung machen, dass Vektoren zur Beschreibung räumlicher Spannungszustände nicht ausreichen. Es werden mathematische Objekte mit zweifacher Richtungscharakteristik benötigt. Diese begründen historisch die sogenannte Tensorrechnung (lat. *tensor* = Spannung), in der Vektoren und Skalare als Spezialfälle auftreten. Dazu führen wir zu Beginn von Teil II mit der **Indizierten Tensornotation** eine überaus praktische und platzsparende Schreibweise ein, die in der Fachliteratur zur Festigkeitslehre und Thermofluiddynamik heute obligatorisch ist.

Die Beschreibung von Bewegungen räumlich ausgedehnter Körper in Teil III macht die parallele Betrachtung von ortsfesten und körperfesten Koordinatensystemen erforderlich. Letztere bewegen sich relativ zu Ersteren. Die Behandlung des (bei Studenten nicht sonderlich beliebten) Impulsmomentensatzes ist in der indizierten Tensordarstellung vergleichsweise einfach.

1.1 Skalare

Physikalische Größen, die *keinen* Richtungscharakter besitzen, wie z.B. Massen, (statische) Drücke, Temperaturen, bezeichnet man als **Skalare** (= *scalar*). Sie bestehen aus einer Zahl, multipliziert mit einer geeigneten Einheit, z.B.

$$\underbrace{m}_{\text{skalare Größe}} = \underbrace{100}_{\text{Zahl}} \underbrace{\text{kg}}_{\text{Einheit}} .$$

Der „Zahlenvorrat" ist in aller Regel der reelle Zahlenkörper $\mathbb{R}$. Es dürfen nur Größen gleicher physikalischer Dimension (also Massen und Massen etc.) summiert werden! Man kann zwar ohne Weiteres schreiben

$$m = 4\,\text{kg} + 500\,\text{g}\,,$$

wird im Allgemeinen aber Wert darauf legen, die Masse m mit nur einer Zahl auszudrücken, d. h., eine von beiden Teilmassen wird auf die Einheit der anderen umgerechnet, so dass das Distributivgesetz (Ausklammern) anwendbar wird. Also entweder

$$m = 4\,\text{kg} + 0,5\,\text{kg} = (4 + 0,5)\,\text{kg} = 4,5\,\text{kg}$$

oder

$$m = 4000\,\text{g} + 500\,\text{g} = (4000 + 500)\,\text{g} = 4500\,\text{g}.$$

1.2   Vektoren

Nachfolgend wird eine kurzgefasste Zusammenstellung von ingenieurrelevanten Tatsachen der Vektorrechnung gegeben, deren Darstellung nicht den Anspruch der mathematischen Strenge erhebt. Hierzu sei der Leser auf [3], [7] verwiesen.

Vektoren (= *vector*) sind Größen mit *einfachem* Richtungscharakter. Man kann sie sich im einfachsten Fall als Pfeile im dreidimensionalen Raum unserer Anschauung vorstellen. Der Pfeil $\overrightarrow{PQ}$ überführt den Punkt P in den Punkt Q, so dass man auch von einer „Translation" spricht. Zwei Pfeile $\overrightarrow{PQ}$ und $\overrightarrow{P'Q'}$ mit gleicher Richtung und gleicher Länge repräsentieren den gleichen Vektor.

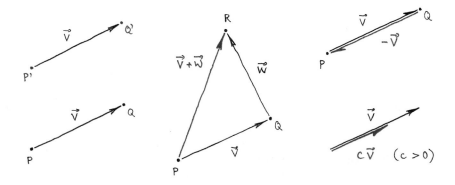

Abb. 1.1 Translationen und Vektoren

In diesem Sinne können wir alle Pfeile gleicher Richtung und Länge zu einer Äquivalenzklasse zusammenfassen und stattdessen von einem Vektor $\vec{v}$ reden. Führt man zwei Translationen $\overrightarrow{PQ}$ und $\overrightarrow{QR}$ nacheinander aus, so liegt damit die Translation $\overrightarrow{PR}$ vor. Dafür schreiben wir die **Summe**

$$\vec{v} + \vec{w} \,.$$

Weiterhin können wir die **Multiplikation** eines **Vektors** $\vec{v}$ mit einem **Skalar** $c \in \mathbb{R}$ vornehmen. Dadurch ändert sich die Länge des Vektors $\vec{v}$ um das c-fache.

Man erkennt leicht, dass für Vektoren folgende Rechenregeln gelten:

(1) Addition ist kommutativ: $\vec{v} + \vec{w} = \vec{w} + \vec{v}$

(2) Addition ist assoziativ: $\vec{u} + (\vec{v} + \vec{w}) = (\vec{u} + \vec{v}) + \vec{w}$

(3) Es gibt einen Nullvektor $\vec{0}$, so dass $\vec{v} + \vec{0} = \vec{v}$ ist.

(4) Zu jedem Vektor $\vec{v}$ gibt es einen Vektor $-\vec{v}$, so dass $\vec{v} + (-\vec{v}) = \vec{0}$ ist.

Das bedeutet: Die Translation $\overrightarrow{PQ}$ wird wieder rückgängig gemacht, wenn anschließend $\overrightarrow{QP}$ ausgeführt wird, so dass im Ergebnis $\overrightarrow{PP}$ vorliegt, was gewissermaßen eine „Nulltranslation" bewirkt.

(5) $1\,\vec{v} = \vec{v}$

(6) Multiplikation mit Skalaren $c, d \in \mathbb{R}$ ist assoziativ: $c\,(d\,\vec{v}) = (c\,d)\,\vec{v} = c\,d\,\vec{v}$

(7) Addition von Skalaren ist distributiv: $(c+d)\,\vec{v} = c\,\vec{v} + d\,\vec{v}$

(8) Addition von Vektoren ist distributiv: $c\,(\vec{v} + \vec{w}) = c\,\vec{v} + c\,\vec{w}$

Unter einem **Vektorraum** verstehen wir eine nichtleere Menge, deren Elemente die vorgenannten Regeln, auch Vektorraum-Axiome genannt, erfüllen.

Definition: n Vektoren $\vec{v}_1$, ..., $\vec{v}_n$ heißen **linear unabhängig**, wenn gilt

$$\underbrace{c_1\,\vec{v}_1 + c_2\,\vec{v}_2 + \ldots + c_n\,\vec{v}_n}_{\text{Linearkombination}} = \vec{0} \qquad \Longrightarrow \qquad c_1, \ldots, c_n = 0$$

mit $c_1, \ldots, c_n \in \mathbb{R}$. $\blacksquare$

Das ist folgendermaßen zu verstehen: Die linksstehende Vektorgleichung darf nur auf die eine Weise erfüllbar sein, dass alle Konstanten $c_1, \ldots, c_n$ gleichzeitig verschwinden. Denn anderenfalls lässt sich diese Gleichung so umstellen, dass *ein* Vektor durch die $n-1$ übrigen ausgedrückt wird.

Wir stellen also fest:

- Keiner der n linear unabhängigen Vektoren lässt sich mithilfe der anderen ausdrücken.
- Jeder der n linear unabhängigen Vektoren zeigt in eine eigene Richtung (auch nicht in die Gegenrichtung eines anderen Vektors).
- Zwei voneinander linear abhängige Vektoren $\vec{v}_1$ und $\vec{v}_2$ lassen sich durch Multiplikation mit einem Skalar gemäß

$$\vec{v}_1 = c\,\vec{v}_2 \qquad \text{bzw.} \qquad \vec{v}_2 = \frac{1}{c}\,\vec{v}_1$$

ineinander überführen. Sie sind somit entweder parallel ($c > 0$) oder antiparallel ($c < 0$).

Wir bezeichnen einen Vektorraum als n-**dimensional**, wenn es n linear unabhängige Vektoren gibt und $(n+1)$ Vektoren linear abhängig sind. Es ist daher naheliegend, in einem n-dimensionalen Vektorraum eine Menge von n linear unabhängigen Vektoren zu einer sogenannten **Basis**

$$\vec{e}_1,\ \vec{e}_2,\ \dots,\ \mathbf{e}_n$$

zusammenzufassen. Jeder Vektor lässt sich auf eindeutige Weise als **Linearkombination** der Basisvektoren erzeugen:

$$\vec{v} = v_1\,\vec{e}_1 + \dots + v_n\,\mathbf{e}_n$$

bzw.

$$\vec{v} = \sum_{i=1}^{n} v_i\,\mathbf{e}_i \ . \tag{1.1}$$

Man nennt die $v_i\,\mathbf{e}_i$ die **Komponenten** des Vektors $\vec{v}$. Die Skalare v_i dagegen heißen **Koordinaten** des Vektors $\vec{v}$ bezüglich der Basis $\vec{e}_1,\ \dots,\ \mathbf{e}_n$.

Die Koordinaten v_i müssen keineswegs die physikalische Dimension einer Länge beinhalten! Im heutigen Sprachgebrauch hat sich allerdings anstelle der „Koordinaten" ebenfalls das Wort „Komponenten" eingebürgert – vermutlich durch Einfluss des englischen *component*, was beides bedeuten kann (vgl. [4], Wortstelle C 1660).

Wir beschränken uns vorübergehend auf $n = 3$ und legen – wie in Abbildung 1.2 dargestellt – in jede Achse des bekannten kartesischen Koordinatensystems einen Vektor der Länge 1. Diese werden dementsprechend als $\vec{e}_x,\ \vec{e}_y,\ \vec{e}_z$ bezeichnet. Wir stellen daher fest:

Die drei Vektoren $\vec{e}_x,\ \vec{e}_y,\ \vec{e}_z$ bilden eine **Orthonormalbasis** wegen

1. $\vec{e}_x \perp \vec{e}_y\,,\quad \vec{e}_x \perp \vec{e}_z\,,\quad \vec{e}_y \perp \vec{e}_z$ (Orthogonalität)

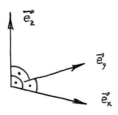

2. $\|\vec{e}_\mathrm{x}\| = \|\vec{e}_\mathrm{y}\| = \|\vec{e}_\mathrm{z}\| = 1$ (Normiertheit)

$\vec{e}_\mathrm{x}^\circ, \vec{e}_\mathrm{y}^\circ, \vec{e}_\mathrm{z}^\circ$

orthogonal + normiert = **orthonormal** .

Anstelle der traditionellen Indexbezeichung mit

$$\vec{\mathbf{v}} = v_\mathrm{x}\,\vec{e}_\mathrm{x} + v_\mathrm{y}\,\vec{e}_\mathrm{y} + v_\mathrm{z}\,\vec{e}_\mathrm{z}$$

kann natürlich auch

$$\vec{\mathbf{v}} = v_1\,\vec{e}_1 + v_2\,\vec{e}_2 + v_3\,\vec{e}_3$$

stehen. Ob man die drei Raumrichtungen nun mit $1, 2, 3$ oder $\mathrm{x, y, z}$ bezeichnet, ist im Prinzip egal, die zählende Indizierung bietet jedoch den Vorteil der Summenschreibweise nach (1.1).

Viele mechanische Probleme lassen sich allerdings als „ebene Probleme" formulieren, d.h., die dritte Dimension ist in der Realität zwar vorhanden, besitzt aber im Sinne des Problems keinen Informationswert. Die voranstehende Vektordarstellung wird dann einfach entsprechend verkürzt, so dass die verbleibenden Terme die vorgesehenen Indexbezeichnungen tragen.

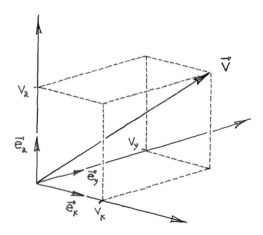

Abb. 1.2 Darstellung des Vektors $\vec{\mathbf{v}}$ im dreidimensionalen Raum

Liegt in einem Vektorraum die Basis erst einmal *fest*, so genügt zur eindeutigen Beschreibung des Vektors $\vec{\mathbf{v}}$ auch die Angabe lediglich seiner Koordinaten $v_\mathrm{x}, v_\mathrm{y}, v_\mathrm{z}$ (bzw. v_1, v_2, v_3). Diese stellen **geordnete Mengen** dar, die bekanntlich in Gestalt von **Spaltenmatrizen** (auch: **-vektoren**) notiert werden. Man nennt

$$\underline{v} \;=\; \begin{pmatrix} v_{\mathrm{x}} \\ v_{\mathrm{y}} \end{pmatrix} \qquad \text{Geordnetes Paar,}$$

$$\underline{v} \;=\; \begin{pmatrix} v_{\mathrm{x}} \\ v_{\mathrm{y}} \\ v_{\mathrm{z}} \end{pmatrix} \qquad \text{Tripel,}$$

$$\underline{v} \;=\; \begin{pmatrix} v_1 \\ \vdots \\ v_n \end{pmatrix} \qquad n\text{-Tupel.}$$

Bei geordneten Mengen darf im Gegensatz zu gewöhnlichen Mengen wie $\{a, b, c\}$ die Reihenfolge der Elemente *nicht* vertauscht werden!

1.2.1   Vektoraddition, Multiplikation mit einem Skalar

Die **Vektoraddition**

$$\vec{u} \;=\; \vec{v} \;+\; \vec{w}$$

erfolgt in der Komponentenschreibweise zu

$$u_{\mathrm{x}}\, \vec{e}_{\mathrm{x}} \;+\; u_{\mathrm{y}}\, \vec{e}_{\mathrm{y}} \;+\; u_{\mathrm{z}}\, \vec{e}_{\mathrm{z}} =$$
$$= (v_{\mathrm{x}} + w_{\mathrm{x}})\, \vec{e}_{\mathrm{x}} \;+\; (v_{\mathrm{y}} + w_{\mathrm{y}})\, \vec{e}_{\mathrm{y}} \;+\; (v_{\mathrm{z}} + w_{\mathrm{z}})\, \vec{e}_{\mathrm{z}} \,.$$

Durch Vergleich erhält man die Koordinatengleichungen

$$u_{\mathrm{x}} \;=\; v_{\mathrm{x}} \;+\; w_{\mathrm{x}} \,,$$
$$u_{\mathrm{y}} \;=\; v_{\mathrm{y}} \;+\; w_{\mathrm{y}} \,,$$
$$u_{\mathrm{z}} \;=\; v_{\mathrm{z}} \;+\; w_{\mathrm{z}}$$

oder in Spaltenschreibweise

$$\begin{pmatrix} u_{\mathrm{x}} \\ u_{\mathrm{y}} \\ u_{\mathrm{z}} \end{pmatrix} = \begin{pmatrix} v_{\mathrm{x}} \\ v_{\mathrm{y}} \\ v_{\mathrm{z}} \end{pmatrix} + \begin{pmatrix} w_{\mathrm{x}} \\ w_{\mathrm{y}} \\ w_{\mathrm{z}} \end{pmatrix} \qquad \text{bzw.} \qquad \underline{u} \;=\; \underline{v} \;+\; \underline{w} \,.$$

Die **Multiplikation eines Vektors mit einem Skalar** ergibt sich in der Komponentenschreibweise mit

$$c\, \vec{v} \;=\; c\, v_{\mathrm{x}}\, \vec{e}_{\mathrm{x}} \;+\; c\, v_{\mathrm{y}}\, \vec{e}_{\mathrm{y}} \;+\; c\, v_{\mathrm{z}}\, \vec{e}_{\mathrm{z}}$$

gewissermaßen von selbst. Damit ist auch

$$c\,\underline{v} \;=\; \begin{pmatrix} c\,v_{\mathrm{x}} \\ c\,v_{\mathrm{y}} \\ c\,v_{\mathrm{z}} \end{pmatrix}$$

selbstverständlich. Die Rechenregeln bezüglich Addition und Multiplikation mit Skalaren wurden bereits mit den Vektorraum-Axiomen (1) bis (8) gegeben.

1.2.2 Skalarprodukt $\qquad\qquad \mathbb{E}^3,\ \mathbb{E}^3\ \to\ \mathbb{R}\ |^{1}$

Es werden zwei Vektoren miteinander multipliziert, und das Ergebnis ist ein Skalar. Da es sich dabei um eine Abbildung in den zugrunde liegenden Zahlenkörper $\mathbb{R}$ handelt, spricht man auch vom „Innenprodukt".

Das Skalarprodukt (= *scalar product*) ist definiert durch die Projektionseigenschaft

$$\overrightarrow{v} \cdot \overrightarrow{w} \;:=\; v\,w\,\cos\alpha\,. \tag{1.2}$$

Dabei sind

$$v \;:=\; \left\|\overrightarrow{v}\right\|, \quad w \;:=\; \left\|\overrightarrow{w}\right\|$$

die **Beträge** („Längen") der Vektoren $\overrightarrow{v}$, $\overrightarrow{w}$ sowie

$$\alpha \;:=\; \sphericalangle\,\overrightarrow{v},\overrightarrow{w}$$

der von diesen eingeschlossene Winkel. Geht man zur Komponentenschreibweise über, erhält man aufgrund des Distributivgesetzes (s. u.) sofort

$$\begin{aligned}
\overrightarrow{v} \cdot \overrightarrow{w} \;&=\; \big(v_{\mathrm{x}}\,\vec{e}_{\mathrm{x}} + v_{\mathrm{y}}\,\vec{e}_{\mathrm{y}} + v_{\mathrm{z}}\,\vec{e}_{\mathrm{z}}\big) \cdot \big(w_{\mathrm{x}}\,\vec{e}_{\mathrm{x}} + w_{\mathrm{y}}\,\vec{e}_{\mathrm{y}} + w_{\mathrm{z}}\,\vec{e}_{\mathrm{z}}\big) \\
&=\; v_{\mathrm{x}}\,w_{\mathrm{x}}\ \vec{e}_{\mathrm{x}}\cdot\vec{e}_{\mathrm{x}} + v_{\mathrm{x}}\,w_{\mathrm{y}}\ \vec{e}_{\mathrm{x}}\cdot\vec{e}_{\mathrm{y}} + v_{\mathrm{x}}\,w_{\mathrm{z}}\ \vec{e}_{\mathrm{x}}\cdot\vec{e}_{\mathrm{z}}\ + \\
& +\, v_{\mathrm{y}}\,w_{\mathrm{x}}\ \vec{e}_{\mathrm{y}}\cdot\vec{e}_{\mathrm{x}} + v_{\mathrm{y}}\,w_{\mathrm{y}}\ \vec{e}_{\mathrm{y}}\cdot\vec{e}_{\mathrm{y}} + v_{\mathrm{y}}\,w_{\mathrm{z}}\ \vec{e}_{\mathrm{y}}\cdot\vec{e}_{\mathrm{z}}\ + \\
& +\, v_{\mathrm{z}}\,w_{\mathrm{x}}\ \vec{e}_{\mathrm{z}}\cdot\vec{e}_{\mathrm{x}} + v_{\mathrm{z}}\,w_{\mathrm{y}}\ \vec{e}_{\mathrm{z}}\cdot\vec{e}_{\mathrm{y}} + v_{\mathrm{z}}\,w_{\mathrm{z}}\ \vec{e}_{\mathrm{z}}\cdot\vec{e}_{\mathrm{z}}\ .
\end{aligned}$$

Da *verschiedene* Basisvektoren zueinander orthogonal sind, gilt

$$\vec{e}_{\mathrm{x}}\cdot\vec{e}_{\mathrm{y}} = \vec{e}_{\mathrm{x}}\cdot\vec{e}_{\mathrm{z}} = \vec{e}_{\mathrm{y}}\cdot\vec{e}_{\mathrm{z}} = \cos[90°] = \mathbf{0}\,,$$

umgekehrt erhält man bei *gleichen* Basisvektoren wegen der Normiertheit

$$\vec{e}_{\mathrm{x}}\cdot\vec{e}_{\mathrm{x}} = \vec{e}_{\mathrm{y}}\cdot\vec{e}_{\mathrm{y}} = \vec{e}_{\mathrm{z}}\cdot\vec{e}_{\mathrm{z}} = \cos[0°] = \mathbf{1}\,.$$

Damit verbleibt

$$\boxed{\overrightarrow{v} \cdot \overrightarrow{w} \;=\; v_{\mathrm{x}}\,w_{\mathrm{x}} + v_{\mathrm{y}}\,w_{\mathrm{y}} + v_{\mathrm{z}}\,w_{\mathrm{z}}}\,. \tag{1.3}$$

---

[1] Vgl. hierzu wie auch bei den folgenden Abschnitten die Ausführungen in Abschnitt 1.5.

Dieses Ergebnis in seiner schlichten Einfachheit verdanken wir also nur der Orthonormalität der Basis!

Geometrisch kann man $v \cos \alpha$ als Projektion des Vektors $\vec{v}$ auf die Wirkungslinie des Vektors $\vec{w}$ auffassen – und umgekehrt $w \cos \alpha$ auf die Wirkungslinie des Vektors $\vec{v}$:

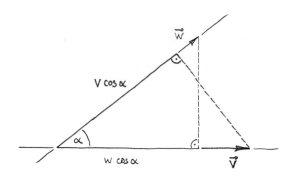

Abb. 1.3 Zur Projektionseigenschaft des Skalarproduktes

Besonders nützlich ist diese Projektionseigenschaft, wenn einer der beteiligten Vektoren ein Einheitsvektor ist, z. B.

$$\vec{v} \cdot \vec{e}_x = v_x \underbrace{\vec{e}_x \cdot \vec{e}_x}_{=1} + v_y \underbrace{\vec{e}_y \cdot \vec{e}_x}_{=0} + v_z \underbrace{\vec{e}_z \cdot \vec{e}_x}_{=0} .$$

Also ergibt wegen

$$\vec{v} \cdot \vec{e}_x = v_x , \quad \vec{v} \cdot \vec{e}_y = v_y , \quad \vec{v} \cdot \vec{e}_z = v_z \qquad (1.4)$$

das Skalarprodukt von $\vec{v}$ mit einem Basisvektor die Projektion von $\vec{v}$ auf die jeweilige Achse und damit dessen zugehörige Koordinate. Daher können wir jeden Vektor auch entsprechend

$$\vec{v} = (\vec{v} \cdot \vec{e}_x) \, \vec{e}_x + (\vec{v} \cdot \vec{e}_y) \, \vec{e}_y + (\vec{v} \cdot \vec{e}_z) \, \vec{e}_z \qquad (1.5)$$

darstellen[2].

Für das Skalarprodukt gelten die Gesetze

$$\vec{v} \cdot \vec{w} = \vec{w} \cdot \vec{v} \qquad \text{(Kommutativgesetz),}$$

$$(c \, \vec{v}) \cdot \vec{w} = \vec{v} \cdot (c \, \vec{w}) = c \, (\vec{v} \cdot \vec{w}) \qquad \text{(Assoziativgesetz mit Skalar),}$$

$$\vec{u} \cdot (\vec{v} + \vec{w}) = \vec{u} \cdot \vec{v} + \vec{u} \cdot \vec{w} \qquad \text{(Distributivgesetz).}$$

---

[2] Diese etwas seltsam anmutende Darstellung wird uns im Abschnitt 1.2.6 von Nutzen sein!

1.2.3 Kreuzprodukt $\quad\quad\quad \mathbb{E}^3,\ \mathbb{E}^3\ \rightarrow\ \mathbb{E}^3$

Es werden zwei Vektoren miteinander multipliziert, und das Ergebnis ist wieder ein Vektor. Daher spricht man auch vom **Vektorprodukt** (= *vector product*).

Wir setzen

$$\vec{v} \times \vec{w} \ =: \ \vec{u}\ .$$

Der Vektor $\vec{u}$ wird durch die folgenden Bedingungen eindeutig festgelegt:

- Es ist $\vec{u} \perp \vec{v}, \vec{w}$ und $\vec{u}, \vec{v}, \vec{w}$ bilden ein „Rechtssystem". Damit wird die Richtung von $\vec{u}$ definiert.

- Mit $\|\vec{u}\| := v\,w \sin\alpha$ liegt der Betrag von $\vec{u}$ fest. Es ist $\alpha = \sphericalangle\ \vec{v}, \vec{w}$ und v, w stellen wie zuvor die Beträge der jeweiligen Vektoren dar.

Das weitere Vorgehen erfolgt wie beim Skalarprodukt:

$$
\begin{aligned}
\vec{v} \times \vec{w} \ &= \ \big(v_x\,\vec{e}_x + v_y\,\vec{e}_y + v_z\,\vec{e}_z \big) \times \big(w_x\,\vec{e}_x + w_y\,\vec{e}_y + w_z\,\vec{e}_z \big) \\
&= \quad v_x\,w_x\ \vec{e}_x \times \vec{e}_x + v_x\,w_y\ \vec{e}_x \times \vec{e}_y + v_x\,w_z\ \vec{e}_x \times \vec{e}_z + \\
&\quad + v_y\,w_x\ \vec{e}_y \times \vec{e}_x + v_y\,w_y\ \vec{e}_y \times \vec{e}_y + v_y\,w_z\ \vec{e}_y \times \vec{e}_z + \\
&\quad + v_z\,w_x\ \vec{e}_z \times \vec{e}_x + v_z\,w_y\ \vec{e}_z \times \vec{e}_y + v_z\,w_z\ \vec{e}_z \times \vec{e}_z\ .
\end{aligned}
$$

Für *gleiche* Basisvektoren bekommt man hier nun

$$\vec{e}_x \times \vec{e}_x = \vec{e}_y \times \vec{e}_y = \vec{e}_z \times \vec{e}_z = \vec{0}\ .$$

Bei *verschiedenen* Basisvektoren ist das Ergebnis immer der dritte Basisvektor, mit positivem bzw. negativem Vorzeichen entsprechend der obigen Forderung nach einem Rechtssystem:

$$
\begin{aligned}
\vec{e}_x \times \vec{e}_y &= \vec{e}_z\,, \qquad & \vec{e}_x \times \vec{e}_z &= -\,\vec{e}_y\,, \\
\vec{e}_z \times \vec{e}_x &= \vec{e}_y\,, \qquad & \vec{e}_y \times \vec{e}_x &= -\,\vec{e}_z\,, \\
\vec{e}_y \times \vec{e}_z &= \vec{e}_x\,, \qquad & \vec{e}_z \times \vec{e}_y &= -\,\vec{e}_x\,.
\end{aligned}
$$

Denn die Reihenfolge x, y, z und deren zyklische Vertauschungen

$$\overrightarrow{\underleftarrow{x\ y\ z}} \qquad\quad \overrightarrow{\underleftarrow{z\ x\ y}} \qquad\quad \overrightarrow{\underleftarrow{y\ z\ x}}$$

stellen definitionsgemäß Rechtssysteme dar. Also müssen die Ergebnisvektoren der zu den obigen drei Gruppen jeweils antizyklischen Permutationen

$$\text{x z y} \qquad\quad \text{y x z} \qquad\quad \text{z y x}$$

mit einem Minuszeichen versehen werden, damit sich Rechtssysteme ergeben. Zusammengefasst erhält man

$$\boxed{\ \vec{v} \times \vec{w} \ = \ (v_y\,w_z - v_z\,w_y)\,\vec{e}_x + (v_z\,w_x - v_x\,w_z)\,\vec{e}_y + (v_x\,w_y - v_y\,w_x)\,\vec{e}_z\ } \qquad (1.6)$$

oder übertragen auf die Spaltenschreibweise

$$\begin{pmatrix} v_x \\ v_y \\ v_z \end{pmatrix} \times \begin{pmatrix} w_x \\ w_y \\ w_z \end{pmatrix} = \begin{pmatrix} v_y\,w_z - v_z\,w_y \\ v_z\,w_x - v_x\,w_z \\ v_x\,w_y - v_y\,w_x \end{pmatrix} . \tag{1.7}$$

Um diese Gleichungen nicht jedes Mal herleiten oder nachschlagen zu müssen, empfiehlt sich hier eine **Merkregel**, die auf der Regel von SARRUS für Determinanten basiert:

$$\left| \begin{matrix} \vec{e}_x & \vec{e}_y & \vec{e}_z \\ v_x & v_y & v_z \\ w_x & w_y & w_z \end{matrix} \right| \begin{matrix} \\ v_x \\ w_x \end{matrix} \begin{matrix} \\ \\ w_y \end{matrix} \qquad \text{bzw.} \qquad \left| \begin{matrix} \vec{e}_x & \vec{e}_y & \vec{e}_z \\ v_x & v_y & v_z \\ w_x & w_y & w_z \end{matrix} \right| \begin{matrix} \vec{e}_x & \vec{e}_y \\ v_x & \\ \end{matrix}$$

Man multipliziert jeweils die drei Komponenten, die auf einer Diagonalen stehen, miteinander. Dabei werden die drei Diagonalen im ersten Falle positiv, im zweiten hingegen negativ gewichtet. Anschließend sind alle sechs Terme vorzeichenrichtig zu summieren! Damit erhält man die rechte Seite von (1.6).

Geometrisch lässt sich der Betrag des Kreuzproduktes $\|\vec{v} \times \vec{w}\|$ als Fläche des Parallelogramms deuten, welches durch $\vec{v}$ und $\vec{w}$ aufgespannt wird:

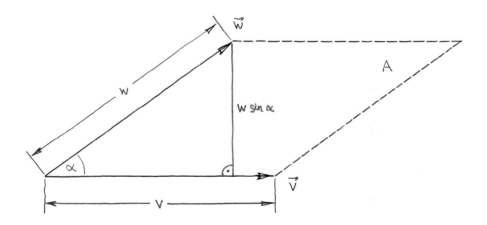

Abb. 1.4 Zur geometrischen Deutung des Kreuzproduktes

Denn wie man leicht nachvollzieht, ist

$$\begin{aligned} \|\vec{v} \times \vec{w}\| &= v \cdot w \sin\alpha \\ &= \text{Basislänge} \cdot \text{Höhe} \\ &= A . \end{aligned}$$

Für das Kreuzprodukt gelten die Gesetze

$$\vec{v} \times \vec{w} = -(\vec{w} \times \vec{v}) \qquad \text{(antikommutativ)},$$

$$c\,(\vec{v} \times \vec{w}) = (c\,\vec{v}) \times \vec{w} = \vec{v} \times (c\,\vec{w}) \qquad \text{(Assoziativgesetz mit Skalar)},$$

$$\vec{u} \times (\vec{v} + \vec{w}) = \vec{u} \times \vec{v} + \vec{u} \times \vec{w} \qquad \text{(Distributivgesetz)}.$$

1.2.4 Spatprodukt $\qquad\qquad \mathbb{E}^3,\ \mathbb{E}^3,\ \mathbb{E}^3\ \to\ \mathbb{R}$

... ist im Prinzip nichts Neues, wie wir gleich sehen werden. Es werden drei Vektoren miteinander multipliziert, und das Ergebnis ist ein Skalar. Die Bezeichnung „Spat..." leitet sich von der Kristallstruktur des Flussspats ab (vgl. Abb. 1.5).

Das Spatprodukt (= *mixed product, scalar triple product*)

$$(\vec{u}\ \vec{v}\ \vec{w}) := (\vec{u} \times \vec{v}) \cdot \vec{w}$$

ist eine Kombination aus Kreuzprodukt und Skalarprodukt. Die Klammer auf der rechten Seite dient vor allem der Übersichtlichkeit; sie könnte ohne Weiteres weggelassen werden, da die Reihenfolge der Verknüpfungen eindeutig ist[3]. Man berechnet es am schnellsten mit der Determinante

$$(\vec{u}\ \vec{v}\ \vec{w}) = \begin{vmatrix} u_\mathrm{x} & u_\mathrm{y} & u_\mathrm{z} \\ v_\mathrm{x} & v_\mathrm{y} & v_\mathrm{z} \\ w_\mathrm{x} & w_\mathrm{y} & w_\mathrm{z} \end{vmatrix} = \begin{vmatrix} u_\mathrm{x} & v_\mathrm{x} & w_\mathrm{x} \\ u_\mathrm{y} & v_\mathrm{y} & w_\mathrm{y} \\ u_\mathrm{z} & v_\mathrm{z} & w_\mathrm{z} \end{vmatrix}$$

und erhält

$$\boxed{\begin{aligned}(\vec{u}\ \vec{v}\ \vec{w}) &= \\ &= u_\mathrm{x}\,v_\mathrm{y}\,w_\mathrm{z} + u_\mathrm{y}\,v_\mathrm{z}\,w_\mathrm{x} + u_\mathrm{z}\,v_\mathrm{x}\,w_\mathrm{y} - u_\mathrm{x}\,v_\mathrm{z}\,w_\mathrm{y} - u_\mathrm{y}\,v_\mathrm{x}\,w_\mathrm{z} - u_\mathrm{z}\,v_\mathrm{y}\,w_\mathrm{x}\end{aligned}} \qquad (1.8)$$

Geometrisch beinhaltet das Spatprodukt das Volumen des durch $\vec{u}, \vec{v}, \vec{w}$ aufgespannten Parallelepipeds (= Spat):

Da $\vec{A} := \vec{u} \times \vec{v}$ wegen $\|\vec{A}\| = A$ gewissermaßen als „Flächenvektor" zu interpretieren ist und $\vec{A} \cdot \vec{w}$ aus Projektionsgründen die Multiplikation der Fläche A des Basisparallelogramms mit der Höhe $h = w \cos\alpha$ darstellt, ist

$$\begin{aligned}(\vec{u} \times \vec{v}) \cdot \vec{w} &= \vec{A} \cdot \vec{w} \\ &= A\,w\,\cos\alpha \\ &= A\,h \\ &= V\end{aligned}$$

das Volumen des Parallelepipeds.

---

[3] Probieren Sie es aus!

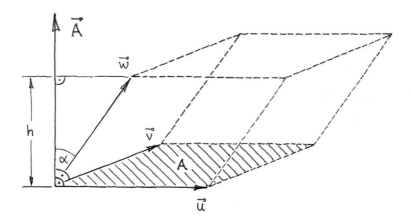

Abb. 1.5 Zur geometrischen Deutung des Spatproduktes

1.2.5   Betrag eines Vektors $\mathbb{E}^n \;\to\; \mathbb{R}_0^+$

In der Mathematik findet man hierfür die Bezeichnung „EUKLIDische Vektornorm". Denn diese stellt die EUKLIDische Schrägentfernung zwischen dem Fußpunkt und der Spitze eines Vektorpfeils dar, also seine „Länge" bzw. seinen „Betrag". Somit handelt es sich um eine sehr anschauliche Größe.

Es schadet nicht, bei dieser Gelegenheit zur Kenntnis zu nehmen, dass es außer der EUKLIDischen Vektornorm noch weitere Normen – insbesondere für abstrakte Vektorräume – gibt, die (meistens) alles andere als anschaulich sind. Gemeinsam ist allen Normen, dass sie drei Normaxiome (s. u.) erfüllen müssen.

Der Betrag eines Vektors (= *length/magnitude of a vector*) lässt sich mithilfe des Skalarproduktes ermitteln. Dazu multipliziert man den Vektor kurzerhand mit sich selbst:

$$\vec{\mathbf{v}} \cdot \vec{\mathbf{v}} \;=\; \|\vec{\mathbf{v}}\| \; \|\vec{\mathbf{v}}\| \; \underbrace{\cos\left[\sphericalangle\, \vec{\mathbf{v}}, \vec{\mathbf{v}}\right]}_{=\,1} .$$

Wir bekommen sofort

$$\|\vec{\mathbf{v}}\| \;=\; \sqrt{\vec{\mathbf{v}} \cdot \vec{\mathbf{v}}} \tag{1.9}$$

$$=\; \left(\sum_{i=1}^{n} v_i^2\right)^{\frac{1}{2}}$$

und speziell im dreidimensionalen Fall

$$\|\vec{\mathbf{v}}\| \;=\; \sqrt{v_\mathrm{x}^2 \,+\, v_\mathrm{y}^2 \,+\, v_\mathrm{z}^2} . \tag{1.10}$$

Man erkennt hier den „Pythagoras" in der räumlichen Ausführung. Denn die Komponenten stellen aufgrund ihrer orthogonalen Anordnung die Katheten dar. Wie wir im folgenden Kapitel sehen werden, ändert sich der Betrag bzw. die Norm eines Vektors auch bei Transformationen nicht! Es handelt sich daher um die (einzige) Invariante des Vektors (lat. *invarians* = unveränderlich).

Es gelten die **Normaxiome**:

$$\left. \begin{array}{c} \|\vec{\mathbf{v}}\| \geqslant 0 \\ \|\vec{\mathbf{v}}\| = 0 \iff \vec{\mathbf{v}} = \vec{\mathbf{0}} \end{array} \right\} \quad \text{(Definitheit)},$$

$$\left. \begin{array}{c} \|c\,\vec{\mathbf{v}}\| = |c|\,\|\vec{\mathbf{v}}\| \\ \text{speziell: } \|-\vec{v}\| = \|\vec{v}\| \end{array} \right\} \quad \text{(Homogenität)},$$

$$\|\vec{\mathbf{v}} + \vec{\mathbf{w}}\| \leqslant \|\vec{\mathbf{v}}\| + \|\vec{\mathbf{w}}\| \qquad \text{(Dreiecksungleichung)}.$$

1.2.6   Orthogonale Transformationen

Transformationen zwischen Koordinaten bzw. Basisvektoren werden zwar – wie angekündigt – in Teil I noch nicht benötigt, tragen aber erheblich zum Verständnis der elementaren Vektorrechnung bei. Wir beschränken uns hier mit $n = 2$ auf den einfachsten Fall. Die Erweiterung auf höhere Dimensionen ist im Wesentlichen formaler Natur (vgl. Abschnitt 7.3).

Definitionsgemäß sind zwei Vektoren $\vec{\mathbf{v}}$ und $\vec{\mathbf{v}}^*$ *gleich*, also

$$\vec{\mathbf{v}} = \vec{\mathbf{v}}^* ,$$

wenn sie in Betrag und Richtung übereinstimmen. Dabei ist es völlig gleichgültig, bezüglich welcher Basis diese Vektoren dargestellt werden. Wir wollen nun für die Darstellung ebendieser zwei verschiedene Vektorbasen im gleichen Raum vorsehen (vgl. Abb. 1.6), d.h.

$$\vec{\mathbf{v}} = v_1\,\vec{\mathbf{e}}_1 + v_2\,\vec{\mathbf{e}}_2 \qquad \text{und} \qquad \vec{\mathbf{v}}^* = v_1^*\,\vec{\mathbf{e}}_1^* + v_2^*\,\vec{\mathbf{e}}_2^* .$$

Da beide Vektoren voraussetzungsgemäß gleich sind, gilt

$$v_1\,\vec{\mathbf{e}}_1 + v_2\,\vec{\mathbf{e}}_2 = v_1^*\,\vec{\mathbf{e}}_1^* + v_2^*\,\vec{\mathbf{e}}_2^* . \tag{1.11}$$

Ebenso könnte man sich vorstellen, dass ein und derselbe Vektor $\vec{\mathbf{v}}$ zunächst mit der Basis $\vec{e}_1, \vec{e}_2$ und anschließend mit der um den Winkel φ gedrehten Basis $\vec{e}_1^*, \vec{e}_2^*$ dargestellt wird. Aber spätestens mit (1.11) wird klar, dass sich mit Drehung der Basis auch die Koordinaten verändern. Es ist daher[4]

---

[4] Von Trivialfällen, wie etwa der Drehung um 360°, sei hier abgesehen.

$$\begin{pmatrix} v_1 \\ v_2 \end{pmatrix} \neq \begin{pmatrix} v_1^* \\ v_2^* \end{pmatrix} ,$$

also $\underline{\mathbf{v}} \neq \underline{\mathbf{v}}^*$. Ausgangspunkt war aber $\vec{\mathbf{v}} = \vec{\mathbf{v}}^*$. Beides ist richtig!

Man sieht an dieser Stelle, wie wichtig es ist, sich klarzumachen, dass die Spaltendarstellung immer nur eine „Repräsentation" des zugrunde liegenden Vektors bezüglich einer bestimmten Basis ist!

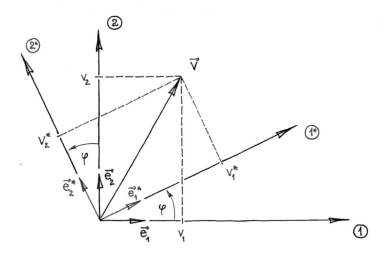

Abb. 1.6 Änderung der Vektorbasis $\vec{e}_1, \vec{e}_2 \rightarrow \vec{e}_1^*, \vec{e}_2^*$

Die Frage ist nun, wie wir aus (1.11) eine **Koordinatentransformation** ableiten. Man kann sich natürlich der trigonometrischen Zusammenhänge bedienen, was nach Abbildung 1.6 nahe liegend ist. Weitaus einfacher ist es aber, die Projektionseigenschaft des Skalarproduktes (1.4) auszunutzen. Dazu multiplizieren wir (1.11) der Reihe nach skalar mit allen vier Basisvektoren $\vec{e}_1, \vec{e}_2, \vec{e}_1^*, \vec{e}_2^*$, also

$$v_1 \underbrace{\vec{e}_1 \cdot \vec{e}_1}_{=1} + v_2 \underbrace{\vec{e}_1 \cdot \vec{e}_2}_{=0} = v_1^* \, \vec{e}_1 \cdot \vec{e}_1^* + v_2^* \, \vec{e}_1 \cdot \vec{e}_2^* \quad \text{usw.}$$

und erzeugen so die Gleichungen

$$\begin{aligned}
v_1 &= (\vec{e}_1 \cdot \vec{e}_1^*) \, v_1^* + (\vec{e}_1 \cdot \vec{e}_2^*) \, v_2^* , \\
v_2 &= (\vec{e}_2 \cdot \vec{e}_1^*) \, v_1^* + (\vec{e}_2 \cdot \vec{e}_2^*) \, v_2^* , \\
v_1^* &= (\vec{e}_1^* \cdot \vec{e}_1) \, v_1 + (\vec{e}_1^* \cdot \vec{e}_2) \, v_2 , \\
v_2^* &= (\vec{e}_2^* \cdot \vec{e}_1) \, v_1 + (\vec{e}_2^* \cdot \vec{e}_2) \, v_2 .
\end{aligned}$$

Die geklammerten Skalarprodukte fassen wir als Transformationskoeffizienten auf und schreiben abkürzend

$$\boxed{v_1^* = a_{11} v_1 + a_{12} v_2 , \qquad v_2^* = a_{21} v_1 + a_{22} v_2}$$

(1.12)

und

$$\boxed{v_1 \;=\; a_{11}^* \, v_1^* \;+\; a_{12}^* \, v_2^* \,, \qquad v_2 \;=\; a_{21}^* \, v_1^* \;+\; a_{22}^* \, v_2^*} \,. \qquad (1.13)$$

Diese Gleichungen stellen bereits die Koordinatentransformation dar! Für die Koeffizienten gilt unter Verwendung von $\cos\left[90°\pm\varphi\right] = \mp\sin\varphi$

$$\vec{e}_1^* \cdot \vec{e}_1 =: a_{11} \quad \rightsquigarrow \quad a_{11} = \cos\left[\sphericalangle\,\vec{e}_1^*, \vec{e}_1\,\right] = \cos\varphi\,,$$

$$\vec{e}_1^* \cdot \vec{e}_2 =: a_{12} \quad \rightsquigarrow \quad a_{12} = \cos\left[\sphericalangle\,\vec{e}_1^*, \vec{e}_2\,\right] = \cos\left[90°-\varphi\right] = \sin\varphi\,,$$

$$\vec{e}_2^* \cdot \vec{e}_1 =: a_{21} \quad \rightsquigarrow \quad a_{21} = \cos\left[\sphericalangle\,\vec{e}_2^*, \vec{e}_1\,\right] = \cos\left[90°+\varphi\right] = -\sin\varphi\,,$$

$$\vec{e}_2^* \cdot \vec{e}_2 =: a_{22} \quad \rightsquigarrow \quad a_{22} = \cos\left[\sphericalangle\,\vec{e}_2^*, \vec{e}_2\,\right] = \cos\varphi$$

sowie

$$\vec{e}_1 \cdot \vec{e}_1^* =: a_{11}^* \quad \rightsquigarrow \quad a_{11}^* = \cos\left[\sphericalangle\,\vec{e}_1, \vec{e}_1^*\,\right] = \cos\varphi\,,$$

$$\vec{e}_1 \cdot \vec{e}_2^* =: a_{12}^* \quad \rightsquigarrow \quad a_{12}^* = \cos\left[\sphericalangle\,\vec{e}_1, \vec{e}_2^*\,\right] = \cos\left[90°+\varphi\right] = -\sin\varphi\,,$$

$$\vec{e}_2 \cdot \vec{e}_1^* =: a_{21}^* \quad \rightsquigarrow \quad a_{21}^* = \cos\left[\sphericalangle\,\vec{e}_2, \vec{e}_1^*\,\right] = \cos\left[90°-\varphi\right] = \sin\varphi\,,$$

$$\vec{e}_2 \cdot \vec{e}_2^* =: a_{22}^* \quad \rightsquigarrow \quad a_{22}^* = \cos\left[\sphericalangle\,\vec{e}_2, \vec{e}_2^*\,\right] = \cos\varphi\,.$$

Da das Skalarprodukt kommutativ ist, ergibt sich sofort

$$a_{11}^* = a_{11}\,, \quad a_{12}^* = a_{21}\,, \quad a_{21}^* = a_{12}\,, \quad a_{22}^* = a_{22}\,. \qquad (1.14)$$

Koordinatentransformationen lassen sich auch in Matrixschreibweise notieren, wie es in der linearen Algebra allgemein üblich ist. Anstelle von (1.12) steht nun (Zeile mal Spalte!)

$$\begin{pmatrix} v_1^* \\ v_2^* \end{pmatrix} = \begin{pmatrix} a_{11} & a_{12} \\ a_{21} & a_{22} \end{pmatrix} \begin{pmatrix} v_1 \\ v_2 \end{pmatrix}$$

oder noch kürzer

$$\underline{v}^* = \underline{\underline{A}}\,\underline{v} \qquad (1.15)$$

mit der **Transformationsmatrix**

$$\underline{\underline{A}} := \begin{pmatrix} a_{11} & a_{12} \\ a_{21} & a_{22} \end{pmatrix}\,.$$

Auf gleiche Weise erhalten wir aus (1.13)

$$\underline{v} = \underline{\underline{A}}^*\,\underline{v}^*$$

mit

$$\underline{\underline{A}}^* := \begin{pmatrix} a_{11}^* & a_{12}^* \\ a_{21}^* & a_{22}^* \end{pmatrix}\,.$$

Durch Multiplikation „von links" mit $\underline{\underline{A}}$ gemäß

$$\underline{\underline{A}}\,\underline{v} \;=\; \underline{\underline{A}}\,\underline{\underline{A}}^*\,\underline{v}^*$$

und Vergleich mit

$$\underline{\underline{A}}\,\underline{v} \;=\; \underline{v}^* \tag{1.15}$$

wird sofort klar, dass es sich bei $\underline{\underline{A}}^*$ um die zu $\underline{\underline{A}}$ inverse Matrix handelt. Es ist also

$$\underline{\underline{A}}^* \;=\; \underline{\underline{A}}^{-1} \qquad \text{bzw.} \qquad \underline{\underline{A}}\,\underline{\underline{A}}^* \;=\; \underline{\underline{E}}\,.$$

Erfolgt eine solche Koordinatentransformation – so wie es hier der Fall ist – von einem Orthogonalsystem in ein anderes Orthogonalsystem, so erhalten wir aufgrund der Beziehungen (1.14), die wir bereits hergeleitet hatten, die inverse Transformationsmatrix

$$\underline{\underline{A}}^* \;=\; \underline{\underline{A}}^{\mathrm{T}} \tag{1.16}$$

ohne besonderen Rechenaufwand durch Transponierung. Man spricht dann von einer **„orthogonalen" Matrix**, die mit den Eigenschaften[5]

$$\underline{\underline{A}}\,\underline{\underline{A}}^{\mathrm{T}} \;=\; \underline{\underline{A}}^{\mathrm{T}}\,\underline{\underline{A}} \;=\; \underline{\underline{E}}\,, \qquad \det\underline{\underline{A}} \;=\; \pm 1$$

ausgestattet ist. Häufig wird auch die Darstellung in Abhängigkeit des Drehwinkels benötigt. Diese erhält man durch Einsetzen der zuvor ermittelten Transformationskoeffizienten zu

$$\underline{\underline{A}} \;=\; \begin{pmatrix} \cos\varphi & \sin\varphi \\ -\sin\varphi & \cos\varphi \end{pmatrix} \qquad \text{bzw.} \qquad \underline{\underline{A}}^* \;=\; \begin{pmatrix} \cos\varphi & -\sin\varphi \\ \sin\varphi & \cos\varphi \end{pmatrix}. \tag{1.17}$$

Es stellt sich nun noch die Frage, ob man nicht auf ebenso einfache Weise eine **Basistransformation** formulieren kann. Das ist in der Tat möglich! Denn nach (1.5) ist

$$\begin{aligned}
\vec{e}_1 &= (\vec{e}_1\cdot\vec{e}_1^*)\,\vec{e}_1^* &+&\ (\vec{e}_1\cdot\vec{e}_2^*)\,\vec{e}_2^*\,,\\
\vec{e}_2 &= (\vec{e}_2\cdot\vec{e}_1^*)\,\vec{e}_1^* &+&\ (\vec{e}_2\cdot\vec{e}_2^*)\,\vec{e}_2^*\,,\\
\vec{e}_1^* &= (\vec{e}_1^*\cdot\vec{e}_1)\,\vec{e}_1 &+&\ (\vec{e}_1^*\cdot\vec{e}_2)\,\vec{e}_2\,,\\
\vec{e}_2^* &= (\vec{e}_2^*\cdot\vec{e}_1)\,\vec{e}_1 &+&\ (\vec{e}_2^*\cdot\vec{e}_2)\,\vec{e}_2\,.
\end{aligned}$$

Die Richtigkeit dieser Gleichungen erfährt man sofort, indem man testweise z. B.

$$\vec{e}_1\cdot\vec{e}_1^* \;=\; (\vec{e}_1\cdot\vec{e}_1^*)\,\underbrace{\vec{e}_1^*\cdot\vec{e}_1^*}_{=\,1} + (\vec{e}_1\cdot\vec{e}_2^*)\,\underbrace{\vec{e}_2^*\cdot\vec{e}_1^*}_{=\,0} \quad\Longrightarrow\quad \vec{e}_1\cdot\vec{e}_1^* \;=\; \vec{e}_1\cdot\vec{e}_1^*$$

---

[5] Zur Herleitung vgl. Abschnitt 7.3

bildet. Mit den oben definierten Transformationskoeffizienten erhalten wir die Basistransformation zu

$$\boxed{\vec{e}_1^{\,*} = a_{11}\,\vec{e}_1 + a_{12}\,\vec{e}_2\,, \qquad \vec{e}_2^{\,*} = a_{21}\,\vec{e}_1 + a_{22}\,\vec{e}_2}$$

(1.18)

und

$$\boxed{\vec{e}_1 = a_{11}^{*}\,\vec{e}_1^{\,*} + a_{12}^{*}\,\vec{e}_2^{\,*}\,, \qquad \vec{e}_2 = a_{21}^{*}\,\vec{e}_1^{\,*} + a_{22}^{*}\,\vec{e}_2^{\,*}}\,.$$

(1.19)

Abschließend überzeugen wir uns noch von $\left\|\vec{\mathbf{v}}^{*}\right\| = \left\|\vec{\mathbf{v}}\right\|$. Es ist mit (1.12)

$$\begin{aligned}
\left\|\vec{\mathbf{v}}^{*}\right\| &= \sqrt{v_1^{*2} + v_2^{*2}} \\
&= \sqrt{(a_{11}^2 + a_{21}^2)\,v_1^2 + 2\,(a_{11}\,a_{12} + a_{21}\,a_{22})\,v_1\,v_2 + (a_{12}^2 + a_{22}^2)\,v_2^2}\,,
\end{aligned}$$

und mit

$$a_{11}^2 + a_{21}^2 = \cos^2\varphi + \sin^2\varphi = 1\,,$$
$$a_{11}\,a_{12} + a_{21}\,a_{22} = \cos\varphi\,\sin\varphi - \sin\varphi\,\cos\varphi = 0\,,$$
$$a_{12}^2 + a_{22}^2 = \sin^2\varphi + \cos^2\varphi = 1$$

erhält man tatsächlich

$$\begin{aligned}
\left\|\vec{\mathbf{v}}^{*}\right\| &= \sqrt{v_1^2 + v_2^2} \\
&= \left\|\vec{\mathbf{v}}\right\|\,.
\end{aligned}$$

Ein Hinweis sei an dieser Stelle noch erlaubt: Für Koordinatentransformationen existieren zwei unterschiedliche geometrische Interpretationen (vgl. [13], Abschnitt 1.8.1):

- Bei der **passiven Interpretation** bleibt der durch $\vec{\mathbf{v}}$ im (Vektor-)Raum fixierte Punkt unverändert. Mit Wechsel[6] der den Raum aufspannenden Basis ergeben sich dann lediglich „neue" Koordinaten für denselben[7] Punkt. Das ist genau das, was wir in diesem Abschnitt behandelt haben. Die passive Interpretation wird in Ingenieurwesen und Geodäsie meist bevorzugt, da dort häufig „feste Realitäten" in verschiedenen Koordinatensystemen betrachtet werden.

- Die **aktive Interpretation** sieht dagegen ein raumfestes Koordinatensystem vor. Der durch die „alten" Koordinaten beschriebene Punkt geht mit den transformierten Koordinaten in einen „neuen" Punkt über. Eine Basistransformation ist hier überflüssig. Formal kann man aber auch die Koordinaten der Basisvektoren (wie bei jedem anderen Vektor auch) transformieren. Im Falle von orthogonalen Transformationen ergibt sich dann ein Bild, als wenn man den „Raum samt Inhalt" gedreht hätte. Auf die aktive Interpretation trifft man häufig in der mathematischen Literatur[8].

---

[6] Ausgedrückt durch eine Basistransformation, die auch nichtorthogonal sein darf.

[7] (1.11) wird daher auch als **Invarianzbedingung** bezeichnet, vgl. [9], Abschnitt 1.3.

[8] Vgl. z. B. [7], Abschnitt 4.5.

1.3   Vektorielle Schreibweisen im Vergleich

Die **symbolische Schreibweise** von Vektoren

$$\vec{u}, \ \vec{v}, \ \vec{w}, \ \ldots$$

beinhaltet keine Informationen über Basis bzw. Koordinatensystem. Liegt eine Vektorgleichung in symbolischer Schreibweise vor, hat man es mit der abstraktesten Darstellung zu tun, die überhaupt möglich ist. Es ist dann noch völlig offen, wie später mal das Koordinatensystem im Raum liegt. Denn ein solches braucht man, da in der symbolischen Schreibweise keine Zahlenrechnungen ausgeführt werden können. Die **Komponentenschreibweise**

$$\vec{v} = v_1 \, \vec{e}_1 + \ldots + v_n \, \mathbf{e}_n$$

setzt die Wahl einer Basis $\vec{e}_1, \ldots, \mathbf{e}_n$ zwingend voraus. Diese bleibt stets sichtbar in der Gleichung enthalten. Das ist vor allem vorteilhaft beim Wechsel der Basis, wie wir im vorangegangenen Abschnitt gesehen haben. Beim Bilden gewöhnlicher und partieller Ableitungen von Vektoren, bezüglich derer die Basis nicht fest ist, führt die Komponentenschreibweise direkt auf die Anwendung der Produktregel.

Nachteilig an der Komponentenschreibweise ist, dass sie sich für das praktische Rechnen als etwas sperrig erweist. Stellt man jedoch alle in einer Gleichung vorkommenden Vektoren mit einer einheitlichen Basis dar, erhält man ein System aus n skalaren Gleichungen, die sich dann parallel berechnen lassen.

Andererseits lassen sich diese n Gleichungen auch in die **Spaltenschreibweise** überführen. An die Stelle eines Vektors $\vec{v}$ tritt dann seine „Repräsentation" bezüglich der gewählten Basis in Gestalt der Spaltenmatrix

$$\underline{v} = \begin{pmatrix} v_1 \\ \vdots \\ v_n \end{pmatrix},$$

meist auch als Spaltenvektor bezeichnet. Man wird es in der ingenieurmäßigen Praxis nicht immer als notwendig erachten, einen Spaltenvektor mit einem eigenen Symbol (hier: $\underline{v}$) zu versehen. Es ist aber trotzdem sinnvoll, den Unterschied zwischen dem eigentlichen Vektor $\vec{v}$ und seiner Spaltenmatrix $\underline{v}$ nicht einfach zu ignorieren. Anstatt beide kurzerhand gleichzusetzen – wie man es häufig antrifft –, verwendet man besser die Relation „entspricht" und schreibt

$$\vec{v} \ \widehat{=} \ \begin{pmatrix} v_1 \\ \vdots \\ v_n \end{pmatrix}.$$

1.4 Zur physikalischen Verschieblichkeit von Vektoren

Es geht hier darum, dass mit „Verschieblichkeit" bei vektoriellen Größen in Physik und Ingenieurwissenschaften in aller Regel etwas anderes gemeint ist als in der Mathematik. Es ist von Vorteil, wenn man frühzeitig darüber aufgeklärt wird.

In Abbildung 1.1 hatten wir es mit zwei Translationen $\overrightarrow{PQ}$ und $\overrightarrow{P'Q'}$ zu tun, die nach Betrag und Richtung gleich waren. Es handelt sich in einem solchen Fall definitionsgemäß um gleiche Vektoren. Folglich lassen sich Vektoren im Raum verschieben – unabhängig davon, ob die betrachteten Vektoren geometrische oder physikalische Realitäten darstellen. Es können daher beispielsweise auch Kraftvektoren im Raum frei verschoben werden, vorausgesetzt, der „Raum" wird von Kraftkoordinaten aufgespannt, wie es in Abbildung 1.7a mit[9]

$$\overrightarrow{\mathbf{F}}_i = F_{\mathrm{x},i}\,\vec{\mathbf{e}}_\mathrm{x} + F_{\mathrm{y},i}\,\vec{\mathbf{e}}_\mathrm{y}$$

gezeigt wird. Es kommt in diesem Zusammenhang aber leicht zu Missverständnissen, da man in der ingenieurmäßigen Praxis die „Verschiebung eines Kraftvektors im Raum" nicht im vorgenannten Sinn versteht. Es geht vielmehr darum, dass der Angriffspunkt des Kraftvektors, also der geometrische Ort der Kraftwirkung, verschoben werden soll. Das ist etwas völlig anderes!

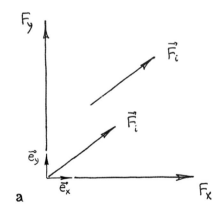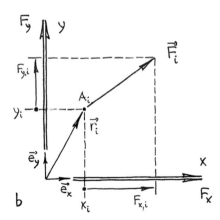

Abb. 1.7 Zur „Verschieblichkeit" des Kraftvektors $\overrightarrow{\mathbf{F}}_i$

In Abbildung 1.7b wirkt die Kraft $\overrightarrow{\mathbf{F}}_i$ am Angriffspunkt A_i, dessen Lage durch den Ortsvektor

$$\overrightarrow{\mathbf{r}}_i = x_i\,\vec{\mathbf{e}}_\mathrm{x} + y_i\,\vec{\mathbf{e}}_\mathrm{y}$$

---

[9] Der Einfachheit halber beschränkt sich die Darstellung auf den ebenen Fall.

wiedergeben wird. Dafür schreiben wir kurz $\overrightarrow{\mathbf{F}}_i\,[A_i]$. Es leuchtet unmittelbar ein, dass die Frage, ob der Angriffspunkt einer Kraft (oder einer anderen Belastungsgröße) verschoben werden darf[10], eine rein physikalische ist und durch die Translationseigenschaft entsprechend der mathematischen Vektordefinition nicht geklärt werden kann.

Die beiden Vektoren $\overrightarrow{\mathbf{F}}_i$ und $\overrightarrow{\mathbf{r}}_i$ befinden sich – wie wir anhand von Abbildung 1.7 leicht nachvollziehen können – in zwei völlig verschiedenen „Welten"! Der Komponentendarstellung dieser Vektoren entnehmen wir auch: Das Einzige, was sie gemeinsam haben, ist die Basis. Eigentlich müssten alle Kräftesysteme in einem doppelten Koordinatensystem für Orts- und Kraftkoordinaten wie in Abbildung 1.7 b dargestellt werden. Solcher Aufwand ist aber nicht üblich. Man beschränkt sich in der Praxis auf die Ortskoordinaten und weiß, dass sich die Kraftkoordinaten auf die gleichen Raumrichtungen beziehen.

In diesem Zusammenhang unterscheidet man:

- **Gebundene Vektoren**, deren Angriffspunkte nicht verschoben werden dürfen.

- **Linienflüchtige Vektoren**. Deren Angriffspunkte dürfen nur entlang der eigenen Wirkungslinie verschoben werden.

- **Freie Vektoren** sind dagegen solche, deren Angriffspunkte beliebig verschoben werden dürfen.

Der **Angriffspunkt** ist – wie bereits deutlich wurde – der geometrische Wirkungsort eines Kraftvektors oder einer anderen Belastungsgröße. Es ist gleichgültig, ob man solch einen Vektor mit seinem Fußpunkt oder seiner Spitze am Angriffpunkt anträgt:

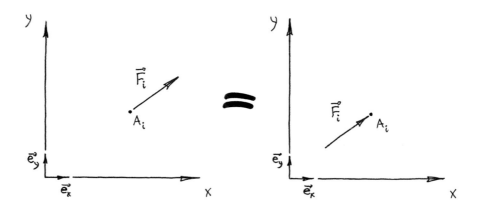

Abb. 1.8 Kraftvektor $\overrightarrow{\mathbf{F}}_i$ und Angriffspunkt A_i

---

[10] Damit ändert sich natürlich auch der zugehörige Ortsvektor!

1.5 Ergänzende Bemerkungen[11]

Die vorstehende Einführung in die Vektorrechnung dient dazu, die Anfänger in den Ingenieurwissenschaften auch bei unterschiedlicher Vorbildung schnell in eine Art „Arbeitsbereitschaft" zu versetzen, die für den Zugang zur Technischen Mechanik unabdinglich ist. Es gibt darüber hinaus noch vieles, insbesondere über Vektorräume, was der Erwähnung wert ist, hier aber aus verschiedenen Gründen nicht gebracht werden kann. Ein paar ergänzende Bemerkungen sind für die Einordnung des behandelten Stoffes vielleicht doch hilfreich.

Ohne uns darin besonders zu vertiefen, haben wir im vorangegangenen Einführungskapitel den betrachten Vektorraum über dem reellen Zahlenkörper $\mathbb{R}$ aufgebaut. Dieser n-dimensionale Vektorraum über $\mathbb{R}$ beinhaltet, dass uns gemäß der Vektordarstellung (1.1) für *jede* Koordinate v_i wegen

$$v_i \in \mathbb{R} \qquad (i = 1, \ldots, n)$$

der Körper $\mathbb{R}$ gewissermaßen einmal „zur Verfügung" steht. Bei n Koordinaten folgt daraus n-facher „Gebrauch" von $\mathbb{R}$. Dafür schreibt man das kartesische Produkt

$$\mathbb{R}^n = \underbrace{\mathbb{R} \times \mathbb{R} \times \ldots \times \mathbb{R}}_{n\text{-mal}} .$$

Der $\mathbb{R}^n$ ist zunächst nichts weiter als die Menge aller n-Tupel

$$\begin{pmatrix} v_1 \\ \vdots \\ v_n \end{pmatrix}$$

reeller Zahlen, also ein n-dimensionaler Punktraum. In Verbindung mit den Vektorraum-Axiomen (1) bis (8) sprechen wir von einem **affinen Raum**. Die affinen Eigenschaften beruhen auf Parallelverschiebung von Vektoren. Es können daher nur Längen paralleler Vektoren verglichen werden.

Bei affinen Räumen fehlt aber ein allgemeiner Abstandsbegriff, der speziell für uns in der Mechanik und allgemein in der Analysis in vieler Hinsicht von Vorteil ist: Der „Abstand zwischen zwei beliebigen Punkten" des Raumes. Man nennt diesen Abstand (= *distance*) **Metrik** und spricht, wenn eine solche dort definiert ist, von einem metrischen Raum. Für eine Metrik $d(\vec{\mathbf{u}}, \vec{\mathbf{v}})$ gelten die drei Metrikaxiome:

$$\left. \begin{aligned} d(\vec{\mathbf{u}}, \vec{\mathbf{v}}) &\geqslant 0 \\ d(\vec{\mathbf{u}}, \vec{\mathbf{v}}) = 0 \iff \vec{\mathbf{u}} &= \vec{\mathbf{v}} \end{aligned} \right\} \qquad \text{(Definitheit)},$$

$$d(\vec{\mathbf{u}}, \vec{\mathbf{v}}) = d(\vec{\mathbf{v}}, \vec{\mathbf{u}}) \qquad \text{(Symmetrie)},$$

$$d(\vec{\mathbf{u}}, \vec{\mathbf{v}}) \leqslant d(\vec{\mathbf{u}}, \vec{\mathbf{w}}) + d(\vec{\mathbf{w}}, \vec{\mathbf{v}}) \qquad \text{(Dreiecksungleichung)}.$$

---

[11] Vgl. hierzu auch [1], Abschnitt 4.5.1.

Insbesondere im dreidimensionalen Raum unserer Anschauung identifizieren wir Raumpunkte mit sogenannten **Ortsvektoren**, deren Fußpunkte stets im Koordinatenursprung liegen. Das heißt, wir ordnen dem Punkt P einen Ortsvektor

$$\vec{r} = \overrightarrow{0P}$$

zu. Das war im vorherigen Abschnitt bereits deutlich geworden.

Wir stellen uns die drei Vektoren $\vec{u}, \vec{v}, \vec{w}$ als Vektoren im dreidimensionalen Raum unserer Anschauung vor. Dann wird unmittelbar einsichtig, dass die drei Metrikaxiome Eigenschaften festlegen, die jeder „vernünftige" Abstandsbegriff haben wird. Der Abstand d kann aufgrund des ersten Metrikaxioms nicht negativ sein. Der Grenzfall $d = 0$ ist mit identischen Raumpunkten verbunden. Wir können also auch $d \in \mathbb{R}_0^+$ schreiben. Nach dem zweiten Metrikaxiom ist es von P nach Q genauso „weit" wie umgekehrt von Q nach P. Dem dritten Metrikaxiom entnehmen wir: Es gibt zwischen zwei Punkten einen (kürzesten) Abstand. Alle „Umwege" über einen dritten Punkt sind „weiter" oder im Grenzfall „gleich weit".

Die Metrikaxiome haben eine gewisse Ähnlichkeit zu den in Abschnitt 1.2.5 aufgeführten Normaxiomen. In der Tat besteht zwischen den Begriffen *Norm* und *Metrik* eine Beziehung. Formal gesehen ist ein normierter Vektorraum zwar noch kein metrischer Vektorraum, aber wir können ihn durch die *kanonische Metrikdefinition*

$$d(\vec{u}, \vec{v}) := \left\| \vec{u} - \vec{v} \right\| \tag{1.20}$$

jederzeit dazu machen. Mit der EUKLIDischen Norm (1.9), wie sie in Abschnitt 1.2.5 mithilfe des Skalarproduktes eingeführt wurde, erhalten wir sofort die EUKLIDische Metrik

$$d(\vec{u}, \vec{v}) = \left(\sum_{i=1}^{n} (u_i - v_i)^2 \right)^{\frac{1}{2}}. \tag{1.21}$$

Wir versehen den $\mathbb{R}^n$ mit dieser Metrik und sprechen fortan vom **EUKLIDschen Vektorraum $\mathbb{E}^n$**. Mechanisch bedeutsam sind der uns bestens vertraute dreidimensionale EUKLIDische Vektorraum $\mathbb{E}^3$ mit der EUKLIDischen Schrägentfernung

$$d(\vec{u}, \vec{v}) = \sqrt{(u_x - v_x)^2 + (u_y - v_y)^2 + (u_z - v_z)^2} \qquad \text{(„Pythagoras")}$$

sowie die EUKLIDische Ebene $\mathbb{E}^2$.

Wir nehmen somit zur Kenntnis, dass der EUKLIDische Vektorraum mit affinen Eigenschaften entsprechend der Vektorraum-Axiome (1) bis (8) sowie metrischen Eigenschaften ausgestattet ist, die auf der Einführung des Skalarproduktes beruhen (Projektionseigenschaft).

2

Grundlagen

2.1 Kraftbegriff

„Kräfte" sind physikalische Größen, die sich nicht direkt beobachten lassen. Ihr Nachweis erfolgt über Wirkungen:

> **Kräfte bewirken (oder verhindern) Bewegungs- und/oder Formänderungen an Körpern.**

Da es in Teil I zunächst nur um die Statik der Starrkörper geht, kann man mit dieser Definition erstmal wenig anfangen. Denn es sind weder Bewegungsänderungen (Statik) noch Formänderungen (Starrkörper) zugelassen. Die einzige Möglichkeit, Kräfte zu messen oder im Experiment zu realisieren, besteht dann im Einsatz von bekannten Gewichtskräften (vgl. Balkenwaage). Kräfte lassen sich also mit geeigneten Konstruktionen durch Gewichtskräfte ersetzen bzw. mit diesen vergleichen (siehe insbesondere Beispiel 2.4).

Kräfte haben außer ihrer Größe (Betrag) offensichtlich einen Wirkungsort (Angriffspunkt) und eine (Wirk-)Richtung. Wir fassen deshalb Kräfte als Vektoren auf, die durch

- **Betrag** (= *magnitude*),

- **Richtung** (= *direction*),

- **Angriffspunkt** (= *point of application*)

gegeben sind. Die Information der Richtung wird gelegentlich auch durch die (den Angriffspunkt enthaltende) **Wirkungslinie** (= *line of action*) und den **Wirkungssinn** (= *directional sense*) wiedergegeben. Für die symbolische Darstellung von Kraftvektoren verwenden wir in aller Regel große, lateinische Buchstaben; das englische Wort *force* (= Kraft) sorgt für die Häufigkeit des Symbols $\vec{F}$, F.

Streng genommen stellen Kräfte mit Punktwirkung – wie sie oben beschrieben wurden – eine Idealisierung dar. In Wirklichkeit handelt es sich um flächenhafte Kraftverteilungen, die auf Körperoberflächen oder Bezugsflächen gedachter Natur vorkommen (Flächenkräfte, Spannungen), oder um räumliche Kraftverteilungen (Volumenkräfte), wie z. B. Gewichtskräfte oder elektrische Feldkräfte. Würde dagegen eine Kraft mit endlichem Betrag tatsächlich auf einen Punkt (d. h. ein geometrisches Objekt, das in allen Raumrichtungen die Ausdehnung null besitzt) wirken, wäre dies mit unendlich hohen Flächen- bzw. Volumenkräften verbunden.

Um Kräfte und andere mechanisch relevante Größen quantitativ erfassen zu können, benötigen wir Maßeinheiten. Diese können natürlich in vielfältiger Weise definiert werden, wie uns die historische Entwicklung eindrucksvoll gezeigt hat. Aus einleuchtenden ökonomischen Gründen hat man sich auf ein international verbindliches System geeinigt: das **Système Internationale d'Unités**, kurz das **SI**.[1] Die Menge aller physikalischen Größen wird dabei mithilfe einer vergleichsweise geringen Zahl von sogenannten Grundgrößen strukturiert. Alle Übrigen werden von ebendiesen abgeleitet. In der Mechanik haben wir es mit den drei Grundgrößen bzw. [Dimensionen]

Masse $[m]$, **Länge** $[\ell]$, **Zeit** $[t]$

zu tun. Ihre SI-Einheiten sind Kilogramm (kg), Meter (m) und Sekunde (s). Die Dimensionen der abgeleiteten, mechanischen Größen ergeben sich als Produkt von Potenzen dieser drei Grundgrößen entsprechend

$$[\text{Abgeleitete Größe}] \;=\; [m]^{n_\mathrm{m}}\,[\ell]^{n_\mathrm{l}}\,[t]^{n_\mathrm{t}} \qquad \text{mit} \qquad n_\mathrm{m}, n_\mathrm{l}, n_\mathrm{t} \in \mathbb{Z}\;.$$

Insbesondere die Kraft hat die Dimension (vgl. Abschnitt 14.1.1)

$$[F] \;=\; [m]^1\,[\ell]^1\,[t]^{-2}\;.$$

Infolgedessen definiert man als abgeleitete Einheit der Kraft das Newton (N) durch

$$1\,\mathrm{N} \;:=\; 1\,\mathrm{kg}^1\,\mathrm{m}^1\,\mathrm{s}^{-2} \;=\; 1\,\frac{\mathrm{kg\,m}}{\mathrm{s}^2}\;.$$

Weitere in der Mechanik benötigte, abgeleitete Größen werden wir in den betreffenden Abschnitten einführen.

2.2   Axiome der Statik

2.2.1   Trägheitsaxiom   (1. NEWTONsches Axiom)

> **Es existiert ein Bezugssytem (Inertialsystem), in dem sich ein Körper ohne äußere Einwirkungen entweder im Zustand der Ruhe oder der gleichförmigen und geradlinigen Bewegung befindet.**

[1] Bitte nicht: **SI**-System. Einmal „System" genügt!

Für die Statik interessiert hier nur der Ruhezustand, den wir fortan als **Gleichgewichtszustand** bezeichnen. Inertialsysteme findet man in der Realität nur näherungsweise. Im Ingenieurwesen kann in aller Regel jedes mit der Erdoberfläche[2] fest verbundene Bezugssystem als Inertialsystem betrachtet werden. Bezugssysteme, die selbst eine Beschleunigung erfahren, sind keine Inertialsysteme.

2.2.2 Verschiebungsaxiom (gilt nur am starren Körper)

Eine Kraft ist ein linienflüchtiger Vektor.

Das bedeutet: Eine an einem Starrkörper angreifende Kraft darf längs ihrer Wirkungslinie verschoben werden, ohne dass sich die physikalische Realität dadurch ändert.

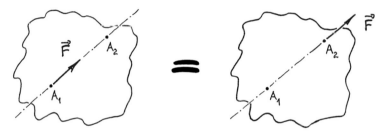

Abb. 2.1 Verschiebung eines Kraftvektors am starren Körper

Warum aber gilt das nicht auch für deformierbare Körper? Während die Längsverschiebung einer Kraft an einem starren Körper keinerlei Gestaltänderung bewirken kann, ergeben sich an deformierbaren Körpern Verformungszustände, die jeweils vom speziellen Angriffspunkt der Kraft abhängen, d.h., jedes Verschieben der Kraft (auch längs) führt zu einem anderen Deformationzustand. Wir machen uns das an einem einfachen Beispiel klar:

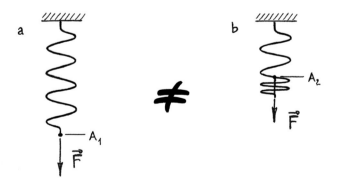

Abb. 2.2 Verschiebung eines Kraftvektors an einem elastischen Körper

---

[2] Die Physiker sind hier etwas anspruchsvoller und beziehen sich lieber auf die Fixsterne.

In Abbildung 2.2 a greift eine Kraft am unteren Ende einer Feder an. Die Feder ist
über der gesamten Ausdehnung gleichmäßig gedehnt. Im Bildteil b ist die Kraft
längsverschoben und belastet nur den oberen Teil der Feder, während der untere
Teil unbelastet und daher undeformiert ist. Es handelt sich somit um zwei völlig
verschiedene Deformationszustände!

2.2.3   Reaktionsaxiom (3. NEWTONsches Axiom)

> **Wirken zwei Körper A und B aufeinander, so wirkt sowohl eine
> Kraft von Körper A auf B als auch umgekehrt. Beide Kräfte liegen
> auf derselben Wirkungslinie, haben den gleichen Betrag, aber die
> entgegengesetzte Wirkrichtung (Wechselwirkungsgesetz).**

Nach NEWTON wird dieses Axiom auch kurz „**actio = reactio**" genannt – eine
Bezeichnung, die sich bis heute gehalten hat.

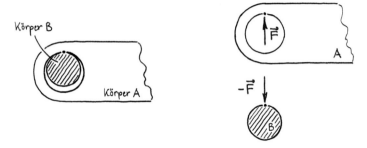

Abb. 2.3   „actio = reactio" am Bolzengelenk

2.2.4   Parallelogrammaxiom (4. NEWTONsches Axiom)

> **Wird ein Massenpunkt gleichzeitig von K Kräften $\overrightarrow{\mathbf{F}}_1$, $\overrightarrow{\mathbf{F}}_2$, ..., $\overrightarrow{\mathbf{F}}_K$
> angegriffen, ist ihre Wirkung gleich der Wirkung der Resultieren-
> den**
>
> $$\overrightarrow{\mathbf{R}} = \overrightarrow{\mathbf{F}}_1 + \overrightarrow{\mathbf{F}}_2 + \ldots + \overrightarrow{\mathbf{F}}_K \ .$$

Dieses Axiom beinhaltet ein (vektorielles) Superpositionsprinzip, d.h., die einzel-
nen Kräfte $\overrightarrow{\mathbf{F}}_1$, $\overrightarrow{\mathbf{F}}_2$, ..., $\overrightarrow{\mathbf{F}}_K$ beeinflussen sich gegenseitig nicht, sind also unabhängig voneinander. Die Bezeichnung „Parallelogrammaxiom" leitet sich von
der graphischen Lösung der Addition zweier Kraftvektoren ab:

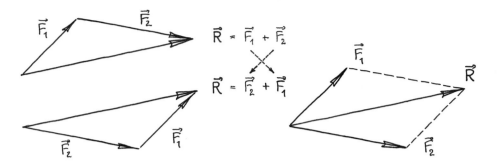

Abb. 2.4 Kräfteparallelogramm (vgl. Vektorraumaxiom (1), Abschnitt 1.2, S. 5)

2.3 Zentrales Kräftesystem und Gleichgewicht

Ein zentrales Kräftesystem liegt vor, wenn mehrere Einzelkräfte an einem gemeinsamen Angriffspunkt vorliegen. Nach dem Parallelogrammaxiom können wir statt

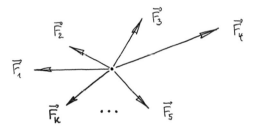

auch die Resultierende (= *resultant force*)

$$\vec{\mathbf{R}} = \vec{\mathbf{F}}_1 + \vec{\mathbf{F}}_2 + \ldots + \vec{\mathbf{F}}_K = \sum_{i=1}^{K} \vec{\mathbf{F}}_i \tag{2.1}$$

betrachten. Das bedeutet nichts anderes, als dass K Kräfte zu einer einzigen zusammengefasst werden. Die physikalische Realität ändert sich dadurch nicht!

Beispiel 2.1 Ebenes Kräftesystem mit $K = 3$

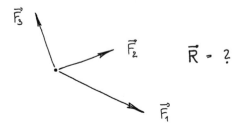

Nach (2.1) ist

$$\vec{R} = \vec{F}_1 + \vec{F}_2 + \vec{F}_3 \; .$$

Die graphische Lösung erfolgt mithilfe eines „Kraftecks" (Kräftepolygon)

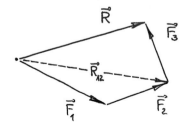

$$\vec{F}_1 + \vec{F}_2 = \vec{R}_{12} \qquad \text{(vorläufige Resultierende)},$$

$$\vec{R}_{12} + \vec{F}_3 = \vec{R} \qquad \text{(Resultierende)}.$$

Liegen die beteiligten Kräfte nicht in einer Ebene (räumliches Kräftesystem), ist die zeichnerische Lösung äußerst umständlich. U.a. deswegen ist die rechnerische Lösung nach (2.1) zu bevorzugen. ■

Sofern Kräfte gemäß

$$\vec{F}_i = F_{\mathrm{x},i}\,\vec{e}_{\mathrm{x}} + F_{\mathrm{y},i}\,\vec{e}_{\mathrm{y}} + F_{\mathrm{z},i}\,\vec{e}_{\mathrm{z}} \qquad \text{bzw.} \qquad \underline{F}_i = \begin{pmatrix} F_{\mathrm{x},i} \\ F_{\mathrm{y},i} \\ F_{\mathrm{z},i} \end{pmatrix}$$

durch ihre Komponenten[3] bezüglich eines gegebenen Koordinatensystems vorliegen, ist die Anwendung von (2.1) eine simple Rechenaufgabe.

In der ingenieurmäßigen Praxis werden Kräfte aber fast immer durch ihre Beträge angegeben. Die dazugehörigen Richtungen muss man meist aus geometrischen Sachverhalten ermitteln (techn. Zeichnungen, Skizzen). Um nun (2.1) anwenden zu können, besteht die Möglichkeit, durch

$$\left. \begin{array}{rcl} F_i & := & \left\| \vec{F}_i \right\|, \\[2mm] \alpha_i & := & \sphericalangle\,\vec{F}_i, \vec{e}_{\mathrm{x}}\,, \\[2mm] \beta_i & := & \sphericalangle\,\vec{F}_i, \vec{e}_{\mathrm{y}}\,, \\[2mm] \gamma_i & := & \sphericalangle\,\vec{F}_i, \vec{e}_{\mathrm{z}} \end{array} \right\} \qquad \text{mit} \quad i = 1, 2, \ldots, K$$

---

[3] Wir schließen uns dem allgemeinen Sprachgebrauch an und bezeichnen fortan sämtliche Koordinaten von Vektoren, die keine Ortsvektoren sind, als „Komponenten". Somit sind die $F_{\mathrm{x},i}$, $F_{\mathrm{y},i}$ und $F_{\mathrm{z},i}$ **Kraftkomponenten**.

die Komponenten

$$
\left.
\begin{aligned}
F_{\mathrm{x},i} &= \overrightarrow{\mathbf{F}}_i \cdot \vec{\mathbf{e}}_{\mathrm{x}} = F_i \cos\alpha_i \,, \\[4pt]
F_{\mathrm{y},i} &= \overrightarrow{\mathbf{F}}_i \cdot \vec{\mathbf{e}}_{\mathrm{y}} = F_i \cos\beta_i \,, \\[4pt]
F_{\mathrm{z},i} &= \overrightarrow{\mathbf{F}}_i \cdot \vec{\mathbf{e}}_{\mathrm{z}} = F_i \cos\gamma_i
\end{aligned}
\right\}
\qquad (2.2)
$$

zu berechnen. Hier stellen α_i, β_i, γ_i Winkel zwischen den Koordinatenachsen und $\overrightarrow{\mathbf{F}}_i$ dar, welche im Allgemeinen „schief" im Raum liegen:

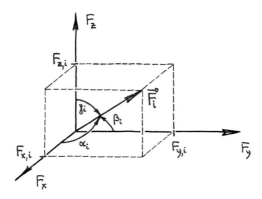

Abb. 2.5 Kraft $\overrightarrow{\mathbf{F}}_i$ und die Winkel α_i, β_i, γ_i

Die Resultierende ergibt sich dann mit (2.1) zu

$$
\begin{aligned}
\overrightarrow{\mathbf{F}}_1 &= F_{\mathrm{x},1}\,\vec{\mathbf{e}}_{\mathrm{x}} &+& & F_{\mathrm{y},1}\,\vec{\mathbf{e}}_{\mathrm{y}} &+& & F_{\mathrm{z},1}\,\vec{\mathbf{e}}_{\mathrm{z}} \\
\ \vdots & & & & \vdots & & & \vdots \\
\overrightarrow{\mathbf{F}}_i &= F_{\mathrm{x},i}\,\vec{\mathbf{e}}_{\mathrm{x}} &+& & F'_{\mathrm{y},i}\,\vec{\mathbf{e}}_{\mathrm{y}} &+& & F_{\mathrm{z},i}\,\vec{\mathbf{e}}_{\mathrm{z}} \\
\ \vdots & & & & \vdots & & & \vdots \\
\overrightarrow{\mathbf{F}}_K &= F_{\mathrm{x},K}\,\vec{\mathbf{e}}_{\mathrm{x}} &+& & F_{\mathrm{y},K}\,\vec{\mathbf{e}}_{\mathrm{y}} &+& & F_{\mathrm{z},K}\,\vec{\mathbf{e}}_{\mathrm{z}} \\
\hline
\sum_{i=1}^{K}\overrightarrow{\mathbf{F}}_i &= \sum_{i=1}^{K} F_{\mathrm{x},i}\,\vec{\mathbf{e}}_{\mathrm{x}} &+& & \sum_{i=1}^{K} F_{\mathrm{y},i}\,\vec{\mathbf{e}}_{\mathrm{y}} &+& & \sum_{i=1}^{K} F_{\mathrm{z},i}\,\vec{\mathbf{e}}_{\mathrm{z}} \\
\overrightarrow{\mathbf{R}} &= R_{\mathrm{x}}\,\vec{\mathbf{e}}_{\mathrm{x}} &+& & R_{\mathrm{y}}\,\vec{\mathbf{e}}_{\mathrm{y}} &+& & R_{\mathrm{z}}\,\vec{\mathbf{e}}_{\mathrm{z}} \,.
\end{aligned}
$$

Im praktischen Rechnen ist es üblich, gleich die drei (bzw. zwei) Komponenten-summen hinzuschreiben:

$$
R_{\mathrm{x}} = \sum_i F_{\mathrm{x},i} \,, \qquad R_{\mathrm{y}} = \sum_i F_{\mathrm{y},i} \,, \qquad R_{\mathrm{z}} = \sum_i F_{\mathrm{z},i} \,. \qquad (2.3)
$$

Der Betrag der Resultierenden ist dann mit

$$R := \|\vec{\mathbf{R}}\| = \sqrt{R_x^2 + R_y^2 + R_z^2}$$

schnell berechnet.

Man fragt sich natürlich, warum anstelle der **drei** Kraftkomponenten $F_{x,i}$, $F_{y,i}$, $F_{z,i}$, die den Kraftvektor nach Betrag und Richtung im Raum eindeutig festlegen, nun mit F_i, α_i, β_i, γ_i **vier** Skalare für denselben Zweck erforderlich sind. Es liegt auf der Hand, dass diese Größen nicht unabhängig voneinander sein können. Wir bilden nach (2.2) die Quadrate der Richtungscosinus und summieren diese zu

$$\cos^2\alpha_i + \cos^2\beta_i + \cos^2\gamma_i = \frac{F_{x,i}^2 + F_{y,i}^2 + F_{z,i}^2}{F_i^2} = \frac{F_i^2}{F_i^2} \equiv 1\,.$$

Damit finden wir unsere Vermutung bestätigt und versuchen, den dritten Winkel durch die beiden anderen auszudrücken:

$$\gamma_i = \arccos\left[\pm\sqrt{1 - \cos^2\alpha_i - \cos^2\beta_i}\,\right]\,.$$

Wie man auf den ersten Blick sieht, ist dieses Egebnis wegen des „$\pm$" nicht eindeutig. Die Angabe von α_i, β_i reicht also nicht!

Die beiden Werte für γ_i sind Komplementärwinkel auf 180°. Geometrisch ist das so zu interpretieren, dass durch die Angabe von α_i und β_i zwei Kegel (um die x- bzw. y-Achse) aufgespannt werden, die entweder zwei Durchdringungsgeraden[4] haben oder keine. Letzteres ist hier nicht nur geometrisch unsinnig, sondern wegen $\cos^2\alpha_i + \cos^2\beta_i > 1$ auch mit einem imaginären Argument in obigem Arcuscosinus verbunden.

Beispiel 2.2   Räumliches Kräftesystem mit $K = 3$

Gegeben sind $\vec{\mathbf{F}}_1$, $\vec{\mathbf{F}}_2$, $\vec{\mathbf{F}}_3$ durch $F_1 = F_2 = F_3 = F$ in folgender räumlicher Anordnung:

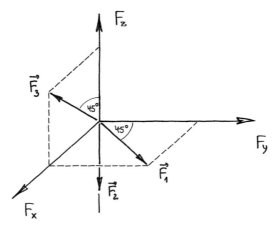

---

[4] Im Grenzfall $F_{z,i} = 0$ (Kraft liegt in der x-y-Ebene) fallen beide Durchdringungsgeraden zu einer gemeinsamen Mantellinie zusammen. Dann gilt $\alpha_i + \beta_i = 90°$ bzw. $\cos^2\alpha_i + \cos^2\beta_i = 1$, womit sich erwartungsgemäß $\gamma_i = 90°$ ergibt.

Komponenten von $\vec{F}_1$:

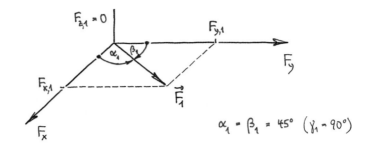

$$\alpha_1 = \beta_1 = 45° \; (\gamma_1 = 90°)$$

$$F_{x,1} \;=\; F_1 \cos\alpha_1 \;=\; F \cos[45°] \;=\; \frac{F}{\sqrt{2}} \,,$$

$$F_{y,1} \;=\; F_1 \cos\beta_1 \;=\; F \cos[45°] \;=\; \frac{F}{\sqrt{2}} \,,$$

$$F_{z,1} \;=\; F_1 \cos\gamma_1 \;=\; F \cos[90°] \;=\; 0 \,.$$

Komponenten von $\vec{F}_2$:

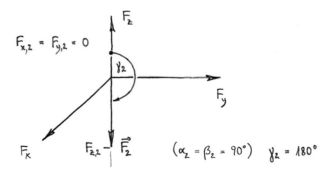

$$(\alpha_2 = \beta_2 = 90°) \quad \gamma_2 = 180°$$

$$F_{x,2} \;=\; F_2 \cos\alpha_2 \;=\; F \cos[90°] \;=\; 0 \,,$$

$$F_{y,2} \;=\; F_2 \cos\beta_2 \;=\; F \cos[90°] \;=\; 0 \,,$$

$$F_{z,2} \;=\; F_2 \cos\gamma_2 \;=\; F \cos[180°] \;=\; -F \,.$$

Komponenten von $\vec{\mathbf{F}}_3$:

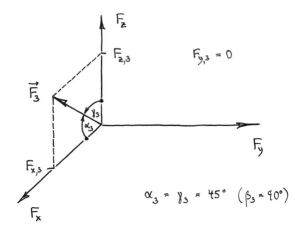

$$F_{x,3} \;=\; F_3 \cos\alpha_3 \;=\; F\cos[45°] \;=\; \frac{F}{\sqrt{2}}\,,$$

$$F_{y,3} \;=\; F_3 \cos\beta_3 \;=\; F\cos[90°] \;=\; 0\,,$$

$$F_{z,3} \;=\; F_3 \cos\gamma_3 \;=\; F\cos[45°] \;=\; \frac{F}{\sqrt{2}}\,.$$

Man erhält mit (2.3)

$$R_{\mathrm{x}} \;=\; \sum_{i=1}^{3} F_{\mathrm{x},i} \;=\; \frac{F}{\sqrt{2}} \;+\; 0 \;+\; \frac{F}{\sqrt{2}} \;=\; \frac{2}{\sqrt{2}}\,F \;=\; \sqrt{2}\,F\,,$$

$$R_{\mathrm{y}} \;=\; \sum_{i=1}^{3} F_{\mathrm{y},i} \;=\; \frac{F}{\sqrt{2}} \;+\; 0 \;+\; 0 \;=\; \frac{F}{\sqrt{2}}\,,$$

$$R_{\mathrm{z}} \;=\; \sum_{i=1}^{3} F_{\mathrm{z},i} \;=\; 0 \;-\; F \;+\; \frac{F}{\sqrt{2}} \;=\; \left(\frac{1}{\sqrt{2}} - 1\right) F$$

oder als Spaltenvektor

$$\underline{\mathbf{R}} \;=\; \begin{pmatrix} R_{\mathrm{x}} \\ R_{\mathrm{y}} \\ R_{\mathrm{z}} \end{pmatrix} \;=\; \begin{pmatrix} \sqrt{2} \\ 1/\sqrt{2} \\ 1/\sqrt{2} - 1 \end{pmatrix} F\,.$$

Man kann $\vec{\mathbf{R}}$ natürlich auch durch den Betrag

$$R := \|\vec{R}\| = \sqrt{2 + \frac{1}{2} + \left(\frac{1}{\sqrt{2}} - 1\right)^2} \, F = \sqrt{4 - \sqrt{2}} \, F \approx 1,6 \, F$$

und die Winkel α_R, β_R und γ_R darstellen, denn wegen

$$R_\mathrm{x} = \vec{R} \cdot \vec{e}_\mathrm{x} = R \cos \alpha_\mathrm{R}, \qquad R_\mathrm{y} = \dots, \qquad R_\mathrm{z} = \dots$$

sind

$$\alpha_\mathrm{R} = \arccos\left[\frac{R_\mathrm{x}}{R}\right] = \arccos\left[\frac{\sqrt{2}}{\sqrt{4 - \sqrt{2}}}\right] = 28,4°\,,$$

$$\beta_\mathrm{R} = \arccos\left[\frac{R_\mathrm{y}}{R}\right] = \arccos\left[\frac{1/\sqrt{2}}{\sqrt{4 - \sqrt{2}}}\right] = 63,9°\,,$$

$$\gamma_\mathrm{R} = \arccos\left[\frac{R_\mathrm{z}}{R}\right] = \arccos\left[\frac{1/\sqrt{2} - 1}{\sqrt{4 - \sqrt{2}}}\right] = 100,5°\,.$$

∎

Es ist aber auch möglich, dass die Richtungen der Kräfte durch Winkel angegeben werden, die sich *nicht* auf Koordinatenachsen, sondern auf Koordinatenebenen beziehen, wie im ...

Beispiel 2.3

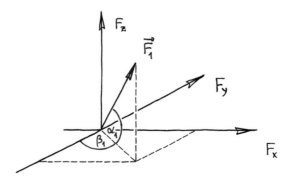

Typisch für diese Winkelangabe ist, dass man mit dem Bereich $0 \dots 90°$ auskommt. Daher müssen die **Vorzeichen der Komponenten** einer besonderen Betrachtung entnommen werden!

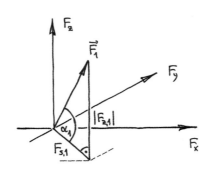
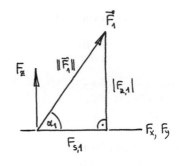

Wir erhalten mit $\|\vec{\mathbf{F}}_1\| =: F_1$ und der offensichtlichen Tatsache $F_{z,1} > 0$ die beiden Katheten zu

$$|F_{z,1}| = F_1 \sin\alpha_1 ,$$
$$F_{s,1} = F_1 \cos\alpha_1 .$$

$$\boxed{F_{z,1} = (+)\ F_1\ \sin\alpha_1}$$

In der x-y-Ebene findet dann die weitere Zerlegung statt:

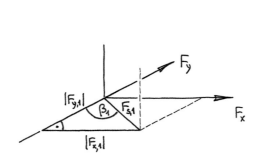
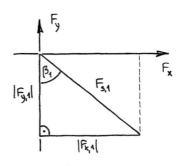

Wir entnehmen der Zeichnung $F_{x,1} > 0$, $F_{y,1} < 0$ und erhalten schließlich

$$|F_{x,1}| = F_{s,1} \sin\beta_1 ,$$
$$|F_{y,1}| = F_{s,1} \cos\beta_1$$

$$\boxed{\begin{aligned} F_{x,1} &= (+)\ F_1\ \cos\alpha_1 \sin\beta_1 \\ F_{y,1} &= -\ F_1\ \cos\alpha_1 \cos\beta_1 \end{aligned}}$$

bzw.

$$\underline{\mathbf{F}}_1 = \begin{pmatrix} \cos\alpha_1 \sin\beta_1 \\ -\cos\alpha_1 \cos\beta_1 \\ \sin\alpha_1 \end{pmatrix} F_1 .$$

Die zuletzt gezeigte Winkeldarstellung ist in der Praxis häufiger. Das hängt damit zusammen, dass die Dreidimensionalität von Maschinenteilen in technischen Zeichnungen durch mehrere Ansichten realisiert wird, die i. d. R. orthogonal zueinander stehen. Man könnte diese Art der Winkeldarstellung formal auch als Koordinatentransformation auffassen:

$$
\left.\begin{array}{l}
\text{Kugelkoordinaten im Raum} \\
\text{Polarkoordinaten in der Ebene}
\end{array}\right\} \quad \longrightarrow \quad \text{Kartesische Koordinaten.}
$$

Das Bereitstellen konkreter Umrechnungsformeln empfiehlt sich jedoch nicht, da die Winkelangaben in der Praxis immer uneinheitlich erfolgen.

∎

Nach dem Trägheitsaxiom ($\rightarrow$ Abschnitt 2.2.1) ist der **Gleichgewichtszustand** mit dem Fehlen „äußerer Einwirkungen" (Kräfte) verbunden. Im Falle des zentralen Kräftesystems heißt das, dass die Resultierende verschwindet, also

$$
\vec{\mathbf{R}} \;=\; \vec{0} \qquad \text{bzw.} \qquad R_x = 0,\quad R_y = 0,\quad R_z = 0
$$

ist. Stattdessen kann man mit (2.3) auch gleich

$$
\boxed{\;\sum_i F_{x,i} \;=\; 0\,, \qquad \sum_i F_{y,i} \;=\; 0\,, \qquad \sum_i F_{z,i} \;=\; 0\;}
\tag{2.4}
$$

schreiben. Hieraus sind im

- räumlichen Fall drei,

- ebenen Fall zwei (eine Gleichung entfällt),

unbekannte Kräfte berechenbar.

Beispiel 2.4 Zentrales Kräftesystem im Gleichgewicht

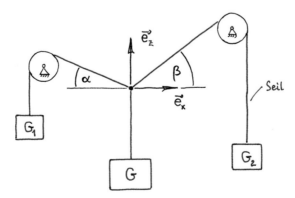

Gegeben sind die Gewichtskraft G des mittleren Gewichts sowie die Winkel α und β (und damit alle Kraftrichtungen). Wie groß sind die Gewichtskräfte G_1 und G_2?

Da die Gewichtskräfte durch (reibungsfrei gelagerte) Rollen auf den Seilknoten umgelenkt werden[5], kann das Problem auf ein zentrales Kräftesystem reduziert werden:

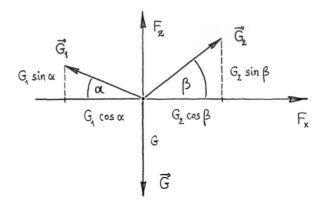

Die Kraftvektoren lauten

$$\vec{G}_1 = -G_1 \cos\alpha \; \vec{e}_x + G_1 \sin\alpha \; \vec{e}_z \; ,$$

$$\vec{G}_2 = G_2 \cos\beta \; \vec{e}_x + G_2 \sin\beta \; \vec{e}_z \; ,$$

$$\vec{G} = -G \; \vec{e}_z \; ,$$

und Gleichgewicht liegt vor, wenn

$$\underbrace{\vec{G}_1 + \vec{G}_2 + \vec{G}}_{= \vec{R}} = \vec{0}$$

ist. Entsprechend (2.4) schreibt man

$$\sum F_{x,i} = -G_1 \cos\alpha + G_2 \cos\beta = 0 \; ,$$

$$\sum F_{z,i} = G_1 \sin\alpha + G_2 \sin\beta - G = 0 \; .$$

Da hier ein ebenes Problem vorliegt, ist $\sum F_{y,i} = 0$ trivial erfüllt, und es verbleibt ein System von zwei Gleichungen für die zwei Unbekannten G_1 und G_2:

$$-\cos\alpha \; G_1 + \cos\beta \; G_2 = 0 \tag{1}$$

$$\sin\alpha \; G_1 + \sin\beta \; G_2 = G \tag{2}$$

bzw. in Matrixschreibweise

---

[5] Siehe hierzu das VARIGNONsche Prinzip, Abschnitt 3.3.1, Beispiel 3.8.

$$\underbrace{\begin{pmatrix} -\cos\alpha & \cos\beta \\ \sin\alpha & \sin\beta \end{pmatrix}}_{\underline{\underline{A}}} \underbrace{\begin{pmatrix} G_1 \\ G_2 \end{pmatrix}}_{\underline{x}} = \underbrace{\begin{pmatrix} 0 \\ G \end{pmatrix}}_{\underline{b}}.$$

Es ist also

$$\underline{\underline{A}}\,\underline{x} = \underline{b} \tag{2.5}$$

die Kurzschreibweise für ein **lineares Gleichungssystem** (LGS), das wegen $\underline{b} \neq \underline{0}$ inhomogen genannt wird. Insbesondere heißt $\underline{\underline{A}}$ die Koeffizientenmatrix und $\underline{x}$ der Lösungsvektor[6].

Dieses sehr einfache Beispiel eines LGS ist eine gute Gelegenheit, um die **Lösbarkeit** solcher Systeme anzusprechen. Aus der linearen Algebra[7] erfahren wir, dass ein LGS genau dann lösbar ist, wenn

$$\mathrm{Rang}(\underline{\underline{A}}\,|\,\underline{b}) = \mathrm{Rang}(\underline{\underline{A}}) \qquad \text{mit} \quad \underline{\underline{A}} \in \mathbb{R}^{m \times n}, \quad \underline{b} \in \mathbb{R}^m, \quad n, m \in \mathbb{N}$$

ist, wobei mit $(\underline{\underline{A}}\,|\,\underline{b})$ eine Matrix bezeichnet wird, die aus $\underline{\underline{A}}$ durch Hinzufügen von $\underline{b}$ als $(n+1)$-ter Spalte entsteht. Es wird hier also nicht vorausgesetzt, dass die Anzahl der Unbekannten gleich der Anzahl der Gleichungen ist. Eine derart allgemein gültige Formulierung der Lösbarkeit eines LGS brauchen wir für gewöhnlich nicht, denn:

Handelt es sich – was ingenieurmäßig in diesem Stadium der Problembehandlung normalerweise der Fall ist – um ein Gleichungssystem mit n Gleichungen für n Unbekannte (also $m = n$), so liegt in (2.5) eine quadratische (n, n)-Matrix vor, und die eindeutige Lösbarkeit ist durch

$$\det \underline{\underline{A}} \neq 0$$

gegeben. Die Matrix $\underline{\underline{A}}$ heißt dann **regulär**. In unserem Fall finden wir nun

$$\det \underline{\underline{A}} = -\cos\alpha \sin\beta - \sin\alpha \cos\beta$$

und stellen fest, dass für $\alpha = \beta = 0$ und $\alpha = \beta = 90°$ der Fall $\det \underline{\underline{A}} = 0$ eintritt.

Wir schließen $\alpha = \beta = 0$ und $\alpha = \beta = 90°$ zunächst aus und lösen unser LGS mithilfe des GAUSS-Algorithmus:

$$
\begin{array}{rcl}
-\cos\alpha\,\sin\alpha\,G_1 \;+\; & \cos\beta\,\sin\alpha \quad G_2 \;=\; & 0 \cdot \sin\alpha \\
+(\quad \sin\alpha\,\cos\alpha\,G_1 \;+\; & \sin\beta\,\cos\alpha \quad G_2 \;=\; & G\,\cos\alpha\,) \\
\hline
0 \cdot G_1 \;+\; (\sin\alpha\,\cos\beta + \cos\alpha\,\sin\beta)\,G_2 \;=\; & G\,\cos\alpha \quad . & \quad(3)
\end{array}
$$

---

[6] Dieser ist als Zahlentupel bzw. Spaltenmatrix zu verstehen. Eine geometrisch-translatorische Bedeutung – etwa im Sinne eines Vektorpfeils – ist damit nicht verbunden. Vielmehr repräsentiert ein solcher Vektor einen Punkt im (n-dimensionalen) Lösungsraum. In der Literatur findet man dafür auch die Bezeichnung *affiner Vektor*.

[7] Vgl. [7], Kap. 7.

Das nun vorliegende System

$$- \cos \alpha \; G_1 \; + \qquad\qquad \cos \beta \quad G_2 \; = \; 0 \qquad\qquad (1)$$

$$0 \cdot G_1 \; + \; (\sin \alpha \cos \beta + \cos \alpha \sin \beta) \, G_2 \; = \; G \cos \alpha \qquad (3)$$

bzw. in Matrixschreibweise

$$\begin{pmatrix} - \cos \alpha & \cos \beta \\ 0 & \begin{array}{c} \sin \alpha \cos \beta + \\ + \cos \alpha \sin \beta \end{array} \end{pmatrix} \begin{pmatrix} G_1 \\ G_2 \end{pmatrix} \; = \; G \begin{pmatrix} 0 \\ \cos \alpha \end{pmatrix}.$$

ist dem System (1), (2) äquivalent und besitzt die (angestrebte) Eigenschaft, dass die untere Dreiecksmatrix nur aus Nullen besteht. Bei unserem (2×2)-System ist das natürlich nur eine Null! Man löst so ein Gleichungssystem nun gewissermaßen „von unten". Hier heißt das, wir beginnen mit (3) und finden

$$G_2 \; = \; \frac{G \cos \alpha}{\sin \alpha \cos \beta + \cos \alpha \sin \beta} \; = \; \frac{G}{\tan \alpha \cos \beta + \sin \beta} \, . \qquad (4)$$

Dieses Ergebnis setzt man in die nächsthöhere Gleichung ein, was hier auch schon die erste (und damit „letzte") ist, und erhält

$$G_1 \; = \; \frac{G \cos \beta}{\sin \alpha \cos \beta + \cos \alpha \sin \beta} \; = \; \frac{G}{\sin \alpha + \cos \alpha \tan \beta} \, . \qquad (5)$$

Sonderfälle mit det $\underline{\underline{\mathbf{A}}} = 0$:

1) „Pathologischer" Fall mit $\alpha = \beta = 0$

Die Lösung (4), (5) zeigt

$$G_1, G_2 \; \to \; \infty \quad \text{für} \quad \alpha, \beta \; \to \; 0 \, .$$

Das hängt damit zusammen, dass keine Kraft eine Komponente orthogonal zu sich selber aufmachen kann:

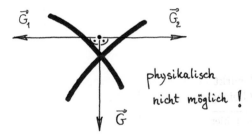

2) „Unlösbarer" Fall[8] mit $\alpha = \beta = 90°$

Setzt man in (4), (5) zunächst $\beta = \alpha$, so erhält man

$$G_1 = G_2 = \frac{G}{2\sin\alpha}$$

und weiterhin für $\alpha = 90°$

$$G_1 = G_2 = \frac{G}{2}.$$

Das sieht zwar zunächst sehr überzeugend aus, stellt in Wirklichkeit aber nur eine spezielle Lösung dar! Tatsächlich gibt es unendlich viele Lösungen:

$$\sum F_{z,i} = G_1 + G_2 - G = 0$$

$$\left(\sum F_{x,i} = 0 \quad \text{trivial erfüllt!} \right)$$

Lösungen sind alle Wertekombinationen von G_1 und G_2, die

$$G_1 + G_2 = G$$

erfüllen.

2.4   Schnittmethode

Im Vorangegangenen hatten wir Systeme von Kräften betrachtet, die alle an dem gleichen Punkt angriffen, ohne dass dieser Punkt mechanisch irgendwie mit der Umgebung verbunden gewesen wäre. Der Punkt war „frei" von weiteren äußeren Einflüssen. Dadurch konnten wir die Gleichgewichtsbedingungen sofort anwenden. Häufig sieht die Situation aber anders aus, wie in folgendem ...

Beispiel 2.5   Ermittlung einer Lagerkraft

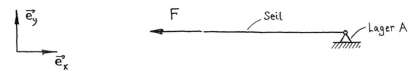

An einem Seil wirkt horizontal eine (Zug-)Kraft F. Da sich nichts bewegt, liegt offensichtlich Gleichgewicht vor. Die Gleichgewichtsbedingungen können wir hier

---

[8] Es handelt sich hier um einen einfach statisch unbestimmten Fall, vgl. Abschnitt 3.3.2.

aber (noch) nicht anwenden! Denn das System „Seil" wird zwar auf dem linken Rand mit der Kraft F belastet, auf dem rechten Rand liegt jedoch in Gestalt des Lagers A (Poller, Zaunpfahl o.ä.) eine Verbindung zur Umgebung vor, die dafür sorgt, dass das System nicht frei ist. Um dem abzuhelfen, machen wir Gebrauch von einer von LEONHARD EULER erfundenen Methode, dem sogenannten **Freischneiden** (= *to isolate*). Die Methode ist einfach und genial:

Wir schneiden im Gedankenexperiment das Seil direkt am Lager A los. Ohne weitere Maßnahme würde das Seil aufgrund der Einwirkung von F horizontal beschleunigt werden. Das entspricht natürlich nicht dem Gleichgewichtszustand, den wir berechnen wollen. Also setzen wir – ebenfalls gedanklich – im Punkt A, d.h. auf dem rechten Rand des Systems, eine (unbekannte) Ersatzkraft an, die das System im Gleichgewicht hält. Da diese Ersatzkraft auf die gleiche physikalische Wirkung, nämlich den Gleichgewichtszustand, führt, leuchtet unmittelbar ein, dass es sich dabei um diejenige Kraft handelt, die wir als Lagerkraft ermitteln wollen. Es stellt sich natürlich die Frage, wie wir das machen, in A eine Ersatzkraft anzubringen. Muss diese Kraft (wie das gegebene F) durch Pfeil und Betrag formuliert werden? Wenn ja, wie ist der Pfeil zu orientieren? Oder vielleicht doch lieber die Kraft vektoriell formulieren? Wir probieren dazu drei Möglichkeiten:

1) Betragsweise formulierte Lagerkraft vom Schnittufer weg

Da es sich um das Lager A handelt, bezeichnen wir die Lagerkraft einfach auch mit A. Diese skalare Größe allein beinhaltet im Gegensatz zum Kraftvektor keine Information über die Wirkrichtung. Das ist hier aber nicht weiter problematisch, da die Wirkungslinie von A durch die Seilrichtung vorgeben wird. Es bleibt nur noch die Frage nach dem Wirkungssinn. Wir entscheiden uns für folgende – willkürlich gewählte – Antragung:

Egal, wie wir uns bei der Antragung entschieden haben, wichtig ist, dass wir an gegenüberliegenden Schnittufern das Reaktionsaxiom *actio = reactio* berücksichtigen! Man kann sich also nur auf einem der beiden Schnittufer die Antragung aussuchen, die andere Seite folgt gegensinnig. Durch das Freischneiden wird das Seil zu einem System, auf das außer den Kräften F und A keine weiteren äußeren

Einflüsse mehr einwirken. Die bildliche Darstellung eines vollständig freigeschnittenen Systems heißt **Freikörperbild** (FKB) (= *free-body diagram*). Auf ein solches
wenden wir das Kräftegleichgewicht[9] (2.4) an:

$$\sum F_{\text{x},i} = -F + A = 0 . \qquad \text{(hier nur } x\text{-Richtung erforderlich)}$$

Im Gegensatz zum Seil repräsentiert rechts die Darstellung des Lagers samt Lagerkraft A kein Freikörperbild. Denn es bestehen zusätzlich zur Kraft A noch
Wechselwirkungen zur Umgebung, wodurch das Anwenden der Gleichgewichtsbedingungen unmöglich wird. Die Schraffur unter dem Lagerbock deutet an, dass
hier eine nicht näher bekannte Verbindung zum „Rest der Welt" besteht.

Das oben stehende Kräftegleichgewicht liefert uns die gesuchte Lagerkraft zu

$$A = F .$$

Da die Kraft F als Kraft*betrag* (> 0) eingeführt wurde, finden wir nun mit $A > 0$
bestätigt, dass die Antragung von A der tatsächlichen Wirkrichtung entspricht:

> A wirkt am Seil als Zugkraft! Es ist $|A| = A = F$.

2) Betragsweise formulierte Lagerkraft zum Schnittufer hin

Mit der zuvor erfolgten Rechnung ist natürlich alles klar. Die Lagerkraft war so
angetragen worden, wie sie auch tatsächlich wirkt. Das war ja ganz einfach. Man
kann sich aber vorstellen, dass es kompliziertere Systeme gibt, bei denen die Wirkrichtung von Lagerkräften nicht so ohne Weiteres erkennbar ist. Was passiert, wenn
eine solche Kraft „falsch" angesetzt wird? Das probieren wir gleich mal aus:

Mit der umgekehrt angetragenen Lagerkraft A^* erhalten wir in diesem Fall

$$\sum F_{\text{x},i} = -F - A^* = 0$$

und somit

$$A^* = -F .$$

Hier ist also $A^* < 0$. Für eine betragsweise formulierte Kraft ist dies ein Widerspruch! Physikalisch heißt das, die Antragung von A^* steht im Gegensatz zur

---

[9] Streng genommen handelt es sich hier nicht um ein zentrales Kräftesystem. Wegen der
Linienflüchtigkeit von Kraftvektoren am starren Körper ist es einem solchen aber äquivalent.
Mehr dazu im nächsten Kapitel.

tatsächlichen Wirkrichtung:

> A^* wirkt am Seil (trotz „falscher" Antragung) als Zugkraft mit $|A^*| = F$.

Wie man sieht, ist das „falsche" Antragen einer Lagerkraft absolut ungefährlich. Denn man erhält in jedem Fall ein „richtiges" Ergebnis! Es ist aber nicht erforderlich, im Falle einer sich negativ ergebenden Lagerkraft die Rechnung anschließend noch einmal durchzuführen mit umgedrehtem Kraftpfeil. Eine solche – gewissermaßen ästhetisch motivierte – Zweitrechnung würde jeden, der die Berechnung nachvollziehen will, nur unnötig verwirren. Mit dem einmal ermittelten Ergebnis

$$A^* = -F$$

kann man also getrost weiterrechnen. Wichtig ist nur, dass die ursprünglich vorgenommene Kraftantragung nicht im Nachhinein verändert wird. Denn dann würde $A^* = -F$ nicht mehr stimmen!

3) Vektoriell formulierte Lagerkraft

Da wir Kräfte von Anfang an als vektorielle Größen eingeführt hatten, spricht natürlich nichts dagegen, im FKB eine Lagerkraft $\overrightarrow{A}$ anzutragen. Die eingeprägte Kraft muss dann aber als $\overrightarrow{F}$ ebenfalls vektoriell formuliert werden:

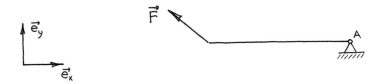

Man möchte hier natürlich einwenden: Aber so, wie der Vektorpfeil gezeichnet ist, wirkt die Kraft doch gar nicht! Wir wissen längst: Vektoren sind Größen, bei denen der Richtungscharakter gewissermaßen schon „inklusive" ist. Insofern ist der Vektorpfeil im FKB nur noch symbolisch zu verstehen. Entscheidend ist vielmehr, was in der Vektordarstellung

$$\overrightarrow{F} \; = \; - \, F \, \vec{e}_x \; + \; 0 \, \vec{e}_y \; + \; 0 \, \vec{e}_z \qquad \text{bzw.} \qquad \underline{F} \; = \; \begin{pmatrix} -F \\ 0 \\ 0 \end{pmatrix}$$

die Komponenten aussagen! In diesem Fall sagen sie: Die Kraft $\overrightarrow{F}$ besteht nur aus einer x-Komponente. Sie wirkt in negativer x-Richtung mit dem Betrag F. Freischneiden liefert:

Die Lagerkraft $\vec{A}$ setzen wir mit drei (unbekannten) Komponenten A_x, A_y, A_z an und schreiben

$$\vec{A} = A_x\,\vec{e}_x + A_y\,\vec{e}_y + A_z\,\vec{e}_z \qquad \text{bzw.} \qquad \underline{A} = \begin{pmatrix} A_x \\ A_y \\ A_z \end{pmatrix}.$$

Das Kräftegleichgewicht lautet hier

$$\vec{F} + \vec{A} = \vec{0}$$

oder ausgeschrieben nach (2.4)

$$\sum F_{x,i} = -F + A_x = 0\,,$$

$$\sum F_{y,i} = \hphantom{-F +} A_y = 0\,,$$

$$\sum F_{z,i} = \hphantom{-F +} A_z = 0$$

mit dem Ergebnis

$$A_x = F \qquad \left(A_x > 0 \text{ wirkt in positiver } x \text{ Richtung, also wie zuvor!} \right),$$

$$\left.\begin{array}{l} A_y = 0 \\ A_z = 0 \end{array}\right\} \quad \left(\vec{A} \text{ wirkt ausschließlich in } x\text{-Richtung, also } \|\vec{A}\| = |A_x| = F \right).$$

Während die Ausgangssituation dieses Beispiels darin besteht, dass eine (vorgegebene) Kraft F auf das linke Ende des Seils wirkt, haben wir es nach dem Freischneiden mit einer weiteren Kraft in Gestalt der am Punkt A wirkenden Lagerkraft A bzw. A^* zu tun, egal in welcher Form wir die nun ansetzen. Dies führt zu folgender Einteilung[10] ...

■

Eingeprägte Kräfte (= *applied force*) oder physikalische Kräfte sind solche, die vorgegebenerweise auf einen Körper wirken. Zu ihnen gehören Gewichtskräfte, Windlasten etc., aber auch Reibungskräfte[11]. Demgegenüber stehen **Reaktionskräfte** (= *reactive force*), auch als geometrische Kräfte oder Zwangskräfte bezeichnet. Diese setzen wir auf den jeweiligen Schnittufern an. Oft handelt es sich bei den Schnittstellen um spezielle Punkte wie Lager oder Gelenke.[12] Entsprechend *actio = reactio* treten Reaktionskräfte immer zweimal auf, auch wenn das gegenüberliegende Schnittufer in der Darstellung gelegentlich weggelassen wird.

Das, was wir in diesem Abschnitt unter dem Stichwort „Freischneiden" gelernt haben, geht in seiner Bedeutung weit über die Mechanik hinaus. Es geht allgemein darum, aus einer technischen oder natürlichen Umgebung räumliche Gebiete herauszulösen derart, dass dort Bilanzen (Kräftebilanzen) durchgeführt werden

---

[10] Vgl. [15], § 3, Abschnitt 4.
[11] Vgl. Kapitel 5.
[12] Was dabei im Einzelnen zu berücksichtigen ist, wird in Abschnitt 3.3.1 behandelt.

können. Da man in der räumlichen Gestaltung dieser Gebiete frei ist, wird man versuchen, den Rand des Gebietes jeweils so zu legen, dass auf ihm neben bekannten Größen (wie der eingeprägten Kraft F) auch unbekannte, noch zu ermittelnde Größen (wie die Reaktionskraft am Lager A) ansässig sind. Bei den einfachen Körpersystemen, die im Folgenden behandelt werden, beschränkt sich die Gestaltung des Gebietsrandes zunächst auf das Freischneiden an speziellen Punkten, an denen unbekannte Größen wirken. Ab Kapitel 6 kommen Schnitte mit variablen Koordinaten hinzu. Allgemein halten wir fest:

Freischneiden erfolgt grundsätzlich an den Orten, an denen unbekannte Größen zu ermitteln sind!   (nicht nur an Lagern und Gelenken)

2.5   Ergänzende Bemerkungen

In der Thermodynamik bzw. Strömungslehre treffen wir ebenfalls auf die Vorgehensweise des Freischneidens — nur heißt das dort nicht „Freischneiden". Es werden vielmehr **Systeme** bzw. **Kontrollräume** gebildet, indem man deren Grenzen von der Umgebung festlegt. Die Bilanzbildung erfolgt dann bezüglich Masse, Impuls, Energie etc. mit den auf den Systemgrenzen ansässigen Transportgrößen. Die Zerlegung einer Anlage in Teilsysteme ergibt sich – wie in der Mechanik – aus berechnungstrategischen Aspekten der Aufgabenstellung. Wegen der Kompliziertheit realer Anlagen und Maschinen versteht es sich von selbst, dass dafür keine Formelsammlungen aufgestellt werden können. Es ist das besondere Geschick des Ingenieurs, Bilanzgebiete so festzulegen, dass er mit möglichst ökonomischem Berechnungsaufwand an die Größen „rankommt", die er zur Auslegung braucht.

3

Statik starrer Körper und Körpersysteme

Wir wollen uns zunächst mit dem Begriff „Modell" vertraut machen. Physikalische Modelle geben die Realität stets in vereinfachter Form wieder. Es gibt dadurch immer einen modellbedingten Informationsschwund. Das bedeutet, dass wir uns bei unseren Betrachtungen auf diejenigen Einflussgrößen einschränken, die wesentlichen Einfluss auf die Eigenschaften des betrachteten Objekts haben. Was „wesentlicher Einfluss" ist, muss von Fall zu Fall entschieden werden. Bei der Berechnung der Umlaufbahn eines Satelliten um die Erde ist die Gravitationskraft zwischen diesem und der Erde bekanntlich von großer Bedeutung. Die Gravitationseinflüsse von kleinen, weit entfernten Körpern – im Extremfall ein Elektron am Rande der Milchstraße – werden wir aber vernachlässigen dürfen. Ebenso vernachlässigen wir für gewöhnlich die Gewichtskräfte kleiner, hochbelasteter Maschinenteile, die nur ein paar Newton wiegen, aber etliche Kilo-Newton aushalten müssen. Bei einer Brückenkonstruktion hingegen macht das Eigengewicht den größten Teil der Materialbeanspruchung aus. Dessen Vernachlässigung ist undenkbar. Modellbildung hat viel mit „Vernachlässigung" zu tun. Wie weit wir dabei gehen dürfen, hängt offensichtlich von den Anforderungen ab, die wir an das Ergebnis stellen.

Dieses Kapitel ist mit „**Statik**" und mit „**starrer Körper**" überschrieben. Bei beiden Begriffen handelt es sich um Modellannahmen. Wie die Erfahrung zeigt, reagiert jeder (!) Körper auf Krafteinwirkung mit Verformung. Bei einigen ist dies offensichtlich, bei anderen hingegen wirkt es eher theoretisch (Gummiband ... Amboss). Einen wirklich „starren" Körper, etwa in Gestalt eines Kristallgitters mit konstanten Abständen, gibt es nicht!

Auch die „Statik" (= Zustand der Ruhe) existiert nur näherungsweise. Betrachten wir beispielsweise einige Minuten lang ein Gebirgsmassiv, so werden wir feststellen, dass es sich dabei um eine völlig statische Angelegenheit handelt. Wäre es uns hingegen möglich, dasselbe Objekt für ein paar Hundert Millionen Jahre zu beobachten, wäre der Eindruck sicher ein anderer. Dieses Beispiel ist natürlich extrem. In der Praxis behandeln wir alle Probleme mit den Methoden der Statik, bei denen Trägheitskräfte vernachlässigbar sind!

„Statik der Starrkörper" zu betreiben heißt also, zwei Annahmen zu treffen, die mechanische Probleme wesentlich vereinfachen. In Teil II werden wir die Annahme der „Starrheit" aufgeben, die der „Statik" aber beibehalten. Das ermöglicht uns die Betrachtung von Spannung und Verzerrung ohne dynamische Einflüsse. Dagegen läuft es in Teil III umgekehrt. Dort geht es um die Dynamik starrer Körper.

3.1 Ebenes Kräftesystem

Im vorangegangenen Abschnitt ging es um zentrale Kräftesysteme. Diese stellen den einfachsten Fall eines Kräftesystems dar. In der Realität haben wir es meistens mit Systemen zu tun, bei denen die Kräfte an *verschiedenen* Angriffspunkten wirken. Da wir bislang nur Aussagen über zentrale Kräftesysteme machen können, versuchen wir, die vorgestellten Probleme auf solche zurückzuführen.

3.1.1 Zusammensetzung von Kräften mit sich schneidenden Wirkungslinien

Gegeben sei ein starrer Körper, an den drei Kräfte $\vec{F}_1$, $\vec{F}_2$, $\vec{F}_3$ an verschiedenen Orten A_1, A_2, A_3 angreifen. Wir schreiben dafür kurz

$$\vec{F}_1[A_1], \quad \vec{F}_2[A_2], \quad \vec{F}_3[A_3].$$

Die Wirkungslinien dieser Kräfte seien paarweise weder parallel noch antiparallel.

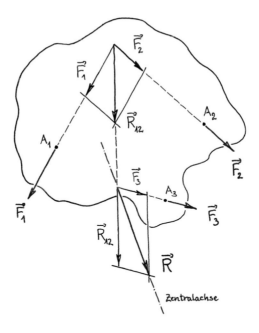

Wir sind bestrebt, die Kräfte zu einer Resultierenden zusammenzufassen. Außerdem interessiert uns, an welchem Ort diese Resultierende anzusetzen ist. Dazu müssen wir erst einmal feststellen, dass es wegen des Verschiebungsaxioms einen eindeutigen Angriffspunkt nicht geben kann. Wir müssen uns mit einer Äquivalenzklasse von Punkten zufriedengeben, die gleichermaßen als Angriffspunkte infrage kommen. Das ist natürlich die Wirkungslinie der Resultierenden, auch Zentralachse genannt.

Vorgehensweise:

- Zwei beliebig ausgewählte Kräfte (hier: $\vec{\mathbf{F}}_1$, $\vec{\mathbf{F}}_2$) längs ihrer Wirkungslinie verschieben in den gemeinsamen Schnittpunkt,

- Teilresultierende (hier: $\vec{\mathbf{R}}_{12}$) bilden,

- mit einer weiteren Kraft (hier: $\vec{\mathbf{F}}_3$) fortfahren.

- Wenn alle Kräfte „verbraucht" sind, steht die Resultierende samt Zentralachse fest.

3.1.2 Zusammensetzung von Kräften mit parallelen Wirkungslinien

Gleichsinnig parallele Kräfte

Wir betrachten die Kräfte $\vec{\mathbf{F}}_1[A_1] \parallel \vec{\mathbf{F}}_2[A_2]$:

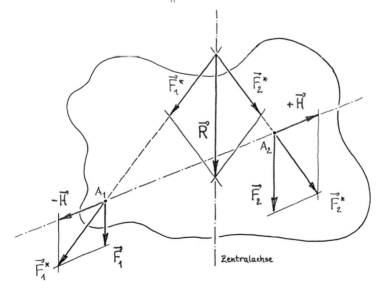

Vorgehensweise:

- Das (neutrale) Hilfskraftsystem $+\vec{\mathbf{H}}$, $-\vec{\mathbf{H}}$ wird in A_1, A_2 so angebracht, dass die gemeinsame Wirkungslinie mit der Geraden durch A_1, A_2 identisch ist. Wegen

$$+\vec{\mathbf{H}} + \left(-\vec{\mathbf{H}}\right) = \vec{\mathbf{0}}$$

kann so ein **Hilfskraftsystem** am Starrkörper hinzugefügt werden.

- Aus $\overrightarrow{\mathbf{F}}_1, -\overrightarrow{\mathbf{H}}$ bzw. $\overrightarrow{\mathbf{F}}_2, +\overrightarrow{\mathbf{H}}$ die Teilresultierenden $\overrightarrow{\mathbf{F}}_1^*$ und $\overrightarrow{\mathbf{F}}_2^*$ bilden.

- Weiter vorgehen wie Abschnitt 3.1.1.

Ungleichsinnig parallele Kräfte von verschiedenem Betrag

... werden wie gleichsinnig parallele Kräfte behandelt.

Ungleichsinnig parallele Kräfte von gleichem Betrag mit verschiedenen Wirkungslinien

... bilden ein **Kräftepaar** (= *couple*): $-\overrightarrow{\mathbf{F}} \parallel +\overrightarrow{\mathbf{F}}$

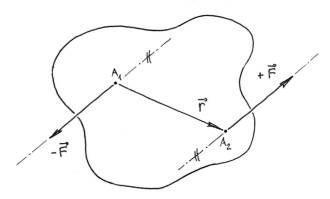

An den Punkten A_1, A_2 wird wieder ein Hilfskraftsystem $-\overrightarrow{\mathbf{H}}$, $+\overrightarrow{\mathbf{H}}$ angebracht:

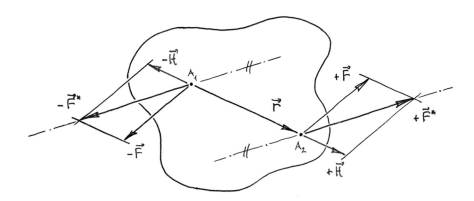

Als Ergebnis erhält man aber lediglich ein neues Kräftepaar

$$-\overrightarrow{\mathbf{F}}^* \parallel +\overrightarrow{\mathbf{F}}^* .$$

Die Hilfskraftmethode, die wir zuvor erfolgreich angewendet hatten, führt hier nicht weiter! Stattdessen erkennt man unmittelbar, dass die von $\overrightarrow{\mathbf{F}}$ und $\overrightarrow{\mathbf{r}}$ sowie von $\overrightarrow{\mathbf{F}}^*$ und $\overrightarrow{\mathbf{r}}$ aufgespannten Parallelogramme von gleicher Fläche sind:

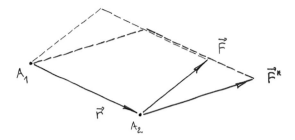

Da außerdem alle beteiligten Vektoren in einer Ebene liegen, gilt offensichtlich

$$\overrightarrow{\mathbf{r}} \times \overrightarrow{\mathbf{F}} = \overrightarrow{\mathbf{r}} \times \overrightarrow{\mathbf{F}}^*, \tag{3.1}$$

und wir stellen fest, dass Kräftepaare nicht zu einer Resultierenden zusammengefasst werden können!

Bildet man formal die Kräftebilanz eines Kräftepaares, so erfährt man mit

$$+\overrightarrow{\mathbf{F}} + (-\overrightarrow{\mathbf{F}}) = 0 \,,$$

dass sich die beteiligten Kräfte in dieser Hinsicht wie ein neutrales Kräftesystem verhalten. Andererseits zeigt die Erfahrung, dass ein Kräftepaar im Gegensatz zum neutralen Kräftesystem nicht ohne Wirkung ist. Kräftepaare erteilen Körpern eine Drehwirkung, die durch entsprechende Lagerreaktionen abgefangen werden muss oder aber eine Drehbeschleunigung zur Folge hat. Man kommt nicht umhin, sich mit Kräftepaaren eingehender zu beschäftigen.

Kräftepaare bilden neben den Kräften neue physikalische Realität.

Da Kräftepaare durch einen Orts- und einen Kraftvektor beschrieben werden, liegt es nahe, durch geeignete Verknüpfung ebendieser Vektoren eine neue physikalische Größe zu definieren, die folgende, sinnvolle Eigenschaften aufweist:

- Wenn die durch Orts- und Kraftvektor aufgespannte Ebene im Raum gedreht wird, soll die zu definierende Größe diese Drehung „mitmachen".

- Die Verknüpfung von Orts- und Kraftvektor soll invariant sein gegenüber dem Anbringen von Hilfskraftsystemen, wie es oben gezeigt wurde.

Die erste Eigenschaft bedeutet, dass es sich um einen Vektor handeln muss, der die Raumorientierung der aufgespannten Ebene wiedergibt. Die zweite hingegen führt wegen (3.1) geradewegs zum Kreuzprodukt. Daher definieren wir den **Momentenvektor** (= *vector of moment/torque*) zu

$$\boxed{\overrightarrow{\mathbf{M}} := \overrightarrow{\mathbf{r}} \times \overrightarrow{\mathbf{F}}} \,. \qquad [M] = [\text{Kraft}] \cdot [\text{Länge}] = [m]\,[\ell]^2\,[t]^{-2} \tag{3.2}$$

Damit wird jedem Kräftepaar eindeutig ein Momentenvektor zugeordnet. Umgekehrt kann ein solcher aber durch unendlich viele Kräftepaare realisiert werden. Dies zeigt das Anbringen von Hilfskraftsystemen, das ja in beliebiger Vielfalt durchgeführt werden kann.

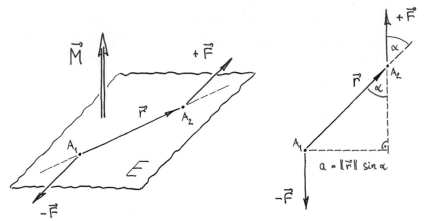

Abb. 3.1 Kräftepaar und Momentenvektor

Da die Bezeichnungen für Kräfte und Momente nicht immer $\vec{\mathbf{F}}$ und $\vec{\mathbf{M}}$ lauten können, wird in den Prinzipskizzen und Freikörperbildern als zusätzliches Unterscheidungsmerkmal der Doppelpfeil für Momente vorgesehen. In ebenen Darstellungen kommen auch Drehpfeile zur Anwendung.

Der Momentenvektor weist folgende Eigenschaften auf (vgl. Abschnitt 1.2.3):

- $\vec{\mathbf{M}}$ steht senkrecht auf der von $\vec{\mathbf{r}}$ und $\vec{\mathbf{F}}$ aufgespannten Ebene E.

- $\|\vec{\mathbf{M}}\| = \|\vec{\mathbf{r}}\| \, \|\vec{\mathbf{F}}\| \, \sin\alpha = F \, a$ („Kraft mal Hebelarm")

- Ein Kräftepaar $\{-\vec{\mathbf{F}}_1, \vec{\mathbf{F}}_1\}$ lässt sich in ein anderes Kräftepaar $\{-\vec{\mathbf{F}}_2, \vec{\mathbf{F}}_2\}$ überführen, sofern

$$\vec{\mathbf{M}}_1 = \vec{\mathbf{M}}_2$$

ist. Es kommt dabei nicht auf die Lage der Angriffspunkte an. Am Starrkörper ist der Momentenvektor ein *freier Vektor!*

- Es sei E die x-y-Ebene (auch: z-Ebene). Dann ist

$$\vec{\mathbf{M}} = M \, \vec{\mathbf{e}}_z \qquad \text{bzw.} \qquad \underline{\mathbf{M}} = \begin{pmatrix} 0 \\ 0 \\ M \end{pmatrix}.$$

$M \gtrless 0$ stellt somit die einzige i. d. R. von null verschiedene Komponente von $\vec{\mathbf{M}}$ dar. Man darf hier M nicht verwechseln mit dem Betrag $\|\vec{\mathbf{M}}\| = |M|$.

Zeigt die dritte Koordinatenachse (hier: z) aus der Ebene heraus, gilt entsprechend der 2. Rechte-Hand-Regel:

$$M \; = \; + \left\| \overrightarrow{\mathbf{M}} \right\| \quad \text{für } \textit{positiv} \text{ drehendes Moment (gegen den Uhrzeigersinn)}$$

$$= \; - \left\| \overrightarrow{\mathbf{M}} \right\| \quad \text{für } \textit{negativ} \text{ drehendes Moment (mit dem Uhrzeigersinn)}$$

Im Gegensatz zum Betrag enthält M also noch die Information über den Drehsinn.

Es ist an dieser Stelle wohl angeraten, an die beiden Rechte-Hand-Regeln aus der Mathematik zu erinnern:

Um die **1. Rechte-Hand-Regel** zu formulieren, nummerieren wir die ersten drei Finger der rechten Hand (wie beim klaviermäßigen Fingersatz) gemäß

Daumen $\quad = \quad 1 \quad \widehat{=} \quad x$-Richtung,

Zeigefinger $\quad = \quad 2 \quad \widehat{=} \quad y$-Richtung,

Mittelfinger $\quad = \quad 3 \quad \widehat{=} \quad z$-Richtung.

Man spreizt nun diese drei Finger der rechten Hand so, dass sie zueinander orthogonal sind wie die Achsen des kartesischen Koordinatensystems. Kann man seine Hand zu einem gegebenen System so ausrichten, dass die Achsenbezeichnung dem vorstehenden Schema entspricht, so handelt es sich um ein **Rechtssystem**, anderenfalls ein Linkssystem. Diese Regel funktioniert natürlich nur, weil die orthogonale Fingerspreizung aus anatomischen Gründen eindeutig ist – jedenfalls so lange man auf Schlimmeres verzichtet.

Für die **2. Rechte-Hand-Regel** spreizt man den Daumen ab und rollt die übrigen vier Finger auf, so dass sie wie die Windungen einer elektrischen Spule nebeneinander liegen. Der Daumen wird nun in positive Achsenrichtung gebracht (um welche Achse es sich dabei handelt, hängt vom Anwendungsfall ab), und die vier Finger repräsentieren den positiven Drehsinn.

3.1.3 Zusammensetzung von K Kräften $\overrightarrow{\mathbf{F}}_i \left[\mathbf{A}_i \right]$ in der Ebene

Angestrebt wird die Bildung einer Resultierenden $\overrightarrow{\mathbf{R}}$ aus allen $\overrightarrow{\mathbf{F}}_i \left[\mathbf{A}_i \right]$ in einem frei wählbaren Punkt der Ebene. Aus Gründen der Einfachheit wählen wir den Koordinatenursprung 0.

Vorgehensweise:

- Im Punkt 0 wird parallel zur Wirkungslinie von $\overrightarrow{\mathbf{F}}_i \left[\mathbf{A}_i \right]$ das Hilfskraftsystem

$$- \overrightarrow{\mathbf{F}}_i \left[0 \right] \; + \; \overrightarrow{\mathbf{F}}_i \left[0 \right] \; = \; \overrightarrow{\mathbf{0}}$$

angebracht, vgl. Abbildung 3.2 a.

- Wir nehmen nun eine neue Interpretation des physikalischen Sachverhaltes vor, ohne dass sich derselbe in irgendeiner Weise ändert:

$\overrightarrow{\mathbf{F}}_i \left[0 \right]$ wird jetzt als Einzelkraft im Punkt 0 betrachtet. $\overrightarrow{\mathbf{F}}_i \left[\mathbf{A}_i \right]$ und $- \overrightarrow{\mathbf{F}}_i \left[0 \right]$ werden dagegen zu einem Kräftepaar $\left\{ - \overrightarrow{\mathbf{F}}_i, \overrightarrow{\mathbf{F}}_i \right\}$ mit Hebelarmvektor $\overrightarrow{\mathbf{r}}_i$ zusammengefasst, vgl. Abbildung 3.2 b.

- Das Kräftepaar $\left\{-\overrightarrow{\mathbf{F}}_i, \overrightarrow{\mathbf{F}}_i\right\}$ bildet das Moment

$$\overrightarrow{\mathbf{M}}_i \;=\; \overrightarrow{\mathbf{r}_i} \times \overrightarrow{\mathbf{F}}_i \,.$$

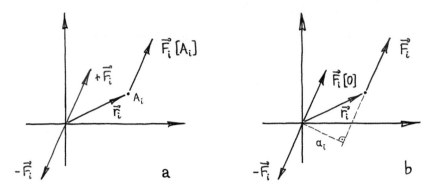

Abb. 3.2 Die Kraft $\overrightarrow{\mathbf{F}}_i\,[A_i]$ ist durch $\overrightarrow{\mathbf{F}}_i\,[0]$ und $\left\{-\overrightarrow{\mathbf{F}}_i, \overrightarrow{\mathbf{F}}_i\right\}$ ersetzbar!

Somit ist die Kraft $\overrightarrow{\mathbf{F}}_i\,[A_i]$ äquivalent zu ...

  einer Kraft $\overrightarrow{\mathbf{F}}_i\,[0]$

    und

  einem Moment $\overrightarrow{\mathbf{M}}_i\,[0] \;=\; \overrightarrow{\mathbf{r}_i} \times \overrightarrow{\mathbf{F}}_i$

$$M_i\,[0] \;=\; \pm\, F_i\, a_i \quad \left\{ \begin{array}{l} +\ \text{für math. positive Drehung,} \\ -\ \text{für math. negative Drehung.} \end{array} \right.$$

Man kann daher K Kräfte $\overrightarrow{\mathbf{F}}_i\,[A_i]$ zusammenfassen zur **Resultierenden in frei wählbarem Bezugspunkt** (hier: Koordinatenursprung)

$$\overrightarrow{\mathbf{R}}\,[0] \;=\; \sum_{i=1}^{K} \overrightarrow{\mathbf{F}}_i\,[0] \qquad \left(\text{oder kürzer:}\quad \overrightarrow{\mathbf{R}} = \sum_i \overrightarrow{\mathbf{F}}_i\,\right) \tag{3.3}$$

und einem **resultierenden Moment für diesen Bezugspunkt**

$$\overrightarrow{\mathbf{M}}_{\mathrm{R}}\,[0] \;=\; \sum_{i=1}^{K} \overrightarrow{\mathbf{M}}_i\,[0] \;=\; \sum_{i=1}^{K} \overrightarrow{\mathbf{r}_i} \times \overrightarrow{\mathbf{F}}_i \tag{3.4}$$

bzw.

$$M_{\mathrm{R}}\,[0] \;=\; \sum_{i=1}^{K} M_i\,[0] \;=\; \sum_{i=1}^{K} (\pm)\, F_i\, a_i \,. \tag{3.4a}$$

3.1.4 Gleichgewichtsbedingungen für ein allgemeines Kräftesystem in der Ebene

Ein ebenes Kräftesystem befindet sich im Gleichgewicht, wenn gilt:

$$\vec{R} = \vec{0} \quad \text{und} \quad \vec{M}_R = \vec{0} \quad \left(\text{bzw.} \ M_R = 0 \right).$$

In der Praxis schreibt man dafür die drei Gleichgewichtsbedingungen des ebenen Falles:

Kräftegleichgewicht(KG)

$$\sum_i F_{x,i} = 0, \qquad \sum_i F_{y,i} = 0 \tag{3.5}$$

---

und

Momentengleichgewicht(MG)

$$\sum_i M_i\,[...] = 0 \tag{3.6}$$

um frei wählbaren, aber für alle M_i gleichen Punkt.

Für den Fall, dass das betrachtete Kräftesystem nicht in der x-y-Ebene liegen sollte, ist (3.5) entsprechend abzuändern! Darüber hinaus kommt es in der Praxis häufig vor, dass Momente nicht nur infolge von Kräften zu berücksichtigen sind, sondern am FKB als **eingeprägte Momente** oder **Reaktionsmomente** (Lagermomente) vorliegen.[1] Solche Momente braucht man lediglich vorzeichenrichtig ($\rightarrow$ Drehsinn) in die Momentenbilanz (3.6) einzubringen. Die Berücksichtigung von Angriffspunkt bzw. Hebelarm entfällt natürlich!

Beispiel 3.1   Balken auf zwei Stützen

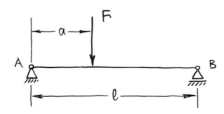

Gegeben sind die Kraft F und die Längen a, l. Wir fragen nach den Auflagerreaktionen. Freischneiden liefert

---

[1] Vgl. Beispiel 3.2.

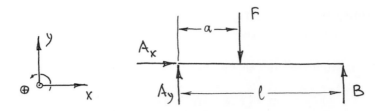

Dabei wurden Lagerkräfte entsprechend einem Festlager (A) und einem Loslager (B) angetragen. Die Beschreibung der einzelnen Lagertypen und ihrer Eigenschaften werden wir in Abschnitt 3.3.1 nachholen. Die Gleichgewichtsbedingungen
lauten

$$\sum F_{x,i} = A_x = 0 \,, \tag{1}$$

$$\sum F_{y,i} = A_y + B - F = 0 \,, \tag{2}$$

$$\sum M_i[A] = Bl - Fa = 0 \,. \tag{3}$$

Für die Momentenbilanz wurde der Einfachheit halber Bezug auf Lagerpunkt A
genommen. Es hätte aber auch jeder andere Punkt der Ebene verwendet werden
können. Wir erhalten schließlich

$$(3) \quad \rightsquigarrow \quad B = \frac{a}{l} F \,,$$

$$(2) \quad \rightsquigarrow \quad A_y = F - B = \left(1 - \frac{a}{l}\right) F \,,$$

$$(1) \quad \rightsquigarrow \quad A_x = 0 \,.$$

Das Ergebnis $A_x = 0$ überrascht nicht, da wegen der senkrecht wirkenden Kraft
F jede Horizontalbelastung fehlt.   ■

Beispiel 3.2   **Kragbalken** (einseitig eingespannter Balken)

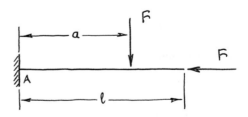

Gegeben sind wiederum die Kraft F und die Längen a, l. Gesucht sind die Auflagerreaktionen in der Einspannung[2] (Lager A). Freischneiden liefert

---

[2] Auch dieser Lagertyp wird in Abschnitt 3.3.1 vorgestellt.

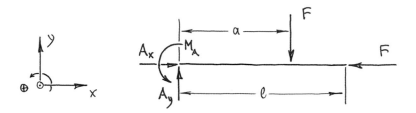

und die Gleichgewichtsbedingungen lauten

$$\sum F_{x,i} = A_x - F = 0\,,\tag{1}$$

$$\sum F_{y,i} = A_y - F = 0\,,\tag{2}$$

$$\sum M_i\,[\mathrm{A}] = M_\mathrm{A} - F\,a = 0\,.\tag{3}$$

Die horizontal wirkende Kraft F taucht im MG (3) nicht auf, da ihre Wirkungslinie durch den Punkt A verläuft (Hebelarm = 0).

Wie wir auch in den folgenden Beispielen immer wieder sehen werden, ist es sogar vorteilhaft, den Bezugspunkt des MG an eine Stelle zu legen, an der sich die Wirkungslinien möglichst vieler (vor allem unbekannter) Kräfte schneiden. Damit fällt das MG besonders einfach aus, und die Lösung des Gleichungssystems benötigt vergleichsweise wenig Rechenaufwand.

Das Ergebnis lautet

(1) $\rightsquigarrow$ $A_x = F$,

(2) $\rightsquigarrow$ $A_y = F$,

(3) $\rightsquigarrow$ $M_\mathrm{A} = F\,a$.

Wir wollen uns nun noch davon überzeugen, dass die Momentenbilanz um einen anderen Bezugspunkt, z.B. das rechte Balkenende (Punkt B), auf das gleiche Ergebnis führt, und finden

$$\sum M_i\,[\mathrm{B}] = M_\mathrm{A} + F\,(l-a) - A_y\,l = 0\,.\tag{3*}$$

Mit $A_y = F$ ergibt sich daraus

$$M_\mathrm{A} = A_y\,l - F\,(l-a)$$

$$= F\,l - F\,(l-a)$$

$$= F\,a\,.$$

Somit erhalten wir – wie erwartet – aus (3) und (3*) dasselbe Ergebnis!

Die meisten Terme im MG sind kräftebedingt, also vom Typ „Kraft mal Hebelarm". Das hat gewohnheitsbedingt bei manchen Studenten zur Folge, dass das Nichtauftreten eines Hebelarms bei ausgewiesenen Momenten, wie z.B. M_A, ein gewisses Unbehagen auslöst. Folglich stößt man in TM-Klausuren nicht selten auf Scheußlichkeiten wie

$M_A\, l$.

Hier hat jemand versucht, einem Moment doch noch einen Hebelarm zu verpassen. Eine schlichte Dimensionskontrolle gemäß

$$[\,M_A\, l\,] \;=\; [\text{Kraft}] \cdot [\text{Länge}]^2$$

zeigt sofort, dass es sich hier um einen Term handelt, der weder in das MG noch in irgendeine andere Bilanz passt.   ■

Beispiel 3.3   Wandhalterung

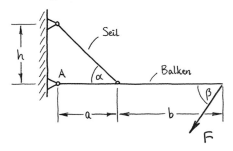

Gegeben sind hier die Kraft F sowie die geometrischen Größen a, b, h, β. Der Winkel α ist durch a und h festgelegt; für den Winkel β möge die Einschränkung $0 \leqslant \beta \leqslant 90°$ gelten. Wir interessieren uns für die Auflagerreaktionen in A sowie die Seilkraft. Als Erstes schneiden wir wieder frei, wobei die eingeprägte Kraft F wie auch die Seilkraft S bereits in x- und y-Komponenten zerlegt werden:

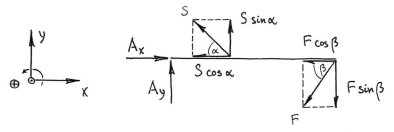

Das erleichtert die folgenden Bilanzen. Das KG und MG erhalten wir zu

$$\sum F_{\text{x},i} \;=\; A_\text{x} \,-\, S\cos\alpha \,-\, F\cos\beta \;=\; 0 \,, \tag{1}$$

$$\sum F_{\text{y},i} \;=\; A_\text{y} \,+\, S\sin\alpha \,-\, F\sin\beta \;=\; 0 \,, \tag{2}$$

$$\sum M_i\,[\text{A}] \;=\; S\sin\alpha \cdot a \,-\, F\sin\beta \cdot (a+b) \;=\; 0 \,. \tag{3}$$

Für das MG ist Punkt A eine gute Wahl, da es damit nur die unbekannte Seilkraft S enthält. Der Angriffspunkt der Seilkraft S hätte es allerdings auch getan. Denn dann wäre A_y die einzige Unbekannte im MG gewesen.

Die Lösung des LGS

$$A_x \;+\; 0 \;-\; \cos\alpha\, S \;=\; F\,\cos\beta \tag{1}$$

$$0 \;+\; A_y \;+\; \sin\alpha\, S \;=\; F\,\sin\beta \tag{2}$$

$$0 \;+\; 0 \;+\; a\,\sin\alpha\, S \;=\; F\,(a+b)\,\sin\beta \tag{3}$$

bzw.

$$\begin{pmatrix} 1 & 0 & -\cos\alpha \\ 0 & 1 & \sin\alpha \\ 0 & 0 & a\sin\alpha \end{pmatrix} \begin{pmatrix} A_x \\ A_y \\ S \end{pmatrix} = F \begin{pmatrix} \cos\beta \\ \sin\beta \\ (a+b)\sin\beta \end{pmatrix}$$

berechnen wir, da die untere Dreiecksmatrix nur aus Nullen besteht, ohne besonderen Aufwand zu

$$A_x \;=\; F\left[\cos\beta \;+\; \left(1+\frac{b}{a}\right)\frac{\sin\beta}{\tan\alpha}\right]\,,$$

$$A_y \;=\; -F\,\frac{b}{a}\,\sin\beta\,, \qquad \left(\leqslant 0\,,\ \text{wirkt entgegengesetzt zur Antragung!}\right)$$

$$S \;=\; F\left(1+\frac{b}{a}\right)\frac{\sin\beta}{\tan\alpha}\,.$$

„Pathologische Fälle" bestehen hier[3] für $a \to 0$ und $\alpha \to 0$. Diese sind bei konstruktiven Auslegungen auch näherungsweise zu vermeiden!   ■

3.2 Räumliches Kräftesystem

3.2.1 Zusammensetzung von K Kräften $\overrightarrow{\mathbf{F}}_i\,[\mathrm{A}_i]$ im Raum

Die Gleichungen für die resultierenden Größen

$$\overrightarrow{\mathbf{R}}\,[0] \;=\; \sum_{i=1}^{K} \overrightarrow{\mathbf{F}}_i\,[0] \tag{3.3}$$

und

$$\overrightarrow{\mathbf{M}}_{\mathrm{R}}\,[0] \;=\; \sum_{i=1}^{K} \overrightarrow{\mathbf{M}}_i\,[0] \;=\; \sum_{i=1}^{K} \overrightarrow{\mathbf{r}}_i \times \overrightarrow{\mathbf{F}}_i\,, \tag{3.4}$$

---

[3] Vgl. Determinante der Koeffizientenmatrix.

die wir in Abschnitt 3.1.3 speziell für den Punkt 0 (= Koordinatenursprung) hergeleitet hatten, sind aufgrund ihrer vektoriellen Formulierung auch im dreidimensionalen Raum gültig. Die allgemeine Darstellung für einen beliebigen Punkt A
enthält dann entsprechend

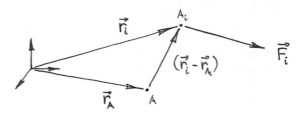

die für A „wirksamen" Hebelarmvektoren

$$\left(\vec{r}_i - \vec{r}_A \right) = \overrightarrow{AA}_i \ .$$

Dabei ist $\vec{r}_A$ der Ortsvektor des Punktes A. Anstelle von (3.3), (3.4) steht nun

$$\vec{R}\,[A] \ = \ \sum_{i=1}^{K} \vec{F}_i\,[A] \qquad\qquad \textbf{(Resultierende } \text{im Bezugspunkt A)} \qquad (3.7)$$

und

$$\vec{M}_R\,[A] \ = \ \sum_{i=1}^{K} \vec{M}_i\,[A] \ = \ \sum_{i=1}^{K} \left(\vec{r}_i - \vec{r}_A \right) \times \vec{F}_i \ . \qquad \begin{array}{l} \textbf{(Result. Moment} \\ \text{für Bezugspunkt A)} \end{array} \qquad (3.8)$$

Insbesondere gilt im dreidimensionalen Raum:

- Kräftepaare von gleichem Moment sind in parallelen Ebenen gleichwertig.

- Zusammensetzung von Kräftepaaren in nichtparallelen Ebenen erfolgt durch
  Addition der zugehörigen Momentenvektoren.

- Eine Kraft $\vec{F}$ in einem Angriffspunkt A_1 $\left(\text{kurz: } \vec{F}[A_1]\right)$ ist äquivalent zu

> der (gleichen) Kraft $\vec{F}$ im Angriffspunkt A_2 $\left(\text{kurz: } \vec{F}[A_2]\right)$
>   und
> dem Moment $\vec{M}[A_2] \ = \ \vec{r}_{21} \times \vec{F} \ .$

  Dabei ist $\vec{r}_{21} := \vec{r}_1 - \vec{r}_2$ der Ortsvektor von A_2 nach A_1.

- Die Berechnung von $\vec{M} = \vec{r} \times \vec{F}$ zeigt, dass wegen

$$M_x \ = \ F_z\,y \ - \ F_y\,z\,,$$
$$M_y \ = \ F_x\,z \ - \ F_z\,x\,,$$
$$M_z \ = \ F_y\,x \ - \ F_x\,y$$

an einer Komponente des Momentenvektors nur solche Komponenten des Kraft- bzw. Hebelarmvektors beteiligt sind, die dieser „richtungsfremd" sind. D. h. bei der Bildung von beipielsweise M_x kommen weder F_x noch x vor.

Man bezeichnet die Form $\vec{\mathbf{R}}[A]$, $\vec{\mathbf{M}}_R[A]$, auf die sich ein allgemeines Kräftesystem durch (3.7), (3.8) reduzieren lässt, auch als **Kraftwinder**. Es ist im Übrigen stets möglich, einen speziellen Punkt A* aufzufinden dergestalt, dass resultierender Kraft- und Momentenvektor parallel zueinander sind. In diesem Fall spricht man von einer **Kraftschraube**[4]. Die durch A* führende gemeinsame Wirkungslinie ist die Zentralachse des räumlichen Kräftesystems. Im Sonderfall eines ebenen Kräftesystems muss der resultierende Momentenvektor dort verschwinden, da er nicht gleichzeitig orthogonal und parallel zum resultierenden Kraftvektor sein kann.

3.2.2 Gleichgewichtsbedingungen für ein allgemeines Kräftesystem im Raum

Das Gleichgewicht in vektorieller Formulierung

$$\vec{\mathbf{R}} = \vec{\mathbf{0}} \quad \text{und} \quad \vec{\mathbf{M}}_R = \vec{\mathbf{0}}$$

führt im dreidimensionalen Raum erwartungsgemäß auf sechs Gleichgewichtsbedingungen:

Kräftegleichgewicht (KG)

$$\sum_i F_{x,i} = 0, \qquad \sum_i F_{y,i} = 0, \qquad \sum_i F_{z,i} = 0 \tag{3.9}$$

---

und

Momentengleichgewicht (MG) um frei wählbaren Punkt A

$$\sum_i M_{x,i}[A] = \sum_i \left[(y_i - y_A) F_{z,i} - (z_i - z_A) F_{y,i} \right] = 0$$

$$\sum_i M_{y,i}[A] = \sum_i \left[(z_i - z_A) F_{x,i} - (x_i - x_A) F_{z,i} \right] = 0 \tag{3.10}$$

$$\sum_i M_{z,i}[A] = \sum_i \left[(x_i - x_A) F_{y,i} - (y_i - y_A) F_{x,i} \right] = 0$$

mit den Koordinaten von

$$\vec{\mathbf{r}}_i = x_i\,\vec{\mathbf{e}}_x + y_i\,\vec{\mathbf{e}}_y + z_i\,\vec{\mathbf{e}}_z, \qquad \vec{\mathbf{r}}_A = x_A\,\vec{\mathbf{e}}_x + y_A\,\vec{\mathbf{e}}_y + z_A\,\vec{\mathbf{e}}_z.$$

---

[4] Vgl. hierzu [15], § 7, Absatz 2 oder [5], Bd. 1, Abschnitt 2.5.3.

In diesen Momentengleichgewichten sind – wie beim ebenen Fall auch schon – nur die durch Kräfte bewirkten Momente enthalten. Explizit formulierte Momente sind, soweit solche am FKB als eingeprägte oder reaktionsbedingte Momente auftreten, mit ihren Komponenten in der jeweiligen Gleichung von (3.10) hinzuzufügen. Ihre Wirkungsorte – das sei hier nochmals betont – spielen dabei keine Rolle!

Auch wenn im vorangegangen Abschnitt die Rede von einem speziellen Punkt A* war, auf den bezogen ein allgemeines, räumliches Kräftesystem die elegante Form einer Kraftschraube annimmt, so ist dies weitgehend von akademischer Bedeutung. In der ingenieurmäßigen Statik geht es um Gleichgewichtsberechnungen. Und für diese können wir uns den Momentenbezugspunkt frei auswählen.

Beispiel 3.4   Antriebswelle mit Zahnrad und Riemenscheibe

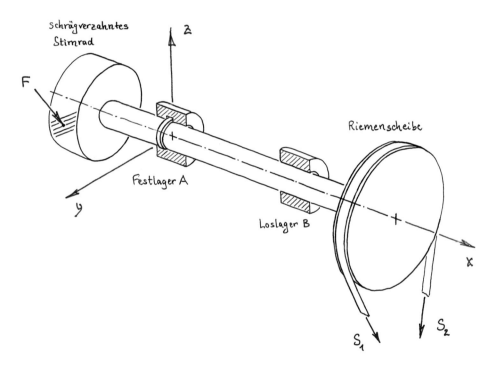

Gegeben seien hier sämtliche Abmessungen sowie die Kräfte des Flachriemens mit

$$S_1 \ = \ \text{Kraft im Leertrum},$$
$$S_2 \ = \ \text{Kraft im Arbeitstrum}. \qquad \Big\} \quad S_2 \geqslant S_1$$

Gesucht werden die (Normal-)Kraft F, die durch die Zahnflanken der Schrägverzahnung übertragen wird, und außerdem alle Lagerkräfte.

Freischneiden liefert:

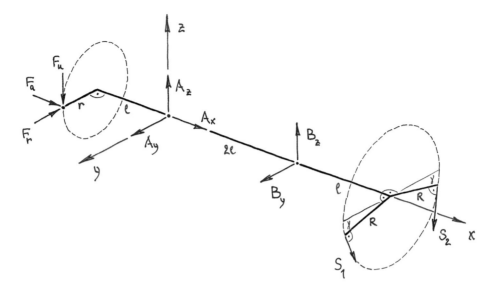

Ohne an dieser Stelle auf die Einzelheiten der Getriebetechnik weiter einzugehen, nehmen wir zur Kenntnis, dass sich die gesuchte Kraft F in eine axiale, radiale und Umfangskomponente gemäß

$$F_\mathrm{a} = F \cos\alpha \sin\beta \,,$$
$$F_\mathrm{r} = F \sin\alpha \,,$$
$$F_\mathrm{u} = F \cos\alpha \cos\beta$$

$(\alpha$ und β seien bekannt$)$

zerlegen lässt, welche in dem hier gewählten Koordinatensystem gerade die x-, y- und z-Komponente darstellen. Für das weitere Vorgehen können wir, da das Koordinatensystem einmal festliegt, die Kraft- und Hebelarmvektoren in Spaltenschreibweise notieren. Wir bekommen mit den Kraftkomponenten und Hebelarmkoordinaten laut FKB ohne große Mühe die Vektoren

$$\underline{\mathbf{F}} = \begin{pmatrix} F_\mathrm{x} \\ F_\mathrm{y} \\ F_\mathrm{z} \end{pmatrix} = \begin{pmatrix} F_\mathrm{a} \\ -F_\mathrm{r} \\ -F_\mathrm{u} \end{pmatrix} = F \begin{pmatrix} \cos\alpha \sin\beta \\ -\sin\alpha \\ -\cos\alpha \cos\beta \end{pmatrix} \quad \text{mit} \quad \underline{\mathbf{r}}_\mathrm{F} = \begin{pmatrix} -\ell \\ r \\ 0 \end{pmatrix},$$

$$\underline{\mathbf{A}} = \begin{pmatrix} A_\mathrm{x} \\ A_\mathrm{y} \\ A_\mathrm{z} \end{pmatrix} \quad \text{mit} \quad \underline{\mathbf{r}}_\mathrm{A} = \begin{pmatrix} 0 \\ 0 \\ 0 \end{pmatrix} = \underline{\mathbf{0}} \,,$$

$$\underline{\mathbf{B}} = \begin{pmatrix} 0 \\ B_\mathrm{y} \\ B_\mathrm{z} \end{pmatrix} \quad \text{mit} \quad \underline{\mathbf{r}}_\mathrm{B} = \begin{pmatrix} 2\ell \\ 0 \\ 0 \end{pmatrix},$$

$$\underline{S}_1 = S_1 \begin{pmatrix} 0 \\ -\sin\gamma \\ -\cos\gamma \end{pmatrix} \qquad \text{mit} \qquad \underline{r}_1 = \begin{pmatrix} 3\ell \\ R\cos\gamma \\ -R\sin\gamma \end{pmatrix},$$

$$\underline{S}_2 = S_2 \begin{pmatrix} 0 \\ \sin\gamma \\ -\cos\gamma \end{pmatrix} \qquad \text{mit} \qquad \underline{r}_2 = \begin{pmatrix} 3\ell \\ -R\cos\gamma \\ -R\sin\gamma \end{pmatrix}.$$

Die Komponenten dieser Vektoren kann man nun in das KG (3.9) und MG (3.10) einsetzen. Dazu legt man den Bezugpunkt der Einfachheit halber in den Ursprung (Lager A). Es liegen dann sechs Gleichungen für die sechs Unbekannten A_x, A_y, A_z, B_y, B_z und F vor.

Für das praktische Rechnen ist zu bemerken, dass sich insbesondere bei (3.10), wo zahlreiche Kraft- und Hebelarmkomponenten einzusetzen sind, leicht Verwechselungen einschleichen. Es ist daher häufig geschickter, die Rechnung so weit wie möglich vektoriell auszuführen, so dass erst am Schluss Komponentengleichungen vorliegen. Das KG lautet demnach

$$\underline{F} + \underline{A} + \underline{B} + \underline{S}_1 + \underline{S}_2 = \underline{0}$$

und führt direkt auf die Komponentengleichungen

$$F\cos\alpha\sin\beta + A_x = 0, \tag{1}$$

$$-F\sin\alpha + A_y + B_y + (S_2 - S_1)\sin\gamma = 0, \tag{2}$$

$$-F\cos\alpha\cos\beta + A_z + B_z - (S_1 + S_2)\cos\gamma = 0. \tag{3}$$

Für das MG

$$\underline{M}_F + \underline{M}_A + \underline{M}_B + \underline{M}_{S_1} + \underline{M}_{S_2} = \underline{0}$$

berechnen wir zuerst die einzelnen Momentenvektoren

$$\underline{M}_F = \underline{r}_F \times \underline{F} = F \begin{pmatrix} -\ell \\ r \\ 0 \end{pmatrix} \times \begin{pmatrix} \cos\alpha\sin\beta \\ -\sin\alpha \\ -\cos\alpha\cos\beta \end{pmatrix} = F \begin{pmatrix} -r\cos\alpha\cos\beta \\ -\ell\cos\alpha\cos\beta \\ \ell\sin\alpha - r\cos\alpha\sin\beta \end{pmatrix},$$

$$\underline{M}_A = \underline{r}_A \times \underline{A} = \underline{0} \times \underline{A} = \underline{0},$$

$$\underline{M}_B = \underline{r}_B \times \underline{B} = \begin{pmatrix} 2\ell \\ 0 \\ 0 \end{pmatrix} \times \begin{pmatrix} 0 \\ B_y \\ B_z \end{pmatrix} = \begin{pmatrix} 0 \\ -2B_z\ell \\ 2B_y\ell \end{pmatrix},$$

$$\underline{M}_{S_1} = \underline{r}_{S_1} \times \underline{S}_1 = S_1 \begin{pmatrix} 3\ell \\ R\cos\gamma \\ -R\sin\gamma \end{pmatrix} \times \begin{pmatrix} 0 \\ -\sin\gamma \\ -\cos\gamma \end{pmatrix} = S_1 \begin{pmatrix} -R \\ 3\ell\cos\gamma \\ -3\ell\sin\gamma \end{pmatrix},$$

$$\underline{M}_{S_2} = \underline{r}_{S_2} \times \underline{S}_2 = S_2 \begin{pmatrix} 3\ell \\ -R\cos\gamma \\ -R\sin\gamma \end{pmatrix} \times \begin{pmatrix} 0 \\ \sin\gamma \\ -\cos\gamma \end{pmatrix} = S_2 \begin{pmatrix} R \\ 3\ell\cos\gamma \\ 3\ell\sin\gamma \end{pmatrix}.$$

Nach Einsetzen derselben in das MG erhält man mit

$$-F\,r\cos\alpha\,\cos\beta + (S_2 - S_1)\,R = 0, \tag{4}$$

$$-F\cos\alpha\,\cos\beta - 2\,B_z + 3\,(S_1 + S_2)\cos\gamma = 0, \tag{5}$$

$$F\,(\ell\sin\alpha - r\cos\alpha\,\sin\beta) + 2\,B_y\,\ell + 3\,(S_2 - S_1)\,\ell\sin\gamma = 0 \tag{6}$$

drei weitere Komponentengleichungen.

Die Lösung dieses LGS erfolgt nun wieder auf die übliche Weise, wobei die Gleichungen (1)...(6) in der obigen Form die Notierung

$$\begin{pmatrix} \cos\alpha\sin\beta & 1 & 0 & 0 & 0 & 0 \\ -\sin\alpha & 0 & 1 & 0 & 1 & 0 \\ -\cos\alpha\cos\beta & 0 & 0 & 1 & 0 & 1 \\ \cos\alpha\cos\beta & 0 & 0 & 0 & 0 & 0 \\ \cos\alpha\cos\beta & 0 & 0 & 0 & 0 & 2 \\ \sin\alpha - \frac{r}{\ell}\cos\alpha\sin\beta & 0 & 0 & 0 & 2 & 0 \end{pmatrix} \begin{pmatrix} F \\ A_x \\ A_y \\ A_z \\ B_y \\ B_z \end{pmatrix} = \begin{pmatrix} 0 \\ -(S_2 - S_1)\sin\gamma \\ (S_1 + S_2)\cos\gamma \\ \frac{R}{r}(S_2 - S_1) \\ 3(S_1 + S_2)\cos\gamma \\ -3(S_2 - S_1)\sin\gamma \end{pmatrix} \begin{matrix}(1)\\(2)\\(3)\\(4)\\(5)\\(6)\end{matrix}$$

nahelegen. Es wäre allerdings nicht sehr geschickt, dieses sofort mit dem GAUSS-Algorithmus lösen zu wollen, da trotz zahlreicher Nullen in der Koeffizientenmatrix der Rechenaufwand beträchtlich ist. Da die Reihenfolge der Gleichungen und die Reihenfolge der Unbekannten im Lösungsvektor bekanntlich frei wählbar[5] sind, empfiehlt es sich, diese so zu verändern, dass sich die Nullen so weit wie möglich in der unteren Dreiecksmatrix „anfinden". Diese Vorgehensweise heißt **pivotieren**. Wir bekommen hier mit

$$\begin{pmatrix} 1 & 0 & 0 & 0 & 0 & \cos\alpha\sin\beta \\ 0 & 1 & 0 & 1 & 0 & -\sin\alpha \\ 0 & 0 & 1 & 0 & 1 & -\cos\alpha\cos\beta \\ 0 & 0 & 0 & 2 & 0 & \sin\alpha - \frac{r}{\ell}\cos\alpha\sin\beta \\ 0 & 0 & 0 & 0 & 2 & \cos\alpha\cos\beta \\ 0 & 0 & 0 & 0 & 0 & \cos\alpha\cos\beta \end{pmatrix} \begin{pmatrix} A_x \\ A_y \\ A_z \\ B_y \\ B_z \\ F \end{pmatrix} = \begin{pmatrix} 0 \\ -(S_2 - S_1)\sin\gamma \\ (S_1 + S_2)\cos\gamma \\ -3(S_2 - S_1)\sin\gamma \\ 3(S_1 + S_2)\cos\gamma \\ \frac{R}{r}(S_2 - S_1) \end{pmatrix} \begin{matrix}(1)\\(2)\\(3)\\(6)\\(5)\\(4)\end{matrix}$$

den denkbar günstigsten Fall, der es erlaubt, die Lösung sofort hinzuschreiben.

Die Lösung lautet

$$F = (S_2 - S_1)\,\frac{R}{r\cos\alpha\,\cos\beta},$$

---

[5] Man mache sich klar: Die Lösung kann nicht davon abhängen, wie das LGS notiert wird!

$$B_z = \frac{3}{2}\left(S_1 + S_2\right)\cos\gamma - \frac{R}{2\,r}\left(S_2 - S_1\right),$$

$$B_y = \frac{1}{2}\left(S_2 - S_1\right)\left[-\frac{R}{r}\frac{\tan\alpha}{\cos\beta} + \frac{R}{\ell}\tan\beta - 3\sin\gamma\right],$$

$$A_z = -\frac{1}{2}\left(S_1 + S_2\right)\cos\gamma + \frac{3}{2}\left(S_2 - S_1\right)\frac{R}{r},$$

$$A_y = \frac{1}{2}\left(S_2 - S_1\right)\left[3\frac{R}{r}\frac{\tan\alpha}{\cos\beta} - \frac{R}{\ell}\tan\beta + \sin\gamma\right],$$

$$A_x = -\frac{R}{r}\left(S_2 - S_1\right)\tan\beta.$$

■

3.3   Körpersysteme

In den seltensten Fällen wird sich der Ingenieur in der vergleichsweise einfachen Situation befinden, dass die von ihm entworfene Maschine, Vorrichtung oder Anlage sich als „Einzelteil" berechnen lässt, wie etwa der Kragbalken. Die Normalität besteht darin, dass man es mit vielen solcher „Einzelteile" zu tun hat, die untereinander und zum Rest der Welt irgendwie verbunden sind. In der Mechanik heißen diese **(Teil-)Körper** (= *body*), die Gesamtheit **Körpersystem**. Die Situation an sich besteht aber nicht nur in der Mechanik. In der Thermodynamik geht es um (Teil-)Systeme bzw. Gesamtsysteme.

Das Trennen solcher Gesamtheiten in überschau- und berechenbare Teilobjekte mit anschließender Bilanzbildung ist *die* Methode schlechthin im Ingenieurwesen. Wichtig sind natürlich die „Wechselwirkungen" zwischen den Teilobjekten. Um die kümmern wir uns jetzt.

Vorgegeben sei ein System starrer Körper, die untereinander irgendwie verbunden sind ($\rightarrow$ Gelenk, Führung, Fügung). Gefragt ist nach Kräften und Momenten, die bei Belastung eines oder mehrerer (bzw. aller) Teilkörper zwischen denselben bzw. in der Lagerung herrschen. Zu diesem Zweck stellen wir nach Freischneiden aller Teilkörper die Gleichgewichtsbedingungen für jeden einzelnen Teilkörper auf. Aus dem Gleichgewicht aller Teilkörper folgt das Gleichgewicht des Körpersystems im Ganzen und umgekehrt (Erstarrungsprinzip).

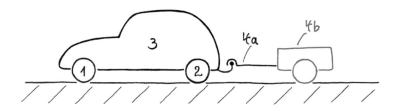

Abb. 3.3 Beispiel für ein Körpersystem

3.3.1 Starrkörperverbindungen und Lagertypen

In der Theoretischen Physik bezeichnet man geometrische Bedingungen, die die Beweglichkeit eines Massenpunktes einschränken, als **Zwangsbedingungen** (= *constraint*). Mit diesen verbunden sind sogenannte **Zwangskräfte**, die orthogonal zur (evtl. noch) möglichen Bewegungsrichtung orientiert sind.

Diese Betrachtung lässt sich auf Lagerpunkte von Körpern übertragen: Die Verschiebung eines Lagerpunktes wird zwangsweise durch **Lagerkräfte**, die beliebig groß werden können, verhindert. Die Wirkungslinie einer solchen Lagerkraft repräsentiert also diejenige Richtung, die damit bewegungshalber „verhindert" wird. Entsprechendes gilt für Verdrehungen im Lagerpunkt durch **Lagermomente**. Statt von Lagerkräften und -momenten spricht man allgemein auch von **Lagerreaktionen** und insbesondere auch von **Zwischenreaktionen**, wenn deutlich gemacht werden soll, dass es um benachbarte Teilkörper geht.

Die Bezeichnung „Starrkörperverbindung" bedeutet lediglich, dass zwei benachbarte Teilkörper irgendwie verbunden sind. Mit „Lagerung" ist hingegen stets die Verbindung eines einzelnen (Teil-)Körpers zur Umgebung gemeint. Natürlich kann man jede Verbindung zwischen Teilkörpern immer auch als Lagerung ansehen, indem man *einen* Teilkörper explizit betrachtet und die übrigen der Umgebung zurechnet. Das ist alles nur eine Frage der Bezeichnungsweise; für die Berechnungen spielt es keine Rolle.

Im Folgenden werden einige Standardfälle[6] gezeigt, wie Körper gelagert bzw. untereinander verbunden sein können. Hier zunächst vier wesentliche Verbindungstypen:

a) Bolzengelenk (= *hinge*)

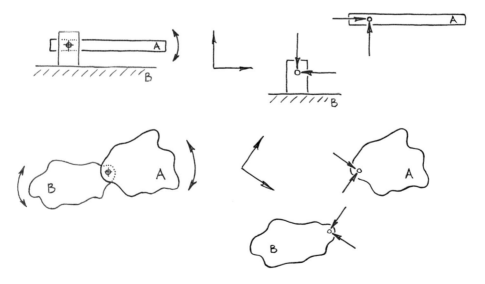

Möglich ist hier die Verdrehung der Teilkörper relativ zueinander um den Bolzen. Im räumlichen Fall kommt evtl. die Axialverschiebung längs der Bolzenach-

---

[6] Diese präge man sich so ein wie die wichtigsten Vokabeln einer Sprache!

se hinzu, sofern diese nicht durch geeignete Maßnahmen verhindert wird. *Nicht möglich* sind hingegen Verschiebungen der Teilkörper zueinander in der Zeichenebene. Diese werden (zwangsweise) durch zwei Gelenkkraftkomponenten verhindert. Im räumlichen Fall sind ferner diejenigen Verdrehungen *nicht möglich*, die nicht die Richtung der Bolzenachse repräsentieren.

b) Kugelgelenk (= *ball-and-socket joint*)

Das Kugelgelenk[7] stellt gewissermaßen das Analogon des Bolzengelenks für den räumlichen Fall dar. *Möglich* sind Verdrehungen um alle drei Raumachsen. *Nicht möglich* ist jede Verschiebung im Raum infolge der drei Gelenkkraftkomponenten.

c) Führung (= *guidance*)

Bei Führungen sind unterschiedliche Realisierungen denkbar.[8] Im Standardfall ist nur *eine* Verschiebung *möglich*. Alle weiteren Verschiebungen sowie sämtliche Verdrehungen sind *nicht möglich*.

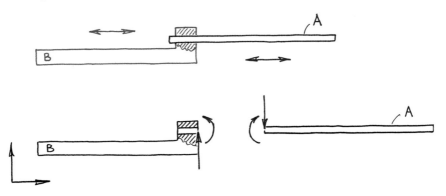

Im ebenen Fall werden diese durch eine Kraft und ein Moment verhindert. Im räumlichen Fall sind es hingegen zwei Kraft- und drei Momentenkomponenten.

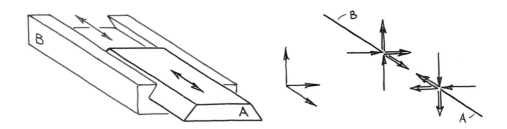

Es lassen sich aber noch zusätzliche Freiheitgrade der Verdrehung[9] vorsehen. Damit entfallen die entsprechenden Momentenkomponenten.

---

[7] Vgl. Abbildung 3.3, Verbindung zwischen Teilkörper 3 und 4 a.

[8] Das bezieht sich auf den räumlichen Fall. In der Ebene existiert nur der Standardfall.

[9] Z. B., indem man die Schwalbenschwanzführung durch eine zylindrische Spielpassung ersetzt.

d) Feste Verbindung, Fügung

Hier sind sämtliche Verschiebungen und Verdrehungen *nicht möglich.*

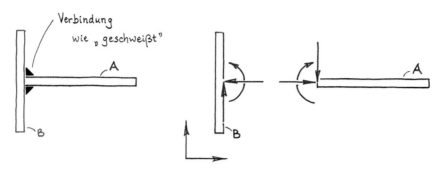

Im ebenen Fall werden diese durch zwei Kraftkomponenten und ein Moment verhindert; im räumlichen Fall sind es drei Kraft- und drei Momentenkomponenten:

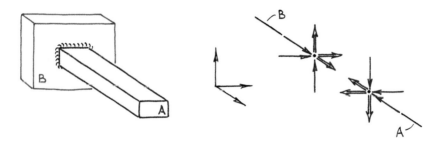

Zwei Teilkörper, die untereinander **fest verbunden**[10] sind, können als *ein* Körper angesehen werden. Ein diesbezügliches Schneiden erfolgt u.U. nur deswegen, weil an der entsprechenden Stelle nach den Beanspruchungsgrößen gefragt wird, die dann formal wie Lagerreaktionen behandelt werden.[11]

Eine Verbindung zwischen einem (Teil-)Körper und der Umgebung wird als **Auflager** oder kurz **Lager** (= *bearing*) bezeichnet. Hinsichtlich der nachfolgend gezeigten Lagertypen beschränken wir uns auf den **ebenen Fall**:

Loslager, einwertiges Lager (= *single-valued bearing*)

Entspricht Bolzengelenk in verschieblicher Position, Man kann das als Kombination aus a) und c) auffassen. Es gibt nur eine Lagerkraft:

---

[10] Verschraubt, vernietet, verschweißt, ... oder auch aus *einem* Stück, denn Teilkörpergrenzen können auch gedachter Natur sein.

[11] Dieser Sachverhalt wird im Kapitel 6 eingehend behandelt!

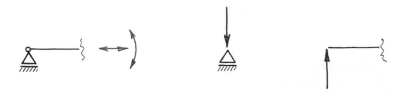

Diese ist stets orthogonal zur Gleitebene orientiert. Im Normalfall ist ein Loslager doppelseitig belastbar, d.h. die gezeigte Lagerkraft kann auch in der Gegenrichtung wirken, ohne dass das Lager „abhebt". Realisierung z.B. durch Rollenlagerung oder Pendelstütze[12]:

Festlager, zweiwertiges Lager (= *two-valued bearing*)

Entspricht Bolzengelenk in fester Position:

Realisierung z.B. durch

Zweiwertige Lager mit einer Kraft und einem Moment

Es handelt sich um verschiedene Ausführungen von c) in fester Position:

- längsverschieblich

---

[12] Die Pendelstütze wird in Beispiel 3.7 eingehend behandelt.

- querverschieblich

Realisierung z. B. durch Schwalbenschwanzführung oder parallele Pendelstützen.

■

Feste Einspannung/Kragbalken, dreiwertiges Lager (= *triple-valued bearing*)

Ortsfeste Ausführung von d)

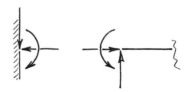

Realisierung z. B. durch

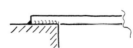

■

Das Verständnis dieser Lagertypen bezüglich Lagerreaktionen und kinematischer Eigenschaften dürfte eigentlich nicht schwerfallen! Dennoch werden in den Klausuren gerade hier massenhaft Fehler gemacht, die mit einem Minimum an Sorgfalt leicht zu vermeiden wären.

In den folgenden Beispielen wird die Berechnung einiger einfacher Körpersysteme gezeigt:

Beispiel 3.5   Hebel (= *lever*)

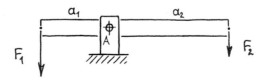

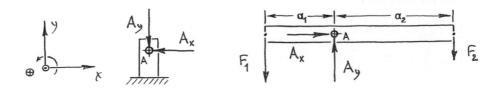

KG/MG am freigeschnittenen Hebel:

$$\sum F_{x,i} = A_x = 0 \qquad\qquad \leadsto \quad A_x = 0$$

$$\sum F_{y,i} = A_y - F_1 - F_2 = 0 \qquad \leadsto \quad A_y = F_1 + F_2$$

$$\sum M_i\,[\mathrm{A}] = F_1\,a_1 - F_2\,a_2 = 0 \qquad \leadsto \quad \boxed{F_1\,a_1 = F_2\,a_2 \quad (\text{„Hebelgesetz“})}$$

∎

Beispiel 3.6   Kneifzange

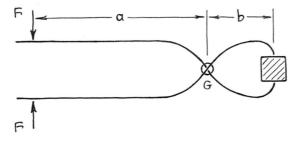

Gegeben seien die Handkraft F sowie die Abmessungen a, b. Gefragt ist nach der Zangenkraft („Beißkraft“) und den Gelenkkräften. Freischneiden im Gelenk G und am Werkstück liefert die FKB dreier Teilkörper:

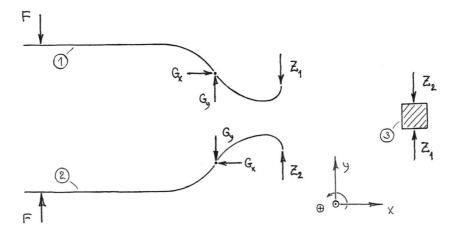

KG/MG für die drei Teilkörper:

① $\displaystyle\sum F_{x,i} = G_x = 0$ (1)

$\displaystyle\sum F_{y,i} = G_y - Z_1 - F = 0$ (2)

$\displaystyle\sum M_i\,[G] = F\,a - Z_1\,b = 0$ (3)

② $\displaystyle\sum F_{x,i} = -G_x = 0$ $\equiv (1)$

$\displaystyle\sum F_{y,i} = -G_y + Z_2 + F = 0$ (4)

$\displaystyle\sum M_i\,[G] = -F\,a + Z_2\,b = 0$ (5)

③ $\displaystyle\sum F_{y,i} = Z_1 - Z_2 = 0$ (6)

Aus (6) folgt sofort $Z_1 = Z_2 =: Z$. Damit sind auch (2) und (4) sowie (3) und (5) identisch. Die Lösung lautet somit

$$Z - \frac{a}{b}\,F\,,$$

$$G_x = 0\,, \qquad G_y = \left(1 + \frac{a}{b}\right) F > Z\,.$$

■

Beispiel 3.7 Pendelstütze, Stab (= *two force member*)

Als „Pendelstütze", „Pendelstab" oder kurz „Stab" bezeichnet man ein beidseitig gelenkig gelagertes, schlankes Bauteil, das selbst unbelastet ist.

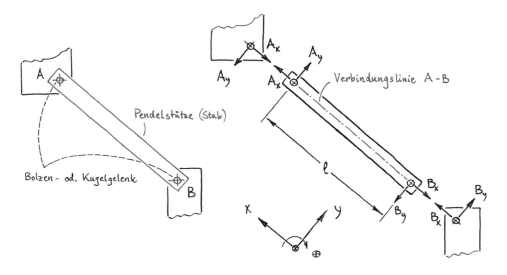

KG: $\sum F_{x,i} = A_x - B_x = 0$ $\rightsquigarrow$ $\boxed{A_x = B_x}$

$\left.\begin{array}{l} \sum F_{y,i} = A_y - B_y = 0 \\[2ex] \text{MG:} \quad \sum M_i\,[\text{B}] = A_y\,\ell = 0 \end{array}\right\}$ $\rightsquigarrow$ $A_y = B_y = 0$

Pendelstützen (Stäbe) können nur Kräfte in Richtung der Verbindungslinie ihrer Gelenkmitten übertragen!   (Gilt auch für gekrümmte Stäbe.)

Bei dieser Gelegenheit definieren wir die **Stabkraft** mit

$$S := A_x = B_x$$

als diejenige Kraft, die vom jeweiligen Gelenk *nach außen* orientiert ist, so dass wir je nach Vorzeichen zwischen Zugstäben ($S > 0$) und Druckstäben ($S < 0$) unterscheiden können.[13] Damit können wir an den Schnittufern sofort Folgendes zeichnen:

Beispiel 3.8   VARIGNONsches Gesetz der umgelenkten Einzelkraft

Das VARIGNONsche Gesetz der umgelenkten Einzelkraft lässt sich an folgender Versuchsanordnung erfahren:

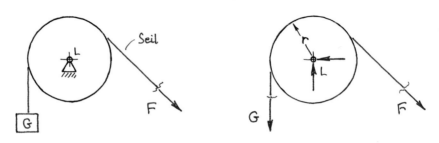

---

[13] Natürlich gibt es auch noch Nullstäbe ($S = 0$).

Dabei sei die (Gewichts-)Kraft G vorgeben, und die (Seil-)Kraft F ist zu ermitteln. Wir betrachten das Seil als absolut biegeschlaff und masselos; vom Lager nehmen wir an, dass es reibungsfrei ist. Man erhält

KG: (nur zur Ermittlung der Lagerkräfte interessant) ,

MG: $\sum M_i\,[\mathrm{L}] \;=\; G\,r \;-\; F\,r \;=\; 0 \qquad \rightsquigarrow \qquad \boxed{F = G}$.

Die Gleichheit zwischen Seil- und Gewichtskraft folgt hier aus dem Momentengleichgewicht, welches wir axiomatisch begründet haben. Die historische Entwicklung war allerdings umgekehrt: Aufgrund der experimentellen Erfahrung wurde das (**VARIGNON**sche) **Axiom der umgelenkten Einzelkraft** aufgestellt, welches die Einführung des Momentes und das Momentengleichgewicht erst zur Folge hatte.

■

3.3.2   Statisch bestimmte und unbestimmte Systeme

Definition: Ein Körpersystem heißt **statisch bestimmt** (= *statically determined*), wenn seine Lager- und Zwischenreaktionen allein aus den Gleichgewichtsbedingungen berechenbar sind.

■

Es stellt sich die Frage, wann dies der Fall ist. Hierzu gibt es eine ...

Notwendige (nicht aber hinreichende) **Bedingung:**	
Anzahl der Lager- und Zwischenreaktionen $=$ **Anzahl** der Bestimmungsgleichungen (Gleichgewichtsbedingungen)	(3.11)

Schreibt man die Gleichgewichtsbedingungen als **Lineares Gleichungssystem**[14] (LGS)

$$\underline{\underline{A}}\ \underline{x} \;=\; \underline{b} \qquad\qquad\qquad\qquad (2.5)$$

mit

Koeffizientenmatrix $\underline{\underline{A}}$,	(enthält Zahlen/geometrische Größen)
Lösungsvektor $\underline{x}$,	(enthält Lager- und Zwischenreaktionen)
Lastvektor $\underline{b}$,	(enthält eingeprägte Kräfte und Momente)

so ermöglicht das die ...

Notwendige und hinreichende Bedingung:	
Die Koeffizientenmatrix $\underline{\underline{A}}$ ist quadratisch[15] und regulär, d. h. $\det \underline{\underline{A}} \neq 0$.	(3.12)

---

[14] Vgl. Beispiel 2.4.
[15] Das entspricht Bedingung (3.11).

Alle Systeme, die wir bisher betrachtet hatten, waren – abgesehen von geometrischen Spezialfällen ($\to$ „Pathologische" Fälle) – statisch bestimmt. Am einfachsten lässt sich die statische Bestimmtheit beim „Balken auf zwei Stützen" nachvollziehen:

Beispiel 3.9   „statisch bestimmt"

Wir erinnern uns an den „Balken auf zwei Stützen" aus Beispiel 3.1 und betrachten noch einmal das zugehörige FKB

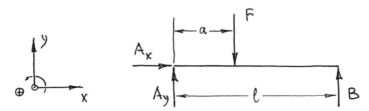

mit den *drei* (etwas anders notierten) Gleichgewichtsbedingungen

$$A_x \qquad\qquad = \; 0 \, , \tag{1}$$

$$A_y \, + \, B \; = \; F \, , \tag{2}$$

$$\ell \, B \; = \; F \, a \tag{3}$$

für die *drei* Unbekannten A_x, A_y und B. Die „Abzähl"-Bedingung (3.11) ist also erfüllt, und das Ergebnis aus Beispiel 3.1 hat ja auch gezeigt, dass die Lagerreaktionen aus den Gleichgewichtsbedingungen berechenbar sind. Theoretisch hätte es auch anders kommen können, da (3.11) nicht hinreichend ist. Wir wollen daher noch die Bedingung (3.12) prüfen und bringen dazu das LGS mit

$$\begin{pmatrix} 1 & 0 & 0 \\ 0 & 1 & 1 \\ 0 & 0 & \ell \end{pmatrix} \begin{pmatrix} A_x \\ A_y \\ B \end{pmatrix} = F \begin{pmatrix} 0 \\ 1 \\ a \end{pmatrix}$$

auf die Form $\underline{\underline{\mathbf{A}}} \, \mathbf{x} \; = \; \mathbf{b}$. Schließt man den technisch unsinnigen Fall $\ell = 0$ aus, so erfährt man, dass wegen

$$\det \underline{\underline{\mathbf{A}}} \; = \; \ell \; \neq \; 0$$

die statische Bestimmtheit des Systems für alle geometrischen Varianten[16] gesichert ist.   ■

Liegt für ein gegebenes Körpersystem keine statische Bestimmtheit vor, so heißt dieses im Falle

---

[16] Das bedeutet bei diesem einfachen System nur $a \in [0, \ell]$.

| **Anzahl** der Lager- und Zwischenreaktionen | > | **Anzahl** der Bestimmungsgleichungen (Gleichgewichtsbedingungen) |

statisch unbestimmt[17]. Insbesondere bei k überzähligen Lager- und Zwischenreaktionen nennen wir das System **k-fach statisch unbestimmt**. Dazu definieren wir

$$k := \underset{\text{Zwischenreaktionen}}{\textbf{Anzahl} \text{ der Lager- und}} - \underset{\text{(Gleichgewichtsbedingungen)}}{\textbf{Anzahl} \text{ der Bestimmungsgleichungen}} \quad . \quad (3.13)$$

Beispiel 3.10 $k = 1$

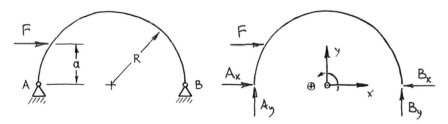

Es gibt 4 Lagerreaktionen und 3 Gleichgewichtsbedingungen, folglich ist

$k = 4 - 3 = 1$.

⤳   1-fach statisch unbestimmt.   ∎

Beispiel 3.11 $k = 2$

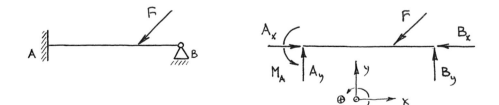

Es gibt 5 Lagerreaktionen und 3 Gleichgewichtsbedingungen, folglich ist

$k = 5 - 3 = 2$.

⤳   2-fach statisch unbestimmt.   ∎

---

[17] Auch: überbestimmt

Beispiel 3.12 $k = 0$, statisch nicht bestimmt

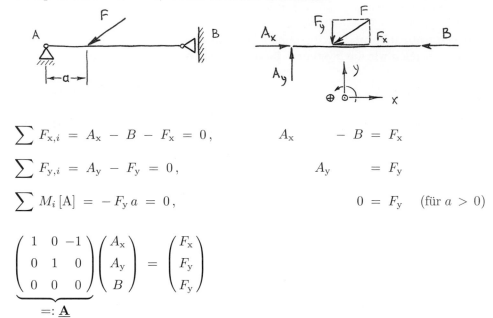

$$\sum F_{x,i} = A_x - B - F_x = 0, \qquad\qquad A_x \qquad - B = F_x$$

$$\sum F_{y,i} = A_y - F_y = 0, \qquad\qquad A_y \qquad = F_y$$

$$\sum M_i\,[A] = -F_y\,a = 0, \qquad\qquad 0 = F_y \quad (\text{für } a > 0)$$

$$\underbrace{\begin{pmatrix} 1 & 0 & -1 \\ 0 & 1 & 0 \\ 0 & 0 & 0 \end{pmatrix}}_{=:\,\underline{\underline{\mathbf{A}}}} \begin{pmatrix} A_x \\ A_y \\ B \end{pmatrix} = \begin{pmatrix} F_x \\ F_y \\ F_y \end{pmatrix}$$

Wir haben zwar 3 Lagerreaktionen und 3 Gleichgewichtsbedingungen und daher

$$k = 3 - 3 = 0\,.$$

Wegen det $\underline{\underline{\mathbf{A}}} = 0$ ist das System aber trotzdem statisch nicht bestimmt! Man vermutet diesen Sachverhalt im MG bereits an $-F_y\,a = 0$; eine y-Komponente der eingeprägten Kraft kann das System offenbar nicht abfangen (außer für $a = 0$)! Außerdem erkennt man im Lager B eine infinitesimale Verschieblichkeit um dy (Beweglichkeit im Kleinen)[18]. Ein System, das infinitesimale oder endliche Bewegung zulässt, heißt „kinematisch unbestimmt".   ■

Beispiel 3.13   Dreigelenkbogen

Das nachfolgend gezeigte System ist sehr ähnlich dem, welches wir in Beispiel 3.10 behandelt hatten.

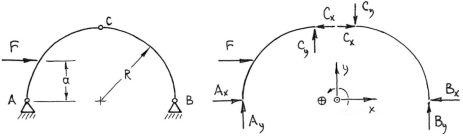

---

[18] Das System „klemmt".

Der einzige Unterschied liegt in dem zusätzlichen Gelenkpunkt C, welcher sich für einen zusätzlichen Schnitt anbietet. Das System besteht damit aus zwei Teilkörpern, und die Gleichgewichtsbedingungen lauten

$$\sum F_{x,i} = A_x + F - C_x = 0, \qquad\qquad \sum F_{x,i} = C_x - B_x = 0,$$

$$\sum F_{y,i} = A_y + C_y = 0, \qquad\qquad \sum F_{y,i} = B_y - C_y = 0,$$

$$\sum M_i\,[\mathrm{A}] = C_x\,R + C_y\,R - F\,a = 0, \qquad \sum M_i\,[\mathrm{B}] = C_y\,R - C_x\,R = 0.$$

Das sind 6 Gleichungen für die gesuchten 6 Lager- bzw. Zwischenreaktionen A_x, A_y, B_x, B_y, C_x und C_y! Wir finden daher wegen

$$k = 6 - 6 = 0$$

die (notwendige) Bedingung (3.11) erfüllt. Und da bei einem vergleichsweise übersichtlichen System wie diesem keine Verschieblichkeit erkennbar ist, geht man in der Praxis davon aus, dass das System statisch bestimmt ist.

Bei ingenieurmäßigen Berechnungen verzichtet man häufig auf die mitunter recht aufwendige Prüfung der Determinante. Denn in aller Regel ist man auslegungshalber sowieso darauf angewiesen, das LGS durchzurechnen. Im Fall der verschwindenden Determinante wird man schon merken, dass keine Lösung existiert.

Wer aber ganz sicher gehen will, dass die Koeffizientenmatrix des LGS nicht doch für bestimmte geometrische Konstellationen singulär wird[19], sollte in jedem Fall die Prüfung der Determinante vornehmen. Unser (6×6)-System

$$\underbrace{\begin{pmatrix} 1 & 0 & 0 & 0 & -1 & 0 \\ 0 & 1 & 0 & 0 & 0 & 1 \\ 0 & 0 & 1 & 0 & -1 & 0 \\ 0 & 0 & 0 & 1 & 0 & -1 \\ 0 & 0 & 0 & 0 & R & R \\ 0 & 0 & 0 & 0 & R & -R \end{pmatrix}}_{=:\ \underline{\underline{\mathbf{A}}}} \begin{pmatrix} A_x \\ A_y \\ B_x \\ B_y \\ C_x \\ C_y \end{pmatrix} = F \begin{pmatrix} -1 \\ 0 \\ 0 \\ 0 \\ a \\ 0 \end{pmatrix}$$

liefert, wenn wir sinnvollerweise $R \neq 0$ voraussetzen,

$$\det \underline{\underline{\mathbf{A}}} = -2\,R^2 \neq 0.$$

Es sei bei dieser Gelegenheit daran erinnert, dass die praktische Regel von SARRUS zur Determinantenberechnungen nur bei (2×2)- und (3×3)-Systemen möglich ist. In unserem Fall sind wir auf den **Entwicklungssatz von LAPLACE** angewiesen. Man erkennt bei genauerem Hinsehen wegen

$$R\,(-R) - R\,R = -2\,R^2,$$

welche Unterdeterminante hier maßgeblich ist.

■

[19] Vgl. Beispiel 2.4.

Die statisch unbestimmten Systeme sind dadurch ausgezeichnet, dass (abgesehen von dem Ausnahmefall det $\underline{\mathbf{A}} = 0$) die Anzahl der Lager- und Zwischenreaktionen stets größer ist als die Anzahl der Gleichgewichtsbedingungen. Es gibt natürlich auch noch den umgekehrten Fall

Anzahl der Lager- und Zwischenreaktionen	$<$	**Anzahl** der Bestimmungsgleichungen (Gleichgewichtsbedingungen)

.

Diese Relation ist hinreichend (aber nicht notwendig) für kinematische Unbestimmtheit. Es ist nun $k < 0$. Entsprechende Systeme nennen wir $|k|$-**fach kinematisch unbestimmt**[20], sie bewegen sich unter Lasteinwirkung![21]

Beispiel 3.14 $k = -1$

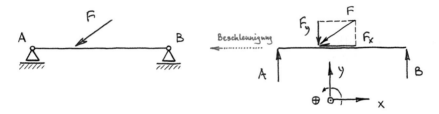

Es gibt nur 2 Lagerreaktionen, aber 3 Gleichgewichtsbedingungen, folglich ist

$$k = 2 - 3 = -1 \, .$$

Damit ist eine Gleichgewichtsbedingung nicht erfüllbar: $\sum F_{\mathrm{x},i} = -F_\mathrm{x} \neq 0$

$\rightsquigarrow$ 1-fach kinematisch unbestimmt.   ∎

Wir haben in den vorangegangen Beispielen die **Bedingung (3.11)** durch Einführung einer Zahl $k \in \mathbb{Z}$ hinsichtlich Einhaltung ($k = 0$) oder Abweichung ($k > 0$ bzw. $k < 0$) untersucht. Es ist nun naheliegend, die diesbezüglichen Erfahrungen – insbesondere was Mehrkörpersysteme angeht – entsprechend zu systematisieren. Gemäß Definition (3.13) subtrahieren wir dazu von der Anzahl der Lager- und Zwischenreaktionen die Anzahl der Gleichgewichtsbedingungen pro Teilkörper mal Anzahl derselben. Für die hier behandelten ebenen Probleme führt dies auf die **Abzählformel**

$$k = t + r - 3p, \qquad\qquad (\mathbb{E}^2) \qquad\qquad (3.14)$$

dabei ist

t die Anzahl der (unabhängigen) Lagerreaktionen,

r die Anzahl der (unabhängigen) Zwischenreaktionen,

p die Anzahl der Teilkörper.

---

[20] Auch: unterbestimmt, verschieblich
[21] Beweglichkeit im Großen (So etwas ist natürlich kein Fall der Statik mehr!)

Im räumlichen Fall stehen bekanntlich sechs Gleichgewichtsbedingungen pro Teilkörper zur Verfügung, so dass

$$k = t + r - 6\,p \qquad\qquad (\mathbb{E}^3) \qquad\qquad (3.15)$$

ist. Abschließend fassen wir zusammen:

Ein Körpersystem ist mit

$k > 0$ k-fach statisch unbestimmt, überbestimmt,

$k = 0$ statisch bestimmt, sofern nicht der Ausnahmefall $\det \underline{\underline{\mathbf{A}}} = 0$ einsetzt,

$k < 0$ $|k|$-fach kinematisch unbestimmt, unterbestimmt.

Hinsichtlich der „unabhängigen" Lager- bzw. Zwischenreaktionen ist zu sagen, dass
zwei Reaktionskräfte in demselben Lagerpunkt genau dann unabhängig sind, wenn
keine Bedingung existiert, nach der diese Kräfte von vornherein in einem festen
Verhältnis stehen. Wir machen uns das an einem Gegenbeispiel klar:

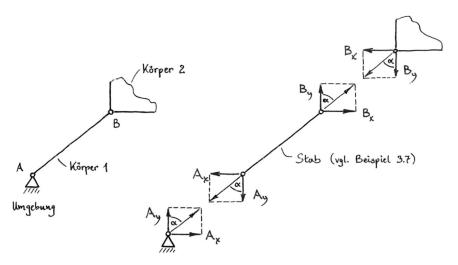

Abb. 3.4 Lager- und Zwischenreaktionen, die in einem festen Verhältnis stehen

Die Lagerreaktionen A_x, A_y und die Zwischenreaktionen B_x, B_y sind jeweils *nicht*
unabhängig voneinander, da der Stab nur Kräfte in Richtung der Verbindungsge-
raden zwischen den Gelenkpunkten übertragen kann.[22] Die Kräfte stehen vielmehr
in dem Verhältnis

$$\frac{A_\mathrm{x}}{A_\mathrm{y}} = \frac{B_\mathrm{x}}{B_\mathrm{y}} = \tan\alpha\,.$$

---

[22] Vgl. Beispiel 3.7.

Bemerkungen:

- Die Betrachtung von k erlaubt nur einseitige Schlussfolgerungen:

  System ist **statisch bestimmt** $\implies$ $k = 0$
  System ist **statisch unbestimmt** $\impliedby$ $k > 0$
  System ist **kinematisch unbestimmt** $\impliedby$ $k < 0$

- Die Betrachtung der Determinanten ermöglicht die allgemein gültige Aussage:

  $\det \underline{\underline{A}} \neq 0$ $\iff$ System ist **statisch** (und kinematisch) **bestimmt**.

- Die statische Bestimmtheit eines Körpersystems entscheidet sich – wie wir gesehen haben – in der Koeffizientenmatrix $\underline{\underline{A}}$. Dort geht die Geometrie ein. Keinen Einfluss auf die statische Bestimmtheit hat hingegen der Lastvektor $\underline{b}$. Es spielt in dieser Hinsicht keine Rolle, welche Belastung ein System erfährt! Insbesondere hat ein System, das völlig unbelastet ist, den Lastvektor $\underline{b} = \underline{0}$. Damit erhalten wir das **homogene** LGS

  $$\underline{\underline{A}}\,\underline{x} = \underline{0}\,.$$

  Dieses besitzt für $\det \underline{\underline{A}} \neq 0$ nur die Triviallösung $\underline{x} = \underline{0}$, was ja nicht sonderlich überraschend ist.

- Wenn ein System statisch unbestimmt ist, bedeutet das nicht zwangsläufig, dass keine der Lager- und Zwischenreaktionen berechnet werden kann. Mitunter ist ein Teil davon berechenbar, nur eben nicht alle. Insbesondere kommt es vor, dass bei einem Körpersystem – etwa einem voll verschweißten Rahmentragwerk – zwar die Lagerreaktionen aus den Gleichgewichtsbedingungen für das Gesamtsystem berechenbar sind, die Zwischenreaktionen hingegen nicht bzw. nicht alle. Ein solches System heißt äußerlich statisch bestimmt und innerlich statisch unbestimmt.

3.3.3   Ebene Fachwerke

Fachwerke (= *truss*) sind Körpersysteme, die ausschließlich aus Stäben bestehen. Dabei werden folgende Vereinbarungen getroffen:

- Die **Stäbe** sind gerade,

- die **Knoten** sind Gelenkverbindungen und bilden zentrale Kräftesysteme.

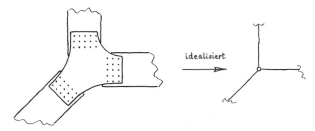

- **Eingeprägte Kräfte** und **Lagerreaktionen** wirken nur in den Gelenken.

- Das **Eigengewicht der Stäbe** wird auf die Gelenke verteilt.

Beispiel 3.15 a   Ebenes Fachwerk, knotenpunktweise Berechnung

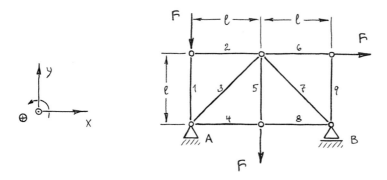

Es werden sämtliche Knoten freigeschnitten. Man erhält für jeden Knoten ein zentrales Kräftesystem. Die **Stabkräfte** sind vereinbarungsgemäß vom Knoten weg (nach außen) anzutragen[23], während die Lagerreaktionen weiterhin beliebig orientiert werden dürfen:

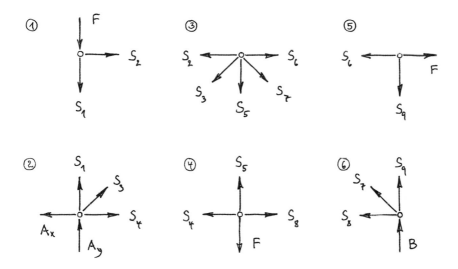

Bei Fachwerken mit quadratischer Struktur können wir von

$$\sin[45°] \; = \; \cos[45°] \; = \; \frac{1}{\sqrt{2}}$$

Gebrauch machen. Die KG der einzelnen Knoten lauten demnach:

① $\sum F_{x,i} \; = \; S_2 = 0$ (1)

$\quad \sum F_{y,i} \; = \; -S_1 - F = 0$ (2)

---

[23] Das war bereits vereinbart ($\rightarrow$ Beispiel 3.7).

$$\textcircled{2} \quad \sum F_{x,i} \;=\; -A_x + S_4 + \tfrac{1}{\sqrt{2}} S_3 \;=\; 0 \tag{3}$$

$$\sum F_{y,i} \;=\; A_y + S_1 + \tfrac{1}{\sqrt{2}} S_3 \;=\; 0 \tag{4}$$

$$\textcircled{3} \quad \sum F_{x,i} \;=\; -S_2 + S_6 - \tfrac{1}{\sqrt{2}} S_3 + \tfrac{1}{\sqrt{2}} S_7 \;=\; 0 \tag{5}$$

$$\sum F_{y,i} \;=\; -S_5 - \tfrac{1}{\sqrt{2}} S_3 - \tfrac{1}{\sqrt{2}} S_7 \;=\; 0 \tag{6}$$

$$\textcircled{4} \quad \sum F_{x,i} \;=\; -S_4 + S_8 \;=\; 0 \tag{7}$$

$$\sum F_{y,i} \;=\; S_5 - F \;=\; 0 \tag{8}$$

$$\textcircled{5} \quad \sum F_{x,i} \;=\; -S_6 + F \;=\; 0 \tag{9}$$

$$\sum F_{y,i} \;=\; -S_9 \;=\; 0 \tag{10}$$

$$\textcircled{6} \quad \sum F_{x,i} \;=\; -S_8 - \tfrac{1}{\sqrt{2}} S_7 \;=\; 0 \tag{11}$$

$$\sum F_{y,i} \;=\; B + S_9 + \tfrac{1}{\sqrt{2}} S_7 \;=\; 0 \tag{12}$$

Das sind 12 Gleichungen für die 12 Unbekannten, bestehend aus 9 Stabkräften und 3 Lagerreaktionen. Formal haben wir es hier also mit einem (12×12)-System zu tun. Da aber jede Stabkraft nur zweimal, die Lagerreaktionen nur einmal vorkommen, ist das LGS sehr dünn besetzt[24]. Die Lösung erfordert dadurch nur vergleichsweise geringen Aufwand.[25] Sie lautet

$$S_4 = S_5 = S_6 = S_8 = F \qquad (> 0,\ \text{Zugstäbe}),$$

$$S_1 = -F, \quad S_7 = -\sqrt{2}\,F \qquad (< 0,\ \text{Druckstäbe}),$$

$$S_2 = S_3 = S_9 = 0 \qquad (\text{Nullstäbe}),$$

$$A_x = A_x = B = F \qquad (\text{Auflagerreaktionen}).$$

           ■

Um ein Fachwerk auf statische Bestimmtheit zu untersuchen, sind grundsätzlich keine neuen Betrachtungen erforderlich. Denn alles, was wir im letzten Abschnitt erarbeitet hatten, galt ja ganz allgemein für Körpersysteme – also auch für Fachwerke! Somit lassen sich auch die Abzählformeln (3.14) bzw. (3.15) verwenden. Das ist aber nicht sehr praktisch, da in der Notierung der Stabkräfte, wie wir sie in Beispiel 3.7 vereinbart hatten, die dort bereits „verbrauchten" Gleichgewichtsbedingungen gewissermaßen unsichtbar enthalten sind. Es ist bei Fachwerken daher viel einfacher, eine neue Abzählformel aufzustellen: Wiederum gemäß Definition (3.13)

---

[24] D.h., die Koeffizientenmatrix $\underline{\underline{A}}$ enthält überwiegend Nullen.

[25] Statt GAUSS-Algorithmus kann man das auch im „Freistil" rechnen!

subtrahieren wir diesmal von der Anzahl der Lagerreaktionen plus Stabkräften die Anzahl der Gleichgewichtsbedingungen pro Knoten mal Anzahl derselben. Im ebenen Fall führt das auf

$$k = t + s - 2g, \qquad (\mathbb{E}^2) \qquad (3.16)$$

dabei ist

t die Anzahl der (unabhängigen) Lagerreaktionen,

s die Anzahl der Stäbe,

g die Anzahl der Knoten (Gelenke).

Im räumlichen Fall stehen dagegen drei Gleichgewichtsbedingungen pro Knoten zur Verfügung, so dass

$$k = t + s - 3g \qquad (\mathbb{E}^3) \qquad (3.17)$$

ist. Allerdings besteht auch bei Fachwerken die Möglichkeit der (inneren) kinematischen Unbestimmtheit, so dass im Zweifel erst die Determinantenprüfung Klarheit verschafft.

Eine andere Möglichkeit, die Stabkräfte eines Fachwerks zu ermitteln, bietet das nachfolgend beschriebene Verfahren:

Beispiel 3.15 b   Ebenes Fachwerk, RITTERsches Schnittverfahren

Gegenstand ist wieder das gleiche Fachwerk wie zuvor. Diesmal ermitteln wir zunächst die Auflagerreaktionen, indem das Fachwerk als Gesamtkörper freigeschnitten wird:[26]

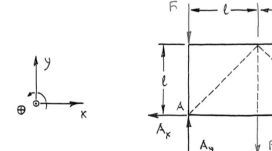

$$\sum F_{x,i} \;=\; -A_x + F = 0$$

$$\sum F_{y,i} \;=\; A_y + B - F - F = 0 \qquad \left.\right\} \quad \rightsquigarrow \quad A_x = A_x = B = F.$$

$$\sum M_i\,[A] \;=\; -F\ell + 2B\ell - F\ell = 0$$

---

[26] Um das Vorgehen zu illustrieren, stellen wir jeweils **bekannte** Kräfte mit Grün, **unbekannte** hingegen mit Rot dar.

Anschließend schneidet man das ganze Fachwerk nach Möglichkeit so, dass dieser erste Schnitt drei unbekannte Stabkräfte enthält. Alle weiteren Schnitte werden so geführt, dass pro Schnitt wiederum maximal drei neue Stabkräfte hinzukommen. Diese Methode erfordert, was die Schnittführung angeht, eine Art „strategisches" Vorgehen, denn es gibt dafür kein „Rezept". In unserem Fall könnte es so gehen:

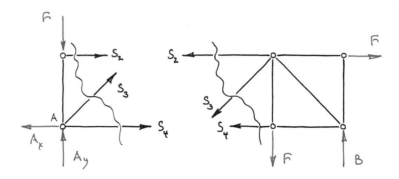

Berechnung mit dem linken Teil liefert:

$$\sum F_{x,i} \;=\; S_2 + \tfrac{1}{\sqrt{2}} S_3 + S_4 - A_x = 0$$

$$\sum F_{y,i} \;=\; A_y - F + \tfrac{1}{\sqrt{2}} S_3 = 0 \qquad \rightsquigarrow \quad S_2 = S_3 = 0,$$

$$\sum M_i\,[\mathrm{A}] \;=\; -S_2\,\ell = 0 \qquad\qquad\qquad\qquad\;\; S_4 = F.$$

Die Wirkungslinien der drei unbekannten Stabkräfte dürfen sich nicht in einem Punkt schneiden, da sonst das MG trivial erfüllt ist (zentrales Kräftesystem). Beim folgenden Schnitt schadet es jedoch nicht, dass sich S_1, S_3, S_4 in einem Punkt schneiden, da S_3 und S_4 schon bekannt sind:

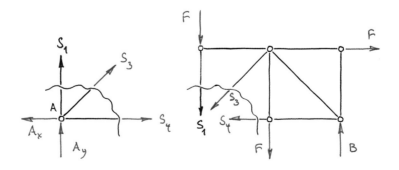

Berechnung mit dem linken Teil liefert:

$$
\left(
\begin{aligned}
\sum F_{\mathrm{x},i} &= \tfrac{1}{\sqrt{2}} S_3 + S_4 - A_\mathrm{x} = 0
\end{aligned}
\right)_{\text{redundant}}
$$

$$
\left.
\begin{aligned}
\sum F_{\mathrm{x},i} &= \tfrac{1}{\sqrt{2}} S_3 + S_4 - A_\mathrm{x} = 0 \quad \Big)_{\text{redundant}} \\[2mm]
\sum F_{\mathrm{y},i} &= S_1 + \tfrac{1}{\sqrt{2}} S_3 + A_\mathrm{y} = 0 \\[2mm]
\Big(\;\sum M_i\,[\mathrm{A}] &= S_1 \cdot 0 + S_3 \cdot 0 + \ldots = 0 \;\Big)_{\text{trivial erfüllt}}
\end{aligned}
\right\} \;\rightsquigarrow\; S_1 = -F\,.
$$

Weitere Schnitte ergeben:

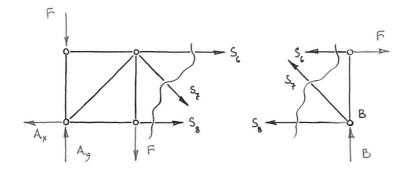

Berechnung hier mit dem rechten Teil:

$$
\left.
\begin{aligned}
\sum F_{\mathrm{x},i} &= -S_8 - \tfrac{1}{\sqrt{2}} S_7 - S_6 + F = 0 \\[2mm]
\sum F_{\mathrm{y},i} &= B + \tfrac{1}{\sqrt{2}} S_7 = 0 \\[2mm]
\sum M_i\,[\mathrm{B}] &= S_6\,\ell - F\,\ell = 0
\end{aligned}
\right\}
\;\rightsquigarrow\;
\begin{aligned}
& S_6 = S_8 = F\,, \\[1mm]
& S_7 = -\sqrt{2}\,F\,,
\end{aligned}
$$

sowie

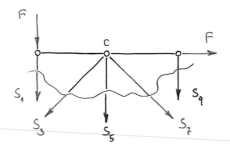

Hier wird mit dem oberen Teil gerechnet:

$$
\left.
\begin{array}{rcl}
\left(\displaystyle\sum F_{\mathrm{x},i} & = & -\dfrac{1}{\sqrt{2}}\,S_3 + \dfrac{1}{\sqrt{2}}\,S_7 + F = 0 \right)_{\mathrm{redundant}} \\[3mm]
\displaystyle\sum F_{\mathrm{y},i} & = & -F - S_1 - \dfrac{1}{\sqrt{2}}\,S_3 - S_5 - \dfrac{1}{\sqrt{2}}\,S_7 - S_9 = 0 \\[3mm]
\displaystyle\sum M_i\,[\mathrm{C}] & = & S_1\,\ell + F\,\ell - S_9\,\ell = 0
\end{array}
\right\}
\ \leadsto\
\begin{array}{l}
S_5 = F, \\[2mm]
S_9 = 0\,.
\end{array}
$$

∎

Hier noch ein paar praktische Bemerkungen zum RITTERschen Schnittverfahren:

- Die ingenieurmäßige Berechnung eines Fachwerks erfordert oft nicht die Kenntnis aller, unter Umständen nur die einiger weniger Stabkräfte. Mit dem RITTERschen Schnittverfahren sind die schnell ermittelt, während man knotenpunktweise immer das komplette Fachwerk durchrechnen muss.

- Niemand ist vor Fehlern sicher, weder in der Praxis noch in der Klausur. Ein einziger, kleiner Fehler (z. B. ein falsches Vorzeichen) beim Aufstellen der Gleichgewichtsbedingungen wie auch beim Lösen des LGS[27] hat bei der knotenpunktweisen Berechnung verheerende Folgen. Im schlimmsten Fall ist alles falsch. Beim RITTERschen Schnittverfahren ist der Schaden eines Einzelfehlers auf den jeweiligen Schnitt begrenzt, sofern keine zuvor falsch berechneten Stäbe erneut geschnitten werden.

- Wird in der TM-I-Klausur eine Fachwerkaufgabe gestellt, so ist damit zu rechnen, dass nur eine Minderheit von ca. 20 % der Teilnehmer die RITTER-Schnitt-Methode wählt, während der Rest – sofern er die Aufgabe überhaupt anfasst – die knotenpunktsweise Berechnung vorzieht. Der Grund dafür liegt offenbar in dem Unbehagen, sich eine Schnitt-Strategie überlegen zu müssen. Nichts wirkt so abschreckend wie die Freiheit, das eigene Vorgehen selbst gestalten zu können. Dabei gehören die erwähnten 20 % fast immer zu den Gewinnern!

---

[27] Computereinsatz verhindert bloß Rechenfehler!

4

Kontinuierliche Kräfteverteilungen

Es war bereits in Abschnitt 2.1 bei der Einführung des Kraftbegriffs die Rede davon gewesen, dass Einzelkräfte – also Kräfte mit Punktwirkung – Idealisierungen darstellen, die in der Realität so nicht vorkommen. Stattdessen haben wir es mit **Flächen-** oder **Volumenkräften** zu tun. Speziell bei Problemen mit schlanken Bauteilen (wie z.B. Balken oder Seilen), welche in Wirklichkeit zwar räumliche Ausdehnung besitzen, idealisiert aber als eindimensionale Bauteile aufgefasst werden, kann man sich anstelle der Kraftverteilungen auf Flächen bzw. Volumina im Zuge der Reduzierung um ein bzw. zwei Raumdimensionen auch solche auf Strecken denken. Man spricht hier von **Streckenlasten**.

Wir wollen zunächst eine wichtige Hilfsgröße definieren:

Definition: Dichte (= *density*)

$$\varrho := \lim_{\Delta V \to 0} \frac{\Delta m}{\Delta V} = \frac{\mathrm{d}m}{\mathrm{d}V}, \qquad [\varrho] = \frac{[\text{Masse}]}{[\text{Volumen}]} = [m]\,[\ell]^{-3}. \tag{4.1}$$

■

Entsprechend dieser Definition ist die Dichte eine Materialeigenschaft, die sich im Inneren eines Körpers von Punkt zu Punkt ändern darf, d.h., die Dichte stellt wegen $\varrho = \varrho(x,y,z)$ ein Skalarfeld dar. Bei modernen Werkstoffen dürfen wir in der Regel davon ausgehen, dass die Dichte an jedem Punkt im Material die gleiche ist, d.h.

$$\varrho(x,y,z) \equiv \text{const.}$$

Man nennt Stoffe mit ortsunabhängigen Eigenschaften *homogen*. Wir haben es in einem solchen Fall also mit (bezüglich der Dichte) homogenem Material zu tun.

Entsprechend der Definition (4.1) lässt sich das Differential[1] der Masse zu

$$\mathrm{d}m = \varrho\,\mathrm{d}V \tag{4.2}$$

---

[1] Vgl. hierzu **Anhang A**.

aufstellen. Die (Gesamt-)Masse eines Körpers $\mathcal{K}$ ermitteln wir durch Integration gemäß

$$m = \int_{\mathcal{K}} \mathrm{d}m = \int_{V} \varrho \, \mathrm{d}V \; .$$

Hierbei bedeuten die symbolischen Schreibweisen

$$\int_{\mathcal{K}} \mathrm{d}m \qquad \text{und} \qquad \int_{V} \varrho \, \mathrm{d}V$$

lediglich, dass da über den Körper $\mathcal{K}$ an sich bzw. über das Körpervolumen V integriert werden soll. In kartesischen Koordinaten läuft das wegen $\mathrm{d}V = \mathrm{d}x \, \mathrm{d}y \, \mathrm{d}z$ auf die Dreifach-Integration

$$\iiint_{V} \varrho(x, y, z) \, \mathrm{d}x \, \mathrm{d}y \, \mathrm{d}z$$

hinaus. Die Berechnung eines solchen Integrals ist natürlich erst möglich, wenn die Lage der Körperberandung im Raum gegeben ist. Damit werden dann die sechs Integralgrenzen formuliert. Nebenbei bemerkt: Lediglich in dem Spezialfall eines parallel zu den Raum-achsen orientierten Quadervolumens liegen feste Grenzen vor. Im Allgemeinen hat man es mit abhängigen Grenzen zu tun.

Bei homogenen Stoffen lässt sich die Integration mit

$$m = \varrho \int_{V} \mathrm{d}V = \varrho \, V$$

sofort ausführen.

4.1   Parallele Kräfteverteilungen

4.1.1   Volumenkräfte, Gewichtskräfte

Als **Volumenkräfte** (= *body force*) bezeichnen wir Kräfte, bei denen die Kraft-wirkung auf das Körpervolumen verteilt ist. Auch diese Verteilung braucht keines-wegs gleichförmig zu sein. Wir haben es vielmehr mit einem räumlichen Kraftfeld zu tun. Mechanisch bedeutsam ist für uns das Gravitationsfeld[2] in der Nähe der Erdoberfläche. Die dort zu beobachtenden **Gewichtskräfte** (= *weight*) verhalten sich punktweise proportional zur Masse entsprechend

$$\mathrm{d}G = g \, \mathrm{d}m \; . \tag{4.3}$$

Dabei wird der Faktor g aufgrund seiner Dimension $[\ell] \, [t]^{-2}$ als **Erdbeschleuni-gung** bezeichnet. In nicht allzu großer Entfernung von der Erdoberfläche dürfen

---

[2] Die eigentliche Gravitation wird dabei noch durch den Einfluss der Erdrotation überlagert.

wir dafür mit einer technisch im Allgemeinen befriedigenden Genauigkeit den Standardwert

$$g = 9,81 \frac{\text{m}}{\text{s}^2} \tag{4.4}$$

festsetzen. Aufgrund des festen Wertes liefert die Integration von (4.3)

$$G = \int_{\mathcal{K}} g \, dm = g \int_{\mathcal{K}} dm = mg \, .$$

Die Gewichtskraft einer Körpermasse m lautet daher

$$\boxed{G = mg} \, . \tag{4.5}$$

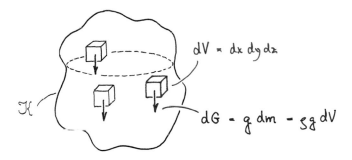

Abb. 4.1 Zur Gewichtskraft(-verteilung)

Für die meisten Ingenieuranwendungen dürfen wir außerdem davon ausgehen, dass die Verteilung der Gewichtskraft ein **paralleles Kraftfeld** darstellt. Damit bekommen wir die vektorielle Formulierung der Gewichtskraft zu

$$\overrightarrow{\mathbf{G}} = -mg \, \vec{e}_z \, , \tag{4.5a}$$

wobei vorausgesetzt wird, dass die z-Achse in lotrechter Richtung nach „oben" zeigt. In größeren räumlichen Zusammenhängen, wie sie in der Geodäsie vorkommen, kann das Gravitationsfeld nicht mehr als paralleles Kraftfeld angesehen werden. Die Kraftrichtung ist vielmehr orthogonal zum *Geoid*, einem durch diese Eigenschaft definierten Modell der Erdgestalt.

Der Begriff *Volumenkraft* legt nahe, die Kraft auf das Volumen zu beziehen. Bei der hier betrachteten Gewichtskraft führt das, wenn wir in (4.3) dm durch $\varrho \, dV$ ersetzen, auf

$$\frac{dG}{dV} = \varrho g \, , \qquad [\varrho g] = \frac{[\text{Kraft}]}{[\text{Volumen}]} = [m] \, [\ell]^{-2} \, [t]^{-2} \, . \tag{4.6}$$

Wir bezeichnen ϱg als das **spezifische Gewicht**.

4.1.2   Flächenkräfte

Analog zu den Volumenkräften lassen sich **Flächenkräfte** (= *area force*) als auf
einer Oberfläche verteilte Kraftwirkungen auffassen. Wir beschränken uns dabei
vorerst auf

- Kraftwirkungen *normal* zur Fläche (Drücke, Druckspannungen, Flächenpres-
  sungen) sowie

- *ebene* Oberflächen

und beziehen die Kraft auf die Fläche entsprechend der ...

Definition: Druck (= *pressure*)

$$
p := \lim_{\Delta A \to 0} \frac{\Delta F}{\Delta A} = \frac{\mathrm{d}F}{\mathrm{d}A}\,, \qquad [p] = \frac{[\text{Kraft}]}{[\text{Fläche}]} = [m]\,[\ell]^{-1}\,[t]^{-2}\,. \tag{4.7}
$$

■

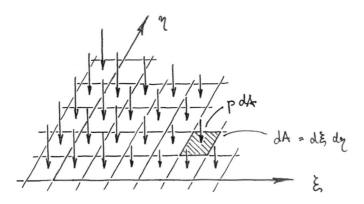

Abb. 4.2 Druckspannung(-sverteilung) auf ebener Oberfläche

Die auf die Fläche A insgesamt ausgeübte Kraft F_A erhält man auch hier durch
Integration: Es ist

$$
F_\mathrm{A} = \int_A p\,\mathrm{d}A = \iint_A p\,(\xi, \eta)\,\mathrm{d}\xi\,\mathrm{d}\eta\,. \tag{4.8}
$$

Dabei wird vorausgesetzt, dass die inneren Koordinaten ξ, η der Oberfläche zueinander orthogonal sind und damit $\mathrm{d}A = \mathrm{d}\xi\,\mathrm{d}\eta$ gilt. Die vektorielle Formulierung
dieser Kraft erfolgt aufgrund der normal zur Fläche orientierten Druckspannungs-
verteilung mit dem (Flächen-)**Normaleneinheitsvektor** $\vec{n}$, welcher als *nach außen orientiert*[3] definiert sei. Aufgrund der Einschränkung auf ebene Oberflächen

---

[3] Diese Definition ist allgemein üblich.

erhält man hier

$$\overrightarrow{\mathbf{F}}_A \;=\; -\int\limits_A p\,\overrightarrow{\mathbf{n}}\,\mathrm{d}A \;=\; -\overrightarrow{\mathbf{n}}\iint\limits_A p(\xi,\eta)\;\mathrm{d}\xi\,\mathrm{d}\eta \;=\; -F_A\,\overrightarrow{\mathbf{n}}\,. \tag{4.8\,a}$$

Das Minuszeichen ist der Tatsache geschuldet, dass Druckkräfte grundsätzlich „gegen" die Oberfläche (also in Richtung von $-\overrightarrow{\mathbf{n}}$) gerichtet sind.

Ein in der Baustatik häufig anzutreffender Fall besteht darin, dass Druckspannungen (Flächenlasten) auf horizontalen Ebenen durch Gewichtskräfte von aufgeschichteten Materialien bewirkt werden, z. B. durch Schüttgüter. Wir betrachten dann anstelle von (gravitationsbedingten) Volumenkräften meist die auf das Tragwerk eingeprägten Flächenkräfte, da die Herkunft der Tragwerksbelastung für die statische Berechnung unerheblich ist.

Wir wollen einen Blick darauf riskieren, was uns erwartet, wenn Druckspannungen auf *gekrümmte Flächen* wirken. Diese stellen natürlich kein paralleles Kräftefeld mehr dar. Ihre Berechnung ist erheblich aufwendiger, und zwar aus zwei Gründen: Zum einen ändert der Normaleneinheitsvektor seine Richtung im Allgemeinen von Punkt zu Punkt, so dass wir ihn mit $\overrightarrow{\mathbf{n}}(\xi,\eta)$ als Funktion der inneren Koordinaten der Fläche auffassen müssen und nicht mehr vor das Integral ziehen können, zum anderen können wir nun $\mathrm{d}A$ aufgrund der inneren Geometrie der Fläche nicht mehr einfach durch $\mathrm{d}\xi\,\mathrm{d}\eta$ ersetzen.

Die Lösung des Problems besteht darin, dass wir die Lage eines Punktes $P(\xi,\eta)$ auf der in den $\mathbb{E}^3$ eingebetteten Fläche durch den Ortsvektor

$$\overrightarrow{\mathbf{r}}(\xi,\eta) \;=\; x(\xi,\eta)\,\vec{\mathbf{e}}_x \;+\; y(\xi,\eta)\,\vec{\mathbf{e}}_y \;+\; z(\xi,\eta)\,\vec{\mathbf{e}}_z$$

beschreiben, so dass wir in P mit

$$\overrightarrow{\mathbf{r}}_\xi \;:=\; \frac{\partial\overrightarrow{\mathbf{r}}}{\partial\xi} \;=\; \frac{\partial x}{\partial\xi}\,\vec{\mathbf{e}}_x \;+\; \frac{\partial y}{\partial\xi}\,\vec{\mathbf{e}}_y \;+\; \frac{\partial z}{\partial\xi}\,\vec{\mathbf{e}}_z$$

sowie

$$\overrightarrow{\mathbf{r}}_\eta \;:=\; \frac{\partial\overrightarrow{\mathbf{r}}}{\partial\eta} \;=\; \frac{\partial x}{\partial\eta}\,\vec{\mathbf{e}}_x \;+\; \frac{\partial y}{\partial\eta}\,\vec{\mathbf{e}}_y \;+\; \frac{\partial z}{\partial\eta}\,\vec{\mathbf{e}}_z$$

die Tangentenvektoren längs der ξ- bzw. η-Koordinatenlinie konstruieren können. Demnach spannen $\overrightarrow{\mathbf{r}}_\xi$ und $\overrightarrow{\mathbf{r}}_\eta$ in P die Tangentialebene auf. Da aber die Normalenrichtung daselbst zu beiden orthogonal ist, lässt sich aufgrund der Eigenschaften des Kreuzproduktes, wie sie in Abschnitt 1.2.3 besprochen wurden, $\overrightarrow{\mathbf{n}}\,\mathrm{d}A$ als Flächenvektor auffassen, und wir finden

$$\overrightarrow{\mathbf{n}}\,\mathrm{d}A \;=\; \mathrm{d}\overrightarrow{\mathbf{A}} \;=\; \overrightarrow{\mathbf{r}}_\xi \times \overrightarrow{\mathbf{r}}_\eta\;\mathrm{d}\xi\,\mathrm{d}\eta\,.$$

Im Einzelnen sind aber

$$\overrightarrow{\mathbf{n}}(\xi,\eta) \;=\; \frac{\overrightarrow{\mathbf{r}}_\xi \times \overrightarrow{\mathbf{r}}_\eta}{\|\,\overrightarrow{\mathbf{r}}_\xi \times \overrightarrow{\mathbf{r}}_\eta\,\|} \qquad\qquad \text{(Man bedenke die Normiertheit: } \|\overrightarrow{\mathbf{n}}\| = 1)$$

und

$$\mathrm{d}A(\xi,\eta) \;=\; \|\mathrm{d}\overrightarrow{\mathbf{A}}\| \;=\; \|\,\overrightarrow{\mathbf{r}}_\xi \times \overrightarrow{\mathbf{r}}_\eta\,\|\;\mathrm{d}\xi\,\mathrm{d}\eta\,.$$

Auf die (gekrümmte) Oberfläche wirkt demnach die Gesamtkraft

$$\overrightarrow{\mathbf{F}}_{A} \;=\; -\int\limits_{A} p\,(\xi,\eta)\;\overrightarrow{\mathbf{n}}\,(\xi,\eta)\;\mathrm{d}A\,(\xi,\eta) \;=\; -\iint\limits_{A} p\,(\xi,\eta)\;\overrightarrow{\mathbf{r}}_{\xi}\times\overrightarrow{\mathbf{r}}_{\eta}\;\mathrm{d}\xi\,\mathrm{d}\eta\,. \tag{4.8b}$$

Um sicherzustellen, dass $\overrightarrow{\mathbf{n}}$ auf der Fläche nach außen orientiert ist, müssen die Koordinaten ξ,η so definiert sein, dass $\overrightarrow{\mathbf{r}}_{\xi}$, $\overrightarrow{\mathbf{r}}_{\eta}$, $\overrightarrow{\mathbf{n}}$ ein Rechtssystem bilden. Zur Vertiefung dieses Stoffes sei auf [1], Abschnitt 8.6 verwiesen.

4.1.3   Linienkräfte, Streckenlasten

Wir hatten es in den bisher behandelten Beispielen häufig mit Aufgabenstellungen zu tun, die sich trotz ihrer realen Dreidimensionalität auf ebene Probleme reduzieren lassen. Dabei war die auf das System wirkende Last bisher immer in Gestalt von eingeprägten Einzelkräften (bzw. -momenten) vorgegeben. Analog zu den in Wirklichkeit auf Flächen wirkenden Druckspannungen lassen sich im ebenen Betrachtungsfall Kräfteverteilungen definieren, bei denen die Wirkung im Sinne der Dimensionsreduzierung längs einer Strecke verteilt ist. Anstelle von Flächenkräften spricht man folglich von **Linienkräften** oder **Streckenlasten**. Die Wirkrichtung sei auch in diesem Betrachtungsfall normal zur Streckenführung. Wir beziehen also die Kraft auf die belastete Strecke entsprechend der ...

Definition: Streckenlast (= *distributed force*)

$$q \;:=\; \lim_{\Delta x\to 0}\frac{\Delta F}{\Delta x} \;=\; \frac{\mathrm{d}F}{\mathrm{d}x}\,, \qquad [\,q\,] \;=\; \frac{[\mathrm{Kraft}]}{[\mathrm{Länge}]} \;=\; [m]\,[t]^{-2}\,. \tag{4.9}$$

■

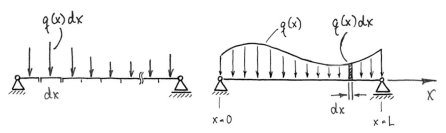

Abb. 4.3 Streckenlast auf geradem Balken

Die auf den Balken nach Abbildung 4.3 zwischen $x = 0$ (Anfang der Streckenlast) und $x = L$ (Ende der Streckenlast) insgesamt ausgeübte Kraft F_{L} berechnet sich zu

$$F_{\mathrm{L}} \;=\; \int\limits_{0}^{L} q\,(x)\;\mathrm{d}x\,. \tag{4.10}$$

Wir haben oben im Rahmen des ebenen Betrachtungsfalles eine Flächenkraft auf eine Streckenlast reduziert. Bei schlanken Körpern mit gewissermaßen „eindimensionaler" Gestalt wie Balken oder Seilen kann dies aber auch für Volumenkräfte, insbesondere das Eigengewicht, erfolgen. Beispielsweise lässt sich für einen waagerechten Balken (vgl. Abb. 4.3), dessen Querschnittsfläche durch $A(x)$ gegeben sei, das Volumenelement $\mathrm{d}V = A(x)\,\mathrm{d}x$ aufstellen, welches wir in (4.6) einsetzen:

$$\frac{\mathrm{d}G}{\mathrm{d}V} \;=\; \frac{1}{A(x)}\,\frac{\mathrm{d}G}{\mathrm{d}x} \;=\; \rho\,g\;.$$

Damit lautet dessen eigengewichtsbedingte Streckenlast (Linienkraft)

$$q_{\mathrm{g}}(x) \;:=\; \frac{\mathrm{d}G}{\mathrm{d}x} \;=\; \rho\,g\,A(x)\;.$$

4.1.4 Ermittlung des Schwerpunktes

Die zuvor betrachteten, parallelen Kräfteverteilungen lassen sich – wie gezeigt – zu resultierenden Kräften zusammenfassen. Gesucht wird nun der jeweils dazugehörende Angriffspunkt, der **Schwerpunkt** S (dargestellt durch seinen Ortsvektor $\vec{r}_{\mathrm{S}}$), mit der definierenden Eigenschaft, dass das resultierende Moment in S verschwindet. Vom Schwerpunkt im engeren Sinne (= *center of gravity*) reden wir im Zusammenhang mit Gewichtskraftverteilungen. Der Angriffspunkt von resultierenden Einzelkräften nach (4.8), (4.8 a) bzw. (4.10), die auf Flächenkräften oder Streckenlasten beruhen, wird ebenfalls als „Schwerpunkt" bezeichnet, auch wenn die Schwerkraft keine Rolle dabei spielt. Bei den folgenden Berechnungen des Schwerpunkt-Ortsvektors sei die Wirkrichtung des jeweils zugrunde gelegten parallelen Kraftfeldes durch den Einheitsvektor $\vec{e}_{\mathrm{F}}$ wiedergegeben.

Gemeinsamer Schwerpunkt von N Einzelkörpern $\mathcal{K}_i$

Wir betrachten N Körper $\mathcal{K}_i$ mit den Massen m_i, den lokalen Werten der Erdbeschleunigung g_i und den daraus folgenden Einzelgewichtskräften

$$\vec{\mathbf{G}}_i\,[\mathrm{S}_i] \;=\; G_i\,\vec{e}_{\mathrm{F}} \;=\; m_i\,g_i\,\vec{e}_{\mathrm{F}}\,, \qquad i = 1,\dots,N\;.$$

Deren Angriffspunkte S_i, welche die lokalen Schwerpunkte darstellen, seien uns

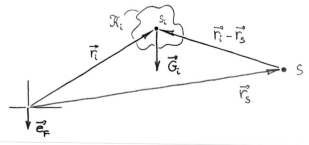

Abb. 4.4 Körper $\mathcal{K}_i$ mit „Hebelarm" $(\vec{r}_i - \vec{r}_{\mathrm{S}})$

in Gestalt der Ortsvektoren $\vec{r}_i$ bekannt. Anders ausgedrückt: Die Gewichtskraft einer Masse $m = \sum m_i$ ist in den Punkten S_i **diskret verteilt**. Zur Ermittlung des gemeinsamen Schwerpunkts aller N Körper gehen wir entsprechend Abschnitt 3.2.1 vor, d.h., zunächst werden alle Gewichtskräfte im gemeinsamen (noch unbekannten) Schwerpunkt S zur resultierenden Gewichtskraft

$$\vec{G}\,[S] = \sum_{i=1}^{N} \vec{G}_i\,[S] = \left(\sum_{i=1}^{N} G_i \right) \vec{e}_F = \left(\sum_{i=1}^{N} m_i\, g_i \right) \vec{e}_F = G\, \vec{e}_F \qquad (4.11)$$

zusammengefasst. Das damit verbundene resultierende Moment in S muss – so sieht es die Definition des Schwerpunktes vor – verschwinden:

$$\vec{M}_G = \sum_{i=1}^{N} \vec{M}_i\,[S] = \sum_{i=1}^{N} \underbrace{(\vec{r}_i - \vec{r}_S)}_{\text{„Hebelarm" bezügl. S}} \times \vec{G}_i = \vec{0}\ .$$

Aus dieser Forderung lässt sich der Ortsvektor des gemeinsamen Schwerpunkts ermitteln. Nach dem Distributivgesetz für das Kreuzprodukt folgt

$$\sum_{i=1}^{N} \vec{r}_i \times \vec{G}_i - \sum_{i=1}^{N} \vec{r}_S \times \vec{G}_i = \vec{0}$$

und weiterhin mit $\vec{G}_i = G_i\, \vec{e}_F$

$$\left(\sum_{i=1}^{N} G_i\, \vec{r}_i \right) \times \vec{e}_F - \left(\sum_{i=1}^{N} G_i \right) \vec{r}_S \times \vec{e}_F = \vec{0}\ ,$$

so dass wir letztlich

$$\left[\sum_{i=1}^{N} G_i\, \vec{r}_i - G\, \vec{r}_S \right] \times \vec{e}_F - \vec{0}\ . \qquad (4.12)$$

erhalten. Diese Gleichung besitzt zwei Lösungen:

(1)   Der Klammerausdruck [...] stellt einen zu $\vec{e}_F$ parallelen Vektor dar. Da die Richtung von $\vec{e}_F$ aber beliebig sein darf, lässt sich daraus keine Gleichung für $\vec{r}_S$ ableiten.

   Die Forderung nach beliebiger Richtung von $\vec{e}_F$ ist übrigens schon deshalb zu erheben, da anderenfalls (4.12) keine eindeutige Lösung besitzt. Denn mit $\vec{r}_S$ ist auch

   $$\vec{r}_S + \lambda\, \vec{e}_F \qquad \text{für beliebige } \lambda \in \mathbb{R}$$

   Lösung von (4.12). Davon überzeugt man sich leicht durch

   $$(\vec{r}_S + \lambda\, \vec{e}_F) \times \vec{e}_F = \vec{r}_S \times \vec{e}_F + \lambda\, \underbrace{\vec{e}_F \times \vec{e}_F}_{= \vec{0}} = \vec{r}_S \times \vec{e}_F\ .$$

Für die experimentelle Ermittlung des Schwerpunktes bedeutet das, dass man für eine spezielle Versuchsanordnung – und damit spezielles $\vec{e}_F$ – anstelle des gesuchten Schwerpunktes in Übereinstimmung mit dem Verschiebungsaxiom lediglich die Wirkungslinie (Zentralachse) der resultierenden Kraft G ermittelt.[4] Es wird zur eindeutigen Ermittlung des Schwerpunktes also immer noch eine zweite Versuchsanordnung mit veränderter Orientierung von $\vec{e}_F$ erforderlich (vgl. Beispiel 4.4)!

(2)   Der Klammerausdruck $[\,\ldots\,]$ verschwindet, d. h.

$$\sum_{i=1}^{N} G_i \vec{r}_i \ - \ G\,\vec{r}_S \ = \ \vec{0}\ .$$

Damit erhält man den Ortsvektor des **Schwerpunktes** zu

$$\boxed{\ \vec{r}_S \ = \ \frac{1}{G}\sum_{i=1}^{N} G_i \vec{r}_i \ = \ \frac{1}{G}\sum_{i=1}^{N} m_i g_i\, \vec{r}_i \ }\ . \tag{4.13}$$

Im Standardfall einer konstanten Erdbeschleunigung nach (4.4) können wir die Gewichtskräfte wegen $g_i \equiv g$ (für $\forall\, i = 1, \ldots, N$) durch

$$G_i \ = \ m_i\, g \qquad \text{und} \qquad G \ = \ m\, g$$

ausdrücken, wobei $m = \sum m_i$ die Gesamtmasse aller N Körper darstellt. Anstelle von (4.13) erhalten wir nun, da sich g herauskürzen lässt,

$$\boxed{\ \vec{r}_S \ = \ \frac{1}{m}\sum_{i=1}^{N} m_i \vec{r}_i \ }\ . \tag{4.14}$$

Die rechte Seite dieser Gleichung wird als Ortsvektor des **Massenmittelpunktes** bezeichnet. Da im Ingenieurwesen von der konstanten Erdbeschleunigung nach (4.4) praktisch immer ausgegangen werden kann, dürfen wir Schwerpunkt und Massenmittelpunkt als identisch ansehen. Ihre Unterscheidung ist weitgehend theoretischer Natur.

Die formale Gestalt von (4.14) dürfte manch einem bekannt vorkommen: Der Vektor $\vec{r}_S$ stellt das (**gewichtete**) **arithmetische Mittel** einer diskreten Verteilung dar, die durch die N Größen $\vec{r}_i$ vorgegeben wird. In der Theoretischen Physik interpretiert man $\vec{r}_S$ als mittlere Lage eines Massenpunkthaufens.

Meist begegnet uns das arithmetische Mittel in skalarer Form, z. B. durch die Gleichung der x-Komponenten von (4.14)

$$x_S \ = \ \frac{1}{m}\sum_{i=1}^{N} m_i\, x_i\ .$$

Dabei treten die (im allgemeinen verschiedenen) Zahlen $m_i \in \mathbb{R}$ als **Gewichtungsfaktoren** auf. Der Zusatz „gewichtet" ist bei der Schwerpunktsermittlung wörtlich zu nehmen.

---

[4] Vgl. hierzu Abschnitt 3.1.2, „Gleichsinnig parallele Kräfte".

Häufig wird bei Bildung eines arithmetischen Mittels Wert darauf gelegt, dass alle Elemente einer Verteilung auf dieselbe gleich starken Einfluss haben. Das kennen wir z. B. von der Durchschnittsnote einer Klausur. Die Note von „Meier" ist da genauso wichtig[5] wie die von „Müller", daher setzt man die Gewichtungsfaktoren zu

$$m_i \equiv 1 \quad \text{für} \quad \forall\, i = 1, \dots, N$$

und erhält mit $m = \sum\limits_{i=1}^{N} m_i = N$ folglich

$$\bar{x} = \frac{1}{N} \sum_{i=1}^{N} x_i \,,$$

was wir aus der Schule als *arithmetischen Mittelwert* kennen.

Schwerpunkt des Körpers $\mathcal{K}$ mit kontinuierlicher Massenverteilung

Anstelle von endlich vielen Einzelkörpern betrachten wir nun das innerhalb *eines* Körpers $\mathcal{K}$ gelegene Volumenelement dV. Nach (4.2) hat dieses die Masse $dm = \varrho\, dV$ und besitzt folglich die (infinitesimale) Gewichtskraft

$$d\vec{G} \;=\; g\, dm\; \vec{e}_F \;=\; \varrho g\, dV\; \vec{e}_F \,.$$

Da wir von dem Volumenelement dV voraussetzen wollen, dass es in keiner Raumrichtung endliche Abmessung besitzt[6], können wir es geometrisch mit dem Angriffspunkt von $d\vec{G}$ identifizieren. Diesen beschreiben wir durch die (vektorielle) Variable

$$\vec{r} \;=\; x\,\vec{e}_x \;+\; y\,\vec{e}_y \;+\; z\,\vec{e}_z \,,$$

was natürlich nichts anderes als der zu $d\vec{G}$ gehörende Ortsvektor ist:

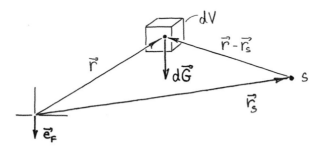

Abb. 4.5 Volumenelement dV mit „Hebelarm" $(\vec{r} - \vec{r}_S)$

Während die diskrete Verteilung der Gewichtskraft auf die Summation von Einzelgewichtskräften bzw. deren Momenten hinausläuft, erfordert die **kontinuierliche**

---

[5] Man beachte die etymologische Verwandschaft zu „Gewicht".
[6] Im einfachsten Fall durch $dV = dx\,dy\,dz$.

Verteilung derselben die Integration auf dem Körper(-volumen) durch

$$\vec{G}\,[S] \;=\; \int_{\mathcal{K}} g\,\mathrm{d}m\;\vec{e}_F \;=\; \int_{V} \varrho\,g\,\mathrm{d}V\;\vec{e}_F \;=\; G\,\vec{e}_F$$

und

$$\vec{M}_G \;=\; \int_{V} \underbrace{(\vec{r} - \vec{r}_S)}_{\text{„Hebelarm" bzgl. S}} \times \varrho\,g\,\vec{e}_F\,\mathrm{d}V \;=\; \vec{0}\;.$$

Weitere Rechnung liefert hier mit

$$\left[\int_{V} \vec{r}\,\varrho\,g\,\mathrm{d}V \;-\; G\,\vec{r}_S \right] \times \vec{e}_F \;=\; \vec{0}$$

den Ortsvektor des **Schwerpunktes** zu

$$\boxed{\; \vec{r}_S \;=\; \frac{1}{G} \int_{V} \vec{r}\,\varrho\,g\,\mathrm{d}V \;=\; \frac{1}{G} \int_{\mathcal{K}} \vec{r}\,g\,\mathrm{d}m \;}\;. \tag{4.15}$$

Auch hier gilt: Dürfen wir für die Erdbeschleunigung g einen festen Wert voraussetzen und damit $G = mg$ schreiben, so lässt sich g kürzen. Der Schwerpunkt ist dann wiederum identisch mit dem **Massenmittelpunkt**, und wir erhalten

$$\boxed{\; \vec{r}_S \;=\; \frac{1}{m} \int_{V} \vec{r}\,\varrho\,\mathrm{d}V \;=\; \frac{1}{m} \int_{\mathcal{K}} \vec{r}\,\mathrm{d}m \;}\;. \tag{4.15a}$$

Haben wir es darüber hinaus noch mit homogenem Material ($\varrho \equiv \mathrm{const}$) und infolgedessen mit $m = \varrho V$ zu tun, lässt sich zusätzlich die Dichte eliminieren, und Schwerpunkt bzw. Massenmittelpunkt fallen wegen

$$\boxed{\; \vec{r}_S \;=\; \frac{1}{V} \int_{V} \vec{r}\,\mathrm{d}V \;}\;. \tag{4.15b}$$

auch mit dem **geometrischen Mittelpunkt** zusammen.

Berechnung von Körperschwerpunkten in der Praxis

Die Berechnung von Körperschwerpunkten ist in der Praxis erheblich einfacher, als es die theoretische Darstellung zunächst erscheinen lässt. Der Grund dafür ist in der Tatsache zu suchen, dass reale Körper wegen ihrer mehr oder weniger ausgeprägten Kompliziertheit ohnehin vereinfacht werden müssen. Damit bietet sich die Möglichkeit, sich einen gegebenen Körper in eine überschaubare Anzahl von Teilkörpern zerlegt zu denken, die dann einen gemeinsamen Schwerpunkt bilden. Bei Körpern, die aus stückweise unterschiedlichem Material bestehen, ist eine Zerlegung sogar unumgänglich. Insbesondere werden wir sehen, dass sich Hohlräume als fehlende Teilkörper gegenüber einem Hüllkörper interpretieren lassen, deren Beiträge zum gemeinsamen Schwerpunkt in der Summation negativ auftauchen.

Wir bedenken folgende Sachverhalte:

- Es gilt für Standardprobleme des Ingenieurwesens:

$$ g \ = \ 9,81 \ \frac{\mathrm{m}}{\mathrm{s}^2} \qquad\qquad (4.4) $$

  sowie

$$ \varrho \ \equiv \ \mathrm{const} \qquad \text{auf (Teil-)Körpern gleichen Materials} \ . $$

- Komplizierte Körper lassen sich in aller Regel entsprechend

$$ \mathcal{K} \ = \ \mathcal{K}_1 \ \cup \ \ldots \ \cup \ \mathcal{K}_i \ \cup \ \ldots \ \cup \ \mathcal{K}_N $$

  als Vereinigung von endlich vielen Teil- bzw. Elementarkörpern approximieren. Als **Elementarkörper** bezeichnen wir dabei solche, die aufgrund ihrer einfachen Gestalt in Nachschlagewerken, Formelsammlungen etc. vertreten sind. Dort finden wir Angaben zu Volumen, Oberflächen und Schwerpunktslage. Typische Elementarkörper sind Stab, Quader, (Halb-)Zylinder, Kegel, (Halb-)Kugel u.v.m.

  Die im Rahmen einer solchen Approximation benötigte Anzahl von Teil- bzw. Elementarkörpern hängt natürlich von den Anforderungen ab, die wir an das Ergebnis stellen. So wird man z.B. bei der (Voraus-)Berechnung eines KFZ-Schwerpunktes auf zahlreiche Details (Scheibenwischer, Blinkerhebel, ...) verzichten.

- Teilkörperzerlegungen müssen gelegentlich aus einem anderen Grund vorgenommen werden: Wenn nämlich der Gesamtkörper auf M zusammenhängenden Teilbereichen aus unterschiedlichen Materialien besteht. Dann ist eine Teilkörperzerlegung mit $N \geqslant M$ vorzunehmen. Wir können Homogenität bezüglich der Dichte also mindestens auf Teilkörpern voraussetzen, d.h.

$$ \varrho_i \ \equiv \ \mathrm{const} \quad \text{auf } \mathcal{K}_i \ . $$

  Damit lassen sich Teilkörpermassen durch

$$ m_i \ = \ \varrho_i V_i $$

berechnen, die wir in (4.14) einsetzen. Wir werden daher in der Praxis fast immer mit

$$
\vec{\mathbf{r}}_S = \frac{\displaystyle\sum_{i=1}^{N} \varrho_i\, V_i\, \vec{\mathbf{r}}_i}{\displaystyle\sum_{i=1}^{N} \varrho_i\, V_i} \qquad \text{(Teilkörper haben i.\,A.}\ \textbf{verschiedene}\ \text{Dichte)} \tag{4.16}
$$

bzw. den Formeln für die (kartesischen) Schwerpunktskoordinaten

$$
x_S = \frac{\displaystyle\sum_{i=1}^{N} \varrho_i\, V_i\, x_i}{\displaystyle\sum_{i=1}^{N} \varrho_i\, V_i}\,, \qquad y_S = \frac{\displaystyle\sum_{i=1}^{N} \varrho_i\, V_i\, y_i}{\displaystyle\sum_{i=1}^{N} \varrho_i\, V_i}\,, \qquad z_S = \frac{\displaystyle\sum_{i=1}^{N} \varrho_i\, V_i\, z_i}{\displaystyle\sum_{i=1}^{N} \varrho_i\, V_i}
$$

$$\tag{4.16a}$$

rechnen.

- Besteht aber der gesamte Körper aus dem gleichen Material, so dass eine Zerlegung desselben in Elementarkörper nur aus berechnungsstrategischen Gründen erfolgt, können wir in (4.16) wegen

$$
\varrho_1 = \ldots = \varrho_i = \ldots = \varrho_N =: \varrho
$$

die Dichte komplett herauskürzen, und es verbleibt

$$
\vec{\mathbf{r}}_S = \frac{\displaystyle\sum_{i=1}^{N} V_i\, \vec{\mathbf{r}}_i}{\displaystyle\sum_{i=1}^{N} V_i} \qquad \text{(Teilkörper haben}\ \textbf{gleiche}\ \text{Dichte)} \tag{4.17}
$$

bzw. mit $V = \displaystyle\sum_{i} V_i$

$$
x_S = \frac{1}{V} \sum_{i=1}^{N} V_i\, x_i\,, \qquad y_S = \frac{1}{V} \sum_{i=1}^{N} V_i\, y_i\,, \qquad z_S = \frac{1}{V} \sum_{i=1}^{N} V_i\, z_i\,. \tag{4.17a}
$$

- Eine weitere Vereinfachung ergibt sich, wenn ein Körper (und damit auch die Zerlegung in Elementarkörper) als **Scheibe mit konstanter Dicke b** vorliegt. Dann ist

$$
dV = b\,dA \qquad \text{bzw.} \qquad V_i = b\,A_i\,, \quad V = b\,A\,, \tag{4.18}
$$

und sämtliche Teilkörperschwerpunkte und damit auch der gemeinsame Schwerpunkt liegen in der Symmetrieebene bei halber Scheibendicke. Es brauchen also nur *zwei* Schwerpunktskoordinaten berechnet werden. Speziell für den Fall gleicher Dichte für alle Teilkörper lässt sich die Ermittlung des Körperschwerpunktes auf die Ermittlung des Flächenschwerpunktes reduzieren (vgl. nächster Abschnitt).

- Noch einfacher wird es, wenn die Schwerpunkte beliebiger Teilkörper (auch verschiedener Dichte) auf einer Geraden liegen. Dann identifiziert man diese Gerade mit einer Koordinatenachse, und es braucht nur noch *eine* (nichttriviale) Schwerpunktskoordinate berechnet werden.

- Lediglich dann, wenn ein Körper eine krummlinige Berandung besitzt, die sich (auch approximativ) nicht durch einen oder eine Schar von Elementarkörper ersetzen lässt, ist eine Integration nach (4.15b) unvermeidlich.

Zur Vertiefung der praktischen Schwerpunktsberechnung sind nun einige Beispiele vorgesehen:

Beispiel 4.1   Körper aus gleichem Material

Gegeben sei der folgende Körper durch die Abmessungen a, b, c und die Dichte ϱ:

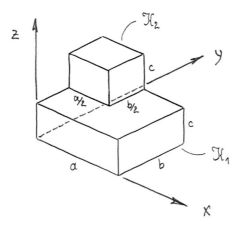

Wir zerlegen zunächst den Körper in zwei Elementarkörper in Gestalt von Quadern: $\mathcal{K} = \mathcal{K}_1 \cup \mathcal{K}_2$. Ihre Volumina betragen

$$V_1 \;=\; a\,b\,c\,, \qquad V_2 \;=\; \frac{a}{2}\,\frac{b}{2}\,c\,.$$

Für das gegebene Koordinatensystem liegen die (Quader-)Schwerpunkte von $\mathcal{K}_1$ und $\mathcal{K}_2$ bei

$$x_1 \;=\; \tfrac{1}{2}\,a\,, \quad y_1 \;=\; \tfrac{1}{2}\,b\,, \quad z_1 \;=\; \tfrac{1}{2}\,c\,,$$

$$x_2 \;=\; \tfrac{1}{4}\,a\,, \quad y_2 \;=\; \tfrac{3}{4}\,b\,, \quad z_2 \;=\; \tfrac{3}{2}\,c\,.$$

Damit folgt nach (4.17a)

$$x_S \;=\; \tfrac{1}{V}\left(V_1\,x_1 \;+\; V_2\,x_2\right) \;=\; \tfrac{9}{20}\,a \quad \left(< \tfrac{1}{2}\,a \;=\; x_1\right),$$

$$y_S \;=\; \tfrac{1}{V}\left(V_1\,y_1 \;+\; V_2\,y_2\right) \;=\; \tfrac{11}{20}\,b \quad \left(> \tfrac{1}{2}\,b \;=\; y_1\right),$$

$$z_S \;=\; \tfrac{1}{V}\left(V_1\,z_1 \;+\; V_2\,z_2\right) \;=\; \tfrac{7}{10}\,c \quad \left(> \tfrac{1}{2}\,c \;=\; z_1\right).$$

Betrachtet man zunächst nur den großen Quader $\mathcal{K}_1$ mit den Schwerpunktskoordinaten x_1, y_1, z_1 und fügt zu diesem dann den kleinen Quader $\mathcal{K}_2$ hinzu, so werden die obigen Relationen plausibel: $\mathcal{K}_2$ „zieht" gewissermaßen den gemeinsamen Schwerpunkt in Richtung seines eigenen.

Die durch die Teilkörperschwerpunkte S_1 und S_2 verlaufende Gerade wird durch

$$y(x) \;=\; -\frac{b}{a}\,x \;+\; b\,, \qquad z(x) \;=\; -\frac{4\,c}{a}\,x \;+\; \frac{5\,c}{2}$$

beschrieben. Man überzeugt sich leicht davon, dass der gemeinsame Schwerpunkt auf dieser Geraden liegt.
∎

Beispiel 4.2   Körper aus zwei Materialien mit Bohrung

Gegeben sei der folgende Körper durch die Abmessungen a, b, c, d und die Dichten ϱ_1 und ϱ_2:

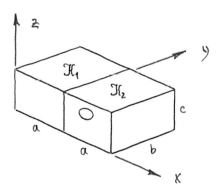 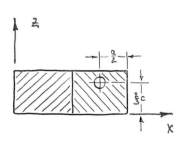

Wir zerlegen diesen Körper in drei Teilkörper: Ein Quader $\mathcal{K}_1$ mit ϱ_1 und ein Quader $\mathcal{K}_2$ mit ϱ_2 abzüglich des Zylinders $\mathcal{K}_3$, für den wir ebenfalls die Dichte ϱ_2 ansetzen müssen, da das mit $\mathcal{K}_2$ gewissermaßen „zu viel in Rechnung gestellte" Material die Dichte ϱ_2 hat. Wir haben es hier also mit dem Körper

$$\mathcal{K} \;=\; \mathcal{K}_1 \;\cup\; \mathcal{K}_2 \backslash \mathcal{K}_3$$

zu tun. Die Volumina betragen

$$V_1 \;=\; V_2 \;=\; a\,b\,c\,, \qquad V_3 \;=\; \pi\,\frac{d^2}{4}\,b\,,$$

und die Teilkörperschwerpunkte erkennt man bei

$$x_1 = \tfrac{1}{2}\,a\,, \quad y_1 = \tfrac{1}{2}\,b\,, \quad z_1 = \tfrac{1}{2}\,c\,,$$

$$x_2 = \tfrac{3}{2}\,a\,, \quad y_2 = \tfrac{1}{2}\,b\,, \quad z_2 = \tfrac{1}{2}\,c\,,$$

$$x_3 = \tfrac{3}{2}\,a\,, \quad y_3 = \tfrac{1}{2}\,b\,, \quad z_3 = \tfrac{2}{3}\,c\,.$$

Damit folgt nach (4.16a)

$$x_{\mathrm{S}} = \frac{\varrho_1 V_1\, x_1 + \varrho_2\,(V_2\, x_2 - V_3\, x_3)}{\varrho_1 V_1 + \varrho_2\,(V_2 - V_3)} = \frac{\tfrac{1}{2}\,\varrho_1\, a^2 c + \tfrac{3}{2}\,\varrho_2\, a\left(a c - \pi\tfrac{d^2}{4}\right)}{\varrho_1\, a c + \varrho_2\left(a c - \pi\tfrac{d^2}{4}\right)}\,,$$

$$y_{\mathrm{S}} = \frac{\varrho_1 V_1\, y_1 + \varrho_2\,(V_2\, y_2 - V_3\, y_3)}{\varrho_1 V_1 + \varrho_2\,(V_2 - V_3)} = \frac{b}{2} \quad \text{(ebenes Problem!)}\,,$$

$$z_{\mathrm{S}} = \frac{\varrho_1 V_1\, z_1 + \varrho_2\,(V_2\, z_2 - V_3\, z_3)}{\varrho_1 V_1 + \varrho_2\,(V_2 - V_3)} = \frac{\tfrac{1}{2}\left(\varrho_1 + \varrho_2\right) a c^2 - \tfrac{1}{3}\,\varrho_2\,\pi\, d^2\, c}{\varrho_1\, a c + \varrho_2\left(a c - \pi\tfrac{d^2}{4}\right)}\,.$$

Wie man der Zeichnung unmittelbar entnimmt, liegt hier ein ebenes Problem vor. Folglich taucht die Abmessung b in x_{S} und z_{S} auch nicht mehr auf. Die Berechnung des Schwerpunktes als Flächenschwerpunkt ist aber in diesem Fall nicht möglich, da anderenfalls die unterschiedlichen Dichten als Gewichtungsfaktoren nicht berücksichtigt würden.   ∎

Beispiel 4.3   Rotationssymmetrischer Körper

Wir betrachten einen zur x-Achse rotationssymmetrischen Körper mit (mindestens) stückweise stetiger Randkurve $R(x)$:

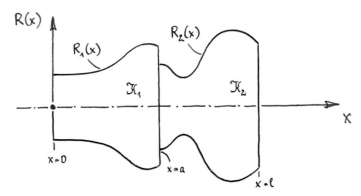

Die Schwerpunktsermittlung erfolgt hier nach (4.15b) in Verbindung mit einem geeigneten Volumenelement

$$\mathrm{d}V = \pi\, R^2(x)\,\mathrm{d}x\,,$$

welches ein Zylindervolumen mit (infinitesimaler) axialer Ausdehnung $\mathrm{d}x$ darstellt.

Da der Schwerpunkt auf der x-Achse liegt, braucht hier nur noch die Koordinate

$$x_S = \frac{\pi}{V} \int_{L_K} R^2(x)\, x \, dx \qquad \text{mit} \quad V = \pi \int_{L_K} R^2(x)\, dx$$

berechnet zu werden. Im vorliegenden Beispiel ist die Randkurve bei $x = a$ unstetig, so dass die Integration hier mit $R_1(x)$ auf $\mathcal{K}_1$ und $R_2(x)$ auf $\mathcal{K}_2$ durch

$$x_S = \frac{\displaystyle\int_0^a R_1^2(x)\, x \, dx \;+\; \int_a^\ell R_2^2(x)\, x \, dx}{\displaystyle\int_0^a R_1^2(x)\, dx \;+\; \int_a^\ell R_2^2(x)\, dx}$$

stückweise erfolgen muss. ∎

Beispiel 4.4 Experimentelle Ermittlung eines Körperschwerpunktes

Der Einfachheit halber behandeln wir mit dem gezeigten Fahrzeug ein ebenes Problem, für das wir (mit hinreichender Näherung) Symmetrie bezüglich der x, y- bzw. x^*, y^*-Ebene voraussetzen wollen:

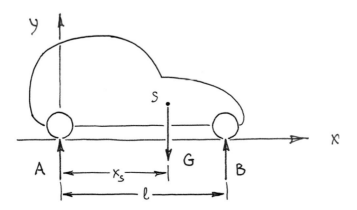

Um den Schwerpunkt des Fahrzeugs zu ermitteln, werden die Lagerkräfte A und B mithilfe von Kraftmessdosen gemessen. Mit dem gezeigten FKB formulieren wir das KG in y-Richtung und das MG um Lager A:

$$\sum F_{y,i} = A + B - G = 0 \qquad \rightsquigarrow \quad G = A + B, \tag{1}$$

$$\sum M_i\,[A] = B\ell - G x_S = 0 \qquad \rightsquigarrow \quad x_S = \tfrac{B}{G}\,\ell. \tag{2}$$

Einsetzen von (1) in (2) liefert die x-Koordinate des Schwerpunkts aufgrund der gemessenen Lagerkräfte entsprechend

$$\boxed{x_\text{S} \;=\; \frac{B}{A+B}\,\ell}\,. \tag{3}$$

Die Ermittlung von y_S ist aber, ohne die Orientierung der Versuchsanordnung bezüglich $\vec{e}_\text{F}$ zu ändern, nicht möglich. Wir hatten dies schon in Abschnitt 4.1.4 festgestellt. Hier erfährt man es daran, dass y_S in (1) und (2) überhaupt nicht vorkommt! Wir drehen daher die Fahrzeugbühne (einschließlich der Kraftmessdosen) um den Winkel α. Das nun vorliegende FKB

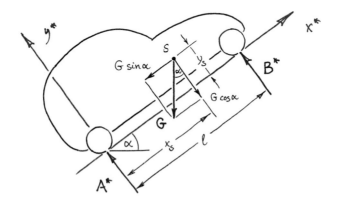

mit den gemessenen Kräften A^* und B^* führt auf

$$\sum F_{\text{y}^*,\text{i}} \;=\; A^* + B^* - G\cos\alpha \;=\; 0 \qquad \rightsquigarrow \qquad G \;=\; \tfrac{A^*+B^*}{\cos\alpha}\,, \tag{4}$$

$$\sum M_i\,[\text{A}] \;=\; B^*\ell - G\cos\alpha\,x_\text{S} + G\sin\alpha\,y_\text{S} \;=\; 0\,. \tag{5}$$

Wir erhalten aus (5) unter Verwendung von (3) und (4)

$$
\begin{aligned}
y_\text{S} \;&=\; \frac{1}{G\sin\alpha}\left(G\,x_\text{S}\cos\alpha - B^*\ell\right) \\[2mm]
&=\; \frac{\ell}{\sin\alpha}\,\frac{B}{A+B}\cos\alpha \;-\; \frac{\ell}{\sin\alpha}\,\frac{B^*}{A^*+B^*}\cos\alpha
\end{aligned}
$$

und damit für die y-Koordinate des Schwerpunkts letztlich

$$\boxed{y_\text{S} \;=\; \frac{\ell}{\tan\alpha}\left(\frac{B}{A+B} - \frac{B^*}{A^*+B^*}\right)}\,. \tag{6}$$

■

„Schwerpunkt" einer Flächenkraft

Die Anführungsstriche sollen daran erinnern, dass die Flächenkraft keineswegs gravitationsbedingt sein muss. Es kann sich z.B. auch um die Druckspannungen handeln, die durch ein hochverdichtetes Gas auf die Wand des Druckbehälters ausgeübt werden.

Für die auf der (ebenen) Fläche A ansässige Druckspannungsverteilung $p(\xi, \eta)$ hatten wir in Abschnitt 4.1.2 die resultierende Kraft

$$F_\mathrm{A} = \int_A p \, \mathrm{d}A = \iint_A p(\xi, \eta) \, \mathrm{d}\xi \, \mathrm{d}\eta \, . \tag{4.8}$$

ermittelt. Wir fragen nun nach dem zugehörigen Angriffspunkt. Analog zum Schwerpunkt der auf dem Körpervolumen kontinuierlich verteilten Gewichtskraft lässt sich der **Angriffspunkt der resultierenden Flächenkraft** durch den Ortsvektor

$$\vec{\mathbf{r}}_\mathrm{S} = \frac{1}{F_\mathrm{A}} \int_A \vec{\mathbf{r}} \, p \, \mathrm{d}A = \frac{\iint_A \vec{\mathbf{r}} \, p(\xi, \eta) \, \mathrm{d}\xi \, \mathrm{d}\eta}{\iint_A p(\xi, \eta) \, \mathrm{d}\xi \, \mathrm{d}\eta} \tag{4.19}$$

angeben, wobei die Ortsvektoren $\vec{\mathbf{r}}$, $\vec{\mathbf{r}}_\mathrm{S}$ Punkte beschreiben, die voraussetzungsgemäß alle in einer Ebene liegen.

In zahlreichen Fällen der Praxis hat man es mit gleichverteilten Druckspannungen zu tun, wie es z.B. beim hydrostatischen Druck in gleicher Tiefe der Fall ist. Nicht selten wird der Ingenieur aber auch damit konfrontiert, dass beispielsweise eine Flächenlast in ihrer realen Verteilung auf der Fläche nicht bekannt ist. Im Rahmen „vernünftiger" Lastannahmen wird man häufig von einer Gleichverteilung ausgehen. In derartigen Fällen lässt sich dann wegen

$$p(\xi, \eta) \equiv \mathrm{const} \qquad \text{(auf der Fläche } A)$$

die Druckspannung p in (4.19) kürzen. Der Angriffspunkt der resultierenden Flächenkraft ist im Falle der Gleichverteilung daher identisch mit **Flächenschwerpunkt**

$$\vec{\mathbf{r}}_\mathrm{S} = \frac{1}{A} \int_A \vec{\mathbf{r}} \, \mathrm{d}A \, . \tag{4.19a}$$

Diese Gleichung lässt sich im Übrigen nach (4.15 b) aus dem Volumenschwerpunkt ableiten, wenn die Fläche A, die wir zu diesem Zweck in die x, y-Ebene legen, hilfsweise durch einen scheibenförmigen Körper konstanter Dicke b ersetzt wird. Letztere stellt dann die Ausdehnung des Körpers in z-Richtung dar. Damit gilt

$$\mathrm{d}V = b \, \mathrm{d}A \qquad \text{bzw.} \qquad V = b \, A \, , \tag{4.18}$$

was wir bereits bei der praktischen Berechnung von Körperschwerpunkten verwendet hatten. Aus (4.15 b) erhalten wir damit die Komponentengleichungen

$$x_S = \frac{1}{\not{b}\,A} \int_A x\,\not{b}\,\mathrm{d}A\,, \qquad y_S = \frac{1}{\not{b}\,A} \int_A y\,\not{b}\,\mathrm{d}A\,, \qquad z_S = \frac{b}{2}\,,$$

was im Grenzübergang verschwindender Dicke $b \to 0$ zu

$$x_S = \frac{1}{A} \int_A x\,\mathrm{d}A\,, \qquad y_S = \frac{1}{A} \int_A y\,\mathrm{d}A\,, \qquad (z_S = 0) \tag{4.19 b}$$

führt. Diese Gleichungen repäsentieren (4.19 a) in der x-y-Ebene.

Man definiert die Integrale aus (4.19 b) entsprechend

$$S_x := \int_A y\,\mathrm{d}A = y_S\,A \qquad \text{und} \qquad S_y := \int_A x\,\mathrm{d}A = x_S\,A$$

als **Flächenmomente 1. Grades**. Legt man den Koordinatenursprung in den Flächenschwerpunkt, so verschwinden wegen $x_S = y_S = 0$ sämtliche Momente 1. Grades. Da die Orientierung der Koordinatenachsen in der Fläche keine Rolle spielt, trifft dies für alle Achsen zu, die durch den Schwerpunkt verlaufen (Schwerachsen).

Entsprechendes gilt für **Massenmomente 1. Grades** (statische Momente). Körper, die um eine Schwerachse drehbar gelagert sind, heißen **statisch ausgewuchtet**. Das diesbezügliche MG ist in jeder Winkellage erfüllt.

In der **Statistik** hingegen findet man auch „Momente". Dort bezeichnet man

$$m_n := \int_{-\infty}^{\infty} q(x)\,x^n\,\mathrm{d}x$$

als **n-tes Moment** bezüglich der Wahrscheinlichkeitsdichtefunktion $q(x)$ eines Merkmals $x \in \mathbb{R}$. Insbesondere sind

$$m_0 = \int_{-\infty}^{\infty} q(x)\,\mathrm{d}x = 1\,, \qquad\qquad\qquad \text{(Schließbedingung)}$$

$$m_1 = \int_{-\infty}^{\infty} q(x)\,x\,\mathrm{d}x = \overline{x}\,. \qquad\qquad \text{(Mittel- oder Erwartungswert)}$$

Und das, was wir oben durch Verlegung des Koordinatenursprungs in den Schwerpunkt bewirkt haben, heißt hier **zentrales n-tes Moment**

$$\mu_n := \int_{-\infty}^{\infty} q(x)\,(x - \overline{x})^n\,\mathrm{d}x\,.$$

Von Interesse sind häufig

$$\mu_1 = \int\limits_{-\infty}^{\infty} q(x)(x - \overline{x})\,\mathrm{d}x = 0\,, \qquad\qquad \text{(vgl. statisches Moment)}$$

$$\mu_2 = \int\limits_{-\infty}^{\infty} q(x)(x - \overline{x})^2\,\mathrm{d}x =: \sigma_x^2\,. \qquad\qquad \text{(Streuung)}$$

Dabei wird $\sigma_x \geqslant 0$ die *Standardabweichung* genannt. Vgl. hierzu [1], Abschnitt 14.3.5.

„Schwerpunkt" einer Streckenlast

Gesucht wird hier der Angriffspunkt der resultierenden Kraft

$$F_\mathrm{L} = \int\limits_0^L q(x)\,\mathrm{d}x\,, \tag{4.10}$$

welche der auf L wirkenden Streckenlast $q(x)$ äquivalent ist. Zur „Ortsangabe" dieses Angriffspunktes ist aufgrund der Eindimensionalität des belasteten Bauteils (vgl. Abb. 4.3) natürlich keine Vektordarstellung mehr erforderlich. Wir erhalten – wiederum analog zur Flächenkraft – für den **Angriffspunkt der aus einer Streckenlast resultierenden Kraft** die Lage

$$x_\mathrm{S} = \frac{1}{F_\mathrm{L}} \int\limits_0^L q(x)\,x\,\mathrm{d}x = \frac{\displaystyle\int\limits_0^L q(x)\,x\,\mathrm{d}x}{\displaystyle\int\limits_0^L q(x)\,\mathrm{d}x}\,. \tag{4.20}$$

In der Praxis interessieren hier eigentlich nur zwei Spezialfälle: Bei dem einen hat man es wegen

$$q(x) \equiv q_0 = \text{const} \qquad \text{für} \quad \forall\,x \in [0, L]$$

mit einer sogenannten **Rechtecklast** zu tun. Erwartungsgemäß erhält man hier

$$x_\mathrm{S} = \frac{q_0 \displaystyle\int\limits_0^L x\,\mathrm{d}x}{q_0 \displaystyle\int\limits_0^L \mathrm{d}x} = \frac{q_0 \dfrac{L^2}{2}}{q_0\,L} = \frac{L}{2}\,.$$

Bei einer Rechtecklast hat man die (Ersatz-)Kraft $q_0 L$ in der Mitte anzutragen!

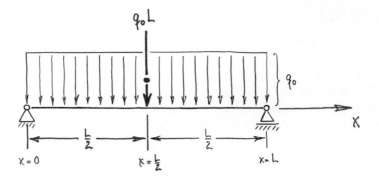

In der graphischen Darstellung entspricht dies dem Flächenschwerpunkt der aus q_0 und L gebildeten Rechteck„fläche".

Der andere Spezialfall beinhaltet die linear in x wachsende (bzw. fallende) Streckenlast mit

$$q(x) \;=\; \frac{q_1}{L}\,x \qquad \left(\text{bzw.}\quad q(x) \;=\; \frac{q_1}{L}\,(L-x)\right),$$

die wegen ihrer Darstellung

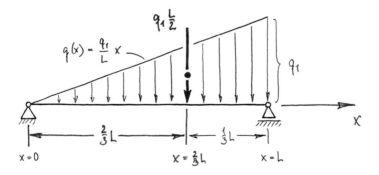

auch **Dreieckslast** genannt wird. Man kommt hier auf

$$x_{\mathrm{S}} \;=\; \frac{\dfrac{q_1}{L}\displaystyle\int_0^L x^2\,\mathrm{d}x}{\dfrac{q_1}{L}\displaystyle\int_0^L x\,\mathrm{d}x} \;=\; \frac{\dfrac{q_1}{L}\dfrac{L^3}{3}}{\dfrac{q_1}{L}\dfrac{L^2}{2}} \;=\; \frac{q_1\dfrac{L^2}{3}}{q_1\dfrac{L}{2}} \;=\; \frac{2}{3}\,L\,.$$

Die Lage der Ersatzkraft $q_1\frac{L}{2}$ stimmt demnach mit der x-Koordinate des Dreieck-„Flächen"schwerpunktes überein.

Die ersatzweise Verwendung von (aus Streckenlasten) resultierenden Kräften an den zugehörigen Wirkungsorten ist insofern attraktiv, da einem dadurch das Integrieren in KG und MG erspart bleibt. Allerdings steckt dieses Integrieren dann in der zuvor erforderlichen Ermittlung von x_{S}. Die Arbeitsersparnis bleibt somit auf die gezeigten Spezialfälle beschränkt, bei denen x_{S} mit $L/2$ oder $\frac{2}{3}L$ (bzw. $\frac{1}{3}L$) schon bekannt ist.

4.2 Allgemeine Kräfteverteilungen auf ebenen Oberflächen

Nachdem wir uns zuvor auf parallele Kräfteverteilungen – und insbesondere hinsichtlich der Flächenkräfte auf solche normal zu ebenen Oberflächen – beschränkt hatten, wollen wir nun beliebige Kräfteverteilungen untersuchen. Lediglich die Einschränkung auf ebene Oberflächen wird beibehalten.

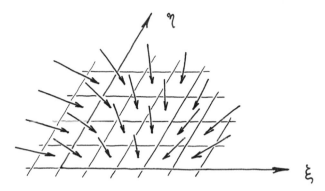

Abb. 4.6 Flächenkraft(-verteilung) auf ebener Oberfläche

Wie aus Abbildung 4.6 zu ersehen ist, lässt sich eine beliebige Flächenkraft durch den Vektor

$$\overrightarrow{\mathbf{p}}(\xi,\eta) \;=\; -p(\xi,\eta)\,\overrightarrow{\mathbf{n}} \;+\; \tau_\xi(\xi,\eta)\,\vec{\mathbf{e}}_\xi \;+\; \tau_\eta(\xi,\eta)\,\vec{\mathbf{e}}_\eta \tag{4.21}$$

ausdrücken, wobei ξ und η als innere Koordinaten der Fläche wieder geradlinig und orthogonal seien. Im Gegensatz zu den bisher vorgenommenen Zerlegungen vektorieller Größen sind die drei Komponenten $-p$, τ_ξ, τ_η teilweise unterschiedlicher physikalischer Natur. Während wir die Druckspannung p bereits aus Abschnitt 4.1.2 kennen (sie wirkt normal zur Fläche in Gegenrichtung[7] zum Normaleneinheitsvektor), sind τ_ξ und τ_η sogenannte **Schubspannungen**. Ihre Wirkungslinien liegen in der (ebenen) Oberfläche.

Wir können die auf einer Fläche A wirkende Flächenkraft $\overrightarrow{\mathbf{p}}(\xi,\eta)$ zwar wie zuvor zu einer resultierenden Kraft

$$\overrightarrow{\mathbf{F}}_{\mathrm{A}} \;=\; \int\limits_A \overrightarrow{\mathbf{p}}\,\mathrm{d}A \;=\; \iint\limits_A \overrightarrow{\mathbf{p}}(\xi,\eta)\,\mathrm{d}\xi\,\mathrm{d}\eta \tag{4.22}$$

formal zusammenfassen, jedoch gibt es für eine solche im Allgemeinen keinen „Schwerpunkt". Denn ihre Komponenten

$$F_{\mathrm{n}} \;=\; -\iint\limits_A p(\xi,\eta)\,\mathrm{d}\xi\,\mathrm{d}\eta\,, \tag{4.22a}$$

---

[7] In Kapitel 8 werden wir $\sigma = -p$ als **Normalspannung** kennenlernen.

$$F_\xi \;=\; \iint\limits_A \tau_\xi\,(\xi,\eta)\;\mathrm{d}\xi\,\mathrm{d}\eta\;,$$

$$F_\eta \;=\; \iint\limits_A \tau_\eta\,(\xi,\eta)\;\mathrm{d}\xi\,\mathrm{d}\eta \tag{4.22\,b,c}$$

sind ja für sich gesehen schon Resultanten paralleler Kräfteverteilungen. Man kann nun mit (4.19) einen „Schwerpunkt" bezüglich der Druckspannungsverteilung ermitteln, aber zusätzlich noch einen **Schubmittelpunkt** aus den beiden Schubspannungsverteilungen. Beide Punkte sind im Allgemeinen verschieden.

Um dennoch allgemeine Kräfteverteilungen auf ebenen Oberflächen in den Griff zu bekommen, kann man folgendermaßen vorgehen:

Die resultierende Kraft $\vec{F}_A$ setzen wir im „Schwerpunkt" P der Druckspannungsverteilung $p(\xi,\eta)$ an. Dessen Lage ergibt sich nach (4.19) zu

$$\xi_P \;=\; \frac{1}{F_n}\,\iint\limits_A \xi\,p(\xi,\eta)\;\mathrm{d}\xi\,\mathrm{d}\eta\;,\qquad \eta_P \;=\; \frac{1}{F_n}\,\iint\limits_A \eta\,p(\xi,\eta)\;\mathrm{d}\xi\,\mathrm{d}\eta\;.$$

Infolge der Schubspannungen ist aber zusätzlich der Momentenvektor

$$\vec{M}\,[P] \;=\; M_n\,\vec{n}$$

mit

$$M_n \;=\; \iint\limits_A \big[\,(\xi - \xi_P)\,\tau_\eta \;-\; (\eta - \eta_P)\,\tau_\xi\,\big]\;\mathrm{d}\xi\,\mathrm{d}\eta$$

zu berücksichtigen. Dass dieser Momentenvektor keine Komponenten bezüglich der ξ- und η-Achse hat, liegt daran, dass sämtliche Schubspannungen sowie auch P in einer Ebene liegen.

5

Haftung und Reibung

Bisher haben wir ausschließlich Körpersysteme untersucht, deren Teilkörper durch Starrkörperverbindungen aneinander gekoppelt waren ($\rightarrow$ Abschnitt 3.3.1). Diese geben Aufschluss über die Wechselwirkungen zwischen den einzelnen Teilkörpern. Darüber hinaus gibt es aber noch Wechselwirkungen, die sich lediglich durch „Körperkontakt" einstellen. Sie werden im Rahmen der **Kontaktmechanik** behandelt.

Treten zwei Körper über eine gemeinsame Berührfläche miteinander in Kontakt, so werden auf dieser **Kontaktspannungen** übertragen, die sich hinsichtlich des Normal- und Tangentialkontaktes aufspalten lassen. Dabei versteht man unter einem *unilateralen Kontakt*, dass der Normalkontakt nur in Form von Druckspannungen erfolgen kann. Eine Übertragung von Zugspannungen, wie sie etwa im Fall der Adhäsion stattfindet, ist somit ausgeschlossen. In diesem Kapitel geht es nun darum, wie sich die durch unilateralen Kontakt übertragenen Kräfte mit vertretbarem Aufwand berechnen lassen. Die außerordentliche Kompliziertheit der Problemlage lässt zunächst die Betrachtung auf mikroskopischer[1] Ebene angeraten erscheinen. Vom Standpunkt der Theoretischen Physik schreibt REBHAN [12]:

> Ausgedehnte Körper üben bei gegenseitiger Berührung aufeinander sogenannte **Berührungskräfte** aus. Aus mikroskopischer Sicht sind das Fernwirkungskräfte, die über den Bereich atomarer oder molekularer Abstände wirksam werden. ... Bei Behandlung der Bewegung makroskopischer Körper ist es jedoch zweckmäßig, den mikroskopischen Ursprung dieser Kräfte zu vegessen und ihre Summe als *Kräfte neuen Typs* aufzufassen, die man Berührungskräfte nennt.

Die ersten Arbeiten dazu stammen von AMONTONS (1699) und COULOMB (1785). Sie führen auf einfache Gesetze für Haftung und Reibung, die die Grundlage dieses Kapitels bilden. Denn glücklicherweise lassen sich in der Technik sehr viele Anwendungsfälle damit bearbeiten, insbesondere Bremsen, Kupplungen, Reibrad- und Schraubgetriebe, aber auch die gängigen „reib"schlüssigen (bzw. auf Selbsthemmung beruhenden) Verbindungen wie Klemm- und Kegelsitze, Befestigungsschrauben etc.

Darüber hinaus gibt es aber auch Problemstellungen, bei denen diese Gesetze allenfalls für eine Grobabschätzung taugen und befriedigende Ergebnisse nur mit sehr hohem Aufwand zu erreichen sind. Hier sei insbesondere der Kontakt zwischen Autoreifen und Fahrbahn genannt, auf welchen u. a. die elastischen Eigenschaften des Reifens einen überaus kom-

---

[1] Hier geht es um Atome und deren Wechselwirkungen.

plizierten Einfluss haben. Wer sich dieses anspruchsvolle Gebiet der Mechanik erschließen will, sei auf das Buch von WILLNER [18] verwiesen.

Zur Sprachregelung sei gesagt, dass in der deutschen Sprache sehr klar zwischen **Haftung** (= *static friction*) im Falle der Ruhe und **Reibung** (= *kinetic friction*) bei Relativbewegung der beteiligten Körper unterscheidet. Die in der älteren Literatur gebrauchten Wörter *Haftreibung* und *Gleitreibung* werden erfreulicherweise heute (fast) nicht mehr verwendet.

5.1   Haftung oder Haft-„Reibung"

Zur Einstimmung beginnen wir mit einer **experimentellen Beobachtung**:

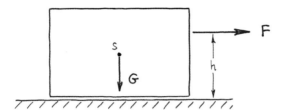

Ein quaderförmiger Klotz liegt auf ebener, horizontaler Unterlage. Die Gewichtskraft G sorgt dafür, dass Klotz und Unterlage aneinandergepresst werden. Aufgrund der Erörterungen des letzten Kapitels wissen wir, dass dies mit einer Normalkraftverteilung in der Berührfläche verbunden ist. Weiterhin lassen wir auf diesen Klotz eine Horizontalkraft F wirken. Der vorläufige experimentelle Befund ist:

Sofern die Kraft F einen bestimmten Wert nicht überschreitet, erfolgt keine Bewegung zwischen Klotz und Unterlage.

Wir schließen daraus: Es gibt in der Berührfläche außer Normalspannungen noch Schubspannungen, die der (eingeprägten) Kraft F reaktionshalber entgegenwirken! Freischneiden liefert:

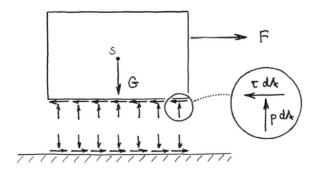

Die Normal- bzw. Schubspannungsverteilung werden zunächst zur resultierenden **Normalkraft**

$$N = \int\limits_A p \, \mathrm{d}A$$

und zur resultierenden **Haftkraft**

$$R_0 = \int\limits_A \tau \, \mathrm{d}A$$

zusammengefasst (vgl. Abschnitt 4.2). Die mit dem vereinfachten FKB

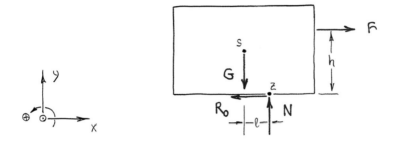

formulierten Gleichgewichtsbeziehungen

$$\sum F_{x,i} = F - R_0 = 0 \qquad \leadsto \quad R_0 = F \,,$$

$$\sum F_{y,i} = N - G = 0 \qquad \leadsto \quad N = G \,,$$

$$\sum M_i\,[Z] = G\ell - Fh = 0 \qquad \leadsto \quad \ell = \frac{F}{G}\,h$$

bestätigen hier mit $R_0 = F$ die allgemein gültige Aussage

| **Haftkräfte** sind stets Reaktionskräfte! |

Dem MG ist dagegen die Lage des Angriffspunktes Z bezüglich der resultierenden Kräfte gemäß $\ell = \frac{F}{G}\,h$ zu entnehmen. Wir präzisieren nun unseren experimentellen Befund hinsichtlich der **Haftung** (= *static friction*) zu:

| Die Haftkraft R_0 darf einen gewissen Wert $R_{0,\mathrm{max}}$ nicht überschreiten, da anderenfalls die Haftung aufgehoben wird und Bewegung einsetzt ($\rightarrow$ Reibung). |

Weitere experimentelle Untersuchungen liefern die Erkenntnis, dass sich unabhängig von der Fläche A (und damit unabhängig von Flächenpressung) die maximale Haftkraft proportional zur Normalkraft verhält:

$$\boxed{R_{0,\mathrm{max}} = \mu_0 N \qquad \text{bzw.} \qquad R_0 \leqslant \mu_0 N} \,. \tag{5.1}$$

Diesen Sachverhalt bezeichnet man als das COULOMBsche Gesetz (Haftbedingung), und die Größe μ_0 heißt **Haftungskoeffizient**. Im einfachsten Fall hängt μ_0 nur von der Materialpaarung ab, ansonsten noch von der Oberflächenbeschaffenheit. Hier einige Beispiele[2]:

Stahl/Stahl (blank)	$\mu_0 =$	$0,1 \ldots 0,15$
Stahl/Stahl (rostig)		$0,3 \ldots 0,8$
Lederriemen/Grauguss		$0,2 \ldots 0,3$
Gummi/Asphalt		$0,7 \ldots 0,8$

Der im Vergleich zur Materialpaarung „Gummi/Asphalt" bescheidene Wert für „Stahl/ Stahl (blank)" macht deutlich, warum man mit Straßenfahrzeugen entschieden größere Steigungen bewältigt als mit Schienenfahrzeugen.

Die Unabhängigkeit der Haftkräfte von der Größe der Berührfläche erlaubt uns überdies, die Haftbedingung (5.1) für beliebig kleine Flächen, also auch im Grenzfall $A \to 0$, anzuwenden. Das ist nämlich der Fall, wenn eine Zylindermantel- oder Kugeloberfläche auf eine Ebene trifft. Die Berührfläche entartet dann aufgrund der Einschränkung auf Starrkörper zu einer Berührstrecke bzw. zu einem Berührpunkt. In der Realität hat man es aber mit endlichen, wenn auch vergleichsweise kleinen Flächen zu tun.

Beispiel 5.1   Klotz auf schiefer Ebene

Aus der Erfahrung wissen wir, dass ein Klotz auf schiefer Ebene ab einem gewissen Steigungswinkel α ins Rutschen kommt. Wir wollen das für gegebene Materialpaarung (μ_0 ist bekannt) untersuchen:

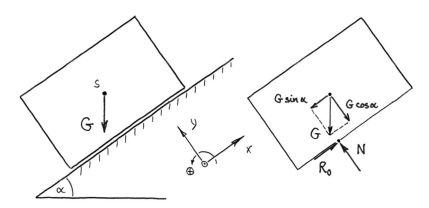

$$\sum F_{x,i} = R_0 - G \sin\alpha = 0 \qquad \leadsto \quad R_0 = G \sin\alpha$$

$$\sum F_{y,i} = N - G \cos\alpha = 0 \qquad \leadsto \quad N = G \cos\alpha$$

---

[2] Nach HOLZMANN, MEYER, SCHUMPICH: Technische Mechanik I. Teubner, Stuttgart 2000

Die Haftbedingung (5.1) liefert

$$R_0 \quad \leqslant \quad \mu_0 \, N$$

$$\left. \begin{array}{rcl} \cancel{G} \sin\alpha & \leqslant & \mu_0 \, \cancel{G} \cos\alpha \\[2mm] \dfrac{\sin\alpha}{\cos\alpha} & \leqslant & \mu_0 \, \cancel{\cos\alpha} \end{array} \right\}$$ Man beachte hier die **Rechenregeln** für Ungleichungen! Die Operationen erfordern $G > 0$ und $\cos\alpha > 0$, was aus physikalischen Gründen garantiert ist.

$$\tan \quad \leqslant \quad \mu_0 \, .$$

Da der Tangens bzw. Arcustangens für $-90° < \alpha < 90°$ eine streng monoton wachsende Funktion ist, können wir anstelle der obigen Relation auch

$$\alpha \; \leqslant \; \arctan\left[\mu_0\right] \tag{5.2}$$

schreiben. Ob der Klotz rutscht oder nicht, hängt demnach nur vom Winkel α ab! Die Größe des Klotzes bzw. seines Gewichtes ist nicht von Bedeutung. ∎

Das letzte Beispiel motiviert zur Einführung eines sogenannten **Reibkegels**. Für den Grenzfall soeben noch vorliegender Haftung gilt in (5.2) das Gleichheitszeichen, d.h.

$$\alpha \; = \; \arctan\left[\mu_0\right] \tag{5.2a}$$

Konstruieren wir damit nun einen Kegel mit α als halbem Öffnungswinkel um die Berührflächennormale gemäß

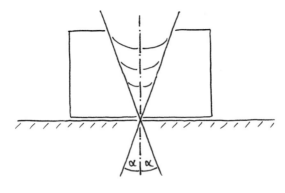

so ist folgende Aussage möglich: Es herrscht Ruhe (Haftung), wenn die resultierende Aktionskraft entsprechend

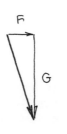
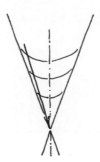

innerhalb des Kegels liegt. Im umgekehrten Fall

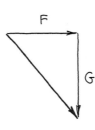
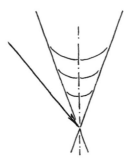

setzt dagegen Bewegung ein!

Der Nutzen dieses Reibkegels liegt vor allem darin, dass die resultierende Aktionskraft aus beliebig vielen Einzelkräften zusammengesetzt sein kann. Dass der Winkelausschnitt 2α zur Konstruktion eines **Kegels** dient, hat den Vorteil einer räumlich gültigen Aussage.

5.2   (Gleit-)Reibung

Wir beginnen wieder mit der **experimentellen Beobachtung** des vorherigen Abschnitts:

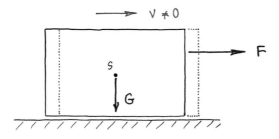

Überschreitet die Kraft F den Wert $\mu_0 G$, setzt Bewegung ein. Der Klotz bewegt sich anschließend mit der Geschwindigkeit v.

Im Vergleich zur Haftung liegt nun ein grundsätzlich anderer Fall vor, welcher aufgrund der Bewegung als **Reibung** (= *kinetic friction*) bezeichnet wird. Anstelle der Reaktionskraft R_0 wirkt nun eine eingeprägte Kraft, die **Reibungskraft** R. Diese berechnet sich nach dem (empirischen) COULOMBschen Reibungsgesetz aufgrund des **Reibungskoeffizienten** μ durch

$$\boxed{R \;=\; \mu\,N \qquad \text{mit}\quad \mu \;<\; \mu_0} \; . \tag{5.3}$$

Die Reibkraft ist unabhängig von der Größe der Berührfläche und (nahezu) unabhängig von Relativgeschwindigkeit v, sofern diese nicht zu groß ist ($v < 10\frac{\text{m}}{\text{s}}$). Diese Sachverhalte gelten nur für *trockene* Reibung, also im Allgemeinen nicht mehr, wenn die Berührflächen mit einem Schmiermittel versehen werden. Ferner ist die Reibkraft der Bewegung entgegengerichtet, d. h. mit dem Geschwindigkeitsvektor $\overrightarrow{v}$, dessen Betrag mit $\|\overrightarrow{v}\| = v$ der o. g. Relativgeschwindigkeit entspricht, erhalten wir die vektorielle Formulierung der Reibkraft zu

$$\boxed{\overrightarrow{R} \;=\; \mu\,N\,(-\vec{e}_v) \;=\; -\,\mu\,N\,\frac{\overrightarrow{v}}{\|\overrightarrow{v}\|}} \; . \tag{5.3a}$$

Hierbei ist

$$\vec{e}_v \;:=\; \frac{\overrightarrow{v}}{\|\overrightarrow{v}\|}$$

derjenige Einheitsvektor, welcher – versehen mit einem Minuszeichen – die Gegenrichtung von $\overrightarrow{v}$ darstellt. Und obwohl es oben bereits erwähnt wurde, sei hier noch einmal hervorgehoben:

$$\boxed{\textbf{Reibungskräfte} \text{ sind eingeprägte Kräfte!}} \; .$$

Achtung! Der Reibungskoeffizient μ schwindet mit wachsender Temperatur. Bei Auslegung von Bremsen, Kupplungen etc. ist diese Tatsache in geeigneter Form zu berücksichtigen. Gegebenenfalls müssen Maßnahmen zur Wärmeabfuhr getroffen werden.

5.3 Haftung und Reibung bei Zylinderumschlingung[3]

Ein biegeschlaffer, schlanker Körper (Seil, Flachriemen etc.) wird mit dem Umschlingungswinkel α um einen zylindrischen Grundkörper (Poller, Riemenscheibe etc.) gewunden:

---

[3] (= *belt friction*)

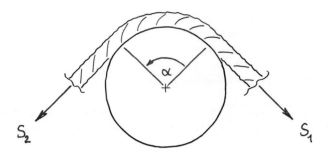

Dabei ist der Fall $S_1 \neq S_2$ genau dann gegeben, sofern es in der kreisförmigen Berührfläche zur Übertragung von Haft- bzw. Reibkräften kommt. O.B.d.A.[4] wollen wir hier annehmen, dass $S_2 > S_1$ ist. Freischneiden liefert:

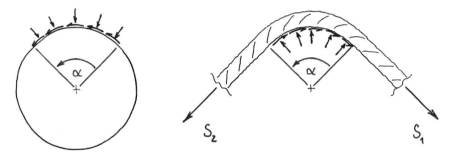

Zunächst sei $dR^{\star}$ die (infinitesimale)[5] Haft- bzw. Reibkraft. Wir wollen uns diesbezüglich vorerst nicht festlegen. Aufgrund der gekrümmten Berührfläche ist ein direktes Aufstellen der Gleichgewichtsbedingungen nicht möglich. Daher erfolgt die Formulierung der ...

Gleichgewichtsbedingungen am infinitesimalen Seilement

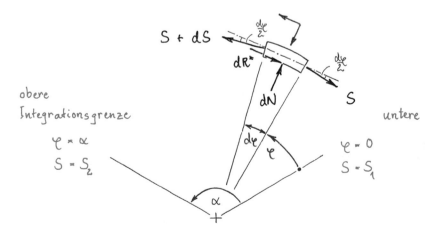

---

[4] Das bedeutet: „Ohne Beschränkung der Allgemeingültigkeit".
[5] Vgl. hierzu **Anhang A**.

Das KG lautet hier

$$\sum F_{\text{tangential}} = (S + \mathrm{d}S)\cos\left[\tfrac{\mathrm{d}\varphi}{2}\right] - S\cos\left[\tfrac{\mathrm{d}\varphi}{2}\right] - \mathrm{d}R^\star = 0\,,$$
$$\sum F_{\text{normal}} = (S + \mathrm{d}S)\sin\left[\tfrac{\mathrm{d}\varphi}{2}\right] + S\sin\left[\tfrac{\mathrm{d}\varphi}{2}\right] - \mathrm{d}N = 0\,. \tag{5.4}$$

Für kleine Werte im Argument der Sinus- und Cosinus-Funktion gilt aufgrund der (nach dem linearen Glied abgebrochenen) TAYLOR-Entwicklungen

$$\sin x \approx x \qquad \cos x \approx 1 \qquad \text{für} \quad x \ll 1\,. \hspace{2cm} (x\ \text{im Bogenmaß})$$

Somit gilt für den infinitesimalen Winkel $\tfrac{\mathrm{d}\varphi}{2}$ erst recht

$$\sin\left[\tfrac{\mathrm{d}\varphi}{2}\right] = \tfrac{\mathrm{d}\varphi}{2} \qquad \cos\left[\tfrac{\mathrm{d}\varphi}{2}\right] = 1\,.$$

Damit erhält man

$$\cancel{S} + \mathrm{d}S - \cancel{S} - \mathrm{d}R^\star = 0 \qquad\qquad \rightsquigarrow \quad \mathrm{d}R^\star = \mathrm{d}S\,,$$

$$S\tfrac{\mathrm{d}\varphi}{2} + \underbrace{\mathrm{d}S\frac{\mathrm{d}\varphi}{2}}_{\approx 0} + S\tfrac{\mathrm{d}\varphi}{2} - \mathrm{d}N = 0 \qquad \rightsquigarrow \quad \mathrm{d}N = S\,\mathrm{d}\varphi\,.$$

Term ist 2. Ordnung klein!

Wir betrachten mit $\mathrm{d}R^\star = \mathrm{d}R$ den Fall der *Reibung* zuerst und schreiben mit dem COULOMBschen Reibungsgesetz (5.3):

$$\mathrm{d}R^\star = \mathrm{d}R = \mu\,\mathrm{d}N\,.$$

Mit den zuvor ermittelten Gleichungen folgt

$$\left.\begin{array}{ccc} \mathrm{d}R^\star & = & \mu\,\mathrm{d}N \\ \downarrow & & \downarrow \\ \mathrm{d}S & = & \mu\,S\,\mathrm{d}\varphi \end{array}\right\} \qquad \frac{\mathrm{d}S}{S} = \mu\,\mathrm{d}\varphi\,.$$

Durch Integrieren erhält man

$$\int_{S_1}^{S_2} \frac{\mathrm{d}S}{S} = \mu \int_0^\alpha \mathrm{d}\varphi \qquad \begin{array}{l}\text{(Die Integralgrenzen müssen einander physikalisch} \\ \text{entsprechen: } \varphi = 0 \leftrightarrow S_1 \quad \text{bzw.} \quad \varphi = \alpha \leftrightarrow S_2.)\end{array}$$

$$\Big[\ln[S]\Big]_{S_1}^{S_2} = \mu \Big[\varphi\Big]_0^\alpha$$

$$\ln[S_2] - \ln[S_1] = \mu\,(\alpha - 0)$$

$$\ln\left[\frac{S_2}{S_1}\right] = \mu\,\alpha$$

$$\frac{S_2}{S_1} = \exp[\mu\,\alpha] = e^{\mu\alpha}\,.$$

Im Falle der **Reibung** lautet das Ergebnis also

$$\boxed{S_2 = S_1\,e^{\mu\alpha} \qquad \text{für} \quad S_2 > S_1}\,. \qquad\qquad \boxed{\alpha\ \text{im Bogenmaß!}} \qquad (5.5)$$

Die Bedingung $S_2 > S_1$ war vorausgesetzt worden. Ihre Verletzung würde aufgrund von (5.5) mit (unsinnigen) negativen Werten des Umschlingungswinkels α einhergehen.

Der umgekehrte Fall $S_1 > S_2$ braucht nicht weiter betrachtet zu werden, da er ebenfalls auf (5.5) führt (deswegen: O.B.d.A.) – nur mit vertauschten Indizes.

Wir wenden uns nun der *Haftung* zu ($\mathrm{d}R^\star = \mathrm{d}R_0$). Mit der Haftungsrelation (5.1) finden wir

$$\mathrm{d}R^\star = \mathrm{d}R_0 \leqslant \mu_0\,\mathrm{d}N$$

und wiederum mit den zuvor ermittelten Gleichungen

$$\left.\begin{array}{ccc} \mathrm{d}R^\star & \leqslant & \mu_0\,\mathrm{d}N \\ \downarrow & & \downarrow \\ \mathrm{d}S & \leqslant & \mu_0\,S\,\mathrm{d}\varphi \end{array}\right\} \qquad \frac{\mathrm{d}S}{S} \leqslant \mu_0\,\mathrm{d}\varphi\,. \qquad\qquad (\text{problemlos wegen } S > 0)$$

bzw.

$$\int\limits_{S_1}^{S_2} \frac{\mathrm{d}S}{S} \leqslant \mu_0 \int\limits_{0}^{\alpha} \mathrm{d}\varphi\,.$$

Weiterhin folgt

$$\left.\begin{array}{l} \ln\left[\dfrac{S_2}{S_1}\right] \leqslant \mu_0\,\alpha\,, \\[2em] \dfrac{S_2}{S_1} \leqslant \exp[\mu_0\,\alpha] = e^{\mu_0\alpha}\,. \end{array}\right\} \qquad \begin{array}{l}\text{Man bedenke bei dieser Umformung, dass}\\ \text{die exp-Funktion streng monoton wächst!}\end{array}$$

Im Falle der **Haftung** bekommen wir somit

$$\boxed{S_2 \leqslant S_1\,e^{\mu_0\alpha} \qquad \text{für} \quad S_2 > S_1}\,. \qquad\qquad \boxed{\alpha\ \text{im Bogenmaß!}} \qquad (5.6)$$

Aufgrund der beiden Ungleichungen nach (5.6) liegt für gegebenes S_1, μ_0, α das Intervall bezüglich S_2 fest:

$$S_1 < S_2 \leqslant S_1\,e^{\mu_0\alpha} \qquad \text{oder} \qquad S_2 \in\ ]\,S_1,\ S_1\,e^{\mu_0\alpha}\,]\,.$$

6

Schnittgrößen

Wir haben in den Kapiteln zuvor die Erfahrung gemacht, dass Lager- und Zwischenreaktionen an Körpersystemen dadurch zu ermitteln waren, dass in den Lagern, Gelenken bzw. Berührflächen geschnitten wurde. Dieses Vorgehen führte zu Freikörperbildern, auf die die Gleichgewichtsbeziehungen angewendet werden konnten. Aus Letzteren wurden schließlich die unbekannten Kräfte und Momente berechnet.

Es ist nun naheliegend, diese Vorgehensweise nicht bloß auf Lagerstellen oder Berührflächen zu beschränken, sondern überall dort anzuwenden, wo uns (körperinnere) Belastungsgrößen interessieren.

6.1 Schnittkräfte und -momente am Balken

Zur Einführung sei beispielhaft der auf seinem freien Ende mit einer Kraft F belastete Kragbalken betrachtet:

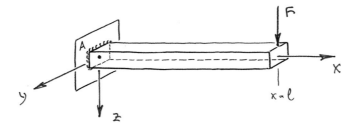

Abb. 6.1   Einseitig eingespannter Balken mit Rechteckquerschnitt

Die Balkenachse sei die Verbindungslinie aller Querschnittsmittelpunkte. Wir fragen nun nach den **Kräften** und **Momenten** an einer beliebigen Schnittstelle

$$0 < x < \ell$$

des Balkens. Dazu gehen wir folgendermaßen vor:

- **Ermittlung der Lagerreaktionen**

- **Schneiden des Balkens an der Stelle** x

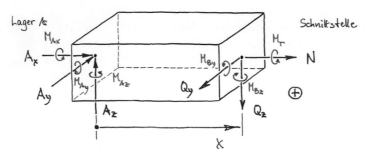

Abb. 6.2 a   Linker Balkenteil

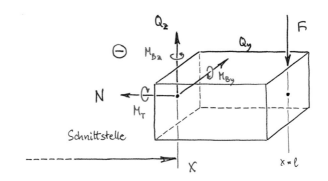

Abb. 6.2 b   Rechter Balkenteil

- **Antragen der Schnittgrößen** unter Beachtung der Vereinbarung:

Am positiven $\oplus$ (negativen $\ominus$) Schnittufer sind die Schnittgrößen stets in positiver (negativer) Richtung anzutragen!	(6.1)

Das **positive Schnittufer** ist dabei dasjenige, aus dem die schnittflächennormale Achse, also die Balkenlängsachse (standardmäßig: x-Achse), herauszeigt. Die Schnittgrößen im Einzelnen heißen:

Normalkraft	N,
Querkraft (in y-Richtung)	Q_y,
Querkraft (in z-Richtung)	Q_z,
Torsionsmoment	M_T,
Biegemoment (um die y-Achse)	M_{By},
Biegemoment (um die z-Achse)	M_{Bz}.

Im **ebenen Fall** beschränkt sich die Betrachtung auf die drei Schnittgrößen

Normalkraft N ,

Querkraft Q ,

Biegemoment M .

- Die **Berechnung der Schnittgrößen** aus den sechs (bzw. drei) Kräfte- und Momentengleichgewichten erfolgt nun an einem der beiden Teile. Da der Schnitt an der (variablen) Stelle x liegt, ergeben sich die Schnittgrößen automatisch als Funktionen einer unabhängigen Variablen x.

Beispiel 6.1 Ermittlung der Schnittgrößen am zuvor gezeigten Balken

Aufgrund nur einer eingeprägten Kraft in der x-z-Ebene hat man es hier mit einem *ebenen* Fall zu tun:

Auflagerreaktionen

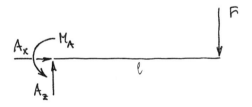

$$\sum F_{x,i} = A_x = 0\,, \quad \sum F_{z,i} = F - A_z = 0\,, \quad \sum M_i\,[A] = M_A - F\ell = 0\,,$$
$$\rightsquigarrow \ A_x = 0\,, \quad A_z = F\,, \quad M_A = F\ell\,.$$

Schneiden an der Stelle x (Schnittstelle S) und **Antragen** der Schnittgrößen

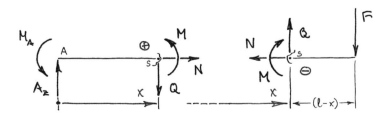

Berechnung der Schnittgrößen (hier vorzugsweise am rechten Teil)

$$\sum F_{x,i} = -N = 0, \qquad \sum F_{z,i} = F - Q = 0,$$

$$\sum M_i\,[\mathrm{S}] = -M - F\,(\ell - x) = 0,$$

$$\leadsto \quad \left.\begin{aligned} N(x) &\equiv 0 \\[1ex] Q(x) &\equiv F \\[1ex] M(x) &= F\,(x - \ell) \end{aligned}\right\} \quad \text{für} \quad \forall\, x \in\;]0, \ell[\;.$$

Es ist im Ingenieurwesen verbreitet, solche Ergebnisse graphisch aufzutragen:

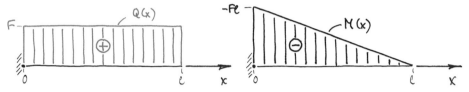

Dadurch sieht man nämlich mit einem Blick, wo die größten Belastungen auftreten (hier: in der Einspannung). Aus geometrischen Gründen ist es häufig von Vorteil, die jeweilige Einzeichnung für einen bestimmten Teilkörper nicht am Koordinatensystem zu orientieren, sondern in der Darstellung nach der Seite vorzunehmen, wo Platz ist. Die Information bezüglich des Vorzeichens wird dann ersatzweise in die Schraffur eingebracht.   ∎

6.2   Elementare Belastungsfälle

Wir betrachten hier zunächst elementare Belastungsfälle, um die dort vergleichsweise einfache Schnittgrößenbestimmung zu zeigen. Außerdem sollen erste Erfahrungen gewonnen werden daüber, wie der Schnittgrößenverlauf bei Standardfällen der Belastung typischerweise aussieht. Die komplizierteren Fälle kann man dann aus eigener Kraft bewältigen.

6.2.1   Axialkraft

Es handelt sich hier um eine Beanspruchung in Richtung der Stab- oder Balkenlängsachse, d. h. um eine Normalkraft, die im technischen Sprachgebrauch für $N > 0$ als *Zug* und $N < 0$ als *Druck* bezeichnet wird. Dieser Sachverhalt folgt aus der Vorzeichenkonvention (6.1) für die Schnittufer.

Man kann speziell die Normalkraft auf allen Schnittufern – egal ob positiv oder negativ – antragen, ohne darüber nachzudenken. Man braucht nämlich nur darauf zu achten, dass die Antragung aus der Schnittfläche *heraus* (also als „Zugkraft") erfolgt. Damit liegt man immer richtig. Darüber hinaus lässt sich das positive (negative) Schnittufer nun dadurch identifizieren, dass die dort angetragene Normalkraft in Richtung der (in Gegenrichtung zur) x-Achse zeigt.

Beispiel 6.2   Säule unter Eigengewicht und äußerer Last

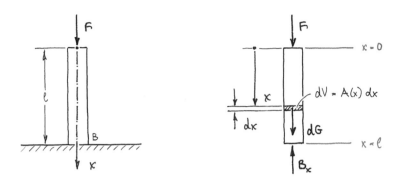

Das KG in x-Richtung lautet

$$\sum F_{x,i} = F + \int_K dG - B_x = 0 \,,$$

und die Gewichtskraft des Volumenelementes dV beträgt

$$dG = g\,dm = \varrho g\,dV = \varrho g\,A(x)\,dx \,.$$

Da wir den Standardfall $\varrho \equiv$ const voraussetzen wollen (vgl. Abschnitt 4.1.1), erhält man die Gewichtskraft des Körpers K (Säule) zu

$$G = \int_K dG = \varrho g \int_0^\ell A(x)\,dx \,.$$

Wir notieren aber die Lagerreaktion erstmal mit

$$B_x = F + G$$

und schneiden die Säule an einer (beliebigen) Stelle x. Aufgrund der Geometrie ist $x \in \,]0, \ell[\,$.

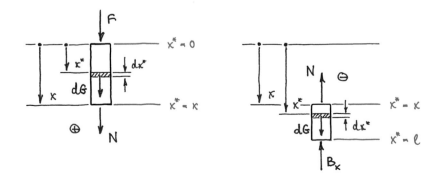

KG am oberen Teil:

$$\sum F_{x,i} = F + N + \varrho g \int_0^x A(x^*)\,dx^* = 0\,.$$

Damit erhält man die Normalkraft zu

$$N(x) = -F - \varrho g \int_0^x A(x^*)\,dx^*\,.$$

Wir wollen nun speziell von einer **zylindrischen Säule** ausgehen. Dann ist die Querschnittsfläche mit

$$A(x) \equiv A_0 = \text{const}$$

unabhängig von der (Höhen-)Koordinate x. Damit ist das Volumen $V = A_0\,\ell$, und die Gewichtskraft beträgt

$$G = \varrho g\, A_0\, \ell\,.$$

Das Ergebnis lautet nun

$$N(x) = -F - \varrho g\, A_0 \int_0^x dx^*$$

$$= -F - \underbrace{\varrho g\, A_0}_{=G/\ell}\, x$$

$$= -\left(F + G\frac{x}{\ell}\right) \qquad \text{für} \quad \forall\, x \in \,]0,\ell[\,.$$

Zur Kontrolle machen wir noch das …

KG am unteren Teil:

$$\sum F_{x,i} = -B_x - N + \varrho g \int_x^\ell A(x^*)\,dx^* = 0\,.$$

Mit $B_x = F + G$ erhält man

$$N(x) = -F - G + \varrho g \int_x^\ell A(x^*)\,dx^*$$

$$N(x) \;=\; -F \,-\, G \,+\, \varrho\, g\, A_0 \int_x^\ell \mathrm{d}x^*$$

$$=\; -F \,-\, G \,+\, \underbrace{\varrho\, g\, A_0}_{=\,G/\ell} (\ell - x)$$

$$=\; -\left(F \,+\, G\, \frac{x}{\ell} \right) \qquad \text{für} \quad \forall\, x \,\in\,]0, \ell[\,.$$

Erwartungsgemäß ist es gleichgültig, ob wir an dem einen oder anderen Teilkörper bilanzieren – wir bekommen das gleiche Ergebnis! Wir werden uns in Zukunft für den rechenstrategisch günstigeren Teilkörper entscheiden.

Auch der Verlauf der Normalkraft lässt sich zeichnerisch darstellen, indem wir N über x auftragen:

Die zeichnerische Darstellung ist gegenüber der tatsächlichen Wirkrichtung um 90° gedreht.

6.2.2 Torsion

Auch dieser elementare Lastfall soll an einem Beispiel vorgestellt werden. Wir werden aber bei dieser Gelegenheit noch eine weitere (mathematisch begründete) Besonderheit zur Kenntnis nehmen: die Bereichseinteilung infolge von unstetigem Schnittgrößenverlauf.

Bei den bisherigen Beispielen 6.1 und 6.2 traten Einzelkräfte bzw. -momente nur auf den Rändern ($x = 0$, $x = \ell$) auf. Dazwischen ($0 < x < \ell$) gab es bisher keine Einzelkräfte oder -momente, sondern lediglich im letzten Beispiel die kontinuierlich verteilte Gewichtskraft. Wenn nun aber Einzelkräfte und -momente[1] – unabhängig davon, ob diese als eingeprägt oder reaktionshalber vorliegen – im Inneren vorkommen, muss an jeder solchen Stelle eine Bereichsgrenze vorgesehen werden, da sich dort der Verlauf der Schnittgrößen als unstetig bzw. nichtglatt erweist.

---

[1] Es gibt darüberhinaus noch weitere Singularitäten (vgl. Abschnitt 6.3)

Beispiel 6.3   Torsion einer Welle

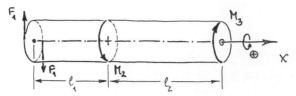

Wir gehen davon aus, dass sich die Welle im Gleichgewicht befindet, d.h.

$$\sum M_i\,[\mathrm{x}] \;=\; -\underbrace{2F_1\,r + M_2}_{=:\,M_1} - M_3 \;=\; 0\,.$$

Wie angekündigt, setzen wir an der Stelle $x = \ell_1$ eine **Bereichsgrenze** an, da dort erstens mit M_2 ein Einzelmoment angreift und zweitens diese Stelle im „Inneren" der Welle (also nicht auf der Berandung bei $x = 0$ oder $x = \ell_1 + \ell_2$) liegt:

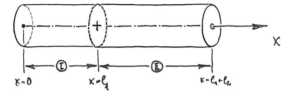

Wir schneiden nun im **Bereich I**, d.h. an irgendeiner Stelle $x \in \,]0,\ell_1[$:

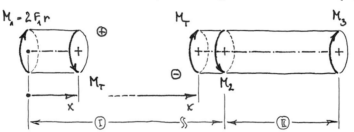

MG am linken Teil liefert:

$$\sum M_i\,[\mathrm{x}] \;=\; -M_1 + M_{\mathrm{T}} \;=\; 0\,,$$

$$\rightsquigarrow \quad M_{\mathrm{T}}(x) \;\equiv\; M_1 \qquad \text{für} \quad \forall\,x \in \,]0,\ell_1[\,.$$

Nun erfolgt der Schnitt im **Bereich II**, d.h. an einer Stelle $x \in \,]\ell_1,\ell_1+\ell_2[$:

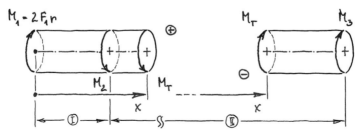

Das MG soll hier am rechten Teil erfolgen

$$\sum M_i\,[\mathrm{x}] = -M_\mathrm{T} - M_3 = 0\,,$$

$$\rightsquigarrow\quad M_\mathrm{T}(x) \equiv -M_3 = M_1 - M_2 \qquad \text{für}\quad \forall\,x \in\,]\ell_1, \ell_1 + \ell_2[\,.$$

Die qualitative Darstellung des Torsionsmomentenverlaufs (hier für $M_1, M_3 > 0$)

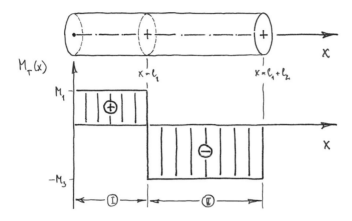

weist für die Bereichsgrenze an der Stelle $x = \ell_1$ eine Unstetigkeit auf. Hier springt der Torsionsmomentenverlauf um den Betrag M_2. ∎

6.2.3 Biegung

Hinsichtlich der Belastung beschränken wir uns zunächst auf die Betrachtung von *Einzelkräften* und *Einzelmomenten*. Im ebenen Fall wirken diese in der Ebene, in der auch die Balkenlängsachse liegt (Lastebene).

Beispiel 6.4 Balken mit Einzellasten

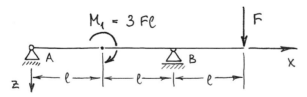

Auflagerreaktionen

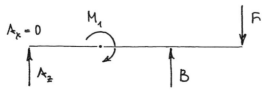

$$\sum F_{z,i} = -A_z - B + F = 0\,,$$

$$\sum M_i\,[A] = -M_1 + B\,2\ell - F\,3\ell = 0\,,$$

$$\rightsquigarrow \quad B = \frac{3F\ell + M_1}{2\ell} = \frac{3F\ell + 3F\ell}{2\ell} = 3F$$

$$A_z = F - B = F - 3F = -2F$$

Bereichseinteilung

Es gibt zwei Singularitäten im Inneren des Balkens:

- Eingeprägtes Moment an der Stelle $x = \ell$,
- Lagerkraft an der Stelle $x = 2\ell$,

$\rightsquigarrow$ 3 Bereiche

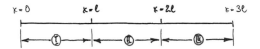

Schnittgrößen im Bereich I

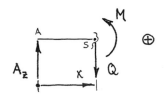

$$\sum F_{z,i} = Q - A_z = 0\,,$$

$$\sum M_i\,[S] = M - A_z\,x = 0\,,$$

$$\rightsquigarrow \quad \left. \begin{aligned} Q(x) &\equiv A_z &= -2F \\ M(x) &= A_z\,x &= -2F\,x \end{aligned} \right\} \quad \text{für} \quad \forall\, x \in\ ]0, \ell[$$

Schnittgrößen im Bereich II

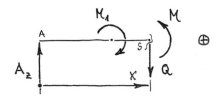

$$\sum F_{z,i} = Q - A_z = 0\,,$$

$$\sum M_i\,[\mathrm{S}] = M - M_1 - A_z\,x = 0\,,$$

$$\rightsquigarrow \quad \left.\begin{array}{rclcl} Q(x) & \equiv & A_z & = & -2F \\[4pt] M(x) & = & M_1 + A_z\,x & = & F\,(3\ell - 2x) \end{array}\right\} \quad \text{für} \quad \forall\, x \in\,]\ell, 2\ell[$$

Schnittgrößen im Bereich III

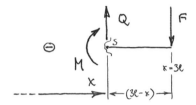

$$\sum F_{z,i} = -Q + F = 0\,,$$

$$\sum M_i\,[\mathrm{S}] = -M - F\,(3\ell - x) = 0\,,$$

$$\rightsquigarrow \quad \left.\begin{array}{rcl} Q(x) & \equiv & F \\[4pt] M(x) & = & F\,(x - 3\ell) \end{array}\right\} \quad \text{für} \quad \forall\, x \in\,]2\ell, 3\ell[$$

Es folgt die Darstellung des Querkraft- und Biegemomentenverlaufes:

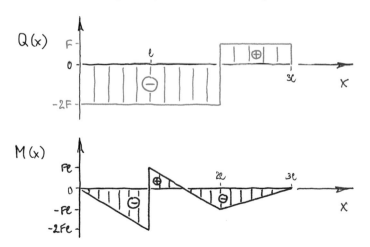

Die Materialbeanspruchung hängt bei *Biegung schlanker Balken*, wie wir im Kapitel 11 noch erfahren werden, hauptsächlich von der Größe des Biegemomentes ab. Gefährdete Querschnitte liegen daher an Stellen, an denen der Momentenverlauf $M(x)$ hohe Beträge aufweist. Das sind hier die Stellen $x = \ell$ und $x = 2\ell$. ∎

Bei der Bereichseinteilung und bereichsweisen Berechnung der Schnittgrößen werden in den Klausuren viele Fehler gemacht – die meisten aus Gründen mangelnder Sorgfalt. Einer der „beliebtesten", aber auch absurdesten Fehler besteht darin, das FKB nur aus dem Bereich bestehen zu lassen, der unmittelbar vom Schnitt betroffen ist. Beim letzten Beispiel würde das heißen, dass bei der Schnittgrößenberechnung im Bereich II der geschnittene Balken erst bei $x = \ell$ anfängt, anstatt bei $x = 0$.

Man mache sich also klar, dass jedes (!) FKB in der Statik immer ein Objekt im Gleichgewicht darstellt. Da kann man nicht irgendwas weglassen! Egal in welchem Bereich geschnitten wird: Es entstehen immer *zwei* Teilkörper (rechts/links, oben/unten), und das **fiktive Zusammensetzen** dieser beiden Teilkörper muss immer den Gesamtkörper ergeben. Und die Schnittgrößen müssen sich wegen *actio = reactio* aufheben, sonst war irgendwo was falsch angetragen. Dieses fiktive Zusammensetzen ist also, auch wenn der „unbenutzte" Teilkörper ja meist nicht gezeichnet wird, eine gute Kontrolle.

Um die Schnittgrößenberechnung auf Systeme mit kontinuierlicher Kräfteverteilung auszudehnen, verwenden wir unsere Erkenntnisse aus Abschnitt 4.1.3. Dort haben wir erfahren, dass die gesamte Kraftwirkung einer Streckenlast ermittelt wird, indem wir diese über der zugehörigen Strecke integrieren. Außerdem ist bekannt, dass $q(x)\,\mathrm{d}x$ als infinitesimale „Einzel"kraft an der Stelle x interpretiert werden kann. Diesen Sachverhalt benötigen wir zur Momentenberechnung. Alles Weitere nun im ...

Beispiel 6.5   Balken mit Streckenlast

Ein Balken auf zwei Stützen wird durch eine Streckenlast $q(x)$ beansprucht:

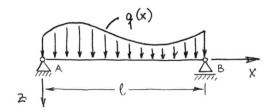

Auflagerreaktionen

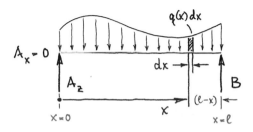

$$\sum F_{z,i} \; = \; -A_z - B + \int_0^\ell q(x)\,\mathrm{d}x \; = \; 0\,,$$

$$\sum M_i\,[\mathrm{A}] \;=\; B\,\ell \;-\; \int_0^\ell q(x)\,x\,\mathrm{d}x \;=\; 0$$

oder $\qquad\qquad\qquad\qquad$ Hebelarm

$$\sum M_i\,[\mathrm{B}] \;=\; -A_z\,\ell \;+\; \int_0^\ell q(x)\,(\ell - x)\,\mathrm{d}x \;=\; 0\,.$$

Je nachdem, ob das MG bezüglich A oder B erfolgt, ist die „Einzel"kraft $q(x)\,\mathrm{d}x$ mit dem Hebelarm x bzw. $(\ell - x)$ zu versehen. Dann erst erfolgt die Integration! Natürlich wäre es auch denkbar, die Wirkung, die $q(x)$ auf den Balken ausübt, mit der Gesamtkraft F_{L} nach (4.10) zu berücksichtigen. Während dies im KG ja schon enthalten ist, müsste für das MG aber der Schwerpunkt der Streckenlast bekannt sein. Denn das ist der Angriffspunkt von F_{L}. Seine Lage liefert uns den Hebelarm für das MG. Da für beliebiges $q(x)$ aber kein Schwerpunkt im Voraus bekannt ist, bringt uns das nicht weiter. Lediglich für Rechteck- und Dreieckslasten sind Vereinfachungen möglich.

Die Lagerreaktionen A_z und B lassen sich natürlich erst berechnen, wenn die Streckenlast explizit gegeben ist! Wegen der kontinuierlichen Lastverteilung gibt es keine Singularität im Innern des Balkens. Somit entfällt die Bereichseinteilung.

Schnittgrößen

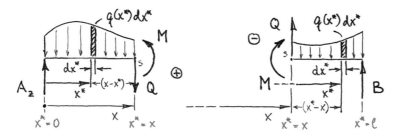

Die Schnittgrößen $Q(x)$ und $M(x)$ erhält man nun aus dem KG/MG für den linken Teil

$$\sum F_{z,i} \;=\; Q \;-\; A \;+\; \int_0^x q(x)\,\mathrm{d}x \;=\; 0\,,$$

$$\sum M_i\,[\mathrm{S}] \;=\; M \;-\; A\,x \;+\; \int_0^x q(x^*)\,(x - x^*)\,\mathrm{d}x^* \;=\; 0$$

oder aus dem KG/MG für den rechten Teil

$$\sum F_{z,i} \;=\; -Q \;-\; B \;+\; \int_x^\ell q(x)\,\mathrm{d}x \;=\; 0\,,$$

$$\sum M_i \, [\mathrm{S}] \;=\; -M \,+\, B\,(\ell - x) \,-\, \int_x^\ell q(x^*)\,(x^* - x)\,\mathrm{d}x^* \;=\; 0 \,.$$

Man wird sich hier wohl für die Berechnung mit dem linken Teil entscheiden, da Integrationen, bei denen $x = 0$ als Integralgrenze erscheint, meist etwas bequemer durchzuführen sind.

■

6.2.4 Zusammenhang zwischen Biegemoment, Querkraft und Streckenlast

Zur Herleitung wird ein infinitesimales[2] Balkenstück mit der Länge $\mathrm{d}x$ freigeschnitten:

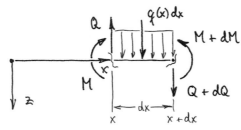

Das KG

$$\sum F_{z,i} \;=\; (Q + \mathrm{d}Q) \,-\, Q \,+\, q(x)\,\mathrm{d}x \;=\; 0$$

ergibt

$$\boxed{\frac{\mathrm{d}Q}{\mathrm{d}x} \;=\; -\,q(x)} \;, \tag{6.2}$$

und das MG um die Stelle $x + \mathrm{d}x$

$$\sum M_i \;=\; (M + \mathrm{d}M) \,-\, M \,-\, Q\,\mathrm{d}x \,+\, \underbrace{q(x)\,\mathrm{d}x\,\frac{\mathrm{d}x}{2}}_{\approx 0} \;=\; 0$$

Term ist 2. Ordnung klein!

führt auf

$$\boxed{\frac{\mathrm{d}M}{\mathrm{d}x} \;=\; Q(x)} \,. \tag{6.3}$$

Die Schnittgrößen *Biegemoment* und *Querkraft* sind also nicht unabhängig voneinander! Einsetzen von (6.2) in (6.3) liefert

$$\boxed{\frac{\mathrm{d}^2 M}{\mathrm{d}x^2} \;=\; -\,q(x)} \,. \tag{6.4}$$

---

[2] Vgl. hierzu **Anhang A**.

6.3   Rahmentragwerke

Die im Abschnitt 6.2 gezeigten *elementaren Belastungsfälle* dienen in erster Linie dazu, Grundlagenverständnis zu erzeugen. Sie kommen in der Praxis zwar hin und wieder auch vor, aber der Normalfall ist, dass die Situation sowohl in geometrischer Hinsicht als auch belastungshalber komplizierter ist als in den gezeigten Beispielen.

Unter **Rahmentragwerken** versteht man Körpersysteme, die sich aus abgewinkelten, starr miteinander verbundenen Balken zusammensetzen. Im Sinne der obigen *Bereichseinteilung* stellt dann jeder einzelne Balken mindestens einen Bereich dar. Dabei wird man zweckmäßigerweise die einzelnen Balken jeweils mit einem lokalen Koordinatensystem versehen.

Die Notwendigkeit zur Bereichseinteilung, die wir bereits in den Beispielen 6.3 und 6.4 kennengelernt hatten, beruht auf der Tatsache, dass Schnittgrößen und gelegentlich auch Streckenlasten durch Funktionen beschrieben werden, die sich auf dem Gesamtsystem nicht immer in geschlossener Form darstellen lassen. Daher muss die Berechnung bereichsweise ausgeführt werden. Die Stellen, an denen solche Bereichsgrenzen installiert werden müssen, haben – mathematisch gesprochen – singulären Charakter und werden daher gelegentlich auch als *Singularitäten* bezeichnet. Zu solchen zählen:

- **Einzelkräfte** und **-momente**,

  Unabhängig davon, ob das eingeprägte Belastungen oder Lagerreaktionen sind!

- **Anfang** und **Ende** von Streckenlasten,

- **Stellen**, an denen Streckenlasten mit verschiedener Funktionsdarstellung „zusammentreffen",

  Diese können (müssen aber nicht) in Unstetigkeiten oder Stellen bestehen, an denen die Funktion nicht glatt ist („Knickstelle").

- **Balkenverzweigungen** oder **-abwinkelungen**,

- **unstetige Querschnittsveränderungen**.

  Diese werden erst im Kapitel 11 von Bedeutung sein.

Singularitäten sind unwirksam, wenn sie auf dem äußeren Rand des Systems liegen. An einer „wirksamen" Singularität treffen also immer zwei Bereiche aufeinander!

Die lokalen Koordinatensysteme für die einzelnen Balken sind natürlich frei wählbar. Zwar legen wir uns aufgrund der Vorzeichenregel (6.1) mit ihrer Einführung fest bezüglich der Vorzeichensituation der Schnittgrößen, da aber die elastischen Verschiebungen, um die es im Kapitel 11 geht, in ebendiesen Koordinatensystemen formuliert werden, erhalten wir für jedes Rahmentragwerk bei gegebener Last eine eindeutige Verformung – unabhängig davon, wie die lokalen Koordinatensysteme definiert wurden. Damit die in den (an sich frei wählbaren) lokalen Koordinatensystemen erhaltenen Schnittgrößen aber nicht zu übermäßiger Verwirrung führen, hat sich folgende *Empfehlung* etabliert:

Im Standardfall des waagerechten Balkens zeigt die x-Achse nach rechts und die z-Achse nach unten. Damit wird die Lage einer **Definitionsfaser** (gestrichelt) als diejenige festgelegt, die die Unterseite des Balkens darstellt, vgl. Abbildung 6.3.

Abb. 6.3   Definitionsfaser am waagerechten Balken

Dabei ist das Biegemoment positiv (negativ), wenn die Definitionsfaser eine positive (negative) Dehnung erfährt. Die Empfehlung besteht nun darin, dass man

- die lokalen Längskoordinaten $(x_1, x_2, \ldots)$ „umlaufend" gleichsinnig anordnet,
- die lokalen Querkoordinaten $(z_1, z_2, \ldots)$ so festlegt, dass die Definitionsfaser komplett auf *einer* Seite des Rahmens liegt, d.h. diesen nirgendwo schneidet.

Diese Empfehlung ist auch dann sinnvoll, wenn es sich nicht im strengen Sinne um Rahmentragwerke handelt, wenn also anstelle der biegesteifen Ecken auch Gelenke vorkommen. Bei Abzweigungen ist es jedoch unvermeidlich, dass die Definitionsfaser das Tragwerk schneidet. Wir betrachten abschließend das einfache . . .

Beispiel 6.6   Kragbalken mit Abwinkelung

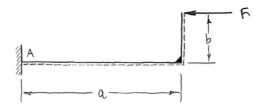

Auflagerreaktionen

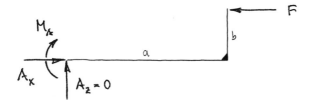

$$\sum F_{x,i} = A_x - F = 0, \qquad \sum M_i\,[\mathrm{A}] = -M_A + F\,b = 0\,,$$
$$\rightsquigarrow \ A_x = F, \quad M_A = F\,b$$

Bereichseinteilung[3] und Festlegung der lokalen Koordinatensysteme

Schnittgrößen im Bereich I

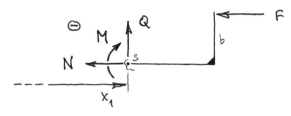

$$\sum F_{\mathrm{x}_1,i} = -N - F = 0\,,$$

$$\sum F_{\mathrm{z}_1,i} = -Q = 0\,,$$

$$\sum M_i\,[\mathrm{S}] = -M + Fb = 0\,,$$

$$\leadsto \quad \left.\begin{array}{rcl} N(x_1) & \equiv & -F \\[4pt] Q(x_1) & \equiv & 0 \\[4pt] M(x_1) & = & Fb \end{array}\right\} \quad \text{für} \quad \forall\, x_1 \in\,]0, a[$$

Schnittgrößen im Bereich II

$$\sum F_{\mathrm{x}_2,i} = -N = 0\,,$$

$$\sum F_{\mathrm{z}_2,i} = -Q - F = 0\,,$$

$$\sum M_i\,[\mathrm{S}] = -M + F\,(b - x_2) = 0\,,$$

---

[3] Man könnte in diesem einfachen Beispiel ohne Weiteres die römische Bezifferung der Bereiche (I, II, ...) mit den Indizes der lokalen Koordinaten (1, 2, ...) identifizieren. Es sei aber darauf hingewiesen, dass längs derselben durchaus auch mehrere Bereiche erforderlich werden können.

$$\rightsquigarrow \quad \left.\begin{aligned} N(x_2) &\equiv 0 \\ Q(x_2) &\equiv -F \\ M(x_2) &= F(b - x_2) \end{aligned}\right\} \quad \text{für} \quad \forall\, x_2 \in\,]0, b[$$

Die zeichnerische Darstellung der Schnittgrößen liefert:

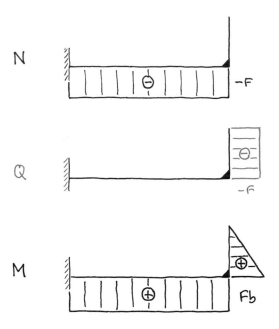

Wie man sieht, wird hier das Biegemoment an der Abwinkelung mit Fb „um die Ecke" geleitet. Das ist der Vorzug der obigen Empfehlung. Bei anderer Koordinatenwahl kommt es an solchen Stellen regelmäßig zu unschönen Sprüngen, etwa von Fb auf $-Fb$. Das ist deswegen nicht falsch, aber derartige Ergebnisse fördern nicht gerade die Übersicht.

Teil II

Elastostatik

7

Einführung in die indizierte Tensornotation[1]

Tensoren treten im Ingenieurwesen als physikalische Größen mit Richtungscharakter auf. Man unterscheidet Tensoren hinsichtlich ihrer Stufe, d.h.

- Tensor 0. Stufe — Skalar (*kein* Richtungscharakter)
- Tensor 1. Stufe = Vektor (*einfacher* Richtungscharakter)
- Tensor 2. Stufe = „Tensor" (*zweifacher* Richtungscharakter)
  $\vdots$

Skalare und Vektoren sind uns bereits vertraut. Mit Letzteren soll nun in die indizierte Schreibweise eingeführt werden. Anschließend erfolgt die Erweiterung auf Tensoren zweiter und höherer Stufe, den „Tensoren" im engeren Wortsinn.

7.1 Indizierte Darstellung von Vektoren

Im gedruckten Schrifttum werden Vektoren in symbolischer Schreibweise standardmäßig durch aufrechte, fett gedruckte Buchstaben wiedergegeben. Unterstützend hatten wir bisher den Vektorpfeil vorgesehen, der den Bezug zum Handschriftlichen fürs Erste erleichtert. Nun vereinbaren wir:

> Abgesehen von handschriftlichen Aufzeichnungen (wie in den Abbildungen) werden wir **auf den Vektorpfeil ab sofort verzichten!** Zur Unterscheidung bleiben die Unterstreichungen bei Vektoren/Tensoren in Matrixschreibweise aber bestehen.

Die Darstellung eines Vektors $\mathbf{v}$ mithilfe einer Orthonormalbasis im $\mathbb{E}^3$ erfolgt nun durch

$$\mathbf{v} = v_1\,\mathbf{e}_1 + v_2\,\mathbf{e}_2 + v_3\,\mathbf{e}_3\,.$$

---

[1] (= *indicial tensor calculus*, RICCI-*calculus*)

Wie wir in Kapitel 1 bereits festgestellt hatten, bietet die zählende Indizierung insbesondere den Vorteil, die formale Summation

$$\mathbf{v} = \sum_{i=1}^{3} v_i \, \mathbf{e}_i \qquad \text{(Index } i \text{ tritt doppelt auf!)}$$

zu ermöglichen, vgl. (1.1).

ALBERT EINSTEIN bemerkte bei seinen Arbeiten zur allgemeinen Relativitätstheorie, dass die Indexvariablen unter einem Summenzeichen stets doppelt auftreten, und dass dies bereits ein eindeutiges Kennzeichen der Summation ist. Wir beschließen nach seinem Vorschlag die **EINSTEIN**sche ...

Summationskonvention:

Es wird vereinbart, die Summenzeichen in Zukunft wegzulassen und stattdessen einfach

$$\mathbf{v} = v_i \, \mathbf{e}_i \, . \tag{7.1}$$

zu schreiben. Über doppelt auftretende Indizes – diese nennen wir **gebundene Indizes** (= *dummy index*) – ist somit *automatisch* zu summieren! Ausgeschrieben erhält man

$$v_i \, \mathbf{e}_i = v_1 \, \mathbf{e}_1 + v_2 \, \mathbf{e}_2 + v_3 \, \mathbf{e}_3 \, .$$

■

Für das Skalarprodukt orthonormaler Basisvektoren schreibt man

$$\mathbf{e}_i \cdot \mathbf{e}_j = \delta_{ij} \qquad \text{mit} \qquad \delta_{ij} := \begin{cases} 1 & \text{für } i = j \\ 0 & \text{für } i \neq j \end{cases} \tag{7.2}$$

bzw.

$$(\delta_{ij}) = \begin{pmatrix} 1 & 0 & \cdots & 0 \\ 0 & 1 & & \\ \vdots & & \ddots & \vdots \\ 0 & & \cdots & 1 \end{pmatrix} = \underline{\underline{\delta}} \, .$$

Dieses sogenannte **KRONECKER-δ** entspricht also der Einheitsmatrix und stellt damit das neutrale Element der Multiplikation dar. Allerdings hat δ_{ij} eine „Indexaustauscheigenschaft", wie wir gleich sehen werden. Für das durch (1.2) definierte **Skalarprodukt** folgt zunächst

$$\begin{aligned} \mathbf{v} \cdot \mathbf{w} &= (v_i \, \mathbf{e}_i) \cdot (w_j \, \mathbf{e}_j) \\ &= v_i \, w_j \, \mathbf{e}_i \cdot \mathbf{e}_j \\ &= v_i \, w_j \, \delta_{ij} \, . \end{aligned}$$

Wie angekündigt, bewirkt die Multiplikation mit δ_{ij} lediglich einen **Indextausch**:

$$w_j \, \delta_{ij} = w_1 \, \delta_{i1} + w_2 \, \delta_{i2} + w_3 \, \delta_{i3} \, , \qquad \text{d.h. } \ldots$$

$$\left. \begin{array}{l} \text{... für } i = 1 \text{ folgt} \quad w_j\,\delta_{1j} \;=\; w_1 \cdot 1 + w_2 \cdot 0 + w_3 \cdot 0 = w_1 \\[4pt] \text{... für } i = 2 \text{ folgt} \quad w_j\,\delta_{2j} \;=\; w_1 \cdot 0 + w_2 \cdot 1 + w_3 \cdot 0 = w_2 \\[4pt] \text{... für } i = 3 \text{ folgt} \quad w_j\,\delta_{3j} \;=\; w_1 \cdot 0 + w_2 \cdot 0 + w_3 \cdot 1 = w_3 \end{array} \right\} \;=\; w_i \;.$$

Das Ergebnis lautet daher

$$w_j\,\delta_{ij} \;=\; w_i \;.$$

Genausogut könnte man aber die Indexaustauschung bezüglich v_i vornehmen:

$$v_i\,\delta_{ij} \;=\; v_j \;.$$

Wie man sich durch Einsetzen leicht überzeugt, läuft das im Ergebnis auf dasselbe hinaus:

$$\boxed{\mathbf{v} \cdot \mathbf{w} \;=\; v_i\,w_i \;=\; v_j\,w_j}\;, \tag{7.3}$$

denn es ist völlig egal, ob man bezüglich i oder j oder sonst irgendeiner Indexvariable von 1 bis 3 summiert!

Der **Betrag eines Vektors** lässt sich nun entsprechend (1.9) in indizierter Schreibweise zu

$$\|\mathbf{v}\| \;-\; \sqrt{\mathbf{v} \cdot \mathbf{v}} \;=\; \sqrt{v_j\,v_j} \;=\; \sqrt{v_j^{\,2}} \tag{7.4}$$

formulieren.

Man beachte hier insbesondere, dass j auch in v_j^2 wegen der „Quadratur" ein doppelt auftretender und damit gebundener Index ist! Die Versuchung ist natürlich groß, Quadrat und Wurzel gegeneinander zu „kürzen".

Auch das Kreuzprodukt der Basisvektoren lässt sich in indizierter Schreibweise angeben:

$$\mathbf{e}_i \times \mathbf{e}_j \;=\; \varepsilon_{ijk}\,\mathbf{e}_k \tag{7.5}$$

mit dem **Levi-Cività-Symbol**

$$\varepsilon_{ijk} \;:=\; \begin{cases} \;\;\;1 & \text{für } i\,j\,k \text{ zyklisch} = 1\,2\,3 \\[4pt] -1 & \text{für } i\,j\,k \text{ zyklisch} = 1\,3\,2 \\[4pt] \;\;\;0 & \text{sonst} \;. \end{cases} \tag{7.6}$$

Es ist also im Einzelnen

$$\varepsilon_{123} \;=\; \varepsilon_{231} \;=\; \varepsilon_{312} \;=\; \quad 1 \;,$$

$$\varepsilon_{132} \;=\; \varepsilon_{213} \;=\; \varepsilon_{321} \;=\; -1 \;.$$

Alle anderen Permutationen (das sind solche mit doppelt oder dreifach auftretendem Index) wie z. B.

$$\varepsilon_{113},\, \varepsilon_{222},\, \ldots \;=\; 0$$

verschwinden demnach. Für das **Kreuzprodukt** zweier Vektoren

$$
\begin{aligned}
\mathbf{v} \times \mathbf{w} &= (v_i\,\mathbf{e}_i) \times (w_j\,\mathbf{e}_j) \\
&= v_i\,w_j\ \mathbf{e}_i \times \mathbf{e}_j
\end{aligned}
$$

erhält man folglich

$$
\boxed{\mathbf{v} \times \mathbf{w} = v_i\,w_j\ \varepsilon_{ijk}\ \mathbf{e}_k}
\tag{7.7}
$$

und weiterhin mit

$$
\begin{aligned}
(\mathbf{u} \times \mathbf{v}) \cdot \mathbf{w} &= (u_i\,v_j\,\varepsilon_{ijk}\,\mathbf{e}_k) \cdot (w_m\,\mathbf{e}_m) \\
&= u_i\,v_j\,w_m\,\varepsilon_{ijk}\ \mathbf{e}_k \cdot \mathbf{e}_m \\
&= u_i\,v_j\,w_m\,\varepsilon_{ijk}\,\delta_{km}
\end{aligned}
$$

das **Spatprodukt** zu

$$
\boxed{(\mathbf{u}\,\mathbf{v}\,\mathbf{w}) := (\mathbf{u} \times \mathbf{v}) \cdot \mathbf{w} = u_i\,v_j\,w_k\ \varepsilon_{ijk}}\ .
\tag{7.8}
$$

Wir wollen nun die einfache Vektorgleichung

$$
\mathbf{u} + \mathbf{v} = \mathbf{w}
\tag{7.9}
$$

betrachten. Zunächst ersetzen wir jeden der drei symbolischen Vektoren durch die indizierte Komponentenschreibweise nach (7.1):

$$
\left.\begin{aligned}
\mathbf{u} &= u_j\,\mathbf{e}_j \\
\mathbf{v} &= v_k\,\mathbf{e}_k \\
\mathbf{w} &= w_m\,\mathbf{e}_m
\end{aligned}\right\}
\quad
\begin{aligned}
&\text{Jeder Vektor darf ein anderes Indexsymbol haben!} \\
&\text{\small(Die Basis ist trotzdem immer dieselbe.)}
\end{aligned}
$$

Einsetzen liefert

$$
u_j\,\mathbf{e}_j + v_k\,\mathbf{e}_k = w_m\,\mathbf{e}_m\ .
\tag{7.10}
$$

Erweitert man die gesamte Gleichung skalar mit $\cdot\,\mathbf{e}_i$, also

$$
u_j\,\mathbf{e}_j \cdot \mathbf{e}_i + v_k\,\mathbf{e}_k \cdot \mathbf{e}_i = w_m\,\mathbf{e}_m \cdot \mathbf{e}_i
$$

$$
u_j\,\delta_{ji} + v_k\,\delta_{ki} = w_m\,\delta_{mi}\ ,
$$

so führt dieses „**Ausheben**" der Basis mit

$$
u_i + v_i = w_i\ .
\tag{7.11}
$$

zu einer Gleichung, die anders als (7.9) und (7.10) keine Vektoren mehr enthält. Es handelt sich stattdessen um eine Gleichung in **Indexschreibweise** (auch: Koordinatenschreibweise), die wegen $i = 1, ..., n$ auch als „Kurzform" von n ausgeschriebenen Koordinaten- bzw. Komponentengleichungen aufgefasst werden kann. Es hat also (7.11) den gleichen Informationswert wie

$$
\underline{\mathbf{u}} + \underline{\mathbf{v}} = \underline{\mathbf{w}}\ .
$$

Bisher hatten wir es nur mit gebundenen Indizes zu tun. Im Gegensatz dazu ist i in (7.11) ein **freier Index** (= *free index*). Eine Gleichung in Indexschreibweise muss hinsichtlich ihrer freien Indizes in allen Termen übereinstimmen! **Die Anzahl der freien Indizes in einer Gleichung beinhaltet deren Tensorstufe!**

(7.11) repräsentiert also die (symbolische) Vektorgleichung (7.9). Da Vektoren bekanntlich Tensoren 1. Stufe sind, muss demnach (7.11) *einen* freien Index aufweisen! Dieser ist natürlich nicht auf ein bestimmtes Indexsymbol festgelegt. Genau wie die gebundenen Indizes dürfen auch freie Indizes umbenannt werden. Man achte aber auf die o. g. Übereinstimmung innerhalb einer Gleichung!

Abschließend ist bezüglich der Schreibweisen Folgendes festzuhalten: Wie am Beispiel obiger Vektorgleichung gezeigt wird, lässt sich entsprechend

$$\mathbf{v} \quad \xrightarrow{\;=\;} \quad v_j \, \mathbf{e}_j \quad \xrightarrow{\;\cdot \mathbf{e}_i\;} \quad v_i \tag{7.12}$$

die symbolische Schreibweise (7.9) durch Einführen einer Basis in die Komponentenschreibweise (7.10) und Letztere durch Ausheben der Basis in die Indexschreibweise (7.11) überführen.

7.2 Tensoren höherer Stufe

7.2.1 Einführung

Wer die mathematische Grundlagenliteratur bemüht, um zu erfahren, was ein Tensor ist, wird daran in den meisten Fällen zunächst wenig Freude haben. Denn da ist die Rede von „multilinearen Abbildungen", „Transformationsverhalten" und anderen Dingen, die dem Anfänger erst einmal wenig nutzen. Es ist vom anwendungsorientierten Standpunkt des Ingenieurs sinnvoller, sich zunächst eine physikalisch motivierte Vorstellung von Tensoren zu machen und die mathematische Vertiefung – insbesondere auch den Übergang zu krummlinigen Koordinaten – später nachzuholen. Daher sei an dieser Stelle nur das unbedingt Notwendige gesagt:

Ein Vektor wird bekanntlich durch eine Linearkombination von Basisvektoren dargestellt. In Verbindung mit der EINSTEINschen Summationskonvention hatten wir das durch

$$\mathbf{a} \quad = \quad a_i \, \mathbf{e}_i \qquad \text{(Tensor 1. Stufe)} \qquad \big(\text{vgl. (7.1)}\big)$$

ausgedrückt. Analog dazu nehmen wir zur Kenntnis, dass sich Tensoren höherer Stufe entsprechend

$$
\begin{aligned}
\mathbf{B}^{(2)} &= B_{ij} \, \mathbf{e}_i \otimes \mathbf{e}_j && \text{(Tensor 2. Stufe)} \\
\mathbf{C}^{(3)} &= C_{ijk} \, \mathbf{e}_i \otimes \mathbf{e}_j \otimes \mathbf{e}_k && \text{(Tensor 3. Stufe)} \\
&\;\;\vdots && \qquad\vdots \\
\mathbf{T}^{(N)} &= T_{i_1 i_2 \ldots i_N} \, \mathbf{e}_{i_1} \otimes \mathbf{e}_{i_2} \otimes \ldots \otimes \mathbf{e}_{i_N} && \text{(Tensor N-ter Stufe)}
\end{aligned}
$$

formulieren lassen. Dabei bedeutet die Verknüpfung $\otimes$ das tensorielle Produkt .

Mit diesem lässt sich unter Verwendung der bekannten Basisvektoren die **Tensor-basis** (der N-ten Stufe)

$$\mathbf{e}_{i_1} \otimes \mathbf{e}_{i_2} \otimes \ldots \otimes \mathbf{e}_{i_N}$$

ausdrücken. Es wird klar, warum am Anfang dieses Kapitels von der Vielfach-heit des „Richtungscharakters" die Rede war: Ein Tensor N-ter Stufe „enthält" gewissermaßen N-mal die Vektorbasis!

Man überzeugt sich nun leicht davon, dass das **tensorielle Produkt** zwischen einem Tensor N-ter Stufe und einem Tensor M-ter Stufe wegen

$$
\begin{aligned}
\mathbf{V}^{(N)} \otimes \mathbf{W}^{(M)} &= \\
&= V_{i_1 \ldots i_N} \; W_{i_{(N+1)} \ldots i_{(N+M)}} \quad \mathbf{e}_{i_1} \otimes \ldots \otimes \mathbf{e}_{i_N} \otimes \mathbf{e}_{i_{(N+1)}} \otimes \ldots \otimes \mathbf{e}_{i_{(N+M)}} \\
&= U_{i_1 \ldots i_{(N+M)}} \quad \mathbf{e}_{i_1} \otimes \ldots \otimes \mathbf{e}_{i_{(N+M)}} \\
&= \mathbf{U}^{(N+M)}
\end{aligned}
\tag{7.13}
$$

auf einen Tensor $(N+M)$-ter Stufe führt. Die Reihenfolge der Basisvektoren ist dabei einzuhalten! Das tensorielle Produkt ist – von Spezialfällen abgesehen – nichtkommutativ. Der Sonderfall $N = M = 1$ wird in der Literatur häufig als **dyadisches Produkt**

$$\mathbf{v} \otimes \mathbf{w} = \mathbf{U}^{(2)}$$

vorgestellt.

Dies hängt damit zusammen, dass man früher Tensoren 2. Stufe als „Dyaden" bezeichnet hat. Heute spricht man meist von den „Tensoren" überhaupt, da Tensoren 2. Stufe – abgesehen von Vektoren und Skalaren – physikalisch die bedeutendsten sind. In Komponentenschreibweise lautet voranstehende Gleichung

$$v_i \, w_j \; \mathbf{e}_i \otimes \mathbf{e}_j = U_{ij} \; \mathbf{e}_i \otimes \mathbf{e}_j \; .$$

Es ist aber nicht so, dass die Koordinaten U_{ij} eines Tensors 2. Stufe zwangsläufig aus einem Produkt wie $v_i \, w_j$ hervorgegangen sein müssen!

Da keine Verwechselungsgefahr besteht, darf das Symbol $\otimes$ bei der tensoriellen Multiplikation (inbesondere der Basisvektoren) auch weggelassen werden. Man schreibt für einen Tensor N-ter Stufe kurz

$$\boxed{\mathbf{T}^{(N)} = T_{i_1 i_2 \ldots i_N} \; \mathbf{e}_{i_1} \, \mathbf{e}_{i_2} \ldots \mathbf{e}_{i_N}} \qquad (\text{handschriftlich: } \vec{\mathbf{T}}^{(N)}) . \tag{7.14}$$

Die Spaltenschreibweise für Vektoren hatten wir zu Anfang eingeführt, indem jedem Vektor eine Repräsentation (bzgl. der gegebenen Basis) in Gestalt einer Spaltenmatrix zugeordnet wurde. Einem **Tensor 2. Stufe**, wie z.B.

$$\mathbf{B}^{(2)} = B_{ij} \; \mathbf{e}_i \, \mathbf{e}_j \; ,$$

wird dementsprechend die quadratische Matrix

$$\underline{\underline{B}} = \begin{pmatrix} B_{11} & \ldots & B_{1n} \\ \vdots & \ddots & \vdots \\ B_{n1} & \ldots & B_{(nn)} \end{pmatrix} \quad \text{bzw.} \quad \underline{\underline{B}} = (B_{ij})$$

zugeordnet. Die Vertauschung der Indizes $ij \to ji$ entspricht der Transponierung

$$\underline{\underline{B}}^{\mathrm{T}} = (B_{ji})$$

der zugehörigen Matrix. Für Tensoren höherer Stufe ($N > 2$) ist eine solche Darstellung jedoch problematisch.

Das im vorangegangenen Kapitel für Vektoren gezeigte „Ausheben der Basis" (7.12) lässt sich auf Tensoren beliebiger Stufe ausdehnen. Zum Beispiel lautet in Indexschreibweise das tensorielle Produkt nach (7.13)

$$V_{i_1 \ldots i_N} \, W_{i_{(N+1)} \ldots i_{(N+M)}} = U_{i_1 \ldots i_M}$$

oder speziell (dyadisches Produkt)

$$v_i \, w_j = U_{ij} \, .$$

Hinsichtlich des Überganges zur Indexschreibweise gibt es bei den nichtkommutativen Produkten zwischen Tensoren allerdings einen gewissen „Informationsschwund". Dieser soll am Beispiel des dyadischen Produkts erklärt werden, welches als einfachste Ausführung des tensoriellen Produkts im Allgemeinen nichtkommutativ ist, d. h.

$$\mathbf{U}^{(2)} = \mathbf{v} \otimes \mathbf{w} \neq \mathbf{v} \otimes \mathbf{u} \qquad (\neq \text{ abgesehen von Spezialfällen}) \, .$$

Der Übergang in Indexschreibweise liefert (s. o.)

$$U_{ij} = v_i \, w_j \, .$$

Da es sich bei den v_i und w_j um skalare Größen – also letztlich reelle Zahlen – handelt, für die das Kommutativgesetz gilt, könnte man ebensogut

$$U_{ij} = w_j \, v_i$$

schreiben. Das hat zur Folge, dass die vorgesehene Reihenfolge der Multiplikation nun nicht mehr erkennbar ist. Man mag bei diesem einfachen Beispiel einwenden, daß ja schließlich die Indizes vertauscht seien. Bei komplizierteren Zusammenhängen ist Aufmerksamkeit geboten!

7.2.2 Verjüngendes Produkt und Überschiebung

Während sich beim tensoriellen Produkt nach (7.13) die Tensorstufen N, M im Ergebnis zu $(N+M)$ addieren, erhält man beim **verjüngenden Produkt** eine um

$$2, 4, \ldots, 2\iota, \ldots \qquad (\iota \in \mathbb{N})$$

geringere Tensorstufe. Den einfachsten Fall eines verjüngenden Produktes kennen wir bereits: Das **Skalarprodukt** zweier Vektoren

$$\underbrace{\mathbf{v}}_{\text{1. Stufe}} \cdot \underbrace{\mathbf{w}}_{\text{1. Stufe}} = \underbrace{v_i \, w_i}_{\text{0. Stufe}} \tag{7.15}$$

ist im Ergebnis gegenüber dem dyadischen Produkt um zwei Tensorstufen erniedrigt ($\iota = 1$), d.h. „verjüngt". Dies lässt sich auch mit Tensoren höherer Stufe durchführen. Der physikalisch häufigste Fall ist mit $N = 2$ und $M = 1$ derjenige zwischen „Tensor" und Vektor:

$$
\begin{aligned}
\underbrace{\mathbf{B}^{(2)}}_{\text{2. Stufe}} \cdot \underbrace{\mathbf{a}}_{\text{1. Stufe}} &= (B_{ij} \, \mathbf{e}_i \, \mathbf{e}_j) \cdot (a_k \, \mathbf{e}_k) \\
&= B_{ij} \, a_k \, \mathbf{e}_i \, \mathbf{e}_j \cdot \mathbf{e}_k \\
&= B_{ij} \, a_k \, \mathbf{e}_i \, \delta_{jk} \\
&= \underbrace{B_{ij} \, a_j \, \mathbf{e}_i}_{\text{1. Stufe}} \, .
\end{aligned} \tag{7.16}
$$

Auch hier findet eine Verjüngung um zwei Tensorstufen statt ($\iota = 1$). Folglich bekommt man einen Tensor 1. Stufe (statt 3. Stufe). Wir probieren die umgekehrte Reihenfolge:

$$
\begin{aligned}
\underbrace{\mathbf{a}}_{\text{1. Stufe}} \cdot \underbrace{\mathbf{B}^{(2)}}_{\text{2. Stufe}} &= (a_k \, \mathbf{e}_k) \cdot (B_{ij} \, \mathbf{e}_i \, \mathbf{e}_j) \\
&= B_{ij} \, a_k \, \mathbf{e}_k \cdot \mathbf{e}_i \, \mathbf{e}_j \\
&= B_{ij} \, a_k \, \delta_{ki} \, \mathbf{e}_j \\
&= B_{ij} \, a_i \, \mathbf{e}_j \\
&= \underbrace{B_{ji} \, a_j \, \mathbf{e}_i}_{\text{1. Stufe}} \quad (\text{mit Indextausch } i \rightleftharpoons j) \, .
\end{aligned} \tag{7.17}
$$

Offensichtlich sind verjüngende Produkte – abgesehen vom Skalarprodukt – im Allgemeinen *nicht*kommutativ. Wie man aus (7.16) und (7.17) ersieht, ist das gleiche Ergebnis nur im Falle der „Symmetrie"

$$B_{ij} = B_{ji} \qquad \text{bzw.} \qquad \underline{\underline{B}} = \underline{\underline{B}}^{\mathrm{T}}$$

gegeben. Dem verjüngenden Produkt nach (7.16) entspricht in Matrixschreibweise das Produkt $\underline{\underline{B}} \, \underline{a}$, das uns aus der linearen Algebra bekannt ist.

Bisher hatten wir es mit (einfach) verjüngenden Produkten zu tun, die eine Verjüngung um zwei Tensorstufen bewirken. Demgegenüber hat mit $\iota = 2$ das **doppelt verjüngende Produkt** (= *double dot product*) die Eigenschaft, das Ergebnis um $2 \cdot 2 = 4$ Tensorstufen zu verjüngen, wie die folgenden Beispiele zeigen. Es stellt sich nun aber die Frage, in welcher Reihenfolge die skalare Multiplikation bezüglich der Basisvektoren durchgeführt werden soll. Man unterscheidet zwei Varianten, die mit den Multiplikationssymbolen $\cdot\cdot$ und $:$ verbunden sind:

1. **Schema** $(\bullet\bullet) \cdot\cdot (\bullet\bullet)$

$$
\begin{aligned}
\underbrace{\mathbf{T}^{(4)}}_{\text{4. Stufe}} \cdot\cdot \underbrace{\mathbf{B}^{(2)}}_{\text{2. Stufe}} &= (T_{ijk\ell}\ \mathbf{e}_i\,\mathbf{e}_j\,\mathbf{e}_k\,\mathbf{e}_\ell) \cdot\cdot (B_{mn}\ \mathbf{e}_m\,\mathbf{e}_n) \\
&= T_{ijk\ell}\,B_{mn}\ \mathbf{e}_i\,\mathbf{e}_j\,\mathbf{e}_k\,\mathbf{e}_\ell \cdot\cdot \mathbf{e}_m\,\mathbf{e}_n \\
&= T_{ijk\ell}\,B_{mn}\ \delta_{\ell m}\ \mathbf{e}_i\,\mathbf{e}_j\,\mathbf{e}_k \cdot \mathbf{e}_n \\
&= T_{ijk\ell}\,B_{\ell n}\ \mathbf{e}_i\,\mathbf{e}_j\,\delta_{kn} \\
&= \underbrace{T_{ijk\ell}\,B_{\ell k}\ \mathbf{e}_i\,\mathbf{e}_j}_{\text{2. Stufe}}\ .
\end{aligned}
\tag{7.18}
$$

2. **Schema** $(\bullet\bullet) : (\bullet\bullet)$

$$
\begin{aligned}
\underbrace{\mathbf{T}^{(4)}}_{\text{4. Stufe}} : \underbrace{\mathbf{B}^{(2)}}_{\text{2. Stufe}} &= (T_{ijk\ell}\ \mathbf{e}_i\,\mathbf{e}_j\,\mathbf{e}_k\,\mathbf{e}_\ell) : (B_{mn}\ \mathbf{e}_m\,\mathbf{e}_n) \\
&= T_{ijk\ell}\,B_{mn}\ \mathbf{e}_i\,\mathbf{e}_j\,\mathbf{e}_k\,\mathbf{e}_\ell : \mathbf{e}_m\,\mathbf{e}_n \\
&= T_{ijk\ell}\,B_{mn}\ \delta_{km}\ \mathbf{e}_i\,\mathbf{e}_j\,\mathbf{e}_\ell \cdot \mathbf{e}_n \\
&= T_{ijk\ell}\,B_{kn}\ \mathbf{e}_i\,\mathbf{e}_j\,\delta_{\ell n} \\
&= \underbrace{T_{ijk\ell}\,B_{k\ell}\ \mathbf{e}_i\,\mathbf{e}_j}_{\text{2. Stufe}}\ .
\end{aligned}
\tag{7.19}
$$

Das Ergebnis ist in jedem Fall ein Tensor 2. Stufe (statt 6. Stufe). Die Varianten $\cdot\cdot$ und $:$ führen auf dasselbe Ergebnis, wenn mindestens einer der beiden Tensoren bezüglich der betroffenen Indizes symmetrisch ist.

Die Bezeichnung „verjüngendes Produkt" bezieht sich nur auf die symbolische und die Komponentenschreibweise! Die Entsprechungen in Indexschreibweise

$v_i\,w_i$,   (vgl. (7.15))

$B_{ij}\,a_j$ bzw. $B_{ji}\,a_j$ (vgl. (7.16), (7.17))

sowie

$T_{ijk\ell}\,B_{\ell k}$ bzw. $T_{ijk\ell}\,B_{k\ell}$ (vgl. (7.18), (7.19))

heißen dagegen **Überschiebungen**.

Es ist allgemein üblich, neben den Vektoren bzw. Tensoren in symbolischer Schreibweise oder Komponentenschreibweise wie z.B.

$\mathbf{a}$ bzw. $a_i\,\mathbf{e}_i$,

$\mathbf{B}^{(2)}$ bzw. $B_{ij}\,\mathbf{e}_i\,\mathbf{e}_j$

auch deren Koordinaten bzw. Komponenten

a_i , B_{ij}

als „Vektoren/Tensoren" zu bezeichnen, obwohl das streng genommen lediglich Zahlen sind.

7.3   Orthogonale Transformationen

Die Durchführung einer orthogonalen Transformation, die in Abschnitt 1.2.6 in der EUKLIDischen Ebene stattgefunden hatte, lässt sich in der indizierten Tensornotation allgemein für n Dimensionen formulieren. Erwartungsgemäß bekommt man eine sehr übersichtliche Darstellung. Für die Koordinatentransformation (1.12), (1.13) erhalten wir

$$\boxed{v_i^* \;=\; a_{ij}\, v_j}\;, \qquad \boxed{v_j \;=\; a_{jk}^*\, v_k^*}\;, \tag{7.20}$$

und die Basistransformation (1.18), (1.19) notieren wir nun mit

$$\boxed{\mathbf{e}_i^* \;=\; a_{ij}\, \mathbf{e}_j}\;, \qquad \boxed{\mathbf{e}_j \;=\; a_{jk}^*\, \mathbf{e}_k^*}\;. \tag{7.21}$$

Setzt man die eine Gleichung aus (7.21) in die andere ein, z.B.

$$\mathbf{e}_i^* \;=\; a_{ij}\, \mathbf{e}_j \;=\; a_{ij}\, a_{jk}^*\, \mathbf{e}_k^*$$

und erweitert zum Ausheben der Basis mit $\cdot\, \mathbf{e}_\ell^*$, so ergibt sich

$$\begin{aligned}
\mathbf{e}_i^* \cdot \mathbf{e}_\ell^* \;&=\; a_{ij}\, a_{jk}^*\, \mathbf{e}_k^* \cdot \mathbf{e}_\ell^* \\
\delta_{i\ell} \;&=\; a_{ij}\, a_{jk}^*\, \delta_{k\ell} \\
\;&=\; a_{ij}\, a_{j\ell}^*
\end{aligned}$$

und nach Umbenennung $\ell \to k$

$$\boxed{a_{ij}\, a_{jk}^* \;=\; \delta_{ik}} \qquad \text{bzw.} \qquad \boxed{\underline{\underline{\mathbf{A}}}\,\underline{\underline{\mathbf{A}}}^* \;=\; \underline{\underline{\mathbf{E}}}}\;. \tag{7.22}$$

Damit repräsentieren a_{ij} und a_{jk}^* inverse Matrizen! Bilden wir nun noch das Skalarprodukt

$$\begin{aligned}
\mathbf{e}_i^* \cdot \mathbf{e}_k^* \;&=\; a_{ij}\, a_{k\ell}\, \mathbf{e}_j \cdot \mathbf{e}_\ell \\
\delta_{ik} \;&=\; a_{ij}\, a_{k\ell}\, \delta_{j\ell}
\end{aligned}$$

bzw.

$$a_{ij}\, a_{kj} \;=\; \delta_{ik}\;,$$

so liefert der Vergleich mit (7.22) die Erkenntnis

$$\boxed{a_{jk}^* \;=\; a_{kj}} \qquad \text{bzw.} \qquad \boxed{\underline{\underline{\mathbf{A}}}^* \;=\; \underline{\underline{\mathbf{A}}}^{\mathbf{T}}}\;. \tag{7.23}$$

Die inverse Transformationsmatrix ist gleich der transponierten! Da wir dies der Tatsache verdanken, dass hier ein kartesisches Koordinatensystem in ein anderes

transformiert wurde (orthogonale Transformation), spricht man auch von orthogonalen Matrizen[2]. Wir unterziehen nun noch (7.22) unter Verwendung von (7.23)
der Determinantenbildung

$$\det\left(\underline{\underline{A}}\,\underline{\underline{A}}^*\right) \;=\; \det\underline{\underline{E}} \;=\; 1$$

$$\det\left(\underline{\underline{A}}\,\underline{\underline{A}}^{\mathrm{T}}\right) \;=\; 1$$

$$\det\underline{\underline{A}}\;\det\underline{\underline{A}}^{\mathrm{T}} \;=\; 1 \qquad\qquad\qquad \text{(man beachte: } \det\underline{\underline{A}}^{\mathrm{T}} = \det\underline{\underline{A}}\,)$$

$$\det\underline{\underline{A}}\;\det\underline{\underline{A}} \;=\; \det\underline{\underline{A}}^{\mathrm{T}}\;\det\underline{\underline{A}}^{\mathrm{T}} \;=\; 1$$

$$\left(\det\underline{\underline{A}}\right)^2 \;=\; \left(\det\underline{\underline{A}}^{\mathrm{T}}\right)^2 \;=\; \left(\det\underline{\underline{A}}^*\right)^2 \;=\; 1$$

und erhalten mit

$$\boxed{\det\underline{\underline{A}} \;=\; \det\underline{\underline{A}}^* \;=\; \pm 1} \quad \text{bzw.} \quad \boxed{\det\left(a_{ij}\right) \;=\; \det\left(a_{jk}^*\right) \;=\; \pm 1} \qquad (7.24)$$

eine wesentliche Eigenschaft orthogonaler Matrizen. Dabei steht $+1$ für Drehung
und -1 für Drehspiegelung.

Es stellt sich nun natürlich die Frage, wie sich Tensoren höherer Stufe transformieren. Wir betrachten dazu den Tensor 2. Stufe

$$\boldsymbol{\Theta}^{(2)} \;=\; \Theta_{ij}\,\mathbf{e}_i\,\mathbf{e}_j \;=\; \Theta_{k\ell}^*\,\mathbf{e}_k^*\,\mathbf{e}_\ell^* \,.$$

Um die Koordinaten Θ_{ij} in die $\Theta_{k\ell}^*$ zu transformieren, machen wir mit[3]

$$\mathbf{e}_i \;=\; a_{im}^*\,\mathbf{e}_m^* \qquad \text{und} \qquad \mathbf{e}_j \;=\; a_{jn}^*\,\mathbf{e}_n^*$$

gleich zweimal Gebrauch von der Basistransformation (7.21). Einsetzen liefert

$$\Theta_{k\ell}^*\,\mathbf{e}_k^*\,\mathbf{e}_\ell^* \;=\; \Theta_{ij}\,a_{im}^* a_{jn}^*\,\mathbf{e}_m^*\,\mathbf{e}_n^* \,.$$

Nun brauchen wir nur noch die Basis auszuheben, indem wir der Reihe nach z. B.
mit $\cdot\,\mathbf{e}_r^*$ und $\cdot\,\mathbf{e}_s^*$ erweitern:

$$\Theta_{k\ell}^*\,\mathbf{e}_k^*\,\mathbf{e}_\ell^*\cdot\mathbf{e}_r^* \;=\; \Theta_{ij}\,a_{im}^* a_{jn}^*\,\mathbf{e}_m^*\,\mathbf{e}_n^*\cdot\mathbf{e}_r^*$$

$$\Theta_{k\ell}^*\,\mathbf{e}_k^*\,\delta_{\ell r} \;=\; \Theta_{ij}\,a_{im}^* a_{jn}^*\,\mathbf{e}_m^*\,\delta_{nr}$$

$$\Theta_{kr}^*\,\mathbf{e}_k^*\cdot\mathbf{e}_s^* \;=\; \Theta_{ij}\,a_{im}^* a_{jr}^*\,\mathbf{e}_m^*\cdot\mathbf{e}_s^*$$

---

[2] In der Ebene ($n = 2$) hatten wir diese mit *einem* Drehwinkel dargestellt (vgl. Abschn. 1.2.6).
Im räumlichen Fall hingegen werden drei Winkel erforderlich. Die diesbezügliche Darstellung von
orthogonalen Transformationen spielt in der Rotordynamik und Kreiseltheorie eine Rolle.

[3] Die Indexvariable n ist nicht mit der Raumdimension zu verwechseln!

$$\Theta^*_{kr}\, \delta_{ks} \;\;=\;\; \Theta_{ij}\; a^*_{im} a^*_{jr}\; \delta_{ms}$$

$$\Theta^*_{sr} \;\;=\;\; \Theta_{ij}\; a^*_{is} a^*_{jr} \qquad\qquad \left(\text{mit (7.23) gilt } a^*_{is} = a_{si}\,,\; a^*_{jr} = a_{rj}\right)$$

$$\;\;=\;\; \Theta_{ij}\; a_{si}\, a_{rj}\,.$$

Nach Umbenennung $s \to k$, $r \to \ell$ auf vertraute Indizes liegt das Ergebnis mit

$$\Theta^*_{k\ell} \;\;=\;\; a_{ki}\, a_{\ell j}\; \Theta_{ij}$$

vor, und wir sehen, dass sich ein Tensor 2. Stufe im Grunde genauso transformiert wie einer 1. Stufe. Es werden lediglich die Transformationskoeffizienten zweimal benötigt. Die umgekehrte Transformation erhält man auf im Prinzip gleiche Weise zu

$$\Theta_{ij} \;\;=\;\; a^*_{im} a^*_{jn}\; \Theta^*_{mn} \qquad \text{oder} \qquad \Theta_{ij} \;\;=\;\; a_{mi}\, a_{nj}\; \Theta^*_{mn}\,.$$

Die Transformation eines Tensors N-ter Stufe erfolgt schließlich durch

$$\boxed{\begin{aligned} T^*_{i_1\ldots i_N} &\;\;=\;\; a_{i_1 j_1} \ldots a_{i_N j_N}\; T_{j_1\ldots j_N}\,, \\[2mm] T_{j_1\ldots j_N} &\;\;=\;\; a^*_{j_1 i_1} \ldots a^*_{j_N i_N}\; T^*_{i_1\ldots i_N}\,. \end{aligned}} \qquad (7.25)$$

7.4   Isotrope Tensoren

Bei der Beschreibung von Materialeigenschaften spielen die Begriffe **homogen** (= orts-unabhängig, vgl. Kapitel 4) und **isotrop** (= richtungsunabhängig) eine zentrale Rolle. Wir werden in Kapitel 10 mit dem HOOKEschen Festkörper auf *linearelastisches, isotropes* Materialverhalten treffen, welches durch einen Tensor 4. Stufe, den Elastizitätstensor, wiedergegeben wird. Wegen des isotropen Materialverhaltens dürfen wir einen **isotropen Tensor** erwarten, da sich dessen Komponenten bei einer Drehung des Koordinatensystems ($\to$ orthogonale Transformation) nicht ändern.

In diesem Zusammenhang werden wir auch gleich die Begriffe **Spur**, **Kugeltensor** und **Deviator** vorstellen.

Ein Tensor heißt **isotrop**, wenn seine Koordinaten bzw. Komponenten gegenüber einer orthogonalen Transformation *invariant*[4] sind, d. h. wenn

$$T^*_{i_1\ldots i_N} \;\;\equiv\;\; T_{i_1\ldots i_N} \qquad\qquad (7.26)$$

ist. Aufgrund der Transformationsgesetze (7.25) folgt

$$\begin{aligned} T_{i_1\ldots i_N} &\;\;=\;\; a_{i_1 j_1} \ldots a_{i_N j_N}\; T_{j_1\ldots j_N}\,, \\[2mm] T_{j_1\ldots j_N} &\;\;=\;\; a^*_{j_1 i_1} \ldots a^*_{j_N i_N}\; T_{i_1\ldots i_N}\,. \end{aligned} \qquad (7.26\,\text{a})$$

---

[4] Von lat. *invarians* = unveränderlich

Ein **isotroper Tensor 2. Stufe** heißt Kugeltensor. Ein solcher liegt in seiner einfachsten Form mit dem KRONECKER-δ vor. Denn aufgrund

$$
\begin{aligned}
\delta_{ij}^* &= a_{ik}\, a_{j\ell}\, \delta_{k\ell} \\
&= a_{ik}\, a_{jk} && \Big|\ \text{mit } a_{jk} = a_{kj}^* && (7.23) \\
&= a_{ik}\, a_{kj}^* = \delta_{ij} && \Big|\ \text{vgl. } (7.22)
\end{aligned}
$$

ist (7.26) erfüllt.

Wir können nun einen Tensor 2. Stufe $\mathbf{B} = B_{ij}\,\mathbf{e}_i\,\mathbf{e}_j$ gemäß

$$
\mathbf{B} = \mathbf{B}^{\mathrm{K}} + \mathbf{B}^{\mathrm{D}} \qquad\text{bzw.}\qquad B_{ij} = B_{ij}^{\mathrm{K}} + B_{ij}^{\mathrm{D}}
$$

stets in einen (speziellen) **Kugeltensor**

$$
\boxed{\ \mathbf{B}^{\mathrm{K}} := \tfrac{1}{3}\,(\mathrm{sp}\,\mathbf{B})\,\mathbf{E}\ } \qquad\text{bzw.}\qquad \boxed{\ B_{ij}^{\mathrm{K}} = \tfrac{1}{3}\,B_{kk}\,\delta_{ij}\ }
$$

und einen **Deviator**

$$
\boxed{\ \mathbf{B}^{\mathrm{D}} = \mathbf{B} - \tfrac{1}{3}\,(\mathrm{sp}\,\mathbf{B})\,\mathbf{E}\ } \qquad\text{bzw.}\qquad \boxed{\ B_{ij}^{\mathrm{D}} = B_{ij} - \tfrac{1}{3}\,B_{kk}\,\delta_{ij}\ }
$$

aufspalten. Dabei ist $\mathbf{E} = \delta_{ij}\,\mathbf{e}_i\,\mathbf{e}_j$ der Einheitstensor und

$$
\boxed{\ \mathrm{sp}\,\mathbf{B} := B_{ij}\,\mathbf{e}_i \cdot \mathbf{e}_j = B_{ij}\,\delta_{ij} = B_{jj}\ } \tag{7.27}
$$

die **Spur** (= *trace*[5]) des Tensors $\mathbf{B}$. Sie wird erzeugt durch Verjüngung der Tensorbasis. In der zu $\mathbf{B}$ gehörigen Matrix

$$
\underline{\underline{B}} = \begin{pmatrix} B_{11} & B_{12} & B_{13} \\ B_{21} & B_{22} & B_{23} \\ B_{31} & B_{32} & B_{33} \end{pmatrix}
$$

erkennt man die Spur (7.27) mit

$$
\mathrm{sp}\,\underline{\underline{B}} = B_{11} + B_{22} + B_{33}
$$

als Summe der Diagonalelemente.[6]

Bei Transformationen – auch nichtorthogonalen – ändert sich die Spur eines Tensors nicht (vgl. [6], Abschnitt 3.2.8). Denn es handelt sich um eine (von drei) sogenannten **Invarianten** eines Tensors 2. Stufe. Mehr dazu in Abschnitt 8.4.

---

[5] In der internationalen Literatur finden wir daher das Symbol $\mathrm{tr}\,\mathbf{B}$.
[6] In krummlinigen Koordinatensystemen gilt das nicht so ohne Weiteres!

Nachdem wir das KRONECKER-δ bereits als einfachste Ausführung eines isotropen Tensors 2. Stufe erfahren hatten, ist für einen **isotropen Tensor 4. Stufe** der Ansatz

$$E_{ijk\ell} = \lambda\,\delta_{ij}\,\delta_{k\ell} + \mu\,\delta_{ik}\,\delta_{j\ell} + \kappa\,\delta_{i\ell}\,\delta_{jk} \tag{7.28}$$

mit den Konstanten λ, μ und κ naheliegend. Wir überzeugen uns von dessen Isotropie durch

$$E^*_{mnpq} = a_{mi}\,a_{nj}\,a_{pk}\,a_{q\ell}\ E_{ijk\ell}$$

$$= a_{mi}\,a_{nj}\,a_{pk}\,a_{q\ell}\left(\lambda\,\delta_{ij}\,\delta_{k\ell} + \mu\,\delta_{ik}\,\delta_{j\ell} + \kappa\,\delta_{i\ell}\,\delta_{jk}\right)$$

$$= \lambda\,a_{mj}\,a_{nj}\,a_{p\ell}\,a_{q\ell} + \mu\,a_{mk}\,a_{pk}\,a_{n\ell}\,a_{q\ell} + \kappa\,a_{m\ell}\,a_{q\ell}\,a_{nk}\,a_{pk}\quad\Big|_{(7.23)}$$

$$= \lambda\,\underbrace{a_{mj}\,a^*_{jn}}_{\delta_{mn}}\,\underbrace{a_{p\ell}\,a^*_{\ell q}}_{\delta_{pq}} + \mu\,\underbrace{a_{mk}\,a^*_{kp}}_{\delta_{mp}}\,\underbrace{a_{n\ell}\,a^*_{\ell q}}_{\delta_{nq}} + \kappa\,\underbrace{a_{m\ell}\,a^*_{\ell q}}_{\delta_{mq}}\,\underbrace{a_{nk}\,a^*_{kp}}_{\delta_{np}}\quad\Big|_{(7.22)}$$

$$= \lambda\,\delta_{mn}\,\delta_{pq} + \mu\,\delta_{mp}\,\delta_{nq} + \kappa\,\delta_{mq}\,\delta_{np} = E_{mnpq}\ .$$

Man erkennt, dass (7.28) mit der Symmetrieeigenschaft

$$E_{ijk\ell} = E_{k\ell ij}$$

ausgestattet ist. Im Falle von $\kappa = \mu$ sind zusätzlich i, j und k, ℓ vertauschbar, und man erhält als weitere Symmetrien

$$E_{ijk\ell} = E_{jik\ell} = E_{ji\ell k} = E_{ij\ell k}\ .$$

Wir bekommen daher mit

$$\boxed{E_{ijk\ell} = \lambda\,\delta_{ij}\,\delta_{k\ell} + \mu\left(\delta_{ik}\,\delta_{j\ell} + \delta_{i\ell}\,\delta_{jk}\right)} \tag{7.28a}$$

einen Tensor 4. Stufe , welcher aufgrund von Symmetrie- und Isotropieeigenschaften nur noch über zwei unabhängige Komponenten in Gestalt von λ und μ verfügt, anstelle von $3^4 = 81$ theoretisch möglichen. Wir werden diesen Tensor im Kapitel 10 als Elastizitätstensor für linearelastisches, isotropes Material (HOOKEscher Festkörper) kennenlernen.

8

Spannungen

Bisher wurden Körper bzw. Teilkörper mit endlichen Abmessungen untersucht. Dabei waren außer den Gewichtskräften, die – sofern erforderlich – als Einzelkräfte in speziellen Punkten (Schwerpunkt, Knotenpunkte an Stabwerken) angesetzt wurden, nur noch solche Größen von Belang, die auf dem Rand des freigeschnittenen Körpers wirksam waren. Ebendiese waren zunächst eingeprägte Kräfte/Momente sowie Lagerreaktionen, später kamen die Schnittgrößen an schlanken Körpern hinzu. Damit wurde erstmals die innere Beanspruchung eines Körpers untersucht. Da aber die dort normal zur Längsachse erfolgten Schnitte wiederum auf Schnittflächen mit endlichen Abmessungen führten, konnten bislang keine Aussagen über **lokale Beanspruchungen** getroffen werden.

Unter „lokaler Beanspruchung" ist diejenige Beanspruchung zu verstehen, die an einem inneren Punkt des Körpers auftritt. Da ein Punkt bekanntlich in allen Raumrichtungen die Ausdehnung null besitzt, ist es nicht möglich, die lokale Beanspruchung durch endliche Kraftvektoren zu beschreiben. Wir werden hierzu den Begriff des Spannungsvektors einführen.

8.1   Spannungszustand und Spannungstensor

Zur Beschreibung der in einem Körperpunkt P wirkenden, lokalen Beanspruchung betrachten wir ein (P enthaltendes) infinitesimales Volumenelement

$$dV \;=\; dx\,dy\,dz \;=\; dx_1\,dx_2\,dx_3$$

und tragen die infinitesimalen[1] Kraftvektoren $d\mathbf{F_x}, d\mathbf{F_y}, d\mathbf{F_z}$ bzw. $d\mathbf{F}_1, d\mathbf{F}_2, d\mathbf{F}_3$ entprechend Abbildung 8.1 auf den jeweiligen Flächen an. Um diese „inneren Kräfte" quantitativ darstellen zu können, ist es sinnvoll, sie als Flächenkräfte[2] aufzufassen. Zu diesem Zweck betrachtet man **Spannungen** (= *stress*, Zugspannung = *tension*). Sie sind ein Maß für die punktweise Beanspruchung des Materials im Innern eines Körpers.

---

[1] Vgl. hierzu **Anhang A**.
[2] Vgl. hierzu Abschnitt 4.1.2.

Definition: Spannungsvektor (= *stress vector*)

$$\mathbf{t} := \lim_{\Delta A \to 0} \frac{\Delta \mathbf{F}}{\Delta A} = \frac{\mathrm{d}\mathbf{F}}{\mathrm{d}A} = t_j \, \mathbf{e}_j \,, \qquad [\mathbf{t}, \, t_j] = \frac{[\text{Kraft}]}{[\text{Fläche}]} \,. \qquad (8.1)$$

Der Differenzenquotient $\Delta \mathbf{F}/\Delta A$ lässt sich so interpretieren, dass $\Delta \mathbf{F}$ der resultierende Kraftvektor ist, der durch die auf ΔA ansässige Spannungsverteilung übertragen wird.

■

Wir gehen im Folgenden davon aus, dass der Grenzwert nach (8.1) existiert und formulieren damit die infinitesimalen Kraftvektoren zu

$$\mathrm{d}\mathbf{F}_x = \mathbf{t}_x \, \mathrm{d}A_x = \mathbf{t}_x \, \mathrm{d}y \, \mathrm{d}z \quad \text{bzw.} \quad \mathrm{d}\mathbf{F}_1 = \mathbf{t}_1 \, \mathrm{d}A_1 = \mathbf{t}_1 \, \mathrm{d}x_2 \, \mathrm{d}x_3 \,,$$
$$\mathrm{d}\mathbf{F}_y = \mathbf{t}_y \, \mathrm{d}A_y = \mathbf{t}_y \, \mathrm{d}x \, \mathrm{d}z \quad \text{bzw.} \quad \mathrm{d}\mathbf{F}_2 = \mathbf{t}_2 \, \mathrm{d}A_2 = \mathbf{t}_2 \, \mathrm{d}x_1 \, \mathrm{d}x_3 \,,$$
$$\mathrm{d}\mathbf{F}_z = \mathbf{t}_z \, \mathrm{d}A_z = \mathbf{t}_z \, \mathrm{d}x \, \mathrm{d}y \quad \text{bzw.} \quad \mathrm{d}\mathbf{F}_3 = \mathbf{t}_3 \, \mathrm{d}A_3 = \mathbf{t}_3 \, \mathrm{d}x_1 \, \mathrm{d}x_2 \,,$$
$$\mathrm{d}\mathbf{F}_{(i)} = \mathbf{t}_{(i)} \, \mathrm{d}A_{(i)} \, \big|^3 \,. \qquad (8.2)$$

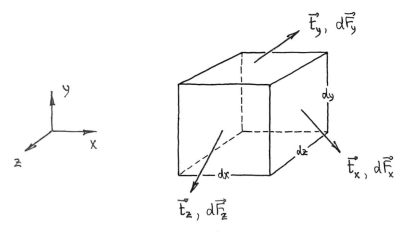

Abb. 8.1 Spannungsvektoren am infinitesimalen Volumenelement

Jeder dieser drei Spannungsvektoren lässt sich nun wiederum in drei Komponenten zerlegen gemäß

$$\left.\begin{array}{l} \mathbf{t}_x = \sigma_x \, \mathbf{e}_x + \tau_{xy} \, \mathbf{e}_y + \tau_{xz} \, \mathbf{e}_z \\ \mathbf{t}_y = \tau_{yx} \, \mathbf{e}_x + \sigma_y \, \mathbf{e}_y + \tau_{yz} \, \mathbf{e}_z \\ \mathbf{t}_z = \tau_{zx} \, \mathbf{e}_x + \tau_{zy} \, \mathbf{e}_y + \sigma_z \, \mathbf{e}_z \end{array}\right\} \quad \mathbf{t}_i = \sigma_{ij} \, \mathbf{e}_j \,. \qquad (8.3)$$

Wie sich anhand von Abbildung 8.2 leicht nachvollziehen lässt, besteht jeder Spannungsvektor aus einer Normal- und zwei Tangentialkomponenten. Dabei wird folgende Bezeichnungsweise vereinbart:

---
[3] Die Klammerung (i) bedeutet, dass hier *nicht* zu summieren ist!

Konventionelle Bezeichnungen:

Normalspannungen $\sigma_\star$ (Index $=$ Normalenrichtung der Schnittfläche
$=$ Wirkrichtung)

Schubspannungen $\tau_{\star\star}$ (1. Index $=$ Normalenrichtung der Schnittfläche,
2. Index $=$ Wirkrichtung)

Bezeichnungen in indizierter Tensornotation:

Spannungen σ_{ij} (1. Index $=$ Normalenrichtung der Schnittfläche,
2. Index $=$ Wirkrichtung)

$i = j$ $\longrightarrow$ Normalspannung
$i \neq j$ $\longrightarrow$ Schubspannung

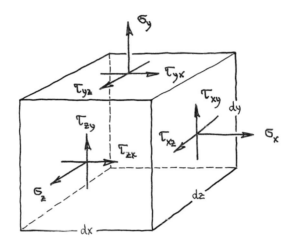

Abb. 8.2 Normal- und Schubspannungen am infinitesimalen Volumenelement

Die Vorzeichenregelung ist dieselbe wie bei den Schnittgrößen:

> **Spannungen sind positiv**, wenn sie am positiven (negativen) Schnittufer in
> positive (negative) Richtung wirken!

Bei Normalspannungen unterscheidet man damit Zug ($\sigma > 0$) und Druck ($\sigma < 0$), analog
zu Normalkräften bzw. Stabkräften. Für das Vorzeichen von Schubspannungen existiert
dagegen keine anschauliche Deutung!

Die drei Spannungsvektoren mit ihren je drei Spannungskomponenten lassen sich
zu einem Tensor 2. Stufe, dem **Spannungstensor** ($=$ *stress tensor*)

$$
\begin{aligned}
\boldsymbol{\sigma}^{(2)} = \quad & \sigma_x\,\mathbf{e}_x\mathbf{e}_x \ + \ \tau_{xy}\,\mathbf{e}_x\mathbf{e}_y \ + \ \tau_{xz}\,\mathbf{e}_x\mathbf{e}_z \ + \\
& + \ \tau_{yx}\,\mathbf{e}_y\mathbf{e}_x \ + \ \sigma_y\,\mathbf{e}_y\mathbf{e}_y \ + \ \tau_{yz}\,\mathbf{e}_y\mathbf{e}_z \ + \\
& + \ \tau_{zx}\,\mathbf{e}_z\mathbf{e}_x \ + \ \tau_{zy}\,\mathbf{e}_z\mathbf{e}_y \ + \ \sigma_z\,\mathbf{e}_z\mathbf{e}_z \\
= \quad & \sigma_{ij}\,\mathbf{e}_i\,\mathbf{e}_j
\end{aligned}
\tag{8.4}
$$

zusammenfassen bzw. als **Spannungsmatrix** (Repräsentation des Spannungstensors)

$$\underline{\underline{\sigma}} = \begin{pmatrix} \sigma_x & \tau_{xy} & \tau_{xz} \\ \tau_{yx} & \sigma_y & \tau_{yz} \\ \tau_{zx} & \tau_{zy} & \sigma_z \end{pmatrix} = \begin{pmatrix} \sigma_{11} & \sigma_{12} & \sigma_{13} \\ \sigma_{21} & \sigma_{22} & \sigma_{23} \\ \sigma_{31} & \sigma_{32} & \sigma_{33} \end{pmatrix} = (\sigma_{ij}) \tag{8.5}$$

darstellen.

8.2 Gleichgewichtsbedingungen am infinitesimalen Volumenelement

8.2.1 Kartesische Koordinaten

In Abschnitt 4.1 war uns bereits der Begriff *Volumenkraft* begegnet – speziell in Gestalt des spezifischen Gewichts. Wir holen nun die formale Definition der Volumenkraft nach:

Definition: Volumenkraft (= *volume force*)

$$\mathbf{f} := \lim_{\Delta V \to 0} \frac{\Delta \mathbf{F}_V}{\Delta V} = \frac{d\mathbf{F}_V}{dV} = f_i \, \mathbf{e}_i \,, \qquad [\mathbf{f}, f_i] = \frac{[\text{Kraft}]}{[\text{Volumen}]} \,. \tag{8.6}$$

∎

Damit wird auf das Volumenelement dV die Kraft

$$d\mathbf{F}_V = \mathbf{f} \, dV = \mathbf{f} \, dx \, dy \, dz \quad \text{bzw.} \quad df_i = f_i \, dx_1 \, dx_2 \, dx_3$$

ausgeübt. Auch in der Elastostatik handelt es sich bei der Volumenkraft für gewöhnlich um die **Gewichtskraft**. Wenn z (bzw. x_3) die nach „oben" orientierte Vertikalkoordinate ist, gilt

$$d\mathbf{F}_V = f_z \, \mathbf{e}_z \, dx \, dy \, dz = f_3 \, \mathbf{e}_3 \, dx_1 \, dx_2 \, dx_3$$

mit

$$f_z = f_3 = -\rho g \,. \tag{8.7}$$

Um das Kräftegleichgewicht am infinitesimalen Volumenelement aufzustellen, ist die Darstellung der am Volumenelement angreifenden Spannungen nach Abbildung 8.2 ungeeignet, da dort die negativen Schnittufer nicht berücksichtigt sind. Die im Sinne eines Freikörperbildes erforderliche „Besetzung" der beteiligten Schnittufer an einem infinitesimal ausgedehnten Element erfolgt im Prinzip immer auf die gleiche Weise:

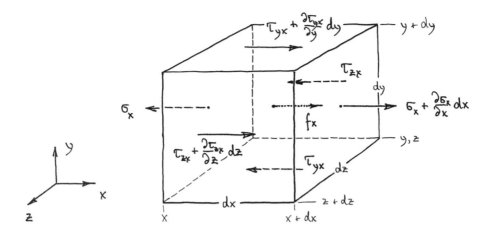

Abb. 8.3 Zum Kräftegleichgewicht (nur x-Richtung[4])

An der Stelle ...

$$\dots x \quad \text{wirken} \quad \sigma_{\mathrm{x}}, \tau_{\mathrm{xy}}, \tau_{\mathrm{xy}}$$

$$\dots x + \mathrm{d}x \quad \text{wirken} \quad \sigma_{\mathrm{x}} + \frac{\partial \sigma_{\mathrm{x}}}{\partial x}\,\mathrm{d}x, \ \tau_{\mathrm{xy}} + \frac{\partial \tau_{\mathrm{xy}}}{\partial x}\,\mathrm{d}x, \ \tau_{\mathrm{xz}} + \frac{\partial \tau_{\mathrm{xz}}}{\partial x}\,\mathrm{d}x$$

$$\vdots \qquad\qquad \vdots$$

$$\dots z \quad \text{wirken} \quad \dots, \sigma_{\mathrm{z}}$$

$$\dots z + \mathrm{d}z \quad \text{wirken} \quad \dots, \sigma_{\mathrm{z}} + \frac{\partial \sigma_{\mathrm{z}}}{\partial z}\,\mathrm{d}z,$$

also genauso wie zur Berechnung der Seilreibung am Zylinder (vgl. Abschnitt 5.3). Aus Gründen der Übersichtlichkeit sind in Abbildung 8.3 nur Spannungen enthalten, die in x-Richtung wirken. Denn für diese Richtung stellen wir nun (exemplarisch) das Kräftegleichgewicht auf:

$$\left(\sigma_{\mathrm{x}} + \frac{\partial \sigma_{\mathrm{x}}}{\partial x}\,\mathrm{d}x - \sigma_{\mathrm{x}}\right)\mathrm{d}y\,\mathrm{d}z \ + \ \left(\tau_{\mathrm{yx}} + \frac{\partial \tau_{\mathrm{yx}}}{\partial y}\,\mathrm{d}y - \tau_{\mathrm{yx}}\right)\mathrm{d}x\,\mathrm{d}z \ +$$

$$+ \ \left(\tau_{\mathrm{zx}} + \frac{\partial \tau_{\mathrm{zx}}}{\partial z}\,\mathrm{d}z - \tau_{\mathrm{zx}}\right)\mathrm{d}x\,\mathrm{d}y \ + \ f_{\mathrm{x}}\,\mathrm{d}x\,\mathrm{d}y\,\mathrm{d}z \ = \ 0\,.$$

Da sich die Größen $\sigma_{\mathrm{x}}, \tau_{\mathrm{yx}}, \tau_{\mathrm{zx}}$ gegenseitig aufheben, werden die Klammern überflüssig, und man kann die gesamte Gleichung um den Faktor $\mathrm{d}x\,\mathrm{d}y\,\mathrm{d}z$ kürzen. Analog folgt das **Kräftegleichgewicht** in y- und z-Richtung, so dass wir letztlich

---

[4] Wenn wir in diese Darstellung noch die Komponenten der y- und z-Richtung einzeichnen, erkennt man absolut nichts mehr!

mit

$$\frac{\partial \sigma_x}{\partial x} + \frac{\partial \tau_{yx}}{\partial y} + \frac{\partial \tau_{zx}}{\partial z} + f_x = 0$$

$$\frac{\partial \tau_{xy}}{\partial x} + \frac{\partial \sigma_y}{\partial y} + \frac{\partial \tau_{zy}}{\partial z} + f_y = 0 \qquad\qquad (8.8)$$

$$\frac{\partial \tau_{xz}}{\partial x} + \frac{\partial \tau_{yz}}{\partial y} + \frac{\partial \sigma_z}{\partial z} + f_z = 0$$

$$\text{bzw.} \qquad \frac{\partial \sigma_{ji}}{\partial x_j} + f_i = 0 \quad \text{oder} \quad \sigma_{ji,j} + f_i = 0$$

drei **Gleichgewichtsbedingungen** erhalten. Dem entspricht in symbolischer Darstellung die vektorielle Differentialgleichung

$$\boxed{\nabla \cdot \boldsymbol{\sigma}^{(2)} + \mathbf{f} = \mathbf{0}} \,. \qquad\qquad (8.9)$$

Der dabei verwendete **Nabla-Operator**

$$\nabla := \frac{\partial}{\partial x}\, \mathbf{e}_x + \frac{\partial}{\partial y}\, \mathbf{e}_y + \frac{\partial}{\partial z}\, \mathbf{e}_z = \frac{\partial}{\partial x_i}\, \mathbf{e}_i \qquad\qquad (8.10)$$

ist ein vektorieller Operator, dessen Eigenschaften im Abschnitt 12.2 näher betrachtet werden. Wir überzeugen uns schnell von

$$\nabla \cdot \boldsymbol{\sigma}^{(2)} = \left(\frac{\partial}{\partial x_k}\, \mathbf{e}_k\right) \cdot \left(\sigma_{ji}\, \mathbf{e}_j \mathbf{e}_i\right)$$

$$= \frac{\partial \sigma_{ji}}{\partial x_k}\, \mathbf{e}_k \cdot \mathbf{e}_j\, \mathbf{e}_i = \frac{\partial \sigma_{ji}}{\partial x_k}\, \delta_{kj}\, \mathbf{e}_i = \frac{\partial \sigma_{ji}}{\partial x_j}\, \mathbf{e}_i \,.$$

Die Komponenten dieses Vektors lauten $\partial \sigma_{ji}/\partial x_j$, und i ist dabei freier Index!

Außer dem Kräftegleichgewicht kann man am infinitesimalen Volumenelement natürlich auch noch das **Momentengleichgewicht** um alle drei Raumachsen aufstellen. Wir tun dies exemplarisch für die z-parallele Achse, die durch den Mittelpunkt M des Volumenelementes verläuft, vgl. Abbildung 8.4. Man erhält

$$\tau_{xy}\, dy\, dz \cdot \frac{dx}{2} + \left(\tau_{xy} + \frac{\partial \tau_{xy}}{\partial x}\, dx\right) dy\, dz \cdot \frac{dx}{2} -$$

$$-\tau_{yx}\, dx\, dz \cdot \frac{dy}{2} + \left(\tau_{yx} + \frac{\partial \tau_{yx}}{\partial y}\, dy\right) dx\, dz \cdot \frac{dy}{2} = 0$$

und nach Kürzung um $dx\, dy\, dz$

$$\tau_{xy} - \tau_{yx} + \underbrace{\frac{\partial \tau_{xy}}{\partial x} \frac{dx}{2}}_{\approx 0} - \underbrace{\frac{\partial \tau_{yx}}{\partial y} \frac{dy}{2}}_{\approx 0} = 0 \quad \leadsto \quad \tau_{xy} = \tau_{yx} \,.$$

Terme sind infinitesimal klein!

Dies führt zusammen mit den Momentengleichgewichten um die beiden anderen Achsen auf

$$\boxed{\tau_{xy} = \tau_{yx}\,, \quad \tau_{yz} = \tau_{zy}\,, \quad \tau_{xz} = \tau_{zx} \qquad \text{bzw.} \quad \sigma_{ij} = \sigma_{ji}}\,, \tag{8.11}$$

d. h., Spannungstensor/-matrix sind symmetrisch! Der Spannungszustand in einem bestimmten Punkt ist somit durch sechs unabhängige Spannungskomponenten gegeben! Man kann (8.11) natürlich auch durch

$$\boxed{\underline{\underline{\sigma}} = \underline{\underline{\sigma}}^{\mathbf{T}}} \tag{8.12}$$

symbolisch ausdrücken.

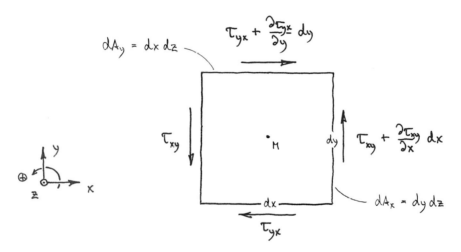

Abb. 8.4 Zum Momentengleichgewicht[5] um die z-parallele Achse durch M

Die Gleichungen (8.8), (8.9) sowie (8.11), (8.12) stellen ein lokales (d. h. punktweise gültiges) Kräfte- bzw. Momentengleichgewicht dar. Sie lassen sich im Rahmen dynamischer Betrachtungen zu **Bilanzgleichungen** verallgemeinern, die das statische Gleichgewicht als Grenzfall enthalten. Im Gegensatz dazu bezeichnet man die von uns bisher benutzten Gleichgewichtsbeziehungen (3.9) und (3.10), wie sie beim Freischneiden endlich ausgedehnter Körper Anwendung finden, auch als „**Bilanzgleichungen in integrierter Form**".

Entsprechendes findet man in der Thermodynamik und Strömungslehre. Auch hier wird der Anfänger zunächst mit „Bilanzgleichungen in integrierter Form" bekannt gemacht, z. B. dem 1. Hauptsatz für stationäre Fließprozesse oder der BERNOULLI-Gleichung für den

---

[5] Die Normalspannungen wurden wegen der verschwindenden Hebelarme gar nicht erst eingezeichnet.

Stromfaden. Dagegen führen die lokal gültigen Bilanzgleichungen (Masse, Impuls, Energie, ...) wie in der Mechanik auf partielle Differentialgleichungen, die zumeist in Gestalt von Randwert- oder Rand-/Anfangswertproblemen numerisch gelöst werden müssen. Es ist dann nicht mehr sinnvoll, zwischen Thermodynamik und Strömungslehre scharf zu unterscheiden. Man spricht vielmehr von der (mit numerischen Verfahren betriebenen) „Thermofluiddynamik", im internationalen Sprachgebrauch als „Computational Fluid Dynamics (CFD)" bezeichnet.

8.2.2   Zylinderkoordinaten

Neben den kartesischen Koordinaten x, y, z sind in Physik und Technik zwei spezielle (krummlinige) Koordinatensysteme besonders ausgezeichnet: Das **Zylinderkoordinatensystem**

$$\left.\begin{array}{ll} \text{Radius} & r \\ \text{Winkel} & \varphi \end{array}\right\} \quad \text{(Polarkoordinaten in der } z\text{-Ebene)}$$

Axialkoordinate z (wie im kartesischen Koordinatensystem)

und das **Kugelkoordinatensystem**

Radius r

Winkel φ $(-90° \leqslant \varphi \leqslant 90°, \quad \text{„Breite"})$

Winkel λ $(\quad 0° \leqslant \lambda \leqslant 360°, \quad \text{„Länge"})$.

Während Letzteres sein Hauptanwendungsgebiet in der Physik hat, arbeiten Ingenieure sehr häufig mit Zylinderkoordinaten. Der Grund dafür ist äußerst einleuchtend: Rotationssymmetrische Maschinen- und Anlagenelemente wie Achsen, Wellen, Naben, Rohre, Behälter etc. kommen in der Technik in großer Zahl vor.

Wir haben mehrere Möglichkeiten, die Gleichgewichtsbeziehungen, die uns mit (8.8) für das kartesische Koordinatensystem gegeben sind, nun in Zylinderkoordinaten zu formulieren:

- Der **konventionelle Weg**, eine in kartesischen Koordinaten gegebene Differentialgleichung in ein neues Koordinatensystem zu überführen, beruht für die abhängigen Variablen – sofern es sich nicht nur um *eine* skalare Variable handelt – auf einer Koordinatentransformation. Der Wechsel der unabhängigen Variablen erfolgt nach der Kettenregel für partielle Ableitungen. Dieser Weg ist recht umständlich, und man kann viele Fehler dabei machen.

- Der **moderne Weg** benutzt die indizierte Tensornotation. Für uns ist das aber derzeit noch nicht möglich, da wir bisher lediglich *orthogonale Transformationen* in kartesischen Koordinaten bewältigen. Beim Übergang auf krummlinige Koordinaten wird es komplizierter. Es werden dann insbesondere die CHRISTOFFELschen Drei-Indizes-Symbole Γ_{ij}^{k} benötigt. Diese braucht man zur Bildung der partiellen Ableitungen von Basisvektoren, die in krummlinigen Koordinaten lokale, d. h. ortsabhängige Größen darstellen (vgl. [1], Abschnitt 13.2 oder [6]).

- Es gibt aber noch die Möglichkeit, die Gleichgewichtsbeziehungen einfach noch einmal, und zwar im „neuen" Koordinatensystem, herzuleiten. Das werden wir nun tun.

Die erneute Herleitung der Gleichgewichtsbeziehungen bietet sich hier insbesondere an, da wir uns ohnehin auf den **axialsymmetrischen**[6] **Spannungszustand** beschränken wollen. Diese Vereinfachung ist in der Praxis häufig gegeben, wenn Rotationskörper (wie Behälter, Rohre, ...) axialsymmetrisch belastet werden. Denn dies hat zur Folge, dass es bei allen beteiligten Größen keine φ-Abhängigkeit gibt. Außerdem verschwinden sämtliche φ-orientierten Schubspannungskomponenten, d.h. $\tau_{r\varphi} = \tau_{\varphi r} = \tau_{z\varphi} = \tau_{\varphi z} = 0$. Die Herleitung der Gleichgewichtsbeziehungen erfolgt nun am Volumenelement dV in Zylinderkoordinaten:

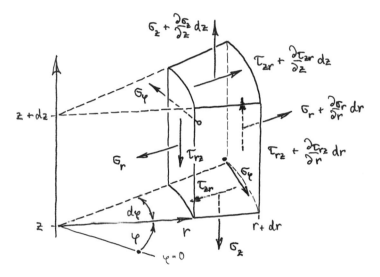

Die Komponenten $\mathbf{f}_r$, $\mathbf{f}_z$ der Volumenkraft sind hier aus Gründen der Übersichtlichkeit nicht eingezeichnet. Und da Zylinderkoordinaten, wie bereits erwähnt, krummlinige Koordinaten sind, ist hinsichtlich σ_φ noch eine gesonderte Betrachtung nötig:

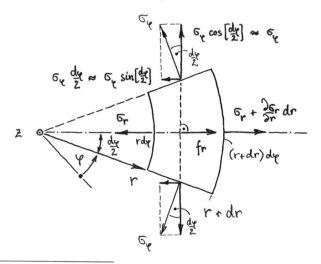

---

[6] Im Gegensatz zur *Drehsymmetrie* sei hier die Torsion nicht enthalten.

Mit dem auf Zylinderkoordinaten umgerechneten Volumenelement

$$
dV = dx\, dy\, dz = \underbrace{\frac{\partial(x, y, z)}{\partial(r, \varphi, z)}}_{\text{JACOBI- oder Funktionaldeterminante}} dr\, d\varphi\, dz = r\, dr\, d\varphi\, dz
$$

können wir nun das Kräftegleichgewicht in *radialer* Richtung aufstellen. Es lautet

$$
\left(\tau_{zr} + \frac{\partial \tau_{zr}}{\partial z} dz - \tau_{zr}\right) r\, dr\, d\varphi + \left(\sigma_r + \frac{\partial \sigma_r}{\partial r} dr\right)(r + dr)\, d\varphi\, dz -
$$

$$
- \sigma_r\, r\, d\varphi\, dz - 2\sigma_\varphi \frac{\varphi}{2} dr\, dz + f_r\, r\, dr\, d\varphi\, dz = 0 .
$$

In *tangentialer* Richtung ist das Kräftegleichgewicht wegen

$$
\sigma_\varphi\, dr\, dz - \sigma_\varphi\, dr\, dz = 0
$$

trivial erfüllt, und in *axialer* Richtung erhalten wir

$$
\left(\tau_{rz} + \frac{\partial \tau_{rz}}{\partial r}\right)(r + dr)\, d\varphi\, dz - \tau_{rz}\, r\, d\varphi\, dz + \left(\sigma_z + \frac{\partial \sigma_z}{\partial z} dz - \sigma_z\right) r\, dr\, d\varphi +
$$

$$
+ f_z\, r\, dr\, d\varphi\, dz = 0 .
$$

Unter Vernachlässigung differentieller Terme höherer Ordnung führt das auf die Gleichgewichtsbeziehungen

$$
\boxed{
\begin{aligned}
\frac{\partial \sigma_r}{\partial r} + \frac{\partial \tau_{zr}}{\partial z} + \frac{\sigma_r - \sigma_\varphi}{r} + f_r &= 0 , \\[2mm]
\frac{\partial \tau_{rz}}{\partial r} + \frac{\partial \sigma_z}{\partial z} + \frac{\tau_{rz}}{r} + f_z &= 0 .
\end{aligned}
}
\tag{8.13}
$$

8.3 CAUCHYsche Spannungsgleichung

Wir haben gelernt, dass der in einem bestimmten Raumpunkt innerhalb eines belasteten Körpers herrschende Spannungszustand durch den zugehörigen Spannungstensor wiedergegeben wird. Die Spannungsmatrix aber und ebenso die in dieser enthaltenen sechs unabhängigen Spannungen repräsentieren lediglich – wie unsere Erkenntnisse aus Abschnitt 1.2.6 bzw. 7.3 klarstellen – den Spannungtensor im (willkürlich) gewählten kartesischen Koordinatensystem. Das bedeutet: Der „Gebrauchswert" dieser sechs Spannungen ist zunächst nicht besonders hoch. Wir können diese Zahlen nicht mit Werkstoffkennwerten vergleichen! Denn bei Drehung des Koordinatensystems ändern sie sich.

Wir könnten nun untersuchen, wie sich der Spannungstensor unter einer orthogonalen Transformation verhält. Eine solche wäre mit drei Drehungen im Raum verbunden, aus denen sich die Transformationskoeffizienten a_{ij} ergäben. Das wäre ein rein mathematischer Weg, diese Dinge zu klären. Wir gehen aber einen anderen Weg – einen physikalischen. Der hat nicht nur den Vorteil, anschaulicher zu sein. Wir werden mit der CAUCHYschen Spannungsgleichung auch ein „Zwischenergebnis" herleiten, das von besonderem Nutzen ist.

Der in einem Körperpunkt herrschende Spannungszustand sei durch σ_x, σ_y, σ_z, τ_{xy}, τ_{yz}, τ_{xz} bzw. in Gestalt der Spannungsmatrix

$$\underline{\underline{\sigma}} = \begin{pmatrix} \sigma_x & \tau_{xy} & \tau_{xz} \\ \tau_{yx} & \sigma_y & \tau_{yz} \\ \tau_{zx} & \tau_{zy} & \sigma_z \end{pmatrix} \tag{8.5}$$

gegeben. Die in dieser Matrix enthaltenen Zeilenvektoren repräsentieren, wie wir in Abschnitt 8.1 erfahren haben, die auf den kartesischen Koordinatenebenen ansässigen Spannungsvektoren. Wir fragen nun nach dem Spannungsvektor auf einer „schiefen" Ebene, also einer Ebene, die gegen die kartesischen Achsen geneigt ist:

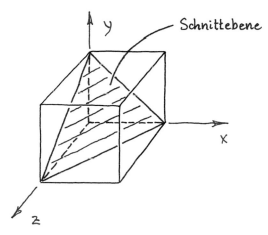

Abb. 8.5 Tetraeder aus „schiefer" Ebene und den drei Koordinatenebenen

Wie aus Abbildung 8.5 hervorgeht, schließen die drei Koordinatenebenen zusammen mit der „schiefen" Ebene ein Volumenelement in Tetraedergestalt ein.

Dieses Volumenelement werden wir freischneiden und die *räumliche* Kräftebilanz dazu aufstellen. Der Einfachheit halber betrachten wir zunächst den *ebenen* Fall:

8.3.1   Ebener Spannungszustand

Der ebene Spannungszustand (= *plane stress*) sei durch σ_x, σ_y, τ_{xy} oder in Gestalt von

$$\underline{\underline{\sigma}} = \begin{pmatrix} \sigma_x & \tau_{xy} & 0 \\ \tau_{yx} & \sigma_y & 0 \\ 0 & 0 & 0 \end{pmatrix} \qquad \text{bzw.} \qquad \underline{\underline{\sigma}} = \begin{pmatrix} \sigma_x & \tau_{xy} \\ \tau_{yx} & \sigma_y \end{pmatrix}$$

gegeben, d.h., die z-Koordinate spielt in diesem Fall keine Rolle! Anstelle des Tetraeders steht nun ein Dreiecksprisma:

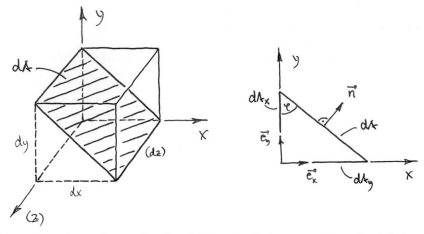

Der Normaleneinheitsvektor $\mathbf{n}$ hat für $\mathrm{d}A$ dieselbe Bedeutung wie $\mathbf{e}_x$ für $\mathrm{d}A_x$ bzw. $\mathbf{e}_y$ für $\mathrm{d}A_y$ – abgesehen von der Orientierung, die bei $\mathrm{d}A$ für ein positives, bei $\mathrm{d}A_x$ und $\mathrm{d}A_y$ aber für negatives Schnittufer sorgt.

Zunächst betrachten wir die Geometrie: Für den Normaleneinheitsvektor gilt nach (1.2)

$$\mathbf{n} \cdot \mathbf{e}_x = \underbrace{\|\mathbf{n}\|}_{=1} \, \underbrace{\|\mathbf{e}_x\|}_{=1} \, \cos[\sphericalangle\, \mathbf{n}, \mathbf{e}_x] = \cos\varphi \, ,$$

andererseits ist (vgl. (1.4))

$$\mathbf{n} \cdot \mathbf{e}_x = n_x \underbrace{\mathbf{e}_x \cdot \mathbf{e}_x}_{=1} + n_y \underbrace{\mathbf{e}_y \cdot \mathbf{e}_x}_{=0} = n_x$$

also $\cos\varphi = n_x$. Auf gleiche Weise erhält man

$$\mathbf{n} \cdot \mathbf{e}_y = \cos[90° - \varphi] = n_y \, .$$

Damit folgt für die (im Folgenden benötigten) Flächenverhältnisse aus trigonometrischen Gründen

$$\begin{aligned}
\mathrm{d}A_x / \mathrm{d}A &= \cos\varphi = n_x \, , \\
\mathrm{d}A_y / \mathrm{d}A &= \cos[90° - \varphi] = n_y \, .
\end{aligned} \tag{8.14}$$

Wir tragen nun auf dem freigeschnittenen Prisma, wie aus Abbildung 8.6 ersichtlich, die jeweiligen Spannungsvektoren an: Auf den negativen Schnittufern $\mathrm{d}A_x$ und $\mathrm{d}A_y$ betragen diese[7]

$$\begin{aligned}
\mathbf{p}_x &= -\sigma_x \mathbf{e}_x - \tau_{xy} \mathbf{e}_y \, , \\
\mathbf{p}_y &= -\tau_{yx} \mathbf{e}_x - \sigma_y \mathbf{e}_y \, ,
\end{aligned} \tag{8.15}$$

---

[7] Um Verwechselungen vorzubeugen, wurden die Spannungsvektoren auf den kartesischen Koordinatenebenen hier mit $\mathbf{p}_x$, $\mathbf{p}_y$ bezeichnet (anstatt mit $\mathbf{t}_x$, $\mathbf{t}_y$ wie in Abschnitt 8.1).

während auf der „schiefen" Fläche dA (positives Schnittufer)

$$\mathbf{t} \;=\; t_x\,\mathbf{e}_x \;+\; t_y\,\mathbf{e}_y \qquad\qquad (8.16)$$

anzusetzen ist.

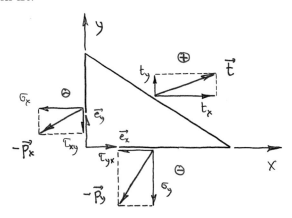

Abb. 8.6 Zum Kräftegleichgewicht am freigeschnittenen Prisma

Durch Multiplikation mit den zugehörigen Flächen werden aus Spannungsvektoren schließlich Kraftvektoren, und das (vektorielle) Kräftegleichgewicht lautet somit[8]

$$\mathbf{p}_x\,\mathrm{d}A_x \;+\; \mathbf{p}_y\,\mathrm{d}A_y \;+\; \mathbf{t}\,\mathrm{d}A \;=\; \mathbf{0}$$

bzw.

$$-\,\mathbf{p}_x\,\frac{\mathrm{d}A_x}{\mathrm{d}A} \;-\; \mathbf{p}_y\,\frac{\mathrm{d}A_y}{\mathrm{d}A} \;=\; \mathbf{t}$$

und mit (8.14)

$$\boxed{-\,\mathbf{p}_x\,n_x \;-\; \mathbf{p}_y\,n_y \;=\; \mathbf{t}}\;. \qquad\qquad (8.17)$$

Dies ist bereits die **Cauchysche Spannungsgleichung für den ebenen Spannungszustand**! Sie lässt sich allerdings noch anders notieren. Dazu setzen wir (8.15), (8.16) in (8.17) ein:

$$\big(\sigma_x\,\mathbf{e}_x + \tau_{xy}\,\mathbf{e}_y\big)\,n_x \;+\; \big(\tau_{yx}\,\mathbf{e}_x + \sigma_y\,\mathbf{e}_y\big)\,n_y \;=\; t_x\,\mathbf{e}_x + t_y\,\mathbf{e}_y\,.$$

Durch Umstellen erhält man

$$\big(\sigma_x\,n_x + \tau_{yx}\,n_y\big)\,\mathbf{e}_x \;+\; \big(\tau_{xy}\,n_x + \sigma_y\,n_y\big)\,\mathbf{e}_y \;=\; t_x\,\mathbf{e}_x + t_y\,\mathbf{e}_y$$

und nach Ausheben der Basis

$$\sigma_x\,n_x \;+\; \tau_{yx}\,n_y \;=\; t_x$$
$$\tau_{xy}\,n_x \;+\; \sigma_y\,n_y \;=\; t_y\,,$$

---

[8] Mit $-(-\mathbf{p}_x)$ bzw. $-(-\mathbf{p}_y)$ wegen negativer Schnittufer!

was in Matrixschreibweise auf

$$\begin{pmatrix} \sigma_x & \tau_{yx} \\ \tau_{xy} & \sigma_y \end{pmatrix} \begin{pmatrix} n_x \\ n_y \end{pmatrix} = \begin{pmatrix} t_x \\ t_y \end{pmatrix}$$

führt. Wir machen mit $\tau_{xy} = \tau_{yx}$ Gebrauch von der Symmetrie des Spannungstensors und erhalten

$$\begin{pmatrix} \sigma_x & \tau_{xy} \\ \tau_{yx} & \sigma_y \end{pmatrix} \begin{pmatrix} n_x \\ n_y \end{pmatrix} = \begin{pmatrix} t_x \\ t_y \end{pmatrix} \qquad \text{bzw.} \qquad \underline{\underline{\sigma}}\,\underline{n} = \underline{t} \qquad (8.18)$$

In symbolischer (Tensor-)Schreibweise entspricht der Matrizenmultiplikation das verjüngende Produkt aus Spannungstensor und Normaleneinheitsvektor. Offensichtlich lässt sich auch

$$\boldsymbol{\sigma}^{(2)} \cdot \mathbf{n} = \mathbf{t} \qquad (8.19)$$

schreiben, wobei aber zu berücksichtigen ist, dass diese Gleichung zunächst nur für den *ebenen* Spannungszustand hergeleitet wurde.

Natürlich liegt die Vermutung nahe, dass sich (8.18) und (8.19) auf den *räumlichen* Fall erweitern lassen. Wir werden nicht enttäuscht!

8.3.2   Räumlicher Spannungszustand

Wir erweitern unsere Betrachtung auf den *räumlichen* Fall, indem wir am freigeschnittenen Tetraeder diesmal gleich die vektoriellen Kräfte antragen:

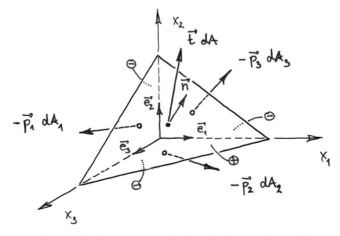

Abb. 8.7 Zum Kräftegleichgewicht am freigeschnittenen Tetraeder

Aufgrund der Projektionen gilt auch hier für die Flächenverhältnisse

$$\mathrm{d}A_i \,/\, \mathrm{d}A = \mathbf{n} \cdot \mathbf{e}_i = n_i \, . \qquad (8.20)$$

Das Kräftegleichgewicht ergibt sich nun zu

$$\mathbf{p}_i\, dA_i + \mathbf{t}\, dA = \mathbf{0} \qquad \text{bzw.} \qquad -\mathbf{p}_i\, \frac{dA_i}{dA} = \mathbf{t}\,,$$

und mit (8.3), (8.20) sowie $\mathbf{t} = t_j\, \mathbf{e}_j$ kommt man auf

$$\sigma_{ij}\, n_i\, \mathbf{e}_j = t_j\, \mathbf{e}_j\,.$$

Nach Ausheben der Basis verbleibt

$$\sigma_{ij}\, n_i = t_j \qquad\qquad (\text{entspricht } \underline{\boldsymbol{\sigma}}^{\mathbf{T}}\, \underline{\mathbf{n}} = \underline{\mathbf{t}})\,. \qquad (8.21)$$

Der Spannungsvektor t_j ergibt sich also als Überschiebung von σ_{ij} mit n_i. Wir vermuten daher die Gültigkeit von (8.19) auch für den *räumlichen* Fall und setzen darin

$$\boldsymbol{\sigma}^{(2)} = \sigma_{ij}\, \mathbf{e}_i\, \mathbf{e}_j \qquad\qquad (8.4)$$
$$\mathbf{n} = n_k\, \mathbf{e}_k$$
$$\mathbf{t} = t_i\, \mathbf{e}_i$$

ein. Wir erhalten

$$\left(\sigma_{ij}\, \mathbf{e}_i\, \mathbf{e}_j\right) \cdot \left(n_k\, \mathbf{e}_k\right) = t_i\, \mathbf{e}_i$$

$$\sigma_{ij}\, n_k\, \mathbf{e}_i\, \delta_{jk} = t_i\, \mathbf{e}_i$$

und nach Ausheben der Basis

$$\boxed{\sigma_{ij}\, n_j = t_i}\,, \qquad\qquad (8.22)$$

was aufgrund der Symmetrie $\sigma_{ij} = \sigma_{ji}$ mit (8.21) übereinstimmt. Daher lautet die **Cauchysche Spannungsgleichung für den räumlichen Spannungszustand** erwartungsgemäß

$$\boxed{\boldsymbol{\sigma}^{(2)} \cdot \mathbf{n} = \mathbf{t}} \qquad\qquad (8.23)$$

oder in Matrixschreibweise

$$\boxed{\begin{pmatrix} \sigma_x & \tau_{xy} & \tau_{xz} \\ \tau_{yx} & \sigma_y & \tau_{yz} \\ \tau_{zx} & \tau_{zy} & \sigma_z \end{pmatrix} \begin{pmatrix} n_x \\ n_y \\ n_z \end{pmatrix} = \begin{pmatrix} t_x \\ t_y \\ t_z \end{pmatrix} \qquad \text{bzw.} \qquad \underline{\underline{\sigma}}\,\underline{n} = \underline{t}}\,. \qquad (8.24)$$

Gleichung (8.22), die ja lediglich die indizierte Form von (8.23) darstellt, wird ebenfalls als Cauchysche Spannungsgleichung bezeichnet.

8.4   Haupt(normal)spannungen

Vorüberlegung: Betrachtet sei der Vektor **v** in zwei Koordinatensystemen:

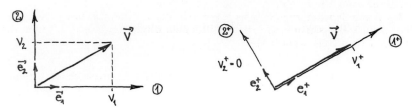

Um sich über die „Größe" von **v** eine Vorstellung zu verschaffen, ist wegen

$$\mathbf{v} = v_1\,\mathbf{e}_1 + v_2\,\mathbf{e}_2\,, \qquad \underline{v} = \begin{pmatrix} v_1 \\ v_2 \end{pmatrix} \qquad\qquad \text{mit} \qquad \|\mathbf{v}\| = \sqrt{v_1^2 + v_2^2}$$

im Vergleich zu

$$\mathbf{v} = v_1^+\,\mathbf{e}_1^+\,, \qquad\qquad \underline{v} = \begin{pmatrix} v_1^+ \\ 0 \end{pmatrix} \qquad\qquad \text{mit} \qquad \|\mathbf{v}\| = |v_1^+|$$

das $^+$-Koordinatensystem offensichtlich „geeigneter". Denn dort enthält v_1^+ wegen $v_2^+ = 0$ bereits die gesamte Information, um $\|\mathbf{v}\|$ zu bilden.

Wir werden uns das zum Vorbild nehmen, um nach einem derart „geeigneten" Koordinatensystem auch für den Spannungstensor zu suchen, in der Hoffnung, dass sich dieser dann entscheidend einfacher darstellen lässt.   ∎

Ein Spannungszustand im frei gewählten x, y, z-System (bzw. x_i-System) entsprechend

$$\underline{\underline{\sigma}} = \begin{pmatrix} \sigma_x & \tau_{xy} & \tau_{xz} \\ \tau_{yx} & \sigma_y & \tau_{yz} \\ \tau_{zx} & \tau_{zy} & \sigma_z \end{pmatrix} = \begin{pmatrix} \sigma_{11} & \sigma_{12} & \sigma_{13} \\ \sigma_{21} & \sigma_{22} & \sigma_{23} \\ \sigma_{31} & \sigma_{32} & \sigma_{33} \end{pmatrix} = (\sigma_{ij}) \qquad (8.5)$$

bietet zunächst keine Möglichkeit zum Vergleich mit Werkstoffkennwerten, wie sie im einachsigen Zugversuch ermittelt werden. Es stellt sich die Frage, ob durch Koordinatentransformation (Drehung) – ähnlich der Vorüberlegung – eine Repräsentation des gegebenen Spannungszustandes erreicht werden kann, die mit „weniger Zahlen" auskommt als (8.5). Wir werden sehen, dass dies durch

$$\underline{\underline{\sigma}}^+ = \begin{pmatrix} \sigma_{\mathrm{I}} & 0 & 0 \\ 0 & \sigma_{\mathrm{II}} & 0 \\ 0 & 0 & \sigma_{\mathrm{III}} \end{pmatrix} = \begin{pmatrix} \sigma_1 & 0 & 0 \\ 0 & \sigma_2 & 0 \\ 0 & 0 & \sigma_3 \end{pmatrix} \qquad (8.25)$$

möglich ist. Dabei heißen σ_{I}, σ_{II}, σ_{III} (bzw. σ_1, σ_2, σ_3) **Hauptspannungen**.

Definition: Hauptspannungen[9] (= *principal stress*) sind Normalspannungen, die auf schubspannungsfreien Ebenen stehen.

∎

Es geht nun um zwei Dinge: zum einen die Ermittlung der Hauptspannungen und zum anderen das Auffinden der zugehörigen Raumrichtungen (Hauptachsen). Für Letztere benötigen wir eine Transformation, um den Bezug zum gegebenen x, y, z-System herzustellen (Hauptachsentransformation).

Die Definition der Hauptspannungen besagt, dass der Spannungsvektor auf der jeweiligen Ebene nur aus einer Normalspannung bestehen darf (Schubspannungen sind sämtlich $= 0$), d.h., er muss durch

$$\underline{t} = \sigma \, \underline{n} \qquad \text{bzw.} \qquad t_i = \sigma \, n_i$$

darstellbar sein. Wir setzen das in die CAUCHYsche Spannungsgleichung (8.24) bzw. (8.22) ein und erhalten

$$\underline{\underline{\sigma}} \, \underline{n} = \sigma \, \underline{n} \qquad\qquad \text{bzw.} \qquad \sigma_{ij} \, n_j = \sigma \, n_i$$

$$= \sigma \, \underline{\underline{E}} \, \underline{n} \qquad\qquad\qquad = \sigma \, \delta_{ij} \, n_j \,,$$

$$\left(\underline{\underline{\sigma}} - \sigma \, \underline{\underline{E}} \right) \underline{n} = \underline{0} \qquad \text{bzw.} \qquad \left(\sigma_{ij} - \sigma \, \delta_{ij} \right) n_j = 0 \,. \tag{8.26}$$

Ein **lineares Gleichungssystem** (LGS)[10]

$$\underline{\underline{A}} \, \underline{x} = \underline{b} \tag{2.5}$$

wird *homogen* genannt, wenn $\underline{b} = \underline{0}$ ist und damit wie im Falle von (8.26) eine Matrixgleichung vom Typ

$$\underline{\underline{A}} \, \underline{x} = \underline{0}$$

vorliegt. Ein solches System besitzt *nichttriviale* Lösungen nur für

$$\det \underline{\underline{A}} = 0 \,.$$

Mit der Lösung $\underline{x}_0 \neq \underline{0}$ ist allerdings auch $c \underline{x}_0$ ($c \in \mathbb{R}$, $c \neq 0$) nichttriviale Lösung wegen $c \, \underline{\underline{A}} \, \underline{x}_0 = \underline{0}$. Die Lösung ist demnach bis auf einen freien Parameter bestimmt! Es ist also für die Lösbarkeit von (8.26)

$$\det \left(\underline{\underline{\sigma}} - \sigma \, \underline{\underline{E}} \right) = 0 \qquad \text{bzw.} \qquad \det \left(\sigma_{ij} - \sigma \, \delta_{ij} \right) = 0 \tag{8.27}$$

bzw. ausgeschrieben

---

[9] Auch: Hauptnormalspannungen
[10] Die Lösbarkeit eines LGS hatten wir erstmals im Beispiel 2.4 diskutiert.

$$\begin{vmatrix} \sigma_x - \sigma & \tau_{xy} & \tau_{xz} \\ \tau_{yx} & \sigma_y - \sigma & \tau_{yz} \\ \tau_{zx} & \tau_{zy} & \sigma_z - \sigma \end{vmatrix} = 0$$

zu fordern. Ausrechnen liefert ein Polynom 3. Ordnung für σ, welches wir die **charakteristische Gleichung** der Matrix $\underline{\underline{\sigma}}$ nennen:

$$\boxed{\sigma^3 - I_1 \sigma^2 + I_2 \sigma - I_3 = 0} \tag{8.28}$$

mit den Abkürzungen

$$I_1 := \sigma_x + \sigma_y + \sigma_z = \sigma_{ii} = \mathrm{sp}\,\underline{\underline{\sigma}} = \mathrm{tr}\,\underline{\underline{\sigma}} \quad \text{(vgl. Abschnitt 7.4)},$$

$$I_2 := \sigma_x \sigma_y + \sigma_y \sigma_z + \sigma_x \sigma_z - \tau_{xy}^2 - \tau_{yz}^2 - \tau_{xz}^2$$

$$ = \tfrac{1}{2}\left(\sigma_{ii}\,\sigma_{jj} - \sigma_{ij}\,\sigma_{ij} \right), \tag{8.29}$$

$$I_3 := \det \underline{\underline{\sigma}} = \det\left(\sigma_{ij} \right).$$

Die Größen I_1, I_2 und I_3 sind die sogenannten **Invarianten** eines Tensors 2. Stufe, da sie invariant (= *unveränderlich*, lat.) gegenüber Transformationen sind.[11] Wir können daher die drei Invarianten des Spannungstensors anstatt mit den Elementen von $\underline{\underline{\sigma}}$ ebensogut durch die Elemente von $\underline{\underline{\sigma}}^+$ ausdrücken. Wegen der fehlenden Schubspannungen erhält man mit

$$I_1 = \sigma_I + \sigma_{II} + \sigma_{III} \qquad\qquad = \sigma_1 + \sigma_2 + \sigma_3\,,$$

$$I_2 = \sigma_I \sigma_{II} + \sigma_{II} \sigma_{III} + \sigma_I \sigma_{III} \qquad = \sigma_1 \sigma_2 + \sigma_2 \sigma_3 + \sigma_1 \sigma_3\,, \tag{8.29\,a}$$

$$I_3 = \sigma_I \sigma_{II} \sigma_{III} \qquad\qquad\qquad = \sigma_1 \sigma_2 \sigma_3$$

vergleichsweise kurze Formulierungen. (8.28) ist also auch für $\underline{\underline{\sigma}}^+$ die charakteristische Gleichung!

Die Lösungen der charakteristischen Gleichung heißen **Eigenwerte**[12] (= *eigenvalue*) von $\underline{\underline{\sigma}}$ bzw. $\underline{\underline{\sigma}}^+$. Diese sind identisch mit den gesuchten Hauptspannungen! Wir wollen sie im Folgenden als verschieden voraussetzen. Das weitere Vorgehen dient nun dem Auffinden der zugehörigen Raumrichtungen (Hauptachsen). Dazu setzen wir die Eigenwerte (Hauptspannungen) der Reihe nach in das Gleichungssystem (8.26) ein und berechnen damit die **Eigenvektoren** (= *eigenvector*)

$$\underline{n}_I = \begin{pmatrix} n_{I,x} \\ n_{I,y} \\ n_{I,z} \end{pmatrix}, \qquad \underline{n}_{II} = \begin{pmatrix} n_{II,x} \\ n_{II,y} \\ n_{II,z} \end{pmatrix}, \qquad \underline{n}_{III} = \begin{pmatrix} n_{III,x} \\ n_{III,y} \\ n_{III,z} \end{pmatrix}.$$

Im Einzelnen heißt das:

---

[11] Zum Vergleich: Ein Tensor 1. Stufe besitzt mit seinem Betrag $\|\cdot\|$ lediglich *eine* Invariante.

[12] Das Wort *Eigenwert* ist nach *Kindergarten* und *Sauerkraut* das dritte deutsche Wort, das Eingang in die englische Sprache gefunden hat. Inzwischen ist es zu *eigenvalue* mutiert.

1. $\sigma = \sigma_I$ einsetzen in (8.26):

$$
\begin{array}{lclclclcl}
(\sigma_x - \sigma_I) & n_{I,x} & + & \tau_{xy} & n_{I,y} & + & \tau_{xz} & n_{I,z} & = & 0 \\
\tau_{yx} & n_{I,x} & + & (\sigma_y - \sigma_I) & n_{I,y} & + & \tau_{yz} & n_{I,z} & = & 0 \\
\tau_{zx} & n_{I,x} & + & \tau_{zy} & n_{I,y} & + & (\sigma_z - \sigma_I) & n_{I,z} & = & 0
\end{array}
\qquad (8.26\,\text{a})
$$

Das sind *drei* Gleichungen für die *drei* Unbekannten $n_{I,x}$, $n_{I,y}$, $n_{I,z}$. Da wegen (8.27) die Lösung dieses Gleichungssystems nur bis auf einen freien Parameter bestimmt ist (einfache algebraische Vielfachheit), wird eine zusätzliche Gleichung benötigt. Diese ist uns in Form der Normierungsbedingung

$$
\|\mathbf{n}_I\| = \sqrt{n_{I,x}{}^2 + n_{I,y}{}^2 + n_{I,z}{}^2} = 1
$$

gegeben. Damit ist

$$
\underline{\mathbf{n}}_I = \begin{pmatrix} n_{I,x} \\ n_{I,y} \\ n_{I,z} \end{pmatrix}
$$

berechnet.

2. $\sigma = \sigma_{II}$ einsetzen in (8.26): $\quad \leadsto \quad \underline{\mathbf{n}}_{II}$

3. $\sigma = \sigma_{III}$ einsetzen in (8.26): $\quad \leadsto \quad \underline{\mathbf{n}}_{III}$

Natürlich lässt sich die Berechnung der Eigenvektoren auch in indizierter Schreibweise darstellen: Wir setzen den Index k zur Nummerierung von Eigenwerten/-vektoren und schreiben anstelle von (8.26)

$$
\left(\sigma_{ij} - \sigma_{(k)} \, \delta_{ij} \right) n_{(k)j} = 0 \,,
$$

wobei die Indexklammerung bedeutet, dass (k) trotz seines doppelten Auftretens *kein* gebundener Index ist. Unter Verwendung von $\|\mathbf{n}_k\| = \sqrt{n_{(k)j}\, n_{(k)j}} = 1$ bekommt man für die Eigenvektoren

$$
\mathbf{n}_k = n_{kj} \, \mathbf{e}_j \,. \qquad\qquad\qquad \text{(vgl. Basistransformation (7.21))}
$$

Die Eigenvektoren sind – wie zuvor schon klar wurde – nichts anderes als die Basisvektoren des Hauptachsensystems! Da n_{kj} als indizierte Form einer Matrix aufgefasst werden kann, stellt (n_{kj}) die Transformationsmatrix von der gegebenen Orthonormalbasis $\mathbf{e}_x$, $\mathbf{e}_y$, $\mathbf{e}_z$ auf die gesuchte Basis $\mathbf{n}_I$, $\mathbf{n}_{II}$, $\mathbf{n}_{III}$ des Hauptachsensystems dar (Hauptachsentransformation).

Wie wir aus der Linearen Algebra erfahren, hat eine reellbesetzte *und* symmetrische Matrix stets

- reelle Eigenwerte und
- orthogonale Eigenvektoren.

Die Hauptachsentransformation ist demnach eine orthogonale Transformation, und wegen der Normierung $\|\mathbf{n}_k\| = 1$ ist die Basis des Hauptachsensystems stets orthonormal.

Beispiel 8.1   Berechnung der Hauptspannungen/-achsen

Der Spannungszustand in einem Raumpunkt eines belasteten Körpers sei bezüglich des dort festgelegten x-y-z-Systems gegeben durch seine Spannungsmatrix

$$\underline{\underline{\sigma}} = \begin{pmatrix} 1 & 1 & 3 \\ 1 & 5 & 1 \\ 3 & 1 & 1 \end{pmatrix} \cdot 100 \, \text{MPa} \, .$$

Genauso gut hätte man die Spannungswerte natürlich auch einzeln angeben können durch

$$\sigma_x = 100 \, \text{MPa} \, , \qquad \sigma_y = 500 \, \text{MPa} \, , \qquad \sigma_z = 100 \, \text{MPa} \, ,$$

$$\tau_{xy} = \tau_{yx} = 100 \, \text{MPa} \, , \quad \tau_{xz} = \tau_{zx} = 300 \, \text{MPa} \, , \quad \tau_{yz} = \tau_{zy} = 100 \, \text{MPa} \, .$$

Wir berechnen zuerst die drei Invarianten und lassen dabei der Einfachheit halber den Faktor $\cdot 100$ MPa vorübergehend weg. Wir erhalten dann

$$I_1 = 1 + 5 + 1 = 7 \, ,$$

$$I_2 = 1 \cdot 5 + 1 \cdot 1 + 5 \cdot 1 - 1^2 - 3^2 - 1^2 = 0 \, ,$$

$$I_3 = 1 \cdot 5 \cdot 1 + 1 \cdot 1 \cdot 3 + 3 \cdot 1 \cdot 1 - 3 \cdot 5 \cdot 3 - 1 \cdot 1 \cdot 1 - 1 \cdot 1 \cdot 1 = -36 \, .$$

Damit lautet die charakteristische Gleichung (8.28)

$$\sigma^3 - 7\sigma^2 + 36 = 0 \, .$$

Es lassen sich bekanntlich die Lösungen eines solchen Polynoms 3. Ordnung (kubische Gleichung) nicht mehr durch einfache Formeln angeben wie bei der quadratischen Gleichung. Man ist daher im Allgemeinen auf numerische Verfahren angewiesen. Um nun aber in Übungs- und Klausuraufgaben – wo numerische bzw. iterative Berechnungen schlecht praktikabel sind – nicht unnötige „handwerkliche" Schwierigkeiten einzubauen, werden dort Spannungsmatrizen vorgesehen, deren Eigenwerte sehr „schlichte" Zahlen sind, so dass man den ersten Eigenwert schon durch Raten herausbekommt. In der Praxis ist so was natürlich nie der Fall! Was der Ingenieur in der Praxis tut, wird am Schluss dieses Beispiels erläutert.

Wir probieren nun einige einfache Zahlen und stellen fest, dass $\sigma = -2$ eine Lösung der charakteristischen Gleichung ist. Da Letztere nach dem Fundamentalsatz der Algebra auch als

$$(\sigma - \sigma_\text{I}) \, (\sigma - \sigma_\text{II}) \, (\sigma - \sigma_\text{III}) = 0$$

geschrieben werden kann, führen wir eine Polynomdivision mit $(\sigma - (-2)) = (\sigma + 2)$ durch und kommen zu einer quadratischen Gleichung für die noch fehlenden Eigenwerte:

$$\left(\sigma^3 - 7\sigma^2 + 36 \right) / \left(\sigma + 2 \right) = \sigma^2 - 9\sigma + 18 \, .$$

Wenn wir unseren ersten Eigenwert mit σ_I bezeichnen (willkürlich!), so verbleibt für die beiden anderen

$$\sigma^2 - 9\,\sigma + 18 = 0$$

mit

$$\sigma_{\mathrm{II,III}} = -\tfrac{9}{2} \pm \sqrt{\tfrac{81}{4} - 18} = \tfrac{9}{2} \pm \tfrac{3}{2} \qquad \rightsquigarrow \qquad \sigma_{\mathrm{II}} = 6\,, \quad \sigma_{\mathrm{III}} = 3\,.$$

Wir setzen jetzt $\sigma = \sigma_{\mathrm{I}} = -2$ in das Gleichungssystem (8.26) ein und bekommen

$$3\,n_{\mathrm{I,x}} \;+\; n_{\mathrm{I,y}} \;+\; 3\,n_{\mathrm{I,z}} \;=\; 0\,, \tag{1}$$

$$n_{\mathrm{I,x}} \;+\; 7\,n_{\mathrm{I,y}} \;+\; n_{\mathrm{I,z}} \;=\; 0\,, \tag{2}$$

$$3\,n_{\mathrm{I,x}} \;+\; n_{\mathrm{I,y}} \;+\; 3\,n_{\mathrm{I,z}} \;=\; 0\,. \tag{3}$$

Wie man auf den ersten Blick sieht, sind (1) und (3) identisch! Kombination aus (1) und (2) ergibt dagegen

$$n_{\mathrm{I,y}} = 0\,.$$

Ansonsten verbleibt

$$n_{\mathrm{I,x}} + n_{\mathrm{I,z}} = 0 \qquad \text{bzw.} \qquad n_{\mathrm{I,x}} = -n_{\mathrm{I,z}}\,.$$

Dadurch liegt die Richtung von $\underline{\mathbf{n}}_{\mathrm{I}}$ fest. Mit der Normierungsbedingung $\|\underline{\mathbf{n}}_{\mathrm{I}}\| = 1$, die wegen $n_{\mathrm{I,y}} = 0$ durch

$$n_{\mathrm{I,x}}^2 + n_{\mathrm{I,z}}^2 = 1$$

gegeben ist, erhalten wir schließlich

$$n_{\mathrm{I,x}} = \frac{1}{\sqrt{2}}\,, \qquad n_{\mathrm{I,z}} = -\frac{1}{\sqrt{2}}\,.$$

Wir wiederholen nun die Rechnung für $\sigma = \sigma_{\mathrm{II}} = 6$. Das Gleichungssystem

$$-5\,n_{\mathrm{II,x}} \;+\; n_{\mathrm{II,y}} \;+\; 3\,n_{\mathrm{II,z}} \;=\; 0\,, \tag{4}$$

$$n_{\mathrm{II,x}} \;-\; n_{\mathrm{II,y}} \;+\; n_{\mathrm{II,z}} \;=\; 0\,, \tag{5}$$

$$3\,n_{\mathrm{II,x}} \;+\; n_{\mathrm{II,y}} \;-\; 5\,n_{\mathrm{II,z}} \;=\; 0\,. \tag{6}$$

führt mit $\|\underline{\mathbf{n}}_{\mathrm{II}}\| = 1$ auf die Lösung

$$n_{\mathrm{II,x}} = n_{\mathrm{II,z}} = \frac{1}{\sqrt{6}}\,, \qquad n_{\mathrm{II,y}} = \frac{2}{\sqrt{6}}\,.$$

Entsprechend erhält man im Falle $\sigma = \sigma_{\mathrm{III}} = 3$

$$n_{\mathrm{III},x} = n_{\mathrm{III},z} = \frac{1}{\sqrt{3}} , \qquad n_{\mathrm{III},y} = -\frac{1}{\sqrt{3}} .$$

Wir erinnern uns wieder an den Faktor $\cdot 100$ MPa, den wir oben weggelassen hatten, und finden für die drei **Hauptspannungen**

$$\sigma_{\mathrm{I}} = -200\,\text{MPa}, \qquad \sigma_{\mathrm{II}} = 600\,\text{MPa}, \qquad \sigma_{\mathrm{III}} = 300\,\text{MPa}$$

bzw.

$$\underline{\underline{\sigma}}^{+} = \begin{pmatrix} -2 & 0 & 0 \\ 0 & 6 & 0 \\ 0 & 0 & 3 \end{pmatrix} \cdot 100\,\text{MPa} .$$

Die Basisvektoren des **Hauptachsensystems** sind dagegen durch

$$\underline{n}_{\mathrm{I}} = \frac{1}{\sqrt{2}} \begin{pmatrix} 1 \\ 0 \\ -1 \end{pmatrix} , \qquad \underline{n}_{\mathrm{II}} = \frac{1}{\sqrt{6}} \begin{pmatrix} 1 \\ 2 \\ 1 \end{pmatrix} , \qquad \underline{n}_{\mathrm{III}} = \frac{1}{\sqrt{3}} \begin{pmatrix} 1 \\ -1 \\ 1 \end{pmatrix}$$

gegeben, was natürlich auch als

$$\mathbf{n}_{\mathrm{I}} = \frac{1}{\sqrt{2}} \mathbf{e}_x - \frac{1}{\sqrt{2}} \mathbf{e}_z ,$$

$$\mathbf{n}_{\mathrm{II}} = \frac{1}{\sqrt{6}} \mathbf{e}_x + \frac{2}{\sqrt{6}} \mathbf{e}_y + \frac{1}{\sqrt{6}} \mathbf{e}_z ,$$

$$\mathbf{n}_{\mathrm{III}} = \frac{1}{\sqrt{3}} \mathbf{e}_x - \frac{1}{\sqrt{3}} \mathbf{e}_y + \frac{1}{\sqrt{3}} \mathbf{e}_z$$

notiert werden kann.

Nun noch ein Wort zur Praxis: Es stehen heute eine Menge komfortabler Programmpakete zur Computeralgebra zur Verfügung, wie z.B. *Mathematica*®. Mit diesen kann man natürlich eine kubische Gleichung auf Knopfdruck lösen. Aber nicht nur das! Auch Eigenwerte und -vektoren gibt es ebenfalls auf Knopfdruck. In *Mathematica*® läuft das folgendermaßen:

$\text{In}[1] := \quad \text{sigma} = \{\{1,1,3\},\{1,5,1\},\{3,1,1\}\}$

$\text{Out}[1] = \quad \{\{1,1,3\},\{1,5,1\},\{3,1,1\}\}$

$\text{In}[2] := \quad \text{Eigenvalues}[\text{sigma}]$

$\text{Out}[2] = \quad \{6,3,-2\}$

$\text{In}[3] := \quad \text{Eigenvectors}[\text{sigma}]$

$\text{Out}[3] = \quad \{\{1,2,1\},\{1,-1,1\},\{-1,0,1\}\}$

Die Reihenfolge der Eigenwerte (und ihrer -vektoren) folgt offensichtlich dem üblichen Standard fallender Werte, beginnend mit dem größten. Auch sind die Eigenvektoren nicht normiert, aber das lässt sich ja leicht nachholen.

■

8.5 MOHRscher Spannungskreis

8.5.1 Ebener Spannungszustand

Wir wollen uns nochmals dem ebenen Spannungszustand zuwenden:

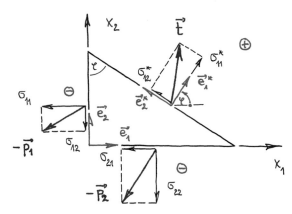

Im Unterschied zu vorher, wo wir

$$\mathbf{t} = t_x\,\mathbf{e}_x + t_y\,\mathbf{e}_y = t_i\,\mathbf{e}_i \tag{8.16}$$

gesetzt hatten, zerlegen wir $\mathbf{t}$ nun bezüglich der „schiefen" Ebene in eine Normal- und eine Tangentialkomponente gemäß

$$\mathbf{t} = \sigma_{11}^*\,\mathbf{e}_1^* + \sigma_{12}^*\,\mathbf{e}_2^* = \sigma\,\mathbf{e}_1^* + \tau\,\mathbf{e}_2^* \,, \tag{8.30}$$

wobei $\sigma_{11}^* =: \sigma$ die Normalspannungs- und $\sigma_{12}^* =: \tau$ die Schubspannungskomponente darstellt. Da wir es hier nur mit der 1*-Ebene zu tun haben, lautet die CAUCHYsche Spannungsgleichung

$$\mathbf{t} = \boldsymbol{\sigma}^{(2)} \cdot \mathbf{e}_1^* \,,$$

und die Normalspannungskomponente erhält man leicht durch

$$
\begin{aligned}
\sigma &= \mathbf{t} \cdot \mathbf{e}_1^* \\[4pt]
&= \left(\boldsymbol{\sigma}^{(2)} \cdot \mathbf{e}_1^*\right) \cdot \mathbf{e}_1^* \\[4pt]
&= \left(\sigma_{ij}\,\mathbf{e}_i\,\mathbf{e}_j \cdot \mathbf{e}_1^*\right) \cdot \mathbf{e}_1^* \qquad\quad \text{mit}\quad \mathbf{e}_1^* = a_{1k}\,\mathbf{e}_k \quad \text{nach (7.21)} \\[4pt]
&= \left(\sigma_{ij}\,a_{1k}\,\mathbf{e}_i\,\mathbf{e}_j \cdot \mathbf{e}_k\right) \cdot \mathbf{e}_1^* \qquad \text{mit}\quad \mathbf{e}_1^* = a_{1m}\,\mathbf{e}_m \quad \text{nach (7.21)} \\[4pt]
&= \left(\sigma_{ij}\,a_{1k}\,\mathbf{e}_i\,\delta_{jk}\right) \cdot a_{1m}\,\mathbf{e}_m \\[4pt]
&= \sigma_{ij}\,a_{1j}\,a_{1m}\,\mathbf{e}_i \cdot \mathbf{e}_m \\[4pt]
&= \sigma_{ij}\,a_{1j}\,a_{1m}\,\delta_{im}
\end{aligned}
$$

und schließlich

$$\boxed{\sigma \;=\; \sigma_{ij}\, a_{1i}\, a_{1j}}$$ (8.31)

oder ausgeschrieben

$$\sigma \;=\; \sigma_{11}\, a_{11}\, a_{11} \;+\; \sigma_{12}\, a_{11}\, a_{12} \;+\; \sigma_{21}\, a_{12}\, a_{11} \;+\; \sigma_{22}\, a_{12}\, a_{12}$$

$$\underbrace{\phantom{\sigma_{12}\, a_{11}\, a_{12}}}_{=}$$

$$=\; \sigma_{11}\, a_{11}^2 \;+\; 2\,\sigma_{12}\, a_{11}\, a_{12} \;+\; \sigma_{22}\, a_{12}^2 \;.$$ (8.31 a)

Analog ergibt sich

$$\tau \;=\; \mathbf{t} \cdot \mathbf{e}_2^*$$

$$=\; \underbrace{\left(\boldsymbol{\sigma}^{(2)} \cdot \mathbf{e}_1^*\right) \cdot \mathbf{e}_2^*}_{\text{wie zuvor!}} \qquad \text{mit} \quad \mathbf{e}_2^* = a_{2m}\, \mathbf{e}_m \quad \text{nach } (7.21)$$

$$=\; \left(\sigma_{ij}\, a_{1j}\, \mathbf{e}_i\right) \cdot a_{2m}\, \mathbf{e}_m$$

$$=\; \sigma_{ij}\, a_{1j}\, a_{2m}\, \mathbf{e}_i \cdot \mathbf{e}_m$$

$$=\; \sigma_{ij}\, a_{1j}\, a_{2m}\, \delta_{im}$$

$$\boxed{\tau \;=\; \sigma_{ij}\, a_{1i}\, a_{2j}}$$ (8.32)

oder ausgeschrieben

$$\tau \;=\; \sigma_{11}\, a_{11}\, a_{21} \;+\; \sigma_{12}\, a_{12}\, a_{21} \;+\; \sigma_{21}\, a_{11}\, a_{22} \;+\; \sigma_{22}\, a_{12}\, a_{22}$$

$$\underbrace{\phantom{\sigma_{12}\, a_{12}\, a_{21}}}_{=}$$

$$=\; \sigma_{11}\, a_{11}\, a_{21} \;+\; \sigma_{12}\left(a_{12}\, a_{21} + a_{11}\, a_{22}\right) \;+\; \sigma_{22}\, a_{12}\, a_{22} \;.$$ (8.32 a)

Mit den bereits in Kapitel 1 hergeleiteten Transformationskoeffizienten

$$a_{11} = \cos\varphi\,, \qquad a_{12} = \sin\varphi\,, \qquad a_{21} = -\sin\varphi\,, \qquad a_{22} = \cos\varphi\,,$$

die wir anwenden dürfen, weil der dort definierte Winkel $\varphi = \sphericalangle\, \mathbf{e}_1, \mathbf{e}_1^*$ hier im gleichen Sinne angetragen wurde, folgt unter Verwendung von

$$\sigma_{11} = \sigma_{\mathrm{x}}\,, \qquad \sigma_{12} = \tau_{\mathrm{xy}} \quad \text{und} \quad \sigma_{22} = \sigma_{\mathrm{y}}$$

letztlich

$$\boxed{\begin{aligned} \sigma(\varphi) &= \sigma_{\mathrm{x}} \cos^2\varphi + 2\,\tau_{\mathrm{xy}} \cos\varphi \sin\varphi + \sigma_{\mathrm{y}} \sin^2\varphi \\ \tau(\varphi) &= -\left(\sigma_{\mathrm{x}} - \sigma_{\mathrm{y}}\right) \cos\varphi \sin\varphi + \tau_{\mathrm{xy}} \left(\cos^2\varphi - \sin^2\varphi\right) \end{aligned}}$$ (8.33)

Im σ, τ-Koordinatensystem beinhalten die Gleichungen (8.33) die Parameterdarstellung einer ebenen Kurve. Lässt man sich diese für gegebenen Spannungszustand ausplotten, so bekommt man einen Kreis mit Mittelpunkt auf der σ-Achse. Das lässt natürlich die Hoffnung aufkommen, dass sich die beiden Gleichungen so kombinieren lassen, dass der Parameter φ eliminiert wird. Auch wenn dieses Ansinnen etwas abenteuerlich anmutet, es geht tatsächlich!

Wir benutzen die **Halbwinkelformeln der Trigonometrie** mit $x = 2\varphi$:

$$\cos^2\left[\tfrac{x}{2}\right] = \tfrac{1}{2}\left(1 + \cos x\right) \longrightarrow \cos^2\varphi = \tfrac{1}{2}\left(1 + \cos 2\varphi\right),$$

$$\sin^2\left[\tfrac{x}{2}\right] = \tfrac{1}{2}\left(1 - \cos x\right) \longrightarrow \sin^2\varphi = \tfrac{1}{2}\left(1 - \cos 2\varphi\right)$$

sowie das **Additionstheorem** mit $x = y = \varphi$

$$\sin\left[x + y\right] = \sin x\, \cos y + \cos x\, \sin y \longrightarrow \sin 2\varphi = 2\cos\varphi\, \sin\varphi.$$

Wir setzen diese Formeln in (8.33) ein und erhalten

$$\sigma = \frac{\sigma_x}{2}\left(1 + \cos 2\varphi\right) + \tau_{xy}\sin 2\varphi + \frac{\sigma_y}{2}\left(1 - \cos 2\varphi\right)$$

$$= \frac{\sigma_x + \sigma_y}{2} + \frac{\sigma_x - \sigma_y}{2}\cos 2\varphi + \tau_{xy}\sin 2\varphi,$$

$$\tau = -\frac{\sigma_x}{2}\sin 2\varphi + \tau_{xy}\left[\tfrac{1}{2} + \tfrac{1}{2}\cos 2\varphi - \left(\tfrac{1}{2} - \tfrac{1}{2}\cos 2\varphi\right)\right] + \frac{\sigma_y}{2}\sin 2\varphi$$

$$= -\frac{\sigma_x - \sigma_y}{2}\sin 2\varphi + \tau_{xy}\cos 2\varphi.$$

Durch Umordnen und Quadrieren ergibt sich

$$\left(\frac{\sigma_x - \sigma_y}{2}\cos 2\varphi + \tau_{xy}\sin 2\varphi\right)^2 = \left(\sigma - \frac{\sigma_x + \sigma_y}{2}\right)^2$$

$$\left(-\frac{\sigma_x - \sigma_y}{2}\sin 2\varphi + \tau_{xy}\cos 2\varphi\right)^2 = \tau^2$$

und weiterhin durch Addition der beiden Gleichungen:

$$\left(\tfrac{\sigma_x-\sigma_y}{2}\right)^2\cos^2 2\varphi + (\sigma_x-\sigma_y)\,\tau_{xy}\cos 2\varphi\,\sin 2\varphi + \tau_{xy}^2\sin^2 2\varphi = \left(\sigma - \tfrac{\sigma_x+\sigma_y}{2}\right)^2$$

$$\left.+\left(\left(\tfrac{\sigma_x-\sigma_y}{2}\right)^2\sin^2 2\varphi - (\sigma_x-\sigma_y)\,\tau_{xy}\cos 2\varphi\,\sin 2\varphi + \tau_{xy}^2\cos^2 2\varphi = \tau^2\right.\right)$$

$$\left(\tfrac{\sigma_x-\sigma_y}{2}\right)^2\underbrace{\left(\cos^2 2\varphi + \sin^2 2\varphi\right)}_{=\,1} + \tau_{xy}^2\underbrace{\left(\cos^2 2\varphi + \sin^2 2\varphi\right)}_{=\,1} = \left(\sigma - \tfrac{\sigma_x+\sigma_y}{2}\right)^2 + \tau^2.$$

Das Ergebnis beinhaltet eine Kreisgleichung:

$$\boxed{\underbrace{\left(\frac{\sigma_x - \sigma_y}{2}\right)^2 + \tau_{xy}^2}_{\mathcal{R}^2} = \underbrace{\left(\sigma - \frac{\sigma_x + \sigma_y}{2}\right)^2}_{\mathcal{X}^2} + \underbrace{\tau^2}_{\mathcal{Y}^2}} \qquad (8.34)$$

Diese kann man zu einem graphischen Lösungsverfahren für $\sigma(\varphi)$ und $\tau(\varphi)$ heranziehen, dem **MOHRschen Spannungskreis** (= MOHRs *circle*):

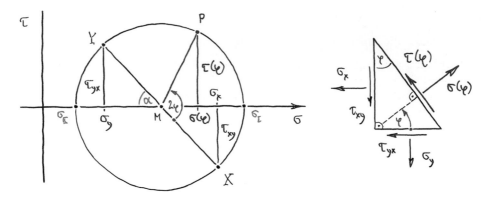

Abb. 8.8 MOHRscher Spannungskreis mit Schnittelement

Zu jedem Punkt auf dem Kreis gehört ein Wertepaar σ, τ, welches den gegebenen Spannungszustand speziell auf der „schiefen" Ebene des Schnittelementes repräsentiert (vgl. CAUCHYsche Spannungsgleichung). Wird die „Schieflage" in der Realität durch den Winkel φ (z.B. von der x-Achse aus zählend) gemessen, so taucht dafür im Spannungskreis der doppelte Mittelpunktswinkel 2φ auf (gleicher Drehsinn). Er wird von dem Radiuszeiger aus gemessen, welcher der zuvor zugrunde gelegten Koordinatenachse entspricht (hier: MX-Zeiger).

Die Hauptspannungen σ_{I} und σ_{II} sind Schnittpunkte des Kreises mit der σ-Achse. Es ist üblich, die größere Hauptspannung mit σ_{I} zu bezeichnen.

„Konstruktionsanleitung"

1. Maßstab wählen, der die Papiergröße ausnutzt. (keine Briefmarkengröße!)

2. σ-τ-Koordinatensystem zeichnen. Dabei beachten, dass die τ-Achse (Ordinate) keinen Pfeil bekommt, da keine positive Richtung existiert! Es werden dort lediglich Beträge abgemessen.

3. σ_{x} auf der σ-Achse antragen. Von dort ein positives (negatives) τ_{xy} nach unten (oben). $\rightarrow$ Punkt X

4. σ_{y} auf der σ-Achse antragen. Von dort ein positives (negatives) $\tau_{\mathrm{yx}} = \tau_{\mathrm{xy}}$ nach oben (unten). $\rightarrow$ Punkt Y

5. Punkte X und Y verbinden. Schnittpunkt von $\overline{\mathrm{XY}}$ mit der σ-Achse ist der Kreismittelpunkt M.

6. Zirkel bei M ansetzen und Kreis schlagen mit $\overline{\mathrm{MX}}$ bzw. $\overline{\mathrm{MY}}$ als Radiuszeiger.

Wir haben uns in diesem Abschnitt bisher darauf beschränkt, zu untersuchen, welche Spannungen sich im ebenen Betrachtungsfall ergeben, wenn die Bezugsebene gegenüber der x-Achse um den Winkel φ verschwenkt wird. Wir können diese Spannungen entweder durch (8.33) berechnen oder mit dem Mohrschen Spannungskreis graphisch ermitteln. Da sich die Betrachtung „schiefer" Ebenen in beliebiger Vielfalt durchführen lässt, ist es lediglich eine Formalität, wenn wir den Mohrschen Spannungskreis nun dazu benutzen, um die Spannungswerte in einem (gegenüber dem x, y-System) transformierten System zu ermitteln. Mit „transformiert" sei hier die (orthogonale) Transformation gemeint, die aus dem x, y-System das um den Winkel φ gedrehte x^*, y^*-System macht.

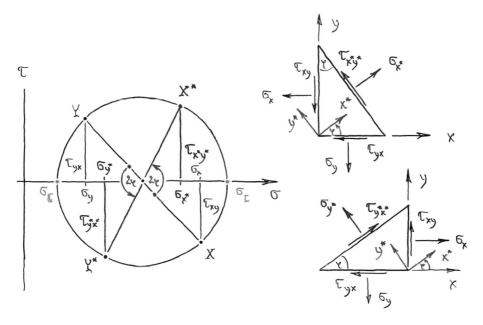

Abb. 8.9 Mohrscher Spannungskreis zur Transformation $x, y \rightarrow x^*, y^*$

Der Drehwinkel φ tritt bei einer orthogonalen Transformation erwartungsgemäß zweimal in Erscheinung, nämlich zwischen x- und x^*-Achse sowie zwischen y- und y^*-Achse. Im Mohrschen Spannungskreis führt das wegen der gegenüberliegenden Punkte X und Y nach zweimaligem Antragen des Winkels 2φ wiederum auf zwei gegenüberliegende Punkte X* und Y*, denn Orthogonalsysteme führen ja wegen $2 \cdot 90° = 180°$ stets auf gegenüberliegende Punkte. Es ist im Übrigen nicht notwendig, die Winkelantragung in der gezeigten Weise gegen den Uhrzeigersinn vorzunehmen. Man wird sich der Übersichtlichkeit wegen für den Drehsinn entscheiden, der mit dem kleineren Winkel verbunden ist. Wichtig ist aber:

> Der Drehsinn im Mohrschen Spannungskreis muss mit dem Drehsinn in der realen Geometrie übereinstimmen!

Auf der Ordinate des MOHRschen Spannungskreises werden die Schubspannungen als Beträge abgemessen. Das Vorzeichen für $\tau_{yx} = \tau_{xy}$ wird aber entsprechend der „Konstruktionsanleitung" berücksichtigt. Und auch für unbekannte, d. h. noch zu ermittelnde Schubspannungen sind Aussagen über das Vorzeichen möglich, sofern der Drehwinkel im überschaubaren Bereich liegt. Wir machen uns das anhand des in Abbildung 8.8 gezeigten Beispiels klar. Wenn wir im Gedankenexperiment zunächst den Winkel $\varphi = 0$ setzen, so sind die Punkte X und X* sowie Y und Y* identisch. Für wachsendes φ bewegen sich nun X* und Y* auf der Kreisbahn gegen den Uhrzeigersinn. Dabei wächst zunächst σ_x, während σ_y abnimmt. Die Schubspannungen $\tau_{yx} = \tau_{xy} > 0$ nehmen ebenfalls ab. Wenn $\varphi = \alpha$ erreicht ist, liegen Hauptspannungen vor, d. h. es ist

$$\sigma_x = \sigma_I\,, \quad \sigma_y = \sigma_{II} \quad \text{und} \quad \tau_{yx} = \tau_{xy} = 0\,.$$

Für weitere Zunahme $\varphi > \alpha$ kehrt sich die Situation bei den Normalspannungen um. Die Hauptspannungen sind deren Extremalwerte! Denn der Kreis zeigt uns auf den ersten Blick, dass die Normalspannungen durch

$$\sigma_{II} \quad \leqslant \quad \sigma_x, \sigma_y \quad \leqslant \quad \sigma_I$$

beschränkt sind. Die Schubspannungen dagegen müssen aus Gründen der Stetigkeit für $\varphi > \alpha$ negatives Vorzeichen annehmen. Dieses bleibt dann bis zum Winkel $\varphi = \alpha + 90°$, bevor es sich erneut umkehrt. Im MOHRschen Spannungskreis werden dafür $2\alpha + 180°$ angezeigt. Es ist nicht sonderlich sinnvoll, dieses graphische Verfahren für Drehungen mit $\varphi > 90°$ anzuwenden, da dann jeder Überblick verloren geht.

Abschließend wollen wir nun noch der Frage nachgehen, wann ein Spannungszustand *dreiachsig*, *zweiachsig* oder *einachsig* ist. Natürlich repräsentieren

$$\begin{pmatrix} \sigma_x & 0 & 0 \\ 0 & 0 & 0 \\ 0 & 0 & 0 \end{pmatrix}, \quad \begin{pmatrix} 0 & 0 & 0 \\ 0 & \sigma_y & 0 \\ 0 & 0 & 0 \end{pmatrix}, \quad \begin{pmatrix} 0 & 0 & 0 \\ 0 & 0 & 0 \\ 0 & 0 & \sigma_z \end{pmatrix}$$

einachsige Spannungszustände. Da hier generell keine Schubspannungen auftauchen, ist die jeweilige Normalspannung trivialerweise immer auch Hauptspannung. Dagegen haben wir es im ebenen Fall

$$\begin{pmatrix} \sigma_x & \tau_{xy} & 0 \\ \tau_{yx} & \sigma_y & 0 \\ 0 & 0 & 0 \end{pmatrix}, \quad \begin{pmatrix} \sigma_x & 0 & \tau_{xz} \\ 0 & 0 & 0 \\ \tau_{zx} & 0 & \sigma_z \end{pmatrix}, \quad \begin{pmatrix} 0 & 0 & 0 \\ 0 & \sigma_y & \tau_{yz} \\ 0 & \tau_{zy} & \sigma_z \end{pmatrix}$$

maximal mit einem zweiachsigen Spannungzustand zu tun ($I_3 = 0$). Wenn nämlich im Spezialfall eine der beiden Hauptspannungen verschwindet, handelt es sich lediglich um einen einachsigen Spannungszustand in „verdrehter" Darstellung. Der MOHRsche Spannungskreis läuft dann durch den Ursprung. Ebenso stellt eine vollbesetzte Spannungsmatrix nicht notwendigerweise den dreiachsigen Fall dar!

Der MOHRsche Spannungskreis ist wohl das einzige graphische Verfahren in der Mechanik, das bis in das Computerzeitalter überlebt hat. Der Grund dafür liegt darin, dass einerseits die Beschäftigung mit diesem das Verständnis für den (ebenen) Spannungszustand ungemein fördert, und andererseits gewisse Spezialfälle ohne besondere Berechnung sofort klar sind.

Es gibt aber auch den Versuch, räumliche Spannungszustände mithilfe von drei MOHRschen Spannungskreisen darzustellen. Diese berühren sich bei den Haupt(normal)spannungen. Abgesehen von der sehr speziellen Frage nach den maximalen Schubspannungen (Hauptschubspannungen), die uns im Abschnitt 10.4 begegnen werden, ist die Verwendung dieses Objektes wenig zu empfehlen.

Klausurtipps:

- Man wähle einen (nicht zu kleinen) Maßstab, der sich leicht umrechnen lässt. Die Rückübertragung von gemessenen Längen in Spannungen ist im Prüfungsstress besonders fehleranfällig.

- Man mache sich klar, dass es hier nicht um die Umrechnung von einem Spannungszustand in einen anderen geht. Vielmehr repräsentieren alle Wertepaare (σ, τ) auf dem MOHRschen Spannungskreis *ein und denselben* Spannungszustand – nur eben bezüglich beliebig verdrehter Betrachtungsebenen!

- Wichtig ist, dass man den MOHRschen Spannungskreis als das ansieht, was er ist, nämlich als graphisches Hilfsmittel zu den Gleichungen (8.33) und (8.34) – mehr nicht! Phantasievolle geometrische Interpretationen führen zu allerlei Absurditäten.

- Es ist sinnvoll, sich an die oben gegebene „Konstruktionsanleitung" zu halten, denn die garantiert die Erhaltung des Drehsinns. In der Literatur werden auch andere Ausführungsformen präsentiert, die diesen Vorteil nicht besitzen.

- Wenn in einer Klausuraufgabe explizit gefordert wird, die Lösung mithilfe des MOHRschen Spannungskreises zu ermitteln, muss man das natürlich tun. Es spricht aber nichts dagegen, das graphisch erzeugte Ergebnis zur eigenen Kontrolle nochmals mit (8.33)[13] oder (8.34) unter Einsatz eines Taschenrechners[14] nachzurechnen.

8.5.2 Einachsiger Spannungszustand

Der einachsige Spannungszustand ist uns durch den einachsigen Zugversuch aus der Werkstofftechnik bekannt:

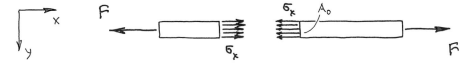

Bei schlanken Stäben darf dabei – hinreichender Abstand von den Krafteinleitungen vorausgesetzt – entsprechend

$$\sigma_x(y) \equiv \frac{F}{A_0} > 0$$

---

[13] Dabei ggf. veränderte Orientierung von φ beachten!
[14] Vorausgesetzt, dieser gehört zu den erlaubten Hilfsmitteln!

die Gleichverteilung der Normalspannung über dem Querschnitt angenommen werden. Der einachsige Spannungszustand kann außerdem mit

$$\underline{\underline{\sigma}} = \begin{pmatrix} \sigma_x & 0 & 0 \\ 0 & 0 & 0 \\ 0 & 0 & 0 \end{pmatrix} \quad \text{oder} \quad \underline{\underline{\sigma}} = \begin{pmatrix} \sigma_x & 0 \\ 0 & 0 \end{pmatrix}$$

als Spezialfall des räumlichen und auch des ebenen aufgefasst werden. Damit lässt sich auch der MOHRsche Spannungskreis zeichnen:

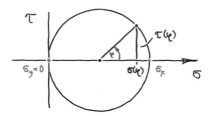

Die Hauptspannungen betragen hier $\sigma_I = \sigma_x$ und $\sigma_{II} = \sigma_y = 0$, und für „schiefe" Schnitte erhalten wir

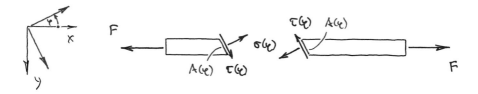

Abb. 8.10 Kräftegleichgewicht für den einachsigen Spannungszustand

entsprechend der Vorzeichenkonvention für positive/negative Schnittufer. Mit der Schnittfläche

$$A(\varphi) = \frac{A_0}{\cos \varphi}$$

lautet nun das Kräftegleichgewicht

$$\sum F_{x,i} = \sigma(\varphi)\, A(\varphi)\, \cos\varphi + \tau(\varphi)\, A(\varphi)\, \sin\varphi - F = 0\,,$$

$$\sum F_{y,i} = -\sigma(\varphi)\, A(\varphi)\, \sin\varphi + \tau(\varphi)\, A(\varphi)\, \cos\varphi = 0$$

bzw.

$$\sigma(\varphi)\, \tfrac{A_0}{\cos\varphi}\, \cos\varphi + \tau(\varphi)\, \tfrac{A_0}{\cos\varphi}\, \sin\varphi - \sigma_x A_0 = 0\,,$$

$$-\sigma(\varphi)\, \tfrac{A_0}{\cos\varphi}\, \sin\varphi + \tau(\varphi)\, \tfrac{A_0}{\cos\varphi}\, \cos\varphi = 0\,,$$

so dass man auf das (2×2)-System

$$\sigma(\varphi) \qquad\quad + \quad \tau(\varphi) \, \tan\varphi \;\; = \;\; \sigma_\mathrm{x} \, ,$$

$$\sigma(\varphi) \, \tan\varphi \quad - \quad \tau(\varphi) \qquad\quad = \;\; 0$$

für $\sigma(\varphi)$, $\tau(\varphi)$ kommt. Dessen Lösung lautet

$$\boxed{\begin{aligned}
\sigma(\varphi) &= \sigma_\mathrm{x} \, \cos^2\varphi \, , \\
\tau(\varphi) &= \sigma_\mathrm{x} \, \cos\varphi \, \sin\varphi \, .
\end{aligned}} \qquad\qquad (8.35)$$

Im Gegensatz dazu ergibt sich aus (8.33) mit $\sigma_\mathrm{y} = \tau_\mathrm{yx} = 0$

$$\sigma(\varphi) \;=\; \sigma_\mathrm{x} \, \cos^2\varphi \, , \qquad\qquad \text{(Stimmt mit (8.35) überein.)}$$

$$\tau(\varphi) \;=\; -\sigma_\mathrm{x} \, \cos\varphi \, \sin\varphi \, . \qquad\quad \text{(Wo kommt das Minuszeichen her?)}$$

Das Minuszeichen erklärt sich mit der in Abschnitt 8.5.1 zugrunde gelegten Koordinatentransformation (vgl. auch Abbildung 8.9)

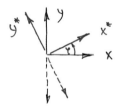

die im Vergleich zu derjenigen nach Abbildung 8.10 für die y-Richtung die Gegenrichtung ausweist.

Für $0 \leqslant \varphi < 90°$ und $\sigma_\mathrm{x} > 0$ (wie vorausgesetzt) erhalten wir aus (8.35) stets $\tau(\varphi) \geqslant 0$. Dem entnehmen wir, dass die Schubspannung tatsächlich so wirkt, wie in Abbildung 8.10 eingezeichnet. Das war hier das Motiv für die ungewöhnliche Orientierung der y-Achse.

8.6 Ergänzende Bemerkungen

Wir haben bereits im Kapitel 1 erfahren, was eine orthogonale Transformation ist. In Kapitel 7 wurde das noch einmal vertieft und durch die indizierte Tensornotation auf eine übersichtliche Form gebracht: Es geht darum, dass aus einer gegebenen Orthonormalbasis $\mathbf{e}_k$ durch **Drehung im Raum** eine „neue" Orthonormalbasis $\mathbf{e}_i^*$ entsteht. Der Zusammenhang zwischen beiden wird durch die Transformationskoeffizienten a_{ik} gemäß

$$\mathbf{e}_i^* \;=\; a_{ik} \, \mathbf{e}_k \qquad\qquad\qquad (7.21)^{15}$$

beschrieben. Soweit die mathematische Ausgangslage zur Darstellung von Tensoren im $\mathbb{E}^3$.

---

[15] Mit Indextausch $j \to k$ gegenüber der Darstellung in Abschnitt 7.3.

Wir wollen uns nun aber noch einmal mit dem physikalischen Problem befassen, das zuvor auf die CAUCHYsche Spannungsgleichung geführt hat: Der Spannungstensor

$$\boldsymbol{\sigma}^{(2)} \;=\; \sigma_{ij}\,\mathbf{e}_i\,\mathbf{e}_j \tag{8.4}$$

ist uns durch seine Repräsentation σ_{ij} bezüglich der Basis $\mathbf{e}_i\,\mathbf{e}_j$ gegeben. Wir fragen nach dem Spannungsvektor $\mathbf{t}$ auf einer Ebene, die bezüglich der gegebenen Basis „schief", d.h. verdreht im Raum liegt. Die Orientierung dieser Ebene im Raum („Schieflage") wird durch den zugehörigen Normaleneinheitsvektor $\mathbf{n}$ gegeben. Da uns die Projektionseigenschaft des verjüngenden Produktes zwischen Vektoren (Skalarprodukt) entsprechend

$$\mathbf{v}\cdot\mathbf{n} \;=\; v_{\mathrm{n}} \qquad\qquad \text{(Komponente von } \mathbf{v} \text{ in Richtung von } \mathbf{n})$$

bereits bestens vertraut ist, ist es durchaus nicht abwegig, diese Projektionseigenschaft auch bei der verjüngenden Multiplikation $\boldsymbol{\sigma}^{(2)}\cdot\mathbf{n}$ zu vermuten.

Andererseits: Definieren die aus einer orthogonalen Transformation hervorgegangenen Basisvektoren $\mathbf{e}_i^{*}$ (relativ zur gegebenen Basis $\mathbf{e}_j$) nicht drei „schiefe" Ebenen im $\mathbb{E}^3$? Uns genügt hier schon eine. Daher entscheiden wir uns (willkürlich) dafür, den Normaleneinheitsvektor $\mathbf{n}$ mit dem „erstbesten" Basisvektor aus $\mathbf{e}_i^{*}$ zu identifizieren, also

$$\mathbf{n} \;\equiv\; \mathbf{e}_1^{*}$$

zu setzen. Damit erhalten wir

$$
\begin{aligned}
\boldsymbol{\sigma}^{(2)}\cdot\mathbf{n} \;&=\; \boldsymbol{\sigma}^{(2)}\cdot\mathbf{e}_1^{*} \\
&=\; \sigma_{ij}\,\mathbf{e}_i\,\mathbf{e}_j\cdot\mathbf{e}_1^{*} \\
&=\; \sigma_{ij}\,\mathbf{e}_i\,\mathbf{e}_j\cdot a_{1k}\,\mathbf{e}_k \\
&=\; \sigma_{ij}\,a_{1k}\,\mathbf{e}_i\,\delta_{jk} \\
&=\; \sigma_{ij}\,a_{1j}\,\mathbf{e}_i \;.
\end{aligned}
$$

Was stellt nun aber $\sigma_{ij}\,a_{1j}\,\mathbf{e}_i$ dar? Unzweifelhaft handelt es sich um einen Vektor. Außerdem liegt hier wegen σ_{ij} die physikalische Dimension einer Spannung vor – und damit ein Spannungsvektor. Ist das der gesuchte Spannungsvektor $\mathbf{t}$? Wir wollen dazu den Term

$$\sigma_{ij}\,a_{1j}$$

genauer untersuchen. Da in diesem i freier Index ist, muss es sich dabei um den Index der Wirkrichtung handeln! Das bestätigt uns oben auch die Basis $\mathbf{e}_i$. Dann bezieht sich der Index j in σ_{ij} auf dessen Bezugsfläche, und

$$\sigma_{ij}\,a_{1j} \;=:\; t_i$$

stellt damit eine Spannung mit transformierter Bezugsfläche dar. Das ist gerade unser gesuchter Spannungsvektor! Somit haben wir die CAUCHYsche Spannungs-gleichung

$$\boldsymbol{\sigma}^{(2)} \cdot \mathbf{n} \;=\; t_i \, \mathbf{e}_i \;=\; \mathbf{t}$$

auf formalem Wege erzeugt. Allerdings funktioniert das nur aufgrund des Trans-formationsverhaltens von σ_{ij}. Da Tensoren aber – ohne dass wir weiter darauf eingegangen sind – über ihr Transformationsverhalten definiert werden, ist die Herleitung der CAUCHYsche Spannungsgleichung mit dem physikalischen Hilfs-mittel des Kräftegleichgewichts keineswegs überflüssig. Wir haben zwar die „span-nungsbeschreibende" Größe $\boldsymbol{\sigma}^{(2)}$ in Abschnitt 8.1 als Tensor 2. Stufe eingeführt. Bewiesen hatten wir deren Tensoreigenschaften bislang nicht.

Eine Anmerkung noch: Eigentlich haben wir ja in Abschnitt 8.1 gelernt, dass bei σ_{ij} der *erste* Index die Bezugsfläche und der *zweite* die Wirkrichtung darstellt. Wegen der Symmetrie $\sigma_{ij} = \sigma_{ji}$ steht die obige Interpretation hierzu nicht im Widerspruch.

Bei der Ermittlung der Hauptspannungen sind wir bisher stillschweigend davon ausgegangen, dass diese voneinander verschieden sind. Das ist in der technischen Realität auch häufig der Fall. Wir wollen nun aber noch der Frage nachgehen, was uns erwartet, wenn alle drei Hauptspannungen gleich sind. Schließlich ist das nicht unmöglich, wie das Beispiel eines Würfels nahelegt, der durch hydrostatischen (Außen-)Druck p in den drei Normalenrichtungen entsprechend

$$\sigma_{\mathrm{I}} \;=\; \sigma_{\mathrm{II}} \;=\; \sigma_{\mathrm{III}} \;-\; -p$$

gleichermaßen belastet wird. Dieser **hydrostatische Spannungszustand** liefert uns – wie man auf der ersten Blick sieht – einen *isotropen Spannungstensor* (Span-nungskugeltensor)

$$\underline{\underline{\boldsymbol{\sigma}}} \;=\; -p\,\underline{\underline{\mathbf{E}}} \;=\; \begin{pmatrix} -p & 0 & 0 \\ 0 & -p & 0 \\ 0 & 0 & -p \end{pmatrix} \qquad \text{bzw.} \qquad \sigma_{ij} = -p\,\delta_{ij}\,. \tag{8.36}$$

Ein solcher besitzt infolge der Transformationsinvarianz (7.26 a) die Eigenschaft, dass jedes orthogonale Koordinatensystem Hauptachsensystem ist! Im ebenen Fall ist diese Situation damit verbunden, dass der MOHRsche Spannungskreis zum Punkt entartet.

9

Verzerrungen

Vor uns liegt die Aufgabe, die Formänderung eines nichtstarren Körpers, die sich aufgrund einer bestimmten Last einstellt, kinematisch zu erfassen. Unter **Kinematik** versteht man allgemein die Beschreibung der Bewegung materieller Körper. In diesem Sinne betrachten wir zunächst den unverformten (unbelasteten) Körper und stellen uns dann vor, wie bei unendlich langsamem Aufbringen der Last der Körper verformt wird, bis er (bei voller Last) seine endgültige Gestalt angenommen hat. Da wir hier aber noch keine Dynamik (→ Teil III) betreiben, schließen wir mit „unendlich langsam" jeden Trägheitseffekt aus. In der Praxis setzen wir dafür ein „hinreichend langsam", so dass evtl. Trägheitseffekte keine merkliche Rolle spielen. Aber eigentlich interessieren uns bei diesem Prozess der Verformung nur zwei spezielle Zustände: der unverformte Ausgangszustand und der (End-)Zustand bei voller Belastung. Der kinematische Verlauf ist in diesem Kapitel von untergeordneter Bedeutung.

Wir werden sehen, dass es nicht so ganz einfach ist, die Kinematik eines Körpers „in den Griff zu bekommen", selbst wenn es nur die erwähnten zwei Zustände geht. Die Kinematik des Körpers im Ganzen werden wir durch die Bewegungen seiner Körperpunkte ersetzen. Grundsätzlich unterscheidet man dabei zwischen der

- **Deformation** (= *deformation*), bei der es um die Bewegung von Körperpunkten überhaupt geht, und der
- **Verzerrung** (= *strain*), die dadurch gekennzeichnet ist, dass sich die Lage von Körperpunkten relativ zueinander ändert.

Die Deformation schließt also die Starrkörperbewegung mit ein, und Verzerrung bedeutet, dass von einer allgemeinen Bewegung, die als Überlagerung von Starrkörperbewegung und Verzerrung verstanden werden kann, Erstere abgezogen wurde. Uns interessieren in diesem Kapitel vorzugsweise *Verzerrungen*, Starrkörperbewegungen folgen im Teil III.

9.1 Kontinuumstheoretische Grundlagen[1]

Hinsichtlich der geometrischen Anordnung von Materie im Raum existieren in der klassischen Mechanik zwei bewährte Idealisierungen: der Massenpunkt und der

---

[1] Dieser Abschnitt kann ohne Gefahr für Leib und Leben zunächst überschlagen werden!

(materielle) Körper. Unter einem **Massenpunkt** versteht man die Konzentration einer endlichen Menge an Materie (Masse) in einem Raumpunkt. Aufgrund unserer Betrachtungen in Kapitel 4 wissen wir, dass dies mit unendlicher hoher Dichte verbunden ist, da ein Punkt keinerlei Raumausdehnung und damit kein Volumen besitzt. Eine solche Massenkonzentration gibt es zwar in der Realität nicht, jedoch führt diese Idealisierung regelmäßig dann zu guten Ergebnissen, wenn die reale Ausdehnung der beteiligten Ansammlung von Materie sehr klein ist im Vergleich zu typischen Entfernungen bezüglich der betrachteten Bewegungen. Dies ist u. a. in der Himmelsmechanik der Fall, wo die Abmessungen von Himmelskörpern nur mikroskopische Bruchteile ihrer Bahnlängen darstellen.

Von Körpern und insbesondere von Starrkörpern war zuvor schon häufiger die Rede, ohne dass diese im kontinuumstheoretischen Sinne definiert wurden. Wir holen das jetzt nach:[2]

Definition: Körper (= *body*)

Ein materieller Körper $\mathcal{K}$ ist ein *kontinuierlich* mit Materie erfülltes, beschränktes und zusammenhängendes Gebiet $\Omega \subset \mathbb{E}^3$. Jeder Raumpunkt $P \in \Omega$ stellt einen materiellen Punkt $X \in \mathcal{K}$ dar. Der Körper besteht damit aus überabzählbar[3] unendlich vielen materiellen Punkten.

∎

Auch diese Anordnung von Masse im Raum stellt eine Idealisierung dar, denn wir wissen vom atomistischen Aufbau der Materie, welcher durch die kontinuumstheoretische Betrachtung ignoriert wird. Dadurch erfahren wir die nach (4.1) definierte Dichte ϱ als eine auf Ω zumindest stückweise stetige (= *continous*) Funktion. Darüber hinaus leuchtet unmittelbar ein, dass die Zuordnung von materiellen Punkten und Raumpunkten folgenden Einschränkungen unterliegt (Kontinuitätsprinzip):

- Jedem materiellen Punkt X ist ein Raumpunkt P zugeordnet, aber nicht jeder Raumpunkt $\in \mathbb{E}^3$ ist ein materieller Punkt.

- Ein materieller Punkt kann zu einer Zeit t nicht an mehreren Raumpunkten sein.

- An einem Raumpunkt können zu einer Zeit t nicht mehrere materielle Punkte sein.

Wir wollen uns nun anschauen, was einem Körper widerfährt, der sich zum Zeitpunkt $t = 0$ in einer Referenzkonfiguration $\mathcal{K}_0$ befindet ($\rightarrow$ Abbildung 9.1 a). Infolge einer Last, deren Art und Größe wir im Rahmen der Kinematik nicht untersuchen, findet eine Deformation statt, die zu einem (späteren) Zeitpunkt t

---

[2] In Anlehnung an [18], Definition 1.4. Dort wird mit $\Omega \subset \mathbb{R}^3$ lediglich der dreidimensionale Punktraum zur Definition herangezogen. Um im Rahmen dieser einführenden Betrachtungen nicht unnötig Verwirrung zu stiften, verwenden wir an dieser Stelle den $\mathbb{E}^3$, vgl. Abschnitt 1.5.

[3] Zu „abzählbar/überabzahlbar unendlich" vgl. [21], Abschnitt 4.3.4.

durch die Momentankonfiguration $\mathcal{K}(t)$ wiedergegeben wird ($\rightarrow$ Abbildung 9.1 b).
Wir sehen in beiden Fällen – das steht außer Zweifel – dieselbe Ansammlung von
Materie, nur eben in unterschiedlicher geometrischer Konfiguration. Um die Deformation beschreiben zu können, gehen wir punktweise vor: Jeder materielle Punkt
bewegt sich längs seiner Bahn von der jeweiligen Ausgangslage in die „neue" Lage.
Die (kartesischen) Koordinaten x_i der diesbezüglichen Raumpunkte nennen wir
geometrische oder **EULERsche Koordinaten**. Es stellt sich darüber hinaus die
Frage, mit welchem „Ordnungsmerkmal" wir die materiellen Punkte versehen, um
deren Bewegung beschreiben zu können. Zu diesem Zweck identifizieren wir die
materiellen Punkte mit den Raumpunkten, an denen sich diese in der Referenzkonfiguration $\mathcal{K}_0$ befinden, d. h. wir setzen

$$x_i^{\bullet} \equiv x_i \qquad \text{für} \quad t = 0 . \tag{9.1}$$

Diese Koordinaten zur „Markierung" eines materiellen Punktes heißen **materielle**
oder **LAGRANGEsche Koordinaten**. Wir versehen sie zur Unterscheidung von
geometrischen Koordinaten mit dem Zusatz $^{\bullet}$.

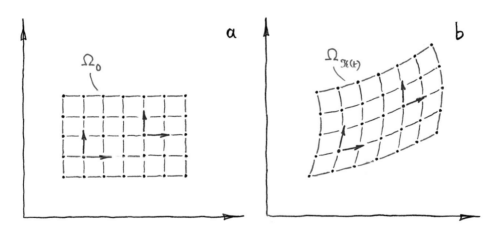

Abb. 9.1 Referenz- und Momentankonfiguration

Der Raumpunkt, den ein materieller Punkt in einer Momentankonfiguration $\mathcal{K}(t)$
einnimmt, lässt sich somit durch

$$x_i = x_i(x_j^{\bullet}, t) \tag{9.2}$$

ausdrücken, d. h., die geometrischen Koordinaten werden als Funktion der materiellen Koordinaten und der Zeit als Parameter dargestellt. Speziell in der Referenzkonfiguration $\mathcal{K}_0$ gilt natürlich

$$x_i(x_j^{\bullet}, t = 0) \equiv x_i^{\bullet} , \tag{9.1a}$$

denn damit hatten wir die materiellen Koordinaten definiert. Umgekehrt befindet
sich an jedem Raumpunkt innerhalb des Gebietes $\Omega_{\mathcal{K}(t)} \subset \mathbb{E}^3$, welches durch die

Momentankonfiguration $\mathcal{K}(t)$ erfüllt wird, genau ein materieller Punkt. Daher ist (9.2) auf $\Omega_{\mathcal{K}(t)}$ eindeutig umkehrbar zu

$$x_j^{\bullet} = x_j^{\bullet}(x_i, t) \ . \tag{9.3}$$

Hier erscheinen die materiellen Koordinaten als Funktion der geometrischen sowie der Zeit. In konventioneller Schreibweise führen (9.2), (9.3) auf

$$x = x(x^{\bullet}, y^{\bullet}, z^{\bullet}, t) \ , \qquad y = y(x^{\bullet}, y^{\bullet}, z^{\bullet}, t) \ , \qquad z = z(x^{\bullet}, y^{\bullet}, z^{\bullet}, t) \ , \tag{9.2a}$$

$$x^{\bullet} = x^{\bullet}(x, y, z, t) \ , \qquad y^{\bullet} = y^{\bullet}(x, y, z, t) \ , \qquad z^{\bullet} = z^{\bullet}(x, y, z, t) \ . \tag{9.3a}$$

Im strengen Sinne definiert man die **Konfiguration** als *umkehrbar eindeutige Abbildung* mit stetiger Differenzierbarkeit, welche in (9.2) und (9.3) zum Ausdruck kommt. Wir haben dagegen den Begriff *Konfiguration* als körperliche „Anordnung" $\mathcal{K}_0$ bzw. $\mathcal{K}(t)$ der materiellen Punkte verstanden. Das ist aber im Wesentlichen von formaler Bedeutung.

Man unterscheidet in diesem Zusammenhang insbesondere zwei Betrachtungsweisen: Bei der **substantiellen** oder **LAGRANGE**schen **Betrachtungsweise** verfolgt man das kinematische „Schicksal" eines bestimmten materiellen Punktes (Teilchen) durch

$$x_i = x_i(x_j^{\bullet} = \text{fest}, t) \ .$$

Diese Betrachtungsweise lässt sich anhand von Abbildung 9.1 nachvollziehen und wird in der Festkörpermechanik im Allgemeinen bevorzugt.

Bei der **lokalen** oder **EULER**schen **Betrachtungsweise** hingegen richtet man seinen Blick auf einen bestimmten Raumpunkt und beobachtet mit

$$x_j^{\bullet} = x_j^{\bullet}(x_i = \text{fest}, t) \ ,$$

welche materiellen Punkte im Laufe der Zeit den Raumpunkt „passieren". Diese Betrachtungsweise hat ihr Anwendungsgebiet vor allem in der Strömungslehre. Dort werden vorzugsweise durchströmte Kontrollräume mit raumfester Berandung untersucht.

Wir wollen nun anstelle einer beliebigen Momentankonfiguration für $t > 0$ eine spezielle betrachten, die man gewissermaßen als „End"-Konfiguration des Deformationsprozesses bezeichnen könnte. Da uns hier nur diese spezielle Konfiguration (nicht aber der gesamte Deformationsprozess) interessiert, spielt die Zeit in (9.2) und (9.3) nunmehr keine Rolle, und wir schreiben

$$\boxed{x_i = x_i(x_j^{\bullet}) \qquad \text{bzw.} \qquad x_j^{\bullet} = x_j^{\bullet}(x_i)} \ . \tag{9.4}$$

Diese Gleichungen beinhalten eine Koordinatentransformation.

Der Abbildung 9.1 b entnehmen wir, dass die dort gezeigte, „verzerrte" Konfiguration hinsichtlich der materiellen Koordinaten $x_j^{\bullet}$ im Allgemeinen kein kartesisches Koordinatensystem aufspannt. Die materiellen Punkte stehen dort nicht mehr „in Reih' und Glied" wie im Bildteil **a**. Wir kommen daher nicht umhin, die materiellen Koordinaten $x_j^{\bullet}$ als krummlinig zu akzeptieren mit der Folge, dass die zugehörige Vektorbasis $\mathbf{g}_j$ eine lokale „Angelegenheit" ist.

Ohne auf die mathematischen Grundlagen der Tensoranalysis in krummlinigen Koordinaten näher eingehen zu wollen, sei hier in aller Kürze Folgendes gesagt:

Während wir Ortsvektoren im kartesischen Koordinatensystem des $\mathbb{E}^3$ bekanntlich durch

$$\mathbf{r} = x_i\,\mathbf{e}_i \tag{9.5}$$

ausdrücken und damit auch das vollständige Differential

$$\mathrm{d}\mathbf{r} = \mathbf{e}_i\,\mathrm{d}x_i \quad \text{mit} \quad \mathbf{e}_i = \frac{\partial \mathbf{r}}{\partial x_i} \tag{9.5a}$$

bilden können, ist bei krummlinigen Koordinaten $x_j^\bullet$ die Darstellung von Ortsvektoren in der Form (9.5) wegen der Ortsabhängigkeit der Basis $\mathbf{g}_j(x_k^\bullet)$ so ohne Weiteres nicht möglich. Es gilt aber

$$\mathrm{d}\mathbf{r} = \mathbf{g}_j\,\mathrm{d}x_j^\bullet \quad \text{mit} \quad \mathbf{g}_j = \frac{\partial \mathbf{r}}{\partial x_j^\bullet}\,. \tag{9.6}$$

Gleichsetzen von (9.6) und (9.5a) liefert die Invarianzbedingung

$$\mathbf{g}_j\,\mathrm{d}x_j^\bullet = \mathbf{e}_i\,\mathrm{d}x_i \quad \text{und damit} \quad \boxed{\mathbf{g}_j = \frac{\partial x_i}{\partial x_j^\bullet}\,\mathbf{e}_i}\,. \tag{9.7}$$

Man kann die

$$\frac{\partial x_i}{\partial x_j^\bullet} \qquad \left(\text{mit}\ \det\!\left(\frac{\partial x_i}{\partial x_j^\bullet}\right) \neq 0\ \text{wegen der eindeutigen Umkehrbarkeit}\right)$$

als Transformationskoeffizienten auffassen wie die a_{ij} aus Abschnitt 7.3, aber im Allgemeinen nicht als „orthogonale". Es handelt sich auch nicht mehr um feste Zahlen, sondern um ortsabhängige Größen, die als Funktion der x_i bzw. $x_j^\bullet$ ausgedrückt werden können.

Um die Verzerrung mathematisch erfassen zu können, fehlt bisher noch ein geeigneter Ansatz. Wir erinnern uns aber an die „metrische Wirkung" des Skalarproduktes. Man kann damit Abstände messen! Dazu betrachten wir in Abbildung 9.2 zwei (infinitesimal) benachbarte materielle Punkte zunächst in der (unverformten) Referenzkonfiguration. Dort unterscheidet sich ihre Lage durch $\mathrm{d}\mathbf{r}_0$. Das Quadrat des Abstandes beträgt somit

$$\begin{aligned}
\|\mathrm{d}\mathbf{r}_0\|^2 &= \mathrm{d}\mathbf{r}_0 \cdot \mathrm{d}\mathbf{r}_0 \\[4pt]
&= \big(\mathbf{e}_i\,\mathrm{d}x_i\big)\cdot\big(\mathbf{e}_j\,\mathrm{d}x_j\big) \\[4pt]
&= \big(\mathbf{e}_i\,\mathrm{d}x_i^\bullet\big)\cdot\big(\mathbf{e}_j\,\mathrm{d}x_j^\bullet\big) \qquad \text{(In der Referenzkonfiguration gilt } x_i \equiv x_i^\bullet\,!\text{)} \\[4pt]
&= \delta_{ij}\,\mathrm{d}x_i^\bullet\,\mathrm{d}x_j^\bullet\,.
\end{aligned}$$

In der verzerrten Konfiguration haben wir es stattdessen mit

$$\begin{aligned}
\|\mathrm{d}\mathbf{r}\|^2 &= \mathrm{d}\mathbf{r} \cdot \mathrm{d}\mathbf{r} \\[4pt]
&= \big(\mathbf{g}_i\,\mathrm{d}x_i^\bullet\big)\cdot\big(\mathbf{g}_j\,\mathrm{d}x_j^\bullet\big) \\[4pt]
&= \frac{\partial x_k}{\partial x_i^\bullet}\,\frac{\partial x_\ell}{\partial x_j^\bullet}\,\delta_{k\ell}\,\mathrm{d}x_i^\bullet\,\mathrm{d}x_j^\bullet \qquad \left(\text{mit}\ \mathbf{g}_i\cdot\mathbf{g}_j = \frac{\partial x_k}{\partial x_i^\bullet}\,\frac{\partial x_\ell}{\partial x_j^\bullet}\,\mathbf{e}_k\cdot\mathbf{e}_\ell\ \text{nach (9.7)}\right)
\end{aligned}$$

$$\|\mathrm{d}\mathbf{r}\|^2 \;\; = \;\; \frac{\partial x_k}{\partial x_i^{\bullet}}\,\frac{\partial x_k}{\partial x_j^{\bullet}} \;\; \mathrm{d}x_i^{\bullet}\,\mathrm{d}x_j^{\bullet}$$

zu tun.

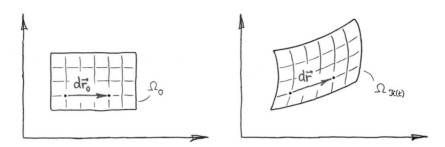

Abb. 9.2 Zur Änderung des Abstandes benachbarter Körperpunkte

Wir interessieren uns nun dafür, wie sich der Abstand (bzw. das Quadrat desselben) zwischen zwei benachbarten Punkten ändert beim Übergang von „unverformt" zu „verzerrt". Dazu bilden wir die Differenz

$$\|\mathrm{d}\mathbf{r}\|^2 \;-\; \|\mathrm{d}\mathbf{r}_0\|^2 \;\; = \;\; \left(\frac{\partial x_k}{\partial x_i^{\bullet}}\,\frac{\partial x_k}{\partial x_j^{\bullet}} \;-\; \delta_{ij}\right)\mathrm{d}x_i^{\bullet}\,\mathrm{d}x_j^{\bullet}$$

$$= \;\; 2\,\lambda_{ij}\,\mathrm{d}x_i^{\bullet}\,\mathrm{d}x_j^{\bullet}\;.$$

Die letzte Zeile enthält die Definition

$$\lambda_{ij} \;\; := \;\; \frac{1}{2}\left(\frac{\partial x_k}{\partial x_i^{\bullet}}\,\frac{\partial x_k}{\partial x_j^{\bullet}} \;-\; \delta_{ij}\right) \tag{9.8}$$

des **LAGRANGEschen Verzerrungstensors**. Dieser ist ein Maß für die lokale Verzerrung. Das macht man sich leicht klar für den Fall einer Starrkörperbewegung, die aufgrund der fehlenden Verzerrung eine orthogonale Transformation und daher

$$\frac{\partial x_k}{\partial x_i^{\bullet}}\,\frac{\partial x_k}{\partial x_j^{\bullet}} \;\; \equiv \;\; \delta_{ij} \qquad\qquad \text{(vgl. Abschnitt 7.3)}$$

zur Folge hat. Dafür ergibt sich erwartungsgemäß $\lambda_{ij} \equiv 0$.

Mit dem LAGRANGEschen Verzerrungstensor in der Form (9.8) lässt sich aber noch nicht viel anfangen. Um auf eine geeignetere Darstellung zu kommen, führen wir zunächst den **Verschiebungsvektor** (= *displacement vector*)

$$\mathbf{u} \;\; = \;\; u_i\,\mathbf{e}_i$$

mit

$$\left.\begin{aligned} u_i(x_j^{\bullet},t) \;\; &:= \;\; x_i(x_j^{\bullet},t) \;-\; x_i(x_j^{\bullet},t=0)\\[4pt] &= \;\; x_i(x_j^{\bullet},t) \;-\; x_i^{\bullet} \end{aligned}\right\} \quad \text{vgl. (9.1 a)} \tag{9.9}$$

ein. Dieser beschreibt die Translation eines materiellen Punktes von der Referenz-konfiguration in die Momentankonfiguration. Da die Zeitabhängigkeit Letzterer bereits durch Übergang zu einer speziellen Konfiguration hinsichtlich der Verzerrung weggefallen war, schreiben wir statt (9.9) kurz

$$u_i = x_i - x_i^\bullet .$$

(9.9 a)

Damit lassen sich die Transformationskoeffizienten ausdrücken, denn mit Index-tausch $i \to k$ erhalten wir aus (9.9 a)

$$
\begin{aligned}
x_k &= u_k + x_k^\bullet \\
\frac{\partial x_k}{\partial x_i^\bullet} &= \frac{\partial u_k}{\partial x_i^\bullet} + \frac{\partial x_k^\bullet}{\partial x_i^\bullet} \\
&= \frac{\partial u_k}{\partial x_i^\bullet} + \delta_{ki} .
\end{aligned}
$$

Die hierin auftretende Größe $\partial u_k / \partial x_i^\bullet$ wird als **Verschiebungsgradient** (= *displacement gradient*) bezeichnet. Einsetzen in (9.8) liefert:

$$
\begin{aligned}
\lambda_{ij} &= \frac{1}{2}\left[\left(\frac{\partial u_k}{\partial x_i^\bullet} + \delta_{ki}\right)\left(\frac{\partial u_k}{\partial x_j^\bullet} + \delta_{kj}\right) - \delta_{ij}\right] \\
&= \frac{1}{2}\left[\frac{\partial u_k}{\partial x_i^\bullet}\frac{\partial u_k}{\partial x_j^\bullet} + \frac{\partial u_k}{\partial x_i^\bullet}\delta_{kj} + \delta_{ki}\frac{\partial u_k}{\partial x_j^\bullet} + \delta_{ki}\delta_{kj} - \delta_{ij}\right] \\
&= \frac{1}{2}\left[\frac{\partial u_k}{\partial x_i^\bullet}\frac{\partial u_k}{\partial x_j^\bullet} + \frac{\partial u_j}{\partial x_i^\bullet} + \frac{\partial u_i}{\partial x_j^\bullet} + \delta_{ij} - \delta_{ij}\right] \\
&= \frac{1}{2}\left[\frac{\partial u_i}{\partial x_j^\bullet} + \frac{\partial u_j}{\partial x_i^\bullet} + \frac{\partial u_k}{\partial x_i^\bullet}\frac{\partial u_k}{\partial x_j^\bullet}\right] .
\end{aligned}
$$

Man erkennt sofort, dass der LAGRANGEsche Verzerrungstensor im ersten und zweiten Term linear vom Verschiebungsgradienten abhängt, im dritten dagegen nichtlinear.

Die Entwicklung der Physik war bis in unsere Tage hinein, wie mitunter ironisch behauptet wird, eine **Physik des erfolgreichen Linearisierens**. Als Student in den ersten Semestern übersieht man meist noch nicht, warum Linearisieren so attraktiv ist. Im Kapitel 10 geht es um den Zusammenhang zwischen Spannungs- und Verzerrungstensor bei linearelastischem Werkstoffverhalten. Wir werden bald merken, welche Vorzüge ein verzerrungsbeschreibender Tensor in möglichst einfacher Gestalt hat. Es wäre also schön, wenn wir $(\partial u_k / \partial x_i^\bullet) \cdot (\partial u_k / \partial x_j^\bullet)$ irgendwie loswerden könnten.

Wir fragen uns, unter welchen Umständen wir näherungsweise auf den nichtline-aren Term verzichten können. Um das zu klären, zerlegen[4] wir den Verschiebungs-gradienten in einen *symmetrischen* und einen *schiefsymmetrischen* (antimetrischen)

---

[4] Das ist bei einem Tensor 2. Stufe immer möglich, vgl. [6], Abschnitt 3.2.6/7

Anteil gemäß

$$\frac{\partial u_i}{\partial x_j^\bullet} = \underbrace{\frac{1}{2}\left(\frac{\partial u_i}{\partial x_j^\bullet} + \frac{\partial u_j}{\partial x_i^\bullet}\right)}_{\text{symmetrischer}} + \underbrace{\frac{1}{2}\left(\frac{\partial u_i}{\partial x_j^\bullet} - \frac{\partial u_j}{\partial x_i^\bullet}\right)}_{\text{schiefsymmetrischer Anteil}}.$$

$$= \quad\quad \varepsilon_{ij}^\bullet \quad\quad + \quad\quad \omega_{ij}^\bullet$$

mit dem **infinitesimalen** oder **linearen Verzerrungstensor**

$$\varepsilon_{ij}^\bullet := \frac{1}{2}\left(\frac{\partial u_i}{\partial x_j^\bullet} + \frac{\partial u_j}{\partial x_i^\bullet}\right) \quad\quad\quad \text{(symmetrisch wegen } \varepsilon_{ij}^\bullet = \varepsilon_{ji}^\bullet)$$

und dem **infinitesimalen** oder **linearen Drehtensor**

$$\omega_{ij}^\bullet := \frac{1}{2}\left(\frac{\partial u_i}{\partial x_j^\bullet} - \frac{\partial u_j}{\partial x_i^\bullet}\right). \quad\quad \text{(schiefsymmetrisch wegen } \omega_{ij}^\bullet = -\omega_{ji}^\bullet)$$

Damit ergibt sich der LAGRANGEsche Verzerrungstensor zu

$$\boxed{\lambda_{ij} = \varepsilon_{ij}^\bullet + \tfrac{1}{2}\left(\varepsilon_{ki}^\bullet + \omega_{ki}^\bullet\right)\left(\varepsilon_{kj}^\bullet + \omega_{kj}^\bullet\right)}. \tag{9.10}$$

Für den Fall, dass Verzerrungen *und* Drehungen gleichermaßen klein sind im Sinne von

$$\left(\varepsilon_{ki}^\bullet + \omega_{ki}^\bullet\right)\left(\varepsilon_{kj}^\bullet + \omega_{kj}^\bullet\right) \ll \varepsilon_{ij}^\bullet,$$

lässt sich der LAGRANGEsche Verzerrungstensor

$$\lambda_{ij} \approx \varepsilon_{ij}^\bullet$$

näherungsweise durch den linearen Verzerrungstensor ersetzen. Dies gilt umso besser, je kleiner die Verformung ist, daher auch die Bezeichnung „infinitesimaler" Verzerrungstensor für $\varepsilon_{ki}^\bullet$.

Weiterhin können für kleine Verschiebungen $u_i = x_i - x_i^\bullet$ die materiellen Koordinaten in den partiellen Ableitungen durch die geometrischen ersetzt werden:

$$\frac{\partial}{\partial x_i^\bullet} \equiv \frac{\partial}{\partial x_i}.$$

Das bedeutet allerdings nicht, dass wir generell $x_i \equiv x_i^\bullet$ setzen dürfen. Denn damit läge wegen $u_i \equiv 0 \rightsquigarrow \lambda_{ij} \equiv 0$ der Trivialfall eines raumfesten Starrkörpers vor.

In der **geometrisch lineare Theorie** erhalten wir somit den linearen Verzerrungstensor zu

$$\varepsilon_{ij} = \frac{1}{2} \left(\frac{\partial u_i}{\partial x_j} + \frac{\partial u_j}{\partial x_i} \right) \tag{9.11}$$

sowie den linearen Drehtensor zu

$$\omega_{ij} = \frac{1}{2} \left(\frac{\partial u_i}{\partial x_j} - \frac{\partial u_j}{\partial x_i} \right). \tag{9.12}$$

Man bezeichnet

$$\boldsymbol{\varepsilon}^{(2)} = \varepsilon_{ij}\, \mathbf{e}_i\, \mathbf{e}_j \qquad \text{mit} \qquad \varepsilon_{ij} = \frac{1}{2} \left(\frac{\partial u_i}{\partial x_j} + \frac{\partial u_j}{\partial x_i} \right) \tag{9.13}$$

bzw.

$$\underline{\underline{\boldsymbol{\varepsilon}}} = \begin{pmatrix} \varepsilon_{11} & \varepsilon_{12} & \varepsilon_{13} \\ \varepsilon_{21} & \varepsilon_{22} & \varepsilon_{23} \\ \varepsilon_{31} & \varepsilon_{32} & \varepsilon_{33} \end{pmatrix} = \begin{pmatrix} \varepsilon_{\mathrm{x}} & \frac{1}{2}\gamma_{\mathrm{xy}} & \frac{1}{2}\gamma_{\mathrm{xz}} \\ \frac{1}{2}\gamma_{\mathrm{yx}} & \varepsilon_{\mathrm{y}} & \frac{1}{2}\gamma_{\mathrm{yz}} \\ \frac{1}{2}\gamma_{\mathrm{zx}} & \frac{1}{2}\gamma_{\mathrm{zy}} & \varepsilon_{\mathrm{z}} \end{pmatrix} \tag{9.13a}$$

auch als **klassische(n) Verzerrungstensor/-matrix**[5].

Abschließend sei bemerkt: Die Aussage

$$\boxed{\varepsilon_{ij} \equiv 0 \quad \Longleftrightarrow \quad \text{Starrkörperbewegung}}$$

gilt nur in der geometrisch linearen Theorie!

Dieser Ausflug in die Anfangsgründe der Kontinuumsmechanik mag für einen ersten Kontakt mit dem Thema *Verzerrungen* etwas „heftig" erscheinen. Und in vielen Fällen des Ingenieurwesens hat man Interesse daran, auch hochbelastete Bauteile so auszulegen, dass sie ihre Gestalt nur sehr wenig ändern. Daher ist es nicht überraschend, dass man mit der *Theorie kleiner Verzerrungen*, die wir wegen der Vernachlässigung nichtlinearer Terme oben als *geometrisch lineare Theorie* bezeichnet hatten, in der Praxis recht weit kommt. Jedoch wird in vielen FEM[6]-Programmen wie ANSYS, COSMOS etc. die geometrische Nichtlinearität berücksichtigt. Es schadet also nicht, wenn man als Ingenieur eine Vorstellung davon hat, was mit der *Theorie endlicher Verzerrungen* gemeint ist.

Wir werden im nächsten Abschnitt die *geometrisch lineare Theorie* noch einmal behandeln – in der „üblichen" Darstellung! Dabei werden wir unter der Voraussetzung kleiner Verzerrungen von vorneherein Verschiedenes vernachlässigen. Es bleibt dann allerdings offen, was bei endlichen Verzerrungen zusätzlich berücksichtigt werden müsste.

---

[5] Über das „Innenleben" dieser Verzerrungsmatrix, insbesondere die anschauliche Bedeutung von ε und γ, erfahren wir im nächsten Abschnitt mehr.

[6] Die *Finite-Elemente-Methode*(FEM) dient zur numerischen Lösung von partiellen Differentialgleichungen und wird in der Festkörpermechanik mit großem Erfolg angewendet.

9.2   Geometrisch lineare Theorie

Wie wir zu Beginn des Kapitels schon erfahren haben, bewirkt die *Verzerrung* eines Körpers Änderungen bezüglich des Abstandes zweier (infinitesimal) benachbarter Körperpunkte beim Übergang vom unverformten in den verformten (verzerrten) Zustand. Somit handelt es sich um eine lokale Erscheinung auf dem mit Materie erfüllten Gebiet, welches der Körper im $\mathbb{E}^3$ beansprucht.

Wir betrachten in Abbildung 9.3, die sich der Einfachheit halber auf eine Darstellung in der x, y-Ebene beschränkt, zunächst das (infinitesimale) Volumenelement mit den Eckpunkten P und Q, welches den unverformten Zustand repräsentiert.

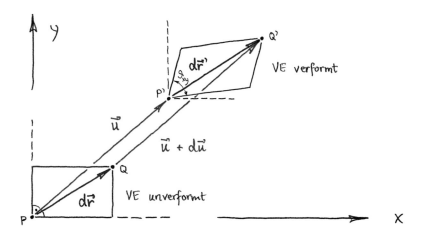

Abb. 9.3 Zur Deformation des Volumenelementes

Im deformierten Zustand entsprechen diesen die Punkte P' und Q'. Da P und Q sowie P' und Q' jeweils infinitesimal benachbarte Punkte sind, setzen wir

$$\overrightarrow{PQ} = \mathrm{d}\mathbf{r} \quad \text{und} \quad \overrightarrow{P'Q'} = \mathrm{d}\mathbf{r}' \, .$$

Durch die Verformung geht nun der Punkt P in den Punkt P' über, und wir identifizieren diese Translation gemäß

$$\overrightarrow{PP'} = \mathbf{u}$$

mit dem sogenannten **Verschiebungsvektor** (= *displacement vector*)

$$\mathbf{u} = u\,\mathbf{e}_\mathrm{x} + v\,\mathbf{e}_\mathrm{y} + w\,\mathbf{e}_\mathrm{z} = u_i\,\mathbf{e}_i \, . \tag{9.14}$$

Entsprechend verfahren wir mit der Translation von Q nach Q', was aufgrund der infinitesimal entfernten Nachbarlage mit einem $\mathrm{d}\mathbf{u}$ veränderten Verschiebungsvektor, d. h.

$$\overrightarrow{QQ'} = \mathbf{u} + \mathrm{d}\mathbf{u}$$

verbunden ist.

Wir stellen am Volumenelement somit folgende Auswirkungen fest:

P $\longrightarrow$ P′ (Verschiebung $\mathbf{u}$) ,

Q $\longrightarrow$ Q′ (Verschiebung $\mathbf{u} + \mathrm{d}\mathbf{u}$) ,

$\sphericalangle\, 90°$ $\longrightarrow$ ϑ_{xy} .

Wie die Gestaltänderung des Volumenelementes in Abbildung 9.3 nahelegt, ist es sinnvoll, die Verzerrung nach *Dehnung* und *Scherung* zu unterscheiden. Wir fragen zunächst nach den Dehnungen. Aus Abbildung 9.3 entnehmen wir

$$\mathbf{u} + \mathrm{d}\mathbf{r}' = \mathrm{d}\mathbf{r} + \left(\mathbf{u} + \mathrm{d}\mathbf{u}\right) ,$$

was uns sofort

$$\mathrm{d}\mathbf{r}' - \mathrm{d}\mathbf{r} = \mathrm{d}\mathbf{u}$$

liefert. Ausgeschrieben ergeben sich die vollständigen Differentiale der Verschiebungskomponenten zu

$$\mathrm{d}x' - \mathrm{d}x = \mathrm{d}u = \frac{\partial u}{\partial x}\,\mathrm{d}x + \frac{\partial u}{\partial y}\,\mathrm{d}y + \frac{\partial u}{\partial z}\,\mathrm{d}z ,$$

$$\mathrm{d}y' - \mathrm{d}y = \mathrm{d}v = \frac{\partial v}{\partial x}\,\mathrm{d}x + \frac{\partial v}{\partial y}\,\mathrm{d}y + \frac{\partial v}{\partial z}\,\mathrm{d}z ,$$

$$\mathrm{d}z' - \mathrm{d}z = \mathrm{d}w = \frac{\partial w}{\partial x}\,\mathrm{d}x + \frac{\partial w}{\partial y}\,\mathrm{d}y + \frac{\partial w}{\partial z}\,\mathrm{d}z$$

bzw.

$$\mathrm{d}x'_i - \mathrm{d}x_i = \mathrm{d}u_i = \frac{\partial u_i}{\partial x_j}\,\mathrm{d}x_j .$$

Für den ebenen Fall lässt sich das durch

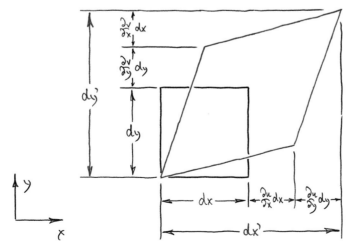

darstellen.

Den Begriff der **Dehnung** (= *dilation*) kennen wir bereits aus der Werkstofftechnik. Im Zusammenhang mit dem einachsigen Zugversuch ist die Dehnung dort definiert zu

$$\varepsilon := \frac{(L_0 + \Delta L) - L_0}{L_0} = \frac{\Delta L}{L_0},$$

wobei L_0 die Länge im Ausgangszustand darstellt, und $\Delta L \lessgtr 0$ die mit der Dehnung verbundene Verlängerung (> 0) bzw. Verkürzung (< 0). Wir erweitern den Begriff der Dehnung auf den dreidimensionalen Fall und formulieren analog für die x-Richtung

$$\varepsilon_{\mathrm{x}} = \frac{\left(\mathrm{d}x + \frac{\partial u}{\partial x}\,\mathrm{d}x\right) - \mathrm{d}x}{\mathrm{d}x} = \frac{\partial u}{\partial x} = \frac{\partial u_1}{\partial x_1} = \varepsilon_{11} \tag{9.15}$$

sowie

$$\varepsilon_{\mathrm{y}} = \frac{\partial v}{\partial y} = \frac{\partial u_2}{\partial x_2} = \varepsilon_{22}, \qquad \varepsilon_{\mathrm{z}} = \frac{\partial w}{\partial z} = \frac{\partial u_3}{\partial x_3} = \varepsilon_{33} \tag{9.15a}$$

für die beiden anderen Raumrichtungen. Wegen der Projektion auf die jeweilige Koordinatenachse gelten diese Beziehungen nur näherungsweise für kleine Verzerrungen ($\alpha, \beta \ll 1$).

Zur Ermittlung der Scherungen betrachten wir exemplarisch die x, y-Ebene mit dem Winkel ϑ_{xy}:

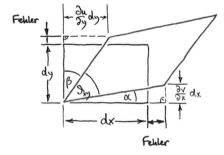

Wegen der Fehler gilt auch hier nur näherungsweise für kleine Verzerrungen

$$\tan\alpha = \frac{\frac{\partial v}{\partial x}\,\mathrm{d}x}{\mathrm{d}x} = \frac{\partial v}{\partial x}, \qquad \tan\beta = \frac{\frac{\partial u}{\partial y}\,\mathrm{d}y}{\mathrm{d}y} = \frac{\partial u}{\partial y}$$

und insbesondere wegen $\alpha, \beta \ll 1$

$$\alpha = \frac{\partial v}{\partial x}, \qquad \beta = \frac{\partial u}{\partial y}.$$

Wir definieren die **Scherung** (= *shear*) oder **Gleitung** durch

$$\gamma_{\mathrm{xy}} := \frac{\pi}{2} - \vartheta_{\mathrm{xy}} = \alpha + \beta$$

als Abweichung vom ursprünglich rechten Winkel. Damit erhalten wir (für die beiden anderen Ebenen entsprechend)

$$
\left.
\begin{aligned}
\gamma_{xy} &= \frac{\partial u}{\partial y} + \frac{\partial v}{\partial x} = \frac{\partial u_1}{\partial x_2} + \frac{\partial u_2}{\partial x_1} = \gamma_{12} \\[2mm]
\gamma_{xz} &= \frac{\partial u}{\partial z} + \frac{\partial w}{\partial x} = \frac{\partial u_1}{\partial x_3} + \frac{\partial u_3}{\partial x_1} = \gamma_{13} \\[2mm]
\gamma_{yz} &= \frac{\partial v}{\partial z} + \frac{\partial w}{\partial y} = \frac{\partial u_2}{\partial x_3} + \frac{\partial u_3}{\partial x_2} = \gamma_{23}
\end{aligned}
\right\}
\quad
\gamma_{ij} = \frac{\partial u_i}{\partial x_j} + \frac{\partial u_j}{\partial x_i}
\quad \text{für } i \neq j\,.
\tag{9.16}
$$

Man überzeugt sich leicht von der Symmetrie

$$
\gamma_{xy} = \gamma_{yx}\,, \quad \gamma_{xz} = \gamma_{zx}\,, \quad \gamma_{yz} = \gamma_{zy} \qquad \text{bzw.} \qquad \gamma_{ij} = \gamma_{ji}\,.
$$

Die Dehnungen und Scherungen beschreiben den Verzerrungszustand im Punkt P. Sie lassen sich zu dem (aus dem letzten Abschnitt bereits bekannten) **klassischen Verzerrungstensor**

$$
\boldsymbol{\epsilon}^{(2)} = \varepsilon_{ij}\,\mathbf{e}_i\,\mathbf{e}_j \qquad \text{mit} \qquad \varepsilon_{ij} = \frac{1}{2}\left(\frac{\partial u_i}{\partial x_j} + \frac{\partial u_j}{\partial x_i} \right)
\tag{9.13}
$$

zusammenfassen. Denn es ist

$$
\varepsilon_{ij} =
\begin{cases}
\dfrac{\partial u_i}{\partial x_j} & \text{für } i = j\,, & \text{(vgl. (9.15))} \\[4mm]
\frac{1}{2}\,\gamma_{ij} & \text{für } i \neq j\,. & \text{(vgl. (9.16))}
\end{cases}
$$

Damit erhalten wir auch wieder die zugehörige **klassische Verzerrungmatrix**

$$
\underline{\underline{\boldsymbol{\epsilon}}} =
\begin{pmatrix}
\varepsilon_{11} & \varepsilon_{12} & \varepsilon_{13} \\
\varepsilon_{21} & \varepsilon_{22} & \varepsilon_{23} \\
\varepsilon_{31} & \varepsilon_{32} & \varepsilon_{33}
\end{pmatrix}
=
\begin{pmatrix}
\varepsilon_x & \frac{1}{2}\gamma_{xy} & \frac{1}{2}\gamma_{xz} \\
\frac{1}{2}\gamma_{yx} & \varepsilon_y & \frac{1}{2}\gamma_{yz} \\
\frac{1}{2}\gamma_{zx} & \frac{1}{2}\gamma_{zy} & \varepsilon_z
\end{pmatrix}
\tag{9.13a}
$$

mit $\underline{\underline{\boldsymbol{\epsilon}}} = \underline{\underline{\boldsymbol{\epsilon}}}^{\mathbf{T}}$.

Da der Verzerrungstensor ein *reell besetzter* und *symmetrischer* Tensor ist, hat er die gleichen mathematischen Eigenschaften wie der Spannungstensor, d.h. reelle Eigenwerte (Hauptdehnungen) und ein orthogonales Hauptachsensystem (Hauptdehnungsachsen). Für den ebenen Fall lässt sich dann auch ein **MOHRscher Verzerrungskreis** zeichnen.

9.3 Ergänzende Bemerkungen

Am Schluss von Abschnitt 1.2.6 haben wir erfahren, dass Transformationen als *aktiv* oder *passiv interpretiert*[7] werden können. Die dort gezeigte orthogonale Transformation war (wie später auch in Abschnitt 7.3) eine Transformation passiver Interpretation.

Wir richten unseren Blick noch einmal auf Abbildung 9.1. Dort wurden die materiellen Koordinaten gemäß

$$x_i(x_j^\bullet, t = 0) \equiv x_i^\bullet \tag{9.1a}$$

mit den geometrischen Koordinaten in der Referenzkonfiguration $\mathcal{K}_0$ identifiziert. Wir können nun die Kinematik der Deformation entsprechend der LAGRANGEschen Betrachtungsweise als Abbildung (Transformation)

$$\mathbf{A} : \left\{ \begin{array}{ccc} \Omega_0 & \rightarrow & \Omega_{\mathcal{K}(t)} \\ x_i(x_j^\bullet, t = 0) & \mapsto & x_i(x_j^\bullet, t) \end{array} \right.$$

von der Referenzkonfiguration $\mathcal{K}_0$ in die Momentankonfiguration $\mathcal{K}(t)$ auffassen. Man spricht hier auch von einem **Homöomorphismus**. Definitionsgemäß liegt ein solcher vor, wenn die Abbildung $\mathbf{A}$ bijektiv ist und sowohl $\mathbf{A}$ als auch die inverse Abbildung $\mathbf{A}^{-1}$ (Umkehrabbildung) stetig ist, vgl. [21] Abschnitt 1.5.7.1. Diese Eigenschaften werden im vorliegenden Fall durch das Kontinuitätsprinzip garantiert.

Für jeden materiellen Punkt $x_j^\bullet$ (Teilchen) gilt also: der Ausgangsposition $x_i(t = 0)$ wird umkehrbar eindeutig (= bijektiv) eine Momentanposition $x_i(t)$ zugeordnet. Da es sich aber sowohl bei der Ausgangs- wie auch bei Momentanposition um geometrische Koordinaten in demselben kartesischen Koordinatensystem handelt, liegt hier eine Transformation **aktiver Interpretation** vor.

Anders ausgedrückt: Jedem materiellen Punkt, der in Abbildung 9.1a noch auf seinem „alten" Raumpunkt sitzt, wird im Zuge der Deformation ein „neuer" Raumpunkt nach Abbildung 9.1 b zugeordnet, wobei das Koordinatensystem das gleiche ist.

---

[7] Vgl. [13], Abschnitt 1.8.1.

10

Elastizität, Festigkeitshypothesen

Die letzten zwei Kapitel haben gezeigt, mit welchen mathematischen Mitteln wir Spannungs- und Verzerrungszustände beschreiben können. In beiden Fällen lief es auf symmetrische, reellbesetzte Tensoren 2. Stufe hinaus, für welche stets ein Hauptachsensystem existiert. Ferner wurde klar, dass Spannungs- wie Verzerrungszustände eine lokale „Angelegenheit" sind. Die diesbezüglichen Tensoren geben mit ihrer zahlenmäßigen „Besetzung" lediglich die Belastungs- bzw. Verformungssituation in einem bestimmten Punkt des betrachteten Körpers wieder.

Die alltägliche Erfahrung lehrt uns, dass reale Festkörper beim Aufbringen einer Belastung mit Verformung reagieren. Es geht in diesem Kapitel darum, für gegebenes Material zwischen dem *Spannungstensor* als lokaler „Beanspruchungsgröße" und dem *Verzerrungstensor* als (ebenfalls lokaler) „Verformungsgröße" einen Zusammenhang herzustellen. Dabei ist keineswegs gesichert, dass für ein bestimmtes Material tatsächlich ein derart direkter Zusammenhang besteht. Vielmehr sind weitere Einflussgrößen denkbar, wie die *Belastungsgeschwindigkeit* und die *Vorgeschichte der Verformung*.

Wir werden uns in diesem Kapitel auf einen linearen Zusammenhang zwischen Spannungs- und Verzerrungstensor ohne weitere Einflussgrößen, das sogenannte **linearelastisches Materialverhalten**, beschränken, welches für hinreichend kleine Verzerrungen bei praktisch allen Feststoffen zu beobachten ist. Man spricht in diesem Zusammenhang auch von der **physikalisch linearen Theorie** (im Gegensatz zur *geometrisch linearen Theorie*) bzw. vom HOOKEschen Festkörper.

10.1 Linearelastisches Materialverhalten

In Kapitel 4 war bereits von homogenen Materialeigenschaften die Rede: Stoffe verhalten sich *homogen*, wenn sich ihre Eigenschaften von einem Punkt zum anderen nicht ändern, also ortsunabhängig sind. Anderenfalls heißen sie *inhomogen*. Darüber hinaus gibt es den Fall, dass Stoffeigenschaften nicht von der Richtung im Material abhängen. Diese nennt man *isotrop*. Der gegenteilige Fall des *anisotropen* Verhaltens ist uns von Werkstoffen wie Holz und faserverstärkten Kunststoffen bekannt, deren Eigenschaften von der Faserrichtung erheblich beeinflusst werden.

Gesucht wird ein Stoffgesetz, das Spannungen und Verzerrungen miteinander verknüpft. Man spricht von **elastischem Materialverhalten**, wenn Spannungs- und Verzerrungszustand umkehrbar eindeutig einander zuzuordnen sind. Die Spannungen hängen dann entsprechend

$$\sigma_{ij} = \sigma_{ij}(\varepsilon_{k\ell})$$

nur von den Verzerrungen ab. Es gibt somit keine Abhängigkeit von der Zeit und der Deformationsgeschichte! Das heißt insbesondere:

- Dem verzerrungsfreien Zustand ist stets der spannungsfreie Zustand zugeordnet, unabhängig davon, ob es sich bezüglich eines Verformungsprozesses um den Ausgangszustand handelt oder um den Endzustand nach Aufbringen und Wegnehmen der Belastung (Rückkehr in den „alten" Zustand).

- Es ist gleichgültig, ob der mit einem bestimmten Spannungszustand verbundene Verzerrungszustand von „unten" (von geringeren Spannungen aus) oder von „oben" (von höheren Spannungen aus) erreicht wird.

Unter dem **HOOKEschen Gesetz** versteht man den linearen Zusammenhang zwischen Spannungen und Dehnungen im einachsigen Fall. Dort gilt

$$\sigma = E\,\varepsilon \qquad (E = \text{const})$$

mit dem **Elastizitätsmodul** E (= YOUNGs *modulus*). Dieser hat die physikalische Dimension einer Spannung. Für den räumlichen Fall hingegen lässt sich das *linearelastische Materialverhalten* durch[1]

$$\boldsymbol{\sigma}^{(2)} = \mathbf{E}^{(4)} : \boldsymbol{\varepsilon}^{(2)} \qquad \text{bzw.} \qquad \sigma_{ij} = E_{ijk\ell}\,\varepsilon_{k\ell} \tag{10.1}$$

ausdrücken. Der darin auftretende **Elastizitätstensor** $\mathbf{E}^{(4)}$ hat als Tensor 4. Stufe $3^4 = 81$ Komponenten $E_{ijk\ell}$, welche als *Elastizitätskonstanten* bezeichnet werden. Dass diese nicht allesamt unabhängig voneinander sein können, liefern uns schon die Symmetriebeziehungen $\sigma_{ij} = \sigma_{ji}$ und $\varepsilon_{k\ell} = \varepsilon_{\ell k}$. Vertauscht man nämlich die entsprechenden Indizes in (10.1), so folgt

$$E_{ijk\ell} = E_{jik\ell} = E_{ji\ell k} = E_{ij\ell k}\,,$$

was ausgeschrieben auf 45 Gleichheiten führt. Anstelle von den neun Gleichungen mit 81 Elastizitätskonstanten, die hinter (10.1) stecken, hat man dann nur noch sechs Gleichungen mit 36 Elastizitätskonstanten. Aber auch die sind keineswegs alle unabhängig voneinander.

Fordert man zusätzlich zum linearelastischen noch **isotropes Materialverhalten**, so nimmt der Elastizitätstensor aufgrund der geforderten Symmetrie- und Isotropieeigenschaften die Form (7.28 a) an, und aus (10.1) folgt wegen

$$E_{ijk\ell}\,\varepsilon_{k\ell} = \lambda\,\delta_{ij}\,\delta_{k\ell}\,\varepsilon_{k\ell} + \mu\left(\delta_{ik}\,\delta_{j\ell}\,\varepsilon_{k\ell} + \delta_{i\ell}\,\delta_{jk}\,\varepsilon_{k\ell}\right) = \lambda\,\varepsilon_{kk}\,\delta_{ij} + 2\,\mu\,\varepsilon_{ij}$$

---

[1] Zum **doppelt verjüngenden Produkt** vgl. (7.19) in Abschnitt 7.2.2.

das **verallgemeinerte HOOKEsche Gesetz** für isotrope Festkörper

$$\boxed{\sigma_{ij} \;=\; \lambda\,\varepsilon_{kk}\,\delta_{ij} \;+\; 2\,\mu\,\varepsilon_{ij}} \tag{10.2}$$

mit den LAMÉschen Konstanten λ und μ. Das bedeutet, dass von den 81 Elastizitätskonstanten mal gerade noch ganze zwei unabhängig sind!

Ausgeschrieben lautet (10.2) unter Verwendung von $\varepsilon_{ij} = \frac{1}{2}\,\gamma_{ij}$ für $i \neq j$

$$\sigma_{11} \;=\; \lambda\left(\varepsilon_{11} + \varepsilon_{22} + \varepsilon_{33}\right) + 2\mu\,\varepsilon_{11}\,, \qquad \sigma_{12} \;=\; 2\mu\,\varepsilon_{12} \;=\; \mu\,\gamma_{12}\,,$$

$$\sigma_{22} \;=\; \lambda\left(\varepsilon_{11} + \varepsilon_{22} + \varepsilon_{33}\right) + 2\mu\,\varepsilon_{22}\,, \qquad \sigma_{13} \;=\; 2\mu\,\varepsilon_{13} \;=\; \mu\,\gamma_{13}\,,$$

$$\sigma_{33} \;=\; \lambda\left(\varepsilon_{11} + \varepsilon_{22} + \varepsilon_{33}\right) + 2\mu\,\varepsilon_{33}\,, \qquad \sigma_{23} \;=\; 2\mu\,\varepsilon_{23} \;=\; \mu\,\gamma_{23}$$

bzw. in der konventionellen Bezeichnungsweise

$$\sigma_{\mathrm{x}} \;=\; \left(\lambda + 2\mu\right)\varepsilon_{\mathrm{x}} + \lambda\,\varepsilon_{\mathrm{y}} + \lambda\,\varepsilon_{\mathrm{z}}\,, \qquad \tau_{\mathrm{xy}} \;=\; \mu\,\gamma_{\mathrm{xy}}\,,$$

$$\sigma_{\mathrm{y}} \;=\; \lambda\,\varepsilon_{\mathrm{x}} + \left(\lambda + 2\mu\right)\varepsilon_{\mathrm{y}} + \lambda\,\varepsilon_{\mathrm{z}}\,, \qquad \tau_{\mathrm{xz}} \;=\; \mu\,\gamma_{\mathrm{xz}}\,, \tag{10.2a}$$

$$\sigma_{\mathrm{z}} \;=\; \lambda\,\varepsilon_{\mathrm{x}} + \lambda\,\varepsilon_{\mathrm{y}} + \left(\lambda + 2\mu\right)\varepsilon_{\mathrm{z}}\,, \qquad \tau_{\mathrm{yz}} \;=\; \mu\,\gamma_{\mathrm{yz}}\,.$$

Diese sechs Gleichungen werden häufig auch in Matrixschreibweise notiert:

$$\begin{pmatrix} \sigma_{\mathrm{x}} \\ \sigma_{\mathrm{y}} \\ \sigma_{\mathrm{z}} \\ \tau_{\mathrm{xy}} \\ \tau_{\mathrm{xz}} \\ \tau_{\mathrm{yz}} \end{pmatrix} = \begin{pmatrix} \lambda + 2\mu & \lambda & \lambda & 0 & 0 & 0 \\ \lambda & \lambda + 2\mu & \lambda & 0 & 0 & 0 \\ \lambda & \lambda & \lambda + 2\mu & 0 & 0 & 0 \\ 0 & 0 & 0 & \mu & 0 & 0 \\ 0 & 0 & 0 & 0 & \mu & 0 \\ 0 & 0 & 0 & 0 & 0 & \mu \end{pmatrix} \begin{pmatrix} \varepsilon_{\mathrm{x}} \\ \varepsilon_{\mathrm{y}} \\ \varepsilon_{\mathrm{z}} \\ \gamma_{\mathrm{xy}} \\ \gamma_{\mathrm{xz}} \\ \gamma_{\mathrm{yz}} \end{pmatrix} \tag{10.2b}$$

Für den Anfänger etwas verwirrend ist hier, dass die jeweils sechs unabhängigen Komponenten des Spannungs- bzw. Verzerrungstensors zu Spaltenvektoren zusammengefasst werden. Das heißt natürlich nicht, dass diese nun als „richtige" Vektoren in einem sechsdimensionalen Raum zu interpretieren wären. Es geht hier lediglich um die Notierung eines linearen Gleichungssystems!

Die LAMÉschen Konstanten lassen sich durch den Elastizitätsmodul E, die Querkontraktionszahl ν (= POISSONs ratio) bzw. durch den Schubmodul G (= *shear modulus*) ausdrücken:[2]

$$\lambda \;=\; \frac{\nu\,E}{(1+\nu)(1-2\nu)}\,, \qquad \mu \;=\; G \;=\; \frac{E}{2\,(1+\nu)}\,. \tag{10.3}$$

Im umgekehrten Fall erhält man

---

[2] Aus Platzgründen verzichten wir hier auf die Herleitung, siehe dazu [15], §11, Absatz 3c).

$$E = \frac{\mu\,(3\lambda + 2\mu)}{\lambda + \mu}\,, \qquad \nu = \frac{\lambda}{2\,(\lambda + \mu)}\,, \qquad G = \mu\,. \tag{10.4}$$

Den *Elastizitätsmodul* kennen wir bereits vom HOOKEschen Gesetz als Proportionalitätskonstante zwischen Normalspannung und Dehnung im einachsigen Fall. Die Bedeutung des *Schubmoduls* als Proportionalitätskonstante zwischen Schubspannung und Scherung wird deutlich, wenn wir die betreffenden Gleichungen von (10.2 a) mit $\mu = G$ schreiben:

$$\tau_{xy} = G\,\gamma_{xy}\,, \qquad \tau_{xz} = G\,\gamma_{xz}\,, \qquad \tau_{yz} = G\,\gamma_{yz}\,.$$

Die physikalische Wirkung der *Querkontraktion* ist dagegen aus der alltäglichen Erfahrung bekannt: Gegenstände aus elastischem Material verringern ihre Querschnittsfläche bei Verlängerung unter Zugbelastung. Im umgekehrten Fall der Stauchung unter Druckbelastung wird die Querschnittsfläche vergrößert. Wir werden weiter unten darauf zurückkommen.

Beispiel 10.1   Elastizitätsdaten von Stahl

Aus zahlreichen experimentellen Untersuchungen haben sich für den wichtigsten Werkstoff des Ingenieurwesens die Werte

$$E = 2,1 \cdot 10^5\ \text{MPa} \qquad \text{und} \qquad \nu = 0,3$$

etabliert. Angesichts vieler Tausend Stahlsorten für die unterschiedlichsten Einsatzgebiete leuchtet ein, dass es sich hierbei um pauschale Standardwerte handelt. Nicht unerhebliche Abweichungen im Einzelfall, etwa bei kohlenstoffreichen bzw. gehärteten Stählen, sind denkbar. Mit den obigen Werten ergibt sich nach (10.3):

$$\lambda = 1,2 \cdot 10^5\ \text{MPa} \qquad \text{und} \qquad \mu = G = 8 \cdot 10^4\ \text{MPa}\,.$$

Die SI-Einheit Pa („Pascal") für Drücke und Spannungen ist bekanntlich definiert als

$$1\,\text{Pa}\ := \ 1\,\frac{\text{N}}{\text{m}^2}\,.$$

Daher ist die Einheit MPa („Megapascal") wegen

$$1\,\text{MPa}\ = \ 10^6\,\frac{\text{N}}{\text{m}^2}\ = \ 10^6\,\frac{\text{N}}{\text{m}^2}\cdot 10^{-6}\,\frac{\text{m}^2}{\text{mm}^2}\ = \ 1\,\frac{\text{N}}{\text{mm}^2}$$

mit der früher üblichen und in der Praxis wegen ihrer Anschaulichkeit immer noch verwendeten Einheit N/mm^2 identisch.   ∎

Da für elastisches Materialverhalten – wie eingangs diskutiert – Spannungs- und Verzerrungszustand in umkehrbar eindeutiger Weise zusammenhängen, muss sich aus (10.2) eine invertierte Darstellung gewinnen lassen, bei der die Verzerrungen aus den Spannungen berechnet werden. Bei Betrachtung von (10.2) fällt aber sofort auf, dass es mit der Auflösung nach ε_{ij} nicht getan ist, da dann auf der anderen Seite immer noch ε_{kk} erscheint. Deswegen kümmern wir uns zuerst um ε_{kk} und verjüngen (10.2) zunächst durch $i = j = k$, was mit $\delta_{kk} = 3$ auf

$$\sigma_{kk} = \left(3\lambda + 2\mu\right)\varepsilon_{kk} \qquad \text{bzw.} \qquad \varepsilon_{kk} = \frac{1}{3\lambda + 2\mu}\,\sigma_{kk} \tag{10.5}$$

führt. Anschließend wird ε_{kk} in die nach ε_{ij} umgestellte Gleichung (10.2) eingesetzt, so dass mit

$$\varepsilon_{ij} = \frac{1}{2\mu}\left(\sigma_{ij} - \lambda\,\varepsilon_{kk}\,\delta_{ij}\right)$$

$$= \frac{1}{2\mu}\left(\sigma_{ij} - \frac{\lambda}{3\lambda + 2\mu}\,\sigma_{kk}\,\delta_{ij}\right)$$

unter Verwendung von (10.3) schließlich

$$\boxed{\varepsilon_{ij} = \frac{1 + \nu}{E}\,\sigma_{ij} - \frac{\nu}{E}\,\sigma_{kk}\,\delta_{ij}} \tag{10.6}$$

vorliegt. Ausgeschrieben und in konventionelle Bezeichnungen überführt, ergibt sich unter Verwendung von $I_1 = \sigma_\mathrm{x} + \sigma_\mathrm{y} + \sigma_\mathrm{z} = \sigma_{kk}$ für die **Dehnungen**

$$\varepsilon_\mathrm{x} = \tfrac{1}{E}\left[(1 + \nu)\sigma_\mathrm{x} - \nu\,I_1\right] = \tfrac{1}{E}\left[\sigma_\mathrm{x} - \nu\left(\sigma_\mathrm{y} + \sigma_\mathrm{z}\right)\right],$$

$$\varepsilon_\mathrm{y} = \tfrac{1}{E}\left[(1 + \nu)\sigma_\mathrm{y} - \nu\,I_1\right] = \tfrac{1}{E}\left[\sigma_\mathrm{y} - \nu\left(\sigma_\mathrm{x} + \sigma_\mathrm{z}\right)\right], \tag{10.6a}$$

$$\varepsilon_\mathrm{z} = \tfrac{1}{E}\left[(1 + \nu)\sigma_\mathrm{z} - \nu\,I_1\right] = \tfrac{1}{E}\left[\sigma_\mathrm{z} - \nu\left(\sigma_\mathrm{x} + o_\mathrm{y}\right)\right]$$

und für die **Scherungen** (erweitert mit dem Faktor 2 wegen $\varepsilon_{ij} = \tfrac{1}{2}\gamma_{ij}$ für $i \neq j$)

$$\gamma_\mathrm{xy} = \tfrac{2(1+\nu)}{E}\,\tau_\mathrm{xy} = \tfrac{1}{G}\,\tau_\mathrm{xy},$$

$$\gamma_\mathrm{xz} = \tfrac{2(1+\nu)}{E}\,\tau_\mathrm{xz} = \tfrac{1}{G}\,\tau_\mathrm{xz}, \tag{10.6b}$$

$$\gamma_\mathrm{yz} = \tfrac{2(1+\nu)}{E}\,\tau_\mathrm{yz} = \tfrac{1}{G}\,\tau_\mathrm{yz}.$$

Während die Scherungen keiner weiteren Erläuterung bedürfen – man hätte ohne Weiteres (10.6b) wegen $\mu = G$ auch direkt aus den entsprechenden drei Gleichungen in (10.2a) herleiten können –, lohnt es sich aber, die jeweils drei Terme der Dehnungen einer physikalischen Betrachtung zu unterziehen. Wir tun dies am Beispiel von

$$\varepsilon_\mathrm{x} = \frac{1}{E}\,\sigma_\mathrm{x} - \frac{\nu}{E}\,\sigma_\mathrm{y} - \frac{\nu}{E}\,\sigma_\mathrm{z}$$

$$= \varepsilon_\mathrm{x}^\mathrm{x} + \varepsilon_\mathrm{x}^{\mathrm{Quer},\,\mathrm{y}} + \varepsilon_\mathrm{x}^{\mathrm{Quer},\,\mathrm{z}} \qquad \begin{array}{l}\text{Richtung der „Ursache"}\\ \text{Wirkrichtung}\end{array}\ .$$

Im Einzelnen sind

$$\varepsilon_x^x \quad = \quad \frac{1}{E}\,\sigma_x \qquad \text{(Dehnung aufgrund von } \sigma_x \text{ allein)},$$

$$\varepsilon_x^{\text{Quer},y} \quad = \quad -\frac{\nu}{E}\,\sigma_y \qquad \text{(Querkontraktion in } x\text{-Richtung aufgrund von } \sigma_y \text{ allein)},$$

$$\varepsilon_x^{\text{Quer},z} \quad = \quad -\frac{\nu}{E}\,\sigma_z \qquad \text{(Querkontraktion in } x\text{-Richtung aufgrund von } \sigma_z \text{ allein)}.$$

Die Minuszeichen bei den Querkontraktionen repräsentieren die anschauliche Tatsache, dass Körper, die in einer Achsenrichtung auf Zug ($\sigma > 0$) beansprucht werden, in den beiden anderen mit „Verschlankung" reagieren ($\varepsilon^{\text{Quer}} < 0$), während sich im Falle der Druckbeanspruchung ($\sigma < 0$) eine Stauchung ($\varepsilon^{\text{Quer}} > 0$) ergibt.

Ist der Spannungszustand im Hauptachsensystem gegeben, so ergibt sich aus (10.6) unmittelbar

$$\varepsilon_{\text{I}} \quad = \quad \tfrac{1}{E}\left[(1+\nu)\,\sigma_{\text{I}} - \nu\,I_1\right] \quad = \quad \tfrac{1}{E}\left[\sigma_{\text{I}} - \nu\left(\sigma_{\text{II}} + \sigma_{\text{III}}\right)\right],$$

$$\varepsilon_{\text{II}} \quad = \quad \tfrac{1}{E}\left[(1+\nu)\,\sigma_{\text{II}} - \nu\,I_1\right] \quad = \quad \tfrac{1}{E}\left[\sigma_{\text{II}} - \nu\left(\sigma_{\text{I}} + \sigma_{\text{III}}\right)\right],$$

$$\varepsilon_{\text{III}} \quad = \quad \tfrac{1}{E}\left[(1+\nu)\,\sigma_{\text{III}} - \nu\,I_1\right] \quad = \quad \tfrac{1}{E}\left[\sigma_{\text{III}} - \nu\left(\sigma_{\text{I}} + \sigma_{\text{II}}\right)\right]$$

sowie

$$\gamma_{xy} = \gamma_{xz} = \gamma_{yz} = 0\,.$$

Man kann zeigen, dass für HOOKEsche Festkörper Spannungshauptachsen und Dehnungshauptachsen stets identisch sind. Dazu zerlegen wir den Spannungstensor in einen **Deviator** und einen **Kugeltensor** gemäß (vgl. Abschnitt 7.4)

$$\sigma_{ij} = \underbrace{\left(\sigma_{ij} - \overline{\sigma}\,\delta_{ij}\right)}_{\text{Deviator}} + \underbrace{\overline{\sigma}\,\delta_{ij}}_{\text{Kugeltensor}} \qquad \text{mit} \quad \overline{\sigma} := \tfrac{1}{3}\,\sigma_{kk} = \tfrac{1}{3}\left(\sigma_{11} + \sigma_{22} + \sigma_{33}\right).$$

Dabei ist $\overline{\sigma}$ das arithmetische Mittel der Normalspannungen. Im Deviator des Spannungstensors ersetzen wir σ_{ij} und σ_{kk} durch (10.2) bzw. (10.5) und erhalten

$$\underbrace{\sigma_{ij} - \tfrac{1}{3}\,\sigma_{kk}\,\delta_{ij}}_{\text{Spannungsdeviator}} = \lambda\,\varepsilon_{kk}\,\delta_{ij} + 2\,\mu\,\varepsilon_{ij} - \tfrac{1}{3}\left(3\lambda + 2\mu\right)\varepsilon_{kk}\,\delta_{ij}$$

$$= \lambda\,\varepsilon_{kk}\,\delta_{ij} + 2\,\mu\,\varepsilon_{ij} - \lambda\,\varepsilon_{kk}\,\delta_{ij} - \tfrac{2}{3}\,\mu\,\varepsilon_{kk}\,\delta_{ij}$$

$$= 2\,\mu\,\underbrace{\left(\varepsilon_{ij} - \tfrac{1}{3}\,\varepsilon_{kk}\,\delta_{ij}\right)}_{\text{Verzerrungsdeviator}}.$$

Spannungs- und Verzerrungsdeviator stehen also in einem konstanten Verhältnis. Damit sind ihre Hauptachsensysteme identisch. Da aber ein Tensor und sein Deviator stets das gleiche Hauptachsensystem haben, gilt:

Bei HOOKEschen Festkörpern sind Spannungs- und Verzerrungshauptachsen identisch!

Abschließend sei bemerkt, dass der Verzerrungsdeviator $\varepsilon_{ij} - \frac{1}{3}\varepsilon_{kk}\delta_{ij}$ die Gestaltänderung bei konstantem Volumen repräsentiert, während der Verzerrungskugeltensor $\frac{1}{3}\varepsilon_{kk}\delta_{ij}$ die reine Volumenänderung beinhaltet.

10.2 Thermoelastizität

Der Zusammenhang zwischen Spannungs- und Verzerrungstensor für linearelastisches, isotropes Materialverhalten wird durch (10.2) und (10.6) beschrieben. Dabei gibt insbesondere

$$\varepsilon_{ij}\big|_{\sigma} = \frac{1+\nu}{E}\,\sigma_{ij} - \frac{\nu}{E}\,\sigma_{kk}\,\delta_{ij} \tag{10.6}$$

Auskunft darüber, welche Dehnungen und Scherungen sich für gegebene Spannungen σ_{ij} einstellen, daher hier der Zusatz $\big|_{\sigma}$. Darüber hinaus gibt es aber noch Dehnungen, in ihre Ursache in Temperaturänderungen haben. Im einfachsten Fall, d.h. für isotropes Material, sind die (unbehinderten) **thermischen Dehnungen**

$$\varepsilon_{\mathrm{x}}\big|_{\vartheta} = \varepsilon_{\mathrm{y}}\big|_{\vartheta} = \varepsilon_{\mathrm{z}}\big|_{\vartheta} = \alpha\,(\vartheta - \vartheta_0)$$

in allen Raumrichtungen gleich und hängen linear von der Temperaturdifferenz $(\vartheta - \vartheta_0)$ ab, welche bezüglich einer Referenztemperatur ϑ_0 formuliert wird. Thermisch bedingte Scherungen existieren dagegen bei isotropem Material nicht. Somit lässt sich die *isotrope thermische Dehnung* durch den Kugeltensor

$$\varepsilon_{ij}\big|_{\vartheta} = \alpha\,(\vartheta - \vartheta_0)\,\delta_{ij} = \alpha\,\Delta\vartheta\,\delta_{ij} \tag{10.7}$$

ausdrücken. Darin ist α der *thermische Ausdehnungskoeffizient*. Er stellt im Rahmen der linearen Theorie für nicht zu große Temperaturdifferenzen $\Delta\vartheta := \vartheta - \vartheta_0$ und gegebene Referenztemperatur (wegen $\alpha = \alpha(\vartheta_0)$) eine Konstante dar. Der *klassische Verzerrungstensor* setzt sich nach dem Superpositionsprinzip gemäß

$$\varepsilon_{ij} = \varepsilon_{ij}\big|_{\sigma} + \varepsilon_{ij}\big|_{\vartheta}$$

nun aus zwei Anteilen zusammen. Damit lassen sich die zuvor ermittelten Gleichungen (10.6) und (10.2), in denen die thermische Dehnung noch nicht berücksichtigt war, zu

$$\boxed{\varepsilon_{ij} = \frac{1+\nu}{E}\,\sigma_{ij} - \frac{\nu}{E}\,\sigma_{kk}\,\delta_{ij} + \alpha\,\Delta\vartheta\,\delta_{ij}} \tag{10.6a}$$

bzw.

$$\boxed{\sigma_{ij} = \lambda\,\varepsilon_{kk}\,\delta_{ij} + 2\,\mu\,\varepsilon_{ij} - (3\lambda + 2\mu)\,\alpha\,\Delta\vartheta\,\delta_{ij}} \tag{10.2a}$$

erweitern.

10.3   Randwertproblem der linearen Elastizitätstheorie

Auch dieser Abschnitt darf fürs Erste überschlagen werden. Es geht hier erst einmal nur darum, wahrzunehmen, wie das Problem der elastischen Verformung eines Körpers für gegebene äußere und innere Kraftverteilungen überhaupt formuliert wird – mehr nicht. Die Behandlung analytischer und numerischer Lösungsmethoden ist üblicherweise Gegenstand weiterführender Lehrveranstaltungen. Einen Vorteil werden wir aus diesem Abschnitt aber auf jeden Fall mitnehmen: Die Vereinfachungen, die wir im Kapitel 11 bei der Behandlung *schlanker Körper* treffen werden, werden vor dem Hintergrund der hier vorgestellten Problemlage recht gut verständlich.

Um das Verhalten eines elastischen Körpers unter statischer Belastung beschreiben zu können, müssen die drei Sachverhalte

- Gleichgewicht

- Kinematik

- Stoffverhalten (Elastizität)

grundsätzlich geklärt werden. Das haben wir getan. Das Ergebnis liegt in Form von drei Gleichungen vor, die wir in der platzsparenden Indexschreibweise notiert hatten. Es sind dies die *Gleichgewichtsbedingungen*

$$\frac{\partial \sigma_{ij}}{\partial x_j} + f_i = 0 \qquad\qquad \text{oder kurz} \qquad \sigma_{ij,j} + f_i = 0 \,, \qquad\qquad (8.8)^3$$

die *kinematischen Beziehungen* zwischen den Verzerrungen und Verschiebungen

$$\varepsilon_{ij} = \frac{1}{2}\left(\frac{\partial u_i}{\partial x_j} + \frac{\partial u_j}{\partial x_i}\right) \qquad \text{oder kurz} \qquad \varepsilon_{ij} = \tfrac{1}{2}\bigl(u_{i,j} + u_{j,i}\bigr) \qquad\qquad (9.13)$$

sowie das *verallgemeinerte HOOKEsche Gesetz*[4]

$$\sigma_{ij} = \lambda\,\varepsilon_{kk}\,\delta_{ij} + 2\,\mu\,\varepsilon_{ij} \,. \qquad\qquad (10.2)$$

Ausgeschrieben führen sie auf 15 Einzelgleichungen. Denn hinter jeder vektoriellen Gleichung (*ein* freier Index) stecken drei Einzelgleichungen. Bei Gleichungen der 2. Tensorstufe (*zwei* freie Indizes) sind es formal neun Gleichungen, wegen der Symmetrie von Spannungs- und Verzerrungstensor läuft es bekanntlich auf nur sechs hinaus. Demgegenüber stehen die 15 Unbekannten

$$\underbrace{\sigma_{11},\ \sigma_{22},\ \sigma_{33},\ \sigma_{12},\ \sigma_{13},\ \sigma_{23}}_{\text{Spannungen}},\ \underbrace{\varepsilon_{11},\ \varepsilon_{22},\ \varepsilon_{33},\ \varepsilon_{12},\ \varepsilon_{12},\ \varepsilon_{23}}_{\text{Verzerrungen}},\ \underbrace{u_1,\ u_2,\ u_3}_{\text{Verschiebungen}},$$

die sich mit obigen Gleichungen prinzipiell berechnen lassen.

---

[3] Gegenüber der Darstellung in Abschnitt 8.2 wurde hier von $\sigma_{ji} = \sigma_{ij}$ Gebrauch gemacht.

[4] Auf die Berücksichtigung von Temperaturdehnungen wird hier verzichtet.

10.3.1 Formulierung des Randwertproblems

Von den Gleichungen (8.8), (9.13), (10.2) sind die ersten beiden **partielle Differentialgleichungen** (= *partial differential equation* (PDE)). Wir fassen diese formal zu dem Differentialgleichungssystem

$$\left.\begin{aligned}
\sigma_{ij,j} + f_i &= 0 && \text{(„Gleichgewicht“)} \\
\varepsilon_{ij} &= \tfrac{1}{2}\bigl(u_{i,j} + u_{j,i}\bigr) && \text{(„Kinematik“)} \\
\sigma_{ij} &= \lambda\,\varepsilon_{kk}\,\delta_{ij} + 2\,\mu\,\varepsilon_{ij} && \text{(„Elastizität“)}
\end{aligned}\right\} \quad \text{für } \forall\, x_i \in \Omega \qquad (10.8)$$

zusammen. Um ein solches lösen zu können, benötigen wir zusätzlich Randbedingungen (= *boundary conditions*). Dabei verstehen wir unter dem Rand Γ die Menge aller Randpunkte des offenen[5] Gebietes $\Omega \subset \mathbb{E}^3$, auf welchem sich der betrachtete Körper erstreckt. Somit ist Γ die Oberfläche des Körpers. Randbedingungen können in Form von Verschiebungsrandbedingungen oder Spannungsrandbedingungen vorliegen, je nachdem welche Art von Information auf dem Rand vorliegt. Bei **Verschiebungsrandbedingungen** werden die Werte der Verschiebung u_i auf dem Rand $\Gamma_{\mathrm{u}} \subset \Gamma$ durch

$$u_i\big|_{\Gamma_{\mathrm{u}}} = g_i(x_j) \qquad \text{für } \forall\, x_j \in \Gamma_{\mathrm{u}} \qquad (10.9)$$

vorgegeben. Bei den **Spannungsrandbedingungen** wird dagegen auf $\Gamma_{\mathrm{t}} \subset \Gamma$ die Spannungsverteilung unter Verwendung von (8.22) durch

$$\sigma_{ik}\, n_k\big|_{\Gamma_{\mathrm{t}}} = t_i\big|_{\Gamma_{\mathrm{t}}} = h_i(x_j) \qquad \text{für } \forall\, x_j \in \Gamma_{\mathrm{t}} \qquad (10.10)$$

formuliert. Die Funktionen $g_i(x_j)$ und $h_i(x_j)$ müssen auf dem jeweiligen Teilstück von Γ bekannt sein. Ein einfaches Beispiel für das Auftreten von Randbedingungen ist in Abbildung 10.1 gezeigt.

Wird das Differentialgleichungssystem (10.8) zusammen mit Randbedingungen nach (10.9) und/oder (10.10) angegeben, so spricht man von einem *Randwertproblem* oder einer *Randwertaufgabe*, deren Lösung darin besteht, die 15 zuvor genannten Größen als Funktion der Koordinaten x_j auf Ω anzugeben.

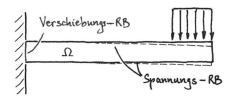

Abb. 10.1 Randbedingungen am Beispiel des Kragbalkens

---

[5] Ohne auf den Hintergrund näher einzugehen, nehmen wir zur Kenntnis, dass in der Mathematik ein solches Gebiet üblicherweise als *offen* definiert wird, d. h. die Randpunkte gehören nicht zu Ω. Das ist erst bei der Abschließung $\overline{\Omega} = \Omega \cup \Gamma$ der Fall.

10.3.2 NAVIER- und BELTRAMI-Gleichungen

Die Gleichungen (8.8), (9.13), (10.2) lassen sich auf zwei verschiedene Weisen zu jeweils einer partiellen Differentialgleichung 2. Ordnung zusammenfassen, je nachdem welche Größen man eliminiert. In der Literatur trifft man vorzugsweise auf die NAVIERschen oder LAMÉschen Gleichungen für die Verschiebungen (drei Gleichungen). Daneben existieren noch die BELTRAMI- oder MICHELL-Gleichungen für die Spannungen (sechs Gleichungen). Während die Herleitung dieser Gleichungen in der konventionellen Schreibweise alles andere als bequem ist, lässt sich diese in indizierter Tensornotation vergleichsweise problemlos nachvollziehen. Wir nehmen die Gelegenheit wahr:

Ausgangspunkt ist (8.8). Um darin die Spannungen zu ersetzen, leiten wir zunächst (10.2) nach x_j ab und erhalten

$$\sigma_{ij,j} = \lambda \, \varepsilon_{kk,j} \, \delta_{ij} + 2 \, \mu \, \varepsilon_{ij,j} \, .$$

Die nun wiederum benötigten Ableitungen $\varepsilon_{ij,j}$ und $\varepsilon_{kk,j}$ bilden wir mit (9.13) zu

$$\varepsilon_{ij,j} = \tfrac{1}{2} \big(u_{i,jj} + u_{j,ij} \big) \qquad \text{und} \qquad \varepsilon_{kk,j} = \tfrac{1}{2} \big(u_{k,kj} + u_{k,kj} \big) = u_{k,kj} \, .$$

Damit erhält man

$$\sigma_{ij,j} = \lambda \, u_{k,kj} \, \delta_{ij} + 2 \, \mu \, \tfrac{1}{2} \big(u_{i,jj} + u_{j,ij} \big)$$

$$= \lambda \, u_{j,ji} + \mu \, \big(u_{i,jj} + u_{j,ij} \big) \, . \qquad \text{(mit Umbenennung } k \to j\text{)}$$

Weitere Vereinfachung erfolgt mit $u_{j,ij} = u_{j,ji}$, denn dieses ermöglicht der ...

Satz von H. A. SCHWARZ: Ist eine Funktion $u\colon \Omega \to \mathbb{R}$, $\Omega \subset \mathbb{R}^n$, p-mal stetig differenzierbar, so kann man in den partiellen Ableitungen

$$\frac{\partial^\alpha u}{\partial x_{i_1} \partial x_{i_2} \dots \partial x_{i_\alpha}} \, , \qquad \text{mit} \quad 1 < \alpha \leqslant p \, ,$$

die Reihenfolge der $x_{i_1}, x_{i_2}, \dots, x_{i_\alpha}$ beliebig ändern, ohne dass sich die partiellen Ableitungen dabei ändern. (vgl. [1], Satz 5.3)

Wir wollen hinreichende Differenzierbarkeit bei den $u_j(x_i)$ wie auch in allen weiteren Fällen, die im Folgenden noch auftreten, voraussetzen und schreiben somit

$$\sigma_{ij,j} = \mu \, u_{i,jj} + \big(\lambda + \mu \big) u_{j,ji} \, ,$$

was schließlich in (8.8) eingesetzt wird. Wir erhalten damit die sogenannten **NAVIER-schen Gleichungen**[6] (Verschiebungsdifferentialgleichungen)

$$\boxed{\mu \, u_{i,jj} + \big(\lambda + \mu \big) u_{j,ji} + f_i = 0} \qquad\qquad (10.11)$$

für die drei Verschiebungen $u_i(x_j)$.

---

[6] Auch als LAMÉsche Gleichungen bezeichnet

Um entsprechende Differentialgleichungen für die Spannungen zu erhalten, müssen außer den Verzerrungen auch die Verschiebungen eliminiert werden. Dazu bringen wir die kinematischen Beziehungen

$$\varepsilon_{ij} = \tfrac{1}{2}\big(u_{i,j} + u_{j,i}\big) \tag{9.13}$$

auf eine geeignetere Form, indem wir zunächst die zweite Ableitung

$$\varepsilon_{ij,k\ell} = \tfrac{1}{2}\big(u_{i,jk\ell} + u_{j,ik\ell}\big) \quad |+$$

bilden und diese mit vertauschten Indizes noch dreimal aufschreiben:

$$\varepsilon_{k\ell,ij} = \tfrac{1}{2}\big(u_{k,\ell ij} + u_{\ell,kij}\big) \quad |+$$

$$\varepsilon_{ik,j\ell} = \tfrac{1}{2}\big(u_{i,kj\ell} + u_{k,ij\ell}\big) \quad |-$$

$$\varepsilon_{j\ell,ik} = \tfrac{1}{2}\big(u_{j,\ell ik} + u_{\ell,jik}\big) \quad |-$$

Das ist problemlos möglich, da es sich um vier freie Indizes handelt und freie Indizes nach Belieben umbenannt werden dürfen. Summation aller vier Gleichungen mit den obigen Vorzeichen liefert unter Beachtung des SCHWARZschen Satzes die sogenannten **Verträglichkeitsbedingungen**

$$\boxed{\varepsilon_{ij,k\ell} + \varepsilon_{k\ell,ij} - \varepsilon_{ik,j\ell} - \varepsilon_{j\ell,ik} = 0} \;. \tag{10.12}$$

Diese gehen einher mit der Tatsache, dass nach dem Kontinuumsprinzip die Verzerrungen nicht alle unabhängig voneinander sein können.

Das Gleichungssystem, welches zuvor aus (8.8), (9.13) und (10.2) bestand, liegt nun in zum Teil veränderter Form vor: Wir haben die *Gleichgewichtsbedingungen*

$$\sigma_{ij,j} + f_i = 0 \tag{8.8}$$

wie zuvor, die *Verträglichkeitsbedingungen*

$$\varepsilon_{ij,k\ell} + \varepsilon_{k\ell,ij} - \varepsilon_{ik,j\ell} - \varepsilon_{j\ell,ik} = 0 \tag{10.12}$$

sowie das *verallgemeinerte* HOOKEsche *Gesetz*

$$\varepsilon_{ij} = \frac{1+\nu}{E}\,\sigma_{ij} - \frac{\nu}{E}\,\sigma_{kk}\,\delta_{ij}\,, \tag{10.6}$$

welches gegenüber (10.2) die invertierte Form darstellt. Ausgangspunkt ist diesmal (10.12). Um darin die Verzerrungen zu ersetzen, leiten wir (10.6) nach x_k und x_ℓ ab und bekommen (die weiteren Gleichungen wieder durch Indextausch)

$$\varepsilon_{ij,k\ell} = \tfrac{1+\nu}{E}\,\sigma_{ij,k\ell} - \tfrac{\nu}{E}\,\sigma_{nn,k\ell}\,\delta_{ij}\,,$$

$$\varepsilon_{k\ell,ij} = \tfrac{1+\nu}{E}\,\sigma_{k\ell,ij} - \tfrac{\nu}{E}\,\sigma_{nn,ij}\,\delta_{k\ell}\,,$$

$$\varepsilon_{ik,j\ell} = \tfrac{1+\nu}{E}\,\sigma_{ik,j\ell} - \tfrac{\nu}{E}\,\sigma_{nn,j\ell}\,\delta_{ik}\,,$$

$$\varepsilon_{j\ell,ik} = \tfrac{1+\nu}{E}\,\sigma_{j\ell,ik} - \tfrac{\nu}{E}\,\sigma_{nn,ik}\,\delta_{j\ell}\,.$$

Durch Einsetzen in (10.12) erhalten wir

$$(1 + \nu)\bigl(\sigma_{ij,k\ell} + \sigma_{k\ell,ij} - \sigma_{ik,j\ell} - \sigma_{j\ell,ik}\bigr) =$$

$$= \nu\bigl(\sigma_{nn,k\ell}\,\delta_{ij} + \sigma_{nn,ij}\,\delta_{k\ell} - \sigma_{nn,j\ell}\,\delta_{ik} - \sigma_{nn,ik}\,\delta_{j\ell}\bigr)\,,$$

und anschließende Verjüngung mit $\ell = k$ liefert uns

$$(1 + \nu)\bigl(\sigma_{ij,kk} + \sigma_{kk,ij} - \sigma_{ik,jk} - \sigma_{jk,ik}\bigr) =$$

$$= \nu\bigl(\sigma_{nn,kk}\,\delta_{ij} + \sigma_{nn,ij}\,\delta_{kk} - \sigma_{nn,jk}\,\delta_{ik} - \sigma_{nn,ik}\,\delta_{jk}\bigr)$$

$$= \nu\bigl(\sigma_{nn,kk}\,\delta_{ij} + 3\,\sigma_{nn,ij} - \sigma_{nn,ji} - \sigma_{nn,ij}\bigr)$$

$$= \nu\bigl(\sigma_{nn,kk}\,\delta_{ij} + \sigma_{nn,ij}\bigr)\,.$$

Es folgt

$$(1 + \nu)\bigl(\sigma_{ij,kk} + \sigma_{kk,ij}\bigr) - \nu\bigl(\sigma_{nn,kk}\,\delta_{ij} + \sigma_{nn,ij}\bigr) = (1 + \nu)\bigl(\sigma_{ik,jk} + \sigma_{jk,ik}\bigr)$$

bzw.

$$(1 + \nu)\,\sigma_{ij,kk} + \sigma_{kk,ij} - \nu\,\sigma_{nn,kk}\,\delta_{ij} = (1 + \nu)\bigl(\sigma_{ik,jk} + \sigma_{jk,ik}\bigr)\,, \qquad (10.13)$$

wobei von $\sigma_{kk,ij} = \sigma_{nn,ij}$ Gebrauch gemacht wurde. Weiterhin ist aufgrund von (8.8)

$$\sigma_{ik,jk} = \sigma_{ik,kj} = -f_{i,j} \qquad \text{und} \qquad \sigma_{jk,ik} = \sigma_{jk,ki} = -f_{j,i}\,.$$

Das noch fehlende $\sigma_{nn,kk}$ erhalten wir dagegen aus (10.13) mit der weiteren Verjüngung $i = j$ gemäß

$$(1 + \nu)\,\sigma_{jj,kk} + \sigma_{kk,jj} - \nu\,\sigma_{nn,kk}\,\delta_{jj} = (1 + \nu)\bigl(\sigma_{jk,jk} + \sigma_{jk,jk}\bigr)\,,$$

was nach Umbenennung $j \to n$ und unter Verwendung von $\sigma_{nn,kk} = \sigma_{kk,nn}$ auf

$$(1 + \nu)\,\sigma_{nn,kk} + \sigma_{kk,nn} - 3\nu\,\sigma_{nn,kk} = 2(1 + \nu)\,\sigma_{nk,nk}$$

$$2(1 - \nu)\,\sigma_{nn,kk} = 2(1 + \nu)\,\sigma_{kn,nk} \qquad \big|\ \sigma_{kn,n} = -f_k \quad (8.8)$$

$$\sigma_{nn,kk} = -\frac{1 + \nu}{1 - \nu}\,f_{k,k}$$

führt. Durch Einsetzen von $\sigma_{ik,jk}, \sigma_{jk,ik}$ und $\sigma_{nn,kk}$ in (10.13) erhalten wir schließlich die **BELTRAMI-Gleichungen**[7] (Spannungsdifferentialgleichungen)

$$\boxed{\ \sigma_{ij,kk} + \frac{1}{1 + \nu}\,\sigma_{kk,ij} + \frac{\nu}{1 - \nu}\,f_{k,k}\,\delta_{ij} + f_{i,j} + f_{j,i} = 0\ } \qquad (10.14)$$

----

[7] Auch als MICHELL-Gleichungen bezeichnet

für die sechs (unabhängigen) Spannungen $\sigma_{ij}(x_k)$.

Da in der Technik die Volumenkraft f_i praktisch nur in Gestalt der Schwerkraft vorliegt, können wir wegen

$$f_i \equiv \text{const}$$

die BELTRAMI-Gleichungen wesentlich vereinfachen zu

$$(1 + \nu)\,\sigma_{ij,kk} + \sigma_{kk,ij} = 0\,. \tag{10.14a}$$

Zur Formulierung des Randwertproblems können anstelle des Differentialgleichungssystems (10.8) somit auch die NAVIERschen Gleichungen (10.11) oder die BELTRAMI-Gleichungen (10.14) bzw. (10.14a) verwendet werden. Dadurch wird das Randwertproblem von urprünglich 15 Gleichungen für 15 Unbekannte entweder auf drei Gleichungen für drei unbekannte Verschiebungen oder auf sechs Gleichungen für sechs unbekannten Spannungen reduziert. Im Gegenzug handelt man sich jedoch Differentialgleichungen 2. Ordnung ein.

Die Lösung des *Randwertproblems der linearen Elastizitätstheorie* erfolgt heute weitgehend mit numerischen Methoden, wie z.B. mit der **Finite-Elemente-Methode** (= *finite-element-method* (FEM)). Denn insbesondere bei räumlichen Problemen und bei komplizierter Körperberandung ist man auf numerische Methoden angewiesen. Analytische Lösungen sind dort in aller Regel nicht möglich. Für zahlreiche ebene Probleme (auch in Polarkoordinaten) existieren dagegen **analytische Lösungen**, die in der Ingenieurpraxis auch heute noch Beachtung finden, da sich viele Aufgabenstellungen auf ebene Probleme zurückführen lassen. Ein wesentliches Motiv für die Beschäftigung mit analytischen Lösungen im Computerzeitalter liegt aber auch darin begründet, dass man im Umgang mit diesen eine gewisse Erfahrung erwirbt. Diese ist sehr von Vorteil, da die Anwendung kommerzieller Software nicht automatisch zu richtigen Ergbnissen führt.

Analytische Lösungsmethoden finden sich in [2], Abschnitt 3.3 und [9], Kapitel 3 sowie mit zahlreichen Anwendungen in [15], Teil II. Um eine Vorstellung von analytischen Lösungen zu bekommen, folgt hier das vergleichsweise einfache ...

Beispiel 10.2   Schiefe Platte unter Eigengewicht[8]

Gegeben ist eine um den Winkel α geneigte Platte aus linearelastischem, isotropen Material (HOOKEscher Festkörper mit λ, μ), die fest auf einem starren Untergrund haftet und sich aufgrund ihres eigenen Gewichtes deformiert:

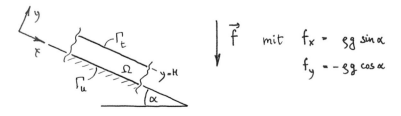

---

[8] Nach GREVE, R.: *Kontinuumsmechanik*. Springer-Verlag, Berlin–Heidelberg–New York 2003

Die Platte ist sowohl in x- als auch in z-Richtung unendlich ausgedehnt. Gesucht sind die Spannungen und Verschiebungen auf Ω. Aufgrund der unendlichen Ausdehnung und Uniformität längs x und z können sämtliche Verschiebungen, Verzerrungen und Spannungen nur von der Vertikalkoordinate y abhängen. Damit müssen alle Ableitungen nach x und z verschwinden, und da auch $w \equiv 0$ ist, liegt ein *ebener Verzerrungszustand* vor ($\gamma_{xz} = \gamma_{yz} = \varepsilon_z \equiv 0$).

Wir entscheiden uns dafür, die Berechnung mit den NAVIERschen Gleichungen

$$\mu\, u_{i,jj} + \left(\lambda + \mu\right) u_{j,ji} + f_i = 0 \tag{10.11}$$

durchzuführen und notieren die Randbedingungen zu

$$u_i\big|_{\Gamma_u} \equiv 0 \qquad\qquad \text{(„Verschiebungsfreiheit")} \tag{RB1}$$

und

$$\sigma_{ik}\, n_k\big|_{\Gamma_t} = t_i\big|_{\Gamma_t} \equiv 0\,, \qquad\qquad \text{(„Spannungsfreiheit")}$$

was wegen $\mathbf{n}\big|_{\Gamma_t} = \mathbf{e}_2$ bzw. $n_k\big|_{\Gamma_t} = \delta_{k2}$ erwartungsgemäß auf

$$\sigma_{i2}\big|_{\Gamma_t} \equiv 0 \tag{RB2}$$

führt. Wir schreiben nun (10.11) für den ebenen Fall ($i = 1, 2$) zunächst aus, d.h.

$$\mu\left(u_{1,11} + u_{1,22}\right) + \left(\lambda + \mu\right)\left(u_{1,11} + u_{2,21}\right) + f_1 = 0\,,$$

$$\mu\left(u_{2,11} + u_{2,22}\right) + \left(\lambda + \mu\right)\left(u_{1,12} + u_{2,22}\right) + f_2 = 0$$

und machen uns klar, dass das Verschwinden der Ableitungen nach x wegen $x = x_1$ alle Ableitungen betrifft, bei denen nach dem Komma eine Eins erscheint. Dann verbleibt

$$\mu\, u_{1,22} + f_1 = 0\,, \qquad \left(\lambda + 2\mu\right) u_{2,22} + f_2 = 0$$

oder

$$\mu\, \frac{\partial^2 u}{\partial y^2} + f_x = 0\,, \qquad \left(\lambda + 2\mu\right) \frac{\partial^2 v}{\partial y^2} + f_y = 0\,. \tag{1}$$

Wir müssen nun nur noch die Randbedingungen auf eine dazu passende Form bringen: Bei den Verschiebungsrandbedingungen (RB1) ist das unmittelbar klar. Da der Rand Γ_u mit der Koordinate $y = 0$ verbunden ist, folgt aus (RB1) direkt

$$u\,(y = 0) = 0\,, \qquad v\,(y = 0) = 0\,. \tag{RB1a,b}$$

Die Spannungsrandbedingungen dagegen lassen sich in der gegebenen Form (RB2) nicht verwenden. Wir müssen sie mithilfe von Verschiebungen ausdrücken. Dazu notiert man (10.2) mit

$$\sigma_{ij}\big|_{\Gamma_t} = \lambda\, \varepsilon_{kk}\big|_{\Gamma_t}\, \delta_{ij} + 2\mu\, \varepsilon_{ij}\big|_{\Gamma_t}$$

speziell für den Rand Γ_t, was weiterhin mit

$$\varepsilon_{ij}\big|_{\Gamma_t} = \tfrac{1}{2}\left(u_{i,j}\big|_{\Gamma_t} + u_{j,i}\big|_{\Gamma_t}\right) \quad \text{bzw.} \quad \varepsilon_{kk}\big|_{\Gamma_t} = u_{k,k}\big|_{\Gamma_t} \tag{(9.13) auf Γ_t}$$

zu der angestrebten Formulierung

$$\sigma_{ij}\big|_{\Gamma_t} = \lambda\, u_{k,k}\big|_{\Gamma_t}\,\delta_{ij} + \mu\left(u_{i,j}\big|_{\Gamma_t} + u_{j,i}\big|_{\Gamma_t}\right)$$

führt. Speziell für die (RB 2) ergibt sich damit[9]

$$\sigma_{i2}\big|_{\Gamma_t} = \lambda\left(\cancel{u_{1,1}}\big|_{\Gamma_t} + u_{2,2}\big|_{\Gamma_t}\right)\delta_{i2} + \mu\left(u_{i,2}\big|_{\Gamma_t} + u_{2,i}\big|_{\Gamma_t}\right) \equiv 0$$

und ausgeschrieben

$$i = 1: \quad \tau_{\mathrm{xy}}(y = H) = \mu\left(\frac{\partial u}{\partial y}\bigg|_{y=H} + \cancel{\frac{\partial v}{\partial x}}\bigg|_{y=H}\right) = \mu\,\frac{\partial u}{\partial y}\bigg|_{y=H} = 0\,,$$

$$i = 2: \quad \sigma_{\mathrm{y}}(y = H) = \lambda\,\frac{\partial v}{\partial y}\bigg|_{y=H} + 2\mu\,\frac{\partial v}{\partial y}\bigg|_{y=H}$$

$$= (\lambda + 2\mu)\,\frac{\partial v}{\partial y}\bigg|_{y=H} = 0\,.$$

Unser Randwertproblem hat nun mit

$$\boxed{\begin{array}{ll}
\mu\,\dfrac{\partial^2 u}{\partial y^2} + f_{\mathrm{x}} = 0\,, \qquad (\lambda + 2\mu)\,\dfrac{\partial^2 v}{\partial y^2} + f_{\mathrm{y}} = 0 & \text{(1)} \\[3mm]
u(y = 0) = 0\,, \qquad v(y = 0) = 0 & \text{(RB 1a,b)} \\[3mm]
\dfrac{\partial u}{\partial y}\bigg|_{y=H} = 0\,, \qquad \dfrac{\partial v}{\partial y}\bigg|_{y=H} = 0 & \text{(RB 2a,b)}
\end{array}}$$

eine Form angenommen, die sich direkt lösen lässt. Wir erhalten durch unbestimmte Integration mit $f_{\mathrm{x}} = \varrho g \sin\alpha$ und $f_{\mathrm{y}} = -\varrho g \cos\alpha$ die Funktionen

$$u(y) = \iint \frac{\partial^2 u}{\partial y^2}\,\mathrm{d}y^2 = -\frac{1}{\mu}\iint f_{\mathrm{x}}\,\mathrm{d}y^2 = -\frac{\varrho g \sin\alpha}{2\mu}\,y^2 + c_1\,y + c_2\,,$$

$$v(y) = \iint \frac{\partial^2 v}{\partial y^2}\,\mathrm{d}y^2 = -\frac{1}{\lambda + 2\mu}\iint f_{\mathrm{y}}\,\mathrm{d}y^2 = \frac{\varrho g \cos\alpha}{2(\lambda + 2\mu)}\,y^2 + c_3\,y + c_4\,.$$

Die Integrationskonstanten ergeben sich mit den Randbedingungen zu

$$\text{(RB 1a)} \quad \rightsquigarrow \quad c_2 = 0\,, \qquad\qquad \text{(RB 1b)} \quad \rightsquigarrow \quad c_4 = 0\,,$$

$$\text{(RB 2a)} \quad \rightsquigarrow \quad c_1 = \frac{\varrho g\, H \sin\alpha}{\mu}\,, \qquad \text{(RB 2b)} \quad \rightsquigarrow \quad c_3 = -\frac{\varrho g\, H \cos\alpha}{\lambda + 2\mu}\,.$$

---

[9] Man beachte, dass alle Ableitungen nach $x_1 = x$ verschwinden!

so dass wir für die **Verschiebungsfunktionen** schließlich

$$u(y) = -\frac{\varrho g H \sin\alpha}{\mu} \left(\frac{y^2}{2H} - y \right), \qquad v(y) = \frac{\varrho g H \cos\alpha}{\lambda + 2\mu} \left(\frac{y^2}{2H} - y \right)$$

erhalten. Und nach (9.13) ergeben sich durch Ableiten die **Verzerrungsfunktionen**

$$\varepsilon_{\mathrm{x}} = \frac{\partial u}{\partial x} \equiv 0, \qquad \varepsilon_{\mathrm{y}}(y) = \frac{\partial v}{\partial y} = \frac{\varrho g H \cos\alpha}{\lambda + 2\mu} \left(\frac{y}{H} - 1 \right),$$

$$\gamma_{\mathrm{xy}}(y) = \frac{\partial u}{\partial y} + \frac{\partial v}{\partial x} = -\frac{\varrho g H \sin\alpha}{\mu} \left(\frac{y}{H} - 1 \right),$$

die sich mit dem erweiterten HOOKEschen Gesetz (10.2 a) in die **Spannungsfunktionen**

$$\sigma_{\mathrm{x}}(y) \;=\; (\lambda + 2\mu)\,\varepsilon_{\mathrm{x}} + \lambda\,\varepsilon_{\mathrm{y}}(y) \;=\; \varrho g H \cos\alpha\,\frac{\lambda}{\lambda + 2\mu} \left(\frac{y}{H} - 1 \right),$$

$$\sigma_{\mathrm{y}}(y) \;=\; \lambda\,\varepsilon_{\mathrm{x}} + (\lambda + 2\mu)\,\varepsilon_{\mathrm{y}}(y) \;=\; \varrho g H \cos\alpha \left(\frac{y}{H} - 1 \right),$$

$$\sigma_{\mathrm{z}}(y) \;=\; \lambda\,\varepsilon_{\mathrm{x}} + \lambda\,\varepsilon_{\mathrm{y}}(y) \qquad\;=\; \varrho g H \cos\alpha\,\frac{\lambda}{\lambda + 2\mu} \left(\frac{y}{H} - 1 \right),$$

$$\tau_{\mathrm{xy}}(y) \;=\; \mu\,\gamma_{\mathrm{xy}}(y) \qquad\qquad\;=\; -\varrho g H \sin\alpha \left(\frac{y}{H} - 1 \right)$$

umrechnen lassen. Bringt man diese Ergebnisse in Matrixgestalt, d.h.

$$\underline{\boldsymbol{\varepsilon}}(y) \;=\; \varrho g H \cos\alpha \left(\frac{y}{H} - 1 \right) \begin{pmatrix} 0 & -\frac{\tan\alpha}{2\mu} & 0 \\[2mm] -\frac{\tan\alpha}{2\mu} & \frac{1}{\lambda+2\mu} & 0 \\[2mm] 0 & 0 & 0 \end{pmatrix},$$

$$\underline{\boldsymbol{\sigma}}(y) \;=\; \varrho g H \cos\alpha \left(\frac{y}{H} - 1 \right) \begin{pmatrix} \frac{\lambda}{\lambda+2\mu} & -\tan\alpha & 0 \\[2mm] -\tan\alpha & 1 & 0 \\[2mm] 0 & 0 & \frac{\lambda}{\lambda+2\mu} \end{pmatrix},$$

so wird deutlich, dass aus dem ebenen Verzerrungzustand keineswegs ein ebener Spannungszustand folgt.   ∎

10.4   Ebener Spannungs-/Verformungszustand

Wir haben im letzten Beispiel die Erfahrung gemacht, dass aus einem ebenen Verzerrungszustand offensichtlich kein ebener Spannungszustand folgt. Wie wir gleich sehen werden, gilt das auch umgekehrt. Man hüte sich also, die für den räumlichen Betrachtungsfall gegebenen Gleichungen durch leichtfertiges Weglassen der dritten Dimension in entsprechende „Versionen" für den ebenen Fall umzumodeln!

Wir wollen (10.2 b) auf den **ebenen Spannungszustand** (ESZ) spezialisieren und wählen dafür die x, y-Ebene. Wegen

$$\sigma_z = \tau_{xz} = \tau_{yz} = 0$$

folgen dann aus (10.6 a, b) die vier Gleichungen

$$\varepsilon_x = \tfrac{1}{E} \sigma_x - \tfrac{\nu}{E} \sigma_y \,,$$

$$\varepsilon_y = -\tfrac{\nu}{E} \sigma_x + \tfrac{1}{E} \sigma_y \,,$$

$$\varepsilon_z = -\tfrac{\nu}{E} \sigma_x - \tfrac{\nu}{E} \sigma_y = -\tfrac{\nu}{E} (\sigma_x + \sigma_y) \quad (\neq 0, \text{ außer für } \sigma_x = -\sigma_y) \,,$$

$$\gamma_{xy} = \tfrac{2(1+\nu)}{E} \tau_{xy} \,,$$

die wir unter Auslassung der dritten mit

$$\begin{pmatrix} \varepsilon_x \\ \varepsilon_y \\ \gamma_{xy} \end{pmatrix} = \frac{1}{E} \begin{pmatrix} 1 & -\nu & 0 \\ -\nu & 1 & 0 \\ 0 & 0 & 2(1+\nu) \end{pmatrix} \begin{pmatrix} \sigma_x \\ \sigma_y \\ \tau_{xy} \end{pmatrix} \tag{ESZ}$$

in Matrixschreibweise notieren. Die dazu invertierte Form

$$\begin{pmatrix} \sigma_x \\ \sigma_y \\ \tau_{xy} \end{pmatrix} = \frac{E}{1-\nu^2} \begin{pmatrix} 1 & \nu & 0 \\ \nu & 1 & 0 \\ 0 & 0 & \tfrac{1-\nu}{2} \end{pmatrix} \begin{pmatrix} \varepsilon_x \\ \varepsilon_y \\ \gamma_{xy} \end{pmatrix} \tag{ESZ}$$

steht im ebenen Fall anstelle von (10.2 b). Addiert man ferner die ersten beiden der vier oben stehenden Gleichungen, so ergibt sich mit

$$\varepsilon_x + \varepsilon_y = \frac{1-\nu}{E} (\sigma_x + \sigma_y)$$

bzw.

$$\sigma_x + \sigma_y = \frac{E}{1-\nu} (\varepsilon_x + \varepsilon_y)$$

durch Einsetzen in die dritte letztlich

$$\varepsilon_z = -\frac{\nu}{1-\nu} (\varepsilon_x + \varepsilon_y) \,.$$

Denn die Dehnung in z-Richtung beruht ausschließlich auf Querkontraktion!

Umgekehrt kann man natürlich auch den **ebenen Verzerrungszustand** (EVZ)[10] mit

$$\varepsilon_z = \gamma_{xz} = \gamma_{yz} = 0$$

betrachten. Aus (10.6 a, b) entnehmen wir nun

$$\varepsilon_x = \frac{1}{E}\sigma_x - \frac{\nu}{E}\sigma_y - \frac{\nu}{E}\sigma_z \,,$$

$$\varepsilon_y = -\frac{\nu}{E}\sigma_x + \frac{1}{E}\sigma_y - \frac{\nu}{E}\sigma_z \,,$$

$$\varepsilon_z = -\frac{\nu}{E}\sigma_x - \frac{\nu}{E}\sigma_y + \frac{1}{E}\sigma_z = 0$$

$$\rightsquigarrow \quad \sigma_z = \nu(\sigma_x + \sigma_y) \quad (\neq 0, \text{ außer für } \sigma_x = -\sigma_y) \,,$$

$$\gamma_{xy} = \frac{2(1+\nu)}{E}\tau_{xy} \,,$$

wobei die dritte Gleichung die Eliminierung von σ_z ermöglicht. Wir erhalten damit

$$\varepsilon_x = \frac{1-\nu^2}{E}\sigma_x - \frac{\nu(1+\nu)}{E}\sigma_y \,,$$

$$\varepsilon_y = -\frac{\nu(1+\nu)}{E}\sigma_x + \frac{1-\nu^2}{E}\sigma_y \,,$$

$$\gamma_{xy} = \frac{2(1+\nu)}{E}\tau_{xy}$$

bzw. in Matrixschreibweise

$$\begin{pmatrix} \varepsilon_x \\ \varepsilon_y \\ \gamma_{xy} \end{pmatrix} = \frac{1-\nu^2}{E} \begin{pmatrix} 1 & \frac{-\nu}{1-\nu} & 0 \\ \frac{-\nu}{1-\nu} & 1 & 0 \\ 0 & 0 & \frac{2}{1-\nu} \end{pmatrix} \begin{pmatrix} \sigma_x \\ \sigma_y \\ \tau_{xy} \end{pmatrix}. \qquad \text{(EVZ)}$$

Invertierung liefert hier

$$\begin{pmatrix} \sigma_x \\ \sigma_y \\ \tau_{xy} \end{pmatrix} = \frac{E(1-\nu)}{(1+\nu)(1-2\nu)} \begin{pmatrix} 1 & \frac{\nu}{1-\nu} & 0 \\ \frac{\nu}{1-\nu} & 1 & 0 \\ 0 & 0 & \frac{1}{2}\frac{1-2\nu}{1-\nu} \end{pmatrix} \begin{pmatrix} \varepsilon_x \\ \varepsilon_y \\ \gamma_{xy} \end{pmatrix}, \qquad \text{(EVZ)}$$

was wegen (10.3) auch durch

$$\begin{pmatrix} \sigma_x \\ \sigma_y \\ \tau_{xy} \end{pmatrix} = \begin{pmatrix} \lambda + 2\mu & \lambda & 0 \\ \lambda & \lambda + 2\mu & 0 \\ 0 & 0 & \mu \end{pmatrix} \begin{pmatrix} \varepsilon_x \\ \varepsilon_y \\ \gamma_{xy} \end{pmatrix} \qquad \text{(EVZ)}$$

ausgedrückt werden kann, vgl. (10.2 b).

---

[10] Dieser lag uns in Beipiel 10.2 vor.

10.5   Festigkeitshypothesen[11]

Bei der Hauptspannungsberechnung in Abschnitt 8.4 war ein wesentliches Motiv, die sechs Spannungen, die im räumlichen Fall die „Besetzung" des Spannungstensors ausmachen, auf eine geringere Anzahl zu reduzieren mit dem Fernziel, einen räumlichen Spannungszustand vergleichbar zu machen mit den Werkstoffkennwerten, wie sie aus dem einachsigen Zugversuch bekannt sind. Die Reduktion auf weniger als sechs Spannungen war uns gelungen. Wir konnten drei Hauptspannungen ermitteln, die denselben Informationwert besitzen. Damit war der erste Schritt zu jenem Fernziel bewältigt.

In diesem Abschnitt geht es nun darum, in einem zweiten Schritt von den drei Hauptspannungen zu *einer* Vergleichsspannung (= *equivalent stress*) zu kommen, deren Bezeichnung bereits klarmacht, dass der dreiachsige Spannungszustand auf einen vergleichbaren einachsigen Spannungszustand zurückgeführt wird. Wir werden dabei mit der Tatsache konfrontiert, dass eine (rein theoretische) Betrachtung mit den Mitteln der Elastostatik das Problem nicht löst. Es müssen (empirische) Erkenntnisse der Werkstofftechnik hinzukommen. Die Kombination aus beidem macht die Ingenieurdisziplin **Festigkeitslehre** aus.

Im Ingenieurwesen ist das werkstofftechnische Denken wesentlich geprägt von der Frage, unter welchen Bedingungen das Versagen eines Werkstoffes eintritt. Solches kann bei (quasi-)statischer Belastung auftreten durch

- **irreversible Verformung**[12] bei Überschreiten der Fließgrenze, sofern eine solche nicht aus anderen Gründen erwünscht ist (Umformtechnik),

- **Trennbruch** bei Überschreiten der Zug- oder Druckfestigkeit ohne vorheriges Fließen.

Während im einachsigen Zugversuch den Werkstoffen diesbezüglich die Werkstoffeigenschaften „**duktil**" (Bruch erst nach ausgeprägtem Fließen mit erheblicher Einschnürung) im ersteren Fall bzw. „**spröde**" (Bruch nahezu ohne Fließen) im letzteren Fall zugeordnet werden können, sind die Verhältnisse bei mehrachsigen Spannungszuständen komplizierter. Denn belastet man einen duktilen Werkstoff, für den man im einachsigen Zugversuch ausgeprägtes Fließen erwartet, mit dem dreiachsigen, „hydrostatischen" Spannungszustand, für welchen der Spannungstensor entsprechend

$$\sigma_{ij} = \sigma\,\delta_{ij} \qquad \text{bzw.} \qquad \sigma_\mathrm{I} = \sigma_\mathrm{II} = \sigma_\mathrm{III} = \sigma$$

die Gestalt eines Kugeltensor annimmt (vgl. Abschnitt 8.6), so wird sich dieser im Experiment wie ein spröder Werkstoff verhalten, d.h. ohne Fließen bei hinreichender Beanspruchung einen Trennbruch aufweisen. Und darüber hinaus ist festzustellen, dass selbst für eine Flüssigkeit im (eigentlich) hydrostatischen Spannungszustand mit $\sigma = -p < 0$ bekanntlich kein Fließen eintritt. Andererseits wird bei spröden Werkstoffen im Rahmen der Härtemessverfahren ein zumindest lokales Fließen beobachtet.

---

[11] (= *strength theories*)

[12] *Versagen* bedeutet in der Praxis nicht zwangsläufig *Bruch*. Im Normalfall genügt es, wenn ein Maschinenteil infolge von Belastung dauerhaft „verbogen" wird und damit unbrauchbar ist.

Wir werden im Folgenden – eingeschränkt auf isotrope, metallische Werkstoffe – für die beiden oben genannten Fälle des Werkstoffversagens Kriterien aufstellen, die es ermöglichen, einem allgemein dreiachsigen Spannungszustand gemäß einer Berechnungsvorschrift

$$\left(\sigma_{ij}\right) \;\mapsto\; \sigma_{\mathrm{V}} \tag{10.15}$$

ein **Vergleichsspannung** σ_{V} zuzuordnen, die der Beanspruchung im einachsigen Fall entsprechen soll. Es handelt sich bei σ_{V} gewissermaßen um eine „fiktiv einachsige" Spannung. Im Falle des Fließens wird diese mit der Fließspannung σ_{F} verglichen, so daß der *Fließbeginn* durch

$$\sigma_{\mathrm{V}} \;=\; \sigma_{\mathrm{F}}$$

gekennzeichnet ist. Der *Trennbruch ohne vorheriges Fließen* setzt dagegen mit

$$\sigma_{\mathrm{V}} \;=\; \sigma_{\mathrm{B}}$$

ein, wobei σ_{B} die Bruchspannung darstellt. Aufgrund der oben getroffenen Einschränkung auf metallische Werkstoffe brauchen wir *Zug* und *Druck* nicht getrennt behandeln, da sich σ_{F} bzw. σ_{B} dann bezüglich Zug oder Druck nicht unterscheiden.

10.5.1 Fließkriterien

Nach den vorbereitenden Überlegungen wollen wir uns nun der Frage zuwenden, welche Eigenschaften die Berechnungsvorschrift (10.15) sinnvollerweise haben sollte. Vorausgesetzt wurde oben isotropes Materialverhalten. Demzufolge kann das Koordinatensystem, welches σ_{ij} zugrunde liegt, beliebig orientiert werden. Wir entscheiden uns der Einfachheit halber für das Hauptachsensystem, da damit die Vergleichsspannung

$$\sigma_{\mathrm{V}} \;=\; \sigma_{\mathrm{V}}\left(\sigma_{\mathrm{I}}, \sigma_{\mathrm{II}}, \sigma_{\mathrm{III}}\right)$$

durch lediglich drei Hauptspannungen angegeben werden kann. Dem gleichwertig ist die Darstellung mithilfe der drei Invarianten I_1, I_2 und I_3. Wir werden später darauf zurückkommen.

Aufgrund der Isotropie darf sich der Wert der Vergleichsspannung nicht ändern, wenn die Hauptspannungen vertauscht werden. Die Berechnungsvorschrift muss demnach

$$\sigma_{\mathrm{V}}\left(\sigma_{\mathrm{I}}, \sigma_{\mathrm{II}}, \sigma_{\mathrm{III}}\right) \;\equiv\; \sigma_{\mathrm{V}}\left(\sigma_{\mathrm{II}}, \sigma_{\mathrm{I}}, \sigma_{\mathrm{III}}\right) \;\equiv\; \sigma_{\mathrm{V}}\left(\sigma_{\mathrm{I}}, \sigma_{\mathrm{III}}, \sigma_{\mathrm{II}}\right) \;\equiv\; \ldots \tag{E 1}$$

erfüllen! Und da metallische Werkstoffe hinsichtlich ihres Fließverhaltens unabhängig von der Frage „Zug oder Druck?" sind, muss für $\sigma_{\mathrm{V}}(\sigma_{\mathrm{I}}, \sigma_{\mathrm{II}}, \sigma_{\mathrm{III}})$ derselbe Zustand wie für $\sigma_{\mathrm{V}}(-\sigma_{\mathrm{I}}, -\sigma_{\mathrm{II}}, -\sigma_{\mathrm{III}})$ vorliegen. Demnach ist

$$\sigma_{\mathrm{V}}\left(\sigma_{\mathrm{I}}, \sigma_{\mathrm{II}}, \sigma_{\mathrm{III}}\right) \;\equiv\; \sigma_{\mathrm{V}}\left(-\sigma_{\mathrm{I}}, -\sigma_{\mathrm{II}}, -\sigma_{\mathrm{III}}\right) \tag{E 2}$$

zu fordern. Ferner haben wir oben erfahren, dass ein Spannungstensor in Gestalt eines Kugeltensors (hydrostatischer Spannungszustand) niemals Fließen verursacht. Es darf daher bezüglich des Fließbeginns keinen Unterschied zwischen dem durch σ_{ij} gegebenen Spannungszustand und $\sigma_{ij} + \sigma\delta_{ij}$ („hydrostatisch überlagert") geben. Es muss also auch

$$\sigma_{\mathrm{V}}\left(\sigma_{\mathrm{I}}, \sigma_{\mathrm{II}}, \sigma_{\mathrm{III}}\right) \equiv \sigma_{\mathrm{V}}\left(\sigma_{\mathrm{I}} + \sigma,\ \sigma_{\mathrm{II}} + \sigma,\ \sigma_{\mathrm{III}} + \sigma\right) \tag{E 3}$$

gelten. Abschließend stellen wir fest, dass der einachsige Spannungszustand trivialerweise in (10.15) auch enthalten sein muss, d.h.

$$\sigma_{\mathrm{V}}\left(\sigma_{\mathrm{I}}\right) \equiv \left|\sigma_{\mathrm{I}}\right|, \qquad \sigma_{\mathrm{V}}\left(\sigma_{\mathrm{II}}\right) \equiv \left|\sigma_{\mathrm{II}}\right|, \qquad \sigma_{\mathrm{V}}\left(\sigma_{\mathrm{III}}\right) \equiv \left|\sigma_{\mathrm{III}}\right|. \tag{E 4}$$

Im *Raum der Hauptspannungen* interessieren uns schließlich „Flächen", auf denen die Vergleichsspannung (im Sinne eines Versagenskriteriums) entsprechend

$$\sigma_{\mathrm{V}}\left(\sigma_{\mathrm{I}}, \sigma_{\mathrm{II}}, \sigma_{\mathrm{III}}\right) \equiv \mathrm{const}$$

einen festen Wert annimmt. Besteht die Konstante in der Fließspannung σ_{F}, spricht man von einer *Fließfläche*. Wir werden sehen, dass es sich um eine geschlossene Fläche handelt, welche als Rand einer Fließfigur erscheint. Für einen Spannungszustand innerhalb dieser liegt kein Fließen vor, erst auf der Fließfläche tritt dagegen Fließen ein. Entsprechendes gilt außerhalb der Fließfigur.

Es wurde bereits deutlich, dass ein „hydrostatischer" Spannungszustand kein Fließen zur Folge hat. Aufgrund des dann vorliegenden isotropen Spannungstensors, für den jedes Koordinatensystem ein Hauptachsensystem ist, kann kein solches existieren, in dem Schubspannungen auftreten. Es liegt daher der Verdacht nahe, dass Fließen insbesondere durch Schubspannungen verursacht wird.

Die von **TRESCA** im Jahre 1864 aufgestellte **Schubspannungshypothese** (= *maximum shear stress criterion*) basiert auf der Idee, dass die maximale Schubspannung eines durch $\sigma_{\mathrm{I}}, \sigma_{\mathrm{II}}, \sigma_{\mathrm{III}}$ gegebenen räumlichen Spannungszustandes gleich groß ist der maximalen Schubspannung im einachsigen Vergleichszustand. Für Letzteren gilt entsprechend

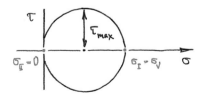

$$\tau_{\max} = \frac{\left|\sigma_{\mathrm{I}} - \sigma_{\mathrm{II}}\right|}{2} = \frac{\sigma_{\mathrm{V}}}{2}.$$

Damit folgt für die Vergleichsspannung

$$\sigma_{\mathrm{V}} = 2\,\tau_{\max}.$$

Zeichnet man die MOHRschen Spannungskreise für den räumlichen Fall[13], ergibt sich die maximale Schubspannung entsprechend

$$\tau_{max} = \frac{\sigma_{max} - \sigma_{min}}{2}$$

aus den extremalen Hauptspannungen:

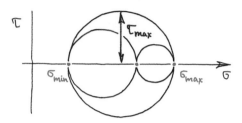

Durch Einsetzen erhält man die Vergleichsspannung nach TRESCA zu

$$\sigma_V = 2\tau_{max} = \sigma_{max} - \sigma_{min} \,,$$

was unter Verwendung der gegebenen Hauptspannungen auf

$$\boxed{\sigma_V = \max\left[\left|\sigma_I - \sigma_{II}\right|, \left|\sigma_{II} - \sigma_{III}\right|, \left|\sigma_I - \sigma_{III}\right|\right]} \tag{10.16}$$

führt.

Wir prüfen, ob (10.16) die Eigenschaften (E 1) ... (E 4) erfüllt, und stellen fest:

(E 1)   ist erfüllt, da bei beliebigem Vertauschen der Hauptspannungen immer die gleichen Differenzbeträge erscheinen.

(E 2)   ist erfüllt wegen der Betragsbildung.

(E 3)   ist erfüllt, da sich σ durch die Differenzbildung „heraushebt".

(E 4)   trivial.

Anstelle von (10.16) findet man in der Literatur auch die Darstellung

$$\boxed{\sigma_V = \sigma_I - \sigma_{III}} \,. \tag{10.16a}$$

In diesem Fall ist zu beachten, dass die (an sich beliebige) Nummerierung der Hauptspannungen hier mit

$$\sigma_I > \sigma_{II} > \sigma_{III}$$

der algebraischen Anordnung fallender Werte – beginnend mit dem größten – folgt. Dies entspricht einer verbreiteten Übereinkunft. Die Operation $\max[\ldots]$ ist dann nicht mehr erforderlich.

---

[13] Davon war in Abschnitt 8.5.1 abgeraten worden. Hier machen wir mal eine Ausnahme.

Die **Gestaltänderungsenergiehypothese** nach **HUBER - V. MISES** (= *maximum shear strain energy criterion*) bietet ein weiteres Fließkriterium mit

$$2\sigma_V^2 = \left(\sigma_I - \sigma_{II}\right)^2 + \left(\sigma_{II} - \sigma_{III}\right)^2 + \left(\sigma_I - \sigma_{III}\right)^2 . \tag{10.17}$$

Auf die Herleitung wird hier verzichtet, da das Gebiet *Formänderungsenergie, Energiemethoden* im Rahmen dieses „Grundkurses" der Technischen Mechanik nicht behandelt wird.

An dieser Stelle vielleicht dazu nur so viel: Dass elastische Materialien in der Lage sind, infolge von Verformung Energie zu speichern, macht bereits das einfache Beispiel einer Schraubenfeder klar. Die einem elastischen Körper durch äußere Kräfte und deren Verschiebung zu- oder abgeführte Formänderungsenergie kann aber auch durch Integration der (volumen-)spezifischen Formänderungsenergie über dem Körpervolumen dargestellt werden. Diese lässt sich wiederum mithilfe der Komponenten des Spannungs- und Verzerrungstensors berechnen. Zerlegt man dazu den Verzerrungstensor in einen Verzerrungskugeltensor und einen Verzerrungsdeviator, so lässt sich dementsprechend die spezifische Formänderungsenergie

$$U = U_{\text{Volumen}} + U_{\text{Gestalt}}$$

in einen Anteil des Verzerrungskugeltensors (spez. Volumenänderungsenergie) und einen Anteil des Verzerrungsdeviators (spez. Gestaltänderungsenergie) zerlegen.[14] Und diese *Gestaltänderungsenergie* ist laut Hypothese maßgeblich für die Materialbeanspruchung.

Die Vergleichsspannung nach HUBER - V. MISES erhält man aus (10.17) zu

$$\sigma_V = \sqrt{\tfrac{1}{2}\left[\left(\sigma_I - \sigma_{II}\right)^2 + \left(\sigma_{II} - \sigma_{III}\right)^2 + \left(\sigma_I - \sigma_{III}\right)^2\right]} . \tag{10.18}$$

Auch hier prüfen wir, ob (10.18) die Eigenschaften (E 1) ... (E 4) erfüllt, und stellen fest:

(E 1)   ist erfüllt, da bei beliebigem Vertauschen der Hauptspannungen immer die gleichen Differenzquadrate erscheinen.

(E 2)   ist erfüllt wegen der „Quadratur".

(E 3)   ist erfüllt, da sich σ durch die Differenzbildung „heraushebt".

(E 4)   ist wegen $2\sigma_V^2 = \sigma_I^2 + \sigma_I^2 = 2\sigma_I^2$ etc. erfüllt.

Ausmultiplizieren unter der Wurzel ergibt

$$\sigma_V = \sqrt{\tfrac{1}{2}\left[2\left(\sigma_I^2 + \sigma_{II}^2 + \sigma_{III}^2\right) - 2\left(\sigma_I\,\sigma_{II} + \sigma_{II}\,\sigma_{III} + \sigma_I\,\sigma_{III}\right)\right]} .$$

Und wie man sich anhand von (8.29) und (8.29 a) leicht überzeugt, gilt

$$\sigma_I^2 + \sigma_{II}^2 + \sigma_{III}^2 \quad = \quad I_1^2 - 2\,I_2 \quad = \quad \sigma_{ij}\,\sigma_{ij}\,,$$

$$\sigma_I\,\sigma_{II} + \sigma_{II}\,\sigma_{III} + \sigma_I\,\sigma_{III} \quad = \quad I_2 \quad = \quad \tfrac{1}{2}\left(\sigma_{ii}\,\sigma_{jj} - \sigma_{ij}\,\sigma_{ij}\right),$$

---

[14] Vgl. hierzu die Bemerkung am Schluss von Abschnitt 10.1.

so dass wir die Vergleichsspannung auch durch

$$\sigma_V = \sqrt{I_1^2 - 3I_2} = \sqrt{\tfrac{3}{2}\,\sigma_{ij}\,\sigma_{ij} - \tfrac{1}{2}\,\sigma_{ii}\,\sigma_{jj}} \qquad (10.18\,\text{a})$$

bzw.

$$\sigma_V = \sqrt{\sigma_x^2 + \sigma_y^2 + \sigma_z^2 - \sigma_x\sigma_y - \sigma_y\sigma_z - \sigma_x\sigma_z + 3\left(\tau_{xy}^2 + \tau_{yz}^2 + \tau_{xz}^2\right)}$$

$$(10.18\,\text{b})$$

ausdrücken können.

Uns interessiert nun die Lage der Fließ„fläche" im Raum der Hauptspannungen. Dazu formulieren wir das *Versagenskriterium für Fließen* zu

$$\sigma_V\left(\sigma_I, \sigma_{II}, \sigma_{III}\right) \equiv \sigma_F \ . \qquad (10.19)$$

Aus Gründen der Übersichtlichkeit beschränken wir die folgende Darstellung auf den ebenen Spannungszustand mit $\sigma_{III} = 0$. Die Fließfläche entartet damit zur (geschlossenen) Kurve in der σ_I-σ_{II}-Ebene. Durch Einsetzen von (10.16) bzw. (10.18) mit $\sigma_{III} = 0$ in (10.19) erhält man

TRESCA $\qquad\qquad \max\left[\,|\sigma_I - \sigma_{II}|,\ |\sigma_I|,\ |\sigma_{II}|\,\right] \equiv \sigma_F \ ,$ ⎫ Das sind implizite

HUBER-V. MISES $\qquad\qquad \sigma_I^2 - \sigma_I\sigma_{II} + \sigma_{II}^2 \equiv \sigma_F \ .$ ⎬ Gleichungen für σ_I, σ_{II}

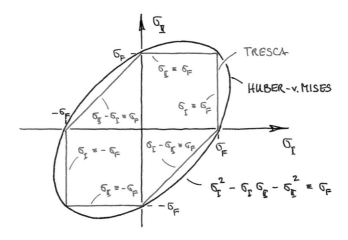

Abb. 10.2 Fließfigur nach TRESCA und HUBER-V. MISES im ebenen Fall

Die Fließfigur nach TRESCA hat die Form eines Sechsecks, diejenige nach HUBER-v. MISES die einer schiefliegenden[15] Ellipse. Für einen durch σ_I, σ_{II} gegebenen Spannungszustand lässt sich nun auf den ersten Blick erkennen, ob sich das Material elastisch (im Inneren der Fließfigur) verhält oder Fließen (außerhalb) vorliegt. Die Fließfläche selbst repräsentiert den Grenzfall des einsetzenden Fließens.

---

[15] Infolge der *gemischten* quadratischen Form $\sigma_I^2 - \sigma_I\sigma_{II} + \sigma_{II}^2$

Man beachte, dass das Fließkriterium nach TRESCA im ebenen Spannungsfall wegen

$$\sigma_V = \max \big[\, |\sigma_I - \sigma_{II}|, \; |\sigma_I|, \; |\sigma_{II}| \, \big]$$

die Betrachtung von $|\sigma_I|$ und $|\sigma_{II}|$ erforderlich macht! Die Versuchung ist groß, wegen des ebenen Spannungszustandes generell

$$\sigma_V = |\sigma_I - \sigma_{II}| \qquad \text{falsch!}$$

anzusetzen, denn dies gilt nur für den Spezialfall, dass σ_I und σ_{II} unterschiedliche Vorzeichen haben.

Festigkeitshypothesen sind – wie alle Hypothesen – zunächst lediglich Annahmen. Sie bedürfen der experimentellen Bestätigung. Die hier behandelten Hypothesen treffen für zähe Werkstoffe recht gut zu, wobei das HUBER - V. MISES-Kriterium etwas besser abschneidet. Darüber hinaus besitzt es den Vorteil, dass es mathematisch bequemer zu handhaben ist. Es wird daher im Allgemeinen bevorzugt (vgl. [16], § 16).

Ergänzend sei darauf hingewiesen, dass die hier behandelten Festigkeitshypothesen keineswegs die Einzigen sind. Es gibt zahlreiche weitere wie z.B. die Formänderungsenergiehypothese nach BELTRAMI.

10.5.2   Bruchkriterien

Wenn man für einen gegebenen mehrachsigen Spannungszustand mit der Ermittlung der Hauptspannungen gewissermaßen den ersten Schritt auf dem Weg zur Vergleichsspannung bewältigt hat, dann kommt man eigentlich von ganz allein auf das einfachste aller denkbaren Festigkeitshypothesen:

Die größte Hauptspannung bestimmt das Festigkeitsverhalten.

Leider ist die Brauchbarkeit dieser Aussage sehr beschränkt.

Die älteste Festigkeitshypothese ist die **Normalspannungshypothese** (= *maximum principal stress criterion*). Dieser zufolge ist die Vergleichsspannung mit

$$\sigma_V = \max \big[\sigma_I, \, \sigma_{II}, \, \sigma_{III} \big] \tag{10.20}$$

bzw.

$$\sigma_V = \sigma_I, \qquad \text{sofern} \quad \sigma_I > \sigma_{II} > \sigma_{III},$$

gleich der größten Normalspannung. Für den Spezialfall des ebenen Spannungszustandes mit

$$\sigma_I > \sigma_{II} > \sigma_{III} = 0$$

stimmt sie mit mit der Vergleichsspannung nach TRESCA (10.16) überein. Die Normalspannungshypothese wird in Zusammenhang mit dem *Versagenskriterium für Bruch*

$$\sigma_V \, (\sigma_I, \sigma_{II}, \sigma_{III}) \equiv \sigma_B \, . \tag{10.21}$$

angewendet bei spröden Werkstoffen (wie gehärtetem Stahl, Grauguss oder Schweiß-
nähten), wenn die Bruchflächen in den Ebenen der maximalen Normalspannungen
zu erwarten sind. Die experimentelle Bestätigung dieser Hypothese ist aber wenig
befriedigend. Daher hat man weitere Hypothesen aufgestellt, wie z.B. die loga-
rithmische Dehnungshypothese nach KUHN. Das Forschungsgebiet ist noch nicht
abgeschlossen.

Sind dagegen die Bruchflächen in den Ebenen maximaler Schubspannungen zu erwarten, wie es bei spröden Werkstoffen unter Druckbelastung der Fall ist, kommen
auch die Hypothesen nach TRESCA und HUBER - V. MISES in Betracht.

10.5.3   Zulässige Spannungen

Um das Eintreten der Versagensbedingung

$$\sigma_V = \sigma_F \qquad \text{oder} \qquad \sigma_V = \sigma_B \qquad\qquad (10.19/10.21)$$

zu verhindern, wird die **Festigkeitsbedingung**

$$\boxed{\sigma_V \leqslant \sigma_{\mathrm{zul}}} \qquad\qquad (10.22)$$

aufgestellt. Die **zulässige Spannung** σ_{zul} berechnet sich dabei zu

$$\sigma_{\mathrm{zul}} = \frac{\sigma_F}{S_F}\,, \qquad\qquad (10.22\,\mathrm{a})$$

wenn die Auslegung bezüglich des Versagensmerkmals *Fließen* erfolgt, und

$$\sigma_{\mathrm{zul}} = \frac{\sigma_B}{S_B}\,, \qquad\qquad (10.22\,\mathrm{b})$$

wenn sich die Auslegung auf das Versagensmerkmal *Bruch* bezieht. Man bezeichnet
dabei

$$S_F,\ S_B > 0$$

als **Sicherheit(-sfaktor)** gegen Fließen bzw. gegen Bruch. Mit den Sicherheitsfaktoren wird der Tatsache Rechnung getragen, dass die physikalische Realität
einerseits durch Modellbildung simplifiziert und damit auch verfälscht wird, aber
andererseits bei Ingenieurproblemen die tatsächliche Belastung des Bauteils teilweise nur ungenau[16] bekannt ist und daher durch „vernünftige" Lastannahmen
ersetzt werden muss. Die Größe solcher Sicherheitsfaktoren, die der Ingenieur festlegen und verantworten muss, richtet sich sowohl nach den Unsicherheiten, die sich
aus Modellbildung, Berechnungsaufwand und der Qualität der gegebenen Daten
ergeben, als auch nach den Konsequenzen im Versagensfall. So wird man z.B. den
Bruch einer sicherheitsrelevanten Rohrleitung im Kernkraftwerk, den Bruch einer
Bremsleitung am PKW und das Abbrechen eines Garderobehakens unterschiedlich
bewerten.

---

[16] Z.B. die in einer Region zu erwartende Dachlast durch Schneefall

10.6 Ergänzende Bemerkungen

Wir hatten im Abschnitt 8.2.2 die Gleichgewichtsbedingungen für Zylinderkoordinaten unter Vereinfachung infolge Axialsymmetrie erneut hergeleitet. Dabei kam auch zur Sprache, dass Differentialgleichungen im Normalfall durch Transformationen auf andere Koordinatensysteme umgeschrieben werden. Das war uns aber nicht möglich gewesen, da die Tensoranalysis in krummlinigen Koordinaten noch aussteht. Aus dem gleichen Grund fehlen uns bislang die Verschiebungen und Verzerrungen in Zylinderkoordinaten. Wir beschränken uns hier darauf, dieselben zur Kenntnis zu nehmen:

Die Verschiebungen in Zylinderkoordinaten lassen sich bei Axialsymmetrie entsprechend

$$u_{\mathrm{r}} \; = \; u_{\mathrm{r}}(r, z)\,, \qquad u_{\varphi} \; \equiv \; 0 \,, \qquad u_{\mathrm{z}} \; = \; u_{\mathrm{z}}(r, z)$$

als Funktionen des Radial- und Axialkoordinate auffassen. Die Umfangskoordinate spielt aufgrund der Axialsymmetrie keine Rolle! Für die Verzerrungen gilt

$$\left.\begin{aligned}
\varepsilon_{\mathrm{r}} &= \frac{\partial u_{\mathrm{r}}}{\partial r}\,, & \varepsilon_{\mathrm{r}\varphi} &\equiv 0\,, \\[2mm]
\varepsilon_{\varphi} &= \frac{u_{\mathrm{r}}}{r}\,, & \varepsilon_{\varphi\mathrm{r}} &\equiv 0\,, \\[2mm]
\varepsilon_{\mathrm{z}} &= \frac{\partial u_{\mathrm{z}}}{\partial z}\,, & \varepsilon_{\mathrm{rz}} &= \tfrac{1}{2}\gamma_{\mathrm{rz}} = \tfrac{1}{2}(u_{\mathrm{r,z}} + u_{\mathrm{z,r}})\,.
\end{aligned}\right\} \tag{10.23}$$

Und das verallgemeinerte HOOKEsche Gesetz lautet hier

$$\begin{pmatrix} \sigma_{\mathrm{r}} \\ \sigma_{\varphi} \\ \sigma_{\mathrm{z}} \\ \tau_{\mathrm{rz}} \end{pmatrix} = \begin{pmatrix} \lambda+2\mu & \lambda & \lambda & 0 \\ \lambda & \lambda+2\mu & \lambda & 0 \\ \lambda & \lambda & \lambda+2\mu & 0 \\ 0 & 0 & 0 & \mu \end{pmatrix} \begin{pmatrix} \varepsilon_{\mathrm{r}} \\ \varepsilon_{\varphi} \\ \varepsilon_{\mathrm{z}} \\ \gamma_{\mathrm{rz}} \end{pmatrix} \tag{10.24}$$

bzw.

$$\begin{pmatrix} \sigma_{\mathrm{r}} \\ \sigma_{\varphi} \\ \sigma_{\mathrm{z}} \\ \tau_{\mathrm{rz}} \end{pmatrix} = \frac{E\,(1-\nu)}{(1+\nu)(1-2\nu)} \begin{pmatrix} 1 & \frac{\nu}{1-\nu} & \frac{\nu}{1-\nu} & 0 \\ \frac{\nu}{1-\nu} & 1 & \frac{\nu}{1-\nu} & 0 \\ \frac{\nu}{1-\nu} & \frac{\nu}{1-\nu} & 1 & 0 \\ 0 & 0 & 0 & \tfrac{1}{2}\frac{1-2\nu}{1-\nu} \end{pmatrix} \begin{pmatrix} \varepsilon_{\mathrm{r}} \\ \varepsilon_{\varphi} \\ \varepsilon_{\mathrm{z}} \\ \gamma_{\mathrm{rz}} \end{pmatrix}, \tag{10.24a}$$

vgl. [9], Abschnitt 3.4.2.

11

Elastische Verformung schlanker Körper

Unser erster Kontakt mit dem *Randwertproblem der linearen Elastizitätstheorie* hat uns vor Augen geführt, dass die Aussichten auf analytische Lösungen desselben eher bescheiden sind, sofern es sich nicht um vergleichsweise einfache Probleme handelt. Dieser Sachlage begegnet man heute bekanntlich mit numerischen Lösungsverfahren, wie z. B. der Finite-Elemente-Methode. Möglich ist das aber erst seit etwa 1960, da es vorher keine hinreichend leistungsfähigen Rechner gab. Das wirft die Frage auf: Was haben eigentlich die Ingenieure früherer Generationen gemacht?

Die Ingenieurmathematik ist eine Anwenderdisziplin. Im Gegensatz zur „reinen"[1] Mathematik, welche nur der mathematischen Erkenntnis dient, ohne dabei von vorneherein mögliche Anwendungen im Blick zu haben, werden die verschiedenen Gebiete der Ingenieurmathematik entsprechend ihrer Anwendungsrelevanz vermittelt. Und wie man als Student der Ingenieurwissenschaften recht bald merkt, steht die Behandlung von Differentialgleichungen in der Priorität sehr weit oben. Handelt es sich bei den dabei gesuchten Funktionen um solche, die lediglich von einer unabhängigen Variablen abhängen, geht es um *gewöhnliche Differentialgleichungen* (= *ordinary differential equation* (ODE)). Anderenfalls – also bei zwei und mehr unabhängigen Variablen – liegen *partielle Differentialgleichungen* (= *partial differential equation* (PDE)) vor. Der Lösungsaufwand bezüglich der Letzteren ist ein ungleich größerer, so dass die Interessenlage des Ingenieurs eine Modellbildung bevorzugt, die – wenn möglich – mit gewöhnlichen Differentialgleichungen auskommt. Die damit erhaltenen Ergebnisse müssen natürlich durch die Realität gerechtfertigt sein (Experimentelle Prüfung).

Zurück zum *Randwertproblem der linearen Elastizitätstheorie*: Die Frage ist nun, ob wir die allgemein dreidimensionale Problemlage nicht in bestimmten Anwendungsfällen durch Vereinfachungen bezüglich der Modellbildung auf eine Dimension reduzieren können. Damit zeichnet sich auch schon ab, was die Eigenschaft „schlank" bedeuten könnte: Die gesuchten Größen, die im allgemeinen Fall von den drei Raumkoordinaten x, y, z gewissermaßen „gleichberechtigt" abhängen, lassen sich nun unterscheiden nach einer Längs- und zwei Querkoordinaten. Und die „Schlankheit" bewirkt, dass hinsichtlich der abhängigen Größen der Einfluss der Längskoordinate x groß ist gegenüber dem der Querkoordinaten y und z. Daher ignorieren wir den Einfluss von y und z und fassen die abhängigen

---

[1] Die Bezeichnung *reine Mathematik* ist eine nicht ganz glückliche, verbale Hilfskonstruktion, die zum Ausdruck bringen soll, dass es hier um Mathematik aus der Sichtweise von Mathematikern (und eben nicht Anwendern) geht. Ansonsten gibt es keine „nichtreine" Mathematik.

Größen durchweg als Funktionen von x auf. Wir werden sehen, dass dies unter bestimmten Bedingungen tatsächlich funktioniert. Für die zuerst behandelte Axialdehnung von Stäben ist das recht einfach. Danach wenden wir uns den berühmten „Kesselformeln" zu, welche sich unter Voraussetzung der Eigenschaft „dünnwandig" leicht herleiten lassen. Im Gegensatz dazu sind die modellbedingten Annahmen bei der BERNOULLIschen Balkenbiegung sehr weitreichend.

Unter *schlanken* Körpern versteht man solche, deren Querabmessungen

$$a, b \ll \ell$$

sind, wobei ℓ die Länge bedeutet. Diese geometrische Eigenschaft erlaubt es, die physikalische Realität in vielen Anwendungsfällen durch Größen zu beschreiben, die nur Funktion der Längskoordinate x sind. Einflüsse der Querkoordinaten y und z bleiben damit unberücksichtigt. Wir betrachten in diesem Kapitel **gerade Stäbe** und **Balken**. Während Stäbe lediglich durch Normalkräfte, also längs beansprucht werden, können bei Balken sämtliche Schnittgrößen wirksam werden.

11.1   Zusammenhang zwischen Spannungen und Schnittgrößen

Gegenstand unserer Betrachtung sei ein **gerader, prismatischer Balken** mit der Querschnittsfläche A:

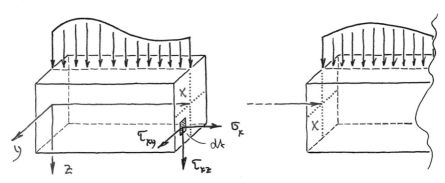

Abb. 11.1 Spannungen im Balkenquerschnitt

Die Eigenschaft *prismatisch* bedeutet, dass der Balken mit einem beliebigen, aber konstanten Querschnitt ausgestattet ist. Gestalt und Größe der Querschnittsfläche hängen also nicht von x ab. Die x-Achse sei die Verbindungslinie der Querschnittsschwerpunkte. Zwischen den Schnittgrößen, die wir im Kapitel 6 eingeführt hatten, und den auf der Querschnittsfläche an einer beliebigen Stelle des Balkens ansässigen Spannungen lässt sich nun leicht ein Zusammenhang herstellen. Denn wir erhalten die **Schnittgrößen** entsprechend Abbildung 11.1 durch Integration über der Querschnittsfläche:

Normalkraft

$$N(x) \;=\; \int\limits_A \sigma_\mathrm{x}\,\mathrm{d}A \;=\; \iint\limits_A \sigma_\mathrm{x}(x,y,z)\,\mathrm{d}y\,\mathrm{d}z \tag{11.1}$$

Querkräfte

$$Q_\mathrm{y}(x) \;=\; \int\limits_A \tau_\mathrm{xy}\,\mathrm{d}A \;=\; \iint\limits_A \tau_\mathrm{xy}(x,y,z)\,\mathrm{d}y\,\mathrm{d}z$$

$$Q_\mathrm{z}(x) \;=\; \int\limits_A \tau_\mathrm{xz}\,\mathrm{d}A \;=\; \iint\limits_A \tau_\mathrm{xz}(x,y,z)\,\mathrm{d}y\,\mathrm{d}z \left.\phantom{\begin{matrix}1\\2\\3\\4\end{matrix}}\right\} \tag{11.2}$$

Biegemomente

$$M_\mathrm{By}(x) \;=\; \int\limits_A \sigma_\mathrm{x}\,z\,\mathrm{d}A \;=\; \iint\limits_A \sigma_\mathrm{x}(x,y,z)\,z\,\mathrm{d}y\,\mathrm{d}z$$

$$M_\mathrm{Bz}(x) \;=\; -\int\limits_A \sigma_\mathrm{x}\,y\,\mathrm{d}A \;=\; -\iint\limits_A \sigma_\mathrm{x}(x,y,z)\,y\,\mathrm{d}y\,\mathrm{d}z \left.\phantom{\begin{matrix}1\\2\\3\\4\end{matrix}}\right\} \tag{11.3}$$

Torsionsmoment

$$M_\mathrm{T}(x) \;=\; \int\limits_A \bigl(\tau_\mathrm{xz}\,y \,-\, \tau_{xy}\,z\bigr)\,\mathrm{d}A$$

$$\;=\; \iint\limits_A \bigl[\tau_\mathrm{xz}(x,y,z)\,y \,-\, \tau_{xy}(x,y,z)\,z\bigr]\,\mathrm{d}y\,\mathrm{d}z \tag{11.4}$$

11.2 Axiale Dehnung von Stäben

Wir haben uns mit dem **Stab** (Pendelstütze) bereits mehrfach beschäftigt. Definiert wurde dieser im Rahmen des Beispiels 3.7 als ein selbst unbelastetes Tragwerkselement, das lediglich (Gelenk-)Kräfte in Richtung der Verbindungslinie der Gelenkmitten aufnehmen kann. Somit handelt es sich um ein idealisiertes Tragwerkselement, dessen Eigengewicht nicht dort in Rechnung gestellt werden kann, wo es tatsächlich auftritt. Bei der Berechnung von Fachwerken wird man daher die Gewichtskräfte aller Stäbe entweder auf die Knoten verteilen oder ggf. ganz vernachlässigen (vgl. Abschnitt 3.3.3).

Wir wollen nun die elastische Verformung von Stäben untersuchen und beschränken uns dazu auf gerade, prismatische Stäbe. Da Stäbe definitionsgemäß selbst unbelastet sind und über die Gelenke nur Axialkräfte (Stabkräfte) aufnehmen können, ist deren Normalkraftverteilung entsprechend

$$N(x) \;\equiv\; F \tag{11.5}$$

stets identisch mit der jeweiligen Stabkraft F. Alle anderen Schnittgrößen ve-schwinden identisch.

In Abschnitt 8.5.2 hatten wir – ohne weiter auf die Zulässigkeit dieses Vorgehens einzugehen – für einen mit der Kraft F belasteten, geraden Stab die Normalspan-nungsverteilung mit

$$\sigma_{\mathrm{x}}(y, z) \equiv \frac{N(x = \text{fest})}{A} = \frac{F}{A} \tag{11.6}$$

über einem bestimmten Querschnitt als konstant[2] angenommen, sofern der be-trachtete Querschnitt einen „hinreichenden" Abstand von den Krafteinleitungs-punkten (Gelenken) besäße. Tatsächlich ist es so, dass ein solcher Abstand in Größenordnung der Stabdicke ausreicht, um die dortige Spannungsverteilung als näherungsweise auf dem Querschnitt konstant zu erfahren. Anders ausgedrückt: Der singuläre Effekt, der davon ausgeht, dass die Stabkraft im Gelenk idealisier-termaßen punktweise eingeleitet wird (hohe Lokalspannungen), ist nach ziemlich kurzem Abstand abgeklungen. Diese Beobachtung folgt dem . . .

Prinzip von DE SAINT-VENANT (nach [15], § 15, Absatz 1)

In hinreichendem Abstand vom Angriffsbezirk eines Kräftesystems hängt des-sen Wirkung (bzgl. der Spannungen/Deformationen) nicht mehr merkbar von seiner Verteilung, sondern nur noch von seinen statischen Resultanten (Schnittgrößen) ab.

Oder kürzer:

Statisch äquivalente Kräftesysteme sind in hinreichendem Abstand auch elas-tisch äquivalent.

Bei Balken und Stäben gilt die Größenordnung der Querabmessungen als hinrei-chender Abstand.

Wenn wir nun das Körpervolumen des ungedehnten Stabes formell mit dem Gebiet $\Omega \subset \mathbb{E}^3$ identifizieren, so lässt sich aufgrund des Prinzips von DE SAINT-VENANT die Konstantverteilung (11.6) eines speziellen Querschnitts zu der Aussage

$$\sigma_{\mathrm{x}}(x, y, z) \equiv \frac{N(x)}{A} \equiv \frac{F}{A} \qquad \text{für} \quad \forall\, (x, y, z) \in \Omega \setminus \{\text{Angriffsbezirke}\} \tag{11.7}$$

verallgemeinern, welche für beinahe den gesamten Stab gilt. Da aber für alle in diesem Kapitel behandelten Körper Schlankheit vorausgesetzt wird, dürfen die An-griffsbezirke an den Enden des Stabes gegenüber der gesamten Körperausdehnung vernachlässigt werden. Wir werden daher mit guter Näherung

$$\Omega \setminus \{\text{Angriffsbezirke}\} \approx \Omega$$

setzen. Damit gilt (11.7) praktisch auf dem ganzen Stab!

---

[2] Genau genommen hatten wir damals wegen der ebenen Betrachtung $\sigma_{\mathrm{x}}(y) \equiv F/A_0$ gesetzt.

Das axiale Dehnungsverhalten eines Stabes der Länge ℓ unter der Stabkraft F läßt sich nun leicht berechnen:

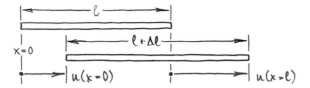

Abb. 11.2 Zur axialen Dehnung gerader, prismatischer Stäbe

Aus dem HOOKEschen Gesetz für den eindimensionalen Fall

$$\sigma_\mathrm{x} = E\,\varepsilon_\mathrm{x}$$

folgt unter Verwendung von (11.7) die Axialdehnung zu

$$\varepsilon_\mathrm{x}(x,y,z) = \frac{\sigma_\mathrm{x}(x,y,z)}{E} \equiv \frac{N(x)}{EA} \equiv \frac{F}{EA}$$

auf dem gesamten Stab. Dabei wird das im Nenner auftretende Produkt EA als **Dehnsteifigkeit** bezeichnet. Außerdem gilt

$$\varepsilon_\mathrm{x}(x,y,z) = \frac{\partial u}{\partial x} \tag{9.15}$$

oder, wenn wir auf die formale Berücksichtigung der Querkoordinaten x und y verzichten,

$$\varepsilon_\mathrm{x}(x) = \frac{\mathrm{d}u}{\mathrm{d}x}\,,$$

womit wir schließlich

$$\frac{\mathrm{d}u}{\mathrm{d}x} = \frac{N(x)}{EA} \equiv \frac{F}{EA} \tag{11.8}$$

erhalten. Die axiale Verschiebung ergibt sich dann durch Integration zu

$$u(x) = \frac{1}{EA} \int\limits_0^x N(x^\star)\,\mathrm{d}x^\star + u(x=0)$$

$$u(x) - u(x=0) = \frac{F\,x}{EA}\,.$$

In Übereinstimmung mit Abbildung 11.2 erhält man die elastische Längenänderung des Stabes aus der Differenz der Verschiebungen zwischen rechtem und linkem Stabende zu $\Delta\ell = u(x{=}\ell) - u(x{=}0)$. Das Ergebnis lautet somit

$$\boxed{\Delta\ell = \frac{F\ell}{EA}}\,, \tag{11.9}$$

und die Auslegung erfolgt durch

$$\left| \frac{F}{A} \right| = |\sigma_x| \leqslant \sigma_{zul} .$$

Bei Druckstäben ist zusätzlich eine Stabilitätsprüfung nach Abschnitt 11.5 durchzuführen. Weiterhin erkennt man aufgrund der verwendeten Gleichungen

$$\left. \begin{array}{ll} \sigma_x = \frac{F}{A} & (\text{„Gleichgewicht"}) \\[2mm] \varepsilon_x = \frac{\partial u}{\partial x} & (\text{„Kinematik"}) \\[2mm] \sigma_x = E\,\varepsilon_x & (\text{„Elastizität"}) \end{array} \right\} \quad \text{für } \forall\,(x,y,z) \in \Omega$$

sowie den in

$$\Delta\ell = u(x = \ell) - u(x = 0)$$

auftretenden Randwerten, dass hier ein *Randwertproblem* gelöst wurde, wie wir
es in Abschnitt 10.3.1 allgemein formuliert hatten.

Man findet in der Literatur die Behandlung der axialen Stabdehnung häufig in einer
Form, bei welcher gegenüber der zuvor gezeigten einfachsten „Version" noch weitere
Dinge berücksichtigt sind. Diese sind:

- **Veränderlicher Stabquerschnitt $A(x)$**
  Der Stab ist nun nicht mehr prismatisch, und $A(x)$ muss bei der Integration berücksichtigt werden. Die Längenänderung beträgt damit

  $$\Delta\ell = \frac{1}{E} \int\limits_0^\ell \frac{N(x)}{A(x)}\,\mathrm{d}x \qquad \text{bzw. mit (11.5)} \qquad \Delta\ell = \frac{F}{E} \int\limits_0^\ell \frac{\mathrm{d}x}{A(x)} .$$

- **Thermische Dehnung $\alpha\Delta\vartheta$**
  Anstelle von ε_x steht nun $\varepsilon_x + \alpha\Delta\vartheta$. Daher ist (11.8) entsprechend zu ergänzen.
  Man erhält

  $$\frac{\mathrm{d}u}{\mathrm{d}x} = \frac{N(x)}{EA} + \alpha\Delta\vartheta .$$

  Zu beachten ist hier noch, dass $\Delta\vartheta$ eine im Allgemeinen lokale Temperaturdifferenz
  bezüglich einer Referenztemperatur darstellt. Das ist bei der Integration gemäß

  $$\Delta\ell = \int\limits_0^\ell \left(\frac{N(x)}{EA} + \alpha\Delta\vartheta \right) \mathrm{d}x \qquad \text{bzw. mit (11.5)} \qquad \Delta\ell = \frac{F\ell}{EA} + \alpha \int\limits_0^\ell \Delta\vartheta\,\mathrm{d}x$$

  zu berücksichtigen! Der thermische Anteil der Längenänderung kann nach dem
  Mittelwertsatz der Integralrechnung auch gemäß

  $$\alpha \int\limits_0^\ell \Delta\vartheta\,\mathrm{d}x = \alpha\Delta\vartheta_m\,\ell$$

  mithilfe einer mittleren Temperaturabweichung $\Delta\vartheta_m$ ausgedrückt werden.

- **Axiale Lastverteilung** $n(x)$

  Analog zur Streckenlast $q(x)$, die quer zur Längsachse eines Balkens wirkt, kann man sich für einen Stab auch eine längsverteilte Last $n(x)$ vorstellen. Beide haben die Dimension Kraft/Länge. Man fragt sich natürlich, worin eine solche in der Praxis bestehen kann. Eine Möglichkeit besteht in der Gewichtskraftverteilung, sofern diese axial gerichtet ist. Das ist allerdings nur bei vertikalen Stäben der Fall, denn anderenfalls ergäbe sich auch eine Querbelastung. Weitere Anwendungsmöglichkeiten, etwa durch axiale Reibkraftverteilungen, sind dagegen einigermaßen exotisch, so dass die Anwendbarkeit von $n(x)$ in der Praxis eher gering ist.

  Analog zu (6.2) lässt sich durch KG am infinitesimalen Stabelement der Zusammenhang

  $$\boxed{\frac{\mathrm{d}N}{\mathrm{d}x} = -n(x)}$$

  herleiten. Die Normalkraft $N(x)$ erhält man – wie in Beispiel 6.2 – durch Integration. Für die dort an einer vertikalen Säule wirkende Schwerkraft ist

  $$n(x) = \varrho\,g\,A(x)\,,$$

  auch wenn wir das dort nicht in dieser Form verwendet haben.

Die gezeigten drei Erweiterungsfälle lassen sich mit

$$\boxed{\frac{\mathrm{d}}{\mathrm{d}x}\left[EA\,\frac{\mathrm{d}u}{\mathrm{d}x}\right] = -n(x) + \frac{\mathrm{d}}{\mathrm{d}x}\left[EA\,\alpha\,\Delta\vartheta\right]}$$

zu einer allgemeinen **Differentialgleichung für den geraden Stab** zusammenfassen, wobei die Auslegung nun nach

$$\left|\frac{N(x)}{A(x)}\right|_{\max} = \left|\sigma_{\mathrm{x}}(x)\right|_{\max} \leqslant \sigma_{\mathrm{zul}}$$

erfolgt.

11.3   Kesselformeln

In diesem Abschnitt mag man wieder ein Randwertproblem erwarten. Es geht aber bloß um die Berechnung eines ebenen Spannungszustands. Der Fall ist in diesem Kapitel nur deswegen untergebracht, weil die Einfachheit der Berechnung auch hier auf der Eigenschaft „schlank" beruht. Technisch sind die *Kesselformeln*, die wir nun herleiten, von erheblicher Bedeutung.

Ein zylindrischer Kessel besteht aus drei miteinander verschweißten Teilen: einem dünnwandigen Rohr mit Kreisquerschnitt und zwei Böden, die das Rohr an den Enden abschließen. Nach allem, was wir bereits zum Thema „Spannungen" in Verbindung mit nichttrivialer Berandung erfahren haben, dürfen wir im Bereich der Böden komplizierte Spannungsverhältnisse erwarten. Wir betrachten daher in Übereinstimmung mit dem SAINT VENANTschen Prinzip nur die Situation im „Rohr", d. h. hinreichend weit von den Böden entfernt. Damit diese Vorgehensweise überhaupt möglich ist, müssen wir für den Kessel hinsichtlich Durchmessers d und Länge ℓ die Eigenschaft „schlank"

$$d \ll \ell$$

fordern. Außerdem werden wir bezüglich der Wanddicke s die Forderung

$$s \ll d$$

aufstellen. Die zu erwartenden Ergebnisse sind somit generell auch für *dünnwandige Rohre unter Innendruck* gültig.

Wir beschränken uns also auf die Frage nach den Spannungen in der Wand eines zylindrischen Rohres, wenn in diesem ein höherer Druck herrscht als der Umgebungsdruck p_0. Dieser Innendruck p sei uns durch

$$p = p_0 + \Delta p \qquad \text{mit} \quad \Delta p \geqslant 0$$

gegeben, wobei Δp den in der Technik üblichen *Überdruck* darstellt. Aufgrund der Axialsymmetrie eines zylindrischen Rohres wird man die Frage nach den Spannungen zweckmäßigerweise im Zylinderkoordinatensystem stellen. Symmetriebedingt verschwinden dann die Schubspannungen $\tau_{r\varphi}$ und $\tau_{z\varphi}$ identisch, wie wir bereits Abschnitt 8.2.2 festgestellt haben. Die dritte Schubspannung τ_{zr} muss ebenfalls verschwinden, da die Axialkoordinate z aufgrund der Uniformität des Rohres in z-Richtung keinen Einfluss auf den Spannungszustand hat, d. h. man kann sich das Rohr in axialer Richtung beliebig ausgedehnt vorstellen, ohne dass sich damit etwas ändert.

Zu betrachten ist nunmehr der durch σ_r, σ_φ, σ_z gegebene Hauptspannungszustand. Aufgrund der Randbedingungen

$$\sigma_r(r = d/2) \qquad = \quad -p_0 - \Delta p \qquad \text{(„innen"),}$$
$$\sigma_r(r = d/2 + s) \quad = \quad -p_0 \qquad \text{(„außen")}$$

dürfen wir für die radiale Normalspannung von einer Beschränkung durch

$$p_0 \leqslant -\sigma_r(r) \leqslant p_0 + \Delta p$$

ausgehen. Wie wir gleich sehen werden, ist σ_r vernachlässigbar klein gegenüber den beiden anderen Spannungen σ_φ und σ_z. Zur Ermittlung der Letzteren schneiden wir frei in Gestalt eines Längs- und eines Querschnitts:

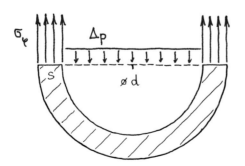 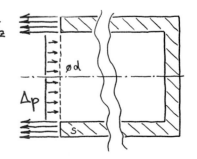

Die allseitige Überlagerung der freigeschnittenen Teilkörper mit dem überall gleichen Umgebungsdruck p_0, legt es nahe, diesen von den Drücken auf der Innen- wie auf der Außenseite einfach abzuziehen. Ganz exakt ist das zwar nicht, da sich die Größe der Wirkflächen[3] etwas unterscheidet, wegen $s \ll d$ ist diese Vorgehensweise aber vertretbar.

Wir erhalten entsprechend der gezeigten Freikörperbilder das KG in tangentialer und axialer Richtung zu

$$\sum F_{\varphi,i} = 2\,\sigma_\varphi\,s\,\ell_0 - \Delta p\,d\,\ell_0 = 0\,,$$

$$\sum F_{z,i} = \sigma_z\,\pi\,d\,s - \Delta p\,\pi\,\frac{d^2}{4} = 0\,.$$

Dabei werden im ersteren Fall die Wirkflächen von Druck bzw. Spannung formal mit der Länge ℓ_0 des freigeschnittenen Rohres gebildet. Diese Größe ist ohne weitere Bedeutung, da sie sich sofort herauskürzt. Die Auflösung nach den gesuchten Spannungen liefert die sogenannten **Kesselformeln**

$$\boxed{\sigma_\varphi = \frac{d}{2\,s}\Delta p} \tag{11.10}$$

und

$$\boxed{\sigma_z = \frac{d}{4\,s}\Delta p}\,. \tag{11.11}$$

Die Tangentialspannungen sind demnach genau doppelt so groß wie die Axialspannungen. Da technisch relevante (Über-)Drücke für gewöhnlich ein Vielfaches des Umgebungsdruckes ausmachen,[4] dürfen wir von $p_0 \ll \Delta p$ ausgehen. Dann folgt wegen $s \ll d$ sofort

$$|\sigma_r| \approx \Delta p \;\ll\; \frac{d}{4\,s}\Delta p = \sigma_z < \sigma_\varphi \qquad \text{oder kurz} \qquad |\sigma_r| \ll \sigma_z,\sigma_\varphi\,,$$

so dass wir ohne Weiteres $\sigma_r \approx 0$ setzen können.

Wir sind nun auch in der Lage, eine wesentliche Frage des öffentlichen Lebens, die auf Weihnachtsmärkten, Schützenfesten etc. immer wieder auftritt, zu beantworten: *Warum platzen Bratwürste immer längs und niemals quer?* Nach den soeben hergeleiteten Kesselformeln ist das klar. Die für das Längsplatzen verantwortlichen Tangentialspannungen sind für gegebenen Innendruck doppelt so groß wie die Axialspannungen.

---

[3] Man bedenke, dass wir im KG schließlich Kräfte (und nicht Drücke) bilanzieren!
[4] Gerade das macht die Festigkeitsrechnung ja erforderlich.

11.4 BERNOULLIsche Balkenbiegung

11.4.1 Gerade Biegung[5]

Wir wollen uns Geometrie und Bezeichnungen am Beispiel des Kragbalkens verdeutlichen:

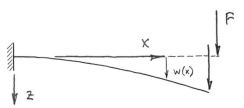

Die Festlegung der Koordinatenachsen erfolgt sinnvollerweise so, wie wir sie bereits
bei der Schnittgrößenberechnung in Kapitel 6 vorgenommen haben: Die Längsachse des unverformten Balkens sei die x-Achse, die Richtung quer dazu definiert man
im ebenen Fall als z-Achse. Dabei besteht der Standardbetrachtungsfall darin,
dass der Balken inklusive x-Achse horizontal angeordnet ist, die z-Achse hingegen
vertikal nach unten gerichtet ist. Die Bezeichnungen „horizontal" und „vertikal"
sind also auf den Balken bezogen zu verstehen. Entstanden ist diese – historisch
vorgebene – Bezeichnungsweise im Bauwesen, wo Balken im Allgemeinen horizontal ausgerichtet sind, und Belastungen vorzugsweise in Form von Gewichtskräften
aufgebracht werden. Natürlich können Balkenbiegungsprobleme beliebig im Raum
angeordnet sein, was im Maschinenbau ja auch regelmäßig der Fall ist.

Auch wenn wir uns an dieser Stelle nicht weiter darin vertiefen wollen: Wir betreiben hier **Theorie erster Ordnung**! Das heißt, die Gleichgewichtsbeziehungen
werden am unverformten Körper formuliert, was streng genommen nicht richtig
ist.[6] Zulässig ist diese Vorgehensweise nur für hinreichend kleine Verformungen.
Um nun vom allgemein formulierten Randwertproblem auf Gleichungen zu kommen, die sich ohne numerischen Aufwand handhaben lassen, sind aber weitere
vereinfachende Annahmen nötig:

Kinematische Annahmen (BERNOULLI-Hypothese)   („Kinematik")

- Die Balkenachse sei durch die **Biegelinie** (= *deflection curve*) gekennzeichnet. Dabei umfasst der Begriff „Biegelinie" sowohl die *Funktion* $w(x)$, welche
  uns für die Balkenachse an der Stelle x die Verschiebung in z-Richtung angibt, als auch den *Funktionsgraphen* von $w(x)$, welcher nichts anderes als
  eine bildliche Darstellung der verbogenen Balkenachse ist.

- Alle Kraftwirkungen seien „vertikal", also in z-Richtung. Deren Wirkungslinien mögen so verlaufen, dass sich keine Torsionswirkung ergibt. Bei Quer-

---

[5] Auch als *einachsige Biegung* bezeichnet
[6] Die Theorie 1. Ordnung versagt z. B. bei Stabilitätsproblemen, vgl. hierzu Abschnitt 11.5!

schnitten mit (mindestens) zwei Symmetrieachsen besteht die Lastebene in der x-z-Ebene:

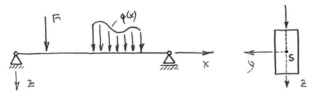

- Die **Querschnitte** setzen wir vorerst als symmetrisch bezüglich der z-Achse voraus. Sie mögen bei Verformung eben (unverwölbt) bleiben. Somit gilt:

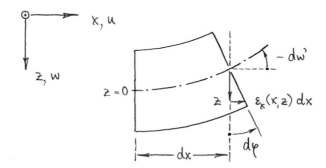

Zwei zuvor parallele Querschnitte verschwenken sich um den Winkel $\mathrm{d}\varphi$. Es ist

$$\varepsilon_\mathrm{x}(x,z)\,\mathrm{d}x \;=\; z\,\mathrm{d}\varphi \qquad \text{bzw.} \qquad \varepsilon_\mathrm{x}(x,z) \;=\; \varphi'\,z\,. \qquad \left(\text{mit } [\ ]' := \frac{\mathrm{d}[\ ]}{\mathrm{d}x}\right)$$

Andererseits ist

$$\mathrm{d}\varphi \;=\; -\,\mathrm{d}w' \qquad \text{bzw.} \qquad \varphi' \;=\; -\,w''\,,$$

so dass man damit

$$\varepsilon_\mathrm{x}(x,z) \;=\; -\,w''(x)\,z \tag{11.12}$$

erhält.

Annahmen bezüglich des Materialverhaltens   („Elastizität")

- Das HOOKEsche Gesetz gelte mit

$$\sigma \;=\; E\,\varepsilon$$

in seiner einfachsten Form. Querkontraktionen, wie z.B. aufgrund von σ_z, bleiben unberücksichtigt.

Einsetzen des HOOKEschen Gesetzes in (11.12) liefert

$$\sigma_\mathrm{x}(x,z) \;=\; -\,E\,w''(x)\,z\,. \tag{11.13}$$

Weiterhin gelten insbesondere die ...   („Gleichgewicht")

- Gleichgewichtsbeziehungen

$$\frac{dQ}{dx} \;=\; -\,q(x)\,, \tag{6.2}$$

$$\frac{dM}{dx} \;=\; Q(x)\,, \tag{6.3}$$

- Beziehungen zwischen Spannungen und Schnittgrößen

$$N(x) \;=\; \int_A \sigma_x \, dA \,, \tag{11.1}$$

$$M(x) \;=\; \int_A \sigma_x \, z \, dA \,. \tag{11.3a}$$

Wir setzen nun (11.13) in (11.3a) ein und erhalten, da wegen $dA = dy\,dz$ die x-Abhängigkeit von w'' keine Rolle spielt, das (vorläufige) Ergebnis

$$M(x) \;=\; -\,E\,w''(x) \underbrace{\int_A z^2 \, dA}_{=\,I_y} \,.$$

Mit dem **axialen Flächenträgheitsmoment** bezüglich der y-Achse[7]

$$I_y \;:=\; \int_A z^2 \, dA \qquad\qquad \text{(vgl. dazu Abschnitt 11.4.2)}$$

ergibt sich die **Differentialgleichung der Biegelinie** zu

$$\boxed{\,EI_y\,w''(x) \;=\; -\,M(x)\,} \,. \tag{11.14}$$

Dabei wird ein Produkt vom Typ EI als **Biegesteifigkeit** bezeichnet.

Die **Differentialgleichung der Biegelinie** ist eine gewöhnliche Differentialgleichung, die noch dazu mit der überaus angenehmen Eigenschaft ausgestattet ist, dass keine w'- und w-Terme vorkommen. Sie kann daher durch simples Integrieren gelöst werden. Vorzugsweise führt man unbestimmte Integrationen entsprechend

$$w'(x) \;=\; -\,\frac{1}{EI_y} \int M(x)\,dx \;+\; c_\star$$

$$w(x) \;=\; \int w'(x)\,dx \;+\; c_{\star\star}$$

$$ \;=\; -\,\frac{1}{EI_y} \int \left[\int M(x)\,dx \right] dx \;+\; c_\star\,x \;+\; c_{\star\star}$$

aus und bestimmt die Integrationskonstanten anschließend aus den Randbedingungen.

---

[7] Man bedenke, dass $M(x)$ nur die Kurzschreibweise für $M_{By}(x)$ im ebenen Fall ist!

Wir erinnern uns natürlich noch an die Bereichseinteilung, die im Kapitel 6 bei der Berechnung der Schnittgrößen aufgrund von Singularitäten erforderlich wurde. Diese sorgt dafür, dass nun auch bereichsweise integriert werden muss. Die dabei auftretenden Randbedingungen ergeben sich im Falle einer Bereichsgrenze als sogenannte *Übergangsbedingungen*. Wir werden dies im folgenden Abschnitt „Praktische Vorgehensweise bei Berechnung von Biegelinien" ausführlich behandeln.

Entgegen der zuvor getroffenen Einschränkung des konstanten Balkenquerschnitts lässt sich (11.14) auf den Fall

$$I_y = I_y(x)$$

erweitern. In einem solchen Fall ist $I_y(x)$ in die Integration miteinzubeziehen! Unter Verwendung von (6.2) und (6.3) lässt sich die Differentialgleichung der Biegelinie auch auf die Form

$$EI_y \, w''' = -Q(x) \qquad \text{bzw.} \qquad (EI_y(x) \, w'')' = -Q(x) \tag{11.14a}$$

und

$$EI_y \, w'''' = q(x) \qquad \text{bzw.} \qquad (EI_y(x) \, w'')'' = q(x) \tag{11.14b}$$

bringen.

Wie wir oben vorausgesetzt hatten (Alle Kraftwirkungen seien „vertikal" ...), gilt für die Normalkraft

$$N(x) \equiv 0 \, .$$

Wegen (11.1) und (11.13) folgt

$$N(x) = \int_A \sigma_x \, \mathrm{d}A = -EA \, w''(x) \, \underbrace{\frac{1}{A} \int_A z \, \mathrm{d}A}_{= \, z_S \, , \quad \text{vgl. (4.19a)}} \equiv 0 \, ,$$

und da im Allgemeinen $w''(x) \not\equiv 0$ ist, muss die z-Koordinate des Flächenschwerpunktes verschwinden! Durch die Definition der Balkenachse als Verbindungslinie der Querschnittsmittelpunkte ist die Forderung

$$z_S = 0$$

automatisch erfüllt. Die in einem Querschnitt an der Stelle x aufgrund des Biegemomentes auftretende **Normalspannungsverteilung** ergibt sich aus (11.13). Den darin enthaltenen Term $-Ew''(x)$ ersetzen wir entsprechend (11.14) durch

$$-E \, w''(x) = \frac{M(x)}{I_y}$$

und erhalten

$$\boxed{\sigma_x(x, z) = \frac{M(x)}{I_y} \, z} \, . \tag{11.15}$$

Für einen bestimmten Querschnitt ($x =$ fest) hat man es also mit einem linearen Spannungsverlauf gemäß

$$\sigma_x(z) \;=\; \frac{M(x = \text{fest})}{I_y}\, z$$

zu tun:

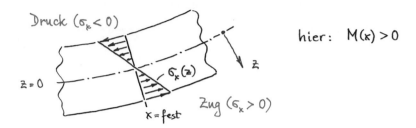

Die Balkenachse nennt man wegen

$$\sigma_x(x, z = 0) \;\equiv\; 0$$

auch die **neutrale Faser**. Die maximale Beanspruchung durch biegebedingte Normalspannungen liegt nach (11.15) in der durch $|z|_{\max}$ gegebenen, äußersten **Randfaser** an derjenigen Stelle des Balkens, an dem das Biegemoment seinen höchsten Betrag hat. Die Auslegung erfolgt daher nach

$$|\sigma_x|_{\max} \;=\; \frac{|M(x)|_{\max}}{I_y}\, |z|_{\max} \;=\; \frac{|M(x)|_{\max}}{W_y} \;\leqslant\; \sigma_{\text{zul}} \tag{11.16}$$

mit dem *axialen Widerstandsmoment*

$$W_y \;:=\; \frac{I_y}{|z|_{\max}} \;.$$

Die praktische Bedeutung der *Widerstandsmomente* lag in früheren Zeiten, als man noch keine elektronische Rechentechnik hatte, insbesondere darin, dass deren Werte für genormte Halbzeugquerschnitte vertafelt waren. Damit sparte man unnötige Rechenschritte. Heute hat diese Größe eigentlich keine besondere Bedeutung mehr.

(11.16) ist eine in der Praxis recht beliebte Formel zur Auslegung von Balkenquerschnitten. Es sei hier aber noch einmal betont, dass diese Gleichung nur für reine, *gerade Biegung* gilt. Sie gilt dagegen nicht mehr bei kombinierter Belastung (wie Biegung mit Axialkraft) und auch nicht mehr bei schiefer Biegung.

Aufgrund der getroffenen Annahmen haben wir mit der *Differentialgleichung der Biegelinie* (11.14) wie auch der *Normalspannungsverteilung* (11.15) Ergebnisse erhalten, in welche lediglich der Biegemomentenverlauf $M(x)$ Eingang findet. Darüber hinaus existieren aber noch Schubspannungen, welche sich aufgrund des Querkraftverlaufes $Q(x)$ einstellen. Ihr Einfluss auf die Balkenbiegung ist sehr viel kleiner[8] als derjenige der Normalspannungen. Wir betrachten Balken daher als schubstarr. Zur Beurteilung von Festigkeitsfragen ist die Kenntnis der Schubspannungen jedoch hilfreich. Darum wollen wir uns hier darauf beschränken, die auf

---

[8] Vgl. [5], Bd. 2, Abschnitt 5.3.

dem Querschnitt wirkende **Schubspannungsverteilung** mit

$$\tau_{xz}(x, z) = -\frac{Q(x)\, S_y(z)}{I_y\, b(z)} \tag{11.17}$$

zur Kenntnis zu nehmen und ihre Herleitung lediglich zu skizzieren:

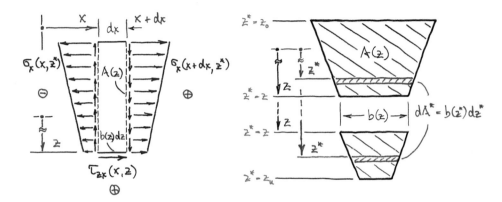

KG in x-Richtung liefert:

$$\sum F_{x,i} = -\int_{A(z)} \sigma_x(x, z^\star)\, \mathrm{d}A^\star + \int_{A(z)} \sigma_x(x + \mathrm{d}x, z^\star)\, \mathrm{d}A^\star + \tau_{zx}(x, z)\, b(z)\, \mathrm{d}x = 0$$

und mit $\sigma_x(x + \mathrm{d}x, z^\star) = \sigma_x(x, z^\star) + \dfrac{\partial \sigma_x}{\partial x}(x, z^\star)\, \mathrm{d}x$ wird daraus

$$\mathrm{d}x \int_{A(z)} \frac{\partial \sigma_x}{\partial x}(x, z^\star)\, \mathrm{d}A^\star + \tau_{zx}(x, z)\, b(z)\, \mathrm{d}x = 0 \,,$$

was nach Kürzung von $\mathrm{d}x$ auf

$$\tau_{zx}(x, z) = -\frac{1}{b(z)} \int_{A(z)} \frac{\partial \sigma_x}{\partial x}(x, z^\star)\, \mathrm{d}A^\star$$

führt. Mit

$$\sigma_x(x, z^\star) = -\frac{M(x)}{I_y}\, z^\star \tag{vgl. (11.15)}$$

bzw.

$$\frac{\partial \sigma_x}{\partial x}(x, z^\star) = -\frac{1}{I_y}\, \frac{\mathrm{d}M}{\mathrm{d}x}\, z^\star = \frac{Q(x)}{I_y}\, z^\star \tag{mit (6.3)}$$

erhält man dann

$$\tau_{xz}(x,z) \;=\; \tau_{zx}(x,z) \;=\; -\frac{Q(x)}{I_y\,b(z)} \int\limits_{A(z)} z^\star\,dA^\star \,,$$

und mit dem **Flächenmoment 1. Grades** bezüglich der Teilfläche $A(z)$

$$S_y(z) \;:=\; \int\limits_{A(z)} z^\star\,dA^\star \;=\; \int\limits_{z_o}^{z} z^\star\,b(z^\star)\,dz^\star \;=\; -\int\limits_{z}^{z_u} z^\star\,b(z^\star)\,dz^\star$$

folgt schließlich (11.17).

Beispiel 11.1   Schubspannungsverteilung auf Rechteckquerschnitt

Für einen Rechteckquerschnitt der Breite b und Höhe h lautet das Flächenträgheitsmoment bezüglich der y-Achse

$$I_y \;=\; \frac{b\,h^3}{12}\,,\qquad\qquad\qquad\qquad\text{(vgl. Beispiel 11.6)}$$

und mit

$$b(z) \;\equiv\; b \;=\; \text{const}\qquad\text{sowie}\qquad z_o \;=\; -\frac{h}{2}$$

berechnet sich das *Flächenmoment 1. Grades* bezüglich der Teilfläche $A(z)$ zu

$$S_y(z) \;=\; b\int\limits_{-h/2}^{z} z^\star\,dz^\star \;=\; b\left[\frac{z^{\star 2}}{2}\right]_{-h/2}^{z} \;=\; \frac{b\,h^2}{8}\left(\frac{4z^2}{h^2}-1\right).$$

Einsetzen in (11.17) liefert unter Verwendung von $A = b\,h$

$$\tau_{xz}(x,z) \;=\; -Q(x)\,\frac{12}{b^2 h^3}\,\frac{b\,h^2}{8}\left(\frac{4z^2}{h^2}-1\right)$$

$$\;=\; \frac{3}{2}\,\frac{Q(x)}{A}\left(1-\frac{4z^2}{h^2}\right).$$

Demnach hat die Schubspannungsverteilung hinsichtlich ihrer z-Abhängigkeit auf jedem Querschnitt die Gestalt einer quadratischen Parabel mit dem (querschnittsbezogenen) Maximalwert

$$\big|\tau_{xz}\big|_{\max}(x) \;=\; \big|\tau_{xz}(x,z=0)\big| \;=\; \frac{3}{2}\,\frac{|Q(x)|}{A}$$

für $z = 0$ also gerade dort, wo bei der Normalspannungsverteilung die neutrale Faser liegt. Dagegen verschwindet die Schubspannung auf den Randfasern gemäß

$$\tau_{xz}\big(x,z=\pm\tfrac{b}{2}\big) \;\equiv\; 0\,.$$

■

Praktische Vorgehensweise bei Berechnung von Biegelinien

Die Berechnung von Schnittgrößen haben wir im Kapitel 6 ausführlich behandelt. Für die Zwecke der Biegelinienberechnung genügt wegen

$$EI_y \, w''(x) \; = \; - \, M(x) \qquad\qquad (11.14)$$

bereits die Ermittlung des Biegemomentes $M(x)$. Damit ist (11.14) problemlos zu integrieren. Wie wir aber bei der Berechnung der Schnittgrößen bereits erfahren haben, ist es in der Praxis – abgesehen von sehr einfachen Aufgabenstellungen – unumgänglich, auf dem Gesamtsystem eine Bereichseinteilung vorzunehmen. Die Funktion $M(x)$ liegt damit stückweise („bereichsweise") vor und muss dementsprechend auch stückweise integriert werden. Daraus folgt, dass wir wegen

$$w(x) \; = \; - \, \frac{1}{EI_y} \int \left[\int M(x) \, \mathrm{d}x \right] \mathrm{d}x \; + \; c_\star \, x \; + \; c_{\star\star}$$

für jeden Bereich zwei Integrationskonstanten hinzubekommen, für deren Ermittlung zusätzliche Gleichungen erforderlich sind. Auf der anderen Seite wird man von der Biegelinie vernünftigerweise erwarten, dass es sich um eine stetige und glatte Funktion handelt. Damit darf es an den Bereichsgrenzen weder Sprünge (unstetig) noch Knickstellen (nichtglatt) geben. Um das zu garantieren, werden wir für jede Bereichsgrenze zwei Bedingungen aufstellen, die man wegen der bereichsbezogenen Randlage als „Randbedingungen" bezeichnen kann. Es hat sich aber bewährt, dafür den Begriff **Übergangsbedingungen** (ÜB) einzuführen. Die Bedingungen, die aber durch die Lager auf dem „Rand" des Gesamtsystems (das muss keine „Außenlage" im Sinne von $x = 0$ (Balkenanfang) oder $x = \ell$ (Balkenende) sein) vorgegeben sind, bezeichnen wir dagegen weiterhin als **Randbedingungen** (RB) (im eigentlichen Sinn).

Was die Anzahl der Unbekannten betrifft, so kommen für statisch bestimmte Systeme ohne Zwischenreaktionen[9] (Rahmentragwerke) zu den drei Lagerreaktionen bei einer Bereichseinteilung in n Bereiche noch $2n$ Integrationskonstanten hinzu. Demgegenüber stehen drei Gleichgewichtsbeziehungen, $2(n-1)$ Übergangsbedingungen und zwei Randbedingungen. Aufgrund von

$$\underbrace{\left(3 \, + \, 2n \right)}_{\substack{\textbf{Anzahl} \text{ der} \\ \text{Unbekannten}}} \; - \; \underbrace{\left(3 \, + \, 2(n-1) \, + \, 2 \right)}_{\substack{\textbf{Anzahl} \text{ der} \\ \text{Gleichungen}}} \; = \; 0$$

ist ein solches Problem grundsätzlich lösbar. Werden nun aber **k zusätzliche Lagerreaktionen** in Gestalt von weiteren „vertikalen" Lagerkräften und/oder weiteren Lagermomenten vorgesehen, so ergibt sich natürlich ein k-fach statisch überbestimmtes System. Ein solches können wir mit den Mitteln der Starrkörperstatik nicht berechnen. Es zeigt sich aber, dass durch die zusätzlichen Lagerreaktionen, die das System über die statische Bestimmtheit hinaus „fesseln", automatisch weitere Randbedingungen bezüglich der Biegelinie erzeugt werden, die –

---

[9] Also solchen, bei denen nicht Teilsysteme durch Gelenke verbunden sind

formal betrachtet – als zusätzliche Gleichungen verfügbar sind. Wegen

$$\underbrace{\left((3+k)+2n\right)}_{\substack{\textbf{Anzahl}\ \text{der}\\ \text{Unbekannten}}} - \underbrace{\left(3+2(n-1)+(2+k)\right)}_{\substack{\textbf{Anzahl}\ \text{der}\\ \text{Gleichungen}}} = 0$$

ist so ein System also trotz statischer Überbestimmtheit stets berechenbar!

Wichtig ist bei den *zusätzlichen Lagerreaktionen*, dass es sich nur um solche handelt, die „biegerelevant" sind, d. h. um zusätzliche „vertikale" Lagerkräfte bzw. zusätzliche Lagermomente. Dagegen sind zusätzliche „horizontale" Lagerkräfte bei reiner Balkenbiegung nicht zulässig, da diese Normalkräfte verursachen. Man kann sich das leicht vorstellen bei einem Balken auf zwei Stützen: Wenn das Loslager in Festlager umgewandelt wird, bekommt man einerseits eine zusätzliche „horizontale" Lagerkraft, und andererseits ist der Abstand der Lagerpunkte nun fest. Eine Durchbiegung des Balkens ist dann aus geometrischen Gründen immer auch mit einer positiven Dehnung überlagert, welche wir im Zusammenhang mit reiner Biegung nicht behandeln.

Die folgende **Vorgehensweise bei gerader Balkenbiegung** hat sich bewährt und lässt sich auf schiefe Balkenbiegung entsprechend erweitern:

- **Lagerreaktionen** berechnen, sofern es sich um ein statisch bestimmtes System handelt. Anderenfalls werden die Gleichgewichtsbeziehungen zunächst nur aufgestellt. Sie werden erst zum Schluss benötigt.

- **Bereichseinteilung** vornehmen derart, dass evtl. vorhandene Singularitäten nur auf den Bereichsrändern auftreten. Singularitäten in „Außenlage" sind dabei ohnehin unwirksam. Was **Singularitäten** sind, haben wir bereits in Abschnitt 6.3 erfahren. Es sei hier noch einmal aufgeführt:

    - Einzelkräfte und -momente,
      unabhängig davon, ob eingeprägte Belastungen oder Lagerreaktionen,

    - Anfang und Ende von Streckenlasten,

    - Stellen, an denen Streckenlasten mit verschiedener Funktionsdarstellung „zusammentreffen",
      sie können (müssen aber nicht) in Unstetigkeiten oder Knickstellen bestehen,

    - Balkenverzweigungen oder -abwinkelungen,

    - unstetige Querschnittsveränderungen.

- **Biegemomentenverlauf $M_I(x)$, $M_{II}(x)$, ...**[10] für jeden Bereich ermitteln. Die im Falle eines statisch unbestimmten Systems unbekannten Lagerreaktionen treten dabei nur symbolisch als A_z, B_z, ... in Erscheinung. Wir ignorieren also, dass wir diese bislang nicht berechnen können.

---

[10] Eine Nummerierung entsprechend der Bereiche hatten wir in Kapitel 6 nicht vorgesehen. Dafür standen Gültigkeitsangaben wie „für $\forall x \in \ldots$". Eine solche Nummerierung ist aber ganz praktisch.

- **Biegelinien** $w_\mathrm{I}(x)$, $w_\mathrm{II}(x)$, ... für jeden Bereich ermitteln. Dabei die Konstanten c_1, c_2, ... fortlaufend[11] nummerieren!

- **Bestimmung der Konstanten** c_1, c_2, ... aus den
  - *Randbedingungen* aufgrund der Lagerung,
  - *Übergangsbedingungen* an den inneren Bereichsgrenzen.

- **Nicht benutzte Randbedingungen** dienen nun zur Vervollständigung des unterbestimmten Gleichungssystems, welches wir mit den Gleichgewichtsbeziehungen zu Anfang aufgestellt hatten. Bei statisch bestimmten Systemen entfällt das natürlich!

Diese Vorgehensweise sei nun anschaulich vorgeführt an den folgenden Beispielen:

Beispiel 11.2   Singularitäten/Bereichseinteilung

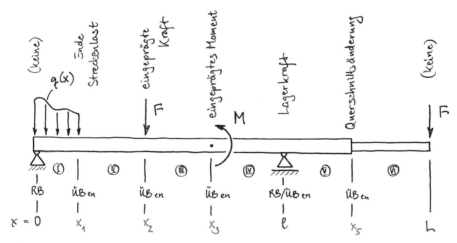

Die Randbedingungen ergeben sich unmittelbar aus den Lagertypen, hier also durch Festlager/Loslager mit

RBen: $w(x = x_0 = 0) = 0$, $w(x = x_4 = \ell) = 0$.

Übergangsbedingungen treten an jeder Bereichgrenze paarweise (!) auf, sofern es sich nicht um eine „Außenlage" (hier: $x = 0$, $x = L$) handelt:

ÜBen: $w_\mathrm{I}(x = x_1) = w_\mathrm{II}(x = x_1)$, $w_\mathrm{I}'(x = x_1) = w_\mathrm{II}'(x = x_1)$,

$\qquad\quad w_\mathrm{II}(x = x_2) = w_\mathrm{III}(x = x_2)$, $w_\mathrm{II}'(x = x_2) = w_\mathrm{III}'(x = x_2)$,

$$\vdots \qquad\qquad\qquad\qquad\qquad \vdots$$

$\qquad\quad w_\mathrm{V}(x = x_5) = w_\mathrm{VI}(x = x_5)$, $w_\mathrm{V}'(x = x_5) = w_\mathrm{VI}'(x = x_5)$.   ∎

---

[11] Also nicht in jedem Bereich c_1 und c_2 wiederverwenden!

Bezeichnen wir die Koordinaten von Lagern allgemein mit x_ν, so lässt sich in Verallgemeinerung des letzten Beispiels sagen, dass **Randbedingungen** auf zweierlei Weise vorliegen können:

Ist der *Wert der gesuchten Funktion* mit $w(x = x_\nu)$, d.h. die Durchbiegung vorgegeben, spricht man von einer *Randbedingung 1. Art*. Dies ist der Fall für alle Lagertypen, die keine „vertikale" Verschiebung zulassen, also Festeinspannungen, Festlager sowie Loslager, sofern deren Gleitfläche „horizontal" orientiert ist.

Ist hingegen die *Ableitung der gesuchten Funktion* mit $w'(x = x_\nu)$, d.h. die Steigung der Biegelinie vorgegeben, so liegt eine *Randbedingung 2. Art* vor. Dies ist der Fall bei allen Lagertypen, die keinen Gelenkcharakter besitzen. Die häufigste Erscheinungsform ist die Festeinspannung.

Standardmäßig haben wir es mit Randbedingungen der Form

$$
\begin{aligned}
w(x = x_\nu) &= 0 \qquad \text{(RB 1. Art)}, \\
w'(x = x_\nu) &= 0 \qquad \text{(RB 2. Art)}
\end{aligned}
\tag{11.18}
$$

zu tun, d.h. die rechte Seite ist jeweils null (homogene RBen). Das hängt mit der Position bzw. Orientierung der Lager zusammen, wie sie normalerweise vorgegeben ist. Ansonsten können da auch andere Werte stehen.

Die **Übergangsbedingungen** treten hingegen an Stellen x_μ auf, an denen zwei Bereiche aneinander grenzen. Aufgrund der Stetigkeits- wie auch der Glattheitsforderung liegen sie mit

$$
\begin{aligned}
w_{\text{links}}(x = x_\mu) &= w_{\text{rechts}}(x = x_\mu) \qquad \text{(kein „Sprung")}, \\
w'_{\text{links}}(x = x_\mu) &= w'_{\text{rechts}}(x = x_\mu) \qquad \text{(kein „Knick")}
\end{aligned}
\tag{11.19}
$$

stets in doppelter Form vor. Übergangsbedingungen können durch Randbedingungen überlagert sein, wie es im letzten Beispiel mit

$$
w_{\text{IV}}(x = x_4) = w_{\text{V}}(x = x_4) = 0
$$

der Fall war.

Beispiel 11.3   Kragbalken

Wir betrachten den Kragbalken aus Beispiel 6.1:

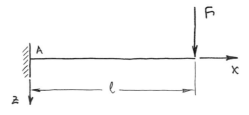

Es gibt hier nur *einen Bereich*, und wir hatten den Momentenverlauf zu

$$
M(x) = F(x - \ell) \qquad \text{für} \quad \forall\, x \in \,]0, \ell[
$$

ermittelt. Für die Biegelinie erhalten wir somit

$$EI_y \, w''(x) = -M(x)$$
$$= -F\,x + F\,\ell$$
$$EI_y \, w'(x) = -\tfrac{1}{2}F\,x^2 + F\ell\,x + c_1$$
$$EI_y \, w(x) = -\tfrac{1}{6}F\,x^3 + \tfrac{1}{2}F\ell\,x^2 + c_1\,x + c_2 \, .$$

Dem Lager A (feste Einspannung) zufolge haben wir die

RBen: $w(x = 0) = 0 \, , \quad w'(x = 0) = 0 \, .$

Diese werden nun mithilfe der zuvor ermittelten Funktionen $w(x)$ und $w'(x)$ dargestellt, wobei es praktisch ist, die Biegesteifigkeit EI_y auf der linken Seite zu belassen:

RB 1: $\quad EI_y \, w(x = 0) = \tfrac{1}{6}F \cdot 0^3 + \tfrac{1}{2}F\ell \cdot 0^2 + c_1 \cdot 0 + c_2 = 0 \, ,$

RB 2: $\quad EI_y \, w'(x = 0) = \tfrac{1}{2}F \cdot 0^2 + F\ell \cdot 0 + c_1 = 0 \, .$

Daraus erhalten wir die Integrationskonstanten zu $c_1 = c_2 - 0$, und die Biegelinie liegt nun mit

$$w(x) = \frac{F\ell^3}{2\,EI_y}\left[-\frac{1}{3}\left(\frac{x}{\ell}\right)^3 + \left(\frac{x}{\ell}\right)^2\right] \qquad \text{für} \quad \forall\,x \in [0,\ell]$$

in Gestalt einer kubischen Parabel vor.

$\blacksquare$

Beispiel 11.4   Balken mit Einzellasten

Wir betrachten den Balken nach Beispiel 6.4:

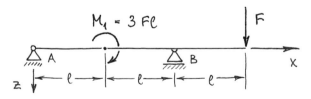

Hier gibt es *drei Bereiche*, und der Biegemomentenverlauf gliedert sich dementsprechend in

$$M_I(x) \quad := \quad M(x) = -2\,F\,x \qquad \text{für} \quad \forall\,x \in \,]0,\ell[\, ,$$

$$M_{II}(x) \quad := \quad M(x) = F\,(3\ell - 2x) \quad \text{für} \quad \forall\,x \in \,]\ell, 2\ell[\, ,$$

$$M_{III}(x) \quad := \quad M(x) = F\,(x - 3\ell) \quad \text{für} \quad \forall\,x \in \,]2\ell, 3\ell[\, ,$$

wobei die bereichsweise Indizierung der Vermeidung von Verwechselungen dient. Die Ermittlung der Biegelinie erfolgt nun auch in den einzelnen Bereichen:

$$EI_y \, w_I''(x) = -M_I(x)$$
$$= 2\,F\,x$$
$$EI_y \, w_I'(x) = F\,x^2 + c_1$$
$$EI_y \, w_I(x) = \tfrac{1}{3}\,F\,x^3 + c_1\,x + c_2 \, ,$$

$$EI_y \, w_{II}''(x) = -M_{II}(x)$$
$$= 2\,F\,x - 3\,F\ell$$
$$EI_y \, w_{II}'(x) = F\,x^2 - 3\,F\ell\,x + c_3$$
$$EI_y \, w_{II}(x) = \tfrac{1}{3}\,F\,x^3 - \tfrac{3}{2}\,F\ell\,x^2 + c_3\,x + c_4 \, ,$$

$$EI_y \, w_{III}''(x) = -M_{III}(x)$$
$$= -F\,x + 3\,F\ell$$
$$EI_y \, w_{III}'(x) = -\tfrac{1}{2}\,F\,x^2 + 3\,F\ell\,x + c_5$$
$$EI_y \, w_{III}(x) = -\tfrac{1}{6}\,F\,x^3 + \tfrac{3}{2}\,F\ell\,x^2 + c_5\,x + c_6 \, .$$

Die Randbedingungen/Übergangsbedingungen lauten hier:

RB 1: $\quad w_I(x=0) = 0 \, ,$

ÜB 2: $\quad w_I(x=\ell) = w_{II}(x=\ell) \, ,$

ÜB 3: $\quad w_I'(x=\ell) = w_{II}'(x=\ell) \, ,$

ÜB 4/RB 5: $\quad w_{II}(x=2\ell) = w_{III}(x=2\ell) = 0 \, ,$

ÜB 6: $\quad w_{II}'(x=2\ell) = w_{III}'(x=2\ell) \, .$

Wir erhalten daraus

(RB 1) $\quad\rightsquigarrow\quad c_2 = 0 \, ,$

(ÜB 2) $\quad\rightsquigarrow\quad \tfrac{1}{3}\,F\ell^3 + c_1\,\ell = \left(\tfrac{1}{3} - \tfrac{3}{2}\right)F\ell^3 + c_3\,\ell + c_4 \, ,$

(ÜB 3) $\quad\rightsquigarrow\quad F\ell^2 + c_1 = \left(1 - 3\right)F\ell^2 + c_3 \, ,$

$\left.\begin{array}{l} \text{(ÜB 4)} \\[1.2em] \text{(RB 5)} \end{array}\right\} \quad\rightsquigarrow\quad \left\{\begin{array}{l} \left(\tfrac{8}{3} - 6\right)F\ell^3 + c_3\,2\ell + c_4 = 0 \, , \\[1.2em] \left(-\tfrac{8}{6} + 6\right)F\ell^3 + c_5\,2\ell + c_6 = 0 \, , \end{array}\right.$

(ÜB 6) $\quad\rightsquigarrow\quad \left(4 - 6\right)F\ell^2 + c_3 = \left(-2 + 6\right)F\ell^2 + c_5 \, .$

Da $c_2 = 0$ in die anderen Bedingungen sofort eingearbeitet wurde, verbleibt bezüglich der übrigen Integrationskonstanten ein (5×5)-System:

$$
\begin{pmatrix}
1 & 0 & 0 & 2\ell & 0 \\
0 & \ell & -1 & 0 & -\ell \\
0 & 1 & 0 & 0 & -1 \\
0 & 0 & 1 & 0 & 2\ell \\
0 & 0 & 0 & 1 & -1
\end{pmatrix}
\begin{pmatrix}
c_6 \\ c_1 \\ c_4 \\ c_5 \\ c_3
\end{pmatrix}
= F\ell^2
\begin{pmatrix}
-\frac{14}{3}\,\ell \\[4pt]
-\frac{3}{2}\,\ell \\[4pt]
-3 \\[4pt]
\frac{10}{3}\,\ell \\[4pt]
-6
\end{pmatrix}
$$

Man sieht bereits bei diesem relativ einfachen Beispiel, welchen Einfluss die Anzahl der Bereiche auf den Rechenaufwand hat. Abgesehen von RBen für die Stelle $x = 0$, die regelmäßig zum Verschwinden der betreffenden Integrationskonstanten führen, verbleibt ein LGS, bei dem man sich in der Klausur wunderbar verrechnen kann. Zum Glück aber bleibt die Kompliziertheit solcher Aufgaben in gewissen Grenzen. Schließlich muss das alles auch noch von jemand korrigiert werden.

Nach Lösung des LGS liegen uns die Integrationskonstanten mit

$$
c_1 = -\tfrac{7}{12}\,F\ell^2\,, \qquad c_2 = 0 \qquad, \qquad c_3 = \tfrac{29}{12}\,F\ell^2\,,
$$

$$
c_4 = -\tfrac{3}{2}\,F\ell^3\,, \qquad c_5 = -\tfrac{43}{12}\,F\ell^2\,, \qquad c_6 = \tfrac{5}{2}\,F\ell^3
$$

vor. Die Biegelinie lautet somit

$$
w_{\mathrm{I}}(x) = \frac{F\ell^3}{EI_{\mathrm{y}}}\left[\frac{1}{3}\left(\frac{x}{\ell}\right)^3 - \frac{7}{12}\frac{x}{\ell}\right] \qquad \text{für} \quad \forall\, x \in [0,\ell]\,,
$$

$$
w_{\mathrm{II}}(x) = \frac{F\ell^3}{EI_{\mathrm{y}}}\left[\frac{1}{3}\left(\frac{x}{\ell}\right)^3 - \frac{3}{2}\left(\frac{x}{\ell}\right)^2 + \frac{29}{12}\frac{x}{\ell} - \frac{3}{2}\right] \qquad \text{für} \quad \forall\, x \in [\ell, 2\ell]\,,
$$

$$
w_{\mathrm{III}}(x) = \frac{F\ell^3}{EI_{\mathrm{y}}}\left[-\frac{1}{6}\left(\frac{x}{\ell}\right)^3 + \frac{3}{2}\left(\frac{x}{\ell}\right)^2 - \frac{43}{12}\frac{x}{\ell} + \frac{5}{2}\right] \qquad \text{für} \quad \forall\, x \in [2\ell, 3\ell]\,.
$$

Die qualitative Darstellung der Biegelinie liefert folgendes Bild:

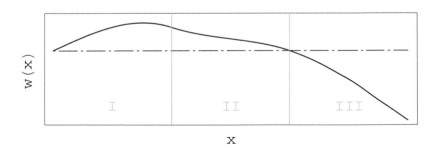

Die „Delle" im Bereich II ist auf die Wirkung des Moments bei $x = \ell$ zurückzuführen.

Bei Berechnung der Schnittgrößen haben wir hinsichtlich der **Definitionsmengen** schon in Kapitel 6 „sicherheitshalber" mit *offenen Intervallen* gearbeitet, wie z. B. bei

$$M_\mathrm{I}(x) \; = \; -\, 2\, F\, x \qquad \text{für} \quad \forall\, x \in\,]0, \ell[\; .$$

Diese Vorgehensweise hat den Vorteil, dass man damit allen Problemen, die sich infolge von Unstetigkeiten auf den Bereichsgrenzen einstellen könnten, von vornherein aus dem Weg geht. Demgegenüber haben wir aber Biegelinien, wie hier

$$w_\mathrm{I}(x) \; = \; \frac{F\ell^3}{EI_\mathrm{y}} \left[\frac{1}{3}\left(\frac{x}{\ell}\right)^3 - \frac{7}{12}\,\frac{x}{\ell} \right] \qquad \text{für} \quad \forall\, x \in\, [0, \ell]\,,$$

mit *abgeschlossenen Intervallen* notiert. Die Hinzunahme der Randpunkte ist aufgrund der Übergangsbedingungen (Stetigkeits-/Glattheitsforderung) sinnvoll, wenn man nicht ständig über Grenzwerte reden will. Was aber die Integration von (11.14) angeht, so ist zu bemerken, dass – etwas hemdsärmelig formuliert – die Hinzunahme/Weglassung von Einzelpunkten den Wert eines Integrals nicht ändert.

■

Beispiel 11.5   Statisch unbestimmtes System

Untersucht wird ein Kragbalken, der an seinem Ende durch ein zusätzliches Loslager gestützt wird:

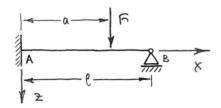

Auflagerreaktionen

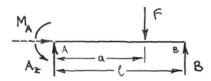

$$\sum F_{\mathrm{z},i} \; = \; -\, A_\mathrm{z} - B + F = 0\,, \qquad (1)$$

$$\sum M_i\,[\mathrm{A}] \; = \; -\, M_\mathrm{A} + B\ell - F a = 0 \qquad (2)$$

$\left.\begin{array}{l} \\ \\ \end{array}\right\}$ 2 Gleichungen für 3 Unbekannte: ⤳ 1-fach statisch unbestimmt

Die Lagerreaktionen sind damit nicht zu berechnen! Wir ignorieren aber diese Tatsache fürs Erste und arbeiten einfach mit den symbolischen Größen M_A, A_z und B weiter.

Bereichseinteilung

Da die Lagerreaktionen sämtlichst „Außenlage" aufweisen, gibt es nur eine Singularität infolge der eingeprägten Kraft F an der Stelle $x = a$.

⤳ 2 Bereiche

Biegemomentenverlauf im Bereich I

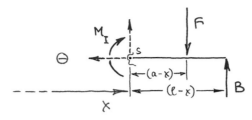

$$\sum M_i\,[S] \;=\; -\,M_I \;-\; F\,(a-x) \;+\; B\,(\ell-x) \;=\; 0$$

$$\rightsquigarrow \quad M_I(x) \;=\; (F-B)\,x \;-\; Fa \;+\; B\ell \qquad \text{für} \quad \forall\, x \in\;]0,a[$$

Biegemomentenverlauf im Bereich II

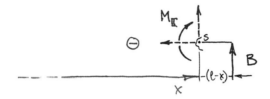

$$\sum M_i\,[S] \;=\; -\,M_{II} \;+\; B\,(\ell-x) \;=\; 0$$

$$\rightsquigarrow \quad M_{II}(x) \;=\; -\,B\,x \;+\; B\ell \qquad \text{für} \quad \forall\, x \in\;]a,\ell[$$

Biegelinie im Bereich I

$$EI_y\, w_I''(x) \;=\; -\,M_I(x)$$

$$ \;=\; (B-F)\,x \;+\; (Fa - B\ell)$$

$$EI_y\, w_I'(x) \;=\; \tfrac{1}{2}\,(B-F)\,x^2 \;+\; (Fa - B\ell)\,x \;+\; c_1$$

$$EI_y\, w_I(x) \;=\; \tfrac{1}{6}\,(B-F)\,x^3 \;+\; \tfrac{1}{2}\,(Fa - B\ell)\,x^2 \;+\; c_1\,x \;+\; c_2 \,,$$

Biegelinie im Bereich II

$$EI_y\, w_{II}''(x) \;=\; -\,M_{II}(x)$$

$$\phantom{EI_y\, w_{II}''(x)} \;=\; B\,x \;-\; B\ell$$

$$EI_y\, w_{II}'(x) \;=\; \tfrac{1}{2}\,B\,x^2 \;-\; B\ell\,x \;+\; c_3$$

$$EI_y\, w_{II}(x) \;=\; \tfrac{1}{6}\,B\,x^3 \;-\; \tfrac{1}{2}\,B\ell\,x^2 \;+\; c_3\,x \;+\; c_4 \,,$$

Rand-/Übergangsbedingungen

RB 1: $w_{\mathrm{I}}(x = 0) \;=\; 0$

RB 2: $w_{\mathrm{I}}'(x = 0) \;=\; 0$

ÜB 3: $w_{\mathrm{I}}(x = a) \;=\; w_{\mathrm{II}}(x = a)$

ÜB 4: $w_{\mathrm{I}}'(x = a) \;=\; w_{\mathrm{II}}'(x = a)$

RB 5: $w_{\mathrm{II}}(x = \ell) \;=\; 0$

Wir erhalten daraus

$(\text{RB 1}) \quad \leadsto \quad c_2 \;=\; 0\,,$

$(\text{RB 2}) \quad \leadsto \quad c_1 \;=\; 0\,,$

$(\text{ÜB 3}) \quad \leadsto \quad \tfrac{1}{6}\left(B - F\right)a^3 + \tfrac{1}{2}\left(Fa - B\ell\right)a^2 \;=$

$$= \; \tfrac{1}{6}\,B\,a^3 - \tfrac{1}{2}\,B\ell\,a^2 + c_3\,a + c_4\,,$$

$(\text{ÜB 4}) \quad \leadsto \quad \tfrac{1}{2}\left(B - F\right)a^2 + \left(Fa - B\ell\right)a \;=\; \tfrac{1}{2}\,B\,a^2 - B\ell\,a + c_3\,,$

$(\text{RB 5}) \quad \leadsto \quad \tfrac{1}{6}\,B\,\ell^3 - \tfrac{1}{2}\,B\ell\,\ell^2 + c_3\,\ell + c_4 \;=\; 0\,.$

Da in (ÜB 4) lediglich die Integrationskonstante c_3 enthalten ist, ergibt sich

$$c_3 \;=\; \tfrac{1}{2}\,Fa^2$$

unmittelbar. Dies setzen wir in (ÜB 3) ein und bekommen

$$c_4 \;=\; -\tfrac{1}{6}\,Fa^3\,.$$

In beiden Fällen heben sich die Terme der Lagerreaktionen gegenseitig auf, so dass diese nicht mehr in c_3 und c_4 enthalten sind. Die bisher noch nicht benutzte (RB 5) bringen wir nun mithilfe von c_3 und c_4 auf die Form

$$B \;=\; F\ell\left[-\frac{1}{2}\left(\frac{a}{\ell}\right)^3 + \frac{3}{2}\left(\frac{a}{\ell}\right)^2\right]. \tag{3}$$

Sie stellt die dritte (bis dahin fehlende) Gleichung im System der oben aufgeführten Gleichgewichtsbeziehungen (1), (2) dar, so dass wir die Lagerreaktionen als Lösung des LGS

$$\begin{pmatrix} 1 & 0 & -\ell \\ 0 & 1 & 1 \\ 0 & 0 & 1 \end{pmatrix} \begin{pmatrix} M_{\mathrm{A}} \\ A_z \\ B \end{pmatrix} \;=\; F\ell \begin{pmatrix} -a \\ 1 \\ -\frac{1}{2}\left(\frac{a}{\ell}\right)^3 + \frac{3}{2}\left(\frac{a}{\ell}\right)^2 \end{pmatrix}$$

erhalten.

Sie lauten

$$M_\mathrm{A} = \frac{F\ell}{2}\left[-\left(\frac{a}{\ell}\right)^3 + 3\left(\frac{a}{\ell}\right)^2 - 2\,\frac{a}{\ell}\right],$$

$$A_\mathrm{z} = \frac{F}{2}\left[\left(\frac{a}{\ell}\right)^3 - 3\left(\frac{a}{\ell}\right)^2 + 2\right],$$

$$B = \frac{F}{2}\left[-\left(\frac{a}{\ell}\right)^3 + 3\left(\frac{a}{\ell}\right)^2\right].$$

Die gesuchte Biegelinie erhalten wir nun zu

$$w_\mathrm{I}(x) = \frac{F\ell^3}{2\,EI_\mathrm{y}}\left[\left(-\frac{1}{6}\left(\frac{a}{\ell}\right)^3 + \frac{1}{2}\left(\frac{a}{\ell}\right)^2 - \frac{1}{3}\right)\left(\frac{x}{\ell}\right)^3 + \right.$$

$$\left. + \left(\frac{1}{2}\left(\frac{a}{\ell}\right)^3 - \frac{3}{2}\left(\frac{a}{\ell}\right)^2 + \frac{a}{\ell}\right)\left(\frac{x}{\ell}\right)^2\right] \quad \text{für} \quad \forall\, x \in [0, a],$$

$$w_\mathrm{II}(x) = \frac{F\ell^3}{2\,EI_\mathrm{y}}\left[\left(-\left(\frac{a}{\ell}\right)^3 + 3\left(\frac{a}{\ell}\right)^2\right)\left(\frac{1}{6}\left(\frac{x}{\ell}\right)^3 - \frac{1}{2}\left(\frac{x}{\ell}\right)^2\right) + \right.$$

$$\left. + \left(\frac{a}{\ell}\right)^2\frac{x}{\ell} - \frac{1}{3}\left(\frac{a}{\ell}\right)^3\right] \quad \text{für} \quad \forall\, x \in [a, \ell].$$

Die qualitative Darstellung der Biegelinie liefert hier mit $a/\ell = 0,7$:

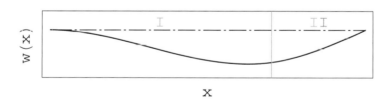

Man beachte, dass die maximale Durchbiegung im Allgemeinen offensichtlich nicht bei $x = a$ liegt!

Wir haben uns bei der Berechnung der Schnittgrößen in früheren Beispielen immer für diejenige Seite (rechts bzw. links vom Schnittufer) entschieden, die uns bequemer erschien. Bei der Bearbeitung von statisch unbestimmten Systemen ist es aber zumeist geschickter, sich grundsätzlich bei allen Bereichen für diejenige Seite zu entscheiden, die die wenigsten Lagerreaktionen beherbergt (hier: rechte Seite). Das hat nämlich die angenehme Folge, dass das LGS dann einfachstmöglich ausfällt. Hier war es so, dass in den RB/ÜBen und damit auch in (3) die Lagerreaktionen M_A und A_z nicht auftauchen, da immer mit der rechten Seite gerechnet wurde.   ■

11.4.2   Flächenmomente

Wir sind bei der Herleitung der Differentialgleichung (11.14) der *geraden Biegung* mit der Abkürzung

$$\int_A z^2 \, \mathrm{d}A =: I_\mathrm{y}$$

gewissermaßen von selbst auf den Begriff des **(axialen) Flächenträgheitsmomentes** gestoßen. Dass es sich speziell um das Flächenträgheitsmoment bezüglich der y-Achse handelt, leuchtet sofort ein, da die gerade Biegung, bei welcher der Balken verformungs-halber die x, z-Ebene nicht verlässt, um die y-Achse stattfindet. Außerdem erinnern wir uns daran, dass $M(x)$ lediglich die in Kapitel 6 für den ebenen Betrachtungsfall ein-geführte Kurzschreibweise anstelle von $M_{\mathrm{By}}(x)$ ist.

Mit der Erweiterung der Balkenbiegung auf den zweiachsigen Fall, der sogenannten *schiefen Biegung*, ist aber eine generelle Klärung der Begriffe erforderlich. Bei dieser Gelegen-heit stellen wir dann auch gleich das **(polare) Flächenträgheitsmoment** vor, welches erst zur Behandlung der *Torsion* in Abschnitt 11.6 benötigt wird.

Im Zusammenhang mit den Schwerpunktsberechnungen im Kapitel 4 waren uns bereits *Flächenmomente 1. Grades* begegnet. Im y-z-System lauten sie:

$$S_\mathrm{y} := \int_A z \, \mathrm{d}A = z_\mathrm{S} \, A \qquad \text{und} \qquad S_\mathrm{z} := \int_A y \, \mathrm{d}A = y_\mathrm{S} \, A \,. \tag{11.20}$$

Wir hatten S_y im vorherigen Abschnitt bereits gebraucht, als es darum ging, die der reinen Biegung zugrunde liegende Bedingung $N(x) \equiv 0$ zu garantieren. Dieses war mit $z_\mathrm{S} = 0$ automatisch erfüllt.

Von *Flächenmomenten 2. Grades* spricht man hingegen, wenn der Integrand in quadratischer bzw. gemischter Form vorliegt. Dabei unterscheiden wir das **axiale Flächenträgheitsmoment um die y-Achse**

$$\boxed{I_\mathrm{y} := \int_A z^2 \, \mathrm{d}A = \iint_A z^2 \, \mathrm{d}y \, \mathrm{d}z > 0} \,, \tag{11.21}$$

das **axiale Flächenträgheitsmoment um die z-Achse**

$$\boxed{I_\mathrm{z} := \int_A y^2 \, \mathrm{d}A = \iint_A y^2 \, \mathrm{d}y \, \mathrm{d}z > 0} \tag{11.22}$$

sowie das **Deviationsmoment** (biaxiales Flächenmoment 2. Grades)

$$\boxed{I_\mathrm{yz} := -\int_A y z \, \mathrm{d}A = -\iint_A y z \, \mathrm{d}y \, \mathrm{d}z \gtreqless 0} \,, \tag{11.23}$$

für welches offensichtlich $I_{yz} = I_{zy}$ gilt.

Es ist zunächst nicht einzusehen, warum das Deviationsmoment mit einem Minuszeichen definiert wird, zumal das in der älteren Literatur teilweise anders gehandhabt wird. Der Grund dafür liegt darin, dass sich die Flächenmomente zu einem **Trägheitstensor**

$$\mathbf{I}^{(2)} = I_{ij}\,\mathbf{e}_i\,\mathbf{e}_j \qquad \text{mit} \quad i,j = 1, 2 \quad (1 \,\widehat{=}\, y,\; 2 \,\widehat{=}\, z) \qquad\qquad \big(\text{vgl. } (11.26)\big)$$

zusammenfassen lassen, sofern für I_{ij} die Transformationsgesetze (7.25) erfüllt sind. Das klappt aber nur mit der Definition (11.23), die sich daher allgemein durchgesetzt hat.

Das Deviationsmoment hat die bemerkenswerte Eigenschaft, dass es bereits dann verschwindet, wenn eine der beiden Koordinatenachsen Symmetrieachse ist. Dies folgt aus dem Umstand, dass es aus Symmetriegründen dann zu jedem $yz\,\mathrm{d}A$ genau ein $-yz\,\mathrm{d}A$ gibt mit der Folge, dass sich diese bei Integration über der Gesamtfläche vollständig aufheben.

Zur Berechnung von Torsionsproblemen, welche wir im Abschnitt 11.6 vornehmen, benötigen wir weiterhin das polare **Flächenträgheitsmoment**

$$\boxed{I_0 := \int\limits_A r^2\,\mathrm{d}A = \iint\limits_A \left(y^2 + z^2\right)\mathrm{d}y\,\mathrm{d}z > 0}\,. \qquad\qquad (11.24)$$

Der „Pol" ist mit $r = 0$ natürlich nichts anderes als der Flächenschwerpunkt, und für die Integration in kartesischen Koordinaten wurde von

$$r^2 = y^2 + z^2 \qquad\qquad\qquad\qquad (\text{Pythagoras})$$

Gebrauch gemacht. Da Integrieren eine lineare Operation ist, folgt mit

$$\iint\limits_A \left(y^2 + z^2\right)\mathrm{d}y\,\mathrm{d}z = \iint\limits_A y^2\,\mathrm{d}y\,\mathrm{d}z + \iint\limits_A z^2\,\mathrm{d}y\,\mathrm{d}z$$

der überraschend einfache Zusammenhang

$$\boxed{I_0 = I_z + I_y}\,. \qquad\qquad (11.25)$$

Will man die beiden axialen Flächenträgheitsmomente I_y und I_z sowie das Deviationsmoment $I_{yz} = I_{zy}$ einer orthogonalen Transformation gemäß

$$y, z \quad \longrightarrow \quad y^*, z^*$$

unterziehen, so ist es sinnvoll, diese Größen zunächst zu der (symmetrischen) **Trägheitsmatrix**

$$\underline{\underline{\mathbf{I}}} := \begin{pmatrix} I_y & I_{yz} \\ I_{zy} & I_z \end{pmatrix} \qquad\qquad (11.26)$$

zusammenzufassen.

Die reelle Besetzung und die Symmetrie dieser Matrix sorgen dafür, dass stets reelle Eigenwerte und ein orthogonales Hauptachsensystem existieren. Wir dürfen also einmal mehr alles, was wir über den ebenen Spannungszustand gelernt haben, hier wieder verwenden! Dazu gehört auch, dass sich für I_y, I_z, I_{yz} ein **MOHRscher Trägheitskreis** zeichnen lässt, mit dem wir diese Größen auf ein beliebig gedrehtes y^*, z^*-Orthogonalsystem und speziell auf ein Hauptachsensystem transformieren können.

Die graphischen Ermittlungen nach dem MOHRschen Trägheitskreis können natürlich auch rechnerisch durchgeführt werden. Ist das y^*, z^*-System gegenüber dem y, z-System um den Winkel φ gegen den Uhrzeigersinn gedreht, so folgt mit

$$\begin{pmatrix} y^* \\ z^* \end{pmatrix} = \underbrace{\begin{pmatrix} \cos\varphi & \sin\varphi \\ -\sin\varphi & \cos\varphi \end{pmatrix}}_{\text{vgl. (1.17)}} \begin{pmatrix} y \\ z \end{pmatrix}$$

und den Halbwinkelformeln der Trigonometrie (vgl. Abschnitt 8.5.1):

$$\boxed{\begin{aligned} I_{y^*}(\varphi) &= \tfrac{1}{2}\left(I_y + I_z\right) + \tfrac{1}{2}\left(I_y - I_z\right)\cos[2\varphi] + I_{yz}\sin[2\varphi] \\ I_{z^*}(\varphi) &= \tfrac{1}{2}\left(I_y + I_z\right) - \tfrac{1}{2}\left(I_y - I_z\right)\cos[2\varphi] - I_{yz}\sin[2\varphi] \\ I_{y^*z^*}(\varphi) &= -\tfrac{1}{2}\left(I_y - I_z\right)\sin[2\varphi] + I_{yz}\cos[2\varphi] \end{aligned}} \quad . \qquad (11.27)$$

Und für den Spezialfall des Hauptachsensystems erhalten wir

$$\underline{\underline{I}}^+ := \begin{pmatrix} I_{\mathrm{I}} & 0 \\ 0 & I_{\mathrm{II}} \end{pmatrix}$$

mit

$$\boxed{\begin{aligned} I_{\mathrm{I,II}} &= \tfrac{1}{2}\left(I_y + I_z\right) \pm \sqrt{\tfrac{1}{4}\left(I_y - I_z\right)^2 + I_{yz}^2} \\ \tan\left[2\varphi_{\mathrm{I,II}}\right] &= \frac{2\,I_{yz}}{I_y - I_z} \end{aligned}} \quad . \qquad (11.28)$$

Symmetrie bezüglich der y- oder z-Achse ist – das wurde bereits deutlich – eine hinreichende (aber nicht notwendige) Bedingung für das Verschwinden des Deviationsmomentes ($I_{yz} = 0$). Das y, z-System ist dann ein Hauptachsensystem, und es folgt:

$$\boxed{\textbf{Jede Symmetrieachse ist stets auch Hauptachse!}} \qquad (11.29)$$

Wir haben in Abschnitt 8.6 die **Isotropie des Spannungstensors** betrachtet, welche mit dem Sonderfall des hydrostatischen Spannungszustand verbunden ist, nach dem alle Hauptspannungen gleich groß sind. Im ebenen Fall führt dies dazu, dass der MOHRsche Spannungskreis zum Punkt entartet.

So etwas ist nun auch beim MOHRschen Trägheitskreis möglich. Bei der Trägheitsmatrix liegen isotrope Verhältnisse mit

$$I_y = I_z \quad \text{und} \quad I_{yz} = 0 \qquad \text{bzw.} \qquad I_I = I_{II} \qquad \qquad \text{(vgl. (11.27), (11.28))}$$

vor. Es leuchtet sofort ein, dass dies für einen quadratischen Querschnitt mit y und z als (orthogonalen) Symmetrieachsen erfüllt ist. Aber das ist längst nicht der einzige Fall!

Den Begriff „isotrop" verbindet man in der Technischen Mechanik abgesehen vom isotropen Spannungstensor vorzugsweise mit Werkstoffeigenschaften. Wir wollen daher anstelle von einer isotropen Trägheitsmatrix lieber von der **Gleichheit** der **axialen Flächenmomente 2. Grades** sprechen.

Die axialen Flächenmomente 2. Grades sind unabhängig vom Winkel φ, also gemäß

$$I_{y^*}(\varphi) = I_{z^*}(\varphi) \equiv \text{const}, \qquad I_{y^*z^*}(\varphi) \equiv 0 \qquad \qquad (11.30)$$

für jede Winkellage gleich, wenn ...

- ... der Querschnitt zwei Symmetrieachsen unter einem „schiefen" Winkel ($\neq n\frac{\pi}{2}, n \in \mathbb{N}$) aufweist, weil jede Symmetrieachse zugleich auch Hauptachse ist und nichtorthogonale Hauptachsen zwangsläufig dazu führen, dass der MOHRsche Trägheitskreis zum Punkt entartet,

- ... der Querschnitt (mindestens) drei Symmetrieachsen besitzt. Von drei Symmetrieachsen können nur zwei orthogonal zueinander sein. Die dritte liegt zwangsläufig „schief". Also gilt zuvor Gesagtes.

  Haben dagegen drei durch den Schwerpunkt verlaufende Achsen bezüglich der axialen Flächenmomente 2. Grades gleiche Werte, so sind diese wie auch alle weiteren Achsen auf diesem Querschnitt Hauptachsen. Denn jedes $I_{y^*}(\varphi)$ (wie auch jedes $I_{z^*}(\varphi)$) wird auf dem MOHRschen Trägheitskreis durch einen Punkt repräsentiert. Wenn drei Punkte unter verschiedener Winkellage den gleichen Wert aufweisen, muss der MOHRsche Trägheitskreis zum Punkt entarten.

In der Praxis heißt das, die „Einbaulage" des Querschnitts hat für gegebene Last keinen Einfluss auf das Biegeverhalten. So sind alle regelmäßigen n-Ecke ($n \geqslant 3$) sowie der Kreisquerschnitt mit dieser Eigenschaft ausgestattet.

In den folgenden Beispielen werden die Flächenmomente für die zwei wichtigsten Querschnittsflächen des Ingenieurwesens berechnet:

Beispiel 11.6   Rechteckquerschnitt

Wir betrachten einen Rechteckquerschnitt der Breite b und Höhe h in gerader Einbaulage, d.h., y- und z-Achse sind parallel zur Berandung:

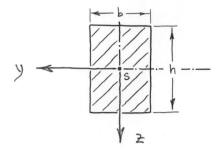

Das axiale *Flächenträgheitsmoment* bezüglich der y-Achse berechnet sich nach (11.21) zu

$$I_\mathrm{y} \;=\; \int\limits_A z^2 \,\mathrm{d}A \;=\; \int\limits_{-\frac{h}{2}}^{\frac{h}{2}} z^2 \int\limits_{-\frac{b}{2}}^{\frac{b}{2}} \mathrm{d}y \;\mathrm{d}z$$

$$=\; \Big[\, y \,\Big]_{-\frac{b}{2}}^{\frac{b}{2}} \; \Big[\, \tfrac{1}{3} z^3 \,\Big]_{-\frac{h}{2}}^{\frac{h}{2}}$$

$$=\; \Big(\tfrac{b}{2} - \big(-\tfrac{b}{2}\big)\Big) \tfrac{1}{3}\Big(\tfrac{h^3}{8} - \big(-\tfrac{h^3}{8}\big)\Big)$$

$$=\; \frac{b\,h^3}{12}\,.$$

Dabei wurde das Flächenelement $\mathrm{d}A$ durch

$$\mathrm{d}A\,(y, z) \;=\; \mathrm{d}y\,\mathrm{d}z$$

formuliert. Da aber bezüglich fester y-Grenzen integriert wurde und außerdem der Integrand nicht y-abhängig ist, kann hier auch

$$\mathrm{d}A\,(z) \;=\; b(z)\,\mathrm{d}z$$

gesetzt werden. Damit erspart man sich eine Integration:

$$I_\mathrm{y} \;=\; \int\limits_A z^2 \,\mathrm{d}A \;=\; b \int\limits_{-\frac{h}{2}}^{\frac{h}{2}} z^2 \,\mathrm{d}z \;=\; \frac{b\,h^3}{12}\,.$$

Auf gleiche Weise erhält man

$$I_\mathrm{z} \;=\; \frac{b^3 h}{12}\,.$$

Hinsichtlich des *Deviationsmomentes* ist natürlich klar, dass wir hier aus Symmetriegründen $I_\mathrm{yz} = I_\mathrm{zy} = 0$ erwarten dürfen. Wir probieren das aber mal aus und finden

$$
I_{yz} = \int\limits_{A} y z \, \mathrm{d}A = \int\limits_{-\frac{h}{2}}^{\frac{h}{2}} z \int\limits_{-\frac{b}{2}}^{\frac{b}{2}} y \, \mathrm{d}y \, \mathrm{d}z
$$

$$
= \left[\tfrac{1}{2} y^2 \right]_{-\frac{b}{2}}^{\frac{b}{2}} \left[\tfrac{1}{2} z^2 \right]_{-\frac{h}{2}}^{\frac{h}{2}}
$$

$$
= \tfrac{1}{2} \underbrace{\left(\tfrac{b^2}{4} - \tfrac{b^2}{4} \right)}_{=\,0} \tfrac{1}{2} \underbrace{\left(\tfrac{h^2}{4} - \tfrac{h^2}{4} \right)}_{=\,0}
$$

$$
= \quad 0 \,.
$$

Baut man nun einen Rechteckquerschnitt „schief" ein, so ergibt sich aufgrund von (11.27) unter erneuter Verwendung der Halbwinkelformeln der Trigonometrie:

$$
I_{y^*}(\varphi) \;=\; \tfrac{bh}{24} \left(b^2 \sin^2 \varphi \,+\, h^2 \cos^2 \varphi \right) ,
$$

$$
I_{z^*}(\varphi) \;=\; \tfrac{bh}{24} \left(b^2 \cos^2 \varphi \,+\, h^2 \sin^2 \varphi \right) ,
$$

$$
I_{y^*z^*}(\varphi) \;-\; \tfrac{bh}{24} \left(b^2 \quad h^2 \right) \sin[2\varphi] \,.
$$

Dabei verschwindet das Deviationsmoment wegen

$$
I_{y^*z^*}(\varphi = n \tfrac{\pi}{2}) \;=\; \tfrac{bh}{24} \left(b^2 - h^2 \right) \sin[n\pi] \;=\; 0 \qquad \text{mit} \quad n \in \mathbb{N}
$$

für Vielfache von 90°.

Das *polare Flächenträgheitsmoment* folgt mit (11.25) zu

$$
I_0 \;=\; \frac{bh}{12} \left(b^2 + h^2 \right) .
$$

$\blacksquare$

Beispiel 11.7   Kreisquerschnitt

Der Kreis ist in der Ebene gewissermaßen das „Urbild" der Symmetrie, so dass auch ohne die vorangegangenen Betrachtungen zum Mohrschen Trägheitskreis auf den ersten Blick klar ist, dass es nicht auf die Orientierung des querschnittseigenen Koordinatensystem ankommt. Zur Berechnung des axialen Flächenträgheitsmomentes kann man natürlich gemäß

$$
I_y \;=\; \int\limits_{A} z^2 \, \mathrm{d}A \;=\; \int\limits_{-R}^{R} \int\limits_{z_1(y)}^{z_2(y)} z^2 \, \mathrm{d}z \, \mathrm{d}y
$$

vorgehen. Für gegebenen Radius R entnehmen wir dabei dem „PYTHAGORAS"

$$R^2 = y^2 + z_{1,2}^2$$

die Randkoordinaten zu

$$z_1(y) = -\sqrt{R^2 - y^2}\,, \qquad z_2(y) = \sqrt{R^2 - y^2}\,.$$

Um sich im Integrieren zu üben, ist dieser Weg nicht schlecht, aber es geht auch einfacher: Wegen $I_y = I_z$ folgt aus (11.25)

$$I_0 = 2\,I_y = 2\,I_z\,. \tag{1}$$

Es ist also geschickter, erst I_0 zu berechnen, da die Integration von I_0 mit

$$dA(r) = 2\pi\,r\,dr$$

in den Grenzen von $r = 0$ bis $r = R$ besonders einfach ausfällt. Wir erhalten

$$I_0 = \int\limits_A r^2\,dA = 2\pi \int\limits_0^R r^3\,dr$$

$$= 2\pi \left[\tfrac{1}{4}\,r^4\right]_0^R$$

$$= \frac{\pi}{2}\,R^4 = \frac{\pi}{32}\,d^4\,,$$

wobei $d = 2R$ den Durchmesser des Kreisquerschnitts darstellt. Die axialen Flächenträgheismomente folgen dann aus (1) zu

$$I_y = I_z = \frac{\pi}{4}\,R^4 = \frac{\pi}{64}\,d^4\,.$$

$\blacksquare$

Die **Berechnung von Flächen(trägheits)momenten in der Praxis** läuft genauso wie die Schwerpunktsberechnung: Für die geometrischen Elementarfälle entnimmt man die entsprechenden Formeln einem der gängigen Nachschlagewerke. Kompliziertere Querschnittsflächen kann man sich nun wieder in eine überschaubare Anzahl von elementaren Teilflächen zerlegt denken, deren Beiträge zum „Gesamt"-Flächenträgheitsmoment zusammengesetzt werden. Dabei ist Folgendes zu beachten:

Der einfachste Fall besteht darin, dass gerade Biegung um die y- oder z-Achse vorliegt und sich die „Einzel"-Flächenträgheitsmomente sämtlichst auf eben diese Biegeachse, d.h. bei Ermittlung von I_y auf die y-Achse und bei Ermittlung von I_z auf die z-Achse, beziehen. Diesen Fall erkennt man sofort daran, dass der Schwerpunkt der jeweiligen Elementarfläche auf dieser Bezugsachse liegt ($z_S = 0$ bzw.

$y_S = 0$). Die „Einzel"-Flächenträgheitsmomente summieren sich dann zu einem Gesamtwert

$$I_y = I_{1,y} + I_{2,y} + \dots ,$$

$$I_z = I_{1,z} + I_{2,z} + \dots .$$

Dabei werden – genau wie bei der Schwerpunktsermittlung – Hohlflächen durch negative Gewichtung berücksichtigt.

Beispiel 11.8   Zusammengesetzter Querschnitt (Biegung um y-Achse)

Wir berechnen das Flächenträgheitsmoment I_y des folgenden Querschnitts:

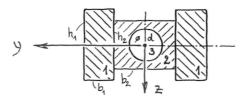

Mit den gegebenen Abmessungen lauten die Flächenträgheitsmomente der Elementarflächen **Rechteck** (1), **Rechteck** (2) und **Kreis** (3)

$$I_{1,y} = \frac{b_1 h_1^3}{12}, \quad I_{2,y} = \frac{b_2 h_2^3}{12} \quad \text{und} \quad I_{3,y} = \frac{\pi}{64} d^4 .$$

Da sich die Schwerpunkte aller Elementarflächen auf der y-Achse befinden, folgt

$$I_y = 2\, I_{1,y} + I_{2,y} - I_{3,y}$$

$$= \frac{b_1 h_1^3}{6} + \frac{b_2 h_2^3}{12} - \frac{\pi}{64} d^4 . \qquad \blacksquare$$

Häufig sieht die Situation aber so aus, dass bei Berechnung der axialen Flächenmomente von komplizierteren Querschnitten eine oder mehrere Elementarflächen beteiligt sind, deren Schwerpunkte nicht auf den jeweiligen Biegeachsen (Bezugsachsen) ansässig sind. Dann muss man gemäß Abbildung 11.3 unterscheiden zwischen dem jeweiligen ...

- **Ausgangssystem** (y, z-System), in welchem die gerade betrachtete Elementarfläche mit $y_S = 0$, $z_S = 0$ vorliegt,

  und dem

- **Bezugssystem** ($\hat{y}$, $\hat{z}$-System), welches bei Berechnung von axialen Flächenmomenten für zusammengesetzte Querschnitte in den (Gesamt-)Schwerpunkt des Querschnitts gelegt wird. Denn definitionsgemäß stellt die Balkenachse die Menge aller Querschnittsschwerpunkte dar.

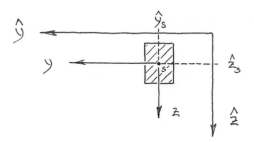

Abb. 11.3 Zum Satz von STEINER

Für gewöhnlich sind Ausgangs- und Bezugssystem – wie in Abbildung 11.3 darge-stellt – zueinander parallel. Ist dies nicht der Fall, muss man den „Umweg" über ein Zwischensystem wählen, so dass die Umrechnung vom Ausgangssystem in das Bezugssystem über eine Parallelverschiebung *und* eine Drehung erfolgt.

Die Drehung des Koordinatensystems haben wir bereits behandelt, vgl. (11.27). Die Parallelverschiebung dagegen bedeutet, dass die im (lokalen) Ausgangssystem einer Elementarfläche gegebenen Größen I_y, I_z, I_yz mithilfe von

$$\hat{y} = y + \hat{y}_\mathrm{S}\,, \qquad \hat{z} = z + \hat{z}_\mathrm{S}$$

in entsprechende Größen $I_{\hat{y}}$, $I_{\hat{z}}$, $I_{\hat{y}\hat{z}}$ des Bezugssystems umgerechnet werden. Dabei repräsentieren $\hat{y}_\mathrm{S}$, $\hat{z}_\mathrm{S}$ die Lage des Schwerpunkts der jeweiligen Elementarfläche im Bezugssystem. Eingesetzt in (11.21) bzw. (11.22) finden wir

$$
\begin{aligned}
I_{\hat{y}} &= \int_A \hat{z}^2 \, \mathrm{d}A \\[2mm]
&= \int_A (z + \hat{z}_\mathrm{S})^2 \, \mathrm{d}A \\[2mm]
&= \int_A z^2 \, \mathrm{d}A \; + \; 2\hat{z}_\mathrm{S} \underbrace{\int_A z \, \mathrm{d}A}_{=\,S_\mathrm{y}\,=\,0} \; + \; \hat{z}_\mathrm{S}^2 \int_A \mathrm{d}A \\[2mm]
&= I_\mathrm{y} \; + \; \hat{z}_\mathrm{S}^2 \, A
\end{aligned}
$$

und für $I_{\hat{z}}$ entsprechendes. Dagegen folgt aus (11.23) für das Deviationsmoment

$$
\begin{aligned}
I_{\hat{y}\hat{z}} &= -\int_A \hat{y}\hat{z} \, \mathrm{d}A \\[2mm]
&= -\int_A (y + \hat{y}_\mathrm{S})(z + \hat{z}_\mathrm{S}) \, \mathrm{d}A
\end{aligned}
$$

$$I_{\hat{y}\hat{z}} = -\int_A yz\,\mathrm{d}A \;-\; \hat{y}_\mathrm{S}\underbrace{\int_A y\,\mathrm{d}A}_{=\,S_z\,=\,0} \;-\; \hat{z}_\mathrm{S}\underbrace{\int_A z\,\mathrm{d}A}_{=\,S_y\,=\,0} \;-\; \hat{y}_\mathrm{S}\,\hat{z}_\mathrm{S}\int_A \mathrm{d}A$$

$$= I_{yz} \;-\; \hat{y}_\mathrm{S}\,\hat{z}_\mathrm{S}\,A\,.$$

Insgesamt erhalten wir also

$$\boxed{I_{\hat{y}} = I_y + A\,\hat{z}_\mathrm{S}^2}\;,\qquad \boxed{I_{\hat{z}} = I_z + A\,\hat{y}_\mathrm{S}^2}\;,\qquad \boxed{I_{\hat{y}\hat{z}} = I_{yz} - A\,\hat{y}_\mathrm{S}\,\hat{z}_\mathrm{S}}\;. \qquad (11.31)$$

Diese Gleichungen, die das Umrechnen von Flächenträgheits- und Deviationsmomenten auf parallele Achsen erlauben, sind als **Satz von STEINER** bekannt. Insbesondere werden die (additiven) Terme

$$A\,\hat{z}_\mathrm{S}^2 \;\geqslant\; 0 \qquad A\,\hat{y}_\mathrm{S}^2 \;\geqslant\; 0 \qquad \text{und} \qquad A\,\hat{y}_\mathrm{S}\,\hat{z}_\mathrm{S} \;\gtrless\; 0$$

als STEINERsche Anteile bezeichnet.

Der **Satz von STEINER** wird uns im Teil III für sogenannte Massenträgheitsmomente noch einmal begegnen. Dort betreiben wir Dynamik, und spätestens dann dämmert uns, was am Trägheitsmoment „träge" ist. Die Wortschöpfung Flächen„trägheits"moment gibt natürlich zu denken. Schließlich ist in der Statik nichts träge, weil sich nichts bewegt — es sei denn, unendlich langsam. Aller Wahrscheinlichkeit nach ist das Flächenträgheitsmoment nur aufgrund der mathematischen Ähnlichkeit zum Massenträgheitsmoment zu seinem merkwürdigen Namen gekommen.

Beispiel 11.9   Doppel-T-Träger

Gesucht ist das Flächenträgheitsmoment $I_{\hat{y}}$ für folgenden Querschnitt:

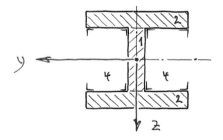

Wir haben hier drei Elementarflächen, die sich auf **Rechteck** (1) und **Rechteck** (2) reduzieren lassen. Für das zentral liegende **Rechteck** (1) gilt

$$I_{1,\hat{y}} = \frac{b_1\,h_1^3}{12}\,.$$

Dagegen ist für **Rechteck** (2) zunächst nur

$$I_{2,y} = \frac{b_2\,h_2^3}{12}$$

bekannt. Die Umrechnung von der y- auf die $\hat{y}$-Achse nach dem Satz von STEINER erfolgt hier mit $\hat{z}_{S,2} = \frac{1}{2}(h_1 + h_2)$ und $A_2 = b_2 h_2$ zu

$$I_{2,\hat{y}} = I_{2,y} + A_2\,\hat{z}_{S,2}^2 = \frac{b_2\,h_2^3}{12} + \frac{b_2\,h_2}{4}\left(h_1 + h_2\right)^2 .$$

Damit lautet das Ergebnis

$$
\begin{aligned}
I_{\hat{y}} &= I_{1,\hat{y}} + 2\,I_{2,\hat{y}} \\[4pt]
&= \frac{b_1\,h_1^3}{12} + \frac{b_2\,h_2^3}{6} + \frac{b_2\,h_2}{2}\left(h_1 + h_2\right)^2 .
\end{aligned}
\tag{1}
$$

Es gibt allerdings noch einen anderen Weg, $I_{\hat{y}}$ zu berechnen. Und der ist, wenn wir die Bemaßung entsprechend

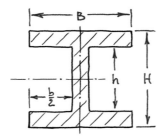

gestalten, sogar noch einfacher. Denn wir können hier drei Elementarflächen so legen, dass der Satz von STEINER nicht benötigt wird. Das (Gesamt-)**Rechteck** (3) besitzt

$$I_{3,\hat{y}} = \frac{BH^3}{12}$$

und das (Hohl-)**Rechteck** (4)

$$I_{4,\hat{y}} = \frac{bh^3}{24} .$$

Damit bekommt man

$$
\begin{aligned}
I_{\hat{y}} &= I_{3,\hat{y}} - 2\,I_{4,\hat{y}} \\[4pt]
&= \tfrac{1}{12}\left(BH^3 - bh^3\right) .
\end{aligned}
\tag{2}
$$

Man kann sich durch Einsetzen

$$B = b_2 , \qquad H = h_1 + 2h_2 , \qquad b = b_2 - b_1 , \qquad h = h_1$$

in (2) sowie Ausmultiplizieren von (1) davon überzeugen, dass es sich um dasselbe Ergebnis handelt. Man erhält in beiden Fällen

$$I_{\hat{y}} = \tfrac{1}{12}\left(h_1^3\,b_1 + 6\,h_1^2\,h_2\,b_2 + 12\,h_1\,h_2^2\,b_2 + 8\,h_2^3\,b_2\right) .$$

∎

11.4.3 Schiefe Biegung

In den *kinematischen Annahmen* zur geraden oder einachsigen Biegung wurde gefordert, dass die Querschnittsfläche des Balkens symmetrisch zur z-Achse sein sollte. Wir werden nun sehen, wozu das gut war. Denn bei einachsiger Biegung müssen die Querschnittskoordinaten y, z bezüglich der Flächenträgheitsmomente ein Hauptachsensystem darstellen! In diesem Abschnitt werden wir erfahren, was passiert, wenn diese Voraussetzung nicht erfüllt ist. Interessanterweise ist dieser Fall gleichbedeutend mit der zweiachsigen oder schiefen Biegung.

Mit der *geraden* oder *einachsigen Biegung*, bei welcher die Balkenachse verformungshalber in der x, z-Ebene verbleibt, wurde zuvor die einfachstmögliche Erscheinungsform der Balkenbiegung behandelt. In vielen Fällen der Praxis kommt man damit aber nicht aus. Ist nämlich einer der folgenden beiden Fälle gegeben, spricht man von **schiefer** oder **zweiachsiger Biegung**:

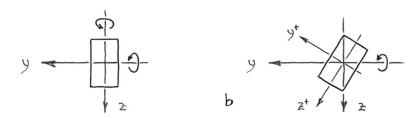

Abb. 11.4 Zur „schiefen" Biegung

Man macht sich anhand von Abbildung 11.4 leicht klar, dass das Biegemoment, welches im Bildteil **b** nur um die y-Achse wirkt (einachsige Biegung im Nicht-Hauptachsensystem), entsprechend der vektoriellen Formulierung

$$\mathbf{M}_B \;=\; M_{By}\,\mathbf{e}_y \;=\; M_{By^+}\,\mathbf{e}_{y^+} \;+\; M_{Bz^+}\,\mathbf{e}_{z^+}$$

auch bezüglich des Hauptachsensystems y^+, z^+ dargestellt werden kann. Es gibt daher sowohl eine Biegung um die y^+-Achse als auch um die z^+-Achse, mit der Folge, dass die Verformung nicht auf die x, z-Ebene beschänkt bleibt. Damit liegt grundsätzlich der gleiche Fall wie im Bildteil **a** vor.

Hätte man bei der, durch $M_{By}(x) =: M(x)$ bewirkten, einachsigen Biegung um die y-Achse die triviale Tatsache

$$M_{Bz}(x) \equiv 0$$

in Zusammenhang mit (11.3), (11.13) untersucht, so wäre man wegen

$$M_{Bz}(x) \;=\; -\int_A \sigma_x y \,\mathrm{d}A \;=\; -E\,w''\underbrace{\left(-\int_A y z \,\mathrm{d}A\right)}_{=\,I_{xy}} \equiv 0\,, \qquad w''(x) \neq 0$$

gleich darauf gestoßen, dass hier zwangsläufig

$$I_{xy} \;=\; I_{yx} \;=\; 0$$

gelten muss. Einachsige bzw. gerade Biegung kann also nur um eine Hauptachse erfolgen! Analog zur einachsigen Biegung finden wir nun:

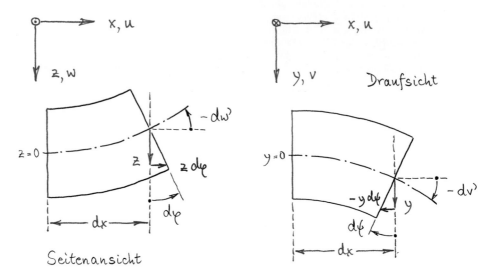

Anstelle von $\varepsilon_x \, dx = z \, d\varphi$ im einachsigen Fall erhalten wir nun aus Gründen der Superposition

$$\varepsilon_x \, dx = z \, d\varphi + (-y \, d\psi)$$

bzw.

$$\varepsilon_x = z \, \varphi' - y \, \psi' \, .$$

Und wegen

$$d\varphi = -dw' \qquad \text{bzw.} \qquad \varphi' = -w'' \, ,$$
$$d\psi = \quad dv' \qquad \text{bzw.} \qquad \psi' = \quad v''$$

folgt

$$\varepsilon_x(x, y, z) = -w''(x) \, z - v''(x) \, y \tag{11.12*}$$

sowie

$$\sigma_x(x, y, z) = -E \left[w''(x) \, z + v''(x) \, y \right] \, . \tag{11.13*}$$

Einsetzen in (11.3) liefert

$$M_{\text{By}}(x) = \int_A \sigma_x \, z \, dA$$

$$= -E \left[w''(x) \underbrace{\int_A z^2 \, dA}_{= \, I_y} + v''(x) \underbrace{\int_A yz \, dA}_{= \, -I_{yz}} \right]$$

und

$$M_{Bz}(x) = -\int_A \sigma_x \, y \, dA$$

$$= E \left[w''(x) \underbrace{\int_A y \, z \, dA}_{= -I_{yz}} + v''(x) \underbrace{\int_A y^2 \, dA}_{= I_z} \right].$$

Damit erhalten wir das (gekoppelte) Differentialgleichungssystem

$$E \left[\; I_y \, w''(x) - I_{yz} \, v''(x) \; \right] = -M_{By}(x) \,,$$

$$E \left[-I_{yz} \, w''(x) + I_z \, v''(x) \; \right] = \quad M_{Bz}(x) \,.$$

Die Entkopplung erfolgt durch Auflösen des (2×2)-Systems nach w'' und v'', so dass dann

$$\boxed{\begin{aligned} E \, w''(x) &= \tfrac{1}{\Delta} \left[-M_{By}(x) \, I_z + M_{Bz}(x) \, I_{yz} \right], \\ E \, v''(x) &= \tfrac{1}{\Delta} \left[-M_{By}(x) \, I_{yz} + M_{Bz}(x) \, I_y \right] \end{aligned}}$$

(11.14*)

mit

$$\Delta := I_y \, I_z - I_{yz}^2 = I_I \, I_{II} \qquad \text{(Das ist eine Invariante!)}$$

vorliegt. Dies sind die **Differentialgleichungen der schiefen Biegung**. Sie werden für bekannten Verlauf der Biegemomente $M_{By}(x)$, $M_{Bz}(x)$ durch zweifache Integration gelöst. Die so erhaltenen Funktionen $w(x)$ und $v(x)$ stellen die Durchbiegung in der x, z- bzw. x, y-Ebene dar, und die verbogene Balkenachse (Biegelinie) liegt somit als Raumkurve vor. Daher die Bezeichnung „schiefe" Biegung. Das gesamte weitere Vorgehen wie Ermittlung der Integrationskonstanten aufgrund von Rand- und Übergangsbedingungen sowie die Behandlung (evtl. vorhandener) statischer Überbestimmtheit erfolgt genauso wie bei der geraden Biegung.

Die auf dem Querschnitt an der Stelle x wirkende **Normalspannungsverteilung** erhalten wir durch Einsetzen von (11.14*) in (11.13*) zu

$$\boxed{\begin{aligned} \sigma_x(x,y,z) &= \\ &= \frac{1}{\Delta} \left[\left(M_{By}(x) \, I_z - M_{Bz}(x) \, I_{yz} \right) z - \left(M_{By}(x) \, I_{yz} - M_{Bz}(x) \, I_y \right) y \right]. \end{aligned}}$$

(11.15*)

Sie hängt für einen bestimmten Querschnitt ($x = $ fest) linear von y und z ab.

Die **neutrale Faser**, die bei der geraden Biegung für $z = 0$ gegeben war, liegt nun ebenfalls „schief". Man erhält ihre Lage durch die implizite Gleichung

$$\sigma_\mathrm{x}(x, y, z) \equiv 0 \,.$$

Ihre Auflösung nach z liefert

$$\boxed{z(x, y) = \frac{M_\mathrm{Bz}(x)\,I_\mathrm{y} \;-\; M_\mathrm{By}(x)\,I_\mathrm{yz}}{M_\mathrm{By}(x)\,I_\mathrm{z} \;-\; M_\mathrm{Bz}(x)\,I_\mathrm{yz}}\, y} \,. \tag{11.32}$$

Die maximale Normalspannung $|\sigma_\mathrm{x}|_\mathrm{max}$ ergibt sich nunmehr in demjenigen Punkt des Querschnitts, welcher von der neutralen Faser am weitesten entfernt ist.

Die voranstehenden Gleichungen vereinfachen sich erheblich, wenn die y- und z-Achse bezüglich der axialen Flächenmomente ein **Hauptachsensystem** bilden. Dann folgt wegen $I_\mathrm{yz} = 0$ für die obigen Differentialgleichungen

$$\boxed{EI_\mathrm{y}\, w''(x) = -\,M_\mathrm{By}(x)} \,, \qquad \boxed{EI_\mathrm{z}\, v''(x) = M_\mathrm{Bz}(x)} \,. \tag{11.14^*}_\mathrm{HA}$$

Die Erstere ist wegen $M_\mathrm{By}(x) =: M(x)$ identisch mit (11.14). Die Zweite beinhaltet die einachsige Biegung um die z-Achse. Somit lässt sich die schiefe Biegung hier achsweise separat berechnen. Die Normalspannungsverteilung ist nun durch

$$\sigma_\mathrm{x}(x, y, z) = \frac{M_\mathrm{By}(x)}{I_\mathrm{y}}\, z - \frac{M_\mathrm{Bz}(x)}{I_\mathrm{z}}\, y \tag{11.15^*}_\mathrm{HA}$$

gegeben, und die neutrale Faser berechnet sich nach

$$z(x, y) = \frac{M_\mathrm{Bz}(x)\,I_\mathrm{y}}{M_\mathrm{By}(x)\,I_\mathrm{z}}\, y \,. \tag{11.32}_\mathrm{HA}$$

Für Querschnitte, die aus Symmetriegründen mit *Gleichheit der axialen Flächenmomente* nach (11.30) ausgestattet sind, gelten diese Gleichungen natürlich immer!

Beispiel 11.10   Kragbalken

Wir betrachten noch einmal den Kragbalken aus Beispiel 6.1, den wir in Beispiel 11.3 bereits einer geraden Biegung unterzogen hatten. Der Balkenquerschnitt sei nun rechteckig mit Breite b und Höhe h, die Einbaulage sei in der gezeigten Weise gegenüber dem y, z-System um $\varphi = 30°$ verschwenkt:

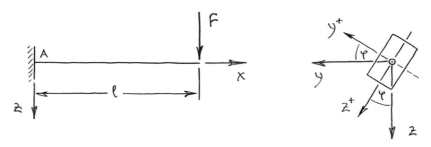

Wir hatten bereits festgestellt, dass es hier nur *einen Bereich* gibt, und den Verlauf des Momentes um die y-Achse zu $M(x) = F(x - \ell)$ ermittelt. Dass das Moment um die z-Achse identisch verschwindet, war aufgrund der gegebenen Belastung selbstverständlich und wurde nicht extra erwähnt. Jetzt notieren wir dafür

$$
\left.
\begin{aligned}
M_{\text{By}}(x) &= F(x - \ell) \\
M_{\text{Bz}}(x) &\equiv 0
\end{aligned}
\right\} \quad \text{für} \quad \forall\, x \in\,]0, \ell[\,. \tag{1}
$$

Obwohl die Belastung dieselbe ist wie in Beispiel 11.3, wird es nun komplizierter: Aufgrund der (schiefen) Einbaulage des rechteckigen Querschnitts ist das y, z-System kein Hauptachsensystem, und es stellt sich schiefe Biegung ein. Deren (räumliche) Biegelinie wollen wir in Gestalt der Funktionen $w(x)$ und $v(x)$ berechnen.

Wir entscheiden, die **Berechnung im y, z-System** durchzuführen. Nach (11.14*) ist

$$
\begin{aligned}
E\,w'' &= -\tfrac{I_z}{\Delta}\, M_{\text{By}}(x) + \tfrac{I_{\text{yz}}}{\Delta}\, M_{\text{Bz}}(x) \\[4pt]
&= -\tfrac{I_z}{\Delta}\, F(x - \ell) \\[4pt]
E\,w' &= -\tfrac{I_z}{\Delta}\, F\left(\tfrac{1}{2}x^2 - \ell x + c_1\right) \\[4pt]
E\,w(x) &= -\tfrac{I_z}{\Delta}\, F\left(\tfrac{1}{6}x^3 - \tfrac{\ell}{2}x^2 + c_1 x + c_2\right)
\end{aligned}
$$

und

$$
\begin{aligned}
E\,v'' &= -\tfrac{I_{\text{yz}}}{\Delta}\, M_{\text{By}}(x) + \tfrac{I_y}{\Delta}\, M_{\text{Bz}}(x) \\[4pt]
&= -\tfrac{I_{\text{yz}}}{\Delta}\, F(x - \ell) \\[4pt]
E\,v' &= -\tfrac{I_{\text{yz}}}{\Delta}\, F\left(\tfrac{1}{2}x^2 - \ell x + c_3\right) \\[4pt]
E\,v(x) &= -\tfrac{I_{\text{yz}}}{\Delta}\, F\left(\tfrac{1}{6}x^3 - \tfrac{\ell}{2}x^2 + c_3 x + c_4\right).
\end{aligned}
$$

Aus den Randbedingungen

$$
w(x = 0) = 0\,, \quad w'(x = 0) = 0\,, \quad v(x = 0) = 0\,, \quad v'(x = 0) = 0
$$

folgt erwartungsgemäß das Verschwinden sämtlicher Integrationskonstanten:

$$
c_1 = 0\,, \quad c_2 = 0\,, \quad c_3 = 0\,, \quad c_4 = 0\,.
$$

Zur Berechnung der Biegelinie fehlen nun noch die Größen $\tfrac{I_z}{\Delta}$, $\tfrac{I_{\text{yz}}}{\Delta}$. Da aber zunächst nur die auf die Hauptachsen bezogene Flächenmomente

$$
I_{\text{y}^+} = I_{\text{I}} = \frac{b\,h^3}{12}\,, \qquad I_{\text{z}^+} = I_{\text{II}} = \frac{b^3 h}{12}\,, \qquad I_{\text{y}^+\text{z}^+} = 0
$$

verfügbar sind, und die Drehung vom y^+, z^+-System um den Winkel φ gegen den Uhrzeigersinn in das y, z-System erfolgt, erhalten wir nach (11.27)

$$I_y(\varphi) \;=\; \tfrac{1}{2}\left(I_I + I_{II}\right) + \tfrac{1}{2}\left(I_I - I_{II}\right)\cos[2\varphi]\,,$$

$$I_z(\varphi) \;=\; \tfrac{1}{2}\left(I_I + I_{II}\right) - \tfrac{1}{2}\left(I_I - I_{II}\right)\cos[2\varphi]\,,$$

$$I_{yz}(\varphi) \;=\; -\tfrac{1}{2}\left(I_I - I_{II}\right)\sin[2\varphi]\,.$$

Mit $\varphi = 30°$ folgt speziell[12]

$$I_y \;=\; \tfrac{1}{2}\left(I_I + I_{II}\right) + \tfrac{1}{4}\left(I_I - I_{II}\right)\,,$$

$$I_z \;=\; \tfrac{1}{2}\left(I_I + I_{II}\right) - \tfrac{1}{4}\left(I_I - I_{II}\right)\,,$$

$$I_{yz} \;=\; -\tfrac{\sqrt{3}}{4}\left(I_I - I_{II}\right)\,.$$

Weiterhin ist

$$\Delta \;=\; I_I\,I_{II}\,,$$

und wir bekommen die gesuchten Größen zu

$$\frac{I_z}{\Delta} \;=\; \frac{1}{2}\frac{I_I + I_{II}}{I_I\,I_{II}} - \frac{1}{4}\frac{I_I - I_{II}}{I_I\,I_{II}} \;=\; \frac{3}{b\,h}\left(\frac{3}{h^2} + \frac{1}{b^2}\right)\,,$$

$$\frac{I_{yz}}{\Delta} \;=\; -\frac{\sqrt{3}}{4}\frac{I_I - I_{II}}{I_I\,I_{II}} \;=\; \frac{3\sqrt{3}}{b\,h}\left(\frac{1}{h^2} - \frac{1}{b^2}\right)\,.$$

Damit lautet die Lösung

$$w(x) \;=\; -\frac{3}{2}\frac{F}{E\,b\,h}\left(\frac{3}{h^2} + \frac{1}{b^2}\right)\left(\frac{1}{6}x^3 - \frac{\ell}{2}x^2\right)\,,$$

$$v(x) \;=\; -\frac{3\sqrt{3}}{2}\frac{F}{E\,b\,h}\left(\frac{1}{h^2} - \frac{1}{b^2}\right)\left(\frac{1}{6}x^3 - \frac{\ell}{2}x^2\right)\,.$$

(Für quadratischen Querschnitt mit $b = h$ folgt hier erwartungsgemäß $v(x) \equiv 0$.)

Alternativ kann man die **Berechnung im y^+, z^+-Hauptachsensystem** durchführen. Auf dieses System müssen dann die Biegemomente transformiert werden, während diesbezüglich die Flächenträgheitsmomente bereits gegeben sind.

Bei Verwendung von formelmäßig gegebenen **Transformationsgleichungen** ist es ziemlich selten, dass die aktuell verwendeten Bezeichnungen gerade der Vorlage entsprechen. Man muss die Gleichungen umschreiben und dabei höllisch aufpassen, dass sich keine Verwechselungen einstellen. Das gilt auch für den Drehsinn. Nach Abschnitt 1.2.6 erfolgt die Transformation $x, y \;\rightarrow\; x^*, y^*$ durch Drehung um den Winkel φ gegen den

---

[12] Unter Verwendung von $\sin[60°] = \frac{\sqrt{3}}{2}$ und $\cos[60°] = \frac{1}{2}$

Uhrzeigersinn nach

$$\begin{pmatrix} x^* \\ y^* \end{pmatrix} = \begin{pmatrix} \cos\varphi & \sin\varphi \\ -\sin\varphi & \cos\varphi \end{pmatrix} \begin{pmatrix} x \\ y \end{pmatrix}. \qquad \text{(vgl. (1.17))}$$

Dem Drehsinn entsprechend sind die Ersetzungen

$$x, y \quad \longrightarrow \quad y^+, z^+ \qquad \text{(Ausgangssystem)}$$

und

$$x^*, y^* \quad \longrightarrow \quad y, z \qquad \text{(Zielsystem)}$$

vorzunehmen. Speziell für $\varphi = 30°$ folgt

$$\begin{pmatrix} y \\ z \end{pmatrix} = \begin{pmatrix} \frac{\sqrt{3}}{2} & \frac{1}{2} \\ -\frac{1}{2} & \frac{\sqrt{3}}{2} \end{pmatrix} \begin{pmatrix} y^+ \\ z^+ \end{pmatrix}. \qquad (2)$$

Die Umkehrung

$$\begin{pmatrix} y^+ \\ z^+ \end{pmatrix} = \begin{pmatrix} \frac{\sqrt{3}}{2} & -\frac{1}{2} \\ \frac{1}{2} & \frac{\sqrt{3}}{2} \end{pmatrix} \begin{pmatrix} y \\ z \end{pmatrix} \qquad (3)$$

lässt sich sofort hinschreiben, da bei orthogonalen die Transformationen die inverse Matrix gleich der transponierten ist.

Wir transformieren die gegebenen Momente $M_{By}(x)$ und $M_{Bz}(x)$ mithilfe von (3) auf das y^+, z^+-System und finden

$$\begin{pmatrix} M_{By^+} \\ M_{Bz^+} \end{pmatrix} = \begin{pmatrix} \frac{\sqrt{3}}{2} & -\frac{1}{2} \\ \frac{1}{2} & \frac{\sqrt{3}}{2} \end{pmatrix} \begin{pmatrix} M_{By} \\ M_{Bz} \end{pmatrix}$$

bzw. unter Verwendung von (1)

$$M_{By^+}(x) = \frac{\sqrt{3}}{2} F(x - \ell),$$

$$M_{Bz^+}(x) = \frac{1}{2} F(x - \ell).$$

Nach $(11.14^*)_{HA}$ folgt nun

$$EI_{y^+}(w^+)'' = -M_{By^+}(x)$$

$$EI_{I}(w^+)'' = -\frac{\sqrt{3}}{2} F(x - \ell)$$

$$EI_{I}(w^+)' = -\frac{\sqrt{3}}{2} F\left(\frac{1}{2}x^2 - \ell x + c_1^+\right)$$

$$EI_{I}\, w^+(x) = -\frac{\sqrt{3}}{2} F\left(\frac{1}{6}x^3 - \frac{\ell}{2}x^2 + c_1^+ x + c_2^+\right)$$

und

$$EI_{z^+} (v^+)'' = M_{Bz^+}(x)$$

$$EI_{II} (v^+)'' = \tfrac{1}{2} F (x - \ell)$$

$$EI_{II} (v^+)' = \tfrac{1}{2} F \left(\tfrac{1}{2} x^2 - \ell x + c_3^+ \right)$$

$$EI_{II} v^+(x) = \tfrac{1}{2} F \left(\tfrac{1}{6} x^3 - \tfrac{\ell}{2} x^2 + c_3^+ x + c_4^+ \right).$$

Wie zuvor folgt aus den Randbedingungen das Verschwinden sämtlicher Integrationskonstanten:

$$c_1^+ = 0 , \quad c_2^+ = 0 , \quad c_3^+ = 0 , \quad c_4^+ = 0 ,$$

so dass damit

$$EI_I \; w^+(x) = -\tfrac{\sqrt{3}}{4} F \left(\tfrac{1}{3} x^3 - \ell x^2 \right),$$

$$EI_{II} \; v^+(x) = \tfrac{1}{4} F \left(\tfrac{1}{3} x^3 - \ell x^2 \right)$$

bzw.

$$w^+(x) = -3\sqrt{3} \; \frac{F}{Ebh} \; \frac{1}{h^2} \left(\tfrac{1}{3} x^3 - \ell x^2 \right),$$

$$v^+(x) = 3 \; \frac{F}{Ebh} \; \frac{1}{b^2} \left(\tfrac{1}{3} x^3 - \ell x^2 \right)$$

vorliegt. Die Rücktransformation auf das y, z-System erfolgt nach (2)

$$\begin{pmatrix} v \\ w \end{pmatrix} = \begin{pmatrix} \frac{\sqrt{3}}{2} & \frac{1}{2} \\ -\frac{1}{2} & \frac{\sqrt{3}}{2} \end{pmatrix} \begin{pmatrix} v^+ \\ w^+ \end{pmatrix}$$

und liefert mit

$$w(x) = -\frac{3}{2} \frac{F}{Ebh} \left(\frac{3}{h^2} + \frac{1}{b^2} \right) \left(\frac{1}{6} x^3 - \frac{\ell}{2} x^2 \right),$$

$$v(x) = -\frac{3\sqrt{3}}{2} \frac{F}{Ebh} \left(\frac{1}{h^2} - \frac{1}{b^2} \right) \left(\frac{1}{6} x^3 - \frac{\ell}{2} x^2 \right).$$

(Für quadratischen Querschnitt mit $b = h$ folgt hier erwartungsgemäß $v(x) \equiv 0$.)

erwartungsgemäß dasselbe Ergebnis wie zuvor!

Es ist natürlich von Fall zu Fall zu entscheiden, welcher Rechenweg der günstigere ist. In diesem Beispiel wird man sich wohl für Ersteren entscheiden.

∎

11.5   EULERsche Stabknickung

Dieser Abschnitt bietet in mehrfacher Hinsicht etwas Neues: Zum einen werden wir hier mit einem technischen Problem konfrontiert, bei dem die *Theorie erster Ordnung* versagt. Um diesen Sachverhalt richtig einordnen zu können, werden wir zunächst mal mit der „Wäscheleine" ein sehr einfaches Beispiel behandeln, bei dem die Theorie erster Ordnung ebenfalls nicht anwendbar ist. Zur Lösung dieses Problems wie auch dem der Stabknickung werden wir hier erstmals **Theorie zweiter Ordnung** betreiben, bei der die Gleichgewichtsbedingungen am verformten Körper aufgestellt werden. Zum anderen werden wir hier unser erstes **Eigenwertproblem** behandeln. Und das ist nicht nur „unser" erstes Eigenwertproblem, sondern das erste in der Geschichte der Wissenschaft überhaupt. Es war LEONHARD EULER, der 1744 mit der Stabknickung zum ersten Mal ein Eigenwertproblem formulierte und löste. Physikalisch ist es mit einem Stabilitätsproblem verbunden. Unter der **Stabilität** eines mechanischen System versteht man landläufig die Eigenschaft, dass das Ganze in robusterweise Weise den vorgesehenen Belastungen standhält und auch bei Überlastung nicht gleich versagt. Mit dieser Vorstellung sind aber keine wissenschaftlichen Aussagen möglich. Wir werden Stabilität in geeigneter Form definieren müssen.

Wir haben bei der BERNOULLIschen Balkenbiegung die Erfahrung gemacht, dass man erst durch zahlreiche vereinfachende Annahmen zu Gleichungen kommt, die sich mit vertretbarem Aufwand handhaben lassen. Eine Einschränkung aber haben wir schon mit der geometrisch linearen Theorie im Kapitel 9 getroffen. Sie besteht darin, dass lediglich kleine Verzerrungen zugelassen sind, so dass wir mit geometrischen Koordinaten rechnen dürfen, wo eigentlich materielle Koordinaten erforderlich wären. Da die geometrischen Koordinaten mit den materiellen aber nur in der (unververformten) Referenzkonfiguration übereinstimmen, hat das die nicht unwesentliche Folge, dass sich alle unsere Betrachtungen immer nur auf den Ausgangszustand des unverformten Körpers beziehen. Das heißt insbesondere auch, dass die Gleichgewichtsbeziehungen am unverformten Körper aufgestellt werden. Diese Vorgehensweise, die als **Theorie erster Ordnung** bezeichnet wird, ist streng genommen nicht richtig, liefert aber für hinreichend kleine Verformungen sehr gute Ergebnisse.

Was wir von der *Theorie erster Ordnung* haben, macht man sich leicht klar. Allein die Vorstellung, dass in unseren bisherigen Beispielen die Winkeländerungen zwischen Kräften und Balkenachse, die sich aufgrund der Durchbiegung zwangsläufig einstellen und die im Rahmen der Theorie erster Ordnung ignoriert werden, nun in die Rechnung einfließen müssten, lässt erahnen, dass die Problemlage damit explosionsartig verkompliziert würde. Das nachfolgende Beispiel 11.11, welches „nur" Axialdehnungen beinhaltet, wird das eindrucksvoll bestätigen.

Es gibt jedoch spezielle Probleme – und die müssen keinesweg kompliziert sein –, für die die Theorie erster Ordnung völlig versagt. Das heißt, dass diese dann noch nicht einmal in grober Näherung anwendbar ist. Im folgenden Beispiel werden wir das erfahren:

Beispiel 11.11   Wäscheleine

Ein masseloses, biegeschlaffes Seil (Wäscheleine), von dem wir annehmen wollen, dass es dem HOOKEsches Gesetz genügt, sei mit bekannter Vorspannkraft $S_0 > 0$

in den (Lager-)Punkten A und B befestigt:

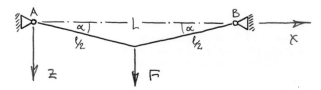

Da die Lagerpunkte im Abstand L angeordnet sind, muss das Seil eine Ausgangslänge $L_0 < L$ besitzen, die wir vorab berechnen. Im Falle des unbelasteten
Systems $(F = 0)$ gilt

$$S_0 = \sigma_0 A = EA \, \varepsilon_0 = EA \, \frac{L - L_0}{L_0} \, ,$$

womit wir die Ausgangslänge zu

$$L_0 = \frac{L}{1 + \frac{S_0}{EA}} \, . \tag{1}$$

erhalten. Wir wollen nun die Seilkraft S berechnen, die sich einstellt, wenn das Seil
an der Stelle $x = L/2$ mit einer Vertikalkraft F belastet wird. In der *Theorie erster
Ordnung* ergibt sich das an den Lagern freigeschnittene Seil dann in horizontaler
Ausrichtung. Damit bekommen wir die gleiche „pathologische" Situation wie in
Beispiel 2.4, für die die Gleichgewichtsbedingungen nicht erfüllbar sind. Aus dem
gleichen Grund versagt hier die Theorie erster Ordnung.

Nach der **Theorie zweiter Ordnung** betrachten wir dagegen das Seil im verformten Zustand. Infolge der Seildehnung senkt sich der Angriffspunkt der Kraft F ab,
so dass diese nicht mehr orthogonal zur Seilkraft ist. Dem Kräftegleichgewicht

$$\sum F_{z,i} = F - S \sin\alpha - S \sin\alpha = 0$$

können wir nun die Seilkraft

$$S = \frac{F}{2 \sin\alpha} \tag{2}$$

entnehmen. Der darin auftretende Winkel α ist zunächst unbekannt und muß mithilfe der Seildehnung bestimmt werden. Es gilt

$$S = \sigma A = EA \, \varepsilon = EA \, \frac{\ell - L_0}{L_0} \, ,$$

wobei ℓ die Länge des Seils unter der Last F darstellt. Umgekehrt ist

$$\ell = L_0 \left(1 + \frac{S}{EA}\right),$$

und mit (1) lautet das Längenverhältnis

$$\frac{L}{\ell} = \frac{1 + \frac{S_0}{EA}}{1 + \frac{S}{EA}} < 1 \, .$$

Dieses finden wir aus trigonometrischen Gründen auch als

$$\frac{L}{\ell} = \cos\alpha$$

vor, so dass letztlich

$$\cos\alpha = \frac{1 + \frac{S_0}{EA}}{1 + \frac{S}{EA}} \tag{3}$$

ist. Der Winkel α lässt nun mithilfe des „trigonometrischen PYTHAGORAS"

$$\sin^2\alpha + \cos^2\alpha = 1$$

eliminieren, in welchen wir (2) und (3) einsetzen. Das Ergebnis besteht in einer impliziten Gleichung für die Kräfte S und F:

$$\left(\frac{F}{2S}\right)^2 + \left(\frac{1 + \frac{S_0}{EA}}{1 + \frac{S}{EA}}\right)^2 = 1 \,.$$

Den Versuch, diese Gleichung nach S aufzulösen, d.h. in die gewünschte explizite Form $S(F)$ zu bringen, gibt man schnell auf, denn man stößt dabei auf ein Polynom 4. Ordnung. Die Umkehrfunktion

$$F(S) = (\pm)\, 2S \sqrt{1 - \left(\frac{1 + \frac{S_0}{EA}}{1 + \frac{S}{EA}}\right)^2} \qquad \text{mit} \quad S \geqslant S_0$$

lässt sich dagegen vergleichsweise einfach ermitteln.

■

Wie angekündigt, wollen wir uns nun mit dem Begriff „Stabilität" auseinandersetzen. Ausgangspunkt ist natürlich die Stabilität statischer Systeme. Darüber hinaus spielen Stabilitätsuntersuchungen in vielen Wissenschaften eine große Rolle – nicht nur in der Mechanik! Dabei geht es vielfach auch und gerade um dynamische Systeme. Maßgeblich ist die mathematisch strenge Stabilitätsdefinition nach LJAPUNOW, die zwischen *stabil* und *asymptotisch stabil* unterscheidet (schwache bzw. starke Stabilität). Für die Belange dieses Abschnitts jedoch reicht die folgende „anschauliche" Stabilitätsdefinition, die auf der asymptotischen Stabilität aufbaut:[13]

Definition: Stabilität ($=$ *stability*)

Wird ein System, welches sich in einer Gleichgewichtslage befindet, infolge einer Störung aus dieser in eine Nachbarlage ausgelenkt und anschließend sich selbst überlassen, so heißt das System *stabil*, wenn es in ebendiese Gleichgewichtslage zurückkehrt. Entfernt sich das System hingegen von der Gleichgewichtslage, so

---

[13] Vgl. [21], Abschnitt 1.12.7.

nennen wir es *instabil*. Darüber hinaus spricht man bei einem System, für das alle
Nachbarlagen in einer gewissen Umgebung zur ursprünglichen Gleichgewichtslage
ebenfalls Gleichgewichtslagen sind, vom *indifferenten Gleichgewicht*.   ∎

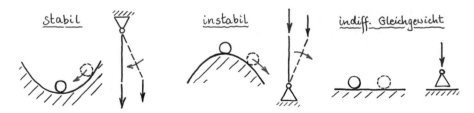

Abb. 11.5 Zum Stabilitätsbegriff

Während das Versagen eines statischen Systems bisher nur in Form von Werkstoffversagen infolge übermäßiger Beanspruchung behandelt wurde, haben wir es bei
Stabilitätsproblemen dagegen mit einem „strukturellen" Versagen zu tun. Wie so
etwas aussehen kann, zeigt uns das ...

Beispiel 11.12   Einfaches Stabilitätsproblem

Zwei durch Gelenk und Drehfeder verbundene Stäbe werden in der gezeigten Weise
durch die Kraft F belastet:

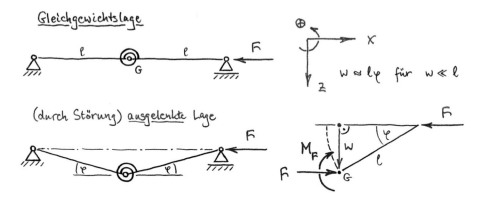

Dabei besitzt die im Gelenk wirkende Drehfeder bezüglich des Verdrehwinkels 2φ
eine lineare Kennlinie (Federkonstante c) und ist so eingestellt, dass das Federmoment verschwindet, wenn die Stäbe auf einer Geraden liegen (Gleichgewichtslage
mit $\varphi = 0$, $w = 0$). Für das Federmoment gilt somit

$$M_F \; = \; c\,2\varphi \; \approx \; 2\frac{c}{\ell}\,w \qquad \text{für} \quad w \ll \ell \,.$$

Wäre die Feder nicht vorhanden bzw. von verschwindender Steifigkeit ($c = 0$), so
würde man diesen Fall durch Vergleich mit Abbildung 11.5 für jede Kraft $F > 0$
sofort als instabil erkennen. Um das Stabilitätsverhalten des Systems für eine Feder

mit $c > 0$ zu untersuchen, schneiden wir den oberen Stab frei. Das KG ist aufgrund der in G angesetzten Gelenkkraft F sowie durch $B = 0$ bereits berücksichtigt. Die Momentenbilanz bezüglich des Lagerpunktes A führt dagegen auf die Differenz zwischen einem rückstellenden und einem auslenkenden Moment:

$$\sum M_i\,[\text{A}] = \underbrace{F\,w}_{\text{auslenkendes}} - \underbrace{M_{\text{F}}(w)}_{\text{rückstellendes Moment}} = \left(2\,\frac{c}{\ell} - F\right) w\,.$$

Diese Momentenbilanz ist nur für die zu untersuchende Gleichgewichtslage $w = 0$ automatisch auch ein Momenten*gleichgewicht*! In der störungsbedingten Nachbarlage hingegen finden wir

$$\sum M_i \gtrless 0\,,$$

je nachdem, ob das rücktreibende Moment gegenüber dem auslenkenden Moment größer oder kleiner ausfällt. Die Gleichgewichtslage $w = 0$ ist somit

- **stabil** für $F < 2\,\frac{c}{\ell}$,

  da das System wegen $\sum M_i < 0$ in die Gleichgewichtslage zurückgetrieben wird,

- **indifferent** (Stabilitätsgrenze) für $F = 2\,\frac{c}{\ell}$,

  da wegen $\sum M_i = 0$ in einer nicht zu großen Umgebung von $w = 0$ jede Lage Gleichgewichtslage ist,

- **instabil** für $F > 2\,\frac{c}{\ell}$,

  da sich das System wegen $\sum M_i > 0$ von der Gleichgewichtslage zunehmend entfernt.   ■

11.5.1   Zum Einstieg: EULER-Fall 2

Eine erste Vorstellung von Stabilitätsproblemen hat uns das letzte Beispiel gegeben. Dort waren die beteiligten Stäbe als starr angenommen, und die Elastizität konzentrierte sich auf die im Gelenk wirkende Drehfeder. Man spricht in diesem Zusammenhang auch von Systemen mit konzentrierten Parametern.

Demgegenüber stehen Systeme mit verteilten Parametern. Ein solches System erhalten wir, wenn anstelle der beiden gelenkig verbundenen, starren Stäbe ein elastischer Stab tritt. Und genau das ist der zweite von insgesamt vier sogenannten EULER-Fällen, die sich lediglich in ihrer Lagerung unterscheiden.

Schlanke Stäbe unter axialem Druck neigen dazu, bei Überschreiten einer kritischen Axiallast, der sogenannten **EULERschen Knicklast** F_{krit}, senkrecht zur Stabachse „auszuknicken" (= *buckling*). Darunter versteht man den schlagartigen Übergang in einer gebogene Nachbarlage. Die EULERsche Knicklast stellt diesbezüglich eine Stabilitätsgrenze dar, die von der *Stabgeometrie*, dem *Material* sowie der *Lagerung* abhängt.

Wir wollen die EULERsche Knicklast zunächst für einen zweifach gelenkig gelager-
ten Stab berechnen. Dessen Länge ℓ und Biegesteifigkeit EI seien bekannt:

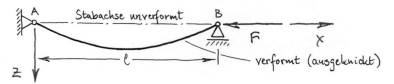

Die Lagerreaktionen erhalten wir nach Freischneiden

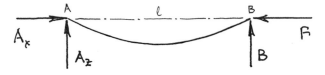

aus den Gleichgewichtsbedingungen:

$$\sum F_{\mathrm{x},i} = A_{\mathrm{x}} - F = 0$$
$$\sum F_{\mathrm{z},i} = -A_{\mathrm{z}} - B = 0$$
$$\sum M_i[\mathrm{A}] = B\ell = 0$$

$$A_{\mathrm{x}} = F,$$
$$A_{\mathrm{z}} = 0,$$
$$B = 0.$$

Wir wollen voraussetzen, dass es sich um einen schlanken Stab (Querabmess. $\ll \ell$)
handelt und die BERNOULLIsche Theorie der Balkenbiegung, d.h. insbesondere
(11.14), anwendbar ist. Den Biegemomentenverlauf ermitteln wir entsprechend

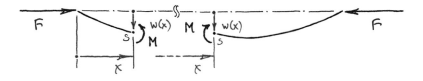

$$\sum M_i[\mathrm{S}] = M - Fw = 0 \qquad \rightsquigarrow \qquad M(x) = F\,w(x).$$

Durch Einsetzen in (11.14) erhalten wir entsprechend

$$EI\,w''(x) \; - \; -M(x)$$
$$= -F\,w(x)$$

die Differentialgleichung (DGl)

$$\boxed{w'' + \Lambda^2 w = 0 \qquad \text{mit} \qquad \Lambda^2 := \frac{F}{EI}.}$$ \hfill (11.33)

Da in (11.33) außer w'' noch w auftritt, lässt sich diese DGl im Gegensatz zu (11.14) nicht mehr unmittelbar integrieren. Die Lösung erfolgt mit dem exp-Ansatz zu

$$w(x) = c_1 \cos[\Lambda x] + c_2 \sin[\Lambda x] \,. \tag{11.33a}$$

Wie das genau funktioniert, erfahren wir im Abschnitt 14.1.2, wo dieser DGl-Typ als Bewegungs-DGl auftritt.

Formal gesehen stellt die DGl (11.33) zusammen mit den (homogenen) Randbedingungen

$$w(x = 0) = 0 \tag{RB1}$$

$$w(x = \ell) = 0 \tag{RB2}$$

ein *Randwertproblem* dar, wie wir es aus Abschnitt 11.4.1 kennen. Für eine gewisse Überraschung sorgen hier die homogenen Randbedingungen. Wir versuchen, mit diesen die Konstanten c_1 und c_2 zu ermitteln, und erhalten

RB 1: $\quad w(x - 0) = c_1 + c_2 \cdot 0 = 0 \,,$

RB 2: $\quad w(x = \ell) = c_1 \cos[\Lambda \ell] + c_2 \sin[\Lambda \ell] = 0$

bzw.

$$c_1 = 0 \,, \quad c_2 \sin[\Lambda \ell] = 0 \,.$$

Würde man nun einfach $c_2 = 0$ setzen, ergäbe sich die Triviallösung

$$w(x) \equiv 0 \,.$$

Diese repräsentiert den unverformten Fall und hilft hier nicht weiter. Es muss daher

$$\boxed{\sin[\Lambda \ell] = 0} \tag{2}$$

gelten, und die eigentliche Problemstellung besteht wegen $\ell \neq 0$ nunmehr darin, zu ermitteln, für welche Werte des Parameters Λ überhaupt eine Lösung der DGl (11.33) existiert. Der Parameter Λ wird Eigenwert der DGl genannt, und die Problemstellung heißt folglich ein **Eigenwertproblem**, auch wenn die ursprüngliche Formulierung ein Randwertproblem vorsieht.

Aufgrund der Periodizität des Sinus existieren für $\sin[\Lambda \ell] = 0$ bekanntlich unendlich viele Lösungen:

Lösung 0 : $\quad \Lambda_0 = 0 \quad\quad\quad$ (triviale Lösung)

Lösung 1 : $\quad \Lambda_1 = \frac{\pi}{\ell}$

$\qquad\qquad \vdots \qquad\qquad \vdots$

Lösung n : $\quad \Lambda_n = n\frac{\pi}{\ell} \quad\quad\quad$ mit $\quad n \in \mathbb{N}$

$\qquad\qquad \vdots \qquad\qquad \vdots$

Mit der Definition von Λ erhält man für die n-te EULERsche Knicklast

$$F_n = \Lambda_n^2\, EI = n^2\,\frac{\pi^2\, EI}{\ell^2} \qquad \text{mit} \quad n \in \mathbb{N}\,,$$

wobei die Triviallösung bereits ausgeschlossen ist.

Wann immer die mathematische Behandlung eines Ingenieurproblems auf mehrere Lösungen führt, darf man darauf hoffen, dass die Physik die Auswahl der zutreffenden übernimmt. Das funktioniert so gut wie immer – so auch hier:

Es ist zu erwarten, daß ein Ausknicken bereits bei der kleinsten theoretisch möglichen Knicklast, also bei F_1, eintritt. Die Lösung für den EULER-Fall 2 lautet somit

$$\boxed{F_{\mathrm{krit}\,2} = \frac{\pi^2\, EI}{\ell^2}}\,. \tag{11.34}$$

11.5.2 Beliebige Randbedingungen

Der EULER-Fall 2 ist infolge seiner Lagerung der einfachste von den insgesamt vier Fällen. Die noch ausstehenden drei Fälle lassen sich im Prinzip auf die gleiche Weise berechnen, wobei die anstelle von (11.33) auftretenden Differentialgleichungen dann zusätzliche Terme mit Lagerreaktionen enthalten (vgl. [15], §15, Absatz 5). Einfacher ist es aber, die Vorgehensweise zu „generalisieren", so dass alle vier Fälle durch *eine* Differentialgleichung beschrieben werden, die dann von Fall zu Fall mit unterschiedlichen Randbedingungen versehen wird.

Da sich die übrigen drei EULER-Fälle vom zuvor behandelten Fall 2 nur durch die Art der Lagerung unterscheiden, ist es günstig, eine allgemein gültige Differentialgleichung herzuleiten, mit der sich unterschiedliche Lagerungen sowie eventuell erforderliche Bereichseinteilungen berücksichtigen lassen. Zu diesem Zweck schneiden wir ein infinitesimales Balkenstück (im verformten Zustand) frei:

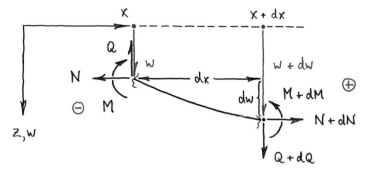

Abb. 11.6 Zur Herleitung von (11.36)

Wir bezeichnen hier die x-Komponente der Schnittkraft mit N und die z-Komponente mit Q, wie wir es von der Theorie 1. Ordnung gewohnt sind. Es handelt sich hier aber nicht um die Normal- bzw. Querkraft. Denn diese orientieren sich an der (nunmehr) verbogenen Balkenachse. Aus dem KG in x- und z-Richtung erhalten wir durch unbestimmte Integration von $\mathrm{d}N = 0$, $\mathrm{d}Q = 0$ formal

$$\boxed{N(x) \equiv \text{const} , \quad Q(x) \equiv \text{const}} .$$

Das heißt, dass die Schnittkräfte in x- und z-Richtung (zumindest bereichsweise) konstant sind, sofern wir – wie hier geschehen – auf die Berücksichtigung des Eigengewichtes oder anderer eingeprägter Kräfteverteilungen verzichten. Das MG um die rechte Schnittstelle liefert dagegen

$$\sum M_i = - \cancel{M} + (\cancel{M} + \mathrm{d}M) + N\,\mathrm{d}w - Q\,\mathrm{d}x = 0$$

bzw.

$$M'(x) + N(x)\,w'(x) = Q(x) \equiv \text{const}\big|_{\text{Bereich}} ,$$

wobei die Ableitung $\mathrm{d}/\mathrm{d}x$ wieder mit $'$ abgekürzt wird. Wir ersetzen $M'(x)$ nach (11.14) durch

$$M'(x) = - \big[EI(x)\,w''(x)\big]'$$

und erhalten

$$- \big[EI(x)\,w''(x)\big]' + N(x)\,w'(x) = Q(x) \equiv \text{const}\big|_{\text{Bereich}} , \tag{11.35}$$

was wir noch ein weiteres Mal nach x ableiten. Damit bekommen wir

$$\boxed{\big[EI(x)\,w''(x)\big]'' - \big[N(x)\,w'(x)\big]' = 0} . \tag{11.36}$$

Für vertikal eingebaute Stäbe lässt sich mit dieser Gleichung sogar noch das (in x-Richtung wirkende) Eigengewicht des Stabes berücksichtigen. In einem solchen Fall ist natürlich $N(x) \not\equiv \text{const}$, vgl. Beispiel 6.2. Wir wollen das an dieser Stelle nicht weiter vertiefen.

Da die vier EULER-Fälle ohne Berücksichtigung des Eigengewichts und außerdem für prismatische Stäbe berechnet werden, lässt sich (11.36) durch

$$N(x) \equiv -F , \quad I(x) \equiv \text{const} \tag{11.37}$$

vereinfachen zu

$$\boxed{w'''' + \Lambda^2\,w'' = 0 \quad \text{mit} \quad \Lambda^2 := \frac{F}{EI}} . \tag{11.38}$$

Diese Gleichung erhält man formal auch, wenn man (11.33) noch zweimal nach x ableitet. Dennoch war die gezeigte Herleitung notwendig. Denn wir konnten die für EULER-Fall 2 speziell aufgestellte (11.33) nicht einfach zu (11.38) verallgemeinern. Dass es trotzdem so aussieht, liegt daran, dass für die übrigen EULER-Fälle zusätzlich Linear- und Konstant-Glieder auftauchen, die durch zweimaliges Ableiten verschwinden.

Zur Lösung der DGl (11.38) gebrauchen wir die Substitution

$$W(x) := w''(x) \,,$$

mit der wir anstelle von (11.38)

$$W'' + \Lambda^2 W = 0$$

erhalten. Deren Lösung lautet analog zu (11.33 a)

$$W(x) = C_1 \cos[\Lambda x] + C_2 \sin[\Lambda x] \,.$$

Rücksubstitution und zweimaliges unbestimmtes Integrieren liefern dann

$$\boxed{w(x) = c_1 \cos[\Lambda x] + c_2 \sin[\Lambda x] + c_3 x + c_4} \,. \qquad (11.38\,\text{a})$$

als Lösung von (11.38).

Wir berechnen nun die übrigen **EULER-Fälle** **1, 3** und **4**. Allen Fällen liegt wie zuvor die Stablänge ℓ und die Biegesteifigkeit EI zugrunde. Da uns die allgemeine Lösung von (11.38) vorliegt, geht es jetzt also nur noch darum, die Randbedingungen für den jeweiligen Fall aufzustellen und damit die Konstanten $c_1, \ldots, c_4$ zu bestimmen. Wir betrachten

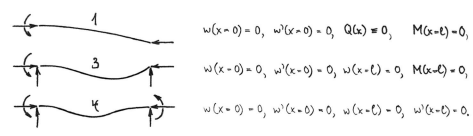

Aus der DGl der Biegelinie (11.14) folgt unmittelbar die Äquivalenz

$$M = 0 \quad \Longleftrightarrow \quad w'' = 0 \,,$$

und aus (11.35) entnehmen wir unter Verwendung von (11.37)

$$Q = 0 \quad \Longleftrightarrow \quad w''' + \Lambda^2 w' = 0 \,.$$

Damit lauten die Randbedingungen

1	$w(x=0) = 0 \,,$	$w'(x=0) = 0 \,,$	$w''' + \Lambda^2 w' = 0 \,,$	$w''(x=\ell) = 0 \,,$
3	$w(x=0) = 0 \,,$	$w'(x=0) = 0 \,,$	$w(x=\ell) = 0 \,,$	$w''(x=\ell) = 0 \,,$
4	$w(x=0) = 0 \,,$	$w'(x=0) = 0 \,,$	$w(x=\ell) = 0 \,,$	$w'(x=\ell) = 0 \,.$

Da die ersten beiden Bedingungen für alle drei Fälle gleich sind, gilt generell

$$c_1 + c_4 = 0 \,, \qquad c_2 \Lambda + c_3 = 0 \,,$$

so dass wir (11.38 a) auf

$$w(x) = c_1 \left(\cos[\Lambda x] - 1 \right) + c_2 \left(\sin[\Lambda x] - \Lambda x \right)$$

reduzieren können.

Bei der Gelegenheit notieren wir auch gleich die Ableitungen

$$
\begin{aligned}
w'(x) &= -c_1 \Lambda \ \sin[\Lambda x] + c_2 \Lambda \left(\cos[\Lambda x] - 1 \right), \\
w''(x) &= -c_1 \Lambda^2 \cos[\Lambda x] - c_2 \Lambda^2 \sin[\Lambda x], \\
w'''(x) &= c_1 \Lambda^3 \sin[\Lambda x] - c_2 \Lambda^3 \cos[\Lambda x],
\end{aligned}
$$

die wir im Folgenden noch brauchen.

In die noch ausstehenden EULER-Fälle müssen nun nur noch die jeweils dritte und vierte Bedingung „eingearbeitet" werden.

EULER-Fall 1

Die aus $Q(x) \equiv 0$ folgende dritte Bedingung

$$w'''(x) + \Lambda^2 w'(x) = 0 \qquad \text{für} \quad \forall\, x \in [0, \ell]$$

ist zwar keine Randbedingung im gewohnten Sinn (auch wenn sie an den Stellen $x = 0$ und $x = \ell$ gültig ist), aber das stört uns weiter nicht. Denn wir erhalten durch Einsetzen der zuvor gebildeten Ableitungen

$$\cancel{c_1 \Lambda^3 \sin[\Lambda x]} - c_2 \Lambda^3 \cos[\Lambda x] + \Lambda^2 \left[-\cancel{c_1 \Lambda \sin[\Lambda x]} + c_2 \Lambda \left(\cos[\Lambda x] - 1 \right) \right] = 0$$

und damit

$$-c_2 \Lambda^3 = 0 \qquad \rightsquigarrow \qquad c_2 = 0 \,.$$

Die vierte Bedingung liefert hier

$$-c_1 \Lambda^2 \cos[\Lambda \ell] - c_2 \Lambda^2 \sin[\Lambda \ell] = 0 \qquad \rightsquigarrow \qquad \boxed{\cos[\Lambda \ell] = 0} \,, \tag{1}$$

denn $c_1 = 0$ würde wieder auf die Triviallösung führen. Die Forderung $\cos[\Lambda \ell] = 0$ ist für

$$\Lambda_n = n \frac{\pi}{\ell} - \frac{\pi}{2\ell} \qquad \text{mit} \quad n \in \mathbb{N}$$

erfüllt, womit wir die n-te EULERsche Knicklast

$$F_n = \Lambda_n^2 \, EI = \left(n - \tfrac{1}{2} \right)^2 \frac{\pi^2 \, EI}{\ell^2} \qquad \text{mit} \quad n \in \mathbb{N}$$

erhalten. Auch hier ist zu erwarten, dass Knicken bereits mit F_1 als geringster Knicklast eintritt. Die Lösung für den EULER-Fall 1 lautet daher

$$\boxed{F_{\text{krit}\,1} = \frac{\pi^2 \, EI}{4\,\ell^2}} \,. \tag{11.39}$$

EULER-Fall 3

Die dritte und vierte Bedingung liefern hier

$$c_1 \left(\cos[\Lambda\ell] - 1\right) \;+\; c_2 \left(\sin[\Lambda\ell] - \Lambda\ell\right) \;=\; 0\,,$$

$$c_1 \; \cos[\Lambda\ell] \qquad\quad +\; c_2 \; \sin[\Lambda\ell] \qquad\quad =\; 0\,,$$

wobei Letztere bereits um $-\Lambda^2 \neq 0$ gekürzt wurde. Notiert man dieses LGS für die Unbekannten c_1 und c_2 in Matrixschreibweise

$$\begin{pmatrix} \cos[\Lambda\ell] - 1 & \sin[\Lambda\ell] - \Lambda\ell \\[2mm] \cos[\Lambda\ell] & \sin[\Lambda\ell] \end{pmatrix} \begin{pmatrix} c_1 \\[1mm] c_2 \end{pmatrix} = \begin{pmatrix} 0 \\[1mm] 0 \end{pmatrix},$$

wird deutlich, dass es sich um ein homogenes LGS handelt, für welches nicht-triviale Lösungen nur existieren, wenn die Determinante der Koeffizientenmatrix verschwindet, d. h.

$$\left(\cos[\Lambda\ell] - 1\right)\sin[\Lambda\ell] \;-\; \cos[\Lambda\ell]\left(\sin[\Lambda\ell] - \Lambda\ell\right) \;=\; 0\,.$$

Ausmultiplizieren liefert

$$\Lambda\ell\,\cos[\Lambda\ell] \;-\; \sin[\Lambda\ell] \;=\; 0\,,$$

und nach Division mit $\cos[\Lambda\ell] \neq 0$ [14] erhalten wir

$$\boxed{\tan[\Lambda\ell] \;=\; \Lambda\ell}\,. \tag{3}$$

Dies ist eine transzendente Gleichung für Λ, die sich nur numerisch lösen lässt. Wir bekommen, abgesehen von der Triviallösung $\Lambda = 0$, eine Zahlenfolge (Λ_n) mit den Werten

$$\frac{4{,}49341}{\ell}\,, \quad \frac{7{,}72525}{\ell}\,, \quad \frac{10{,}9041}{\ell}\,, \quad \frac{14{,}0662}{\ell}\,, \quad \cdots$$

Wie in den zuvor behandelten Fällen ist

$$F_n \;=\; \Lambda_n^2\,EI \qquad \text{mit} \quad n \in \mathbb{N}$$

und wir dürfen davon ausgehen, dass Knickung auch hier bereits für F_1 als kleinstem, nichttrivialen Wert einsetzt. Somit bekommen wir für EULER-Fall 3

$$\boxed{F_{\text{krit 3}} \;=\; \frac{20,19\,EI}{\ell^2}}\,. \tag{11.40}$$

---

[14] $\cos[\Lambda\ell] = 0$ dürfte hier schon deshalb nicht zutreffen, da dies bereits für EULER-Fall 2 galt!

Euler-Fall 4

Hier lauten die dritte und vierte Bedingung

$$c_1 \left(\cos[\varLambda\ell] - 1 \right) \;+\; c_2 \left(\sin[\varLambda\ell] - \varLambda\ell \right) \;=\; 0 \,,$$

$$-c_1 \, \sin[\varLambda\ell] \;+\; c_2 \left(\cos[\varLambda\ell] - 1 \right) \;=\; 0 \,,$$

letztere um $\varLambda \neq 0$ gekürzt. Wir notieren dieses homogene LGS mit

$$\begin{pmatrix} \cos[\varLambda\ell] - 1 & \sin[\varLambda\ell] - \varLambda\ell \\ -\sin[\varLambda\ell] & \cos[\varLambda\ell] - 1 \end{pmatrix} \begin{pmatrix} c_1 \\ c_2 \end{pmatrix} = \begin{pmatrix} 0 \\ 0 \end{pmatrix}$$

in Matrixgestalt. Um nichttriviale Lösungen zu erhalten, untersuchen wir wie zuvor die Determinante der Koeffizientenmatrix. Man erhält hier

$$\left(\cos[\varLambda\ell] - 1 \right)^2 - \left(\sin[\varLambda\ell] - \varLambda\ell \right) \left(-\sin[\varLambda\ell] \right) = 0 \,,$$

was sich unter Verwendung von $\cos^2[\varLambda\ell] + \sin^2[\varLambda\ell] = 1$ auf

$$\boxed{\cos[\varLambda\ell] \;+\; \tfrac{\varLambda\ell}{2} \sin[\varLambda\ell] \;=\; 1} \tag{4}$$

bringen lässt. Abgesehen von $\varLambda = 0$ besteht die Lösung hier in der Zahlenfolge $(\varLambda_n)$ mit den Werten

$$\frac{2\pi}{\ell}, \qquad \frac{2{,}86059\,\pi}{\ell}, \qquad \frac{4\pi}{\ell}, \qquad \frac{4{,}91805\,\pi}{\ell}, \qquad \dots$$

Mit

$$F_n \;=\; \varLambda_n^2 \, EI \,, \qquad n \in \mathbb{N}$$

erhalten wir auch hier F_1 als kleinste, nichttriviale Knicklast. Im Euler-Fall 4 ergibt sich daher

$$\boxed{F_{\mathrm{krit}\,4} \;=\; \frac{4\pi^2 \, EI}{\ell^2}} \,. \tag{11.41}$$

Man kann die vier Euler-Fälle durch Einführung einer **reduzierten Knicklänge**

$$\ell_{\mathrm{r}} := \kappa\,\ell \tag{11.42}$$

formal auf eine Gleichung zurückführen:

$$\boxed{F_{\mathrm{krit}} \;=\; \frac{\pi^2 \, EI}{\ell_{\mathrm{r}}^2}} \,. \tag{11.43}$$

Die zur Berechnung von ℓ_{r} benötigten κ-Werte sind in der nachfolgenden Tabelle 11.1 aufgeführt. Man entnimmt diesen Zahlen unmittelbar, dass für gegebene Knicklast die

Stablänge im Fall 4 bei ansonsten gleicher Biegesteifigkeit viermal so groß sein darf wie im Fall 1. Die anderen Fälle liegen in entsprechender Anordnung dazwischen. Somit erklärt sich die Reihenfolge der Nummerierung. Ferner lassen sich die reduzierten Längen auch geometrisch interpretieren, worauf wir an dieser Stelle verzichten wollen. Anstelle von κ trifft man in der Literatur gelegentlich auch auf die Größe $\alpha = 1/\kappa^2$.

EULER-Fall	1	2	3	4
Stablänge ℓ (im ungeknickten Zustand)				
$F_{\text{krit}} =$	$\dfrac{\pi^2\,EI}{4\,\ell^2}$	$\dfrac{\pi^2\,EI}{\ell^2}$	$20{,}19\,\dfrac{EI}{\ell^2}$	$\dfrac{4\pi^2\,EI}{\ell^2}$
$\kappa =$	2	1	0,699	0,5

Tab. 11.1 Die vier EULER-Fälle im Überblick

Hinsichtlich der **Lagerung von knickgefährdeten Stäben** ist zu beachten, daß in allen bisher behandelten Fällen das Ausknicken betrachtungshalber auf die x, z-Ebene beschränkt war. Das zugehörige Flächenträgheitsmoment ist dann I_y. Nun ist Knicken aber grundsätzlich ein räumliches Problem: Ein Stab wird stets in die Richtung ausknicken, die mit der geringsten kritischen Knicklast verbunden ist. Daraus folgt unmittelbar, dass Stäbe, deren Lagerung bezüglich der Stabachse symmetrisch ist, bezüglich derjenigen Achse ausknicken, für welche das kleinste Flächenträgheitsmoment vorliegt. Man wird in solchen Fällen grundsätzlich das kleinste Flächenträgheitsmoment des Stabquerschnitts zur Auslegung heranziehen.

Symmetrische Lagerung bezüglich der Stabachse ist bei den EULER-Fällen 1 und 4 automatisch gegeben. Für die Fälle 2 und 3 gilt das nur, falls die Gelenke als Kugelgelenke aufzufassen sind. Handelt es sich dagegen um Bolzengelenke, so liegen je nach Betrachtungsebene unterschiedliche EULER-Fälle vor. Das kleinere Flächenträgheitsmoment ist dann nicht notwendigerweise für das Knicken verantwortlich. Wir illustrieren das an folgendem ...

Beispiel 11.13   Druckstab mit Bolzengelenken

Ein Lineal (Länge $\ell = 500\,$mm) aus Aluminium ($E = 70\,000\,$N/mm^2) mit rechteckigem Querschnitt ($b = 3\,$mm, $h = 20\,$mm) sei an den Enden durch Bolzengelenke so gelagert, dass sich in der x, z-Ebene der EULER-Fall 2 ergibt. Das für diesen Fall knickungsrelevante Flächenträgheitsmoment beträgt

$$I_\mathrm{y} = \frac{b\,h^3}{12} = 2000\ \mathrm{mm}^4 \ .$$

Damit berechnet sich die kritische Knicklast zu

$$F_\mathrm{krit\,2} = \frac{\pi^2\,EI_\mathrm{y}}{\ell^2} = 5{,}527\ \mathrm{kN} \ . \tag{1}$$

Betrachtet man dagegen die x, y-Ebene, so findet man hier – die Bolzengelenke als spielfrei vorausgesetzt – den EULER-Fall 4:

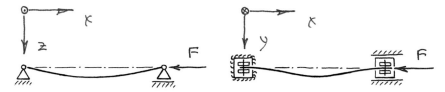

Das diesbezügliche Flächenträgheitsmoment beträgt

$$I_\mathrm{z} = \frac{b^3 h}{12} = 45\ \mathrm{mm}^4 \ .$$

Damit kommt man auf eine kritische Knicklast von

$$F_\mathrm{krit\,4} = \frac{4\,\pi^2\,EI_z}{\ell^2} = 0{,}497\ \mathrm{kN} \ . \tag{2}$$

Die Frage nach der Knickung wird hier eindeutig durch (2) entschieden! Trotz des grundsätzlich „steiferen" EULER-Fall 4 ist dessen Knicklast um eine Größenordnung kleiner als die nach (1) berechnete. Der Grund liegt in den sehr unterschiedlichen Querschnittsabmessungen, welche mit

$$I_\mathrm{z} \ll I_\mathrm{y}$$

dafür sorgen, dass die Frage nach der kritischen Knicklast erwartungsgemäß durch das Flächenträgheitsmoment entschieden wird.

Wir ändern nun die Querschnittsabmessungen zu $b = 10\,$mm, $h = 12\,$mm. Die Flächenträgheitsmomente betragen nunmehr

$$I_\mathrm{y} = \frac{b\,h^3}{12} = 1440\ \mathrm{mm}^4 \ , \qquad I_\mathrm{z} = \frac{b^3 h}{12} = 1000\ \mathrm{mm}^4 \ ,$$

und es gilt immer noch $I_\mathrm{z} < I_\mathrm{y}$ (aber nicht mehr $I_\mathrm{z} \ll I_\mathrm{y}$). Wir erhalten damit

$$F_\mathrm{krit\,2} = \frac{\pi^2\,EI_\mathrm{y}}{\ell^2} = 3{,}98\ \mathrm{kN} \tag{1*}$$

und

$$F_{\text{krit}4} \;=\; \frac{4\,\pi^2\,EI_z}{\ell^2} \;=\; 11{,}054\,\text{kN}\;. \tag{2*}$$

Hier wird die kritische Knicklast durch (1*) bestimmt, obwohl I_y das größere Flächenträgheitsmoment ist.

Es muss natürlich betont werden, dass die hier vorausgesetzte Spielfreiheit der Bolzengelenke eine Idealisierung darstellt, die in der Praxis sicher häufig nicht gegeben ist. Hinreichend grobe Bolzengelenke wird man fast als Kugelgelenke ansehen dürfen.   ∎

Das vorstehende Beispiel macht deutlich, warum im Bauingenieurwesen Querschnitte mit mehr als zwei Symmetrieachsen bevorzugt werden. Wie wir im Abschnitt 11.4.2 erfahren haben, sind das solche, bei denen die Einbaulage keine Rolle spielt. Man geht damit jedem Ärger – etwa durch falsche Montage – von vornherein aus dem Wege.

11.5.3   Knickspannungen

Bei der Auslegung von Druckstäben ist zu beachten, dass die hier vorgestellte EULERsche Theorie der Stabknickung auf der BERNOULLIschen Balkenbiegung aufbaut, für die linearelastisches Werkstoffverhalten vorausgesetzt wird. Um die Gültigkeit dieser Voraussetzung zu gewährleisten, muss die (betragsweise definierte) **Knickspannung**

$$\sigma_{\text{K}} \;:=\; \frac{F_{\text{krit}}}{A} \tag{11.44}$$

kleiner sein als die Proportionalitätsgrenze σ_{dP} für Druckbeanspruchung. Infolgedessen wird der Anwendungsbereich der EULERschen Stabknickung durch

$$\sigma_{\text{K}} \;<\; \sigma_{\text{dP}} \tag{11.45}$$

eingeschränkt. Bei Einführung des (dimensionslosen) **Schlankheitsgrades**

$$\lambda \;:=\; \frac{\ell_{\text{r}}}{\sqrt{I/A}} \;=\; \frac{\kappa\,\ell}{\sqrt{I/A}} \tag{11.46}$$

lässt sich die kritische Knickspannung unter Verwendung von (11.42), (11.43) auf die Form

$$\boxed{\;\sigma_{\text{K}}(\lambda) \;=\; \frac{\pi^2\,E}{\lambda^2} \qquad \text{für}\quad \lambda > \lambda_{\text{P}}\;} \qquad\qquad \text{(EULER-Hyperbel)} \tag{11.47}$$

bringen, deren Gültigkeit aufgrund von (11.45) durch

$$\lambda_{\text{P}} \;:=\; \pi\,\sqrt{\frac{E}{\sigma_{\text{dP}}}}$$

beschränkt ist.

Während „kurze, fette Stützen" im Gegensatz zu EULER-schlanken Stäben natürlich niemals knicken, so gibt es aber dennoch einen **Knickbereich unterhalb von λ_{P}**. Dieser wird meist nach LUDWIG V. TETMAJER benannt, dessen experimentelle Arbeiten (1886) die Lücke zwischen der EULERschen Stabknickung und dem Werkstoffversagen durch Zerquetschung schließen.

Unabhängig von der Problematik des Knickens führt ein Überschreiten der Druckfließgrenze σ_{dF} generell zum **Werkstoffversagen durch Zerquetschen**. Wie experimentelle Untersuchungen zeigen, kann für hinreichend kleine Schlankheitsgrade – etwa unterhalb eines gewissen (fließbedingten) Wertes λ_{F} – formell

$$\boxed{\sigma_{\mathrm{K}}(\lambda) \;\equiv\; \sigma_{\mathrm{dF}} \qquad \text{für} \quad \lambda < \lambda_{\mathrm{F}}} \qquad \text{(Druckfließgrenze/kein Knicken)}$$

gesetzt werden. Für den Bereich zwischen λ_{F} und λ_{P}, welcher die **Knickung nach TETMAJER** ausmacht, wurde von diesem der Verlauf von $\sigma_{\mathrm{K}}(\lambda)$ mithilfe einer Geradengleichung

$$\boxed{\sigma_{\mathrm{K}}(\lambda) \;=\; a \,-\, b\,\lambda \qquad \text{für} \quad \lambda_{\mathrm{F}} \leqslant \lambda \leqslant \lambda_{\mathrm{P}}} \qquad \text{(TETMAJER-Gerade)}$$

dargestellt. Die Konstanten a, b sind für den jeweiligen Werkstoff experimentell zu ermitteln. In Verbindung mit σ_{dF} ergibt sich dadurch auch λ_{F}.

Eine Alternative besteht darin, den gesamten Bereich unterhalb von λ_{P} mithilfe der **JOHNSON-Parabel**

$$\boxed{\sigma_{\mathrm{K}}(\lambda) \;=\; \sigma_{\mathrm{dF}} \,-\, \left(\sigma_{\mathrm{dF}} - \sigma_{\mathrm{dP}}\right) \left(\frac{\lambda}{\lambda_{\mathrm{P}}}\right)^{2} \qquad \text{für} \quad \lambda \leqslant \lambda_{\mathrm{P}}} \qquad \text{(JOHNSON-Parabel)}$$

zu beschreiben.

Man sollte sich darüber im Klaren sein, dass sowohl TETMAJER-Gerade als auch JOHNSON-Parabel nichts weiter darstellen als die formelmäßige Wiedergabe experimenteller Untersuchungen. Die gemessenen Werte streuen dabei in nicht unerheblicher Weise. Insofern verbietet sich im Umgang mit obigen Formeln jede allzu „scharfe" Zahlenrechnung.

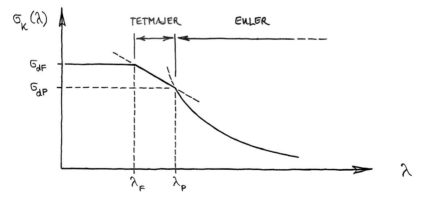

Abb. 11.7 Knickspannungsdiagramm

Die Auslegung von Druckstäben kann nun mithilfe einer zulässigen Spannung erfolgen, welche sich aus der Knickspannung unter Vorgabe eines geeigneten Sicherheitsfaktors ergibt. Eine andere Möglichkeit besteht in dem einstmals von der Deutschen Reichsbahn entwickelten **ω-Verfahren**, welches in DIN 4114 niedergelegt ist. Es beruht auf Ermittlung eines (von λ abhängenden) Faktors ω, in dem die Sicherheit gegen Knicken bzw. Fließen bereits enthalten ist.

11.6   Torsion rotationssymmetr. Querschnitte

Die Berechnung der Torsion einer Welle mit Kreis- bzw. Kreisringquerschnitt erfolgt ganz ähnlich wie die der Balkenbiegung. Anstelle der Biegelinie betrachten wir hier den Verlauf des **Torsions-** oder **Drillwinkels $\vartheta(x)$**

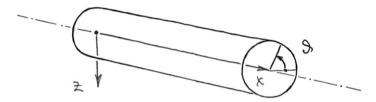

aufgrund von gegebenem Torsionsmomentenverlauf $M_\mathrm{T}(x)$. Dieser kann statt nach (11.4) aufgrund der hier vorliegenden **Rotationssymmetrie von Querschnitt und Beanspruchung** einfacher mit den Spannungskomponenten des Zylinderkoordinatensystems dargestellt werden. Denn auf der (durch die x-Achse bezeichneten) Querschnittsfläche der Welle hat lediglich die in Umfangsrichtung wirkende Schubspannung $\tau_{\mathrm{x}\varphi}$ einen von null verschiedenen „Hebelarm" in Gestalt des Radius r. Folglich ist

$$M_\mathrm{T}(x) \;=\; \int\limits_A \tau_{\mathrm{x}\varphi}(x,r)\, r \,\mathrm{d}A \;.$$

Da hier nur eine Schubspannung vorkommt, können wir mit $\tau_{\mathrm{x}\varphi} =: \tau$ auf die Angabe der Indizes verzichten und erhalten unter Verwendung von $\mathrm{d}A = 2\pi\, r\, \mathrm{d}r$ schließlich

$$M_\mathrm{T}(x) \;=\; 2\pi \int\limits_{r_\mathrm{i}}^{r_\mathrm{a}} \tau_{\mathrm{x}\varphi}(x,r)\, r^2 \,\mathrm{d}r \qquad\qquad \text{(„Gleichgewicht")} \qquad (11.48)$$

mit Innenradius r_i und Außenradius r_a. Es gilt ferner das HOOKEsche Gesetz für reinen Schub (vgl. Abschnitt 11.1)

$$\tau \;=\; G\,\gamma \qquad\qquad\qquad\qquad \text{(„Elastizität")} \qquad (11.49)$$

sowie der kinematische Zusammenhang:

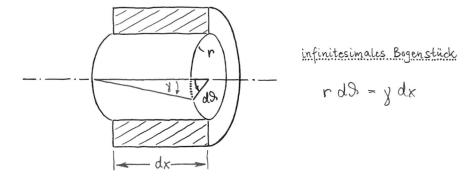

infinitesimales Bogenstück

$$r\, d\vartheta \,=\, \gamma\, dx$$

Wir entnehmen daraus

$$\gamma(x,r) \;=\; r\,\frac{d\vartheta}{dx} \;=\; r\,\vartheta'(x) \qquad\qquad\text{(„Kinematik")}\qquad (11.50)$$

und erhalten durch Einsetzen in (11.49) zunächst

$$\tau(x,r) \;=\; G\,\gamma(x,r) \;=\; G\,r\,\vartheta'(x)\,, \qquad\qquad\qquad\qquad (11.51)$$

was wir wiederum in (11.48) einsetzen. Damit bekommen wir

$$M_{\mathrm T}(x) \;=\; G\,\vartheta'(x)\;\underbrace{2\pi\int_{r_{\mathrm i}}^{r_{\mathrm a}} r^3\,dr}_{=\,I_0}\;.$$

Mit dem *polaren Flächenträgheitsmoment* aus Abschnitt 11.4.2

$$I_0 \;:=\; \int_A r^2\,dA \;=\; 2\pi\int_{r_{\mathrm i}}^{r_{\mathrm a}} r^3\,dr \qquad\qquad\qquad\qquad (11.24)$$

ergibt sich die **Differentialgleichung des Drillwinkelverlaufs** zu

$$\boxed{\;G I_0\,\vartheta'(x) \;=\; M_{\mathrm T}(x)\;}\;. \qquad\qquad\qquad\qquad\qquad (11.52)$$

Das darin auftretende Produkt GI_0 heißt **Torsionssteifigkeit**.

Vergleicht man (11.52) mit der Differentialgleichung der Biegelinie (11.14), so ist eine gewisse Analogie unübersehbar. Analogiedefekte liegen lediglich in der Ordnung der Ableitung sowie im Vorzeichen der rechten Seite. Die Lösung von (11.52) erhält man durch einmaliges Integrieren entsprechend

$$\vartheta(x) \;=\; \frac{1}{GI_0}\int M_{\mathrm T}(x)\,dx \;+\; c_\star\,, \qquad\qquad\qquad\qquad (11.52\,\mathrm a)$$

wobei die Integrationskonstante aus einer Rand- oder Übergangsbedingung ermittelt wird. Ferner ist wie bei der Balkenbiegung ggf. bereichsweise zu rechnen, und im Falle von $I_0 = I_0(x)$ muss dieses in die Integration miteinbezogen werden.

Ein technischer Standardfall besteht im nachfolgenden ...

Beispiel 11.14   Antriebswelle mit konstantem Kreisquerschnitt

Wird in das eine Ende ($x = 0$) einer Antriebswelle ein Torsionsmoment vom Betrag M eingeleitet, so wirkt, wenn wir dynamische Effekte ausschließen dürfen, aus Gründen des Momentengleichgewichts am anderen Ende ($x = \ell$) ein Gegendrehmoment vom gleichen Betrag, so dass sich ein konstanter Momentenverlauf

$$M_\mathrm{T}(x) \equiv M \qquad \text{für} \quad \forall\, x \in\,]0, \ell[$$

ergibt. Dann liefert (11.52 a) die Lösung in Gestalt eines linearen Drillwinkelverlaufs entsprechend

$$\vartheta(x) = \frac{M\,x}{GI_0} + c_\star \qquad \text{mit} \quad I_0 = \frac{\pi\,d^4}{32}\,.$$

Aus der RB erhalten wir die Integrationskonstante entsprechend

$$\vartheta(x = 0) = \vartheta_0 \qquad \rightsquigarrow \qquad c_\star = \vartheta_0$$

sowie die **Gesamtverdrillung** zu

$$\Delta\vartheta := \vartheta(x = \ell) - \vartheta_0 = \frac{M\ell}{GI_0} = \frac{32\,M\ell}{\pi\,G\,d^4}\,.$$

■

Eliminiert man $\vartheta'(x)$ in (11.51) und (11.52), so erhält man die **Schubspannungsverteilung** zu

$$\boxed{\tau(x, r) = \frac{M_\mathrm{T}(x)}{I_0}\, r\,, \qquad \tau \perp r} \qquad (11.53)$$

Für einen bestimmten Querschnitt ($x =$ fest) hat man es auch hier[15] mit einem linearen Spannungsverlauf gemäß

$$\tau(r) = \frac{M_\mathrm{T}(x = \text{fest})}{I_0}\, r$$

zu tun. Die maximale Beanspruchung durch torsionsbedingte Schubspannungen liegt bei kreis(ring)förmigen Querschnitten also auch hier in der Randfaser, und zwar in dem Querschnitt der Welle, in dem das Torsionsmoment seinen höchsten Betrag hat. Die Auslegung erfolgt daher aufgrund von

$$|\tau|_\mathrm{max} = \frac{|M_\mathrm{T}(x)|_\mathrm{max}}{2\,I_0}\, d = \frac{|M_\mathrm{T}(x)|_\mathrm{max}}{W_0} \qquad (11.54)$$

mit dem *polaren Widerstandsmoment*

$$W_0 := \frac{2\,I_0}{d}\,.$$

---

[15] Vgl. die Normalspannungsverteilung bei Biegung nach (11.15).

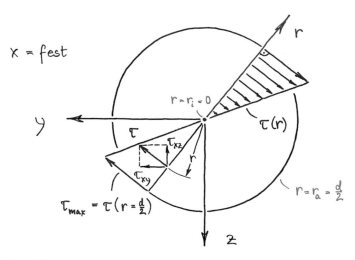

Abb. 11.8 Torsionsbedingte Schubspannungsverteilung im Vollkreisquerschnitt

11.7 Ergänzende Bemerkungen

Auch wenn das hier zu Ende gehende Kapitel eines der längsten ist, so ist dieses Gebiet alles andere als erschöpfend behandelt. Wer sich jedoch mit den hier gezeigten Grundlagen erfolgreich auseinandergesetzt hat, wird mit den Erweiterungen keine grundsätzliche Schwierigkeiten haben.

In diesem Kapitel haben wir die sogenannte **Stabwerksstatik** behandelt. Dabei ist der Begriff „Stab" verallgemeinert im Sinne von „schlankes Bauteil". Die Stabwerksstatik betrachtet also nicht nur Stäbe im engeren Sinn, wie wir sie im Beispiel 3.7 definiert hatten, sondern auch Balken. In der Baustatik ist die Stabwerksstatik vorherrschend, problematisch war bis zur Erfindung des Computers (durch den Bauingenieur KONRAD ZUSE) die Berechnung sehr großer Systeme. Im Maschinenbau sieht die Situation etwas anders aus. Häufig können dort hochbelastete Maschinenteile beim besten Willen nicht mehr als schlank angesehen werden. Dennoch war man in der Zeit vor 1960, d. h. ohne FEM-Berechnungen, häufig darauf angewiesen, Festigkeitsberechnungen auf Basis der Stabwerksstatik durchzuführen. Im Laufe der Zeit sind dabei zahlreiche Weiterentwicklungen betrieben worden, auf die wir hier nicht eingehen können.

Allein aus Platzgründen konnten aber in diesem Kapitel verschiedene Sachverhalte nicht behandelt werden, die gleichwohl wünschenswert gewesen wären. U. a. zu nennen sind:

- Die **Schubspannungsverteilung** bei gerader **Balkenbiegung** haben wir in Kurzform behandelt. Dass derartige Schubspannungsverteilungen auch Torsionswirkung haben können, wurde in den *kinematischen Annahmen* ausgeschlossen. Die Wirkungslinien eingeprägter und reaktionsbedingter Vertikalkräfte sollten entsprechend verlaufen. Problemlos ist das nur bei hinreichender Symmetrie des Querschnitts. Anderenfalls gilt es, die Lage des *Schubmittelpunktes* zu berechnen (vgl. hierzu [5], Bd. 2, Abschnitt 5.2 oder [19], Abschnitt 5.8). Vor allem bei offenen Profilen ist der diesbezügliche Einfluß erheblich.

- **Biegung bei zusammengesetzten Werkstoffen**

  Man spricht in diesem Zusammenhang auch von Verbund- oder Kompositwerkstoffen. Eines der bekanntesten Beispiele ist die Bewehrung von Beton – mit oder ohne Vorspannung. Hier sei auf [19], Abschnitt 5.5 verwiesen.

- Die **Torsion nichtkreisförmiger Querschnitte** führt im Falle dünnwandiger, geschlossener Hohlprofile auf die bekannten BREDTschen Formeln. Bei konstanten, beliebigen Vollquerschnitten ergibt sich dagegen eine partielle Differentialgleichung (POISSON-Gleichung). Weitere Spezialisierungen sind offene sowie mehrzellige, geschlossene Hohlprofile (vgl. hierzu [5], Bd. 2, Abschnitte 6.3-5 oder [19], Abschnitte 6.2-4).

Teil III

Dynamik

12

Noch einige mathematische Vorüberlegungen

Einer gewissen „Tradition" folgend beginnt auch der dritte Teil dieses Buches mit der Erörterung einiger mathematischer Sachverhalte, die uns im weiteren Fortgang noch begegnen werden.

12.1 Mehrfach-Kreuzprodukt $\quad \mathbb{E}^3, \mathbb{E}^3, \mathbb{E}^3 \rightarrow \mathbb{E}^3$

Das **Kreuzprodukt** zweier Vektoren wurde im Kapitel 1 vorgestellt. Wir haben es erstmalig bei der Definition des Momentes angewendet. Und seit Einführung der indizierten Tensornotation im Kapitel 7 steht uns das Permutationssymbol ε_{ijk} nach Levi-Cività zur Verfügung, mit dem sich das Kreuzprodukt auf sehr kurze Form bringen lässt. Im Zusammenhang mit dem Impulsmomentensatz wird es erforderlich werden, diese Operation zweimal hintereinander auszuführen. Wir wollen sehen, wie sich so etwas am besten notieren lässt.

Vorausgeschickt sei, dass es für das Kreuzprodukt von drei Vektoren kein Assoziativgesetz gibt, im Allgemeinen daher

$$\mathbf{u} \times (\mathbf{v} \times \mathbf{w}) \neq (\mathbf{u} \times \mathbf{v}) \times \mathbf{w}$$

ist. Abgesehen von Spezialfällen kommt es also auf die Reihenfolge der Produktbildung an! Wir fragen nach $\mathbf{u} \times (\mathbf{v} \times \mathbf{w})$ und erhalten unter mehrfacher Anwendung von (7.7)

$$
\begin{aligned}
\mathbf{u} \times (\mathbf{v} \times \mathbf{w}) &= (u_n \, \mathbf{e}_n) \times \big[(v_i \, \mathbf{e}_i) \times (w_j \, \mathbf{e}_j) \big] \\
&= (u_n \, \mathbf{e}_n) \times \big[v_i \, w_j \, \varepsilon_{ijk} \, \mathbf{e}_k \big] \\
&= u_n \, v_i \, w_j \, \varepsilon_{ijk} \, \varepsilon_{nkm} \, \mathbf{e}_m \, .
\end{aligned}
$$

Da sich das Levi-Cività-Symbol bei zyklischer Vertauschung nicht ändert, gilt

$\varepsilon_{nkm} = \varepsilon_{mnk}$, und wir schreiben

$$\mathbf{u} \times (\mathbf{v} \times \mathbf{w}) \;=\; u_n\, v_i\, w_j\; \varepsilon_{ijk}\, \varepsilon_{mnk}\; \mathbf{e}_m \;.$$

Damit lässt sich der sogenannte „**Entwicklungssatz**"

$$\boxed{\varepsilon_{ijk}\, \varepsilon_{mnk} \;=\; \delta_{im}\, \delta_{jn} \;-\; \delta_{in}\, \delta_{jm}} \qquad\qquad (12.1)$$

anwenden, und man erhält

$$
\begin{aligned}
\mathbf{u} \times (\mathbf{v} \times \mathbf{w}) \;&=\; u_n\, v_i\, w_j\, \delta_{im}\, \delta_{jn}\, \mathbf{e}_m \;-\; u_n\, v_i\, w_j\, \delta_{in}\, \delta_{jm}\, \mathbf{e}_m \\[2mm]
&=\; u_j\, v_i\, w_j\, \mathbf{e}_i \;-\; u_i\, v_i\, w_j\, \mathbf{e}_j \;.
\end{aligned}
\qquad (12.2)
$$

Wie man sich leicht überzeugt, stimmt dieses Ergebnis mit dem aus der Vektoralgebra bekannten **GRASSMANN**schen **Zerlegungssatz**

$$
\begin{aligned}
\mathbf{u} \times (\mathbf{v} \times \mathbf{w}) \;&=\; (\mathbf{u}{\cdot}\mathbf{w})\, \mathbf{v} \;-\; (\mathbf{u}{\cdot}\mathbf{v})\, \mathbf{w} \\[2mm]
&=\; u_j\, w_j\; v_i\, \mathbf{e}_i \;-\; u_i\, v_i\; w_j\, \mathbf{e}_j
\end{aligned}
\qquad (12.2\,a)
$$

überein. Dieser wird gelegentlich auch als **GRASSMANN**scher Entwicklungssatz bezeichnet – wohl deswegen, da zu seiner Herleitung der **LAPLACE**sche Entwicklungssatz für Determinanten eine wesentliche Rolle spielt.

An sich genügt es, (12.1) als praktische Formel zur Kenntnis zu nehmen. Wer sich aber für die Herleitung interessiert, soll hier nicht enttäuscht werden: Wir berechnen zunächst

$$
\begin{aligned}
\mathbf{e}_n \times (\mathbf{e}_i \times \mathbf{e}_j) \;&=\; \mathbf{e}_n \times (\varepsilon_{ijk}\, \mathbf{e}_k) \\[2mm]
&=\; \varepsilon_{nkm}\, \varepsilon_{ijk}\; \mathbf{e}_m \\[2mm]
&=\; \varepsilon_{ijk}\, \varepsilon_{mnk}\; \mathbf{e}_m \\[2mm]
&=\; \gamma_{ijmn}\; \mathbf{e}_m \;,
\end{aligned}
$$

wobei wir der Einfachheit halber die Abkürzung

$$\varepsilon_{ijk}\, \varepsilon_{mnk} \;=:\; \gamma_{ijmn} \qquad\qquad (1)$$

eingeführt haben. Da sich die beteiligten Vektoren durch

$$
\begin{aligned}
\mathbf{e}_n \;&=\; \delta_{n1}\, \mathbf{e}_1 \;+\; \delta_{n2}\, \mathbf{e}_2 \;+\; \delta_{n3}\, \mathbf{e}_3 \;, \\
\mathbf{e}_i \;&=\; \delta_{i1}\, \mathbf{e}_1 \;+\; \delta_{i2}\, \mathbf{e}_2 \;+\; \delta_{i3}\, \mathbf{e}_3 \;, \\
\mathbf{e}_j \;&=\; \delta_{j1}\, \mathbf{e}_1 \;+\; \delta_{j2}\, \mathbf{e}_2 \;+\; \delta_{j3}\, \mathbf{e}_3
\end{aligned}
$$

darstellen lassen, folgt unmittelbar

$$
\mathbf{e}_i \times \mathbf{e}_j \;=\; \begin{vmatrix} \mathbf{e}_1 & \delta_{i1} & \delta_{j1} \\ \mathbf{e}_2 & \delta_{i2} & \delta_{j2} \\ \mathbf{e}_3 & \delta_{i3} & \delta_{j3} \end{vmatrix}
$$

$$
=\; (\delta_{i2}\, \delta_{j3} \;-\; \delta_{i3}\, \delta_{j2})\, \mathbf{e}_1 \;+\; (\delta_{i3}\, \delta_{j1} \;-\; \delta_{i1}\, \delta_{j3})\, \mathbf{e}_2 \;+\; (\delta_{i1}\, \delta_{j2} \;-\; \delta_{i2}\, \delta_{j1})\, \mathbf{e}_3
$$

und weiterhin

$$\gamma_{ijmn}\ \mathbf{e}_m\ =\ \mathbf{e}_n \times (\mathbf{e}_i \times \mathbf{e}_j)\ =\ \begin{vmatrix} \mathbf{e}_1 & \delta_{n1} & \delta_{i2}\,\delta_{j3}\ -\ \delta_{i3}\,\delta_{j2} \\ \mathbf{e}_2 & \delta_{n2} & \delta_{i3}\,\delta_{j1}\ -\ \delta_{i1}\,\delta_{j3} \\ \mathbf{e}_3 & \delta_{n3} & \delta_{i1}\,\delta_{j2}\ -\ \delta_{i2}\,\delta_{j1} \end{vmatrix}.$$

Wir entwickeln die Determinante nach der erste Spalte und finden

$$\gamma_{ijmn}\ \mathbf{e}_m\ =\ \begin{vmatrix} \delta_{n2} & \delta_{i3}\,\delta_{j1}\ -\ \delta_{i1}\,\delta_{j3} \\ \delta_{n3} & \delta_{i1}\,\delta_{j2}\ -\ \delta_{i2}\,\delta_{j1} \end{vmatrix} \mathbf{e}_1\ +\ \begin{vmatrix} \delta_{n1} & \delta_{i2}\,\delta_{j3}\ -\ \delta_{i3}\,\delta_{j2} \\ \delta_{n3} & \delta_{i1}\,\delta_{j2}\ -\ \delta_{i2}\,\delta_{j1} \end{vmatrix} \mathbf{e}_2\ +$$

$$+\ \begin{vmatrix} \delta_{n1} & \delta_{i2}\,\delta_{j3}\ -\ \delta_{i3}\,\delta_{j2} \\ \delta_{n2} & \delta_{i3}\,\delta_{j1}\ -\ \delta_{i1}\,\delta_{j3} \end{vmatrix} \mathbf{e}_3\ .$$

Im Einzelnen zeigen wir, dass

$$\gamma_{ij1n}\ =\ \begin{vmatrix} \delta_{n2} & \delta_{i3}\,\delta_{j1}\ -\ \delta_{i1}\,\delta_{j3} \\ \delta_{n3} & \delta_{i1}\,\delta_{j2}\ -\ \delta_{i2}\,\delta_{j1} \end{vmatrix} \qquad \text{neutrale Ergänzung} \searrow \overbrace{\qquad}^{\equiv 0}$$

$$=\ \delta_{n2}\left(\delta_{i1}\,\delta_{j2}\ -\ \delta_{i2}\,\delta_{j1}\right)\ -\ \delta_{n3}\left(\delta_{i3}\,\delta_{j1}\ -\ \delta_{i1}\,\delta_{j3}\right)\ +\ \delta_{n1}\overbrace{\left(\delta_{i1}\,\delta_{j1}\ -\ \delta_{i1}\,\delta_{j1}\right)}^{\equiv 0}$$

$$=\ \left(\delta_{j1}\,\delta_{n1}\ +\ \delta_{j2}\,\delta_{n2}\ +\ \delta_{j3}\,\delta_{n3}\right)\delta_{i1}\ -\ \left(\delta_{i1}\,\delta_{n1}\ +\ \delta_{i2}\,\delta_{n2}\ +\ \delta_{i3}\,\delta_{n3}\right)\delta_{j1}$$

$$=\ \left(\delta_{jr}\,\delta_{nr}\right)\delta_{i1}\ -\ \left(\delta_{is}\,\delta_{ns}\right)\delta_{j1}$$

$$=\ \delta_{jn}\,\delta_{i1}\ -\ \delta_{in}\,\delta_{j1}$$

sowie

$$\gamma_{ij2n}\ =\ \delta_{jn}\,\delta_{i2}\ -\ \delta_{in}\,\delta_{j2}$$

$$\gamma_{ij3n}\ =\ \delta_{jn}\,\delta_{i3}\ -\ \delta_{in}\,\delta_{j3}$$

$$\left. \right\} \quad \gamma_{ijmn}\ =\ \delta_{jn}\,\delta_{im}\ -\ \delta_{in}\,\delta_{jm}\ . \tag{2}$$

Kombination von (1) und (2) liefert schließlich

$$\varepsilon_{ijk}\,\varepsilon_{mnk}\ =\ \delta_{im}\,\delta_{jn}\ -\ \delta_{in}\,\delta_{jm}\ . \tag{12.1}$$

12.2 Operatoren der Tensoranalysis

Es geht hier um die Operatoren **Gradient**, **Divergenz** und **Rotation**, wie sie zumeist schon aus der Vektoranalysis bekannt sind. Da wir nun aber ohnehin mit „Tensoren" arbeiten, wollen wir hier die höheren Tensorstufen ($\geqslant 2$) gleich mit einschließen.

Bei zahlreichen physikalisch-ingenieurwissenschaftlichen Problemstellungen treten Größen auf, die sich als (zumindest stückweise) stetige Funktionen der kartesischen Koordinaten des $\mathbb{E}^3$ auffassen lassen. Diesbezügliche Abbildungen werden als „Felder" bezeichnet, auch wenn der Definitionsbereich nicht notwendigerweise den gesamten $\mathbb{E}^3$, sondern nur ein beschränktes, zusammenhängendes Gebiet $\Omega \subset \mathbb{E}^3$ ausmacht.

Je nachdem, um welche Tensorstufe es sich bildseitig handelt, spricht man von einem **Skalarfeld** im Falle von

$$u\ =\ u(x,y,z) \qquad \text{bzw.} \qquad u\ =\ u(x_1,x_2,x_3)\ ,$$

da $u \in \mathbb{R}$ ist. Wir kennen zahlreiche Beispiele für Skalarfelder, wie etwa die Dichteverteilung $\rho(x, y, z)$ in einem Feststoff, die wir in Kapitel 4 eingeführt haben. Weiterhin stellen auch die Temperaturverteilung $\vartheta(x, y, z)$ im Hörsaal oder die atmosphärische Druckverteilung $p(x, y, z)$ der Metereologie Skalarfelder dar. Die letzten beiden Beispiele lassen darüber hinaus erahnen, dass Felder außer von den Ortskoordinaten grundsätzlich auch noch von der Zeit abhängen können. Wir wollen dies aber fürs Erste ausschließen und uns auf die Betrachtung stationärer[1] Felder einschränken.

Ein **Vektorfeld** liegt dagegen vor, wenn es sich entsprechend

$$\mathbf{v} = \mathbf{v}(x, y, z) = v_x(x, y, z)\, \mathbf{e}_x + v_y(x, y, z)\, \mathbf{e}_y + v_z(x, y, z)\, \mathbf{e}_z$$

bzw.

$$\mathbf{v} = \mathbf{v}(x_1, x_2, x_3) = v_j(x_i)\, \mathbf{e}_j$$

um eine Abbildung handelt, die bildseitig als Vektor vorliegt ($\mathbf{v} \in \mathbb{E}^3$). Auch hier sind uns Beispiele bekannt: Die Volumenkraft $\mathbf{f}(x, y, z)$ aus Abschnitt 8.2.1 sowie den Verschiebungsvektor $\mathbf{u}(x, y, z)$ aus Abschnitt 9.3. Weitere Beispiele werden in diesem Teil des Buches folgen.

In Verallgemeinerung von Skalar- und Vektorfeldern, die den größten Teil physikalisch interessanter Felder ausmachen, lässt sich ein **Tensorfeld** N-ter Stufe gemäß

$$\mathbf{T}^{(N)} = \mathbf{T}^{(N)}(x_1, x_2, x_3) = T_{j_1 \dots j_N}(x_i)\, \mathbf{e}_{j_1} \dots \mathbf{e}_{j_N}$$

notieren. Hinsichtlich der Tensorstufen $\geqslant 2$ sind uns bereits die Spannungsverteilung $\boldsymbol{\sigma}^{(2)}(x_i) = \sigma_{jk}(x_i)\, \mathbf{e}_j \mathbf{e}_k$ im Inneren eines Körpers sowie die daraus resultierende Verteilung der Verzerrungen gemäß $\boldsymbol{\epsilon}^{(2)}(x_i) = \varepsilon_{jk}(x_i)\, \mathbf{e}_j \mathbf{e}_k$ bekannt. Auch der Elastizitätstensor $\mathbf{E}^{(4)}$ lässt sich formal als Tensorfeld einordnen, wenn auch im Falle des HOOKEschen Festkörpers die damit verbundene Abbildung $E_{ijk\ell}(x_m) \equiv \text{const}$ eher formaler Natur ist.

Die Abhängigkeit physikalischer Größen unterschiedlicher Tensorstufe vom Ort ihrer Wirkung wird also häufig durch entsprechende Felder beschrieben. Wie selbstverständlich haben wir dabei kartesische Koordinaten benutzt. Aber natürlich lassen sich im dreidimensionalen Raum unserer Anschauung auch krummlinige Koordinatensysteme (z.B. das Zylinderkoordinatensystem) installieren. Die Ausführung der nachfolgend beschriebenen Operationen wird dadurch allerdings komplizierter. Für einen ersten Kontakt mit diesem Stoff ist die (vorläufige) Einschränkung auf kartesische Koordinaten sinnvoll.

Die Operatoren Gradient, Divergenz und Rotation werden auf Tensorfelder unterschiedlicher Stufe angewandt. Sie lassen sich mithilfe des **Nabla-Operators**

$$\boxed{\nabla := \frac{\partial}{\partial x_i}\, \mathbf{e}_i} \tag{12.3}$$

---

[1] *stationär* = zeitunabhängig (Gegensatz: *instationär*) – dieser Begriff wird im technisch/industriellen Sprachgebrauch manchmal aber auch im Sinne von „ortsfest" gebraucht.

erklären, dessen besondere Eigenschaften sich erst durch die Art der Multiplikation mit einem anderen Tensor ergeben.

Mit der tensoriellen Multipikation wird der **Gradient**

$$\boxed{\textbf{grad}\,[\ ] \ := \ \nabla \otimes [\ ]}$$
(12.4)

definiert, wobei das Multiplikationszeichen $\otimes$ meistens weggelassen wird. Speziell bei der Anwendung auf skalar(wertig)e Größen schreibt man

$$\textbf{grad}\,[\ ] \ = \ \nabla\,[\ ] \ = \ \frac{\partial\,[\ ]}{\partial x_i}\,\mathbf{e}_i\ ,$$

was im Falle des Skalarfeldes $u(x_i)$ auf den Vektor

$$\textbf{grad}\,u \ = \ \frac{\partial u}{\partial x_i}\,\mathbf{e}_i \qquad \text{bzw.} \qquad \textbf{grad}\,u \ \widehat{=}\ \begin{pmatrix} \partial u/\partial x \\ \partial u/\partial y \\ \partial u/\partial z \end{pmatrix}$$

führt. Wendet man den Gradienten dagegen auf ein Vektorfeld $\mathbf{v} = v_j\,\mathbf{e}_j$ an, so bekommt man einen Tensor 2. Stufe

$$\textbf{grad}\,\mathbf{v} \ = \ \nabla \otimes \mathbf{v} \ = \ \left(\frac{\partial}{\partial x_i}\,\mathbf{e}_i\right) \otimes \left(v_j\,\mathbf{e}_j\right) \ = \ \frac{\partial v_j}{\partial x_i}\,\mathbf{e}_i\,\mathbf{e}_j$$

Aufgrund der tensoriellen Multiplikation $\otimes$ bewirkt der Gradient eine Erhöhung der Tensorstufe um 1!

Der Gradient eines Skalarfeldes kann anschaulich gedeutet werden als derjenige Vektor, der im jeweiligen Punkt in Richtung des höchsten Anstiegs zeigt. Dies ist Konsequenz aus der sogenannte **Richtungsableitung**[2]

$$\frac{\partial u}{\partial n} \ = \ \mathbf{n}\cdot\textbf{grad}\,u \ = \ \mathbf{n}\cdot\nabla u \ = \ \frac{\partial u}{\partial x_i}\,n_i \qquad \text{mit} \qquad \|\mathbf{n}\| = 1\ ,$$
(12.5)

die den „Anstieg" der skalarwertigen Funktion $u(x_i)$ in Richtung von $\mathbf{n}$ wiedergibt.

Die **Divergenz**

$$\boxed{\textbf{div}\,[\ ] \ := \ \nabla\cdot[\ ]}$$
(12.6)

wird mit dem verjüngenden Produkt gebildet. Wenden wir die Divergenz auf das Vektorfeld $\mathbf{v} = v_j\,\mathbf{e}_j$ an, ergibt sich

$$\text{div}\,\mathbf{v} \ = \ \nabla\cdot\mathbf{v}$$

$$= \ \left(\frac{\partial}{\partial x_i}\,\mathbf{e}_i\right)\cdot\left(v_j\,\mathbf{e}_j\right)$$

---

[2] Zur Herleitung vgl. [1], Abschnitt 5.8.

$$= \frac{\partial v_j}{\partial x_i}\, \mathbf{e}_i \cdot \mathbf{e}_j = \frac{\partial v_j}{\partial x_i}\, \delta_{ij}$$

$$= \frac{\partial v_j}{\partial x_j}$$

oder ausgeschrieben

$$\mathrm{div}\ \mathbf{v} = \frac{\partial v_1}{\partial x_1} + \frac{\partial v_2}{\partial x_2} + \frac{\partial v_3}{\partial x_3} = \frac{\partial v_x}{\partial x} + \frac{\partial v_y}{\partial y} + \frac{\partial v_z}{\partial z}\ .$$

Dabei handelt es sich um einen Skalar! Wendet man dagegen die Divergenz auf einen Tensor 2. Stufe an, z.B. auf $\mathbf{T}^{(2)} = T_{jk}\,\mathbf{e}_j\mathbf{e}_k$, so entsteht wegen

$$\mathbf{div}\ \mathbf{T}^{(2)} = \nabla \cdot \mathbf{T}^{(2)}$$

$$= \left(\frac{\partial}{\partial x_i}\,\mathbf{e}_i\right) \cdot \left(T_{jk}\,\mathbf{e}_j\,\mathbf{e}_k\right)$$

$$= \frac{\partial T_{jk}}{\partial x_i}\,\mathbf{e}_i \cdot \mathbf{e}_j\,\mathbf{e}_k = \frac{\partial T_{jk}}{\partial x_i}\,\delta_{ij}\,\mathbf{e}_k$$

$$= \frac{\partial T_{jk}}{\partial x_j}\,\mathbf{e}_k$$

ein Tensor 1. Stufe (= Vektor). Wir erkennen hier: Die Divergenz erniedrigt die Tensorstufe um 1! Somit verbietet sich die Anwendung der Divergenz auf Skalare.

Die eben erfolgte Anwendung der Divergenz auf Tensoren 2. Stufe zeigt uns, dass die Gleichgewichtsbedingung (8.9) aus Abschnitt 8.2.1 auch in der Form

$$\mathbf{div}\ \boldsymbol{\sigma}^{(2)} + \mathbf{f} = \mathbf{0} \tag{8.9*}$$

notiert werden kann.

Die **Rotation**

$$\boxed{\mathbf{rot}\,[\ ] := \nabla \times [\ ]} \tag{12.7}$$

benötigt das Kreuzprodukt. Mit dem Vektorfeld $\mathbf{v} = v_j\,\mathbf{e}_j$ führt das auf

$$\mathbf{rot}\,\mathbf{v} = \nabla \times \mathbf{v}$$

$$= \left(\frac{\partial}{\partial x_i}\,\mathbf{e}_i\right) \times \left(v_j\,\mathbf{e}_j\right)$$

$$= \frac{\partial v_j}{\partial x_i}\,\mathbf{e}_i \times \mathbf{e}_j$$

$$= \frac{\partial v_j}{\partial x_i}\,\epsilon_{ijk}\,\mathbf{e}_k$$

oder ausgeschrieben

$$\mathbf{rot\,v} \;=\; \left(\frac{\partial v_3}{\partial x_2} - \frac{\partial v_2}{\partial x_3}\right)\mathbf{e}_1 \;+\; \left(\frac{\partial v_1}{\partial x_3} - \frac{\partial v_3}{\partial x_1}\right)\mathbf{e}_2 \;+\; \left(\frac{\partial v_2}{\partial x_1} - \frac{\partial v_1}{\partial x_2}\right)\mathbf{e}_3$$

bzw.

$$\mathbf{rot\,v} \;\widehat{=}\; \begin{pmatrix} \dfrac{\partial v_z}{\partial y} - \dfrac{\partial v_y}{\partial z} \\[2mm] \dfrac{\partial v_x}{\partial z} - \dfrac{\partial v_z}{\partial x} \\[2mm] \dfrac{\partial v_y}{\partial x} - \dfrac{\partial v_x}{\partial y} \end{pmatrix}.$$

Die Tensorstufe bleibt also bei der Rotation gleich!

Sämtliche Operatoren erscheinen hier in **Fettdruck**, sofern sie ein Tensorfeld der Stufe $\geqslant 1$ hervorbringen. Lediglich bei der Divergenz eines Vektorfeldes ist das anders. Sie erzeugt ein Skalarfeld, daher die Darstellung in Magerdruck.

Wenn die Gradientenbildung eines Skalarfeldes ein Vektorfeld erzeugt, so kann man dieses Vektorfeld – stetige Differenzierbarkeit weiterhin vorausgesetzt – erneut einer Tensoroperation zu unterziehen. Physikalisch von Bedeutung sind insbesondere die **Divergenz eines Gradienten**

$$\text{div}\,\mathbf{grad}\,[\ ] \;=\; \nabla\cdot\left(\nabla[\ ]\right) \qquad\qquad (\text{bzw. } \mathbf{div\,grad} \text{ bei höherer Tensorstufe})$$

$$=\; \left(\frac{\partial}{\partial x_j}\,\mathbf{e}_j\right)\cdot\left(\frac{\partial[\ ]}{\partial x_i}\,\mathbf{e}_i\right)$$

$$=\; \delta_{ji}\,\frac{\partial^2[\ ]}{\partial x_i \partial x_j}$$

$$=\; \frac{\partial^2[\ ]}{\partial x_j^2} \qquad\qquad (j \text{ ist gebundener Index!})$$

$$=\; \Delta[\ ]\,,$$

welche sich mithilfe des **Laplace-Operators**[3]

$$\boxed{\;\Delta \;:=\; \nabla\cdot\nabla \;=\; \nabla^2 \;=\; \frac{\partial^2}{\partial x^2} + \frac{\partial^2}{\partial y^2} + \frac{\partial^2}{\partial z^2} \;=\; \frac{\partial^2}{\partial x_j^2}\;} \qquad (12.8)$$

---

[3] Rein äußerlich unterscheidet sich der Laplace-Operator nicht vom Differenzsymbol! Es kann also $\Delta T = 0$ die Differentialgleichung stationärer Wärmeleitung bedeuten (sprich: Laplace T gleich null) oder aber eine verschwindende Temperaturdifferenz (sprich: Delta T gleich null) im Sinne von $T_2 - T_1 = 0$. Der Zusammenhang lässt aber normalerweise keinen Zweifel daran, was gemeint ist.

abkürzen lässt, sowie die **Rotation eines Gradienten**

$$\mathbf{rot\,grad}\,[\;] \;=\; \nabla \times \left(\nabla\,[\;]\right)$$

$$=\; \left(\frac{\partial}{\partial x_j}\,\mathbf{e}_j\right) \times \left(\frac{\partial\,[\;]}{\partial x_i}\,\mathbf{e}_i\right)$$

$$=\; \varepsilon_{jik}\,\frac{\partial^2\,[\;]}{\partial x_i \partial x_j}\,\mathbf{e}_k$$

$$=\; \underbrace{\left(\frac{\partial^2\,[\;]}{\partial x_2 \partial x_3} - \frac{\partial^2\,[\;]}{\partial x_3 \partial x_2}\right)}_{\equiv\,0}\,\mathbf{e}_1 \;+\; \underbrace{\left(\frac{\partial^2\,[\;]}{\partial x_3 \partial x_1} - \frac{\partial^2\,[\;]}{\partial x_1 \partial x_3}\right)}_{\equiv\,0}\,\mathbf{e}_2 \;+\; \dots$$

Die Klammerausdrücke verschwinden dabei identisch, da aufgrund der vorausge-
setzten stetigen Differenzierbarkeit der **Satz von H. A. Schwarz** zur Anwendung
kommt, nach dem die gemischten partiellen Ableitungen unabhängig von der Reihenfolge des Ableitens einander gleich sind (vgl. Abschnitt 10.3.2). Somit gilt für
hinreichende differenzierbare Skalarfelder grundsätzlich

$$\boxed{\mathbf{rot\,grad}\,[\;] \;\equiv\; 0}\,. \tag{12.9}$$

In der Mechanik existieren insbesondere Kraftfelder, die sich gemäß

$$\mathbf{F} \;=\; -\,\mathbf{grad}\,U \qquad \text{bzw.} \qquad F_i \;=\; -\frac{\partial U}{\partial x_i} \tag{12.10}$$

als Gradient eines **Potentials** $U(x,y,z)$ bzw. $U(x_i)$ darstellen lassen. Derartige
Kraftfelder werden wegen $\mathbf{rot\,F} = \mathbf{0}$ als „wirbelfrei" bezeichnet. In Verbindung
mit dem Stokesschen Integralsatz[4]

$$\oint_{\partial S} \mathbf{F}\cdot\mathrm{d}\mathbf{r} \;=\; \int_S (\mathbf{rot\,F})\cdot\mathbf{n}\;\mathrm{d}O$$

folgt die für diese Kraftfelder grundlegende Aussage

$$\boxed{\oint \mathbf{F}\cdot\mathrm{d}\mathbf{r} \;=\; 0} \quad\Longleftrightarrow\quad \boxed{\begin{array}{c} \mathbf{F}\cdot\mathrm{d}\mathbf{r} \;=\; F_i\,\mathrm{d}x_i \;=\; -\frac{\partial U}{\partial x_i}\,\mathrm{d}x_i \;=\; -\mathrm{d}U \\[2mm] \text{ist } \textbf{vollständiges Differential} \end{array}}\,. \tag{12.11}$$

In einem solchen Fall ist das Integral der Kraft längs einer Raumkurve vom Weg
unabhängig, und wir nennen $\mathbf{F}(x,y,z) = -\,\mathbf{grad}\,U$ ein **konservatives Kraftfeld.**[5]

---

[4] ∂S ist Randkurve der (räumlichen) Fläche S, vgl. [1], Abschnitt 8.7.
[5] Was da genau „konserviert" wird, werden wir in Abschnitt 14.1.4 sehen!

13

Kinematik

Mit **Kinematik** (= *kinematics*) hatten wir es schon mal zu tun: Im Kapitel 9 ging es um die Formänderung nichtstarrer Körper, und unter *Deformation* hatten wir die Überlagerung aus der *Starrkörperbewegung* und *Verzerrung* verstanden. Während uns damals ausschließlich die Verzerrung interessierte, steht nun die **Starrkörperbewegung** im Zentrum unserer Betrachtungen. Dabei werden wir auch hier die Bewegung des Körpers im Ganzen auf die Bewegung von materiellen (Körper-)Punkten zurückführen.

Kinematik zu betreiben, heißt (zunächst) nur Bewegungen zu untersuchen. Die Einbeziehung der die Bewegung verursachenden Größen, wie Kräfte und Momente, erfolgt anschließend im Rahmen der Kinetik.

13.1 Kinematik des Punktes

Wir betrachten die momentane Lage eines (materiellen) Punktes X auf einer Bahnkurve im dreidimensionalen Raum unserer Anschauung, im $\mathbb{E}^3$:

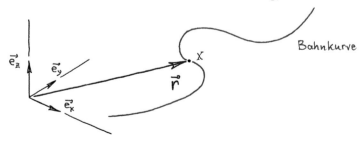

Da wir die kontinuierliche Bewegung des Punktes X erfassen wollen, ist es sinnvoll, dessen **Ortsvektor r** als stetige Funktion eines geeigneten Parameters, z. B. der Zeit t, aufzufassen. Wir definieren daher zunächst

$$
\mathbf{r} : \begin{cases} [t_0,\, t_1] & \to & \mathbb{E}^3 \\[2mm] t & \mapsto & \mathbf{r}(t) \end{cases}
$$

mit $[t_0, t_1] \subset \mathbb{R}$ und schreiben unter Verwendung der raumfesten Orthonormalbasis $\mathbf{e}_x$, $\mathbf{e}_y$, $\mathbf{e}_z$ bzw. $\mathbf{e}_i$ in Komponenten-/Indexschreibweise

$$\mathbf{r}(t) = x(t)\,\mathbf{e}_x + y(t)\,\mathbf{e}_y + z(t)\,\mathbf{e}_z = x_i(t)\,\mathbf{e}_i \tag{13.1}$$

oder in Spaltenschreibweise

$$\underline{r}(t) = \begin{pmatrix} x(t) \\ y(t) \\ z(t) \end{pmatrix}.$$

Ist die Bahnkurve im Raum durch Zwangsbedingungen (Führung) *fest vorgegeben*, so lässt sich die Lage des Punktes X zum Zeitpunkt t auch durch Angabe seiner **Bahnkoordinate** $s(t)$ darstellen.

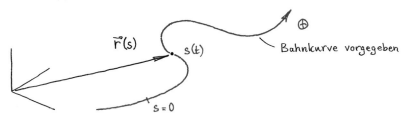

Eine solche fest vorgegebene Raumkurve kann man sich als Schienenweg einer Achterbahn vorstellen. Rollt man entlang der Schienen ein Bandmaß aus, so wäre darauf die Bahnkoordinate s abzulesen.

Aufgrund der fest vorgegebenen Raumkurve können wir nun die Ortslage auch durch $\mathbf{r} = \mathbf{r}(s)$ ausdrücken und anstelle von (13.1) erscheint

$$\mathbf{r}\big(s(t)\big) = x\big(s(t)\big)\,\mathbf{e}_x + y\big(s(t)\big)\,\mathbf{e}_y + z\big(s(t)\big)\,\mathbf{e}_z = x_i\big(s(t)\big)\,\mathbf{e}_i. \tag{13.2}$$

Die Bahnkoordinate s wird ebenso wie die Zeit t als Parameter der Raumkurve bezeichnet.

Die **Geschwindigkeit** (= *velocity*) kennen wir von Bewegungen auf vorgegebenen Bahnen (Sportplatz, Autobahn, ...). Wir sind gewohnt, die durchlaufene Strecke durch die Zeit zu dividieren, die dafür gebraucht wurde, und erhalten dann die Geschwindigkeit im arithmetischen Mittel

$$v_m = \frac{\Delta s}{\Delta t}.$$

Für die exakte Beschreibung von Bewegungen brauchen wir jedoch die momentane **Bahngeschwindigkeit** (zum Zeitpunkt t). Wir definieren diese zu

$$\boxed{v(t) := \lim_{\Delta t \to 0} \frac{\Delta s}{\Delta t} = \frac{ds}{dt} = \dot{s}(t)} \qquad \text{mit} \quad \dot{[\,]} := \frac{d[\,]}{dt}. \tag{13.3}$$

Analog formulieren wir gemäß Abbildung 13.1 für die durch $\mathbf{r}(t)$ beschriebene räumliche Bewegung den **Geschwindigkeitsvektor** zu

$$\boxed{\mathbf{v}(t) \;=\; \lim_{\Delta t \to 0} \frac{\Delta \mathbf{r}}{\Delta t} \;=\; \frac{\mathrm{d}\mathbf{r}}{\mathrm{d}t} \;=\; \dot{\mathbf{r}}(t)}\,, \qquad [\,\mathbf{v}, v_i\,] \;=\; \frac{[\ell]}{[t]}\,. \qquad (13.4)$$

Damit gilt auch

$$\underline{\mathbf{v}}(t) \;=\; \begin{pmatrix} v_{\mathrm{x}}(t) \\ v_{\mathrm{y}}(t) \\ v_{\mathrm{z}}(t) \end{pmatrix} \;=\; \begin{pmatrix} \frac{\mathrm{d}x}{\mathrm{d}t} \\ \frac{\mathrm{d}y}{\mathrm{d}t} \\ \frac{\mathrm{d}z}{\mathrm{d}t} \end{pmatrix} \;=\; \begin{pmatrix} \dot{x}(t) \\ \dot{y}(t) \\ \dot{z}(t) \end{pmatrix} \qquad \text{bzw.} \quad v_i(t) \;=\; \frac{\mathrm{d}x_i}{\mathrm{d}t} \;=\; \dot{x}_i(t)\,.$$

Man beachte, dass v nicht den Betrag des Geschwindigkeitsvektors darstellt. Vielmehr ist

$$\|\mathbf{v}\| \;=\; |v|\,,$$

da v durchaus auch negativ sein kann.

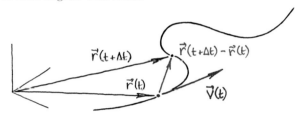

Abb. 13.1 Zum Geschwindigkeitsvektor

Wir bilden den Geschwindigkeitsvektor nun mit (13.2) und schreiben unter Beachtung der Kettenregel

$$\mathbf{v} \;=\; \frac{\mathrm{d}\mathbf{r}}{\mathrm{d}t} \;=\; \frac{\mathrm{d}}{\mathrm{d}t}\big[\mathbf{r}\big(s(t)\big)\big] \;=\; \frac{\mathrm{d}\mathbf{r}}{\mathrm{d}s}\frac{\mathrm{d}s}{\mathrm{d}t} \qquad \leadsto \qquad \boxed{\mathbf{v} \;=\; v\,\mathbf{e}_{\mathrm{t}}}\,. \qquad (13.5)$$

Dabei ist $\frac{\mathrm{d}\mathbf{r}}{\mathrm{d}s}$ der mit der Bahnkoordinate[1] gebildete **Tangenteneinheitsvektor**

$$\boxed{\mathbf{e}_{\mathrm{t}}(s) \;=\; \frac{\mathrm{d}\mathbf{r}}{\mathrm{d}s}} \qquad \text{bzw.} \qquad \mathbf{e}_{\mathrm{t}} \;=\; \frac{\mathrm{d}\mathbf{r}/\mathrm{d}t}{\mathrm{d}s/\mathrm{d}t} \;=\; \frac{\mathbf{v}}{v} \quad \text{für} \quad v \neq 0\,, \qquad (13.6)$$

denn $\mathbf{e}_{\mathrm{t}}$ ist wie $\mathbf{v}$ *tangential zur Raumkurve* orientiert, und zwar für $v > 0$ in Richtung von $\mathbf{v}$ und für $v < 0$ in die Gegenrichtung. Anders ausgedrückt: $\mathbf{e}_{\mathrm{t}}$ zeigt stets in Richtung steigender s-Werte. Man überzeugt sich außerdem leicht von

$$\|\mathbf{e}_{\mathrm{t}}\| \;=\; \left\|\frac{\mathrm{d}\mathbf{r}}{\mathrm{d}s}\right\| \;=\; \frac{1}{|\mathrm{d}s|}\,\|\mathrm{d}\mathbf{r}\| \;=\; 1\,. \qquad \text{(2. Normaxiom)}$$

Aus (13.6) erkennt man ferner den Zusammenhang $\mathrm{d}\mathbf{r} = \mathbf{e}_{\mathrm{t}}\,\mathrm{d}s$.

---

[1] Anders als in der Differentialgeometrie bedeutet s also *nicht* die (betragsweise definierte) Bogenlänge, sondern die orientierte, d. h. vorzeichenbehaftete Bogenlänge!

Der Betrag des Geschwindigkeitsvektors ist gleich dem Betrag der Bahngeschwindigkeit, denn aus (13.5) folgt sofort

$$\|\mathbf{v}\| \;=\; \| v\,\mathbf{e}_t \| \;=\; |v|\,\|\mathbf{e}_t\| \;=\; |v|\;. \hspace{3cm} \text{(2. Normaxiom)}$$

Er berechnet sich entsprechend der EUKLIDischen Vektornorm (1.10) zu

$$
\begin{aligned}
|v| \;=\; \|\mathbf{v}\| \;&=\; \sqrt{v_x^2 + v_y^2 + v_z^2} \;=\; \sqrt{v_j^2} \\
&=\; \sqrt{\dot{x}^2 + \dot{y}^2 + \dot{z}^2} \;=\; \sqrt{\dot{x}_j^2}\;.
\end{aligned}
\tag{13.7}
$$

Hinsichtlich Betrag und Richtung des Geschwindigkeitsvektors werden in der Technik häufig die folgenden Spezialfälle untersucht:

- Der Geschwindigkeitsvektor behält für die gesamte Bewegung seine Richtung bei ($\mathbf{e}_t \equiv \textbf{const}$) ⤳ *Bewegung auf einer Geraden.*

- Der Geschwindigkeitsvektor besitzt längs der Bahnkurve konstanten Betrag $\left(\|\mathbf{v}\| = |v| \equiv \text{const}\right)$ ⤳ *gleichförmige Bewegung.*

Umgekehrt lässt sich durch unbestimmte Integration aus (13.4) für gegebenen Geschwindigkeitsverlauf $\mathbf{v}(t)$ dann auch

$$\mathbf{r}(t) \;=\; \int \mathbf{v}(t)\,\mathrm{d}t \;+\; \mathbf{c}_\star \tag{13.8}$$

ermitteln. Die Bestimmung der Konstante $\mathbf{c}_\star$ erfordert aber zusätzlich die Kenntnis eines Punktes der Bahnkurve zu einem bestimmten Zeitpunkt. In aller Regel wird dieser für den Zeitpunkt t_0 gegeben, in dem die Bewegung startet. Wir erhalten $\mathbf{c}_\star$ dann aus der **Anfangsbedingung (AB)**

$$\mathbf{r}(t = t_0) \;=\; \mathbf{r}_0\;.$$

Das gleiche Ergebnis können wir auch durch bestimmte Integration entsprechend

$$\mathbf{r}(t) \;=\; \int\limits_{t_0}^{t} \mathbf{v}(t^\star)\,\mathrm{d}t^\star \;+\; \mathbf{r}_0 \hspace{2cm} \text{mit} \hspace{1cm} \mathbf{r}_0 := \mathbf{r}(t = t_0) \tag{13.8a}$$

erzeugen. Hier ist die Anfangsbedingung gewissermaßen schon „eingebaut". Für welche Vorgehensweise man sich im Einzelfall entscheidet, ergibt sich zumeist aus praktischen Erwägungen. Aus Gründen der Einfachheit wird man darüber hinaus die Zählung der Zeit nach Möglichkeit so festlegen, dass $t_0 = 0$ ist.

Während die Geschwindigkeit gewissermaßen die „Schnelligkeit" der Lageänderung beschreibt, so kann man sich auch eine entsprechende Größe hinsichtlich der Geschwindigkeitsänderung vorstellen. Diese heißt Beschleunigung (= *acceleration*), und wir definieren diesbezüglich den **Beschleunigungsvektor** zu

$$\boxed{\;\mathbf{a}(t) \;:=\; \lim_{\Delta t \to 0} \frac{\Delta \mathbf{v}}{\Delta t} \;=\; \frac{\mathrm{d}\mathbf{v}}{\mathrm{d}t} \;=\; \dot{\mathbf{v}}(t)\;}\;, \hspace{1cm} [\,\mathbf{a}, a_i\,] \;=\; \frac{[\ell]}{[t]^2}\;. \tag{13.9}$$

Unter Verwendung von (13.4) ergibt sich der Beschleunigungsvektor entsprechend

$$\mathbf{a}(t) \;=\; \frac{\mathrm{d}^2\mathbf{r}}{\mathrm{d}t^2} \;=\; \ddot{\mathbf{r}}(t)$$

als zweite Ableitung des Ortsvektors nach der Zeit. In Spalten- und Indexschreibweise finden wir dafür

$$\underline{a}(t) \;=\; \begin{pmatrix} a_{\mathrm{x}}(t) \\ a_{\mathrm{y}}(t) \\ a_{\mathrm{z}}(t) \end{pmatrix} \;=\; \begin{pmatrix} \frac{\mathrm{d}v_{\mathrm{x}}}{\mathrm{d}t} \\ \frac{\mathrm{d}v_{\mathrm{y}}}{\mathrm{d}t} \\ \frac{\mathrm{d}v_{\mathrm{z}}}{\mathrm{d}t} \end{pmatrix} \;=\; \begin{pmatrix} \dot{v}_{\mathrm{x}}(t) \\ \dot{v}_{\mathrm{y}}(t) \\ \dot{v}_{\mathrm{z}}(t) \end{pmatrix} \;=\; \begin{pmatrix} \frac{\mathrm{d}^2 x}{\mathrm{d}t^2} \\ \frac{\mathrm{d}^2 y}{\mathrm{d}t^2} \\ \frac{\mathrm{d}^2 z}{\mathrm{d}t^2} \end{pmatrix} \;=\; \begin{pmatrix} \ddot{x}(t) \\ \ddot{y}(t) \\ \ddot{z}(t) \end{pmatrix}$$

bzw.

$$a_i(t) \;=\; \frac{\mathrm{d}v_i}{\mathrm{d}t} \;=\; \dot{v}_i(t) \;=\; \frac{\mathrm{d}^2 v_i}{\mathrm{d}t^2} \;=\; \ddot{x}_i(t) \;.$$

Der Spezialfall $\mathbf{a} \equiv \mathbf{0}$ ist mit $\mathbf{v} \equiv \mathbf{const}$ (nach Betrag und Richtung) verbunden. Die Bewegung ist in einem solchen Fall gleichförmig *und* geradlinig!

Wie zuvor schon lässt sich die Rechnung auch in umgekehrter Richtung durchführen. Wir erhalten die Geschwindigkeit aus der Beschleunigung durch

$$\mathbf{v}(t) \;=\; \int \mathbf{a}(t)\,\mathrm{d}t \;+\; \mathbf{c}_{\star\star} \tag{13.10}$$

bzw. die Ortslage aus der Beschleunigung unter Verwendung von (13.8) gemäß

$$\mathbf{r}(t) \;=\; \int \left[\int \mathbf{a}(t)\,\mathrm{d}t \right] \mathrm{d}t \;+\; \mathbf{c}_{\star\star}\, t \;+\; \mathbf{c}_{\star} \;. \tag{13.11}$$

Zur Ermittlung der Integrationskonstanten sind wiederum geeignete Bedingungen erforderlich.

(13.11) ist Grundlage der **Trägheitsnavigation**. Gemessen werden dabei die bewegungsbedingten Trägheitskräfte einer bekannten Masse, welche sich mithilfe des NEWTONschen Grundgesetzes in Beschleunigungen umrechnen lassen (vgl. Abschnitt 14.1.1). Unter Vorgabe der Anfangsgeschwindigkeit $\mathbf{v}_0$ und des Anfangsortes $\mathbf{r}_0$ zu einem bestimmten Zeitpunkt t_0 lässt sich damit $\mathbf{r}(t)$ berechnen.

Anstelle von (13.10) kann natürlich wiederum die Integration gemäß

$$\mathbf{v}(t) \;=\; \int_{t_0}^{t} \mathbf{a}(t')\,\mathrm{d}t' \;+\; \mathbf{v}_0 \qquad \text{mit} \qquad \mathbf{v}_0 := \mathbf{v}(t = t_0) \tag{13.10\,a}$$

bestimmt erfolgen. Bei Mehrfach-Integrationen erhält man jedoch, wie man an

$$\mathbf{r}(t) \;=\; \int_{t_0}^{t} \left[\int_{t_0}^{t^{\star}} \mathbf{a}(t')\,\mathrm{d}t' \right] \mathrm{d}t^{\star} \;+\; \mathbf{v}_0\,(t - t_0) \;+\; \mathbf{r}_0 \tag{13.11\,a}$$

sieht, eine etwas „sperrige" Darstellung.

Beispiel 13.1   Freier Fall (reibungsfrei)

Es sei das x, y, z-System so im Raum orientiert, dass die z-Achse vertikal nach „oben", also entgegen der Schwerkraft ausgerichtet ist. Für einen im freien Fall befindlichen Massenpunktes lautet der Beschleunigungsvektor

$$\mathbf{a}(t) \equiv -g\,\mathbf{e}_z \qquad \text{bzw.} \qquad \underline{a}(t) \equiv \begin{pmatrix} 0 \\ 0 \\ -g \end{pmatrix} \qquad \text{mit} \quad g = 9{,}81\,\tfrac{m}{s^2}\,,$$

sofern wir jegliche Reibungseinflüsse vernachlässigen. Wir schreiben dafür in der Praxis meist die Komponentengleichungen

$$a_x(t) \equiv 0\,, \qquad a_y(t) \equiv 0\,, \qquad a_z(t) \equiv -g\,.$$

Die Integration nach (13.10) liefert

$$v_x(t) \equiv c_1\,, \qquad v_y(t) \equiv c_2\,, \qquad v_z(t) = -g\,t + c_3$$

und weiterhin nach (13.8)

$$x(t) = c_1\,t + c_4\,, \qquad y(t) = c_2\,t + c_5\,, \qquad z(t) = -\frac{g}{2}\,t^2 + c_3\,t + c_6\,.$$

Zur Berechnung der sechs Integrationskonstanten verwenden wir die **AB**en des freien Falles

$$x(t=0) \;=\; x_0\,, \quad y(t=0) \;=\; y_0\,, \quad z(t=0) \;=\; z_0\,,$$
$$v_x(t=0) \;=\; 0\,, \quad v_y(t=0) \;=\; 0\,, \quad v_z(t=0) \;=\; 0\,,$$

wobei wir – wie üblich beim freien Fall – davon ausgehen, dass dieser aus dem Zustand der Ruhe heraus startet (d.h. durch „Loslassen"). Die Berechnung der Integrationskonstanten erfolgt nun entsprechend

$$v_x(t=0) = c_1 = 0\,, \qquad\qquad x(t=0) = c_1 \cdot 0 + c_4 = x_0$$
$$\rightsquigarrow \quad c_1 = 0\,, \qquad\qquad\qquad\quad c_4 = x_0$$

$$v_y(t=0) = c_2 = 0\,, \qquad\qquad y(t=0) = c_2 \cdot 0 + c_5 = y_0$$
$$\rightsquigarrow \quad c_2 = 0\,, \qquad\qquad\qquad\quad c_5 = y_0$$

$$v_z(t=0) = -g \cdot 0 + c_3 = 0\,, \qquad z(t=0) = -\frac{g}{2}\,0^2 + c_3 \cdot 0 + c_6 = z_0$$
$$\rightsquigarrow \quad c_3 = 0\,, \qquad\qquad\qquad\quad c_6 = z_0$$

und die Lösung lautet

$$v_x(t) \equiv \quad 0\,, \qquad x(t) \equiv \qquad\quad x_0\,,$$
$$v_y(t) \equiv \quad 0\,, \qquad y(t) \equiv \qquad\quad y_0\,,$$
$$v_z(t) = -g\,t\,, \qquad z(t) = -\frac{g}{2}\,t^2 + z_0\,.$$

Wir können die formale Gestalt dieses Ergebnisses noch vereinfachen, indem wir den Koordinatenursprung in den Startpunkt legen. Dann verschwinden x_0, y_0 und z_0, und man beschränkt sich für gewöhnlich darauf, die Gleichungen für $v_z(t)$ und $z(t)$ anzugeben.

Das hier vorliegende Problem des freien Falls gehört mit $\mathbf{a}(t) \equiv \mathbf{const}$ einem in der Technik häufig anzutreffenden Standardfall an, für den nach (13.10 a) und (13.11 a) sofort

$$
\left.
\begin{aligned}
\mathbf{v}(t) &= \mathbf{a}_0\,(t - t_0) \;+\; \mathbf{v}_0 \\[2mm]
\mathbf{r}(t) &= \frac{\mathbf{a}_0}{2}\,(t - t_0)^2 \;+\; \mathbf{v}_0\,(t - t_0) \;+\; \mathbf{r}_0
\end{aligned}
\right\}
\quad \text{für } \mathbf{a}(t) \equiv \mathbf{a}_0 = \mathbf{const}
\qquad (13.12)
$$

folgt. Einsetzen des Beschleunigungsvektors und der obigen **AB**en (hier mit $t_0 = 0$) liefert die Lösung auf direktem Wege, die hier mit

$$
\underline{v}(t) = \begin{pmatrix} 0 \\ 0 \\ -g \end{pmatrix} t\,, \qquad \underline{r}(t) = \begin{pmatrix} 0 \\ 0 \\ -g \end{pmatrix} \frac{t^2}{2} + \begin{pmatrix} x_0 \\ y_0 \\ z_0 \end{pmatrix}
$$

gewissermaßen „sofort hingeschrieben" werden kann.

$\blacksquare$

Wir wollen uns noch einmal mit dem Beschleunigungsvektor befassen. Wir bilden ihn nun unter Verwendung des Geschwindigkeitsvektors nach (13.5). Im Gegensatz zu den raumfesten Basisvektoren $\mathbf{e}_x$, $\mathbf{e}_y$, $\mathbf{e}_z$ ist der Tangenteneinheitsvektor nicht fest. Er ändert seine Richtung vielmehr im Allgemeinen von Punkt zu Punkt der Raumkurve. Wir müssen somit wegen $\mathbf{v}(t) = v(t)\,\mathbf{e}_t(s(t))$ Produkt- und Kettenregel anwenden und erhalten

$$
\mathbf{a} = \frac{d\mathbf{v}}{dt} = \frac{d}{dt}\left[v(t)\,\mathbf{e}_t\big(s(t)\big)\right] = \frac{dv}{dt}\,\mathbf{e}_t + v\,\frac{d\mathbf{e}_t}{ds}\frac{ds}{dt} = \frac{dv}{dt}\,\mathbf{e}_t + v^2\,\frac{d\mathbf{e}_t}{ds}\,,
$$

wobei von $\frac{ds}{dt} = v$ Gebrauch gemacht wurde.

Wir erkennen zunächst in dv/dt die mit der Bahngeschwindigkeit gebildete Beschleunigung. Stellt man sich die vorgegebene Raumkurve der Bewegung $\mathbf{r}(t)$ als kurvenreiche Straße in hügeliger Landschaft vor, die wir mit dem Auto oder Motorrad befahren, so wird sofort klar, dass es sich bei dv/dt um gerade das handelt, was wir durch „Gas" und Bremse bewirken. Wir nennen diese Beschleunigung tangential zur Bahnkurve die **Bahnbeschleunigung**.

Mit der **Tangential-** oder **Bahnbeschleunigung**

$$
\boxed{a_t := \frac{dv}{dt} = \frac{d^2 s}{dt^2}}
\qquad (13.13)
$$

erhalten wir das vorläufige Ergebnis

$$
\mathbf{a} = a_t\,\mathbf{e}_t \;+\; v^2\,\frac{d\mathbf{e}_t}{ds}\,.
$$

Die Frage ist nun, was wir uns unter $\mathrm{d}\mathbf{e}_t/\mathrm{d}s$ vorzustellen haben. Die alltägliche Erfahrung lehrt, dass es im Auto außer der Bahnbeschleunigung, die einen wahlweise in den Sitz oder in den Gurt drückt, noch weitere Beschleunigungseffekte gibt – vorzugsweise in Seitenrichtung. Der Volksmund spricht von „Fliehkräften". Das scheint etwas mit $\mathrm{d}\mathbf{e}_t/\mathrm{d}s$ zu tun zu haben.

Eine erste Vorstellung über die Richtung des Vektors $\mathrm{d}\mathbf{e}_t/\mathrm{d}s$ gewinnen wir auf mathematisch-formale Weise, indem wir das Skalarprodukt

$$\mathbf{e}_t \cdot \frac{\mathrm{d}\mathbf{e}_t}{\mathrm{d}s}$$

bilden. Allein vom Anblick erinnert dieses an die Produktregel. Denn es ist

$$\frac{\mathrm{d}}{\mathrm{d}s}\big[\mathbf{e}_t \cdot \mathbf{e}_t\big] \;=\; \mathbf{e}_t \cdot \frac{\mathrm{d}\mathbf{e}_t}{\mathrm{d}s} + \frac{\mathrm{d}\mathbf{e}_t}{\mathrm{d}s} \cdot \mathbf{e}_t \;=\; 2\,\mathbf{e}_t \cdot \frac{\mathrm{d}\mathbf{e}_t}{\mathrm{d}s}$$

$$\frac{1}{2}\frac{\mathrm{d}}{\mathrm{d}s}\big[1\big] \;=\; \mathbf{e}_t \cdot \frac{\mathrm{d}\mathbf{e}_t}{\mathrm{d}s}\,,$$

und da die Ableitung der „Konstant"-Funktion $\mathbf{e}_t(s) \cdot \mathbf{e}_t(s) \equiv 1$ identisch verschwindet, gilt schließlich

$$\mathbf{e}_t \cdot \frac{\mathrm{d}\mathbf{e}_t}{\mathrm{d}s} \;\equiv\; 0 \qquad \Longleftrightarrow \qquad \boxed{\frac{\mathrm{d}\mathbf{e}_t}{\mathrm{d}s} \perp \mathbf{e}_t}^{\,2}$$

längs der gesamten Raumkurve. Der Vektor $\mathrm{d}\mathbf{e}_t/\mathrm{d}s$ ist also grundsätzlich orthogonal zur Tangentenrichtung orientiert. Damit steht dessen Richtung aber noch immer nicht fest, und über den Betrag wissen wir auch noch nichts. Für weitere Erkenntnis machen wir einen Ausflug in die Differentialgeometrie, wo wir die Bekanntschaft der sogenannten **Schmiegebene** (kommt von „anschmiegen") machen. Um dieses nicht gerade leicht verständliche Gebilde zu verinnerlichen, beschränken wir unsere Betrachtung vorübergehend auf ebene Kurven.

Zunächst sei die Bewegung eines Punktes X in der Ebene E betrachtet, welche wir der Einfachheit halber parallel zur x, y-Ebene festlegen, vgl. Abbildung 13.2. Eine (komplett in E liegende) Bahnkurve, die der Punkt X dabei durchläuft, wird daher als „ebene" Kurve bezeichnet. Es liegen dann auch alle Tangenten der Kurve und folglich der Tangenteneinheitsvektor $\mathbf{e}_t$ für jeden Kurvenpunkt in E.

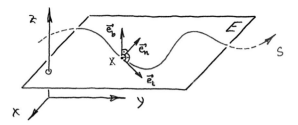

Abb. 13.2 Ebene Kurve

Wir bringen im Punkt X zwei weitere auf Einheitslänge normierte Vektoren an: Der **Hauptnormalenvektor** $\mathbf{e}_n$ liege ebenfalls in E und sei orthogonal zu $\mathbf{e}_t$

---

[2] Damit gilt im Übrigen auch $\mathrm{d}\mathbf{e}_t \perp \mathbf{e}_t$ für die gesamte Raumkurve.

orientiert. Da dies allein noch nicht eindeutig ist, vereinbaren wir, dass der Hauptnormalenvektor in Richtung des lokalen Krümmungsmittelpunktes[3] zeigen soll.
Der dritte Einheitsvektor wird durch

$$\mathbf{e}_b := \mathbf{e}_t \times \mathbf{e}_n \tag{13.14}$$

im Sinne eines Rechtssystemes definiert. Man bezeichnet ihn als **Binormalenvektor**, da er auf den beiden[4] anderen normal (orthogonal) steht. Für den hier
betrachteten Spezialfall einer ebenen Kurve repräsentiert er folglich in jedem Kurvenpunkt die Normalenrichtung der Ebene E. Der Richtungssinn von $\mathbf{e}_b$ hängt
dagegen noch vom Krümmungsverhalten der Kurve ab, so dass längs jeder ebenen, nicht geradlinigen Kurve zumindest stückweise $\mathbf{e}_b \equiv$ **const** gilt.[5]

Aufgrund von (13.5) ist unmittelbar klar, dass der Geschwindigkeitsvektor keine
Komponente in Normalen- und Binormalenrichtung, d. h. orthogonal zu sich selber
aufmachen kann. Der Versuch, eine solche Komponente insbesondere in Binormalenrichtung aufzustellen, zeigt erwartungsgemäß

$$v_b(t) := \mathbf{v}(t) \cdot \mathbf{e}_b \equiv 0 \qquad \text{wegen} \quad \mathbf{v} \perp \mathbf{e}_b \quad \text{längs der gesamten Kurve,}$$

denn eine ebene Kurve kann nun mal nicht aus ihrer Ebene heraustreten. Folglich kann in Binormalenrichtung auch keine Beschleunigungskomponente wirksam
werden. Wir machen uns das durch

$$a_b(t) := \mathbf{a}(t) \cdot \mathbf{e}_b = \frac{d\mathbf{v}}{dt} \cdot \mathbf{e}_b = \frac{d}{dt}\left[\mathbf{v}(t) \cdot \mathbf{c}_b\right] = \frac{dv_b}{dt} = 0$$

klar. Die Gleichheit = ist durch die oben genannte Eigenschaft $\mathbf{e}_b \equiv$ **const** ebener
Kurven bedingt.

Wir betrachten in E nun den Punkt X und seine um ds auf der Kurve verschobene
Nachbarlage. Der Tangenteneinheitsvektor ändert sich dabei in der gezeigten Weise
um d$\mathbf{e}_t$:

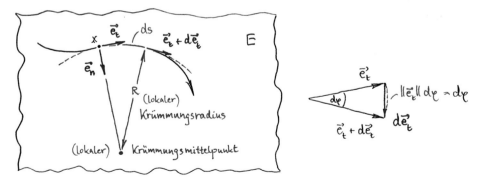

Abb. 13.3 Umgebung des Punktes X in der Ebene E

<hr />

[3] Es sei hier vorausgesetzt, dass ein solcher für den betrachteten Kurvenpunkt existiert.
[4] Die lat. Vorsilbe *bi* steht für „beide".
[5] Die Einschränkungen „nicht geradlinig" und „stückweise" hängen mit dem Auftreten von
Wendepunkten zusammen.

Für den Betrag von $\mathrm{d}\mathbf{e}_t$ liefert uns die Geometrie (siehe Nebenzeichnung)

$$\|\mathrm{d}\mathbf{e}_t\| = \|\mathbf{e}_t\| \, \mathrm{d}\varphi = \mathrm{d}\varphi \,.$$

Und hinsichtlich der Richtung von $\mathrm{d}\mathbf{e}_t$, welcher wie $\mathbf{e}_t$ in E liegt, hatten wir uns bereits von $\mathrm{d}\mathbf{e}_t \perp \mathbf{e}_t$ überzeugt. Andererseits liegt auch $\mathbf{e}_n \perp \mathbf{e}_t$ in E, und da $\mathbf{e}_n$ (definitionshalber) auf den Krümmungsmittelpunkt gerichtet ist, finden wir

$$\mathrm{d}\mathbf{e}_t = \|\mathrm{d}\mathbf{e}_t\| \, \mathbf{e}_n = \mathrm{d}\varphi \, \mathbf{e}_n \,.$$

Unter Verwendung des (lokalen) Krümmungsradius R sowie der geometrischen Beziehung

$$\mathrm{d}s = R \, \mathrm{d}\varphi \qquad \text{bzw.} \qquad \frac{\mathrm{d}\varphi}{\mathrm{d}s} = \frac{1}{R} =: \kappa \quad \text{(Krümmung)}$$

ergibt sich

$$\frac{\mathrm{d}\mathbf{e}_t}{\mathrm{d}s} = \frac{\mathrm{d}\varphi}{\mathrm{d}s} \, \mathbf{e}_n = \frac{1}{R} \, \mathbf{e}_n = \kappa \, \mathbf{e}_n \qquad \text{bzw.} \qquad \left\| \frac{\mathrm{d}\mathbf{e}_t}{\mathrm{d}s} \right\| = \frac{1}{R} = \kappa$$

und damit schließlich der **Hauptnormalenvektor** zu

$$\boxed{\mathbf{e}_n(s) = R \, \frac{\mathrm{d}\mathbf{e}_t}{\mathrm{d}s} = R \, \frac{\mathrm{d}^2\mathbf{r}}{\mathrm{d}s^2} = \frac{1}{\kappa} \, \frac{\mathrm{d}^2\mathbf{r}}{\mathrm{d}s^2} = \frac{\mathrm{d}^2\mathbf{r}/\mathrm{d}s^2}{\|\mathrm{d}^2\mathbf{r}/\mathrm{d}s^2\|}} \,. \qquad (13.15)$$

Dieses Ergebnis gilt – obwohl wir unsere Betrachtungen zunächst auf ebene Kurven eingeschränkt hatten – auch für allgemeine, räumliche Kurven! Die diesbezügliche Erweiterung der Gültigkeit erfolgt einfach dadurch, dass wir E nunmehr als lokale Ebene auffassen, als sogenannte **Schmiegebene**, welche von der (räumlichen) Bahnkurve im Punkt X tangiert wird derart, dass das X umgebende infinitesimale Bogenstück der Kurve in der Schmiegebene liegt. Für eine dreidimensional verlaufende Raumkurve ändert die Schmiegebene, die von $\mathbf{e}_t$ und $\mathbf{e}_n$ aufgespannt wird, im Allgemeinen ihre Raumorientierung von Kurvenpunkt zu Kurvenpunkt. Eine ebene Kurve ist dagegen als spezielle Raumkurve zu verstehen, bei der die Schmiegebene für jeden Kurvenpunkt dieselbe ist.

Es gibt aber noch eine andere Möglichkeit, die Schmiegebene zu definieren: Ausgehend vom Kurvenpunkt X mit der Bahnkoordinate s betrachten wir zwei weitere Kurvenpunkte. Den einen bei der Koordinate $s + \Delta s$, den anderen bei $s - \Delta s$. Diese drei Punkte definieren – sofern sie nicht alle drei auf einer Geraden liegen – eindeutig eine Ebene im Raum. Im Grenzübergang $\Delta s \to 0$ geht die so definierte Ebene in die Schmiegebene über. Diese Definition versagt aber, wenn sich die Lage der drei Punkte im Grenzübergang als kollinear ergibt. Man hat es dann mit einem **Wendepunkt** zu tun, und es existiert dort weder die Schmiegebene noch der Hauptnormalen- und Binormalenvektor. Weiterhin folgt dort

$$R \to \infty \qquad \text{und} \qquad \kappa \to 0 \,.$$

Damit ist auch klar, warum bei ebenen Kurven die Aussage $e_b \equiv$ **const** nur stück-weise gilt. Denn in einem Wendepunkt ändern sowohl e_n als auch e_b ihre jeweilige Richtung unstetig in die Gegenrichtung.

Eine durch $\mathbf{r}(s) = \mathbf{c}\,s - \mathbf{r}_0$ mit $\mathbf{c} = $ **const** $\neq \mathbf{0}$ gegebene **Gerade** können wir aufgrund des Vorangegangenen als eine Raumkurve interpretieren, die gewissermaßen ausschließ-lich aus „Wendepunkten" besteht. Auf einer Geraden ist daher nur der Tangentenein-heitsvektor eindeutig definiert. Hier ist $e_t = \mathbf{r}' = \mathbf{c}$. Dagegen sind e_n und infolgedessen auch die Schmiegebene sowie e_b wegen $\mathbf{r}'' \equiv \mathbf{0}$ bzw. $\|\mathbf{r}''\| \equiv 0$ in keinem Punkt definiert.

Der Tangenteneinheitsvektor sowie der Hauptnormalen- und Binormalenvektor werden in der Differentialgeometrie zum **begleitenden Dreibein**

$$e_t = \frac{d\mathbf{r}}{ds} = \mathbf{r}' \qquad (13.6)$$

$$e_n = \frac{d^2\mathbf{r}/ds^2}{\|d^2\mathbf{r}/ds^2\|} = \frac{\mathbf{r}''}{\|\mathbf{r}''\|} \qquad (13.15) \qquad \text{mit} \quad [\ ]' := \frac{d[\ ]}{ds}$$

$$e_b = e_t \times e_n \qquad (13.14)$$

zusammengefasst. Die nachfolgende Abbildung 13.4 versucht, eine räumliche Vor-stellung von einer allgemeinen Bahnkurve, vom begleitenden Dreibein sowie den Projektionsebenen, insbesondere der Schmiegebene, zu vermitteln:

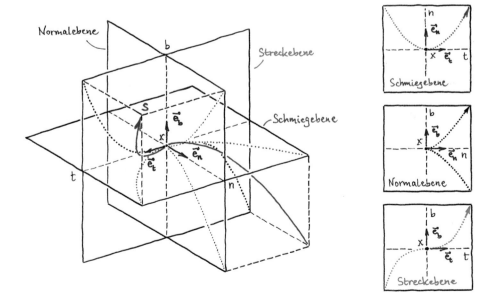

Abb. 13.4 Räumliche Kurve und begleitendes Dreibein (nach [10], Bild 2.5)

Für eine räumliche Bahnkurve ist das *begleitende Dreibein* also eine Art „lokale Orthonormalbasis". Denn es ändert – ebenso wie die drei Projektionsebenen – seine Orientierung im Allgemeinen von Punkt zu Punkt. Ferner bezeichnet man das durch $\mathbf{e}_t$, $\mathbf{e}_n$, $\mathbf{e}_b$ aufgespannte Koordinatensystem auch als das **natürliche Koordinatensystem**.

Mit $\frac{d\mathbf{e}_t}{ds} = \frac{1}{R}\mathbf{e}_n$ erhalten wir schließlich den Beschleunigungsvektor

$$\mathbf{a} = \frac{dv}{dt}\mathbf{e}_t + \frac{v^2}{R}\mathbf{e}_n \tag{13.16}$$

als Komponentendarstellung im natürlichen Koordinatensystem.

Definieren wir zusätzlich zu (13.13) noch die **Normal-** oder **Zentripetalbeschleunigung**

$$a_n := \frac{v^2}{R}, \tag{13.17}$$

so können wir für (13.16) kurz

$$\mathbf{a} = a_t\,\mathbf{e}_t + a_n\,\mathbf{e}_n \qquad \text{mit} \qquad \|\mathbf{a}\| = \sqrt{a_t^2 + a_n^2} \tag{13.16a}$$

schreiben. Es sei hier nochmals betont, dass auch im Falle einer allgemeinen, räumlichen Kurve keine Beschleunigungskomponente in Binormalenrichtung existiert!

Wir stellen uns nun wieder eine kurvenreiche Straße in hügeliger Landschaft vor: Dabei erfahren wir v^2/R als die krümmungsrelevante Beschleunigung, wobei „krümmungsrelevant" im Sinne einer Raumkurve zu verstehen ist. Unter „Kurve" versteht der motorisierte Verkehrsteilnehmer dagegen die Krümmung derjenigen (ebenen) Kurve, die sich durch Projektion der Raumkurve auf die Horizontalebene ergibt. Diese Projektion entspricht einer kartographischen Abbildung der Straße.

Betrachten wir also zunächst den Sonderfall einer Kurvenfahrt auf horizonaler Ebene. Die Zentripetalbeschleunigung v^2/R sorgt hier dafür, dass wir auf der Straße bleiben (anstatt aus der Kurve zu fliegen). Als Mitfahrender empfindet man aber die der Zentripetalbeschleunigung entgegengerichtete Zentrifugalkraft. Wir werden diese in Abschnitt 14.1.1 als sogenannte Scheinkraft kennenlernen.

Als zweiten Sonderfall untersuchen wir nun die Fahrt auf einer „geraden" Straße. Darunter verstehen wir eine solche, die auf der Landkarte als Gerade erscheint. Krümmungen können dann nur noch in Gestalt von Bodenwellen auftreten. Bei Talfahrt drückt es einen in den Sitz, beim Überfahren von Bodenwellen ist es bei hinreicher Bahngeschwindigkeit möglich, dass das Fahrzeug von der Straße abhebt. Hierzu muss im Scheitelpunkt die Bedingung $v^2/R = g = 9{,}81\,\frac{m}{s^2}$ erfüllt sein. Als Mitfahrender würde man das als Schwerelosigkeit empfinden. Von der experimentellen Prüfung dieses Sachverhalts sei hier allerdings abgeraten.

Die vorangegangenen Ausführungen hinsichtlich der Bewegung eines Punktes längs einer räumlichen Bahnkurve haben ihre besonderen Vorteile im Maschinenbau, sofern die Bahnkurve durch $\mathbf{r}(s)$ konstruktiv vorgegeben ist. Wir sind dann in der Lage, beliebige Bewegungen auf der Bahn zu untersuchen. Insbesondere sind

Rückwärtsbewegungen ($v < 0$) und Stillstand ($v = 0$) zugelassen, was bei der Bewegung von Maschinenteilen ja ständig der Fall ist.

Sinnvollerweise werden wir von der durch $\mathbf{r}(s)$ gegebenen Kurve verlangen, dass sie überall stetig ist. Es dürfen also keine Sprünge auftreten. Weiterhin soll sie zweimal stetig diffenzierbar sein fast überall. Die Einschränkung „fast überall" bedeutet überall mit endlich vielen Ausnahmen. In der Praxis heißt das „bis auf einige (wenige) Punkte". Stellen, an den $\mathbf{r}'$ und folglich eine Tangente nicht existiert, erscheinen uns als *Knickpunkte*. Die Bahngeschwindigkeit muss beim Durchlaufen eines solchen Punktes auf null zurückgehen – auch aus dynamischen Gründen, die noch zu besprechen sind. Das trifft im Übrigen auch auf den Endpunkt einer Bahn zu. Nach Erreichen desselben ist im weiteren Zeitverlauf nur Stillstand oder Rückbewegung möglich.

Die im Maschinenbau mit Abstand am häufigsten vorkommende Bahnkurve, die Gerade, besitzt zwar die mathematisch unschöne Eigenschaft $\mathbf{r}'' \equiv 0$, nach der das begleitende Dreibein bis auf den Tangenteneinheitsvektor nicht existiert. Jedoch stört uns das nicht, da die Bewegung auf einer Geraden ohnehin nur Bahnbeschleunigungen zulässt.

Im folgenden Abschnitt werden wir etwas über Umparametrisierungen erfahren, welche erforderlich werden, wenn uns die räumliche Bahnkurve nicht in der Form $\mathbf{r}(s)$ gegeben ist.

13.1.1   Parametertransformation

Bisher sind wir davon ausgegangen, dass die räumliche Bahnkurve in der Form $\mathbf{r}(s)$ gegeben ist. Ist dies nicht der Fall, d.h. steht anstelle der Bahnkoordinate s irgendein Parameter s^*, der im Spezialfall auch die Zeit bedeuten kann, wird eine Umparametrisierung erforderlich. Die diesbezügliche Parametertransformation muss gewisse Eigenschaften besitzen, die wir hier besprechen wollen.

Es sei eine räumliche Bahnkurve nicht durch $\mathbf{r}(s)$ angegeben, sondern durch eine *regulär parametrisierte Kurve*[6]

$$\mathbf{r} = \mathbf{r}(s^*) \qquad \left(\mathbf{r}' \neq \mathbf{0} \text{ überall (Regularitätsbedingung)}\right)$$

mit einem anderen Parameter s^*. Zur Berechnung des begleitenden Dreibeins wird dann eine (reguläre) **Parametertransformation**

$$\chi : \begin{cases} [s_0^*, s_1^*] \;\rightarrow\; [s_0, s_1] \\[2mm] \quad s^* \;\mapsto\; s(s^*) \end{cases} \tag{13.18}$$

erforderlich. Von der Abbildung χ verlangt man, daß sie bijektiv und dreimal stetig differenzierbar sei und außerdem *orientierungserhaltend* mit

$$\chi' = \frac{\mathrm{d}s}{\mathrm{d}s^*} > 0 \,. \qquad \left(< 0 \text{ wäre } \textit{orientierungsumkehrend}\right) \tag{13.18a}$$

---

[6] Vgl. hierzu [10], Abschnitt 2A oder [20], Abschnitt 1.1.

Demnach ist $s(s^*)$ umkehrbar zu $s^*(s)$ sowie monoton wachsend. Wir können das gegebene $\mathbf{r}(s^*)$ nun als $\mathbf{r}(s^*(s))$ auffassen und den Tangenteneinheitsvektor gemäß

$$\mathbf{e}_\mathrm{t}(s) \;=\; \frac{\mathrm{d}\mathbf{r}}{\mathrm{d}s} \;=\; \frac{\mathrm{d}\mathbf{r}}{\mathrm{d}s^*} \frac{\mathrm{d}s^*}{\mathrm{d}s} \tag{13.19}$$

unter Berücksichtigung der Kettenregel berechnen. Zur Ermittlung des Hauptnormalenvektors bilden wir

$$\frac{\mathrm{d}^2\mathbf{r}}{\mathrm{d}s^2} \;=\; \frac{\mathrm{d}}{\mathrm{d}s}\left[\frac{\mathrm{d}\mathbf{r}}{\mathrm{d}s}\right] \;=\; \frac{\mathrm{d}\mathbf{e}_\mathrm{t}}{\mathrm{d}s}\,, \tag{13.20}$$

was dann in (13.15) einzusetzen ist. Man erhält die benötigte Ableitung $\mathrm{d}s^*/\mathrm{d}s$ mit $\|\mathbf{e}_\mathrm{t}\| \equiv 1$ aus (13.19) zu

$$\left.\frac{\mathrm{d}s^*}{\mathrm{d}s}\right|_{s^*(s)} \;=\; \frac{1}{\left.\dfrac{\mathrm{d}s}{\mathrm{d}s^*}\right|_{s(s^*)}} \;=\; \frac{1}{\left\|\dfrac{\mathrm{d}\mathbf{r}}{\mathrm{d}s^*}\right\|} \;>\; 0\,. \tag{13.21}$$

Spezialfall: $s^* \equiv t$

Für den Fall, dass man den Parameter s^* als Zeit interpretiert, folgt aus der nun

$$\frac{\mathrm{d}s}{\mathrm{d}t} > 0$$

lautenden Monotoniebedingung (13.18 a) unmittelbar, dass die Bewegung eines Punktes auf der Kurve monoton vorangehen muss. Die Irreversibilität des Zeitverlaufs ($\mathrm{d}t > 0$) sorgt dann dafür, dass Rückwärtsbewegung und Stillstand von der Betrachtung ausgeschlossen sind. Damit folgt auch

$$\mathrm{d}s \;=\; |\mathrm{d}s| \;>\; 0\,,$$

und es wird klar, warum der Parameter s in der Differentialgeometrie als **Bogenlänge** aufgefasst wird (anstelle einer orientierten Bahnkoordinate). Infolgedessen findet man dort auch die Bahngeschwindigkeit als Betragsgröße

$$v \;=\; \|\mathbf{v}\| \;=\; \sqrt{v_\mathrm{x}^2 + v_\mathrm{y}^2 + v_\mathrm{z}^2} \;>\; 0\,.$$

Es ist für unsere Zwecke nicht vorteilhaft, den Parameter s^* mit der Zeit zu identifizieren. Denn dann müssen wir (aufgrund der im Maschinenwesen zahlreich auftretenden Ereignisse wie Bewegungsumkehr oder Anhalten) reale Bewegungsabläufe auf Abschnitten monotoner Bewegung stückweise „abarbeiten".

In der Differentialgeometrie wird gezeigt, dass es zu jeder regulär parametrisierten Kurve $\mathbf{r}(s^*)$ eine Umparametrisierung nach der Bogenlänge gibt.[7] Diese Bogenlänge $s \geqslant 0$ ist lediglich ein Abstandsmaß. Vom Ingenieurstandpunkt ist es aber wesentlich vorteilhafter, wenn wir den Parameter s auch weiterhin als orientierte Bahnkoordinate auffassen. Aufgrund von Bewegungsumkehr oder Stillstand

---

[7] Vgl. [20], Satz 1.3.

ist dann die Abbildung

$$[t_0, t_1] \; \rightarrow \; [s_0, s_1] \,, \qquad t \; \mapsto \; s(t) \,,$$

für die wir kurz $s(t)$ schreiben, im Allgemeinen keine bijektive Abbildung und damit auch keine reguläre Parametertransformation mehr. Das ist für uns aber weitgehend ohne Belang, da wir die (im Allgemeinen nicht existierende) Umkehrabbildung $t(s)$ ohnehin nicht benötigen.

In der Differentialgeometrie identifiziert man eine *reguläre Kurve*, die dort ja nur als geometrisches Objekt und nicht als Bahnkurve verstanden wird, mit der Äquivalenzklasse aller sie beschreibenden *regulären Parametrisierungen*. Es kann dann jede Parametrisierung in jede andere umparametrisiert werden. Daher die Forderung der Bijektivität für eine *reguläre Parametertransformation*. Da $s(t)$ nach unserer Betrachtungsweise im Allgemeinen keine solche mehr ist, stellt damit auch $\mathbf{r}(t)$ keine reguläre Parametrisierung dar (im Gegensatz zu $\mathbf{r}(s)$, sofern wir Punkte mit $\mathbf{r}' = \mathbf{0}$ ausschließen). Vielmehr beinhaltet $\mathbf{r}(t)$ kinematische Informationen, die über die geometrischen Eigenschaften der zugehörigen Raumkurve hinausgehen.

Beispiel 13.2   Ebene Bewegung auf geschlossener Kreisbahn

Zur Beschreibung der Bewegung eines Punktes auf geschlossener Kreisbahn mit Radius r bietet sich entsprechend

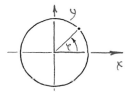

der im Mittelpunkt des Kreises angetragene Winkel φ an, den wir im mathematisch positiven Sinn zählen wollen. Wir identifizieren diesen naheliegenderweise mit dem Kurvenparameter s^* und schreiben

$$s^* \equiv \varphi \,.$$

Der Geometrie entnehmen wir

$$x(\varphi) \; = \; r \cos\varphi \,, \qquad y(\varphi) \; = \; r \sin\varphi$$

und formulieren die Kurvenparametrisierung zu

$$\mathbf{r}(\varphi) \; = \; r \left(\cos\varphi \, \mathbf{e}_\mathrm{x} + \sin\varphi \, \mathbf{e}_\mathrm{y} \right) . \tag{1}$$

Bei der Gelegenheit bilden wir auch gleich die Ableitungen

$$\frac{\mathrm{d}\mathbf{r}}{\mathrm{d}\varphi} \; = \; r \left(-\sin\varphi \, \mathbf{e}_\mathrm{x} + \cos\varphi \, \mathbf{e}_\mathrm{y} \right) , \tag{2}$$

$$\frac{\mathrm{d}^2\mathbf{r}}{\mathrm{d}\varphi^2} \; = \; r \left(-\cos\varphi \, \mathbf{e}_\mathrm{x} - \sin\varphi \, \mathbf{e}_\mathrm{y} \right) . \tag{3}$$

Wir berechnen ferner

$$\left\| \frac{\mathrm{d}\mathbf{r}}{\mathrm{d}\varphi} \right\| = r \sqrt{\left(-\sin\varphi\right)^2 + \left(\cos\varphi\right)^2} \equiv r$$

und stellen fest, dass $\|\mathrm{d}\mathbf{r}/\mathrm{d}\varphi\|$ außer am Einheitskreis ($r = 1$) im Allgemeinen nicht $\equiv 1$ ist. Denn anderenfalls könnten wir uns die Parametertransformation wegen $\varphi \equiv s$ sparen. Also bemühen wir (13.21) und erhalten

$$\left.\frac{\mathrm{d}\varphi}{\mathrm{d}s}\right|_{\varphi(s)} = \frac{1}{\|\mathrm{d}\mathbf{r}/\mathrm{d}\varphi\|} \equiv \frac{1}{r} \tag{4}$$

und weiterhin nach Integration unter Festlegung von $s(\varphi = 0) = 0$ gemäß

$$\int_0^{\varphi(s)} \mathrm{d}\overline{\varphi} = \int_0^s \frac{\mathrm{d}\varphi}{\mathrm{d}\overline{s}} \, \mathrm{d}\overline{s} = \frac{1}{r} \int_0^s \mathrm{d}\overline{s}$$

schließlich

$$\boxed{\varphi(s) = \frac{s}{r}} \qquad \text{bzw.} \qquad \boxed{s(\varphi) = r\,\varphi}. \tag{5a,b}$$

Das sind die altbekannten Formeln für den Zusammenhang zwischen Umfangskoordinate und Winkel am Kreisbogen. Ableiten nach der Zeit von (5b) liefert die *Bahngeschwindigkeit*

$$v(t) = \frac{\mathrm{d}s}{\mathrm{d}t} = r\,\frac{\mathrm{d}\varphi}{\mathrm{d}t} = \dot{\varphi}(t)\,r\,, \qquad \boxed{v(t) = \omega(t)\,r}\,, \tag{6}$$

und weiteres Ableiten die *Bahnbeschleunigung* (Tangentialbeschleunigung)

$$a_{\mathrm{t}}(t) = \frac{\mathrm{d}v}{\mathrm{d}t} = \frac{\mathrm{d}^2 s}{\mathrm{d}t^2} = r\,\frac{\mathrm{d}^2\varphi}{\mathrm{d}t^2} = \ddot{\varphi}(t)\,r\,, \qquad \boxed{a_{\mathrm{t}}(t) = \dot{\omega}(t)\,r}\,. \tag{7}$$

Dabei wurde bereits von der **Winkelgeschwindigkeit** ω Gebrauch gemacht, deren Definition wir bei dieser Gelegenheit durch

$$\boxed{\omega(t) := \lim_{\Delta t \to 0} \frac{\Delta\varphi}{\Delta t} = \frac{\mathrm{d}\varphi}{\mathrm{d}t} = \dot{\varphi}(t)}\,, \qquad [\omega] = \frac{1}{[t]} \tag{13.22}$$

vornehmen. Zur Berechnung der Zentripetalbeschleunigung benötigen wir noch den lokalen Krümmungsradius. Bei der Bewegung auf einem Kreisbogen ist der trivialerweise für alle Kurvenpunkte gleich, nämlich

$$R(s) \equiv r\,, \tag{8}$$

wovon wir uns unten noch einmal formell überzeugen werden. Man erhält mit (8) die *Zentripetalbeschleunigung* (Normalbeschleunigung) zu

$$a_\mathrm{n}(t) \;=\; \frac{v^2(t)}{R(s(t))} \;=\; \frac{v^2(t)}{r} \;, \qquad \boxed{a_\mathrm{n}(t) \;=\; \omega^2(t)\, r} \;. \tag{9}$$

Wir berechnen nun das begleitende Dreibein. Zunächst folgt aus (13.19) mit (2), (4) und (5a) für den *Tangenteneinheitsvektor*

$$\begin{aligned}
\mathbf{e}_\mathrm{t}(s) \;=\; \frac{\mathrm{d}\mathbf{r}}{\mathrm{d}\varphi}\frac{\mathrm{d}\varphi}{\mathrm{d}s} \;&=\; -\sin[\varphi(s)]\,\mathbf{e}_\mathrm{x} \;+\; \cos[\varphi(s)]\,\mathbf{e}_\mathrm{y} \\
&=\; -\sin[s/r]\;\mathbf{e}_\mathrm{x} \;+\; \cos[s/r]\;\mathbf{e}_\mathrm{y}
\end{aligned} \tag{10}$$

sowie zur Ermittlung des Hauptnormalenvektors nach (13.20)

$$\frac{\mathrm{d}^2\mathbf{r}}{\mathrm{d}s^2} \;=\; \frac{\mathrm{d}\mathbf{e}_\mathrm{t}}{\mathrm{d}s} \;=\; \tfrac{1}{r}\left(-\cos[s/r]\,\mathbf{e}_\mathrm{y} \;-\; \sin[s/r]\,\mathbf{e}_\mathrm{x}\right), \tag{11a}$$

$$\left\|\frac{\mathrm{d}^2\mathbf{r}}{\mathrm{d}s^2}\right\| \;=\; \left\|\frac{\mathrm{d}\mathbf{e}_\mathrm{t}}{\mathrm{d}s}\right\| \;\equiv\; \frac{1}{r} \;. \tag{11b}$$

Nach (13.15) berechnen wir schließlich den *Hauptnormalenvektor* zu

$$\mathbf{e}_\mathrm{n}(s) \;=\; -\cos[s/r]\,\mathbf{e}_\mathrm{x} \;-\; \sin[s/r]\,\mathbf{e}_\mathrm{y} \;. \tag{12}$$

Der *Binormalenvektor* lautet dann

$$\mathbf{e}_\mathrm{b}(s) \;=\; \mathbf{e}_\mathrm{t}(s) \times \mathbf{e}_\mathrm{n}(s) \;\equiv\; \mathbf{e}_\mathrm{z} \;. \tag{13}$$

Erwartungsgemäß für eine Kurve in der x, y-Ebene zeigt der Binormalenvektor längs der gesamten Kurve in z-Richtung. Dass es sich dabei um die positive z-Richtung handelt, war ebenfalls zu erwarten durch die Antragung des Winkels φ im mathematisch positiven Sinn. Der Mittelpunkt des Kreises erscheint dann beim Durchlaufen der Bahn im positiven Sinn ($v > 0$) stets auf der linken Seite.

Wird eine ebene Kurve aus mehreren Kreisbogenstücken $\mathcal{B}_\mathrm{I}, \mathcal{B}_\mathrm{II}, \ldots$ zusammengesetzt, so sind die dann bereichsweise erfolgenden Winkelzählungen $\varphi_\mathrm{I}, \varphi_\mathrm{II}, \ldots$ im mathematisch positiven (negativen) Sinne anzutragen, wenn der jeweilige Mittelpunkt für positives Durchlaufen der Kurve links (rechts) erscheint. Denn anders ist die kontinuierliche Zählung der Bahnkoordinate s über die Bereichsgrenzen hinweg nicht möglich.

Abschließend wollen wir noch den Krümmungsverlauf untersuchen. Mit (11b) finden wir

$$\kappa(s) \;=\; \frac{1}{R(s)} \;=\; \left\|\frac{\mathrm{d}\mathbf{e}_\mathrm{t}}{\mathrm{d}s}\right\| \;\equiv\; \frac{1}{r} \;. \tag{14}$$

Es ist also tatsächlich $R(s) \equiv r$.

■

Beispiel 13.3   Räumliche Bewegung auf einer Schraubenlinie

Die Bewegung eines Punktes auf einer Schraubenlinie lässt sich als Überlagerung einer Kreisbewegung in der x-y-Ebene (unter Verwendung des Winkels φ) sowie einer bezüglich φ linearen Bewegung längs der z-Achse erzeugen:

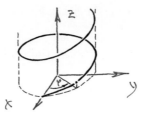

Die Kurvenparametrisierung setzen wir daher mit

$$\mathbf{r}(\varphi) \;=\; r\left(\cos\varphi\,\mathbf{e}_\mathrm{x} + \sin\varphi\,\mathbf{e}_\mathrm{y}\right) + c\,\varphi\,\mathbf{e}_\mathrm{z} \tag{1}$$

an. Dabei bezeichnet r den Radius der „Schraube". Als Ganghöhe oder Steigung wird dagegen derjenige Weg auf der Schraubenachse (hier: z-Achse) verstanden, welcher sich einstellt, wenn φ um den Betrag 2π verändert wird, was gerade einer Umdrehung entspricht. Demzufolge beträgt die Ganghöhe $c\,2\pi$. Wir bestimmen diese durch Festlegung der Konstante c, wobei $c > 0$ ($c < 0$) gemäß der zweiten Rechte-Hand-Regel *rechtsgängig* (*linksgängig*) bedeutet.

Die Vorgehensweise ist hier dieselbe wie im Beispiel 13.2. Wir bilden zunächst die Ableitungen

$$\frac{\mathrm{d}\mathbf{r}}{\mathrm{d}\varphi} \;=\; r\left(-\sin\varphi\,\mathbf{e}_\mathrm{x} + \cos\varphi\,\mathbf{e}_\mathrm{y}\right) + c\,\mathbf{e}_\mathrm{z}\,, \tag{2}$$

$$\frac{\mathrm{d}^2\mathbf{r}}{\mathrm{d}\varphi^2} \;=\; r\left(-\cos\varphi\,\mathbf{e}_\mathrm{x} - \sin\varphi\,\mathbf{e}_\mathrm{y}\right) \tag{3}$$

und

$$\left\|\frac{\mathrm{d}\mathbf{r}}{\mathrm{d}\varphi}\right\| \;=\; \sqrt{\left(-r\sin\varphi\right)^2 + \left(r\cos\varphi\right)^2 + c^2} \;\equiv\; \sqrt{r^2 + c^2}\,.$$

Nach (13.21) erhalten wir

$$\frac{\mathrm{d}\varphi}{\mathrm{d}s}\bigg|_{\varphi(s)} \;=\; \frac{1}{\|\mathrm{d}\mathbf{r}/\mathrm{d}\varphi\|} \;\equiv\; \frac{1}{\sqrt{r^2 + c^2}} \tag{4}$$

sowie nach Integration unter Festlegung von $s(\varphi = 0) = 0$ gemäß

$$\int_0^{\varphi(s)} \mathrm{d}\overline{\varphi} \;=\; \int_0^s \frac{\mathrm{d}\varphi}{\mathrm{d}\overline{s}}\,\mathrm{d}\overline{s} \;=\; \frac{1}{\sqrt{r^2 + c^2}} \int_0^s \mathrm{d}\overline{s}$$

schließlich

$$\varphi(s) \;=\; \frac{s}{\sqrt{r^2 + c^2}} \qquad\text{bzw.}\qquad s(\varphi) \;=\; \varphi\,\sqrt{r^2 + c^2}\;. \tag{5a,b}$$

Ableiten nach der Zeit von (5b) liefert die *Bahngeschwindigkeit*

$$v(t) \;=\; \frac{\mathrm{d}s}{\mathrm{d}t} \;=\; \frac{\mathrm{d}\varphi}{\mathrm{d}t}\,\sqrt{r^2 + c^2} \;=\; \omega(t)\,\sqrt{r^2 + c^2}\;, \tag{6}$$

und weiteres Ableiten die *Bahnbeschleunigung* (Tangentialbeschleunigung)

$$a_{\mathrm{t}}(t) \;=\; \frac{\mathrm{d}v}{\mathrm{d}t} \;=\; \frac{\mathrm{d}^2 s}{\mathrm{d}t^2} \;=\; \frac{\mathrm{d}^2\varphi}{\mathrm{d}t^2}\,\sqrt{r^2 + c^2} \;=\; \dot{\omega}(t)\,\sqrt{r^2 + c^2}\;. \tag{7}$$

Der lokale Krümmungsradius lautet hier

$$R(s) \;\equiv\; \frac{r^2 + c^2}{r}\;. \qquad\qquad \big(\text{vgl. (14)}\big) \tag{8}$$

Wir berechnen damit die *Zentripetalbeschleunigung* (Normalbeschleunigung) zu

$$a_{\mathrm{n}}(t) \;=\; \frac{v^2(t)}{R(s(t))} \;=\; \frac{r\,v^2(t)}{r^2 + c^2} \;=\; \omega^2(t)\,r\;. \tag{9}$$

Es folgt das begleitende Dreibein: Mit (13.19) mit (2), (4) und (5a) ergibt sich für den *Tangenteneinheitsvektor*

$$\mathbf{e}_{\mathrm{t}}(s) \;=\; \frac{\mathrm{d}\mathbf{r}}{\mathrm{d}\varphi}\,\frac{\mathrm{d}\varphi}{\mathrm{d}s} \tag{10}$$

$$= \; \frac{1}{\sqrt{r^2+c^2}}\Big(-\; r\,\sin[\varphi(s)]\;\;\mathbf{e}_{\mathrm{x}} \;+\; r\,\cos[\varphi(s)]\;\;\mathbf{e}_{\mathrm{y}} \;+\; c\,\mathbf{e}_{\mathrm{z}}\Big)$$

$$= \; \frac{1}{\sqrt{r^2+c^2}}\Big(-r\,\sin\Big[\tfrac{s}{\sqrt{r^2+c^2}}\Big]\,\mathbf{e}_{\mathrm{x}} \;+\; r\,\cos\Big[\tfrac{s}{\sqrt{r^2+c^2}}\Big]\,\mathbf{e}_{\mathrm{y}} \;+\; c\,\mathbf{e}_{\mathrm{z}}\Big)\;.$$

Zur Ermittlung des Hauptnormalenvektors verwenden wir wiederum (13.20):

$$\frac{\mathrm{d}^2\mathbf{r}}{\mathrm{d}s^2} \;=\; \frac{\mathrm{d}\mathbf{e}_{\mathrm{t}}}{\mathrm{d}s} \;=\; \frac{r}{r^2 + c^2}\Big(-\cos\Big[\tfrac{s}{\sqrt{r^2+c^2}}\Big]\,\mathbf{e}_{\mathrm{y}} \;-\; \sin\Big[\tfrac{s}{\sqrt{r^2+c^2}}\Big]\,\mathbf{e}_{\mathrm{x}}\Big)\;, \tag{11a}$$

$$\left\|\frac{\mathrm{d}^2\mathbf{r}}{\mathrm{d}s^2}\right\| \;=\; \left\|\frac{\mathrm{d}\mathbf{e}_{\mathrm{t}}}{\mathrm{d}s}\right\| \;\equiv\; \frac{r}{r^2 + c^2}\;. \tag{11b}$$

Nach (13.15) erhalten wir schließlich den *Hauptnormalenvektor* zu

$$\mathbf{e}_{\mathrm{n}}(s) \;=\; -\cos\Big[\tfrac{s}{\sqrt{r^2+c^2}}\Big]\,\mathbf{e}_{\mathrm{x}} \;-\; \sin\Big[\tfrac{s}{\sqrt{r^2+c^2}}\Big]\,\mathbf{e}_{\mathrm{y}}\;, \tag{12}$$

und der *Binormalenvektor* lautet

$$\mathbf{e}_b(s) \;=\; \mathbf{e}_t(s) \times \mathbf{e}_n(s)$$

$$= \; \frac{1}{\sqrt{r^2 + c^2}} \left(c\,\sin\!\left[\tfrac{s}{\sqrt{r^2+c^2}}\right] \mathbf{e}_x \;-\; c\,\cos\!\left[\tfrac{s}{\sqrt{r^2+c^2}}\right] \mathbf{e}_y \;+\; r\,\mathbf{e}_z \right). \tag{13}$$

Weiterhin ergibt sich der Krümmungsverlauf mit (11b) zu

$$\kappa(s) \;=\; \frac{1}{R(s)} \;=\; \left\| \frac{d\mathbf{e}_t}{ds} \right\| \;\equiv\; \frac{r}{r^2 + c^2}\,, \tag{14}$$

welchem wir den oben bereits verwendeten lokalen Krümmungsradius

$$R(s) \;\equiv\; \frac{r^2 + c^2}{r} \tag{8}$$

entnehmen.

Man beachte, dass für den (im Sinne einer Schraubenlinie unsinnigen) Spezialfall $c = 0$ sämtliche Gleichungen in die des Beispiels 13.2 übergehen! ∎

13.1.2   Bewegung unter vorgegebener Beschleunigung

Bisher sind wir bei unseren Betrachtungen bisher immer davon ausgegangen, dass die kinematischen Informationen, also die den Bewegungsablauf beschreibenden Vektoren mit $\mathbf{r}(t)$, $\mathbf{v}(t)$, $\mathbf{a}(t)$ als Funktionen der Zeit entweder vorgegeben sind oder ermittelt werden sollen. Dabei war aber nicht die Rede davon, welche Funktion nun vorgegeben ist und welche beiden anderen per Differentiation oder Integration zu ermitteln sind. Man kann ohne Weiteres jede dieser Größen in jede andere umrechnen, sieht man von den zur Ermittlung der Integrationskonstanten erforderlichen **AB**en einmal ab.

Daran ändert sich auch nichts, wenn wir mit $\mathbf{r}(s)$ die geometrische Gestalt der Kurve vorgeben. Denn eine derart *geführte Bewegung* besitzt immerhin noch einen Freiheitsgrad, so dass an die Stelle der o.g. Vektoren die skalaren Größen $s(t)$, $v(t)$ und $a_t(t)$ treten.

Dass wir aber in aller Regel kinematische Berechnungen auf Basis gegebener Beschleunigung durchführen, ist kein Zufall. Das 2. NEWTONsche Axiom wird uns in Abschnitt 14.1.1 verraten, warum.

Bewegungsabläufe unter vorgegebener Beschleunigung kommen in der Technik so oft vor, dass man von einem Standardfall reden kann. Dabei sind zwei Fälle zu unterscheiden: Handelt es sich um eine *freie Bewegung*, so bedeutet dies die Existenz eines gegebenen **Beschleunigungsfeldes**[8] $\mathbf{a} = \mathbf{a}(x, y, z)$ oder kürzer $\mathbf{a} = \mathbf{a}(\mathbf{r})$. Es müssen dann sämtliche Bewegungen in diesem Beschleunigungsfeld der vektoriellen **Bewegungsdifferentialgleichung**

$$\ddot{\mathbf{r}}(t) \;=\; \mathbf{a}\big(\mathbf{r}(t)\big) \qquad \text{bzw.} \qquad \boxed{\ddot{\mathbf{r}} \;-\; \mathbf{a}(\mathbf{r}) \;=\; 0} \tag{13.23}$$

genügen.

---

[8] Wir beschränken uns hier der Einfachheit halber auf **stationäre Beschleunigungsfelder**, dagegen dürfen Beschleunigungsfelder i.A. noch explizit von der Zeit abhängen, d.h. $\mathbf{a} = \mathbf{a}(\mathbf{r}, t)$.

Der einfachste und bei Weitem häufigste Fall besteht im **Erdbeschleunigungs-feld** mit

$$\mathbf{a}(\mathbf{r}) \equiv \mathbf{g} ,$$

wobei $\mathbf{g}$ der Vektor der Erdbeschleunigung ist. Diesen setzen wir – wie bei früheren Gelegenheiten auch schon – meist in der Form $\mathbf{g} = -g\,\mathbf{e}_z$ an, welche z als nach „oben" orientierte Vertikalkoordinate voraussetzt. Unabhängig von dieser Festlegung lautet die vektorielle Bewegungsdifferentialgleichung (13.23) jetzt aber

$$\ddot{\mathbf{r}}(t) \equiv \mathbf{g} . \tag{13.24}$$

Sie kann unter Verwendung der **AB**en

$$\mathbf{r}(t = t_0) = \mathbf{r}_0 , \qquad \dot{\mathbf{r}}(t = t_0) = \mathbf{v}_0$$

unmittelbar integriert werden zu

$$\mathbf{r}(t) = \frac{\mathbf{g}}{2}\,(t - t_0)^2 + \mathbf{v}_0\,(t - t_0) + \mathbf{r}_0 . \tag{13.24a}$$

Diese Lösung haben wir bereits in Beispiel 13.1 hergeleitet (vgl. (13.12)). Es ging da um den freien Fall. Wir stellen bei dieser Gelegenheit fest: Alle freien Bewegungen im Erdschwerefeld gehorchen (13.24). Die gängigen Aufgabenstellungen wie „**freier Fall**", „**horizonaler Wurf**" und „**schiefer Wurf**" unterscheiden sich allein durch die **AB**en!

Häufig ist es bei derartigen Aufgabenstellungen so, dass die **AB**en nicht vollständig bekannt sind. Dafür sind aber Bedingungen bezüglich eines „Zielortes" gegeben. Da man in aller Regel nicht den Zeitpunkt kennt, an welchem der Zielort erreicht wird, muss man diesen Zeitpunkt formal durch $t = t_1$ ansetzen. In der Praxis wird zumeist $t_0 = 0$ gesetzt, und statt t_1 ist vielfach auch T in Gebrauch.

Beispiel 13.4 Schiefer Wurf (reibungsfrei)

Die Kanone, welche wir der Einfachheit halber im Koordinatenursprung platzieren, soll den Punkt Z treffen:

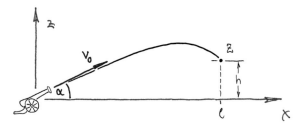

Die Koordinaten des Punktes Z seien durch ℓ und h vorgegeben. Gefragt ist die Anfangsgeschwindigkeit v_0 für gegebene Erhöhung α. Außerdem interessiert uns die Mindesterhöhung $\alpha_{\min}$, um den Punkt Z überhaupt treffen zu können.

Da wir Reibungsfreiheit voraussetzen, gilt

$$\ddot{\mathbf{r}}(t) \equiv \mathbf{g} , \tag{13.24}$$

und wir legen die x-Achse so, dass das Problem in der x, z-Ebene behandelt werden kann. In der Praxis schreiben wir (13.24) komponentenweise aus und erhalten durch unbestimmte Integration:

$$\ddot{x}(t) \; \equiv \; 0 \, , \qquad\qquad \ddot{z}(t) \; \equiv \; -g \, ,$$

$$\dot{x}(t) \; \equiv \; c_1 \, , \qquad\qquad \dot{z}(t) \; = \; -g\,t \;\; + \; c_2 \, ,$$

$$x(t) \; = \; c_1\,t \, + \, c_3 \, , \qquad z(t) \; = \; -\frac{g}{2}\,t^2 \; + \; c_2\,t \, + \, c_4 \, .$$

Wir setzen den Zeitpunkt des Abfeuerns mit $t = 0$ fest. Die **AB**en lauten dann

$$x(t = 0) \; = \; 0 \, , \qquad\qquad z(t = 0) \; = \; 0 \, ,$$

$$\dot{x}(t = 0) \; = \; v_0 \, \cos\alpha \, , \qquad\qquad \dot{z}(t = 0) \; = \; v_0 \, \sin\alpha \, .$$

Aus den **AB**en folgt unmittelbar

$$c_1 \; = \; v_0 \, \cos\alpha \, , \quad c_2 \; = \; v_0 \, \sin\alpha \, , \quad c_3 \; = \; c_4 \; = \; 0 \, ,$$

so dass die Flugbahn (abgesehen davon, dass v_0 unbekannt ist) durch

$$\boxed{ x(t) \; = \; v_0 \, \cos[\alpha]\,t \, , \quad z(t) \; = \; -\frac{g}{2}\,t^2 \; + \; v_0 \, \sin[\alpha]\,t } \tag{1}$$

gegeben ist. Zur Ermittlung des unbekannten v_0 sind indes weitere Bedingungen erforderlich, die man gewissermaßen als „Endbedingungen" oder „Zielbedingungen" bezeichnen könnte. Der Treffer erfolgt aber zu einem Zeitpunkt, der ebenfalls nicht bekannt ist. Wir setzen ihn zu $t = T$. Damit sind zwei dieser Bedingungen erforderlich, um die Unbekannten v_0 und T zu bestimmen. Sie lauten:

$$x(t = T) \; = \; \ell \quad \text{und} \quad z(t = T) \; = \; h \, .$$

Eingesetzt in (1) erhalten wir

$$v_0 \, \cos[\alpha]\,T \; = \; \ell \, ,$$

$$-\frac{g}{2}\,T^2 \; + \; v_0 \, \sin[\alpha]\,T \; = \; h \, .$$

Da T nicht gefragt ist, eliminieren wir diese Unbekannte, indem wir die erste Gleichung nach T auflösen und in die zweite einsetzen. Das Ergebnis lautet

$$v_0 \; = \; \frac{\ell}{\cos\alpha} \, \sqrt{\frac{1}{2}\,\frac{g}{\ell\tan\alpha - h}} \, . \tag{2}$$

Reelle Lösungen für v_0 erhalten wir für $\tan\alpha > h/\ell$. Damit ergibt sich

$$\alpha_{\min} \; = \; \arctan\big[h/\ell\big]$$

erwartungsgemäß als Geländewinkel, und für $\alpha \to \alpha_{\min}$ folgt $v_0 \to \infty$.

■

Wir wollen nun noch auf die Situation bei *geführten Bewegungen* eingehen, wobei die Führung als raumfest[9] vorausgesetzt wird. Da die geometrische Gestalt der Raumkurve durch $\mathbf{r}(s)$ also gewissermaßen „fest installiert" ist, kann lediglich die *Bahnbeschleunigung* vorgegeben werden.

Erfolgt die Vorgabe der **Bahnbeschleunigung als Funktion der Bahnkoordinate**, also in der Form $a_t = a_t(s)$, so liegt hier die Bewegungsdifferentialgleichung

$$\ddot{s}(t) = a_t\big(s(t)\big) \qquad \text{bzw.} \qquad \boxed{\ddot{s} - a_t(s) = 0} \tag{13.25}$$

vor. Für diese sucht man in den meisten Fällen eine Lösung in Gestalt von $s(t)$. Es gibt aber auch kinematische Aufgabenstellungen, für die eine Lösung der Form $v(s)$ praktischer ist (vgl. Beispiel 13.5). In einem solchen Fall können wir anstelle von (13.25) wegen $\ddot{s} = \dot{v} = \frac{dv}{dt}$ auch

$$\frac{dv}{dt} = a_t(s) \qquad \text{bzw.} \qquad v\,dv = a_t(s)\,v\,dt$$

schreiben, wobei hier gleich mit v erweitert wurde. Und mit $v\,dt = ds$ lässt sich das sofort integrieren:

$$\int\limits_{v_0}^{v(s)} v^\star\,dv^\star = \int\limits_{s_0}^{s} a_t(s^\star)\,ds^\star \qquad \text{mit} \qquad v_0 := v(s = s_0)\,.$$

Wir erhalten also

$$\tfrac{1}{2}\big[v^2(s) - v_0^2\big] = \int\limits_{s_0}^{s} a_t(s^\star)\,ds^\star\,. \tag{13.26}$$

Hinsichtlich einer durch $a_t(s)$ vorgegebenen Bahnbeschleunigung kommen folgende Fälle in der Technik häufig vor:

- **Gleichförmige Bewegung mit $a_t(s) \equiv 0$**

  Da dann auch $a_t(t) \equiv 0$ ist, können wir

  $$(13.25) \quad \leadsto \quad v(t) \equiv v_0\,, \quad s(t) = v_0\,(t - t_0) + s_0\,,$$

  $$(13.26) \quad \leadsto \quad v(s) \equiv v_0$$

  sofort hinschreiben.

- **Gleichförmige Beschleunigung mit $a_t(s) \equiv a_0 \neq 0$**

  Auch hier folgt unmittelbar $a_t(t) \equiv a_0$, und es ist

  $$(13.25) \quad \leadsto \quad v(t) = a_0\,(t - t_0) + v_0\,,$$

  $$s(t) = \tfrac{1}{2} a_0\,(t - t_0)^2 + v_0\,(t - t_0) + s_0\,,$$

  $$(13.26) \quad \leadsto \quad \tfrac{1}{2}\big[v^2(s) - v_0^2\big] = a_0\,(s - s_0) \tag{13.26a}$$

---

[9] Andere Fälle sind im Rahmen der Relativkinematik zu untersuchen, vgl. Abschnitt 13.2.2.

- **Raumkurve unter Erdbeschleunigung mit a(r) ≡ g**

Die Bahnbeschleunigung ergibt sich in jedem Punkt der Raumkurve dann als diejenige Komponente von **g**, welche man durch Projektion auf die Bahntangente erhält. Der Projektionseigenschaft des Skalarproduktes zufolge gilt

$$a_t(s) = \mathbf{g} \cdot \mathbf{e}_t(s) \,. \tag{13.27}$$

Die (gegebene) Raumkurve $\mathbf{r}(s)$ verläuft dann für wachsende s-Werte gemäß

$$\mathbf{g} \cdot \mathbf{e}_t(s) \quad \begin{cases} > 0 & \text{„abwärts"} \\[2mm] = 0 & \text{„waagerecht"} \\[2mm] < 0 & \text{„aufwärts" .} \end{cases}$$

Ein solches Problem wird je nach Aufgabenstellung entweder mithilfe der Bewegungsdifferentialgleichung

$$\ddot{s} - \mathbf{g} \cdot \mathbf{e}_t(s) = 0$$

oder entsprechend (13.26) durch

$$\tfrac{1}{2}\big[v^2(s) - v_0^2\big] = \int_{s_0}^{s} \mathbf{g} \cdot \mathbf{e}_t(s^\star)\, \mathrm{d}s^\star \tag{13.26 b}$$

zu behandeln sein.

Es gibt nun noch den Fall, dass die **Bahnbeschleunigung als Funktion der Bahngeschwindigkeit**[10] gegeben ist, d.h. $a_t = a_t(v)$. Mit $v = \dot{s}$ lautet die Bewegungsdifferentialgleichung nun

$$\ddot{s}(t) = a_t\big(\dot{s}(t)\big) \qquad \text{bzw.} \qquad \boxed{\ddot{s} - a_t(\dot{s}) = 0}\,. \tag{13.28}$$

Da die gesuchte Funktion $s(t)$ nur in der ersten und zweiten Ableitung auftaucht, ist es sinnvoll, die Ordnung einer solchen Differentialgleichung durch Substitution zu reduzieren. Und wegen $\dot{s} = v$ brauchen wir noch nicht einmal nach einem neuen Symbol zu suchen. Wir finden

$$\dot{v} = \frac{\mathrm{d}v}{\mathrm{d}t} = a_t(v)\,,$$

und nach Trennung der Variablen lässt sich dieses zu

$$\int_{v_0}^{v(t)} \frac{\mathrm{d}v^\star}{a_t(v^\star)} = \int_{t_0}^{t} \mathrm{d}t^\star = t - t_0 \qquad \text{mit} \qquad v_0 := v(t = t_0) \tag{13.28 a}$$

integrieren.

---

[10] Häufig kann der Einfluss der Luftreibung als $\ddot{s} \sim \dot{s}$ angesetzt werden.

Beispiel 13.5   Bremsweg eines Fahrzeugs

Ein Autofahrer fährt mit der Geschwindigkeit $v_0 = 50\,\text{km/h} \approx 13{,}9$ m/s durch die Stadt. Als unerwartet Kinder über die Straße laufen, leitet er an der Stelle $s = s_0$ die Vollbremsung mit $a_t(s) \equiv a_0 = -6\,\text{m/s}^2$ ein, so dass er schließlich an der Stelle $s = s_0 + \Delta s$ zum Stehen kommt. Wir wollen den Bremsweg Δs berechnen.

Einsetzen von $s = s_0 + \Delta s$ in (13.26 a) liefert

$$\tfrac{1}{2}\big[0 - v_0^2\big] \; = \; a_0\,\big((s_0 + \Delta s) - s_0\big) \; = \; a_0\,\Delta s\,,$$

womit wir den gesuchten Bremsweg zu

$$\Delta s \; = \; -\frac{v_0^2}{2\,a_0} \; = \; 16\,\text{m}$$

erhalten. Beträgt die Geschwindigkeit dagegen $v_0 = 70\,\text{km/h} \approx 19{,}4$ m/s, führt dies mit $\Delta s = 31{,}5$ m nahezu zu einer Verdopplung des Bremsweges!

∎

Beispiel 13.6   Pendelbahn

Die Modellvorstellung eines *mathematischen Pendels* beinhaltet eine Punktmasse, welche an einem (masselosen) Faden der Länge r aufgehängt ist. Die Pendelbewegung selbst erfolgt reibungsfrei. Es ist aber letztlich gleichgültig, ob eine solche Kreisbewegung im Erdschwerefeld mit einem Faden konstanter Länge realisiert wird, oder ob diese durch irgendeine andere (reibungsfreie) Art von *Führung* erzwungen wird. Wir wollen das offen lassen und lediglich die Kreisbahn als solche vorgeben. Zu diesem Zweck greifen wir mit

$$\mathbf{r}(s) \; = \; r\,\big(\,\cos[s/r]\,\mathbf{e}_x \; + \; \sin[s/r]\,\mathbf{e}_y\,\big)$$

auf die Darstellung der Kreisbahn nach Beispiel 13.2 zurück. Wir drehen jedoch die dort gezeigte Darstellung (einschließlich Koordinatensystem) um 90° im Uhrzeigersinn, denn damit entspricht $s = 0$ bzw. $\varphi = 0$ der Ruhelage der Pendelmasse. Die x-Achse zeigt jetzt senkrecht nach unten und repräsentiert die Richtung der Schwerkraft, so dass wir den Vektor der Erdbeschleunigung hier mit

$$\mathbf{g} \; = \; g\,\mathbf{e}_x$$

notieren müssen. Den Tangenteneinheitsvektor der Kreisbahn liefert uns (10) aus Beispiel 13.2 zu

$$\mathbf{e}_t(s) \; = \; -\sin[s/r]\,\mathbf{e}_x \; + \; \cos[s/r]\,\mathbf{e}_y\,.$$

Nach (13.27) erhalten wir nun die Bahnbeschleunigung

$$a_t(s) \; = \; \mathbf{g}\cdot\mathbf{e}_t(s) \; = \; -g\,\sin[s/r]\,,$$

und die Bewegungsdifferentialgleichung (13.25) nimmt hier die Form

$$\ddot{s} + g \, \sin[s/r] = 0$$

an. Man kann diese Bewegungsdifferentialgleichung natürlich auch für den Pendelausschlag φ formulieren, was allgemein üblich ist. Dazu machen wir dazu Gebrauch von

$$s = r \, \varphi \qquad \text{bzw.} \qquad \ddot{s} = r \, \ddot{\varphi}$$

gemäß (5 b) aus Beispiel 13.2 und erhalten schließlich

$$\boxed{\ddot{\varphi} + \frac{g}{r} \, \sin \varphi = 0} \, .$$

Wir werden diese Differentialgleichung im Beispiel 14.1, wo wir das mathematische Pendel behandeln, noch einmal auf andere Weise herleiten.

∎

13.2   Kinematik starrer Körper

Bisher haben wir mit unserer Punktbetrachtung nur kinematische „Einzelschicksale" untersucht. Der Übergang zum Körper erfolgt erwartungsgemäß dadurch, dass wir den Körper als zusammenhängende Menge von materiellen Punkten auffassen, wie wir es bereits in den kontinuumstheoretischen Untersuchungen des Kapitels 9 getan haben. In der Vorbemerkung dazu hatten wir schon erfahren, dass der allgemeine Begriff der *Deformation* aus der Überlagerung von *Starrkörperbewegung* und *Verzerrung* verstanden wird. Während wir Erstere dort ausgeschlossen hatten, ist die Situation jetzt genau umgekehrt: Wir untersuchen nun nur die Bewegungen **starrer Körper**, ohne dass dabei Verzerrungen zugelassen sind. Formal gesehen bedeutet „starr", dass der Abstand zwischen zwei beliebigen Körperpunkten im Verlauf der Körperbewegung konstant bleibt. Damit vereinfacht sich die Beschreibung von Körperbewegungen erheblich.

Im Rahmen der Theoretischen Physik wird der Starrkörper häufig als kinematische „Einzelerscheinung" untersucht. Wir sind als Ingenieure jedoch gewohnt, bewegte (oder auch nicht bewegte) Maschinenteile zu Körpern mit gewissen Eigenschaften zu abstrahieren, welche so gut wie immer als Teil eines Körpersystems aufgefasst werden. Ein solches System besteht dann unter Umständen aus einer sehr großen Zahl weiterer Körper, und wir haben im Abschnitt 3.3 gesehen, dass die Eigenschaften eines Systems von Starrkörpern wesentlich durch Art und Anzahl der *Starrkörperverbindungen* mitgestaltet werden.

Die Kinematik von Körpersystemen ist Hauptbestandteil der **Getriebelehre**[11]. Dort wird sie auch mit hohem Aufwand behandelt. Entsprechend umfangreiche Werke sind darüber erschienen (vgl. z.B. [17]), und jeder Ingenieurstudent muss da durch – mehr oder weniger. Wir werden deswegen an dieser Stelle darauf verzichten, all das zu erörtern, was in der Vorlesung „Getriebetechnik" garantiert wieder behandelt wird. Insofern wird man in diesem Abschnitt die Erklärung gängiger Begriffe, wie Gangpolbahn, Rastpolbahn oder Hodographenkurve vermissen. Stattdessen soll hier das theoretische Verständnis von Dingen bereitet werden, die man als Student sonst lieber mit spitzen Fingern anfasst. Dazu gehören so „seltsame" Erscheinungen wie die CORIOLIS-Beschleunigung, die wir später mit einer entsprechenden Scheinkraft in Verbindung bringen werden.

---

[11] „Getriebelehre" wird umgangssprachlich leider oft auf die Betrachtung von Zahnrad- oder Zugmittelgetrieben reduziert.

13.2.1 Translation und Rotation

Dass wir in der Technik zwei Bewegungsformen zu unterscheiden haben, wird bereits bei Betrachtung einer einfachen Kolbenmaschine deutlich: Da ist zum einen die Welle, über die Arbeit zu- oder abgeführt wird. Sie dreht sich um eine feste Achse. Der Kolben hingegen vollzieht eine oszillierende Bewegung. Er geht auf einer geraden Bahn hin und her, wobei seine Raumorientierung unverändert bleibt. Das dritte Bauteil, die Pleuelstange, „vermittelt" gewissermaßen zwischen den beiden anderen und erfährt eine Überlagerung aus beiden Bewegungsformen, was offensichtlich komplizierter ist als die eine oder andere Bewegungsform allein.

Bewegt sich ein Körper in einem Raum (Bezugssystem) so, dass sich seine Orientierung bezüglich dieses Raumes (Systems) längs der Bewegung nicht ändert, so reden wir von **Translation** bzw. einer Translationsbewegung. Die Orientierung eines Körpers im Raum wird deutlich, wenn wir durch zwei beliebige (aber verschiedene) Körperpunkte eine Gerade legen. Eine Translationsbewegung bedeutet dann stets eine Parallelverschiebung derselben. Daraus folgt unmittelbar: Bei der Translation eines Körpers genügt es, die Bahnkurve eines einzigen Punktes zu kennen! Die Bahnkurven aller anderen Körperpunkte sind zu dieser kongruent. Häufig wählt man den Schwerpunkt eines Körpers zu diesem Zweck. Da der Raum unserer Anschauung dreidimensional ist, gibt es in ihm drei *translatorische Freiheitsgrade*.

Ein verbreiteter Irrtum basiert darauf, dass Translationsbewegungen in der Schulphysik fast immer als Bewegung auf geraden Bahnen vorgestellt werden. Hier verfestigt sich allzu leicht die Vorstellung, das müsste so sein. Aber genau das ist falsch. Translationsbewegungen können auf beliebig gekrümmten Bahnen stattfinden! Sehr häufig in der Technik sind Translationen auf Kreisbahnen. Hier suggeriert die Kreisgestalt der Bahn die falsche Vorstellung von einer Rotation.

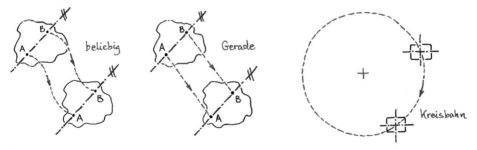

Abb. 13.5 Translationsbewegungen

Unter **Rotation** verstehen wir hingegen die Bewegung eines Körpers um eine Drehachse. Damit bewegen sich alle Körperpunkte, sofern sie nicht selber auf der Drehachse liegen, auf Kreisbahnen um die (für alle Körperpunkte gemeinsame) Drehachse. Ist die Drehachse im Raum *fest* installiert, d.h. durch einen Punkt und zwei Winkel nach Lage und Richtung vorgegeben, so haben wir es speziell mit einer *Rotation um eine feste Achse* zu tun. Im Allgemeinfall aber ist nur ein bestimmter Punkt der Drehachse fest vorgegeben, ihre Richtung darf sich mit der Zeit ändern. Man spricht dann von einer (sphärischen) *Rotation um einen festen Punkt*.

Der Spezialfall der *Rotation um eine feste Achse* ist nicht nur der einfachere, was Verständnis und mathematische Behandlung angeht, er ist auch technisch der weitauf häufigste. Denn eine Rotation bedeutet im Maschinenbau standardmäßig eine durch Lager im Raum fixierte Achse. Die rotierenden Körper heißen zumeist Welle, Rotor, Läufer, Spindel, ...

Um den Vektor der Winkelgeschwindigkeit einzuführen, betrachten wir zunächst den Spezialfall der **Rotation um eine feste Achse**. Anschließend erfolgt die Verallgemeinerung auf den sphärischen Fall. Die nun folgende Vorgehensweise hat eine gewisse Ähnlichkeit mit derjenigen, die im Kapitel 3 zur Einführung des Momentenvektors geführt hat. Denn in beiden Fällen handelt es sich um einen Vektor, welcher durch die Eigenschaften Betrag und Drehsinn konstituiert wird. Wir dürfen also erwarten, dass der Winkelgeschwindigkeitsvektor die Richtung der Drehachse besitzt, einen Betrag proportional zur „Drehzahl" sowie eine Orientierung entsprechend der 2. Rechte-Hand-Regel. Die elementare Vorstellung von der Bewegung eines (Körper-)Punktes auf einer Kreisbahn haben wir im Beispiel 13.2 bereits gewonnen. Dort war die Bahngeschwindigkeit stets orthogonal zum Ortsvektor, aber auch orthogonal zu jedem Normalenvektor der betrachteten Ebene. Diese Richtung soll aber gerade unser Winkelgeschwindigkeitsvektor aufweisen. Es ist daher sinnvoll, den **Winkelgeschwindigkeitsvektor $\boldsymbol{\omega}$** durch

$$\boxed{\mathbf{v}(t) \;=\; \boldsymbol{\omega}(t) \times \mathbf{r}(t)} \qquad\qquad (13.29)$$

einzuführen. Dabei ist $\mathbf{v}$ der Geschwindigkeitsvektor eines Körperpunktes X mit Ortslage $\mathbf{r}$. Da es hier ausschließlich um die Rotation eines starren (!) Körpers geht, bewegt sich X mit $\|\mathbf{r}(t)\| \equiv$ const auf einer Kreisbahn. Der diesbezügliche Koordinatenursprung (Bezugspunkt 0) muss dazu einem bestimmten Punkt auf der Rotationsachse, nicht notwendigerweise Körperpunkt, entsprechen.

Man beachte: Für allgemeine Körperbewegungen, bei denen sich Translation und Rotation überlagern, gilt (13.29) natürlich nicht mehr! Wir werden die allgemeine Körperbewegung im folgenden Abschnitt behandeln.

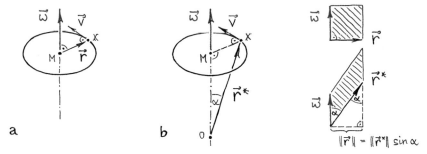

Abb. 13.6 Rotation um feste Achse

Wir machen uns (13.29) anhand von Abbildung 13.6 plausibel. Zunächst legen wir den Bezugspunkt 0 in den Mittelpunkt M der Kreisbahn, welche Körperpunkt X um die Drehachse ausführt (vgl. Bildteil **a**). Dies entspricht der kinematischen Situation aus Beispiel 13.2. Unterziehen wir nämlich (13.29) der Betragsbildung gemäß

$$\|\mathbf{v}(t)\| \;=\; \|\boldsymbol{\omega}(t) \times \mathbf{r}(t)\| \;=\; \|\boldsymbol{\omega}(t)\|\,\|\mathbf{r}(t)\|\,\sin[90°] \;=\; \|\boldsymbol{\omega}(t)\|\; r \;,$$

so stimmt dies mit der betragsweise formulierten Gleichung (6)

$$|v(t)| \;=\; |\omega(t)|\; r$$

aus Beispiel 13.2 überein! Legen wir dagegen den Bezugspunkt 0 an irgendeine andere Stelle auf der Drehachse, so dass die Bewegung des Körperpunktes X auf der Kreisbahn jetzt durch den Ortsvektor $\mathbf{r}^\star$ wiedergegeben wird (vgl. Bildteil **b**), so stellen wir fest: Es ändert sich dadurch weder die

- **Richtung** von $\mathbf{v}$,

  da $\mathbf{r}^\star$ in der durch $\boldsymbol{\omega}$ und $\mathbf{r}$ aufgespannten Ebene liegt, und somit auch weiterhin $\mathbf{v} \perp \boldsymbol{\omega}, \mathbf{r}$ ist, noch der

- **Betrag** $\|\mathbf{v}\|$,

  da

  $$\|\boldsymbol{\omega} \times \mathbf{r}^\star\| \;=\; \|\boldsymbol{\omega}\|\,\|\mathbf{r}^\star\|\,\sin\alpha \;=\; \|\boldsymbol{\omega}\|\,\|\mathbf{r}\| \;=\; \|\mathbf{v}\|$$

  ist, wie sich anhand von Bildteil **b** in Abbildung 13.6 leicht nachvollziehen lässt.

Der Geschwindigkeitsvektor $\mathbf{v}$ des Körperpunktes X ist somit wegen

$$\mathbf{v} \;=\; \boldsymbol{\omega} \times \mathbf{r} \;=\; \boldsymbol{\omega} \times \mathbf{r}^\star$$

von der Lage des Bezugspunktes auf der Rotationsachse unabhängig! Wir können daher (nach Festlegung desselben auf der Rotationsachse) die rotationsbedingte Geschwindigkeit aller Körperpunkte durch (13.29) ausdrücken. Körperpunkte mit gleichem Abstand zur Drehachse weisen insbesondere den gleichen Geschwindigkeitsbetrag auf.

Die **sphärische Rotation um einen festen Punkt** unterscheidet sich vom Vorangegangenen lediglich dadurch, dass die Richtung der Drehachse von der Zeit abhängen darf. Da wir für eine momentan gegebene Drehachse die infinitesimale Lageänderung eines Punktes X durch

$$\mathrm{d}\mathbf{r} \;=\; \mathbf{v}\,\mathrm{d}t \;=\; (\boldsymbol{\omega} \times \mathbf{r})\,\mathrm{d}t$$

beschreiben können, bleibt (13.29) weiter gültig. Es ist jetzt zweckmäßig, den Vektor der Winkelgeschwindigkeit gemäß

$$\boxed{\boldsymbol{\omega}(t) \;=\; \omega(t)\,\mathbf{e}_\omega(t)} \tag{13.30}$$

mithilfe des Einheitsvektors $\mathbf{e}_\omega$ darzustellen, welcher die Raumorientierung der Drehachse wiedergibt. Die Drehung um feste Achse erscheint hier als Spezialfall mit

$$\mathbf{e}_\omega(t) \;\equiv\; \mathbf{const}\;.$$

Wir können also sowohl bei *einachsiger* wie *sphärischer Rotation* den Geschwindigkeitsvektor eines jeden (!) Körperpunktes nach (13.29) berechnen. Da der Vektor der Winkelgeschwindigkeit aber nur von der Zeit und nicht von der Ortslage des einzelnen Körperpunktes abhängt, wird die Rotation eines Starrkörpers im Ganzen (d.h. für alle Körperpunkte gleichermaßen) durch $\boldsymbol{\omega}(t)$ ausgedrückt. Wir halten somit fest:

> **Der Vektor der Winkelgeschwindigkeit ω ist am Starrkörper ein freier Vektor.**

Nach dem Momentenvektor ist der Winkelgeschwindigkeitsvektor unser zweiter Vektor, der sich durch Betrag und Drehsinn auszeichnet. Es ist hilfreich zu wissen, dass man in der Theoretischen Physik **polare** und **axiale Vektoren** je nach Verhalten bei Rauminversion (Umklappen aller Koordinatenachsen in die Gegenrichtung) unterscheidet. Bei polaren Vektoren ändert sich dabei das Vorzeichen, bei axialen nicht. Die meisten Vektoren, die wir bisher betrachtet haben, sind polare Vektoren, wie z.B. Orts-, Geschwindigkeits-, Beschleunigungs- und Kraftvektoren. Ihre Einführung nach Betrag und Richtung sowie das damit verbundene physikalische Verständnis fallen vergleichsweise leicht. Dagegen erscheint die Einführung von Momenten- und Winkelgeschwindigkeitsvektor als axialen Vektoren zunächst schwerer verständlich, und in irgendeiner Form kommt bei beiden das Kreuzprodukt vor.

Da wir den Momentenvektor damals durch $\mathbf{M} := \mathbf{r} \times \mathbf{F}$ eingeführt hatten, kommt man natürlich leicht auf die Idee, $\mathbf{r} \times \mathbf{v}$ irgendwie mit $\boldsymbol{\omega}$ in Verbindung bringen zu wollen. Wir bemühen dazu den GRASSMANNschen Zerlegungssatz (12.2 a) mit (13.29) gemäß

$$\mathbf{r} \times \mathbf{v} = \mathbf{r} \times (\boldsymbol{\omega} \times \mathbf{r})$$

$$= \|\mathbf{r}\|^2 \, \boldsymbol{\omega} - (\mathbf{r} \cdot \boldsymbol{\omega}) \, \mathbf{r} \,.$$

Unsere Hoffnungen auf einen einfachen Zusammenhang erfüllen sich demnach nur im Spezialfall einer ebenen Kreisbewegung am Einheitskreis, d.h.

$$\mathbf{r} \times \mathbf{v} = \boldsymbol{\omega} \qquad \text{nur für} \quad \boldsymbol{\omega} \perp \mathbf{r} \quad \text{und} \quad \|\mathbf{r}\| = 1 \,.$$

Immerhin findet man hier bestätigt, dass $\boldsymbol{\omega}$ entsprechend der 2. Rechte-Hand-Regel orientiert ist. Man kann sich das aber auch dadurch klarmachen, dass mit $\boldsymbol{\omega}, \mathbf{r}, \mathbf{v}$ auch $\mathbf{r}, \mathbf{v}, \boldsymbol{\omega}$ ein Rechtssystem ist.

Zur Beschreibung der Rotation im Raum sind (abgesehen von einem Fixpunkt) drei im Allgemeinen zeitabhängige Winkel erforderlich: Zwei legen die Drehachse im Raum fest, der dritte ist der auf diese bezogene Drehwinkel φ mit $\dot{\varphi}(t) = \omega(t)$. Es existieren damit im dreidimensionalen Raum unserer Anschauung zusätzlich zu den drei translatorischen Freiheitsgraden noch drei *Freiheitsgrade der Rotation*. Und da sich allgemeine Bewegungen im Raum als Überlagerung von Translationen und Rotationen auffassen lassen, folgt:

> Im dreidimensionalen Raum unserer Anschauung besitzt ein starrer Körper **sechs Freiheitgrade**, drei *translatorische* und drei *rotatorische*.

Abschließend soll eine Gleichung hergeleitet werden, welche für die Relativkinematik, die wir im nächsten Abschnitt behandeln, von grundlegender Bedeutung ist. Dazu ersetzen wir in (13.29) den Geschwindigkeitsvektor gemäß $\mathbf{v} = \dot{\mathbf{r}}$, so dass damit

$$\dot{\mathbf{r}}(t) = \boldsymbol{\omega}(t) \times \mathbf{r}(t)$$

vorliegt. Da $\mathbf{r}(t)$ hier aber die Rotation beliebiger, nicht notwendigerweise materieller, Punkte um eine raumfeste oder auch zeitabhängige Drehachse beschreibt, kann man $\mathbf{r}(t)$ im Spezialfall auch zur Beschreibung der Rotation einer **körperfesten**[12] **Orthonormalbasis** $\mathbf{e}_i$ heranziehen. Wir setzen dazu ganz einfach $\mathbf{r}(t) = \mathbf{e}_i(t)$ und finden

$$\boxed{\dot{\mathbf{e}}_i = \boldsymbol{\omega} \times \mathbf{e}_i} \ . \tag{13.31}$$

Diesen Zusammenhang benötigen wir in der Relativkinematik, wo die körperfeste Orthonormalbasis bezüglich eines raumfesten Systems mit $\boldsymbol{\omega}$ rotiert – so wie der Körper selbst auch.

13.2.2   Relativkinematik

In der Theoretischen Physik liegt der Ausgangspunkt zur Relativkinematik in der Himmelsmechanik. Denn wir leben auf einem Planeten, einem Himmelskörper, der nicht nur um die eigene Achse rotiert, sondern sich auch noch auf einer elliptischen Bahn um die Sonne befindet. Bewegungen unseres Sonnensystems gegenüber dem Rest des Universums (Fixsternhimmel) seien hier großzügig übergangen. Da ist es dann schon fraglich, ob der von NEWTON geprägte Begriff des Inertialsystems für diese Erde und die auf ihr stattfindenden Experimente geltend gemacht werden kann. Die Antwort vom theoretischen Standpunkt ist ganz klar: nein. Vom Ingenieurstandpunkt aber können wie die diesbezüglichen Einflüsse – abgesehen von Spezialgebieten – grundsätzlich ignorieren.

„Im Ingenieurwesen kann in aller Regel jedes mit der Erdoberfläche fest verbundene Bezugssystem als Inertialsystem betrachtet werden."

hatten wir in Abschnitt 2.1 gesagt. Dabei bleibt es auch. Warum also Relativkinematik im Maschinenbau? Nun ja, es gibt Maschinenteile, die sollen ganz bestimmte Bewegungen relativ zu einem anderen Maschinenteil vollziehen, das sich seinerseits aber auch wieder bewegt (meist: rotiert). Wenn wir uns für die Beschleunigung eines solchen Bauteils interessieren, oder die Bewegung im raumfesten Koordinatensystem („Inertialsystem") untersuchen, sind wir schon mittendrin in der Relativkinematik.

Wir betrachten nun die Bewegungen (materieller) Punkte in einem (Relativ-)System, welches sich selbst „relativ" zu einem Inertialsystem bewegt. Letzteres dürfen wir im Rahmen der klassischen Mechanik auch als „Absolutsystem" bezeichnen. Die Bewegung des Punktes X lässt sich im **Inertialsystem** durch

$$\mathbf{r}(t) = x_i(t)\,\mathbf{e}_i$$

direkt angeben, im **Relativsystem** (*) hingegen durch

$$\mathbf{r}^*(t) = x_k^*(t)\,\mathbf{e}_k^*(t) \ .$$

---

[12] D.h. mit dem Körper rotierenden

Die Bewegung der Systeme zueinander sei gegeben durch den Ortsvektor

$$\mathbf{r}_0(t) \;=\; x_j^0(t)\,\mathbf{e}_j\;,\qquad\qquad\text{(Translation des Relativsystems)}$$

welcher die Lage des Relativ-Koordinatenursprungs 0 im Inertialsystem angibt, sowie den Vektor der Winkelgeschwindigkeit

$$\boldsymbol{\omega}(t)\;,\qquad\qquad\text{(Rotation des Relativsystems)}$$

welcher die Rotation des Relativsystems gegenüber dem Inertialsystem beinhaltet.

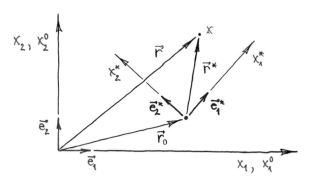

Abb. 13.7 Zu den Beziehungen zwischen Relativsystem $(^*)$ und Inertialsystem

Offensichtlich ist

$$\boxed{\mathbf{r}(t) \;=\; \mathbf{r}_0(t) \;+\; \mathbf{r}^*(t)} \qquad\qquad (13.32)$$

$$\downarrow \qquad\qquad \downarrow \qquad\qquad \downarrow$$

$$x_i(t)\,\mathbf{e}_i \;=\; x_j^0(t)\,\mathbf{e}_j \;+\; x_k^*(t)\,\mathbf{e}_k^*(t)\;.$$

Ableiten nach der Zeit liefert (Produktregel!)

$$\dot{x}_i(t)\,\mathbf{e}_i \;=\; \dot{x}_j^0(t)\,\mathbf{e}_j \;+\; x_k^*(t)\,\dot{\mathbf{e}}_k^*(t) \;+\; \dot{x}_k^*(t)\,\mathbf{e}_k^*(t)$$

und mit $\dot{\mathbf{e}}_k^* = \boldsymbol{\omega} \times \mathbf{e}_k^*$ nach (13.31)

$$\dot{x}_i(t)\,\mathbf{e}_i \;=\; \dot{x}_j^0(t)\,\mathbf{e}_j \;+\; \boldsymbol{\omega}(t) \times x_k^*(t)\,\mathbf{e}_k^*(t) \;+\; \dot{x}_k^*(t)\,\mathbf{e}_k^*(t) \qquad (13.33\,\mathrm{a})$$

$$\downarrow \qquad \downarrow \qquad\quad \downarrow \qquad\quad \downarrow \qquad\qquad \downarrow$$

$$\boxed{\mathbf{v}(t) \;=\; \dot{\mathbf{r}}_0(t) \;+\; \boldsymbol{\omega}(t) \times \mathbf{r}^*(t) \;+\; \mathbf{v}^*(t)}\;. \qquad (13.33)$$

Wir leiten nun wiederum (13.33 a) nach der Zeit ab:

$$\ddot{x}_i\,\mathbf{e}_i \;=$$

$$= \ddot{x}_j^0\,\mathbf{e}_j + \dot{\boldsymbol{\omega}} \times x_k^*\,\mathbf{e}_k^* + \boldsymbol{\omega} \times \dot{x}_k^*\,\mathbf{e}_k^* + \boldsymbol{\omega} \times x_k^*\,\dot{\mathbf{e}}_k^* + \ddot{x}_k^*\,\mathbf{e}_k^* + \dot{x}_k^*\,\dot{\mathbf{e}}_k^*$$

$$= \ddot{x}_j^0\,\mathbf{e}_j + \dot{\boldsymbol{\omega}} \times x_k^*\,\mathbf{e}_k^* + \underbrace{\boldsymbol{\omega} \times \dot{x}_k^*\,\mathbf{e}_k^*} + \boldsymbol{\omega} \times (\boldsymbol{\omega} \times x_k^*\,\mathbf{e}_k^*) + \ddot{x}_k^*\,\mathbf{e}_k^* + \underbrace{\boldsymbol{\omega} \times \dot{x}_k^*\,\mathbf{e}_k^*}$$

$$=$$

Dabei wurde aus Platzgründen die Darstellung der Zeitabhängigkeit weggelassen. Wir erhalten schließlich

$$\ddot{x}_i\,\mathbf{e}_i \;=\; \ddot{x}_j^0\,\mathbf{e}_j \;+\; \dot{\boldsymbol{\omega}} \times x_k^*\,\mathbf{e}_k^* \;+\; \boldsymbol{\omega} \times (\boldsymbol{\omega} \times x_k^*\,\mathbf{e}_k^*) \;+\; 2\,\boldsymbol{\omega} \times \dot{x}_k^*\,\mathbf{e}_k^* \;+\; \ddot{x}_k^*\,\mathbf{e}_k^*$$

$$\downarrow \qquad \downarrow \qquad \downarrow \qquad \downarrow \qquad\quad \downarrow \qquad\quad \downarrow \qquad\quad \downarrow \qquad\quad \downarrow \qquad \downarrow \qquad\quad \downarrow$$

$$\boxed{\mathbf{a}(t) \;=\; \ddot{\mathbf{r}}_0(t) \;+\; \dot{\boldsymbol{\omega}} \times \mathbf{r}^*(t) \;+\; \boldsymbol{\omega} \times \big(\boldsymbol{\omega} \times \mathbf{r}^*(t)\big) \;+\; 2\,\boldsymbol{\omega} \times \mathbf{v}^*(t) \;+\; \mathbf{a}^*(t)}\,,$$

$$(13.34)$$

wobei hier lediglich die Zeitabhängigkeit des Winkelgeschwindigkeitsvektors nicht dargestellt ist.

Die drei Gleichungen der Relativkinematik (13.32), (13.33) und (13.34) gestatten es, die kinematischen Größen des Punktes X ineinander umzurechnen. Im Einzelnen lauten diese

$$\text{Absolut-}\begin{cases} \text{Ort} & \mathbf{r}(t) \;=\; x_i(t)\,\mathbf{e}_i \\[4pt] \text{Geschwindigkeit} & \mathbf{v}(t) \;=\; v_i(t)\,\mathbf{e}_i \;=\; \dot{x}_i\,\mathbf{e}_i \\[4pt] \text{Beschleunigung} & \mathbf{a}(t) \;=\; a_i(t)\,\mathbf{e}_i \;=\; \ddot{x}_i\,\mathbf{e}_i\,, \end{cases}$$

$$\text{Relativ-}\begin{cases} \text{Ort} & \mathbf{r}^*(t) \;=\; x_k^*(t)\,\mathbf{e}_k^*(t) \\[4pt] \text{Geschwindigkeit} & \mathbf{v}^*(t) \;=\; v_k^*(t)\,\mathbf{e}_k^*(t) \;=\; \dot{x}_k^*\,\mathbf{e}_k^*(t) \\[4pt] \text{Beschleunigung} & \mathbf{a}^*(t) \;=\; a_k^*(t)\,\mathbf{e}_k^*(t) \;=\; \ddot{x}_k^*\,\mathbf{e}_k^*(t)\,. \end{cases}$$

Häufig werden (13.33) und (13.34) auch in der Form

$$\boxed{\mathbf{v}(t) \;=\; \mathbf{v}^{\text{F}}(t) \;+\; \mathbf{v}^*(t)}$$

$$(13.33\,\text{a})$$

und

$$\boxed{\mathbf{a}(t) \;=\; \mathbf{a}^{\text{F}}(t) \;+\; \mathbf{a}^{\text{C}}(t) \;+\; \mathbf{a}^*(t)}$$

$$(13.34\,\text{a})$$

notiert. Darin enthalten sind die **Führungsgeschwindigkeit**[13]

$$\mathbf{v}^{\text{F}}(t) \;=\; \underbrace{\dot{\mathbf{r}}_0(t)}_{\text{translat.}} \;+\; \underbrace{\boldsymbol{\omega}(t) \times \mathbf{r}^*(t)}_{\text{rot. Anteil}}\,,$$

$$(13.35)$$

die **Führungsbeschleunigung**

$$\mathbf{a}^{\text{F}}(t) \;=\; \underbrace{\ddot{\mathbf{r}}_0(t)}_{\text{translat.}} \;+\; \underbrace{\dot{\boldsymbol{\omega}}(t) \times \mathbf{r}^*(t)}_{\text{rot.}} \;+\; \underbrace{\boldsymbol{\omega}(t) \times \big(\boldsymbol{\omega}(t) \times \mathbf{r}^*(t)\big)}_{\text{zentripetaler Anteil}}$$

$$(13.36)$$

sowie

---

[13] Zum Begriff „Führung": Die Absolutbewegung eines im Relativsystem ruhenden Punktes besteht ausschließlich in der Bewegung, die das Relativsystem selbst vorgibt. Der Punkt wird von diesem einfach „mitgeführt".

$$\boxed{\mathbf{a}^{\mathrm{C}}(t) \;=\; 2\,\boldsymbol{\omega}(t) \times \mathbf{v}^*(t)}\;,\tag{13.37}$$

die als **CORIOLIS-Beschleunigung** zeichnet wird. Sie tritt bei Relativbewegungen in rotierenden Systemen auf, sofern $\boldsymbol{\omega}$ und $\mathbf{v}^*$ nicht (anti-)parallel sind. Insbesondere lässt sich die CORIOLIS-Beschleunigung im Zusammenhang mit der Erddrehung demonstrieren. Wir betrachten hierzu speziell die Bewegung auf einem Meridian:

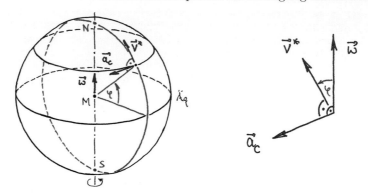

Abb. 13.8 Bewegung auf einem Meridian (nach [15], §21)

Mit der geographischen Breite φ erhalten wir den Betrag der CORIOLIS-Beschleunigung zu

$$\|\mathbf{a}^{\mathrm{C}}\| \;=\; 2\,\|\boldsymbol{\omega}\|\,\|\mathbf{v}^*\|\,\sin|\varphi|\;,$$

dessen Wert bei Überquerung des Äquators verschwindet und in Richtung zu den Polen zunimmt. Anschaulich lässt sich das dadurch erklären, dass ein Punkt, welcher sich entlang eines Meridians bewegt, am Äquator ($\varphi = 0$) aufgrund der Erddrehung eine Umfangsgeschwindigkeit von $\|\boldsymbol{\omega}\|\,r_{\mathrm{Erde}}$ aufweist. Bei der Bewegung polwärts schwindet diese entsprechend

$$v_{\mathrm{Umfang}}(\varphi) \;=\; \|\boldsymbol{\omega}\|\,r_{\mathrm{Erde}}\,\cos\varphi\;,$$

bis sie am Pol ($\varphi = \pm 90°$) den Wert null annimmt. Die CORIOLIS-Beschleunigung wirkt also polwärts „bremsend" und in Richtung Äquator „beschleunigend", um diese Änderung der Umfangsgeschwindigkeit zu bewirken. Die Richtung der Passatwinde im planetarischen Windsystem ist auf die CORIOLIS-Beschleunigung zurückzuführen.

Die Gleichungen der Relativkinematik herzuleiten, fällt Anfängern oft schwer, da sie von der Schule her gewohnt sind, Vektoren grundsätzlich als Spaltenmatrizen anzusehen. Der Versuch, (13.32) einfach in Spaltenschreibweise zu notieren, geht natürlich prompt schief, da die beteiligten Vektoren bezüglich unterschiedlicher Vektorbasen repräsentiert sind. Ändert man das mithilfe einer durch $\underline{\underline{\mathbf{A}}}$ formulierten Orthogonaltransformation, kommt man auf

$$\underline{\mathbf{r}}(t) \;=\; \underline{\mathbf{r}}_0(t) \;+\; \underline{\underline{\mathbf{A}}}(t)\,\underline{\mathbf{r}}^*(t)\;,$$

wobei immerhin noch zu beachten ist, dass die Zeitabhängigkeit der Transformationsmatrix über drei Drehwinkel erfolgt. Den Versuch, diese Gleichung nach der Zeit abzuleiten mit dem Ziel, (13.33) bzw. (13.34) nachzuvollziehen, gibt man schnell wieder auf!

Die Vorstellung aber, $\underline{\mathbf{r}}^*(t)$ nach der Zeit abzuleiten, was ja im Rahmen der Produktregel bei obiger Gleichung erforderlich würde, ist dennoch einen Gedanken wert. Denn diese „Ableitung im Relativsystem", die entsprechend

$$\underline{\mathbf{r}}^*(t) = \begin{pmatrix} x_1^*(t) \\ x_2^*(t) \\ x_3^*(t) \end{pmatrix} \quad \rightsquigarrow \quad \underline{\mathbf{v}}^*(t) = \begin{pmatrix} \dot{x}_1^*(t) \\ \dot{x}_2^*(t) \\ \dot{x}_3^*(t) \end{pmatrix} \quad \rightsquigarrow \quad \underline{\mathbf{a}}^*(t) = \begin{pmatrix} \ddot{x}_1^*(t) \\ \ddot{x}_2^*(t) \\ \ddot{x}_3^*(t) \end{pmatrix}$$

nur auf die Komponenten „wirkt", nimmt ja keine Rücksicht darauf, dass das Relativsystem seinerseits bewegt also zeitabhängig ist. Gerade so würde eine Zeitableitung von einem mitbewegten Beobachter vorgenommen werden.

Die **Ableitung im Relativsystem** $\frac{\mathrm{d}^*}{\mathrm{d}t}$ definieren wir nun so, dass gemäß

$$\frac{\mathrm{d}^*}{\mathrm{d}t}\left[\mathbf{r}^*(t)\right] = \frac{\mathrm{d}}{\mathrm{d}t}\left[x_k^*(t)\right]\mathbf{e}_k^*(t) = \dot{x}_k^*(t)\,\mathbf{e}_k^*(t) = \mathbf{v}^*(t)$$

und

$$\frac{\mathrm{d}^*}{\mathrm{d}t}\left[\mathbf{v}^*(t)\right] = \frac{\mathrm{d}}{\mathrm{d}t}\left[\dot{x}_k^*(t)\right]\mathbf{e}_k^*(t) = \ddot{x}_k^*(t)\,\mathbf{e}_k^*(t) = \mathbf{a}^*(t)\,.$$

die Zeitabhängigkeit der Relativbasis $\mathbf{e}_k^*(t)$ beim Differenzieren ignoriert wird, so wie es der Sichtweise des mitbewegten Beobachters entspricht. Da diese Ableitung häufig im Zusammenhang mit rotierenden Starrkörpern gebraucht wird, spricht man auch von der **körperfesten Ableitung**.

Mit der Ableitung im Relativsystem lassen sich (13.33), (13.34) auch durch

$$\frac{\mathrm{d}}{\mathrm{d}t}\left[\mathbf{r}(t) - \mathbf{r}_0(t)\right] = \boldsymbol{\omega}(t) \times \mathbf{r}^*(t) + \frac{\mathrm{d}^*}{\mathrm{d}t}\left[\mathbf{r}^*(t)\right] \qquad \left(= \frac{\mathrm{d}}{\mathrm{d}t}\left[\mathbf{r}^*(t)\right]\right)$$

$$= \boldsymbol{\omega}(t) \times \mathbf{r}^*(t) + \mathbf{v}^*(t)$$

und

$$\frac{\mathrm{d}}{\mathrm{d}t}\left[\mathbf{v}(t) - \mathbf{v}_0(t)\right] = \frac{\mathrm{d}}{\mathrm{d}t}\left[\boldsymbol{\omega}(t) \times \mathbf{r}^*(t)\right] + \frac{\mathrm{d}}{\mathrm{d}t}\left[\mathbf{v}^*(t)\right]$$

$$= \boldsymbol{\omega}(t) \times \left(\boldsymbol{\omega}(t) \times \mathbf{r}^*(t)\right) + \frac{\mathrm{d}^*}{\mathrm{d}t}\left[\boldsymbol{\omega}(t) \times \mathbf{r}^*(t)\right] +$$

$$+ \boldsymbol{\omega}(t) \times \mathbf{v}^*(t) + \frac{\mathrm{d}^*}{\mathrm{d}t}\left[\mathbf{v}^*(t)\right]$$

$$= \boldsymbol{\omega}(t) \times \left(\boldsymbol{\omega}(t) \times \mathbf{r}^*(t)\right) + \dot{\boldsymbol{\omega}}(t) \times \mathbf{r}^*(t) + \boldsymbol{\omega}(t) \times \mathbf{v}^*(t) +$$

$$+ 2\,\boldsymbol{\omega}(t) \times \mathbf{v}^*(t) + \mathbf{a}^*(t)$$

darstellen. Offensichtlich besteht zwischen der Zeitableitung im Inertialsystem und derjenigen im Relativsystem die Beziehung

$$\boxed{\frac{\mathrm{d}}{\mathrm{d}t}\,[\ ] = \boldsymbol{\omega} \times [\ ] + \frac{\mathrm{d}^*}{\mathrm{d}t}\,[\ ]}\,. \tag{13.38}$$

Man mag im Abschnitt 13.2.1 die Gleichungen für die allgemeine Bewegung von Starrkörperpunkten vermisst haben, welche wir dort extra hätten herleiten müssen. Jetzt kriegen wir diese Gleichungen gewissermaßen gratis, denn sie lassen sich mühelos aus (13.33), (13.34) als Spezialfall mit $x^*, y^*, z^* \equiv$ const entnehmen.

Abschließend untersuchen wir die **Bewegung eines Starrkörperpunktes X** für den allgemeinen Fall, dass die Starrkörperbewegung beliebig aus Translation und Rotation zusammengesetzt ist. Dazu legen wir $\mathbf{e}_i^*$ als körperfeste Basis in einen Punkt 0, welcher mit dem Körper fest verbunden ist. Dieser muss nicht notwendigerweise Körperpunkt sein. Da aber jeder Punkt eines Starrkörpers im körperfesten Koordinatensystem ruht, gilt erwartungsgemäß

$$x_{\mathrm{X}i}^*(t) \equiv \text{const} \quad \leadsto \quad \mathbf{v}_{\mathrm{X}}^*(t) = \dot{x}_{\mathrm{X}i}^*\,\mathbf{e}_i^* \equiv \mathbf{0} \quad \leadsto \quad \mathbf{a}_{\mathrm{X}}^*(t) = \ddot{x}_{\mathrm{X}i}^*\,\mathbf{e}_i^* \equiv \mathbf{0}\,,$$

und aus (13.33) ergibt sich

$$\boxed{\mathbf{v}_{\mathrm{X}}(t) = \mathbf{v}_0(t) + \boldsymbol{\omega}(t) \times \mathbf{r}_{\mathrm{X}}^*} \tag{13.39}$$

sowie aus (13.34)

$$\boxed{\mathbf{a}_{\mathrm{X}}(t) = \mathbf{a}_0(t) + \dot{\boldsymbol{\omega}}(t) \times \mathbf{r}_{\mathrm{X}}^* + \boldsymbol{\omega}(t) \times \big(\boldsymbol{\omega}(t) \times \mathbf{r}_{\mathrm{X}}^*\big)}\,, \tag{13.40}$$

wobei wir $\dot{\mathbf{r}}_0 =: \mathbf{v}_0$ und $\ddot{\mathbf{r}}_0 =: \mathbf{a}_0$ gesetzt haben.

14

Kinetik

Im letzten Kapitel haben wir Kinematik betrieben. Dabei ging es um die Beschreibung von Bewegungen, also gewissermaßen um *Geometrie* und *Zeit*. Dagegen bezeichnen wir die Lehre von den Bewegungen einschließlich der Größen, welche diese verursachen, als **Dynamik**. Diese wiederum unterteilt man in **Statik** und **Kinetik**. Der Statik haben wir uns bereits in den ersten beiden Teilen dieses Buches ausführlich gewidmet, so dass wir uns in diesem Kapitel dem „bewegten" Teil der Dynamik zuwenden. Wie wir noch sehen werden, sind die wesentlichen Aussagen dieses Kapitels letztlich doch „dynamischer" Natur, da sie die Statik als Grenzfall enthalten.

Vom Sprachgefühl her suggeriert das Wort *Kinetik*, dass hier aufgrund des im Vergleich zu *Kinematik* verkürzten Wortes wohl ein „verkürzter" Inhalt vorliegen könnte. Das Gegenteil ist der Fall! Die gegenläufige Zuordnung von Wortumfang und -inhalt lässt sich im Übrigen als „Eselsbrücke" verwenden, da *Kinematik* und *Kinetik* leicht verwechselt werden.

14.1 Kinetik des Massenpunktes

14.1.1 Das 2. NEWTONsche Axiom

> **Im Inertialsystem ist die (resultierende) Kraft gleich der Änderung der Bewegungsgröße.**

Was bedeutet hier „Änderung der Bewegungsgröße"? Die vergleichsweise direkte Übersetzung aus dem lateinischen Originaltext NEWTONs bezeichnet die zeitliche Ableitung einer Größe, die wir heute den **Impuls** (= *momentum*) nennen. Dieser ist definiert als das Produkt aus (träger) Masse und der Geschwindigkeit, d.h.

$$\mathbf{I} := m\,\mathbf{v}\,. \tag{14.1}$$

Somit entnimmt man dem 2. NEWTONsche Axiom die Gleichung

$$\sum_i \mathbf{F}_i = \frac{\mathrm{d}\mathbf{I}}{\mathrm{d}t} = \frac{\mathrm{d}}{\mathrm{d}t}\left[m\,\mathbf{v}\right]\,. \tag{14.2}$$

In den allermeisten ingenieurrelevanten Fällen dürfen wir davon ausgehen, daß die Masse m sich im Bewegungsverlauf nicht ändert, also $m(t) \equiv \text{const}$ ist. Dann und nur dann dürfen wir die Masse vor die Zeitableitung ziehen, und aus (14.2) folgt das **NEWTONsche Grundgesetz** oder die **dynamische Grundgleichung** der Klassischen Mechanik. Es/sie lautet

$$\boxed{\sum_i \mathbf{F}_i \; = \; m \, \frac{\mathrm{d}\mathbf{v}}{\mathrm{d}t} \; = \; m \, \mathbf{a}} \; , \qquad [\mathbf{F}, F] \; = \; \frac{[m]\,[\ell]}{[t]^2} \qquad (14.3)$$

oder in Worten

$$\boxed{\textbf{Kraft gleich Masse mal Beschleunigung}} \; .$$

Die Masse kann als skalarer Proportionalitätsfaktor zwischen zwei Vektoren gleicher Raumorientierung verstanden werden. Wirkt eine gegebene Kraft auf eine große Masse, so fällt die diesbezügliche Beschleunigung entsprechend kleiner aus als bei einer geringen Masse. Dieser Proportionalitätsfaktor beschreibt demnach eine Trägheit gegenüber Änderungen des Geschwindigkeitsvektors. In der Theoretischen Physik spricht man daher von *träger Masse*. Im Gegensatz dazu ist die *schwere Masse* proportional zur Gewichtskraft, was wir bereits im Abschnitt 4.1.1 mit

$$\mathbf{G} \; = \; m \, \mathbf{g} \qquad \text{mit} \qquad \|\mathbf{g}\| \; = \; g \; = \; 9{,}81 \, \tfrac{\mathrm{m}}{\mathrm{s}^2}$$

zur Kenntnis genommen haben. Im Ingenieurwesen ist die Unterscheidung zwischen träger und schwerer Masse ohne praktische Bedeutung. Wir dürfen grundsätzlich beide miteinander identifizieren.

Wegen $\mathbf{v} = \mathrm{d}\mathbf{r}/\mathrm{d}t$ lässt sich das NEWTONsche Grundgesetz auch in der Form

$$\sum_i \mathbf{F}_i \; = \; m \, \frac{\mathrm{d}^2 \mathbf{r}}{\mathrm{d}t^2} \; = \; m \, \ddot{\mathbf{r}}$$

schreiben, was wiederum in kartesischen Koordinaten mit raumfester Basis auf die Komponentengleichungen

$$\boxed{\sum_i F_{\mathrm{x},i} \; = \; m \, \ddot{x} \, , \qquad \sum_i F_{\mathrm{y},i} \; = \; m \, \ddot{y} \, , \qquad \sum_i F_{\mathrm{z},i} \; = \; m \, \ddot{z}}$$

hinausläuft. Wie man sich leicht überzeugt, ist das statische KG nach (2.4) hier als Sonderfall mit

$$\dot{x}, \dot{y}, \dot{z} \; \equiv \; 0 \qquad \rightsquigarrow \qquad \ddot{x}, \ddot{y}, \ddot{z} \; \equiv \; 0$$

enthalten. Aber auch der Zustand gleichförmiger Bewegung mit $\dot{x}, \dot{y}, \dot{z} \equiv \text{const}$ führt zum Verschwinden der Beschleunigungskomponenten. Dieser Fall genügt damit ebenfalls den Gleichgewichtsbedingungen nach (2.4).

Bei der Erörterung der Punktkinematik im Abschnitt 13.1 haben wir bereits zwischen *freien* und *geführten Bewegungen* unterschieden. Dabei zeichnen sich freie Bewegungen eines Massenpunktes dadurch aus, dass zu ihrer Beschreibung die Angabe von drei (Lage-)Koordinaten[1] erforderlich ist, z.B. x, y, z im Falle eines kartesischen Koordinatensystems. Wir reden daher von *drei* Freiheitsgraden. Bei der geführten Bewegung längs einer durch $\mathbf{r}(s)$ im Raum fest vorgegebenen Bahnkurve hingegen genügt die Angabe der Bahnkoordinate s. Eine derart geführte Bewegung besitzt nur *einen* Freiheitsgrad. Es sind aber auch geführte Bewegungen mit *zwei* Freiheitgraden denkbar. Dazu kann man sich vorstellen, dass ein Massenpunkt unter Einwirkung der Schwerkraft durch eine Art Berg-und-Tal-„Landschaft" gleitet. Es gibt dann keine Bewegung normal zur Fläche, und die lagebeschreibenden Koordinaten bestehen in den inneren Koordinaten der Fläche ξ und η (GAUSSsche Flächenparameter), die im Allgemeinen als krummlinig anzusehen sind. Solche waren uns in Abschnitt 4.1.2 schon einmal begegnet.

Bei **geführten Bewegungen** ist es sinnvoll, zwischen *eingeprägten Kräften* $\mathbf{F}_i^{\text{ein}}$ und *Zwangskräften* $\mathbf{F}_i^{\text{zw}}$ zu unterscheiden. Während eingeprägte Kräfte beliebige Wirkrichtungen aufweisen können, stehen Zwangskräfte dagegen stets senkrecht zur Führung, d.h. sie besitzen keine Tangentialkomponente. Das NEWTONsche Grundgesetz formuliert man nun am besten in natürlichen Koordinaten. Für die Tangential- und die Normalrichtung erhalten wir die Komponentengleichungen

$$
\begin{aligned}
\sum_i F_{\text{t},i}^{\text{ein}} &= m\,a_\text{t} = m\,\frac{\mathrm{d}v}{\mathrm{d}t} \\
\sum_i F_{\text{n},i}^{\text{ein}} + \sum_j F_{\text{n},j}^{\text{zw}} &= m\,a_\text{n} = m\,\frac{v^2}{R}
\end{aligned}
\tag{14.4}
$$

in Binormalenrichtung sind dagegen nur Kräftegleichgewichte möglich. Wir illustrieren das an folgendem ...

Beispiel 14.1 **Massenpunktpendel** („Mathematisches" Pendel)

Ein derartiges Pendel besteht aus einem Massenpunkt X mit Masse m, welcher an einem (masselosen) Faden der Länge ℓ reibungsfrei aufgehängt ist. Wir schneiden den Massenpunkt frei in einem beliebigen Bewegungszustand:

---

[1] Bei Körpern kommt zur Festlegung der Orientierung im Raum noch die Angabe von Winkelkoordinaten hinzu.

Auf den Massenpunkt wirken zwei Kräfte: Die eingeprägte Gewichtskraft $G = mg$, welche wir in die Tangentialkomponente $G_t = mg \sin \varphi$ und die Normalkomponente $G_n = mg \cos \varphi$ zerlegen, sowie die Fadenkraft S als Zwangskraft, welche dafür sorgt, dass der Punkt X auf der Kreisbahn geführt wird. Das NEWTONsche Grundgesetz in der Form (14.4) liefert mit $R = \ell$

$$- mg \sin \varphi \quad = \quad m \, a_t \quad = \quad m \, \frac{dv}{dt} \,,$$

$$S - mg \cos \varphi \quad = \quad m \, a_n \quad = \quad m \, \frac{v^2}{\ell} \,.$$

Aufgrund der Kreisbewegung ist es hier sinnvoll, die Bahngeschwindigkeit durch die Winkelgeschwindigkeit auszudrücken:

$$v(t) \; = \; \omega(t) \, \ell \; = \; \dot\varphi(t) \, \ell \,.$$

Damit erhält man

$$- mg \sin \varphi \quad = \quad m \, \ell \, \ddot\varphi \,,$$

$$S - mg \cos \varphi \quad = \quad m \, \ell \, \dot\varphi^2 \,.$$

Die erste Gleichung führt nach Kürzung der Masse auf die **Pendel-DGl**

$$\boxed{\ddot\varphi + \frac{g}{\ell} \sin \varphi = 0} \,, \tag{14.5}$$

welche wir bereits in Beispiel 13.6 auf kinematischem Wege hergeleitet hatten. Denn dort war anstelle der eingeprägten Kraft $G = mg$ das gravitationsbedingte Beschleunigungsfeld vorgegeben. Die Ermittlung der Lösung $\varphi(t)$ erfolgt schließlich unter Vorgabe zweier Anfangsbedingungen (vgl. Beispiel 14.3). Damit lässt sich aufgrund der zweiten Gleichung die Fadenkraft (Zwangskraft) zu

$$S(t) \; = \; mg \cos\big[\varphi(t)\big] \; + \; m \, \ell \, \big[\dot\varphi(t)\big]^2$$

bestimmen.

∎

Man könnte durchaus auf die Idee kommen, das natürliche Koordinatensystem mit dem begleitenden Dreibein als (bewegter) Basis als Relativsystem zu interpretieren. Da der Massenpunkt X aber zu allen Zeiten im (Relativ-)Ursprung 0 verweilt, bekommen wir wegen $\mathbf{r}^*, \mathbf{v}^*, \mathbf{a}^* \equiv \mathbf{0}$ trivialerweise $\mathbf{a} = \ddot{\mathbf{r}}^0$. Die Interpretation als Relativsystem ist also wenig sinnvoll.

Das NEWTONsche Grundgesetz (14.3) ist aufgrund des 2. NEWTONschen Axioms nur für Inertialsysteme gültig. Es stellt sich nun die Frage, welche dynamische Grundgleichung in einem **Nicht-Inertialsystem** herrscht. Ein weiteres Axiom ist dazu jedenfalls nicht erforderlich. Denn aufgrund unserer Erkenntnisse zur Relativkinematik (vgl. Abschnitt 13.2.2) können wir jedes beliebige Bezugssystem –

also auch jedes Nicht-Inertialsystem – als Relativsystem gegenüber einem Inertialsystem auffassen. Wir setzen dazu (13.34) in (14.3) ein und finden

$$\sum_i \mathbf{F}_i = m \left[\ddot{\mathbf{r}}_0 + \dot{\boldsymbol{\omega}} \times \mathbf{r}^* + \boldsymbol{\omega} \times (\boldsymbol{\omega} \times \mathbf{r}^*) + 2\boldsymbol{\omega} \times \mathbf{v}^* + \mathbf{a}^* \right].$$

Umstellen liefert

$$\sum_i \mathbf{F}_i \underbrace{- m \ddot{\mathbf{r}}_0 - m \dot{\boldsymbol{\omega}} \times \mathbf{r}^* - m \boldsymbol{\omega} \times (\boldsymbol{\omega} \times \mathbf{r}^*) - 2m \boldsymbol{\omega} \times \mathbf{v}^*}_{\text{Scheinkräfte}} = m \mathbf{a}^*.$$

Die Terme, die nun zusätzlich zu den in $\sum_i \mathbf{F}_i$ enthaltenen eingeprägten Kräften sowie Zwangskräften auf der linken Seite hinzukommen, sind der Dimension nach natürlich ebenfalls Kräfte. Man bezeichnet sie als **Scheinkräfte**, da sie durch Transformation auf ein Inertialsystem jederzeit „wegtransformiert" werden können. Im Einzelnen sind

$$\mathbf{F}^{\text{tr}} = - m \ddot{\mathbf{r}}_0 \qquad \text{die Trägheitskraft aufgrund}$$
$$\textbf{translat. Beschleunigung}$$

$$\mathbf{F}^{\text{rot}} = - m \dot{\boldsymbol{\omega}} \times \mathbf{r}^* \qquad \text{die Trägheitskraft aufgrund}$$
$$\text{der \textbf{Rotations}beschleunigung} \qquad \text{Führungskraft,}$$

$$\mathbf{F}^{\text{Z}} = - m \boldsymbol{\omega} \times (\boldsymbol{\omega} \times \mathbf{r}^*) \quad \text{die \textbf{Zentrifugalkraft}}$$

$$\mathbf{F}^{\text{C}} = - 2 m \boldsymbol{\omega} \times \mathbf{v}^* \qquad \text{die \textsc{Coriolis}-Kraft.}$$

Somit erhält man für Nicht Inertialsysteme

$$\boxed{\sum_i \mathbf{F}_i \underbrace{+ \mathbf{F}^{\text{tr}} + \mathbf{F}^{\text{rot}} + \mathbf{F}^{\text{Z}} + \mathbf{F}^{\text{C}}}_{\text{Scheinkräfte}} = m \mathbf{a}^*.} \qquad (14.6)$$

> Sie (die Scheinkräfte) heißen so, weil sie nur in Nicht-Inertialsystemen auftreten, weil sie dort gewissermaßen die Newton-Mechanik „in Ordnung bringen". Sie sorgen dafür, dass ein (ansonsten) kräftefreier Massenpunkt im Nicht-Inertialsystem eine solche Scheinkraft erfährt, dass er vom Inertialsystem aus gesehen eine geradlinig gleichförmige Bewegung ausführt.
>
> (aus: Nolting, Wolfgang: *Grundkurs Theoretische Physik 1*. Springer-Verlag, Berlin–Heidelberg–New York 2004)

Wir wollen abschließend klären, welche Bedingungen erfüllt sein müssen, damit in einem Bezugssystem sämtliche Scheinkräfte verschwinden. Wie man leicht erkennt, ist dies bereits für $\dot{\mathbf{r}}_0(t) = \mathbf{v}_0(t) \equiv \textbf{const}$ und (!) $\boldsymbol{\omega}(t) \equiv \mathbf{0}$ der Fall. Damit verhält sich jedes geradlinig gleichförmig bewegte sowie nicht rotierende System wie ein Inertialsystem. Völliger Stillstand ist also nicht notwendig!

14.1.2 Bewegungsdifferentialgleichungen

Sind die auf einen Massenpunkt wirkenden Kräfte durch $\mathbf{F}_i = \mathbf{F}_i(t)$ explizit als Funktion der Zeit gegeben, so stellt das Newtonsche Grundgesetz eine gewöhnliche **Differentialgleichung** (DGl) 2. Ordnung dar, die sich entsprechend

$$\ddot{\mathbf{r}}(t) \;=\; \frac{1}{m} \sum_i \mathbf{F}_i(t)$$

$$\dot{\mathbf{r}}(t) \;=\; \int_{t_0}^{t} \ddot{\mathbf{r}}(t')\,\mathrm{d}t' \;+\; \mathbf{v}_0$$

$$\mathbf{r}(t) \;=\; \int_{t_0}^{t} \dot{\mathbf{r}}(t^\star)\,\mathrm{d}t^\star \;+\; \mathbf{r}_0$$

unter Verwendung der Anfangsbedingungen (AB)

$$\mathbf{r}(t = t_0) \;=\; \mathbf{r}_0 \;, \qquad \dot{\mathbf{r}}(t = t_0) \;=\; \mathbf{v}_0$$

integrieren lässt. Für gewöhnlich wird $t_0 = 0$ festgelegt.

In vielen Fällen hängen die beteiligten Kräfte aber nur indirekt von der Zeit ab, und der allgemeine Fall einer **Bewegungsdifferentialgleichung** besteht in

$$\boxed{\ddot{\mathbf{r}} \;-\; \frac{1}{m} \sum_i \mathbf{F}_i\big(\dot{\mathbf{r}}, \mathbf{r}, t\big) \;=\; 0} \qquad\qquad (14.7)$$

bzw.

$$\boxed{\ddot{s} \;-\; \frac{1}{m} \sum_i F_{\mathrm{t},i}\big(\dot{s}, s, t\big) \;=\; 0} \;. \qquad\qquad (14.7\,\mathrm{a})$$

Vom mathematischen Standpunkt wäre es überaus angenehm, wenn sämtliche in der Technik auftretenden Kräfte als explizite Funktionen der Zeit gegeben wären. Die diesbezüglichen Berechnungen wären dann eine recht simple Angelegenheit, und jeder Student könnte sie ohne Weiteres sofort durchführen. Es war Leonhard Euler, der bei seinen Betrachtungen zu zahlreichen mechanischen Problemen das Auftreten von Kräften, welche als Funktion der Geschwindigkeit oder Lage aufzufassen sind und damit nur indirekt von der Zeit abhängen, zum Anlass nahm, die **Bewegungsdifferentialgleichung** in den Mittelpunkt der Betrachtungen zu stellen. Die Arbeiten davor waren rein geometrisch geprägt und dementsprechend schwerfällig.

Wir wollen uns im Folgenden der Einfachheit halber auf den eindimensionalen Fall beschränken und betrachten hierzu die DGl

$$\ddot{x} \;-\; \frac{1}{m} \sum_i F_{\mathrm{x},i}\big(\dot{x}, x, t\big) \;=\; 0 \;. \qquad\qquad (14.8)$$

Dabei kann man $x(t)$ als kartesische Komponente von $\mathbf{r}(t)$ auffassen; es ist aber auch denkbar, dass an dieser Stelle die Bahnkoordinate $s(t)$ steht, so wie es in (14.7 a) der Fall ist. Hinsichtlich der mathematischen Behandlung von (14.8) ist es üblich, diejenigen Kräfte, die sich als Funktion der Zeit explizit darstellen lassen (also auch $F(t) \equiv F_0 = \text{const}$), auf die rechte Seite der DGl zu schreiben. Wir bekommen dann die **gewöhnliche Differentialgleichung**

$$\boxed{\ddot{x} + f(x, \dot{x}) = g(t)}\,, \qquad\qquad (14.9)$$

welche im Falle $g(t) \equiv 0$ *homogen* genannt wird, ansonsten *inhomogen*. Die Funktion $g(t)$ wird in der Literatur gelegentlich als *Störfunktion* bezeichnet. Dieser Ausdruck stammt ursprünglich aus der Himmelsmechanik und bezeichnet die Abweichung von der reinen KEPLER-Bewegung. In der Technik ist die Vorstellung von einer „Störung" aber nicht in jedem Falle angebracht, so dass dieses Wort zuweilen Verwirrung stiftet.

Weitaus größeren Einfluss auf das Lösungsverhalten hat aber die Funktion $f(x, \dot{x})$. Abgesehen von dem Trivialfall ihres Verschwindens besteht der einfachste Fall darin, dass f linear von x und $\dot{x}$ abhängt, d.h.

$$f(x, \dot{x}, t) = a(t)\, \dot{x}(t) + b(t)\, x(t)\,.$$

Damit liegt eine (gewöhnliche) **lineare Differentialgleichung** vor:

$$\boxed{\ddot{x} + a(t)\, \dot{x} + b(t)\, x = g(t)}\,. \qquad\qquad (14.9\,\mathrm{a})$$

Eine weitere Vereinfachung besteht darin, dass die Koeffizienten nicht von der Zeit abhängen, sondern feste Werte besitzen. Wir haben es dann mit einer (gewöhnlichen) **linearen Differentialgleichung** mit **konstanten Koeffizienten** zu tun, d.h.

$$\boxed{\ddot{x} + a\, \dot{x} + b\, x = g(t)}\,, \qquad \text{mit} \quad a, b = \text{const}\,. \qquad (14.9\,\mathrm{b})$$

In einem solchen Falle können wir die DGl unter Vorgabe der Anfangsbedingungen

$$x(t = t_0) = x_0\,, \qquad \dot{x}(t = t_0) = v_0$$

in geschlossener Form lösen. Dazu wird zunächst die zugehörige homogene DGl mittels $\mathrm{e}^{\lambda t}$-Ansatz in eine *charakteristische Gleichung* überführt, deren Lösungen $\lambda_1, \lambda_2 \in \mathbb{C}$ die *Eigenwerte* der DGl darstellen. Die *homogene Lösung* ergibt sich dann als Linearkombination

$$x_{\mathrm{h}}(t) = c_1\, \mathrm{e}^{\lambda_1 t} + c_2\, \mathrm{e}^{\lambda_2 t}$$

der Basislösungen. Für die partikuläre Lösung macht man hingegen einen *Ansatz vom Typ der rechtem Seite* („Faustregelansatz"), dessen unbekannte Konstanten durch Koeffizientenvergleich ermittelt werden. Homogene und partikuläre Lösung werden schließlich zur allgemeinen Lösung addiert und die Konstanten c_1, c_2 aufgrund der Anfangsbedingungen bestimmt.

Hinsichtlich des mathematischen Bearbeitungsaufwands wäre es sehr vorteilhaft, wenn wir bezüglich der x- und $\dot{x}$-abhängigen Kräfte auf dem jeweils betrachteten Bereich Linearität voraussetzen könnten. In exakter Form ist so etwas jedoch nie der Fall. Da wir aber ohnehin mit Modellen arbeiten, bei denen „zulässige" Vereinfachungen eine wesentliche Rolle spielen, stellt sich die Frage, wann wir näherungsweise Linearität annehmen dürfen.

Wir finden **wegabhängige Kräfte** $F(x)$ u.a. überall dort, wo Kräfte wirken, die elastische Verformungen verursachen. Im Falle linearer Elastizität bzw. für hinreichend kleine Verformungen können wir $F(x)$ in der Form

$$\boxed{F(x) \;=\; c\,x \qquad \text{mit} \quad c \;=\; \text{const}} \tag{14.10}$$

ansetzen. Und in bestimmten Fällen, etwa bei der (linearen) *Schraubenfeder* gilt das sogar für erhebliche Auslenkungen, sofern der elastische Bereich nicht verlassen wird. Im Gegensatz dazu existieren auch Federn mit pro- oder degressiver Kennlinie.

Geschwindigkeitsabhängige Kräfte $F(\dot{x})$ begegnen uns häufig in Gestalt von Widerstandskräften bei fluider Reibung. Allgemein bekannt ist der sogenannte c_W-Wert, mit dem der Strömungswiderstand von mehr oder minder kompliziert gestalteten Einzelkörpern berechnet wird – u.a. auch bei Fahrzeugen. Kennt man den c_W-Wert, so lässt sich die Widerstandskraft nach

$$F_W \;=\; c_W\,A_Q\,\frac{\varrho}{2}\,v^2$$

berechnen. So einfach diese Formel auch aussieht, die Umströmung von Körpern ist ein kompliziertes strömungsmechanisches Problem, welches sich in c_W „versteckt". Denn anders als wir es von Fahrzeugen gewohnt sind, hat man es im Allgemeinen nicht mit einem konstanten Wert zu tun, sondern mit einer (i.d.R. empirisch ermittelten) Funktion

$$c_W \;=\; c_W(Re)$$

der REYNOLDS-Zahl, welche durch

$$Re \;:=\; \frac{v\,\ell}{\nu}$$

definiert ist. Dabei ist v die Geschwindigkeit, ℓ eine (geeignete) charakteristische Länge und ν die kinematische Viskosität des umströmenden Fluids.

Die REYNOLDS-Zahl lässt sich interpretieren als Verhältnis von Trägheitskraft zu Zähigkeitskraft. Sie gehört zu den **dimensionslosen Kennzahlen**, die in der Strömungslehre, Wärmeübertragung und Verfahrenstechnik eine wesentliche Rolle spielen. Dank ihrer Dimensionslosigkeit hängen sie nicht von speziellen Maßstäben ab. Man kann daher Aussagen treffen, die in gewisser Weise verallgemeinert sind. So lässt sich z.B. die Übertragbarkeit der Ergebnisse, die an einem Modell im Windkanal gewonnen wurden, auf die reale Großausführung garantieren. Im Rahmen der **Ähnlichkeitstheorie** werden diese Dinge in abstrakter Form behandelt.

Liegen Geometrie (Querschnittsfläche A_Q, charakt. Länge ℓ) sowie Fluid (Dichte ϱ, kinematische Viskosität ν) fest, ist die Re-Zahl proportional zur Geschwindigkeit v. Und wenn dann noch der c_W-Wert weitgehend Re-unabhängig ist, also näherungsweise eine Kontante darstellt, finden wir mit

$$F_W \sim v^2 \,,$$

dass die Widerstandskraft quadratisch mit der Geschwindigkeit wächst. Dies macht in der $c_W(Re)$-Kurve den REYNOLDSschen Bereich mit $c_W(Re) \approx$ const aus, welcher z.B. bei Fahrzeugumströmungen maßgeblich ist. Demgegenüber gibt es aber noch den STOKESschen Bereich der schleichenden Strömungen, die in der Technik ebenfalls zahlreich vorkommen. Hier gilt

$$c_W \sim \frac{1}{Re} \sim \frac{1}{v}$$

und folglich

$$F_W \sim v = \dot{x} \,.$$

Wir können in einem solchen Fall also

$$\boxed{F(\dot{x}) \;=\; k\,\dot{x} \qquad \text{mit} \quad k \;=\; \text{const}} \qquad\qquad (14.11)$$

ansetzen! Für nicht allzu schnell bewegte Körper lässt sich so mit guter Näherung die Luftreibung modellieren. Wir werden in den folgenden Beispielen davon Gebrauch machen.

In der Praxis haben wir es häufig mit Kräften zu tun, die von x bzw. $\dot{x}$ alles andere als linear abhängen (vgl. Beipiel 14.3). Unter Umständen können wir aber eine geeignete **Linearisierung** der betreffenden Funktion in einem speziellen Punkt vornehmen. So etwas ist immer dann möglich, wenn aufgrund der besonderen Problemlage lediglich eine vergleichsweise kleine Umgebung ebendieses Punktes gefragt ist. Der Fehler hält sich dann in Grenzen.

Hier ist sie also wieder: die *Physik des erfolgreichen Linearisierens!* Allerdings werden wir damit aber auch auf Grenzen stoßen, wie im Beispiel 14.3 ausführlich gezeigt wird. Dort lässt sich die Linearisierung der Pendel-DGl nur für kleine Ausschläge um die Ruhelage rechtfertigen. Für beliebige Ausschläge sind wir dagegen gezwungen, die DGl unter Vorgabe von Anfangswerten numerisch zu lösen. Dabei wird es eine Überraschung geben: Im Falle des angetriebenen Pendels wird sich für bestimmte Parameterwerte **chaotisches Lösungsverhalten** ergeben – für andere hingegen nicht.

Wir werden das Aufstellen und Lösen von Bewegungsdifferentialgleichungen an den folgenden Beispielen ausprobieren. Es handelt sich im unmittelbar folgenden Beispiel 14.2 um ein einfaches **Feder-Masse-System**, welches gewissermaßen den Grundstein zur Schwingungslehre legt. Wir berechnen es zunächst als freien, ungedämpften Schwinger. Anschließend berücksichtigen wir die Dämpfung und sehen zusätzlich eine harmonische Anregung vor. Das zweite Beispiel bezieht sich auf das bereits in den Beispielen 13.6 und 14.1 behandelte **Massenpunktpendel**. Hier steht die Nichtlinearität bzw. Linearisierung der DGl im Vordergrund.

Beispiel 14.2   Feder-Masse-System

a) frei und ungedämpft (= *unforced and undamped*)

Wir untersuchen eine reibungsfrei gelagerte Masse m, die wir näherungsweise als Punktmasse ansehen wollen. Deren Bewegung möge außerdem keinem Luftwiderstand unterliegen, so dass hier lediglich die Kraft der als masselos angesehenen Feder maßgeblich ist:

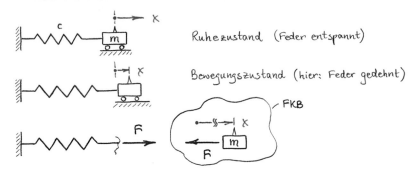

An der freigeschnittenen Masse bringen wir die Federkraft F an und formulieren die dynamische Kräftebilanz (NEWTONsches Grundgesetz) zu

$$\sum_i F_{x,i} = -F = m\,\ddot{x}\,.$$

Für die Feder wollen wir eine lineare Kennlinie voraussetzen und schreiben nach (14.10)

$$F = F(x) = c\,x\,,$$

wobei c die Federkonstante darstellt. Einsetzen liefert

$$\ddot{x} + \frac{c}{m}\,x = 0\,,$$

und mit der sogenannten **Eigenkreisfrequenz** ω_0 gemäß

$$\omega_0^2 := \frac{c}{m} \tag{14.12}$$

wird daraus die DGl

$$\boxed{\ddot{x} + \omega_0^2\,x = 0}\,. \tag{1}$$

Aufgrund unserer zuvor erfolgten Klassifizierung erkennen wir in (1) eine

$$\boxed{\text{(gewöhnl.) lineare, homogene \textbf{DGl} 2. Ordnung mit konstanten Koeffizienten}}\,.$$

Zur Lösung machen wir den Ansatz

$$x(t) = \mathrm{e}^{\lambda t} \qquad \left(\text{mit den Ableitungen}\quad \dot{x}(t) = \lambda\,\mathrm{e}^{\lambda t},\quad \ddot{x}(t) = \lambda^2\,\mathrm{e}^{\lambda t}\right)$$

und setzen ihn in (1) ein:

$$\lambda^2 \, e^{\lambda t} \; + \; \omega_0^2 \, e^{\lambda t} \; = \; 0 \, .$$

Da $e^{\lambda t}$ nirgendwo im Endlichen verschwindet, dürfen wir durch $e^{\lambda t}$ teilen und erhalten damit die **charakteristische Gleichung** zu

$$\boxed{\lambda^2 \; + \; \omega_0^2 \; = \; 0} \, , \tag{2}$$

deren Lösungen

$$\lambda_{1,2} \; = \; \pm \sqrt{-\omega_0^2} \; = \; \pm \sqrt{(-1)\,\omega_0^2} \; = \; \pm \sqrt{j^2 \omega_0^2} \; = \; \pm \, j\,\omega_0 \; \in \; \mathbb{C}$$

die **Eigenwerte** ($= $ *eigenvalue*) der DGl (1) darstellen. Dabei wurde von der durch $j^2 := -1$ definierten imaginären Einheit Gebrauch gemacht.

Die Eigenwerte $\lambda_1 = j\omega_0$ und $\lambda_2 = -j\omega_0$ sind *konjugiert komplex* (und hier insbesondere rein imaginär wegen $\mathrm{Re}(\lambda_{1,2}) = 0$). Und da aufgrund der Linearität der DGl Linearkombinationen von Lösungen auch wieder Lösungen der DGl sind, können wir die als Lösungen von (1) gewonnenen Funktionen $e^{\lambda_1 t}$ und $e^{\lambda_2 t}$ zu **Fundamental-** oder **Basislösungen**

$$x_1^*(t) \; := \; e^{\lambda_1 t} \; = \; e^{j\omega_0 t} \, , \qquad x_2^*(t) \; := \; e^{\lambda_2 t} \; = \; e^{-j\omega_0 t}$$

erklären. Sie spannen den Lösungsraum auf und bilden somit ein *Fundamentalsystem*. Die **allgemeine Lösung** von (1) lautet daher

$$\begin{aligned} x(t) \; &= \; c_1^* \, x_1^*(t) \; + \; c_2^* \, x_2^*(t) \\ &= \; c_1^* \, e^{j\omega_0 t} \; + \; c_2^* \, e^{-j\omega_0 t} \, , \end{aligned} \tag{3*}$$

wobei die Konstanten $c_1^*, c_2^* \in \mathbb{C}$ einstweilen unbekannt sind.

Die allgemeine Lösung in Gestalt von (3*) ist für ingenieurmäßige Berechnungen aufgrund der komplexen Terme auf der rechten Seite nicht sehr praktisch. Da aber auf der linken Seite mit $x(t)$ eine reelle Größe erscheint, muss auch die rechte Seite reell sein. Und wir dürfen darauf hoffen, dass sich die allgemeine Lösung in der Form

$$x(t) \; = \; c_1 \, x_1(t) \; + \; c_2 \, x_2(t)$$

darstellen lässt, bei welcher sowohl die Konstanten als auch die Basislösungen reellwertig auftreten. Wir machen dazu einen kleinen Ausflug in die komplexe Rechnung:

Mit der **EULER**schen **Formel**

$$e^{\pm j\omega_0 t} \; = \; \cos[\omega_0 \, t] \; \pm \; j \sin[\omega_0 \, t]$$

kommt man auf

$$\begin{aligned} x(t) \; &= \; c_1^* \cos[\omega_0 \, t] \; + \; j \, c_1^* \sin[\omega_0 \, t] \; + \; c_2^* \cos[\omega_0 \, t] \; - \; j \, c_2^* \sin[\omega_0 \, t] \\ &= \; \left(c_1^* + c_2^*\right) \cos[\omega_0 \, t] \; + \; j \left(c_1^* - c_2^*\right) \sin[\omega_0 \, t] \end{aligned}$$

Grundsätzlich dürfen c_1^* und c_2^* beliebig komplex sein. Wir haben aber bezüglich $x(t)$ nur Interesse an reellen Lösungen und vermuten daher, dass c_1^* und c_2^* konjugiert komplex sind. Mit dem Ansatz

$$c_1^* = \tfrac{1}{2}\left(c_1 - \mathrm{j}c_2\right), \qquad c_2^* = \overline{c}_1^* = \tfrac{1}{2}\left(c_1 + \mathrm{j}c_2\right) \qquad \text{mit} \qquad c_1, c_2 \in \mathbb{R}$$

bekommen wir tatsächlich

$$c_1^* + c_2^* = \tfrac{1}{2}\left(c_1 - \mathrm{j}e_2\right) + \tfrac{1}{2}\left(c_1 + \mathrm{j}e_2\right) = c_1$$

$$\mathrm{j}(c_1^* - c_2^*) = \mathrm{j}\left[\tfrac{1}{2}\left(e_1 - \mathrm{j}c_2\right) - \tfrac{1}{2}\left(e_1 + \mathrm{j}c_2\right)\right] = \mathrm{j}\left[-\mathrm{j}c_2\right] = c_2$$

und die **allgemeine Lösung** von (1) lautet jetzt

$$\boxed{x(t) = c_1 \cos[\omega_0 t] + c_2 \sin[\omega_0 t]} \;. \tag{3}$$

Die beiden unbekannten Konstanten können nun aus den Anfangsbedingungen

$$x(t = 0) = x_0 , \quad \dot{x}(t = 0) = v_0$$

ermittelt werden.

In der **modernen Analysis** wird der Vektorbegriff sehr viel weiter gefasst, als es für die geometrisch motivierte Begriffsbildung in der Technischen Mechanik der Fall ist. Dabei werden insbesondere auch Funktionen als Vektoren aufgefasst, die dann als Elemente entsprechender Vektorräume betrachtet werden. Und ebenso, wie wir den $\mathbb{E}^3$ mit den Basisvektoren $\mathbf{e}_1$, $\mathbf{e}_2$, $\mathbf{e}_3$ versehen haben, so werden auch in solchen Vektorräumen Basen mithilfe linear unabhängiger Funktionen installiert. Und wie beim $\mathbb{E}^3$ bildet man bezüglich der Basis Linearkombinationen und bekommt so den gesamten Raum „in den Griff“. Im Allgemeinen werden derartige Räume aber unendlichdimensional sein, wie man es von den FOURIER-Reihen kennt. In unserem Beispiel haben wir es dagegen mit einem zweidimensionalen Lösungsraum zu tun, und der zuvor erfolgte Wechsel der Basislösungen gemäß

$$x_1^*(t), \; x_2^*(t) \quad \longrightarrow \quad x_1(t), \; x_2(t)$$

ist letztlich nichts anderes als die **Basistransformation**

$$\mathbf{e}_1^*, \; \mathbf{e}_2^* \quad \longrightarrow \quad \mathbf{e}_1, \; \mathbf{e}_2 \;,$$

die wir im $\mathbb{E}^2$ vornehmen. Damit stellt der Übergang von den komplexen Koeffizienten auf die reellen durch

$$c_1^*, \; c_2^* \quad \longrightarrow \quad c_1, \; c_2$$

eine Art „Koordinatentransformation“ (passiver Interpretation) dar.

Anstelle von (3) bevorzugt man in der Ingenieurpraxis meist eine alternative Darstellung, deren Parameter im Gegensatz zu den Konstanten c_1, c_2 den Vorteil besitzen, experimentell leicht nachvollziehbar zu sein. Wir erhalten diese Darstellung aufgrund des Additionstheorems

$$\cos[x - y] \;=\; \cos x\, \cos y\; +\; \sin x\, \sin y$$

bzw.

$$\cos[\omega_0 t - \varepsilon] \;=\; \cos[\omega_0 t]\, \cos \varepsilon\; +\; \sin[\omega_0 t]\, \sin \varepsilon$$

$$A \cos[\omega_0 t - \varepsilon] \;=\; \underbrace{A \cos \varepsilon}_{=\, c_1} \cos [\omega_0 t]\; +\; \underbrace{A \sin \varepsilon}_{=\, c_2} \sin [\omega_0 t]$$

und finden damit die Lösung in Gestalt von

$$\boxed{\,x(t) \;=\; A \,\cos[\omega_0 t - \varepsilon]\,}\,. \tag{4}$$

Anstelle der Konstanten c_1, c_2 lassen sich nun die **Amplitude** A sowie der **Nullphasenwinkel** ε aus den Anfangsbedingungen bestimmen. Im x,t-Diagramm

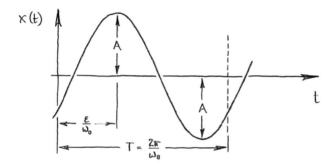

sind diese direkt ablesbar, ebenso wie die

Periodendauer $\qquad T \;=\; \dfrac{2\pi}{\omega_0} \;=\; \dfrac{1}{f_0}\;.$

Daraus folgen unmittelbar die Größen

Eigenkreisfrequenz $\quad \omega_0 \;=\; \dfrac{2\pi}{T}\,, \qquad\qquad [\omega_0] \;=\; \dfrac{1}{[t]} \qquad$ (Einheit: $\tfrac{1}{\mathrm{s}}$)

Eigenfrequenz $\qquad\quad f_0 \;=\; \dfrac{1}{T}\,. \qquad\qquad [f_0] \;=\; \dfrac{1}{[t]} \qquad$ (Einheit: Hz)

Da $\omega_0 t$ als Argument der Cosinus- bzw. Sinus-Funktion auftritt, lässt sich diese Größe als Winkel interpretieren, auch wenn dieser „Winkel" keine geometrisch-anschauliche Bedeutung hat. Und ω_0 hat dann die Dimension einer Winkelgeschwindigkeit, womit die Bezeichnung Eigen**kreis**frequenz deutlich wird. Ferner wissen wir nun, warum in (14.12) ω_0^2 definiert wurde (statt ω_0).

b) mit Antrieb und Dämpfung (= *forced and damped*)

Das bisher betrachtete Feder-Masse-System wird jetzt mit einer Dämpfung verse-hen (Dämpfungskoeffizient k). Außerdem sei es nunmehr angetrieben durch eine **harmonische**, **äußere Anregung** (= *forcing function*)

$$F_{\mathrm{An}}(t) \;=\; F_0 \, \sin[\Omega t] \, .$$

Man kann sich eine solche z. B. vorstellen infolge einer auf m befindlichen oszil-lierenden Zusatzmasse. Wir wollen das an dieser Stelle aber nicht vertiefen, die Werte F_0 und Ω seien uns gegeben.

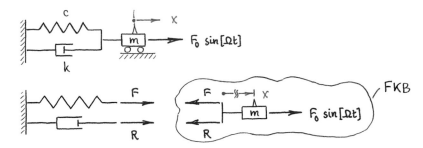

Auf die freigeschnittene Masse wirken nun die Federkraft F sowie die Dämpfungs-kraft R (fluide Reibung). Die dynamische Kräftebilanz lautet damit

$$\sum_i F_{\mathrm{x},i} \;=\; -F \,-\, R \,+\, F_0 \, \sin[\Omega t] \;=\; m\,\ddot{x} \, ,$$

und für Feder- und Dämpfungskraft wollen wir entsprechend (14.10) und (14.11) lineare Gesetze geltend machen, d. h.

$$F \;=\; F(x) \;=\; c\,x \, , \qquad R \;=\; R(\dot{x}) \;=\; k\,\dot{x} \, .$$

Durch Einsetzen erhält man

$$\ddot{x} \,+\, \frac{k}{m}\,\dot{x} \,+\, \frac{c}{m}\,x \;=\; \frac{F_0}{m}\,\sin[\Omega t]$$

bzw.

$$\boxed{\ddot{x} \,+\, 2D\,\dot{x} \,+\, \omega_0^2\,x \;=\; \frac{F_0}{m}\,\sin[\Omega t]} \; , \tag{5}$$

wenn wir außer der Eigenkreisfrequenz nach (14.12) noch die **Dämpfung** durch

$$2D \;:=\; \frac{k}{m} \tag{14.13}$$

einführen. Wir erkennen in (5) eine

$\boxed{\text{(gewöhnl.) lineare, inhomogene } \mathbf{DGl} \text{ 2. Ordnung mit konstanten Koeffizienten}}$.

Demnach ist „inhomogen" das Einzige, was gegenüber **a)** jetzt anders ist. Die weitere Vorgehensweise besteht nun darin, dass wir (5) zunächst „homogenisieren", d.h. gemäß

$$\ddot{x}_\mathrm{h} + 2D\dot{x}_\mathrm{h} + \omega_0^2 x_\mathrm{h} = 0$$

die rechte Seite zu null setzen, und damit die *homogene Lösung* $x_\mathrm{h}(t)$ berechnen. Anschließend ermitteln wir für $g(t) = \frac{F_0}{m}\sin[\Omega t]$ die *partikuläre Lösung*.

Die Berechnung der **homogenen Lösung** erfolgt wieder über einen $\mathrm{e}^{\lambda t}$-Ansatz und führt hier auf die charakteristische Gleichung

$$\boxed{\lambda^2 + 2D\lambda + \omega_0^2 = 0} \tag{6}$$

mit den Eigenwerten

$$\lambda_{1,2} = -D \pm \sqrt{D^2 - \omega_0^2}\ ,$$

hinsichtlich derer drei Fälle zu unterscheiden sind:

i) Zwei reelle Eigenwerte $\lambda_1 \neq \lambda_2$ mit $D^2 > \omega_0^2$

$$\rightsquigarrow \quad \lambda_{1,2} = -D \pm \sqrt{D^2 - \omega_0^2} \ \in \mathbb{R}\,.$$

Die Lösung ergibt sich als Linearkombination der Basislösungen sofort zu

$$x_\mathrm{h}(t) = c_1\,\mathrm{e}^{\lambda_1 t} + c_2\,\mathrm{e}^{\lambda_2 t}\,.$$

Ein solches System ist wegen der starken Dämpfung nicht schwingfähig. Nach einer Auslenkung aus der Ruhelage kriecht es vergleichsweise langsam in diese zurück.

ii) Ein (doppelt auftretender) **reeller Eigenwert** mit $D^2 = \omega_0^2$

$$\rightsquigarrow \quad \lambda_1 = \lambda_2 = -D \ \in \mathbb{R}\,.$$

Dieser Fall nimmt gewissermaßen die „Grenzlage" zwischen den beiden anderen ein und wird daher auch als *kritisch* bezeichnet. Die Lösung

$$x_\mathrm{h}(t) = c_1\,\mathrm{e}^{\lambda_1 t} + c_2\,t\,\mathrm{e}^{\lambda_2 t}$$

ergibt sich hier wegen $\lambda_1 = \lambda_2$ nicht so ohne Weiteres als Linearkombination von $\mathrm{e}^{\lambda_1 t}$ und $\mathrm{e}^{\lambda_2 t}$. Man muss noch „ein t spendieren". Das Verhalten nach einer Auslenkung aus der Ruhelage unterscheidet sich praktisch nicht von **i)**. In der älteren Literatur ist die Rede von dem *aperiodischen Grenzfall*.

iii) Konjugiert komplexe Eigenwerte mit $D^2 < \omega_0^2$

$$\rightsquigarrow \quad \lambda_{1,2} = -D \pm \sqrt{(-1)(\omega_0^2 - D^2)}$$

$$= -D \pm \mathrm{j}\omega_1 \ \in \mathbb{C}\,,$$

wobei die Abkürzung

$$\sqrt{\omega_0^2 - D^2} =: \omega_1 \tag{14.14}$$

eingeführt wurde.

Das System ist schwach gedämpft und reagiert auf Auslenkungen aus der Ruhelage mit abklingenden Schwingungen. Wir werden die Lösung

$$x_{\mathrm{h}}(t) = \mathrm{e}^{-Dt}\left(c_1 \cos[\omega_0 t] + c_2 \sin[\omega_0 t]\right) = A\,\mathrm{e}^{-Dt}\cos[\omega_0 t - \varepsilon]$$

im Folgenden herleiten, was weiter nicht schwerfällt, da wir diese für den Spezialfall $D = 0$ bereits kennen (vgl. (3) bzw. (4)).

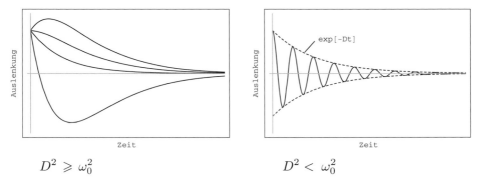

$$D^2 \geqslant \omega_0^2 \qquad\qquad\qquad\qquad D^2 < \omega_0^2$$

Abb. 14.1 Zum dynamischen Verhalten eines gedämpften Feder-Masse-Systems

Wir betrachten im Folgenden nur den Fall **iii)**, da dieser der technisch weitaus interessanteste ist. Nach Einsetzen der konjugiert komplexen Eigenwerten erhalten wir zunächst

$$x_{\mathrm{h}}(t) = c_1^* \exp\left[(-D + \mathrm{j}\omega_1)t\right] + c_2^* \exp\left[(-D - \mathrm{j}\omega_1)t\right]$$

$$= \mathrm{e}^{-Dt}\left(c_1^*\,\mathrm{e}^{\mathrm{j}\omega_1 t} + c_2^*\,\mathrm{e}^{-\mathrm{j}\omega_1 t}\right).$$

Dabei lässt sich der Klammerinhalt entsprechend der Umwandlung $(3^*) \rightarrow (3)$ ersetzen, so dass sich die *homogene Lösung* von (5) schließlich zu

$$\boxed{x_{\mathrm{h}}(t) = \mathrm{e}^{-Dt}\left(c_1 \cos[\omega_1 t] + c_2 \sin[\omega_1 t]\right)} \tag{7}$$

ergibt. Wir nehmen somit zur Kenntnis: Der **Realteil** $\mathrm{Re}(\lambda_{1,2}) = -D < 0$ beinhaltet die *Dämpfung*. Bei ungedämpften Systemen verschwindet demnach der Realteil, $D < 0$ wäre Anfachung statt Dämpfung. Der **Imaginärteil** $\mathrm{Im}(\lambda_{1,2}) = \pm\omega_1$ stellt dagegen die *Eigenkreisfrequenz* des gedämpften Systems dar.

Wir wenden uns nun der **partikulären Lösung** zu. Dazu gibt es zwei Möglichkeiten:

- die (LAGRANGEsche) **Variation der Konstanten** und

- den **Ansatz vom Typ der rechten Seite** („Faustregelansatz").

Während die *Variation der Konstanten* den Vorteil besitzt, dass sie in jedem Fall zu einer partikulären Lösung führt, sofern $g(t)$ auf dem betrachteten Intervall stetig ist, funktioniert der *Ansatz vom Typ der rechten Seite* nur, wenn $g(t)$ in der speziellen Form

$$P_n(t)\,, \quad P_n(t)\,e^{\alpha t},\quad P_n(t)\,\sin[\beta t]\,, \quad P_n(t)\,\cos[\gamma t] \qquad \text{mit}\quad n\in\mathbb{N},\ \alpha,\beta,\gamma\in\mathbb{R}$$

oder als Linearkombination davon vorliegt (vgl. [1], Abschnitt 6.8.4). Dabei ist $P_n(t)$ eine Polynomfunktion n-ten Grades. Damit lassen sich aber die gängigen Fälle der Praxis recht gut berechnen, wohingegen sich die *Variation der Konstanten* in der rechentechnischen Durchführung regelmäßig als sehr mühsam bis frustrierend erweist.

Die Beschreibung „vom Typ der rechten Seite" verrät beinahe schon alles, was man wissen muss. Der Ansatz sieht im Prinzip genauso aus wie die Funktion $g(t)$, nur eben mit unbekannten Koeffizienten. Um diese zu ermitteln, wird der Ansatz in die inhomogene DGl eingesetzt, und ein Koeffizientenvergleich liefert das Resultat. Dabei schadet es überhaupt nicht, wenn der Ansatz zu „fett" gewählt wurde. Die Koeffizienten der überflüssigen Terme verschwinden dann automatisch. Fällt hingegen der Ansatz zu mager aus, merkt man das daran, dass das LGS nicht „aufgeht". Man muss dann den Ansatz erweitern.

Liegt $g(t)$ insbesondere in einer Form vor, die nur Sinus- *oder* nur Cosinus-Terme enthält, so wie es hier mit

$$g(t) \;=\; \tfrac{F_0}{m}\,\sin[\Omega t]$$

der Fall ist, so wählt man den Ansatz stets mit Sinus- *und* Cosinus-Termen. In unserem Fall ist also der Ansatz

$$x_{\mathrm{p}}(t) \;=\; A\,\sin[\Omega t] \;+\; B\,\cos[\Omega t] \tag{8}$$

sinnvoll. Wir bilden sogleich die Ableitungen

$$\dot{x}_{\mathrm{p}}(t) \;=\; A\,\Omega\,\cos[\Omega t] \;-\; B\,\Omega\,\sin[\Omega t]\,,$$

$$\ddot{x}_{\mathrm{p}}(t) \;=\; -A\,\Omega^2\,\sin[\Omega t] \;-\; B\,\Omega^2\,\cos[\Omega t]$$

und setzen das Ganze in (5) ein:

$$-A\,\Omega^2\sin[\Omega t] \;-\; B\,\Omega^2\cos[\Omega t] \;+\; 2D\left(A\,\Omega\,\cos[\Omega t] - B\,\Omega\,\sin[\Omega t]\right) \;+$$

$$+\; \omega_0^2\left(A\,\sin[\Omega t] + B\,\cos[\Omega t]\right) \;=\; \tfrac{F_0}{m}\,\sin[\Omega t]$$

$$\left(-A\,\Omega^2 - B\,2D\Omega + A\,\omega_0^2\right)\sin[\Omega t] \;+\; \left(-B\,\Omega^2 + A\,2D\Omega + B\,\omega_0^2\right)\cos[\Omega t] \;=$$

$$=\; \tfrac{F_0}{m}\,\sin[\Omega t] \;+\; 0\cdot\cos[\Omega t]\,.$$

Der Koeffizientenvergleich

$$\sin[\Omega t]: \quad \left(-\Omega^2 + \omega_0^2\right) A \; - \; 2 D \Omega \; B \; = \; \frac{F_0}{m}$$

$$\cos[\Omega t]: \quad 2 D \Omega \; A \; + \; \left(-\Omega^2 + \omega_0^2\right) B \; = \; 0$$

führt schließlich auf ein (2×2)-System für die unbekannten Koeffizienten A und B:

$$\left(\omega_0^2 - \Omega^2\right) A \; - \; 2 D \Omega \; B \; = \; \frac{F_0}{m}$$

$$2 D \Omega \; A \; + \; \left(\omega_0^2 - \Omega^2\right) B \; = \; 0 \, .$$

Nach Lösung desselben mit GAUSS-Algorithmus liegen uns die gesuchten Koeffizienten gemäß

$$A \; = \; \frac{F_0}{m} \, \frac{\omega_0^2 - \Omega^2}{(2 D \Omega)^2 + (\omega_0^2 - \Omega^2)^2} \, ,$$

$$B \; = \; -\frac{F_0}{m} \, \frac{2 D \Omega}{(2 D \Omega)^2 + (\omega_0^2 - \Omega^2)^2}$$

vor, und wir erhalten die **partikuläre Lösung** von (5) zu

$$x_\mathrm{p}(t) \; = \; \frac{F_0}{m} \, \frac{(\omega_0^2 - \Omega^2) \sin[\Omega t] - 2 D \Omega \cos[\Omega t]}{(2 D \Omega)^2 + (\omega_0^2 - \Omega^2)^2} \tag{9a}$$

Man kann diese etwas unübersichtliche Darstellung – ähnlich wie zuvor schon bei (3), (4) – auf die Form

$$\boxed{x_\mathrm{p}(t) \; = \; H \sin[\Omega t - \varphi]} \tag{9}$$

bringen. Nach längerer Rechnung erhält man H und φ, siehe (10).

Die **allgemeine Lösung** der inhomogenen DGl (5) ergibt sich schließlich durch Addition der homogenen und partikulären Lösung zu

$$\boxed{\begin{aligned} x(t) \; &= \; \underbrace{\mathrm{e}^{-Dt} \left(c_1 \cos[\omega_1 t] + c_2 \sin[\omega_1 t] \right)}_{= \, x_\mathrm{h}(t)} + \underbrace{H \sin[\Omega t - \varphi]}_{= \, x_\mathrm{p}(t)} \\[2mm] \mathrm{mit} \quad \omega_1 \; &= \; \sqrt{\omega_0^2 - D^2} \\[2mm] H \; &= \; \frac{F_0}{m \, \sqrt{(2 D \Omega)^2 + (\omega_0^2 - \Omega^2)^2}} \\[2mm] \varphi \; &= \; \arccos \left[\frac{\omega_0^2 - \Omega^2}{\sqrt{(2 D \Omega)^2 + (\omega_0^2 - \Omega^2)^2}} \right] \end{aligned}} \tag{10}$$

Bemerkenswert ist, dass wegen des e^{-Dt}-Terms die homogene Lösung für hinreichend große Zeiten vernachlässigbar wird, da

$$\lim_{t\to\infty} x_\mathrm{h}(t) \;=\; \lim_{t\to\infty} e^{-Dt} \;=\; 0$$

ist. Die Eigenschwingungen (= *natural vibration*), die sich aufgrund der Anfangsbedingungen einstellen, klingen mit zunehmender Zeit recht bald ab, das war auch schon aus Abbildung 14.1 zu ersehen. Wir wollen uns das in einem Zahlenbeipiel verdeutlichen. Mit den Parameterwerten

$$m \;=\; 1\ \mathrm{kg}\,, \quad c \;=\; 10\ \tfrac{\mathrm{N}}{\mathrm{m}}\,, \quad D \;=\; 0{,}1\ \tfrac{1}{\mathrm{s}}\,, \quad F_0 \;=\; 0{,}01\ \mathrm{N}\,, \quad \Omega \;=\; 1{,}5\ \tfrac{1}{\mathrm{s}}$$

und den **AB**en

$$x(t=0) \;=\; 10\ \mathrm{mm}\,, \quad \dot{x}(t=0) \;=\; 0$$

ergibt sich folgendes Bild:

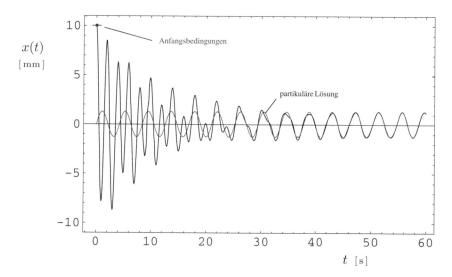

Nach rund vierzig Sekunden ist die Wirkung der Anfangsbedingungen kaum noch erkennbar, und die durch F_0 und Ω gegebene Anregung bestimmt das Verhalten des Systems. Es stellt sich hier insbesondere die Frage nach dem Einfluss von Ω. Aus

$$H(\Omega) \;=\; \frac{F_0}{m\,\sqrt{(2\,D\Omega)^2 + (\omega_0^2 - \Omega^2)^2}}$$

entnehmen wir, dass die Amplitude H offensichtlich stark davon abhängt, wie sich die Erregerkreisfrequenz Ω von der Eigenkreisfrequenz ω_0 des ungedämpften Systems unterscheidet. Speziell für das ungedämpfte System gilt

$$H(\Omega)\Big|_{D=0} \;=\; \frac{F_0}{m\,\big|\,\omega_0^2 - \Omega^2\,\big|}\,,$$

und die Anregung mit Eigenkreisfrequenz führt zu

$$H \rightarrow \infty \qquad \text{für} \qquad \Omega \rightarrow \omega_0 \, . \qquad \qquad (\textbf{Achtung!} \text{ Selbstzerstörung})$$

Man bezeichnet dies als **Resonanz** (= *resonance*). Eine dimensionslose Darstellung dieses Sachverhalts lässt sich erzielen, wenn man anstelle von

$$H(\Omega) \;=\; \frac{F_0}{m\,\omega_0^2} \; \underbrace{\frac{1}{\sqrt{\left(\frac{2D}{\omega_0}\,\frac{\Omega}{\omega_0}\right)^2 + \left(\frac{\omega_0^2}{\omega_0^2} - \frac{\Omega^2}{\omega_0^2}\right)^2}}}_{=:V}$$

die darin enthaltene **Vergrößerungsfunktion** (Amplituden-Frequenzgang)

$$V(\eta) \;:=\; \frac{1}{\sqrt{\left(\frac{2D}{\omega_0}\,\eta\right)^2 + \left(1 - \eta^2\right)^2}} \qquad\qquad (14.15)$$

in Abhängigkeit des **Frequenzverhältnisses**

$$\eta \;:=\; \frac{\Omega}{\omega_0} \qquad\qquad (14.16)$$

betrachtet:

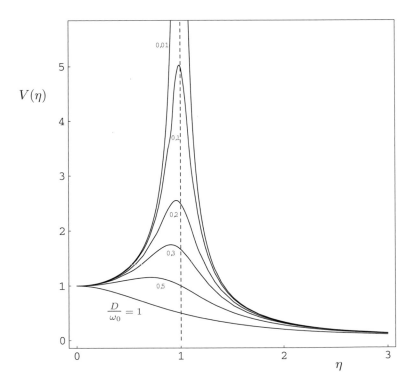

Abb. 14.2 Amplituden-Frequenzgang oder Vergrößerungsfunktion $V(\eta)$

Der Resonanzfall des ungedämpften Systems ist hier mit $V \to \infty$ für $\eta \to 1$ gegeben. Es können demnach sehr kleine Erregerkräfte beliebig große Amplituden erzeugen. Und wie Abbildung 14.2 eindrucksvoll zeigt, ist schon das näherungsweise Erreichen der Resonanz mit $\eta \approx 1$ für schwach gedämpfte Systeme mit sehr großen Amplituden verbunden, die ohne Weiteres zur Zerstörung des Systems führen können.

Resonanz ist also bei Maschinen, Anlagen und Bauwerken unbedingt zu verhindern. Dazu muss man natürlich die Eigenfrequenz(en) des jeweiligen Systems kennen. Danach stellt sich die Frage, welche Maßnahmen zu ergreifen sind, dass Erreger- und Eigenfrequenzen möglichst weit voneinander entfernt sind. In der Technik hat man es häufig mit einer der folgenden Ausgangssituationen zu tun:

1. *Erregerfrequenzen liegen fest.*

   Dieser Fall ist in der Technik häufig gegeben, wenn Rotordrehzahlen vorgegeben sind, z. B. die Generatordrehzahl von 3000 U/min zur Stromerzeugung. Dann kann man nur die Eigenfrequenzen manipulieren. Das kann u. U. bedeuten, dass eine Welle dünner ausgelegt wird. Aber auch die Zerlegung in zwei Wellen, welche durch eine drehelastische Kupplung (mit oder ohne Dämpfung) verbunden sind, ist denkbar.

2. *Eigenfrequenzen liegen fest.*

   Ein Beispiel hierfür kennt jeder vom Zahnarztbesuch: Bekanntlich wird das Bohren und Fräsen an den Zähnen als nicht sehr angenehm empfunden. Das hängt damit zusammen, dass Zähne samt ihrer elastisch-dämpfenden Lagerung (Pupa) sich als schwingfähige Feder-Masse-Systeme erweisen. An deren Eigenfrequenzen kann man natürlich kaum etwas ändern. Um den Resonanzfall zu verhindern, wählt man die Drehzahl des Zahnarztbohrers so groß wie möglich. Die heute üblichen druckluftgetriebenen Ausführungen kommen auf über 20 000 U/min. Bis in die 60er-Jahre des vorherigen Jahrhunderts waren dagegen noch Transmissionsantriebe gebräuchlich. Deren Drehzahl liegt nur in der Größenordnung von 3000...4000 U/min, was den Erlebniswert enorm steigert.

Das „prominenteste" Beispiel für technisches Versagen infolge von Resonanz ist zweifellos der Einsturz der **Tacoma-Bridge** in Tacoma (Washington, USA). Dort wurden zahlreiche Tragwerkselemente durch Wind zum Schwingen angeregt. Verantwortlich dafür ist die KÁRMÁNsche Wirbelstraße, die mit ihrer periodisch erfolgenden Strömungsablösung für eine Erregerfrequenz sorgt. Mitunter liegt eine solche sogar im hörbaren Bereich („singende" Freileitungen). Das Unglück der Tacoma-Bridge war, dass die Frequenzen der Wirbelablösung recht gut zu den Eigenfrequenzen der betroffenen Bauteile passten. Die Schwingungen bauten sich dann über mehrere Stunden auf, bis die Brücke schließlich einstürzte. Interessanterweise wurde der gesamte Vorgang gefilmt. Der Film ist im Internet zu finden.

Die Phasenverschiebung lässt sich entsprechend

$$
\varphi \;=\; \arccos\left[\frac{\dfrac{\omega_0^2}{\omega_0^2} - \dfrac{\Omega^2}{\omega_0^2}}{\sqrt{\left(\dfrac{2D}{\omega_0}\dfrac{\Omega}{\omega_0}\right)^2 + \left(\dfrac{\omega_0^2}{\omega_0^2} - \dfrac{\Omega^2}{\omega_0^2}\right)^2}}\right]
$$

ebenfalls als Funktion des Frequenzverhältnisses ausdrücken. Man erhält auf diese

Weise den **Phasen-Frequenzgang** zu

$$\varphi(\eta) \;=\; \arccos\left[\frac{1-\eta^2}{\sqrt{\left(\frac{2D}{\omega_0}\eta\right)^2+\left(1-\eta^2\right)^2}}\right]. \tag{14.17}$$

Im Falle verschwindender Dämpfung ändert sich der Verlauf von $\varphi(\eta)$ an der Stelle $\eta = 1$ wegen

$$\varphi(\eta)\Big|_{D=0} \;=\; \arccos\left[\frac{1-\eta^2}{|1-\eta^2|}\right] \;=\; \begin{cases} 0 & \text{für } \eta < 1 \\[2mm] \pi & \text{für } \eta > 1 \end{cases} \qquad (\eta \neq 1)$$

unstetig.

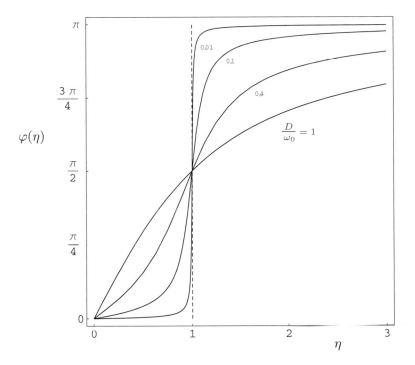

Abb. 14.3 Phasen-Frequenzgang $\varphi(\eta)$

Abschließend sei bemerkt, dass dieses einfache Beispiel eines Feder-Masse-Systems nicht ohne Grund hier so ausführlich dargestellt wurde. Es bildet den Einstieg in die **Schwingungslehre** und **Maschinendynamik**.

■

Beispiel 14.3 Massenpunktpendel

a) frei und ungedämpft, linearisiert

Die DGl des freien und ungedämpften Pendels haben wir bereits in den Beispielen
13.6 und 14.1 hergeleitet. Sie lautet

$$\boxed{\ddot{\varphi} + \frac{g}{\ell}\,\sin\varphi \;=\; 0}\;. \tag{14.5}$$

Die „Mechanik" ist also schon erledigt. Wir wollen uns jetzt nur noch mit der
mathematischen Behandlung von (14.5) befassen, denn es handelt sich um eine

$$\boxed{\text{(gewöhnl.) \textbf{nichtlineare}, homogene \textbf{DGl} 2. Ordnung mit konst. Koeffizienten}}\;.$$

Der Befund „nichtlinear" hat nicht unerhebliche Konsequenzen. Die Aussichten
auf eine geschlossene Lösung sind bei nichtlinearen DGl – zumal bei höherer als
erster Ordnung – vergleichsweise gering. Doch zunächst wollen wir uns der Frage
zuwenden, woran man erkennt, dass eine DGl nichtlinear ist. Dazu schreiben wir
(14.5) unter Verwendung des **Differentialoperators M** in der kürzest möglichen
Form:

$$\mathbf{M}[\varphi] \;=\; 0\;. \tag{14.5a}$$

Der Vergleich mit (14.5) zeigt, dass der Differentialoperator hier durch

$$\mathbf{M}[\;] \;=\; \frac{\mathrm{d}^2}{\mathrm{d}t^2}[\;] + \frac{g}{\ell}\sin[\;]$$

gegeben ist.

Linearität kennt man aus der Schulmathematik nur von linearen Funktionen. Das sind
die altbekannten Geradengleichungen. Wir wollen hier die allgemeine Definition der Linearität zur Kenntnis nehmen: Eine Abbildung **L** (Funktion, Operator) angewandt auf
die unabhängige Variable u (Zahl, Funktion) heißt **linear**, wenn sie das *Superpositionsprinzip*

$$\mathbf{L}[u_1 + u_2] \;=\; \mathbf{L}[u_1] + \mathbf{L}[u_2]$$

und das *Verstärkungsprinzip*

$$\mathbf{L}[\alpha\,u] \;=\; \alpha\,\mathbf{L}[u] \qquad \text{mit} \qquad \alpha \in \mathbb{R}$$

erfüllt. Man kann beides auch in einer Gleichung

$$\boxed{\mathbf{L}[\alpha_1\,u_1 + \alpha_2\,u_2] \;=\; \alpha_1\,\mathbf{L}[u_1] + \alpha_2\,\mathbf{L}[u_2]} \qquad \text{mit} \qquad \alpha_1, \alpha_2 \in \mathbb{R}$$

schreiben, wie es aus Platzgründen häufig geschieht. Genügt die Abbildung **L** diesen
Gleichungen nicht, so heißt **L** nichtlinear. Um uns mit der Linearitätsprüfung vertraut
zu machen, wenden wir diese gleich mal auf die Funktion

$$f(x) \;=\; m\,x + n \qquad \text{mit} \qquad m, n = \text{const}$$

an, die gemeinhin als Geradengleichung oder „lineare" Funktion bezeichnet wird. Wir stellen mit

$$m\,(x_1 + x_2) + n \overset{?}{=} (m\,x_1 + n) + (m\,x_2 + n) = m\,(x_1 + x_2) + 2n$$

$$m\,(\alpha x) \overset{?}{=} \alpha\,(m\,x + n)$$

fest, dass Linearität nur im Fall $n = 0$ vorliegt. Die Gerade muss demnach durch den Ursprung gehen! Im Falle $n \neq 0$ spricht man korrekt von einer „affin-linearen" Funktion.

Wie man sich leicht überzeugt, sorgt der Sinus dafür, dass der Differentialoperator $\mathbf{M}$ nichtlinear ist. Zur Lösung von (14.5) stehen uns nun zwei Wege offen: *Linearisierung* oder *numerische Lösung*.

Zur **Linearisierung** des Differentialoperators müssen wir, da $\frac{d^2}{dt^2}[\ ]$ bereits eine lineare Operation darstellt, nur den Sinus linearisieren. Die Entwicklung desselben in eine TAYLOR-Reihe um den Stützpunkt φ_0 gemäß

$$\sin\varphi \;=\; \underbrace{\sin\varphi_0}_{\text{0. Glied}} \;+\; \underbrace{\frac{d\sin\varphi}{d\varphi}\bigg|_{\varphi=\varphi_0}(\varphi - \varphi_0)}_{\text{1. Glied}} \;+\; \underbrace{\ldots}_{\text{höhere Glieder}}$$

brechen wir dazu nach dem 1. Glied ab und erhalten mit $\varphi_0 = 0$ (Ruhelage)

$$\sin\varphi = \varphi \qquad \text{für} \qquad \varphi \ll \frac{\pi}{2}\,.$$

Damit liegt uns die **linearisierte Pendel-DGl**

$$\boxed{\ddot\varphi + \omega_0^2\,\varphi = 0}$$

vor, wobei hier $\frac{g}{\ell} =: \omega_0^2$ gesetzt wurde. Diese DGl ist identisch mit (1) aus dem vorherigen Beispiel 14.2, so dass uns die Lösung bekannt ist. Periodendauer und Eigenfrequenz berechnen sich hier zu

$$T = \frac{2\pi}{\omega_0} = 2\pi\sqrt{\frac{\ell}{g}}\,, \qquad f_0 = \frac{1}{2\pi}\sqrt{\frac{g}{\ell}}\,,$$

womit auch plausibel wird, warum die Gangregulierung einer Penduluhr durch Veränderung der Pendellänge ℓ erfolgt.

b) frei und gedämpft

Die Pendel-DGl (14.5) hatten wir unter Vernachlässigung jedweder Reibungseinflüsse hergeleitet. In der Realität macht sich jedoch insbesondere die Luftreibung bemerkbar. Wir wollen sie analog zum vorherigen Beispiel durch den Term $2D\dot\varphi$ berücksichtigen, so dass die erweiterte Pendel-DGl nun

$$\boxed{\ddot\varphi + 2D\,\dot\varphi + \omega_0^2\,\sin\varphi = 0} \tag{1}$$

lautet, mit $\omega_0^2 = \frac{g}{\ell}$ wie zuvor.

Im Falle der **Linearisierung** bekommen wir

$$\ddot{\varphi} + 2D\dot{\varphi} + \omega_0^2 \varphi = 0 \,, \tag{1a}$$

deren Lösung in Gestalt einer exponentiell abklingenden Schwingung uns ebenfalls aus dem Beispiel 14.2 bekannt ist. Mit den beispielhaft gewählten Parameterwerten

$$D = 0{,}1\,\tfrac{1}{s} \,, \qquad \omega_0 = 1\,\tfrac{1}{s} \qquad \left(\rightsquigarrow \omega_1 = \sqrt{\omega_0^2 - D^2} = 0{,}995\,\tfrac{1}{s} \right)$$

sowie den **AB**en $\varphi(t = 0) = 2$ und $\dot{\varphi}(t = 0) = 0$ lautet sie

$$\varphi(t) = e^{-\frac{0{,}1}{s} t} \left(2 \, \cos[\tfrac{0{,}995}{s} t] + 0{,}201 \, \sin[\tfrac{0{,}995}{s} t] \right). \tag{2}$$

Wir werden diese Lösung der linearisierten DGl (1a) im Folgenden mit der entsprechenden numerischen Lösung der nichtlinearen DGl (1) vergleichen.

Für den Fall, dass die Linearisierungsbedingung $\varphi \ll \frac{\pi}{2}$ in erheblicher Weise verletzt ist, weil beliebige Werte des Pendelausschlags φ zugelassen sind (Pendel mit „Überschlag")[2], sind wir gezwungen, eine **numerische Lösung** der nichtlinearen DGl anzustreben. Eine sehr bequeme Art, an numerische Lösungen von gewöhnlichen Differentialgleichungen zu kommen, bieten die Computer-Algebra-Systeme (CAS) wie z. B. *Mathematica*®. Mit den zuvor gewählten Parameterwerten und **AB**en berechnen wir die Lösung von (1):

In[1] :=   d = 0.1; om0 = 1

Out[1] =   1

In[2] :=   NDSolve[{phi''[t] + 2 d phi'[t] + om0 Sin[phi[t]] == 0, phi[0] == 2, phi'[0] == 0}, phi, {t, 0, 60}]

Out[2] =   {{phi -> InterpolatingFunction[{{0., 60.}}, <>]}}

In[3] :=   Plot[Evaluate[phi[t] /. %], {t, 0, 60}, Frame -> True, PlotRange -> {-2.1, 2.1}]

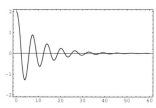

Out[3] =   - Graphics -

Der Graph der numerischen Lösung entspricht in seinem Zeitverlauf in etwa dem, was wir auch im linearen Fall erwartet hätten. Die folgende Abbildung zeigt diese numerische Lösung im Vergleich zu (2), welche wir oben für den linearisierten Fall erhalten haben.

---

[2] Wir denken uns dabei den (masselosen) Faden durch einen entsprechenden Stab ersetzt.

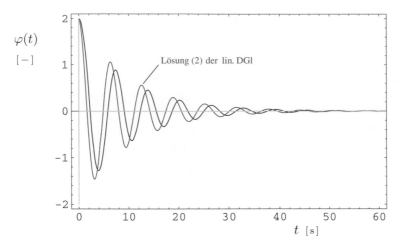

Obwohl das reale Verhalten des Pendels, welches durch die numerische Lösung wiedergegeben wird, von der Lösung der linearisierten DGl beträchtlich abweicht, so lässt sich zwischen beiden doch immer noch eine gewisse Ähnlichkeit feststellen. Wie wir gleich unter **c)** sehen werden, kann bei einem angetriebenen, nichtlinearen Pendel ein dynamisches Verhalten auftreten, welches mit dem linearisierten Fall keinerlei Ähnlichkeit mehr besitzt.

c) mit Antrieb und Dämpfung

Wir erweitern unseren Betrachtungsrahmen abermals und versehen das durch (1) beschriebene, gedämpfte und nichtlineare Pendel mit einer harmonischen Anregung, wie wir sie zuvor beim Feder-Masse-System in Beispiel 14.2 unter **b)** angetroffen haben. Damit lautet die systembeschreibende DGl

$$\boxed{\ddot{\varphi} + 2D\,\dot{\varphi} + \omega_0^2 \sin\varphi = \Phi_0 \cos[\Omega t]}\ . \tag{3}$$

Wie eine derartige Anregung technisch realisiert wird, darauf soll an dieser Stelle nicht weiter eingegangen werden. Wir interessieren uns derzeit nur für das Lösungsverhalten von (3).

Wir werden im Folgenden die inhomogene Pendel-DGl (3) unter Vorgabe der gleichen **AB**en

$$\varphi(t = 0) = 2\ , \qquad \dot{\varphi}(t = 0) = 0$$

wie unter **b)** numerisch lösen. Dafür setzen wir zunächst die Parameterwerte

$$D = 0{,}1\tfrac{1}{s}\ , \qquad \omega_0 = 1\tfrac{1}{s}\ , \qquad \Phi_0 = 0{,}2\tfrac{1}{s^2}\ , \qquad \Omega = 0{,}8\tfrac{1}{s}$$

an. Die damit erhaltene numerische Lösung von (3) ist in nachfolgender Abbildung über der Zeit aufgetragen. Zum Vergleich ist auch die Lösung der linearisierten[3]

---

[3] Dazu wurde in (3) wiederum $\sin\varphi$ durch φ ersetzt.

DGl angegeben. Diese wurde der Bequemlichkeit halber ebenfalls numerisch berechnet.

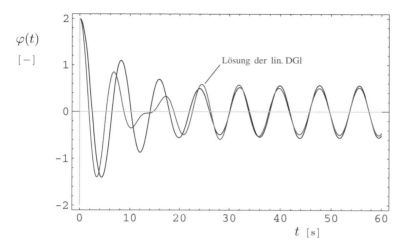

Der Befund ist im Großen und Ganzen derselbe wie in Beispiel 14.2 unter **b**): Ausgehend von den **AB**en schwingt sich das System auf die stationäre (partikuläre) Lösung ein, die durch die Anregung $\Phi_0 \cos[\Omega t]$ bedingt ist. Wesentliche Unterschiede zwischen nichtlinearer und linearisierter DGl erkennt man nur im Einschwingvorgang. Danach passiert im Wesentlichen das Gleiche.

Wir wollen die nichtlineare Pendel-DGl (3) nun noch einmal numerisch lösen mit den gleichen **AB**en, aber etwas anderen Parameterwerten

$$D = 0{,}1\,\tfrac{1}{s}\,, \qquad \omega_0 = 1\,\tfrac{1}{s}\,, \qquad \Phi_0 = 1{,}525\,\tfrac{1}{s^2}\,, \qquad \Omega = 0{,}8\,\tfrac{1}{s}\,.$$

Bis auf die Intensität der Anregung Φ_0, welche erheblich größer gewählt wurde, sind das die gleichen Werte wie zuvor. Das Ergebnis fällt hier jedoch deutlich anders aus:

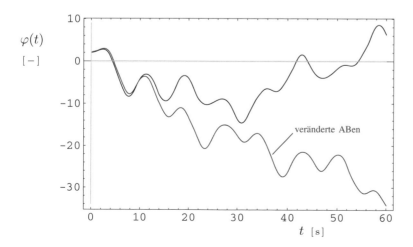

Die schwarz eingezeichnete Lösung $\varphi(t)$ hat ganz offensichtlich nichts mehr zu tun mit dem, was wir bei einer linearen DGl erwarten! Bedeutsam ist aber nicht nur der „wilde" Verlauf von $\varphi(t)$. Es gibt hier noch eine weitere Beobachtung, die typisch ist für dieses Systemverhalten: Berechnen wir nämlich die Lösung ein zweites Mal unter geringfügig veränderten **AB**en, hier entsprechend

$$\varphi(t = 0) \; = \; 2{,}05 \, , \qquad \dot{\varphi}(t = 0) \; = \; 0 \, ,$$

(Hinsichtlich der Auslenkung beträgt hier die relative Änderung 2,5 %. Die Geschwindigkeit bleibt unverändert.)

so erkennt man einen ähnlichen Verlauf der Lösungen nur für einen vergleichsweise kurzen Zeitraum nach dem Start. Danach (hier etwa nach 15 Sekunden) weichen die ursprünglich benachbarten Kurven bereits sehr stark voneinander ab. In unserer Beispielrechnung etwa erkennt man bereits ab ca. 40 Sekunden nicht mehr, dass die beiden Kurven mal etwas Gemeinsames hatten.

Man bezeichnet dieses Phänomen als **Chaos**[4] (= *(deterministic) chaos*). Seine besondere Bedeutung liegt in der erstaunlichen Tatsache, dass sich das Verhalten nichtlinearer, dynamischer Systeme nicht für alle Zeiten vorhersagen lässt. Denn eine Vorhersage bedeutet nichts anderes, als dass man vom Zustand des Systems im „Jetzt", vertreten durch seine **AB**en, auf einen späteren Zustand schließen kann. In der Praxis ist es nun aber so, dass die **AB**en, welche den Zustand des Systems zum Zeitpunkt $t = 0$ wiedergeben, messtechnisch erfasst werden müssen. Da dies aber niemals ohne Messfehler erfolgt, stellt sich hier die nicht unmaßgebliche Frage, wie weit das dynamische Verhalten eines solchen Systems für praktische Zwecke vorhersagbar ist. Dies hängt natürlich davon ab, welchen Fehler wir bereit sind zu akzeptieren.

Chaos bedeutet also *nicht*, dass es nicht möglich wäre, das dynamische Verhalten eines nichtlinearen Systems unter Vorgabe von **AB**en für einen gewissen Zeitraum vorauszuberechnen. Das haben wir schließlich gerade gemacht. Die Frage ist, ab wann die Vorausberechnung nicht mehr als Vorhersage taugt.

Im Gegensatz zu nichtlinearen Systemen, welche für bestimmte Parameterwerte chaotisches Verhalten zeigen, für andere hingegen nicht, sind lineare Systeme generell nicht chaosfähig. Benachbarte Anfangszustände sorgen bei ein und demselben System dafür, dass die Lösungen bis in alle Ewigkeit beieinander liegen. Anders ausgedrückt: Kleine Ursachen, z. B. Änderung der **AB**en, haben kleine Wirkungen (starke Kausalität). Bei nichtlinearen Systemen dagegen können kleine Ursachen große Wirkungen zur Folge haben (schwache Kausalität). Diesen Sachverhalt bezeichnet man populärwissenschaftlich auch mit dem nicht ganz glücklichen Begriff *Schmetterlingseffekt*.

Chaos tritt auch im Zusammenhang mit den partiellen Differentialgleichungen der Thermofluiddynamik auf, die unser **Wettergeschehen** beherrschen. Aufgrund des Vorangegangenen leuchtet ein, warum die auf metereologischen Messungen (Anfangsbedingungen) aufbauende Wettervorhersage nur von begrenzter Gültigkeit sein kann. ■

---

[4] Zur Vertiefung siehe z. B. [14], Abschnitt 5.1.

14.1.3 Arbeit und Leistung

So ziemlich jeder kennt die Begriffe „Arbeit" und „Leistung" in ihrer volkstümlichen Fassung: **Arbeit** ist Kraft mal Weg, und **Leistung** ist Arbeit pro Zeit. Unter gewissen Bedingungen stimmt das sogar. Findet die Verschiebung („Weg") der Kraft in Wirkrichtung derselben statt, und ist die Kraft darüber hinaus längs des Weges konstant, so können wir die Beträge beider zur Arbeit multiplizieren. Andererseits lässt sich der Mittelwert der Leistung berechnen, indem man die Arbeit durch die Zeit teilt. Doch diese Spezialfälle genügen uns nicht. Für die allgemeine Definition dieser Begriffe treten die Operationen Integration bzw. Differentiation an die Stelle der Multiplikation bzw. Division.

Wird der Angriffspunkt einer Kraft $\mathbf{F}$ längs einer (räumlichen) Bahnkurve um den infinitesimalen „Weg" $\mathrm{d}\mathbf{r}$ verschoben, so verrichtet diese definitionsgemäß die **Arbeit** $(= work)$

$$\mathrm{d}W \; := \; \mathbf{F} \cdot \mathrm{d}\mathbf{r} \tag{14.18}$$

$$= \; \underbrace{\|\mathbf{F}\|}_{=:\,F} \; \underbrace{\|\mathrm{d}\mathbf{r}\|}_{=\,|\mathrm{d}s|} \; \cos[\,\underbrace{\sphericalangle\,\mathbf{F},\mathrm{d}\mathbf{r}}_{=:\,\alpha}\,]$$

$$= \; F \cos\alpha \; |\mathrm{d}s| \; \gtreqless \; 0 \,.$$

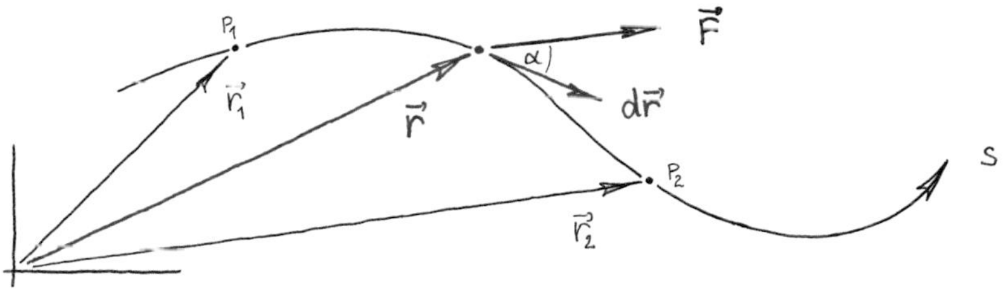

Abb. 14.4 Zur Definition der Arbeit

Das Skalarprodukt mit seiner Projektionseigenschaft bewirkt demnach, dass nur diejenige Komponente der Kraft zur Berechnung der Arbeit herangezogen wird, die eine Längsverschiebung erfährt. Bezogen auf die geometrische Gestalt der Bahnkurve ist das der tangentiale Anteil. Der Einfluss des Winkels α ist in nachfolgender Tabelle verdeutlicht:

α	$\cos\alpha$	$\mathrm{d}W$	Geometrie
$\alpha = 0$	$\cos\alpha = 1$	$= F\,|\mathrm{d}s|$	$\rightrightarrows$
$0 < \alpha < 90°$	$1 > \cos\alpha > 0$	> 0	$\nearrow$
$\alpha = 90°$	$\cos\alpha = 0$	$= 0$	$\uparrow\!\rightarrow$
$90° < \alpha < 180°$	$0 > \cos\alpha > -1$	< 0	$\searrow$
$\alpha = 180°$	$\cos\alpha = -1$	$= -F\,|\mathrm{d}s|$	$\rightleftarrows$

Tab. 14.1: Geometrische Konstellationen

Die Arbeit, welche von der Kraft $\mathbf{F}$ längs der Raumkurve von P_1 nach P_2 verrichtet wird, lässt sich berechnen, wenn die Kraft vermöge der Abbildung $\mathbf{r} \to \mathbf{F}(\mathbf{r})$ als Kraftfeld auf der Raumkurve gegeben ist. Damit folgt

$$\boxed{W_{1\to 2} = \int_{\mathbf{r}_1}^{\mathbf{r}_2} \mathbf{F}(\mathbf{r}) \cdot d\mathbf{r}}\;, \qquad [W] = [F][\ell] = \frac{[m][\ell]^2}{[t]^2}\;. \qquad (14.19)$$

Wir haben es hier mit einem **Kurven-** oder **Linienintegral 2. Art** zu tun (vgl. [1], Abschnitt 7.5), dessen Berechnung über eine Parametrisierung der Bahnkurve erfolgt. Hier stehen uns zwei Möglichkeiten offen: Parametrisierung nach der ...

a) Zeit t

$$W_{1\to 2} = \int_{t_1}^{t_2} \mathbf{F}\big(\mathbf{r}(t)\big) \cdot \frac{d\mathbf{r}}{dt}\, dt = \int_{t_1}^{t_2} \mathbf{F}(t) \cdot \mathbf{v}(t)\, dt \;, \qquad (14.19\,\mathrm{a})$$

b) Bahnkoordinate s

$$W_{1\to 2} = \int_{s_1}^{s_2} \mathbf{F}\big(\mathbf{r}(s)\big) \cdot \frac{d\mathbf{r}}{ds}\, ds = \int_{s_1}^{s_2} \mathbf{F}(s) \cdot \mathbf{e}_\mathrm{t}(s)\, ds \;. \qquad (14.19\,\mathrm{b})$$

Im Allgemeinen stellt die Arbeit dW **kein** vollständiges Differential dar, was man im Schrifttum gelegentlich durch die Schreibweise

$$đW = \mathbf{F} \cdot d\mathbf{r} \qquad \text{oder} \qquad \delta W = \mathbf{F} \cdot d\mathbf{r}$$

berücksichtigt findet. Wir wollen aber zunächst den Spezialfall untersuchen, dass $\mathbf{F} \cdot d\mathbf{r}$ vollständiges Differential ist, und fassen dazu $\mathbf{F}(\mathbf{r})$ als Kraftfeld auf dem Gebiet $\Omega \subseteq \mathbb{E}^3$ auf. Dann läßt sich dieses Kraftfeld, wie wir bereits im Abschnitt 12.2 erfahren haben, entsprechend

$$\mathbf{F}(\mathbf{r}) = -\operatorname{\mathbf{grad}} U(\mathbf{r}) \qquad \text{für} \quad \forall\; \mathbf{r} \in \Omega \qquad (12.10)$$

als Gradient eines Potentials darstellen, und wir berechnen damit die Arbeit zu

$$\int_{\mathbf{r}_1}^{\mathbf{r}_2} \mathbf{F}(\mathbf{r}) \cdot d\mathbf{r} = \int_{t_1}^{t_2} \mathbf{F}\big(\mathbf{r}(t)\big) \cdot \frac{d\mathbf{r}}{dt}\, dt$$

$$= -\int_{t_1}^{t_2} \operatorname{\mathbf{grad}} U\big(\mathbf{r}(t)\big) \cdot \frac{d\mathbf{r}}{dt}\, dt$$

$$\int\limits_{\mathbf{r}_1}^{\mathbf{r}_2} \mathbf{F}(\mathbf{r}) \cdot \mathrm{d}\mathbf{r} \;=\; -\int\limits_{t_1}^{t_2} \left(\frac{\partial U}{\partial x_i}\, \mathbf{e}_i\right) \cdot \left(\frac{\mathrm{d}x_j}{\mathrm{d}t}\, \mathbf{e}_j\right)\, \mathrm{d}t$$

$$=\; -\int\limits_{t_1}^{t_2} \frac{\partial U}{\partial x_j}\, \frac{\mathrm{d}x_j}{\mathrm{d}t}\, \mathrm{d}t$$

$$=\; -\int\limits_{t_1}^{t_2} \frac{\mathrm{d}U}{\mathrm{d}t}\, \mathrm{d}t \qquad\qquad \text{(Man beachte die Kettenregel}$$
$$\text{für partielle Ableitungen!)}$$

$$=\; -\int\limits_{U(\mathbf{r}_1)}^{U(\mathbf{r}_2)} \mathrm{d}U$$

$$=\; -\big[\,U(\mathbf{r}_2) \,-\, U(\mathbf{r}_1)\,\big]\;.$$

Der soeben hergeleitete Zusammenhang

$$\boxed{\int\limits_{\mathbf{r}_1}^{\mathbf{r}_2} \mathbf{F}(\mathbf{r}) \cdot \mathrm{d}\mathbf{r} \;=\; -\int\limits_{\mathbf{r}_1}^{\mathbf{r}_2} \mathbf{grad}\, U \cdot \mathrm{d}\mathbf{r} \;=\; -\big[\,U(\mathbf{r}_2) \,-\, U(\mathbf{r}_1)\,\big]} \qquad (14.20)$$

ist auch als *1. Hauptsatz für Potentialfelder* bekannt. Demnach erhält man die Arbeit der konservativen Kraft $\mathbf{F}(\mathbf{r})$ als negative Potentialdifferenz. Um diese zu berechnen, genügt überraschenderweise bereits die Kenntnis der Ortsvektoren $\mathbf{r}_1$ und $\mathbf{r}_2$. Damit ist die von P_1 nach P_2 verrichtete Arbeit unabhängig von dem Verlauf, den die Kurve zwischen diesen Punkten einnimmt, kurz: sie ist **wegunabhängig**. Wählt man insbesondere $\mathbf{r}_1 = \mathbf{r}_2$, so finden wir mit

$$\oint \mathbf{F} \cdot \mathrm{d}\mathbf{r} \;=\; 0\,, \qquad\qquad \text{(vgl. hierzu (12.11))}$$

dass die Arbeit längs eines (beliebigen) geschlossenen Weges verschwindet.

Man fragt sich natürlich, was das Minuszeichen in (12.10) soll, zumal man dies in der Mathematik gern weglässt. Die Gründe dafür sind physikalischer Natur. Denn wie wir noch sehen werden, sorgt das Minuszeichen dafür, dass das Gravitationspotential mit der potentiellen Energie identisch ist. Derartiges begegnet uns auch in anderem physikalischen Zusammenhang. So lautet z. B. der zu den phänomenologischen Transportansätzen gehörende **FOURIERsche Wärmeleitansatz**

$$\dot{\mathbf{q}} \;=\; -\,\lambda\, \mathbf{grad}\, \vartheta\;.$$

Das Minuszeichen bewirkt hier, dass der Vektor der Wärmestromdichte $\dot{\mathbf{q}}$ in Richtung *fallender* Temperaturen gerichtet ist, wie es der physikalischen Realität entspricht. Dabei stellt λ die Wärmeleitfähigkeit dar.

Wir müssen noch der Frage nachgehen, was **konservativ** ist. Dies bedeutet nichts anderes als energieerhaltend, da man wegen

$$\int\limits_{\mathbf{r}_1}^{\mathbf{r}_2} \mathbf{F}(\mathbf{r}) \cdot d\mathbf{r} \;=\; -\big[\,U(\mathbf{r}_2) - U(\mathbf{r}_1)\,\big] \;=\; U(\mathbf{r}_1) - U(\mathbf{r}_2) \;=\; -\int\limits_{\mathbf{r}_2}^{\mathbf{r}_1} \mathbf{F}(\mathbf{r}) \cdot d\mathbf{r}$$

unabhängig vom speziellen Kurvenverlauf auf dem „Rückweg" genau die Arbeit abführt (zuführt), die man auf dem „Hinweg" zuführt (abführt).

Als Beispiel für ein konservatives Kraftfeld sei hier das **Gravitationsfeld** der Erde angeführt (z sei Vertikalkoordinate nach „oben"). In der Nähe der Erdoberfläche finden wir für eine Punktmasse m mit dem Gravitationspotential

$$U_{\mathrm{g}}(\mathbf{r}) \;=\; U_{\mathrm{g}}(z) \;=\; m\,g\,z \qquad\qquad\qquad \text{(vgl. (14.26))}$$

das als „Schwerkraft" oder „Gewichtskraft" bestens bekannte Kraftfeld

$$\mathbf{G}(\mathbf{r}) \;=\; -\,\mathbf{grad}\,U_{\mathrm{g}}(\mathbf{r}) \;=\; -\frac{\partial}{\partial x}\big[\,m\,g\,z\,\big]\,\mathbf{e}_{\mathrm{x}} - \frac{\partial}{\partial y}\big[\,m\,g\,z\,\big]\,\mathbf{e}_{\mathrm{y}} - \frac{\partial}{\partial z}\big[\,m\,g\,z\,\big]\,\mathbf{e}_{\mathrm{z}}$$

$$\equiv\; -\,m\,g\;\mathbf{e}_{\mathrm{z}}\,.$$

So bequem die Berechnung der Arbeit im Falle konservativer Kraftfelder auch ist, die ingenieurmäßige Praxis sorgt dafür, dass die Kraft $\mathbf{F}$ in aller Regel eine Resultierende ist, in die neben konservativen Kräften (wie Gewichtskräften) meistens auch nichtkonservative eingehen. Hier sind insbesondere Reibungskräfte zu nennen. Diese hängen, wie wir bereits mehrfach erfahren haben, vom Geschwindigkeitsvektor ab. Die resultierende Kraft $\mathbf{F}$ ist daher wegen

$$\mathbf{F} \;=\; \mathbf{F}\big(\mathbf{r}(t), \mathbf{v}(t), t\big) \qquad\qquad\qquad\qquad\qquad\qquad (14.21)$$

im Allgemeinen nicht nur nicht konservativ, sie stellt auch kein Kraftfeld dar, da sie nicht mehr die Darstellung $\mathbf{F}(\mathbf{r})$ besitzt.

Im Abschnitt 13.1.1 haben wir bei unseren kinematischen Betrachtungen $\mathbf{r}(s)$ als eine *reguläre Parametrisierung* der Bahnkurve kennengelernt. Dagegen hatten wir $\mathbf{r}(t)$ als eine im Allgemeinen nichtreguläre Parametrisierung aufgefasst, womit wir uns die Freiheit der Bewegungsumkehr offengehalten haben. Vor diesem Hintergrund wollen wir die Parametrisierungen nach (14.19a) und (14.19b) untersuchen.

Während in der Darstellung der resultierenden Kraft nach (14.21) Einflüsse zugelassen sind, die an der Stelle $\mathbf{r}(t) = \mathbf{r}(t + T)$ auf dem „Hinweg" (zur Zeit t) anders sein können als auf dem „Rückweg" (zur Zeit $t + T$), besitzt die Darstellung $\mathbf{F}(s)$ Feldeigenschaft, da jeder Bahnkoordinate s gemäß

$$s \;\rightarrow\; \mathbf{F}(s)$$

eindeutig eine bestimmte Kraft zugeordnet wird, ohne dass dabei berücksichtigt wird, mit welcher Geschwindigkeit und mit welchem Durchlaufsinn die Stelle s passiert wird. Es wird damit klar, dass (14.19b) im Gegensatz zu (14.19a) nicht in jedem Fall anwendbar ist.

Ist die Kraft $F(s)$ physikalisch durch das Kraftfeld des einbettenden Raumes bedingt, so kann dieses ein Potentialfeld sein, muss es aber nicht. Für eine bestimmte Raumkurve zwischen P_1 und P_2 gilt aber

$$W_{1\to 2} = \int_{s_1}^{s_2} \mathbf{F}(s) \cdot \mathbf{e}_t(s)\,\mathrm{d}s = -\int_{s_2}^{s_1} \mathbf{F}(s) \cdot \mathbf{e}_t(s)\,\mathrm{d}s = -W_{2\to 1},$$

wie man sich auf formalem Wege leicht überzeugt.

Die **Leistung** (= *power*) ist gemäß

$$\boxed{P := \frac{\mathrm{d}W}{\mathrm{d}t}}, \qquad [P] = \frac{[W]}{[t]} = \frac{[F]\,[\ell]}{[t]} = \frac{[m]\,[\ell]^2}{[t]^3} \tag{14.22}$$

definiert als die pro Zeiteinheit verrichtete Arbeit. Mit (14.18) erhält man sofort

$$P = \mathbf{F} \cdot \frac{\mathrm{d}\mathbf{r}}{\mathrm{d}t} = \mathbf{F} \cdot \mathbf{v}.$$

Umgekehrt berechnet sich die von t_1 bis t_2 verrichtete Arbeit zu

$$W_{1\to 2} = \int_{t_1}^{t_2} P(t)\,\mathrm{d}t = \int_{t_1}^{t_2} \mathbf{F}(t) \cdot \mathbf{v}(t)\,\mathrm{d}t. \tag{14.23}$$

Das zweite Integral war uns bereits in (14.19 a) begegnet.

Kräfte, die keine Arbeit verrichten, sind entweder

- Kräfte, deren Angriffspunkte *ruhen* (d.h. $\mathbf{r}(t) \equiv \mathbf{r}_1 = \mathbf{r}_2$), wie

  - Lagerkräfte
  - Haftkräfte (im Gegensatz zu Reibungskräften!),

  oder

- Kräfte, die *orthogonal* zur Bewegungsrichtung ausgerichtet sind (d.h. $\mathbf{F} \perp \mathrm{d}\mathbf{r}$ bzw. $\mathbf{F} \perp \mathbf{v}$), wie

  - Zwangskräfte bei geführten Bewegungen (Normalkräfte)
  - CORIOLIS-Kräfte ($\mathbf{F}^\mathrm{c} \perp \mathbf{v}^*$).

Wir wollen im Folgenden die Berechnung der Arbeit an einigen Beispielen illustrieren. Dabei werden wir die Erfahrung machen, dass die Vorzeichenfrage bezüglich der Arbeit häufig doch nicht so einfach ist, wie es nach Tabelle 14.1 zu erwarten wäre. Es kommt nämlich darauf an, welche Kräfte man „arbeiten" lässt.

Beispiel 14.4   Massenpunkt auf schiefer Ebene

a) auf ideal glatter Ebene (reibungsfrei)

Ein Massenpunkt der Masse m soll entlang einer schiefen Ebene (Winkel α) reibungsfrei abwärts gleiten:

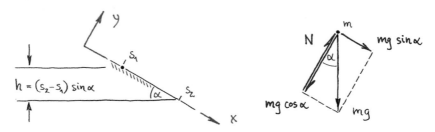

Es handelt sich hierbei um eine geführte Bewegung mit $y \equiv 0$, welche vom Startpunkt $\mathbf{r}_1 = s_1 \, \mathbf{e}_\mathrm{x}$ bis in den Endpunkt $\mathbf{r}_2 = s_2 \, \mathbf{e}_\mathrm{x}$ erfolgt. Wir fragen nach der Arbeit, die dabei verrichtet wird.

Aufgrund der geführten Bewegung lautet das vektorielle Bogenelement hier

$$\mathrm{d}\mathbf{r} = \mathbf{e}_\mathrm{x} \, \mathrm{d}x \,,$$

und dem FKB entnehmen wir den resultierenden Kraftvektor zu

$$\mathbf{F} = mg \sin\alpha \, \mathbf{e}_\mathrm{x} + (N - mg \cos\alpha) \, \mathbf{e}_\mathrm{y} \equiv \mathbf{const} \,.$$

In diesem einfachen Fall lässt sich die Arbeit direkt berechnen zu

$$W_{1 \to 2} = \int_{\mathbf{r}_1}^{\mathbf{r}_2} \mathbf{F} \cdot \mathrm{d}\mathbf{r} = mg \sin\alpha \int_{s_1}^{s_2} \mathrm{d}x = mg \, \sin\alpha \, (s_2 - s_1) = mgh \,.$$

Dass der Term $N - mg \cos\alpha$ hier nicht mehr vorkommt, verdanken wir formal dem Skalarprodukt. Denn man sieht sofort

$$\mathbf{F} \cdot \mathrm{d}\mathbf{r} = \Big(mg \sin\alpha \, \underbrace{\mathbf{e}_\mathrm{x} \cdot \mathbf{e}_\mathrm{x}}_{=\,1} + (N - mg \cos\alpha) \, \underbrace{\mathbf{e}_\mathrm{y} \cdot \mathbf{e}_\mathrm{x}}_{=\,0} \Big) \, \mathrm{d}x = mg \sin\alpha \, \mathrm{d}x \,.$$

Das war auch nicht anders zu erwarten, da Kräfte, die orthogonal zur Bewegungsrichtung ausgerichtet sind, keine Arbeit verrichten. Andererseits erfahren wir aufgrund der Tatsache, dass in y-Richtung infolge der Geradlinigkeit der Bewegung keine Beschleunigung vorliegt, die diesbezügliche Kräftebilanz

$$\sum F_{\mathrm{y},i} = N - mg \cos\alpha = m\ddot{y} \equiv 0$$

als Gleichgewicht. Daraus lässt sich die Normalkraft zu $N = mg \cos\alpha$ berechnen, was hier jedoch nicht relevant ist.

Das Ergebnis

$$\boxed{W_{1 \to 2} = mgh}$$

zeigt, dass die verrichtete Arbeit nur von der geodätischen Höhendifferenz h abhängt, nicht jedoch von der speziellen Form des Weges.

b) auf rauer Ebene (Reibungskoeffizient μ)

Wir haben hier weitgehend die gleiche Situation wie zuvor; lediglich die (der Abwärtsbewegung entgegengerichtete) Reibungskraft μN muss zusätzlich berücksichtigt werden. Freischneiden liefert

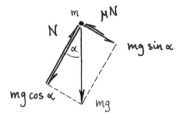

und der resultierende Kraftvektor im Bewegungzustand ($\dot{x} \neq 0$) lautet

$$\mathbf{F} = \left(m g \sin\alpha - \mu N \frac{\dot{x}}{|\dot{x}|}\right) \mathbf{e}_\mathrm{x} + (N - m g \cos\alpha)\, \mathbf{e}_\mathrm{y} \quad \left(\equiv \mathbf{const}, \begin{smallmatrix}\text{nur bei}\\ \text{monotoner}\\ \text{Bewegung!}\end{smallmatrix}\right).$$

Dabei wird durch

$$\frac{\dot{x}}{|\dot{x}|} = \begin{cases} 1 & \text{bei Bewegung in } x\text{-Richtung („abwärts")} \\ -1 & \text{bei Bewegung gegen die } x\text{-Richtung („aufwärts")} \end{cases}$$

berücksichtigt, dass die Reibungskraft stets der Bewegung entgegengerichtet ist (vgl. das COULOMBsche Reibungsgesetz (5.3a) in Abschnitt 5.2). Aufgrund der hier vorgesehenen Abwärtsbewegung $1 \to 2$ mit $\frac{\dot{x}}{|\dot{x}|} = 1$ folgt die gesuchte Arbeit zu

$$W_{1\to 2} = \int_{\mathbf{r}_1}^{\mathbf{r}_2} \mathbf{F}\cdot\mathrm{d}\mathbf{r} = (m g \sin\alpha - \mu N) \int_{s_1}^{s_2} \mathrm{d}x = (m g \sin\alpha - \mu N)(s_2 - s_1),$$

wobei die Normalkraft jedoch noch unbekannt ist. Wie aber unter **a)** bereits klar wurde, ergibt sich infolge der geführten, geradlinigen Bewegung die Kräftebilanz in y-Richtung entsprechend

$$\sum F_{\mathrm{y},i} = N - m g \cos\alpha = m \ddot{y} \equiv 0$$

als Gleichgewicht, welchem wir die Normalkraft zu

$$N = m g \cos\alpha$$

entnehmen. Damit erhalten wir schließlich

$$\boxed{W_{1\to 2} = m g (\sin\alpha - \mu\cos\alpha)(s_2 - s_1)}\,.$$

Im Gegensatz zu der reibungsfreien Bewegung nach **a)** gelingt es diesmal nicht, den Winkel α und Weg $s_2 - s_1$ gleichzeitig zu eliminieren. Hier hängt die Arbeit von der speziellen Form des Weges ab!

Beispiel 14.5   Seilgeführter Massenpunkt auf schiefer Ebene

Die Situation sei wie im Beispiel 14.4 a), nur mit dem Unterschied, dass der Massenpunkt an einem (masselosen) Seil „herabgeführt" wird. Die Zugkraft Z sei dabei so bemessen, dass eine gleichförmige Bewegung ($\ddot{x}(t) \equiv 0$) garantiert wird. Dem nun vorliegenden FKB

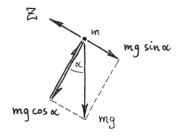

entsprechend, formulieren wir die Kräftebilanz zu

$$\sum F_{x,i} = mg \sin\alpha - Z = m\ddot{x} \equiv 0 \qquad \rightsquigarrow \qquad Z = mg \sin\alpha \,,$$

$$\sum F_{y,i} = N - mg \cos\alpha = m\ddot{y} \equiv 0 \qquad \rightsquigarrow \qquad N = mg \cos\alpha \,.$$

Es gibt nun drei Möglichkeiten, um eine Arbeit zu bestimmen:

a) Wie bisher berechnen wir die *Arbeit des resultierenden Kraftvektors.*

Da aufgrund des unbeschleunigten Bewegungszustandes für den resultierenden Kraftvektor längs des gesamten Weges zwangsläufig $\mathbf{F} \equiv \mathbf{0}$ gelten muss, erhalten wir trivialerweise

$$W^{\star}_{1\to2} = \int_{\mathbf{r}_1}^{\mathbf{r}_2} \mathbf{F} \cdot d\mathbf{r} = \int_{\mathbf{r}_1}^{\mathbf{r}_2} \mathbf{0} \cdot d\mathbf{r} = 0 \,.$$

Dieses Ergebnis ist mit keinem besonderen Informationswert verbunden.

b) Wir berechnen die *Arbeit der Hangabtriebskraft.*

Das entspricht der Situation in Beispiel 14.4 a), denn die Hangabtriebskraft lautet in vektorieller Formulierung

$$\mathbf{H} = mg \sin\alpha \; \mathbf{e}_x \,.$$

Damit bekommt man erwartungsgemäß

$$W^{\star\star}_{1\to2} = \int_{\mathbf{r}_1}^{\mathbf{r}_2} \mathbf{H} \cdot d\mathbf{r} = mg \sin\alpha \int_{s_1}^{s_2} dx = mgh \,.$$

c) Wir berechnen die *Arbeit der Zugkraft*.

Diese zeigt „bergauf" und lautet daher

$$\mathbf{Z} = -mg\sin\alpha\,\mathbf{e}_x\,.$$

Deren Arbeit beträgt

$$W_{1\to 2}^{\star\star\star} = \int_{\mathbf{r}_1}^{\mathbf{r}_2} \mathbf{Z}\cdot d\mathbf{r} = -mg\sin\alpha \int_{s_1}^{s_2} dx = -mg\,h\,.$$

Hier stellt sich spontan die Frage nach der „richtigen" Arbeit. Das allerdings ist keine sinnvoll gestellte Frage, denn in allen drei Fällen wurde die Arbeit richtig berechnet. Die Frage ist vielmehr, was im Einzelnen davon hat.

Der Versuch, diesen Sachverhalt allein vom Standpunkt der Mechanik zu erklären, bleibt unbefriedigend. Daher machen wir einen Ausflug in die **Thermodynamik**. Entgegen der landläufigen Interpretation beinhaltet diese Disziplin ja nicht nur Wärmeerscheinungen: Es handelt sich vielmehr um eine allgemeine Energielehre, die selbstverständlich auch anwendbar ist, wenn es nur um mechanische Energieformen geht. Wärmetransport und Änderungen der inneren Energie finden dann eben nicht statt. Die im Folgenden vorweggenommenen Begriffe „kinetische" und „potentielle Energie" werden wir im Abschnitt 14.1.4 einführen.

Der **erste Hauptsatz der Thermodynamik** für **geschlossene Systeme**, die sich als Ganzes aber bewegen dürfen, lautet hier:

$$\underbrace{Q_{1\to 2}}_{=\,0} \;+\; \underbrace{W_{1\to 2}}_{} \;=\; \underbrace{U_2 - U_1}_{=\,0} \;+\; \underbrace{\frac{m}{2}\left(v_2^2 - v_1^2\right)}_{\substack{=\,0\\(v_1 - v_2)}} \;+\; \underbrace{mg\left(z_2 - z_1\right)}_{=\,-mg\,h}$$

$$\text{Wärme} \;+\; \text{Arbeit} \;=\; \underset{\text{inneren Energie}^5}{\text{Differenz der}} \;+\; \underset{\substack{\text{kinetischen E.}\\ \Delta E^{\text{kin}}}}{\text{Differenz der}} \;+\; \underset{\substack{\text{potentiellen E.}\\ \Delta E^{\text{pot}}}}{\text{Differenz der}}$$

Das „geschlossene System" ist in unserem Fall der Massenpunkt. Und die Arbeit $W_{1\to 2}$ wird thermodynamisch als diejenige verstanden, die das System mit der Umgebung austauscht. Damit ist bereits klar, dass das nur die Arbeit der Zugkraft sein kann. Weiterhin ist zu berücksichtigen, dass in der Thermodynamik die *systemegoistische Vorzeichenkonvention* gilt, nach der Wärme und Arbeit im Falle der Zuführung (Abführung) positiv (negativ) gezählt werden. Bei der Differenz der potentiellen Energie

$$\Delta E^{\text{pot}} := mg\left(z_2 - z_1\right) = -mg\,h$$

ist das negative Vorzeichen auf der rechten Seite der Tatsache geschuldet, dass für die geodätischen Höhen auf der schiefen Ebene $z_2 < z_1$ und damit $z_2 - z_1 = -h$ gilt.

---

[5] Die innere Energie U und das zuvor genannte Potential U sind nicht zu verwechseln!

Unsere drei Fälle der Arbeitsberechnung sind vor diesem Hintergrund folgendermaßen einzuordnen:

a) Entsprechend

$$W^{\star}_{1\to2} \; = \; W_{1\to2} \, - \, \Delta E^{\mathrm{pot}} \; = \; 0 \qquad \text{oder} \qquad W_{1\to2} \; = \; \Delta E^{\mathrm{pot}}$$

wird hier gewissermaßen der erste Hauptsatz der Thermodynamik „nachvoll-
zogen".

b) Die Arbeit der Hangabtriebskraft

$$W^{\star\star}_{1\to2} \; = \; m\,g\,h \; = \; - \, \Delta E^{\mathrm{pot}} \; > \; 0$$

stellt die negative potentielle Energiedifferenz dar, die infolge der Abwärtsbewegung „freigesetzt" wird.

c) Die über das Zugseil mit der Umgebung ausgetauschte Arbeit

$$W^{\star\star\star}_{1\to2} \; = \; W_{1\to2} \; = \; - \, m\,g\,h \; = \; \Delta E^{\mathrm{pot}} \; < \; 0$$

entspricht der Arbeit im thermodynamischen Sinn und ist gleich der Differenz der potentiellen Energie. Sie ist < 0, da abgeführt.

Zahlreiche Aufgabenstellungen der Mechanik lassen sich mit energetischen Ansätzen sehr
elegant lösen. Dazu werden wir im nächsten Abschnitt mehr erfahren. Wie dieses Beispiel
aber anschaulich vorführt, sollte man bei diesbezüglichen Berechnungen stets das ther-
modynamische (energiebilanzierende) Denken im Hintergrund „mitlaufen" lassen, anstatt
sich blind auf irgendwelche Formeln zu verlassen.

■

14.1.4   Arbeitssatz

Während der erste Hauptsatz der Thermodynamik im Rahmen makroskopischer Betrachtungen ein Axiom ist, welches u. a. Wärme als Erscheinungsform von Energie einstuft,
ist der hier behandelte **Arbeitssatz** nur eine Gleichung, die sich aus dem NEWTONschen
Grundgesetz ableiten lässt, und folglich kein Axiom.

Ausgangpunkt zur Herleitung des Arbeitssatzes ist das NEWTONsche Grundgesetz

$$\sum_i \mathbf{F}_i \; = \; m \, \frac{\mathrm{d}\mathbf{v}}{\mathrm{d}t} \,, \tag{14.3}$$

das wir mit $\;\cdot\,\mathbf{v}$ erweitern zu

$$\sum_i \mathbf{F}_i \cdot \mathbf{v} \; = \; m \, \frac{\mathrm{d}\mathbf{v}}{\mathrm{d}t} \cdot \mathbf{v} \,.$$

Da nach der Produktregel der Differentialrechnung

$$\frac{1}{2}\frac{d}{dt}\big[\mathbf{v}^2\big] = \frac{1}{2}\frac{d}{dt}\big[\mathbf{v}\cdot\mathbf{v}\big] = \frac{d\mathbf{v}}{dt}\cdot\frac{\mathbf{v}}{2} + \frac{\mathbf{v}}{2}\cdot\frac{d\mathbf{v}}{dt} = \frac{d\mathbf{v}}{dt}\cdot\mathbf{v}$$

gilt, lässt sich auch schreiben

$$\sum_i \mathbf{F}_i \cdot \mathbf{v} = \frac{m}{2}\frac{d}{dt}\big[\mathbf{v}^2\big] .$$

Integration über der Zeit von t_1 nach t_2 liefert mit $\mathbf{v} = \frac{d\mathbf{r}}{dt}$ zunächst

$$\int_{t_1}^{t_2} \sum_i \mathbf{F}_i \cdot \frac{d\mathbf{r}}{dt}\, dt = \frac{m}{2}\int_{t_1}^{t_2}\frac{d}{dt}\big[\mathbf{v}^2\big]\, dt$$

und weiterhin

$$\int_{\mathbf{r}_1}^{\mathbf{r}_2} \sum_i \mathbf{F}_i \cdot d\mathbf{r} = \frac{m}{2}\int_{\mathbf{v}_1}^{\mathbf{v}_2} d\big[\mathbf{v}^2\big]$$

$$\left.\begin{array}{l} = \frac{m}{2}\mathbf{v}_2^2 - \frac{m}{2}\mathbf{v}_1^2 \\[2mm] = \frac{m}{2}v_2^2 - \frac{m}{2}v_1^2 . \end{array}\right\} \quad \text{Man beachte: } \mathbf{v}^2 = \|\mathbf{v}\|^2 = |v|^2 = v^2$$

Mit der Definition der **kinetischen Energie**

$$\boxed{E^{\text{kin}} := \frac{m}{2}v^2} \tag{14.24}$$

ergibt sich der **Arbeitssatz** zu

$$\boxed{\int_{\mathbf{r}_1}^{\mathbf{r}_2} \sum_i \mathbf{F}_i \cdot d\mathbf{r} = E_2^{\text{kin}} - E_1^{\text{kin}}} . \tag{14.25}$$

In dieser „Version" des Arbeitssatzes umfasst $\sum_i \mathbf{F}_i$ (= resultierende Kraft) ausnahmslos alle Kräfte, die am betrachteten Massenpunkt angreifen. Wie die Erfahrungen aus den letzten beiden Beispielen nahelegen, ist es sinnvoll, aus der Summe aller angreifenden Kräfte die (konservative) Gewichtskraft „auszugliedern" entsprechend

$$\sum_{i=1}^{K} \mathbf{F}_i = \sum_{i=1}^{K-1} \mathbf{F}_i + \mathbf{G} ,$$

wobei die Gewichtskraft als K-te Kraft geführt wird. Wir setzen dieselbe – wie bei früheren Gelegenheiten auch schon – durch

$$\mathbf{G} \;=\; -\,m g\,\mathbf{e}_z$$

an, wobei die z-Achse vertikal nach oben (der Schwerkraft entgegen) orientiert ist. Es folgt dann durch Einsetzen in (14.25) sowie unter Verwendung von $\mathbf{e}_z \cdot \mathbf{dr} = \mathrm{d}z$

$$\underbrace{\int_{\mathbf{r}_1}^{\mathbf{r}_2} \sum_{i=1}^{K-1} \mathbf{F}_i \cdot \mathbf{dr}}_{=:\; W_{1\to 2}} \;-\; m g \underbrace{\int_{\mathbf{r}_1}^{\mathbf{r}_2} \mathbf{e}_z \cdot \mathbf{dr}}_{=\; m g\,(z_2 - z_1)} \;=\; E_2^{\mathrm{kin}} - E_1^{\mathrm{kin}}\,,$$

(ohne Schwerkraft!)

und mit der Definition der **potentiellen Energie**

$$\boxed{\; E^{\mathrm{pot}} \;:=\; m g\,z \;+\; E_0^{\mathrm{pot}} \;}\,, \qquad E_0^{\mathrm{pot}} \;=\; E^{\mathrm{pot}}(z=0) \tag{14.26}$$

kommt man schließlich zu

$$\boxed{\; W_{1\to 2} \;=\; E_2^{\mathrm{kin}} - E_1^{\mathrm{kin}} \;+\; E_2^{\mathrm{pot}} - E_1^{\mathrm{pot}} \;}\,, \qquad \big(W_{1\to 2} \text{ ohne Schwerkraft!}\big) \tag{14.27}$$

was eine weitere „Version" des **Arbeitssatzes** darstellt, die in vielen Formelsammlungen vertreten ist.

Beispiel 14.4   Massenpunkt auf schiefer Ebene (Fortsetzung)

Wir wollen noch einmal das bereits behandelte Problem des Massenpunktes auf der schiefen Ebene aufgreifen:

Unter **a)** gleitet der Massenpunkt **reibungsfrei**, d.h. ausschließlich unter Einfluss der Schwerkraft. Die von dieser verrichtete Arbeit $m g\,h$ bewirkt nach (14.25) eine Erhöhung der kinetischen Energie. Berechnet man denselben Fall nach (14.27), so verschwindet die darin enthaltene Arbeit, da (außer der Schwerkraft) keine arbeitsrelevante Kraft vorhanden ist. Man erfährt vielmehr, dass entsprechend

$$0 \;=\; E_2^{\mathrm{kin}} - E_1^{\mathrm{kin}} \;+\; E_2^{\mathrm{pot}} - E_1^{\mathrm{pot}}$$

potentielle Energie in kinetische umgewandelt wird. Und da $E_2^{\mathrm{pot}} - E_1^{\mathrm{pot}} = -m g\,h$ ist, finden wir auch hier

$$\tfrac{m}{2}\big(v_2^2 - v_1^2\big) \;=\; E_2^{\mathrm{kin}} - E_1^{\mathrm{kin}} \;=\; -\big(E_2^{\mathrm{pot}} - E_1^{\mathrm{pot}}\big) \;=\; m g\,h\,.$$

Es zeigt sich bei dieser Gelegenheit, dass die Anwendung des Arbeitsatzes eine sehr viel einfachere Berechnung der Endgeschwindigkeit ermöglicht als die Integration der Bewegungsgleichung, denn nach Kürzung der Masse erhalten wir sofort

$$v_2 \;=\; \sqrt{2 g\,h + v_1^2}\,.$$

Wie man unschwer erkennt, ist das die Endgeschwindigkeit des freien Falles! Aufgrund der Wegunabhängigkeit der Arbeit bei konservativen Kräften ist es nämlich egal, ob der Massenpunkt eine schiefe Ebene $(0 < \alpha < 90°)$ hinabgleitet oder frei fällt $(\alpha = 90°)$. Maßgeblich ist nur die geodätische Höhendifferenz h.

In **b)** haben wir es dagegen mit **reibungsbehafteter** Bewegung zu tun. Die Berechnung unter Anwendung von (14.27) führt hier auf

$$-\int_{s_1}^{s_2} \mu N \frac{\dot{x}}{|\dot{x}|}\, dx \;=\; E_2^{\text{kin}} - E_1^{\text{kin}} + E_2^{\text{pot}} - E_1^{\text{pot}}.$$

Die Arbeit auf der linken Seite besteht in diesem Fall nur in der *Reibungs*- oder *Dissipationsarbeit*, welche in Form von Wärme an die Umgebung übertragen wird. Durch Einsetzen und Integrieren erhalten wir

$$-\mu\, m g\, \cos\alpha\, (s_2 - s_1) \;=\; \tfrac{m}{2}(v_2^2 - v_1^2) + (-mgh)$$

$$= \tfrac{m}{2}(v_2^2 - v_1^2) - mg\, \sin\alpha\, (s_2 - s_1)$$

bzw.

$$v_2 \;=\; \sqrt{2g(\sin\alpha - \mu \cos\alpha)(s_2 - s_1) + v_1^2} \;=\; \sqrt{2gh(1 - \mu/\tan\alpha) + v_1^2}\,,$$

vorausgesetzt, der Winkel α ist mit $\tan\alpha > \mu_0 > \mu$ hinreichend groß, um Gleiten zu garantieren.

■

14.2 Hauptsätze der Körperdynamik

Bisher wurde lediglich die Kinetik des Massenpunktes untersucht. Es folgt nun die (wesentlich kompliziertere) **Kinetik des Körpers**, häufig auch als **Körperdynamik** bezeichnet. Diese wird in der Praxis immer dann benötigt, wenn sich reale Körper auch näherungsweise nicht mehr als Massenpunkte behandeln lassen. Im Maschinenbau kommt so etwas ständig vor.

14.2.1 Schwerpunktsatz

Wir haben bereits im Kapitel 9 erfahren, dass ein Körper $\mathcal{K}$ ein kontinuierlich mit Materie erfülltes Gebiet $\Omega \subset \mathbb{E}^3$ darstellt. Wir denken uns einen solchen Körper nun durch ein System aus N Massenpunkten ersetzt. Zwischen diesen existieren sogenannte „innere" Kräfte (= Wechselwirkungen) zusätzlich zu den „äußeren" Kräften, die auf den Körper von außen eingeprägt werden. Wir bezeichnen die Summe aller äußeren Kräfte auf den i-ten Massenpunkt mit $\mathbf{F}_i$ und diejenige Kraft, die vom j-ten auf den i-ten Massenpunkt (wechselwirkungshalber) ausgeübt wird, mit $\mathbf{F}_{ij}$. Offensichtlich gilt:

- $\mathbf{F}_{ij} = 0$ für $i = j$ (kein Massenpunkt übt eine Kraft auf sich selber aus),

- $\mathbf{F}_{ij} = -\mathbf{F}_{ji}$ („actio = reactio", vgl. Abschnitt 2.2.3).

- Auf den i-ten Massenpunkt wirken insbesondere

   - die äußere (Gesamt-)Kraft $\mathbf{F}_i$ und

   - die innere Resultierende $\sum_{j=1}^{N} \mathbf{F}_{ij}$ aufgrund aller anderen m_j.

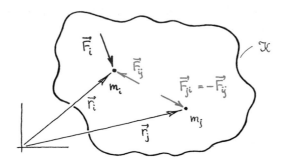

Wir wenden das NEWTONsche Grundgesetz auf den i-ten Massenpunkt an, d.h.

$$\mathbf{F}_i + \sum_{j=1}^{N} \mathbf{F}_{ij} = m_i \frac{d\mathbf{v}_i}{dt} \, ,$$

und durch Summation $\sum_{i=1}^{N}$ ergibt sich für das System insgesamt

$$\sum_{i=1}^{N} \left[\mathbf{F}_i + \sum_{j=1}^{N} \mathbf{F}_{ij} \right] = \sum_{i=1}^{N} \left[m_i \frac{d\mathbf{v}_i}{dt} \right]$$

$$\sum_{i=1}^{N} \mathbf{F}_i + \underbrace{\sum_{i=1}^{N}\sum_{j=1}^{N} \mathbf{F}_{ij}}_{=\,0} = \sum_{i=1}^{N} m_i \frac{d\mathbf{v}_i}{dt} \, .$$

Dabei ist

$$\sum_{i=1}^{N}\sum_{j=1}^{N} \mathbf{F}_{ij} = \mathbf{F}_{1,1} + \mathbf{F}_{1,2} + \mathbf{F}_{1,3} + \ldots + \mathbf{F}_{2,1} + \mathbf{F}_{2,2} + \ldots + \mathbf{F}_{3,1} + \ldots$$
$$= \mathbf{0} \, ,$$

weil entweder die Kräfte formal mit null angesetzt werden $(i = j)$, oder zu jedem $\mathbf{F}_{ij}$ ein $\mathbf{F}_{ji}$ existiert mit $\mathbf{F}_{ij} + \mathbf{F}_{ji} = \mathbf{0}$. Wir wollen weiterhin davon ausgehen, dass die Zerlegung des Körpers $\mathcal{K}$ in N Massenpunkte fest ist, und damit

$$m_i = \text{const} \quad \text{für} \quad \forall \, i \in \{1, \ldots, N\}$$

gilt. Dann können wir, da $\frac{d}{dt}$ bekanntlich eine lineare Operation ist, auf der rechten Seite Summation und Differentiation vertauschen:

$$\underbrace{\sum_{i=1}^{N} \mathbf{F}_i}_{\substack{\text{äußere Kräfte,} \\ \text{die auf } \mathcal{K} \text{ wirken}}} = \sum_{i=1}^{N} m_i \frac{d\mathbf{v}_i}{dt} = \frac{d}{dt} \Bigg[\underbrace{\sum_{i=1}^{N} m_i \mathbf{v}_i}_{\textbf{Impuls des Körpers } \mathcal{K}} \Bigg], \tag{14.28}$$

Dabei ist $m_i \mathbf{v}_i$ der Impuls des i-ten Massenpunktes (vgl. (14.1)). Und da $\mathbf{v}_i = \frac{d\mathbf{r}_i}{dt}$ ist, können wir (14.28) wiederum mit $m_i = \text{const}$ auch in der Form

$$\sum_{i=1}^{N} \mathbf{F}_i = \frac{d^2}{dt^2} \Bigg[\sum_{i=1}^{N} m_i \mathbf{r}_i \Bigg] \tag{14.28a}$$

schreiben. Der Klammerinhalt auf der rechten Seite ist uns aus Kapitel 4 allerdings schon bekannt. Wir hatten dort den Ortsvektor des Massenmittelpunktes berechnet, welcher aus bereits erwähnten Gründen meist als **Schwerpunkt** bezeichnet wird. Mit (4.14) folgt dann zunächst

$$\sum_{i=1}^{N} m_i \mathbf{r}_i = m \, \mathbf{r}_S$$

und durch Einsetzen in (14.28a) schließlich der *Schwerpunktsatz* für ein System aus N Massenpunkten:

$$\sum_{i=1}^{N} \mathbf{F}_i = \frac{d^2}{dt^2} \big[m \, \mathbf{r}_S \big] = m \, \frac{d^2 \mathbf{r}_S}{dt^2} = m \, \frac{d\mathbf{v}_S}{dt} \tag{14.29}$$

Diese Gleichung ist formal genauso aufgebaut wie das NEWTONsche Grundgesetz: Auf der linken Seite erscheint die resultierende Kraft, die auf das Massenpunktsystem als Ganzes wirkt; die Kenntnis der Angriffspunkte der äußeren Kräfte ist nicht erforderlich. Rechts steht ein Term der Form „Masse mal Beschleunigung". Wir erfahren hiermit:

> **Der Schwerpunkt S eines Systems aus N Massenpunkten bewegt sich so, als wenn die gesamte Masse in ihm vereinigt wäre und die (äußere) Resultierende in ihm angriffe.**

Diese Aussage ist von erheblicher Bedeutung. Sie heißt im Klartext: Auch bei räumlich verteilter Masse können wir so weiterrechnen wie bisher mit dem NEWTONschen Grundgesetz. Letzteres gilt zwar nur für (einzelne) Massenpunkte, aber wenn wir uns räumlich verteilte Massen auf ihren Schwerpunkt konzentriert denken, bleibt alles beim Alten!

Vorsorglich sei hier bemerkt: Es ging bisher nur um translatorische Bewegungen! Denn die Rotation eines Massenpunktes um sich selber brauchten wir nicht zu behandeln, da dies im Rahmen unserer Betrachtungen offensichtlich nicht sinnvoll ist. Im Folgenden werden wir uns aber mit der Rotation von räumlich verteilten Massen auseinandersetzen müssen. Und da kommen wir dann nicht mehr so einfach davon.

In der Physik ist das N-Teilchen-Modell gewissermaßen „Standard", da es dem atomaren Aufbau der Materie recht gut entspricht. In der Praxis hat man damit aber das Problem, dass N in der (exorbitanten) Größenordnung der AVOGADRO-Zahl von $\approx 10^{23}$ liegt, so dass damit jede praktische Berechenbarkeit verloren geht. Im Ingenieurwesen bevorzugt man daher grundsätzlich *kontinuumstheoretische Formulierungen*. Der Übergang von der diskreten Massenverteilung im Raum zur kontinuierlichen erfolgt mit den Mitteln der Integralrechung durch den Grenzübergang

$$\lim_{\substack{N \to \infty \\ \Delta m_i \to 0}} \sum_{i=1}^{N} [\ ]_i \, \Delta m_i \;=\; \int_{\mathcal{K}} [\ ] \, dm \, .$$

Damit nehmen wir in den obigen Gleichungen folgende Ersetzungen vor:

(Diskrete Massenverteilung) $\longrightarrow$ (Kontinuierliche Massenverteilung)

$$\sum_{i=1}^{N} m_i \qquad \longrightarrow \qquad \int_{\mathcal{K}} dm$$

$$\sum_{i=1}^{N} m_i \, \mathbf{v}_i \qquad \longrightarrow \qquad \int_{\mathcal{K}} \mathbf{v} \, dm \, .$$

Es ist nun allerdings auch nicht mehr sinnvoll, die auf den Körper wirkende resultierende Kraft „teilchenweise", d.h. von $i = 1$ bis N zu summieren. Wir gehen daher dazu über, die Einzelkräfte entsprechend ihrem Aufkommen durch

$$\sum_{\nu} \mathbf{F}_{\nu}$$

zu einer Resultierenden zusammenzufassen, wie wir es bisher immer getan haben. Selbstverständlich sind hier auch Kräfte zu berücksichtigen, die sich durch Integrationen von Flächenkräften auf der Oberfläche von $\mathcal{K}$ ergeben. Lediglich um Verwirrung zu vermeiden, haben wir unseren gewohnten Kräfte-Zählindex i zugunsten von ν aufgegeben.

Der **Schwerpunktsatz** für einen Körper $\mathcal{K}$ mit kontinuierlich verteilter Masse lautet somit

$$\boxed{\sum_{\nu} \mathbf{F}_{\nu} \;=\; m \, \frac{d^2 \mathbf{r}_S}{dt^2} \;=\; m \, \frac{d\mathbf{v}_S}{dt}} \qquad\qquad (14.30)$$

mit

$$\mathbf{r}_S \;=\; \frac{1}{m} \int_{\mathcal{K}} \mathbf{r} \, dm \qquad (4.15\,a)\,, \qquad\qquad \mathbf{v}_S \;=\; \frac{1}{m} \int_{\mathcal{K}} \mathbf{v} \, dm \, . \qquad (14.31)$$

In Worten heißt das:

Der Schwerpunkt S eines Körpers $\mathcal{K}$ bewegt sich so, als wenn die gesamte Masse in ihm vereinigt wäre und die resultierende Kraft in ihm angriffe.

14.2.2 Impulssatz

Ausgehend vom Impuls eines Massenpunktes

$$\mathbf{I} = m\,\mathbf{v} \tag{14.1}$$

erweitert man die Definition des Impulses zunächst auf ein System von N Massenpunkten entsprechend

$$\mathbf{I} = \sum_{i=1}^{N} m_i\,\mathbf{v}_i = m\,\mathbf{v}_S$$

als Summe der Einzelimpulse $m_i\mathbf{v}_i$. Der Übergang zum **Impuls** eines **Körpers** mit kontinuierlich verteilter Masse erfolgt dann mit (14.31) durch

$$\boxed{\mathbf{I} = \int_{\mathcal{K}} \mathbf{v}\,\mathrm{d}m = m\,\mathbf{v}_S}\;. \tag{14.32}$$

Leiten wir diesen nach der Zeit ab ($m = $ const) und setzen das Ergebnis in den Schwerpunktsatz (14.30) ein, erhalten wir den **Impulssatz**

$$\boxed{\sum_{\nu} \mathbf{F}_\nu = \frac{\mathrm{d}\mathbf{I}}{\mathrm{d}t}}\;, \tag{14.33}$$

welcher rein äußerlich nicht vom NEWTONschen Grundgesetz (14.2) zu unterscheiden ist. In der Literatur wird der Impulssatz gelegentlich auch in der integrierten „Version"

$$\mathbf{I}(t) - \mathbf{I}(t = t_0) = \int_{t_0}^{t} \sum_{\nu} \mathbf{F}_\nu(t^\star)\,\mathrm{d}t^\star \tag{14.33a}$$

angegeben. Für einen kräftefreien Körper mit $\sum_{\nu} \mathbf{F}_\nu(t) \equiv \mathbf{0}$ folgt daraus sofort der **Impulserhaltungssatz** zu

$$\boxed{\mathbf{I}(t) = m\,\mathbf{v}_S(t) \equiv \mathbf{const}}\;. \tag{14.34}$$

14.2.3   Impulsmomentensatz

Wie angekündigt, stellt uns die Rotation eines Körpers vor ungleich schwierigere Probleme. Das hängt damit zusammen, dass die diesbezügliche Trägheitswirkung nicht nur vom Betrag der Körpermasse abhängt, sondern auch noch von deren räumlicher Verteilung. Für den allgemeinen Fall einer räumlichen Rotation wird uns das zu einem (symmetrischen) Tensor 2. Stufe führen, dem sogenannten Trägheitstensor. Mathematisch sind wir darauf vorbereitet, da im Zusammenhang mit Spannungs- und Verzerrungstensor in Teil II bereits alles Wesentliche behandelt wurde.

Man kann die wesentlichen Gleichungen dieses Abschnittes auch wieder über die Formulierung eines Systems mit N Massenpunkten und anschließendem (Grenz-)Übergang zur kontinuierlichen Massenverteilung erreichen. Den dabei zwangsläufig auftretenden Term der inneren Kräfte $\mathbf{F}_{ij}$ wird man aber nur los, wenn man zusätzliche Annahmen trifft (vgl. [5], Band 3, Abschnitt 3.4). Es ist somit nicht für alle Fälle möglich, den Impulsmomentensatz auf das NEWTONsche Grundgesetz zurückzuführen. Wir wollen uns mit diesen Fragen aber weiter nicht belasten und führen den **Impulsmomentensatz** – dies findet sich schon bei EULER – einfach als weiteres Axiom ein.

Wir betrachten einen Körper $\mathcal{K}$, auf den mehrere Kräfte $\mathbf{F}_\nu$ an unterschiedlichen Angriffspunkten A_ν wirken:

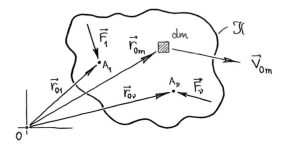

Das resultierende Moment aller auf $\mathcal{K}$ wirkenden Kräfte bezogen auf den Ursprung 0 im raumfesten Koordinatensystem (Inertialsystem) beträgt

$$\sum_\nu \mathbf{M}_\nu\,[0] \;=\; \sum_\nu \mathbf{r}_{0\nu} \times \mathbf{F}_\nu \,. \tag{14.35}$$

Es gilt nun – unabhängig vom Impuls- bzw. Schwerpunktsatz – der **Impulsmomenten-**, **Drehimpuls-** oder **Drallsatz**

$$\boxed{\;\sum_\nu \mathbf{M}_\nu\,[0] \;=\; \frac{\mathrm{d}\mathbf{L}_0}{\mathrm{d}t}\;} \tag{14.36}$$

als weiteres Axiom der Dynamik (vgl. [18], Axiom 5.3). Dabei heißt

$$\mathbf{L}_0 \;:=\; \int_{\mathcal{K}} (\mathbf{r}_{0m} \times \mathbf{v}_{0m})\,\mathrm{d}m \;=\; \int_V \varrho\,(\mathbf{r}_{0m} \times \mathbf{v}_{0m})\,\mathrm{d}V \tag{14.37}$$

das **Impulsmoment** (auch: *Drehimpuls* oder *Drall*) bezüglich des Ursprungs 0 im raumfesten Koordinatensystem.

Das Impulsmoment $\mathbf{L}_0$ lässt sich umrechnen auf das Impulsmoment

$$\mathbf{L}_S := \int_{\mathcal{K}} (\mathbf{r}_{Sm} \times \mathbf{v}_{Sm})\, dm \;=\; \int_V \varrho\,(\mathbf{r}_{Sm} \times \mathbf{v}_{Sm})\, dV\;, \tag{14.38}$$

welches auf den Schwerpunkt S des Körpers bezogen ist. Entsprechend

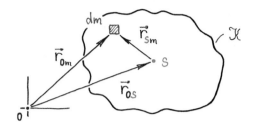

finden wir

$$\boxed{\mathbf{r}_{0m} \;=\; \mathbf{r}_{0S} + \mathbf{r}_{Sm}}\quad \text{sowie durch Ableiten}\quad \boxed{\mathbf{v}_{0m} \;=\; \mathbf{v}_{0S} + \mathbf{v}_{Sm}}\;, \tag{14.39}$$

was eingesetzt in (14.37) zu

$$\mathbf{L}_0 \;=\; \int_{\mathcal{K}} (\mathbf{r}_{0S} + \mathbf{r}_{Sm}) \times (\mathbf{v}_{0S} + \mathbf{v}_{Sm})\, dm$$

$$= \; m\,\mathbf{r}_{0S} \times \mathbf{v}_{0S} \;+\; \mathbf{r}_{0S} \times \int_{\mathcal{K}} \mathbf{v}_{Sm}\, dm \;+\; \int_{\mathcal{K}} \mathbf{r}_{Sm}\, dm \times \mathbf{v}_{0S} \;+\; \int_{\mathcal{K}} (\mathbf{r}_{Sm} \times \mathbf{v}_{Sm})\, dm$$

führt. Dabei verschwinden zwei der vier Summanden wegen

$$\int_{\mathcal{K}} \mathbf{r}_{Sm}\, dm \;=\; \int_{\mathcal{K}} (\mathbf{r}_{0m} - \mathbf{r}_{0S})\, dm$$

$$= \; \int_{\mathcal{K}} \mathbf{r}_{0m}\, dm \;-\; \mathbf{r}_{0S} \int_{\mathcal{K}} dm \left. \vphantom{\int_{\mathcal{K}}} \right\}\quad \text{vgl. (4.15\,a)}$$

$$= \; \mathbf{r}_{0S}\, m \;-\; \mathbf{r}_{0S}\, m$$

$$\equiv \; \mathbf{0} \qquad (\text{für } \forall\, t \text{ im betrachteten Zeitraum})$$

und

$$\int_{\mathcal{K}} \mathbf{v}_{Sm}\, dm \;=\; \int_{\mathcal{K}} \frac{d}{dt}\,[\mathbf{r}_{Sm}]\, dm \;=\; \frac{d}{dt} \underbrace{\int_{\mathcal{K}} \mathbf{r}_{Sm}\, dm}_{\equiv\,\mathbf{0}} \;\equiv\; \mathbf{0}$$

gleich wieder. Es verbleibt der wichtige Zusammenhang

$$\boxed{\mathbf{L}_0 \;=\; \mathbf{L}_S + m\,\mathbf{r}_{0S} \times \mathbf{v}_{0S}}\;. \tag{14.40}$$

Wir setzen nun (14.35), (14.40) in (14.36) ein und finden

$$
\begin{aligned}
\sum_{\nu} \mathbf{r}_{0\nu} \times \mathbf{F}_{\nu} &= \frac{\mathrm{d}\mathbf{L}_S}{\mathrm{d}t} + m \frac{\mathrm{d}}{\mathrm{d}t}\big[\mathbf{r}_{0S} \times \mathbf{v}_{0S}\big] \\
&= \frac{\mathrm{d}\mathbf{L}_S}{\mathrm{d}t} + m \underbrace{\frac{\mathrm{d}\mathbf{r}_{0S}}{\mathrm{d}t} \times \mathbf{v}_{0S}}_{= \mathbf{v}_{0S} \times \mathbf{v}_{0S} = \mathbf{0}} + m\, \mathbf{r}_{0S} \times \frac{\mathrm{d}\mathbf{v}_{0S}}{\mathrm{d}t} \\
&= \frac{\mathrm{d}\mathbf{L}_S}{\mathrm{d}t} + m\, \mathbf{r}_{0S} \times \frac{\mathrm{d}\mathbf{v}_{0S}}{\mathrm{d}t} .
\end{aligned}
\tag{14.41}
$$

Dabei können wir $m\,\mathrm{d}\mathbf{v}_{0S}/\mathrm{d}t$ aufgrund des Schwerpunktsatzes gemäß

$$
m \frac{\mathrm{d}\mathbf{v}_{0S}}{\mathrm{d}t} = \sum_{\nu} \mathbf{F}_{\nu}
\qquad \big(\text{vgl. (14.30)}\big)
$$

ersetzen. Außerdem werden wir jetzt noch die Ortsvektoren der Angriffspunkte A_{ν} der beteiligten Kräfte durch

$$
\mathbf{r}_{0\nu} = \mathbf{r}_{0S} + \mathbf{r}_{S\nu}
$$

ausdrücken. Mit den letzten beiden Gleichungen erhalten wir aus (14.41) zunächst

$$
\sum_{\nu} (\mathbf{r}_{0S} + \mathbf{r}_{S\nu}) \times \mathbf{F}_{\nu} = \frac{\mathrm{d}\mathbf{L}_S}{\mathrm{d}t} + \mathbf{r}_{0S} \times \sum_{\nu} \mathbf{F}_{\nu}
$$

$$
\cancel{\mathbf{r}_{0S} \times \sum_{\nu} \mathbf{F}_{\nu}} + \underbrace{\sum_{\nu} \mathbf{r}_{S\nu} \times \mathbf{F}_{\nu}}_{= \sum_{\nu} \mathbf{M}_{\nu}\,[S]} = \frac{\mathrm{d}\mathbf{L}_S}{\mathrm{d}t} + \cancel{\mathbf{r}_{0S} \times \sum_{\nu} \mathbf{F}_{\nu}}
$$

und schließlich den **Impulsmomentensatz** um (bewegten) Schwerpunkt S zu

$$
\boxed{\sum_{\nu} \mathbf{M}_{\nu}\,[S] = \frac{\mathrm{d}\mathbf{L}_S}{\mathrm{d}t}} .
\tag{14.42}
$$

Der Impulsmomentensatz – darauf sei hier extra hingewiesen – nimmt die einfache Gestalt (14.36) und (14.42) nur an, wenn der Bezugspunkt entweder ein im Inertialsystem ruhender Punkt (z. B. als raumfester Lagerpunkt 0) ist oder aber der Schwerpunkt. Letzterer darf sich gegenüber dem Inertialsystem bewegen. Bei Bezug auf einen anderen bewegten Punkt wird es komplizierter. Dann treten in den jeweiligen Gleichungen zusätzliche Terme auf. Vom Standpunkt der ingenieurmäßigen Anwendung kommt man aber mit den zuvor genannten Bezugspunkten aus. Häufig haben wir es sogar mit dem Sonderfall zu tun, dass der raumfeste Lagerpunkt 0 mit dem Schwerpunkt S identisch ist.

Die im Folgenden behandelte **einachsige Rotation** spielt im Maschinenbau eine wesentliche Rolle, da diese durch feste Lager erzwungene Bewegung im Zusammenhang mit Wellen, Rotoren etc. ständig vorkommt. Wir sind in der angenehmen Lage, dass dieser Standardfall der Ingenieurpraxis gegenüber dem allgemeinen Fall der mehrachsigen Rotation vergleichsweise einfach ist.

Einachsige Rotation

Wir werden gleich neben dem *raumfesten* Koordinatensystem x, y, z ein *körperfestes* einführen. Bisher haben wir bei solchen Gelegenheiten die gesternte Bezeichnungsweise mit x^*, y^*, z^* verwendet, wie in Abschnitt 13.2.2 bei der Relativkinematik. Da wir aber bald nur noch mit letzteren Koordinaten rechnen, wird die Stern-Symbolik unpraktisch. Daher führen wir die körperfesten Koordinaten hier als x_1, x_2, x_3 ein. Das erleichtert anschließend den Übergang zur indizierten Schreibweise bei der mehrachsigen Rotation.

Ohne Beschränkung der Allgemeingültigkeit wählen wir als Drehachse die z-Achse. Außerdem führen wir im Ursprung 0 neben dem raumfesten Koordinatensystem x, y, z (mit Basis $\mathbf{e}_x, \mathbf{e}_y, \mathbf{e}_z$) ein **körperfestes Koordinatensystem** x_1, x_2, x_3 unter Verwendung der **mitrotierenden Basis** $\mathbf{e}_1(t), \mathbf{e}_2(t), \mathbf{e}_3(t)$ ein:

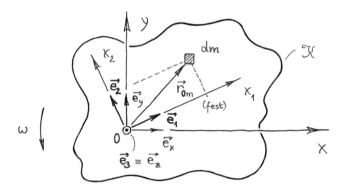

Abb. 14.5 Zur einachsigen Rotation um (raumfeste) z-Achse

Aufgrund der (gewählten) Drehachse ist

$$\mathbf{e}_3(t) \equiv \mathbf{e}_z$$

und der Vektor der Winkelgeschwindigkeit lautet

$$\boldsymbol{\omega}(t) = \omega(t)\,\mathbf{e}_z = \omega(t)\,\mathbf{e}_3(t)\,. \tag{14.43}$$

Die Ortslage eines Massenelementes dm lässt sich nun in beiden Koordinatensystemen entsprechend

$$\mathbf{r}_{0m}(t) = \begin{cases} x(t)\,\mathbf{e}_x + y(t)\,\mathbf{e}_y + z(t)\,\mathbf{e}_z \\[2mm] x_1\,\mathbf{e}_1(t) + x_2\,\mathbf{e}_2(t) + x_3\,\mathbf{e}_3(t) = x_i\,\mathbf{e}_i(t) \end{cases} \tag{14.44}$$

darstellen. Wir erinnern uns ferner an den Geschwindigkeitsvektor

$$\mathbf{v} = \boldsymbol{\omega} \times \mathbf{r}\,, \tag{13.29}$$

den ein Massenpunkt (bzw. das Massenelement dm) mit Ortsvektor $\mathbf{r}$ aufgrund der Rotation unter dem Winkelgeschwindigkeitsvektor $\boldsymbol{\omega}$ annimmt, und schreiben hier

$$\mathbf{v}_{0m} = \boldsymbol{\omega} \times \mathbf{r}_{0m}$$

$$\mathbf{v}_{0m} = (\omega\,\mathbf{e}_3) \times (x_1\,\mathbf{e}_1 + x_2\,\mathbf{e}_2 + x_3\,\mathbf{e}_3)$$

$$= \begin{vmatrix} \mathbf{e}_1 & \mathbf{e}_2 & \mathbf{e}_3 \\ 0 & 0 & \omega \\ x_1 & x_2 & x_3 \end{vmatrix} = -\omega\,x_2\,\mathbf{e}_1 + \omega\,x_1\,\mathbf{e}_2 \ .$$

Weiterhin erhält man

$$\mathbf{r}_{0m} \times \mathbf{v}_{0m} = (x_1\,\mathbf{e}_1 + x_2\,\mathbf{e}_2 + x_3\,\mathbf{e}_3) \times (-\omega\,x_2\,\mathbf{e}_1 + \omega\,x_1\,\mathbf{e}_2)$$

$$= \begin{vmatrix} \mathbf{e}_1 & \mathbf{e}_2 & \mathbf{e}_3 \\ x_1 & x_2 & x_3 \\ -\omega\,x_2 & \omega\,x_1 & 0 \end{vmatrix}$$

$$= -\omega\,x_1\,x_3\,\mathbf{e}_1 - \omega\,x_2\,x_3\,\mathbf{e}_2 + \omega\,(x_1^2 + x_2^2)\,\mathbf{e}_3 \ .$$

Das Impulsmoment berechnet sich damit zu

$$\mathbf{L}_0 = \int_{\mathcal{K}} (\mathbf{r}_{0m} \times \mathbf{v}_{0m})\,\mathrm{d}m \qquad\qquad\qquad (\text{vgl. } (14.37))$$

$$= -\omega \int_{\mathcal{K}} x_1\,x_3\,\mathrm{d}m\,\mathbf{e}_1 - \omega \int_{\mathcal{K}} x_2\,x_3\,\mathrm{d}m\,\mathbf{e}_2 + \omega \int_{\mathcal{K}} (x_1^2 + x_2^2)\,\mathrm{d}m\,\mathbf{e}_3 \ .$$

Die Integrale bezeichnet man als **Massenmomente** (2. Grades) und insbesondere

$$J_{\mathrm{D}} = J_{33} := \int_{\mathcal{K}} \underbrace{(x_1^2 + x_2^2)}_{= \, r^2}\,\mathrm{d}m$$

als **Massenträgheitsmoment** bezüglich der Drehachse D, welches auch mit

$$\boxed{J_{\mathrm{D}} = \int_{\mathcal{K}} r^2\,\mathrm{d}m} \qquad\qquad\qquad (14.45)$$

angegeben wird. Man beachte: Die Entfernung $r := \sqrt{x_1^2 + x_2^2}$ ist hier der Orthogonalabstand von $\mathrm{d}m$ zur Drehachse („PYTHAGORAS" in der x_1, x_2-Ebene). Die anderen beiden Momente

$$\boxed{J_{13} := -\int_{\mathcal{K}} x_1\,x_3\,\mathrm{d}m \ , \qquad J_{23} := -\int_{\mathcal{K}} x_1\,x_3\,\mathrm{d}m} \qquad (14.46)$$

heißen **Deviations-** oder **Zentrifugalmomente**.

Die Bezeichnungen J_{13}, J_{23} und J_{33} mögen hier noch etwas befremdlich erscheinen. Es wurde aber schon angekündigt, dass die Trägheit der Rotation auf einen Tensor 2. Stufe führen wird. Wir haben hier die Komponenten vorliegen, bei denen jeweils der zweite Index = 3 ist. Offensichtlich liegt das an der x_3-Achse (z-Achse), die wir als Rotationsachse gewählt hatten. Die „Vollversion" folgt im nächsten Abschnitt.

Das Impulsmoment können wir nun durch

$$\mathbf{L}_0(t) = J_{13}\,\omega(t)\,\mathbf{e}_1(t) + J_{23}\,\omega(t)\,\mathbf{e}_2(t) + J_{\mathrm{D}}\,\omega(t)\,\mathbf{e}_3 \qquad (14.47)$$

notieren. Der Vorteil dieser Darstellung ist offensichtlich: Die Zeitabhängigkeit steckt auf der rechten Seite nur noch in der Winkelgeschwindigkeit und in der mitrotierenden Basis. Die Massenmomente sind jedoch zeitunabhängig, da im körperfesten Koordinatensystem integriert wird. Und dort liegt jeder materielle Punkt fest (Starrkörper!).

Die Ableitung von (14.47) nach der Zeit macht nun keine Schwierigkeiten mehr. Wir bilden

$$\frac{\mathrm{d}\mathbf{L}_0}{\mathrm{d}t} = J_{13}\left(\dot{\omega}\,\mathbf{e}_1 + \omega\,\dot{\mathbf{e}}_1\right) + J_{23}\left(\dot{\omega}\,\mathbf{e}_2 + \omega\,\dot{\mathbf{e}}_2\right) + J_{\mathrm{D}}\,\dot{\omega}\,\mathbf{e}_3$$

und setzen dies unter Verwendung von (13.31), d.h.

$$\dot{\mathbf{e}}_1 = \boldsymbol{\omega}\times\mathbf{e}_1 = \omega\left(\mathbf{e}_3\times\mathbf{e}_1\right) = \omega\,\mathbf{e}_2\,, \qquad \dot{\mathbf{e}}_2 = \boldsymbol{\omega}\times\mathbf{e}_2 = \omega\left(\mathbf{e}_3\times\mathbf{e}_2\right) = -\omega\,\mathbf{e}_1$$

in den Impulsmomentensatz (14.36) ein. Wir erhalten schließlich mit $\omega = \dot{\varphi}$ die Darstellung in Komponentengleichungen zu:

$$\begin{array}{|l}
\displaystyle\sum_\nu M_{\nu,1}\,[0] = J_{13}\,\ddot{\varphi} - J_{23}\,\dot{\varphi}^2 \\[2ex]
\displaystyle\sum_\nu M_{\nu,2}\,[0] = J_{23}\,\ddot{\varphi} + J_{13}\,\dot{\varphi}^2 \\[2ex]
\displaystyle\sum_\nu M_{\nu,3}\,[0] = \sum_\nu M_\nu\,[\mathrm{D}] = J_{\mathrm{D}}\,\ddot{\varphi}
\end{array} \qquad (14.48)$$

Um uns die physikalische Bedeutung der einzelnen Komponentengleichungen klar zu machen, betrachten wir zwei Spezialfälle:

Spezialfall 1: Körper ist dynamisch ausgewuchtet

Notwendige (nicht aber hinreichende) *Bedingung* ist, dass der Schwerpunkt auf der Drehachse liegt. Speziell dies nennt man „statisch ausgewuchtet".

Notwendig und hinreichend ist, dass die Drehachse eine (von drei) durch den Schwerpunkt verlaufenden Hauptträgheitsachsen[6] ist. Die Deviationsmomente verschwinden dann, d.h., hier ist

$$J_{13} = J_{23} = 0\,.$$

Aus (14.48) entnehmen wir

$$\left(\sum_\nu M_{\nu,1}\,[0] = 0\,, \quad \sum_\nu M_{\nu,2}\,[0] = 0\right) \begin{array}{l}\text{entspricht statischem MG}\\ \text{im raumfesten Koordinatensystem}\end{array}$$

---

[6] Dazu im nächsten Abschnitt mehr!

und

$$\boxed{\sum_\nu M_\nu\,[\mathrm{D}] \;=\; J_\mathrm{D}\,\ddot{\varphi}}\;. \qquad\qquad (14.48^\star)$$

Der dynamische Charakter der Rotationsbewegung steckt somit nur in der dritten Momentenbilanz. Es handelt sich hier um einen Standardfall des Maschinenbaus, nach welchem Rotationskörper, sofern dem nicht besondere Gründe entgegenstehen, dynamisch ausgewuchtet sind bzw. werden. ∎

Spezialfall 2: **Körper besitzt Unwucht**, aber die Rotation ist mit
$\dot{\varphi}(t) \equiv \omega_0 = \text{const}$ stationär.

Es folgt unmittelbar $\ddot{\varphi}(t) \equiv 0$, und man erhält aus (14.48)

$$\sum_\nu M_{\nu,1}\,[0] \;=\; -\,J_{23}\,\omega_0^2$$

$$\sum_\nu M_{\nu,2}\,[0] \;=\; J_{13}\,\omega_0^2$$

$$\left(\sum_\nu M_\nu\,[\mathrm{D}] \;=\; 0\right)\text{quasistatisch}$$

Die beiden ersten Momentenbilanzen sorgen dafür, dass im körperfesten Koordinatensystem dynamische Lagerkräfte $\sim \omega_0^2$ auftreten! Diese werden im raumfesten Koordinatensystem als *umlaufend* wahrgenommen. ∎

Wie wir bereits in der Statik erfahren haben, steht der Einzelkörper zwar gelegentlich auch im Zentrum der ingenieurpraktischer Berechnungen, meistens geht es jedoch um Körpersysteme. Im Zusammenhang mit der Dynamik ist das nicht anders, daher betrachten wir im Folgenden die sehr häufig anzutreffende Situation, bei der Rotationskörper mit raumfester Achse in kinematischer Kopplung zu translatorisch bewegten Körpern stehen. Wir werden dies am bewährten Beispiel der ATWOODschen Fallmaschine tun, einer „Maschine", die keinen praktischen Nutzen hat, sondern nur der Erkenntnis dient:

Beispiel 14.5   ATWOODsche Fallmaschine

Gegeben ist ein System aus zwei Gewichten, die über ein dehnstarres Seil gekoppelt sind, sowie einer Umlenkrolle, wie es in unten stehendem Bild dargestellt ist. Die drei Massen m_0 und $m_1 \neq m_2$ seien gegeben sowie der Radius R der Rolle, von der wir wissen, dass sie zylindrische Gestalt besitzt. Zwischen Seil und Rolle liege Haftung vor. Das Lager der Umlenkrolle sei hingegen reibungsfrei. Gefragt ist eine Bewegungsgleichung für das gesamte System.

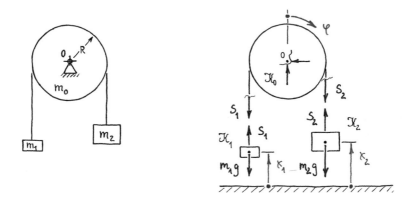

Nach Freischneiden sämtlicher Einzelkörper formulieren wir nun die jeweilige Bilanzgleichung:

Körper 0: Impulsmomentensatz um (raumfeste) Drehachse im Lagerpunkt 0

$$\sum_\nu M_\nu\,[0] \;=\; S_2\,R \;-\; S_1\,R \;=\; J_0\,\ddot\varphi\,.$$

Es gehen nur die beiden Seilkräfte ein, die Lagerkräfte besitzen keinen Hebelarm. Mit dem Massenträgheitsmoment der Zylinderrolle

$$J_0 \;=\; \frac{m_0}{2}\,R^2 \qquad\qquad\qquad \text{(vgl. Beispiel 14.7)}$$

folgt daraus

$$S_2 \;-\; S_1 \;=\; \frac{m_0}{2}\,R\,\ddot\varphi\,. \tag{1}$$

Körper 1: Schwerpunktsatz

$$\sum_\nu F_{\mathrm{x},\nu} \;=\; S_1 \;-\; m_1\,g \;=\; m_1\,\ddot x_1 \qquad \rightsquigarrow \qquad S_1 \;=\; m_1\,(\ddot x_1 \;+\; g) \tag{2}$$

Körper 2: Schwerpunktsatz

$$\sum_\nu F_{\mathrm{x},\nu} \;=\; S_2 \;-\; m_2\,g \;=\; m_2\,\ddot x_2 \qquad \rightsquigarrow \qquad S_2 \;=\; m_2\,(\ddot x_2 \;+\; g) \tag{3}$$

(2) und (3) werden nun in (1) eingesetzt, so dass dadurch die Seilkräfte eliminiert werden:

$$m_2\,(\ddot x_2 \;+\; g) \;-\; m_1\,(\ddot x_1 \;+\; g) \;=\; \frac{m_0}{2}\,R\,\ddot\varphi\,. \tag{4}$$

Diese Gleichung enthält die Unbekannten $\ddot x_1$, $\ddot x_2$ und $\ddot\varphi$. Mit der **kinematischen Kopplung**

$$\mathrm{d}x_1 \;=\; -\,\mathrm{d}x_2 \;=\; R\,\mathrm{d}\varphi \qquad \text{bzw.} \qquad \ddot x_1 \;=\; -\,\ddot x_2 \;=\; R\,\ddot\varphi$$

lassen sich zwei der drei Unbekannten eliminieren. Wir interessieren uns für $\ddot{x}_1$ und ersetzen die anderen entsprechend

$$\ddot{x}_2 = -\ddot{x}_1, \qquad R\ddot{\varphi} = \ddot{x}_1.$$

Damit erhält man aus (4) schließlich

$$\boxed{\ddot{x}_1(t) \equiv \frac{m_2 - m_1}{\frac{1}{2}m_0 + m_1 + m_2}\, g}.$$

Im Zähler finden wir die Differenz der „schweren" Massen m_1 und m_2 als Antrieb, im Nenner dagegen die Summe der „trägen" Massen. Da Letztere stets größer ist als die antreibende Massendifferenz, folgt erwartungsgemäß $\ddot{x}_1 < g$.

Auf einen „**beliebten**" **Fehler** sei hier hingewiesen: Es gibt keine TM-III-Klausur, in der nicht einige Teilnehmer wohl aus der Macht der Gewohnheit heraus hier das VARIGNON-sche Gesetz der umgelenkten Einzelkraft ($S_1 = S_2$) geltend machen. Das ist natürlich falsch! Denn dieses gilt nur für den Fall $\ddot{\varphi}(t) \equiv 0$ (gleichförmige Bewegung bzw. Statik) oder näherungsweise für $J_0 \approx 0$. ∎

Wir wollen nun jenen zwischen den Impulsmomenten $\mathbf{L}_0$ und $\mathbf{L}_S$ bestehenden (bereits hergeleiteten) Zusammenhang

$$\mathbf{L}_0 = \mathbf{L}_S + m\, \mathbf{r}_{0S} \times \mathbf{v}_{0S} \tag{14.40}$$

im Hinblick auf die einachsige Rotation untersuchen. Die durch den raumfesten Punkt 0 verlaufende Drehachse entspreche wiederum der z-Achse und sei eine von drei Hauptträgheitsachsen. Somit verschwinden sämtliche Deviationsmomente, und wir können

$$\mathbf{L}_0 = J_0\, \omega\, \mathbf{e}_z \qquad \text{bzw.} \qquad \mathbf{L}_S = J_S\, \omega\, \mathbf{e}_z$$

ansetzen. Mit $\|\mathbf{r}_{0S}\| =: s$ entnehmen wir der Darstellung

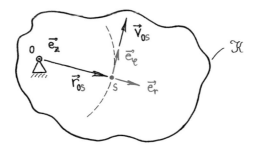

die Vektoren $\mathbf{r}_{0S} = s\, \mathbf{e}_r$ sowie $\mathbf{v}_{0S} = \omega s\, \mathbf{e}_\varphi$ (vgl. Beispiel 13.2) und damit

$$\mathbf{r}_{0S} \times \mathbf{v}_{0S} = \omega s^2\, \mathbf{e}_r \times \mathbf{e}_\varphi = \omega s^2\, \mathbf{e}_z,$$

denn $\mathbf{e}_r, \mathbf{e}_\varphi, \mathbf{e}_z$ bilden ein orthonormales Rechtssystem. Wir setzen nun alles in (14.40) ein und erhalten

$$J_0\,\omega\,\mathbf{e}_z \;=\; J_S\,\omega\,\mathbf{e}_z \;+\; m\,\omega\,s^2\,\mathbf{e}_z\,,$$

was uns nach Kürzung von ω und skalarer Multiplikation mit $\mathbf{e}_z$ schließlich zu dem in jeder Formelsammlung enthaltenen **Satz von Steiner**

$$\boxed{J_0 \;=\; J_S + m\,s^2} \tag{14.49}$$

führt, mit dem sich Massenträgheitsmomente auf parallele (!) Hauptachsen umrechnen lassen. Dabei ist das auf den Schwerpunkt bezogene J_S immer das kleinstmögliche!

Massenträgheitsmomente sind für die Hauptachsen von Elementarkörpern wie Zylinder, (Halb-)Kugeln, Quader, Stäbe etc. in gängigen Nachschlagewerken zu finden. I. d. R. verlaufen die Hauptachsen durch den Schwerpunkt, und es handelt sich bei diesen Angaben um J_S-Werte. Komplizierte Körper sind – wie bei der Schwerpunktberechnung – berechenbar durch Zerlegung in mehrere elementare Teilkörper. Dabei sind alle „exzentrisch" angeordneten Teilkörper, also solche, deren Hauptachsen gegenüber der Drehachse parallel verschoben sind, nach dem Satz von Steiner (14.49) auf die Drehachse umzurechnen. Es folgen zwei Beispiele:

Beispiel 14.6   Massenpunkt auf Kreisbahn

Ein Massenpunkt der Masse m rotiere um einen Lagerpunkt 0 im festen Abstand s (Radius). Der „Verbindungsstab" wird dabei als masselos angenommen. Das Massenträgheitsmoment bezüglich des Lagerpunktes ist dann

$$J_0 \;=\; \int_{\mathcal{K}} s^2\,\mathrm{d}m \;=\; s^2 \int_{\mathcal{K}} \mathrm{d}m \;=\; m\,s^2\,,$$

da die Integration über dem „Körper" $\mathcal{K}$ infolge der Punkteigenschaft von m trivial ist. Dieses Ergebnis hätte man auch durch Einsetzen von $J_S = 0$ in (14.49) erhalten!

∎

Beispiel 14.7   Voll- und Hohlzylinder ($\varrho \equiv$ const)

Bezeichnen wir die Längsachse des Zylinders als z-Achse, so lautet das diesbezügliche Massenträgheitsmoment

$$J_z \;=\; J_{S,z} \;=\; \int_{\mathcal{K}} r^2\,\mathrm{d}m \;=\; \varrho \int_{\mathcal{K}} r^2\,\mathrm{d}V\,.$$

Das Volumenelement $\mathrm{d}V$ stellt man dabei zweckmäßigerweise durch eine „Röhre" mit infinitesimaler Wanddicke $\mathrm{d}r$ und Länge h (Zylinderhöhe) entsprechend

$$\mathrm{d}V \;=\; 2\pi\,h\,r\,\mathrm{d}r$$

dar. Damit erhält man sofort

$$J_z \;=\; 2\pi\,\varrho\,h \int_0^R r^3\,\mathrm{d}r \;=\; 2\pi\,\varrho\,h\,\frac{R^4}{4} \;=\; \varrho\,\pi\,R^2\,h\,\frac{R^2}{2}\,,$$

wobei R den Zylinderradius und h dessen Höhe darstellt. Mit diesen Größen lässt sich aber auch das Zylindervolumen zu

$$V \;=\; \pi \, R^2 \, h$$

berechnen, so dass wir für den **Vollzylinder** schließlich

$$J_{\mathrm{z}} \;=\; \varrho \, V \, \frac{R^2}{2} \qquad \text{bzw.} \qquad \boxed{J_{\mathrm{z}} \;=\; \frac{m}{2} \, R^2}$$

erhalten.

Bei einem Hohlzylinder erfolgt die Integration dagegen vom Innenradius R_{i} bis zum Außenradius R_{a} gemäß

$$J_{\mathrm{z}} \;=\; 2\pi \, \varrho \, h \int_{R_{\mathrm{i}}}^{R_{\mathrm{a}}} r^3 \, \mathrm{d}r \;=\; 2\pi \, \varrho \, h \, \tfrac{1}{4}\!\left(R_{\mathrm{a}}^4 - R_{\mathrm{i}}^4 \right),$$

was wir nach dritter binomischer Formel mit

$$R_{\mathrm{a}}^4 - R_{\mathrm{i}}^4 \;=\; \left(R_{\mathrm{a}}^2 - R_{\mathrm{i}}^2 \right)\left(R_{\mathrm{a}}^2 + R_{\mathrm{i}}^2 \right)$$

zu

$$J_{\mathrm{z}} \;=\; \varrho \, \pi \left(R_{\mathrm{a}}^2 - R_{\mathrm{i}}^2 \right) h \, \tfrac{1}{2}\!\left(R_{\mathrm{a}}^2 + R_{\mathrm{i}}^2 \right)$$

umwandeln. Und mit dem Volumen

$$V \;=\; \pi \left(R_{\mathrm{a}}^2 - R_{\mathrm{i}}^2 \right) h$$

des **Hohlzylinders** ergibt sich letztlich

$$J_{\mathrm{z}} \;=\; \varrho \, V \, \tfrac{1}{2}\!\left(R_{\mathrm{a}}^2 + R_{\mathrm{i}}^2 \right) \qquad \text{bzw.} \qquad \boxed{J_{\mathrm{z}} \;=\; \frac{m}{2} \left(R_{\mathrm{a}}^2 + R_{\mathrm{i}}^2 \right)} \;.$$

Das auf den ersten Blick etwas befremdliche Pluszeichen in der Klammer ist also kein Irrtum!

■

Mehrachsige Rotation

Zur Erweiterung unserer Betrachtungen auf den Fall der mehrachsigen Rotation bedienen wir uns vorteilhafterweise wieder der indizierten Tensornotation und formulieren alle beteiligten Vektoren mit der **körperfesten Basis** $\mathbf{e}_i(t)$. Der Ortsvektor des Massenelements $\mathrm{d}m$ lautet (unverändert)

$$\mathbf{r}_{0\mathrm{m}}(t) = x_i\,\mathbf{e}_i(t) = x_\ell\,\mathbf{e}_\ell(t) \tag{14.44}$$

und der Vektor der Winkelgeschwindigkeit ist mit

$$\boldsymbol{\omega}(t) = \omega_j(t)\,\mathbf{e}_j(t)$$

gegenüber (14.43) diesmal „vollbesetzt". Damit bilden wir zunächst

$$\mathbf{v}_{0\mathrm{m}} = \boldsymbol{\omega}\times\mathbf{r}_{0\mathrm{m}} = \varepsilon_{jik}\,\omega_j\,x_i\,\mathbf{e}_k = v_k\,\mathbf{e}_k \qquad\text{bzw.}\qquad v_k = \varepsilon_{jik}\,\omega_j\,x_i$$

und weiterhin

$$
\begin{aligned}
\mathbf{r}_{0\mathrm{m}}\times\mathbf{v}_{0\mathrm{m}} &= \left(x_\ell\,\mathbf{e}_\ell\right)\times\left(v_k\,\mathbf{e}_k\right)\\[1mm]
&= \varepsilon_{\ell k n}\,x_\ell\,v_k\,\mathbf{e}_n\\[1mm]
&= \varepsilon_{jik}\,\varepsilon_{\ell k n}\,\omega_j\,x_i\,x_\ell\,\mathbf{e}_n\\[1mm]
&= \left(\delta_{jn}\,\delta_{i\ell} - \delta_{j\ell}\,\delta_{in}\right)\omega_j\,x_i\,x_\ell\,\mathbf{e}_n\\[1mm]
&= \omega_j\,x_i^2\,\mathbf{e}_j - \omega_j\,x_i\,x_j\,\mathbf{e}_i\ .
\end{aligned}
\left.\rule{0mm}{20mm}\right\}
\begin{array}{l}\text{vgl. Entwicklungssatz (12.1)}\\ \text{mit } \varepsilon_{\ell k n} = \varepsilon_{n\ell k}\end{array}
$$

Um beide Terme (formal) unter Basis $\mathbf{e}_i$ zusammenfassen zu können, bedienen wir uns der Indexmanipulation

$$\mathbf{e}_j = \delta_{ij}\,\mathbf{e}_i\ .$$

Da der Index i im ersten Term als gebundener Index in x_i^2 aber schon vorkommt, benennen wir ihn dort kurzerhand in k um und schreiben

$$x_i^2 = x_k^2\ .$$

Damit erhält man

$$\mathbf{r}_{0\mathrm{m}}\times\mathbf{v}_{0\mathrm{m}} = \omega_j\left(x_k^2\,\delta_{ij} - x_i\,x_j\right)\mathbf{e}_i\ ,$$

und das Impulsmoment lautet nun

$$\mathbf{L}_0 = \int_{\mathcal{K}}\left(\mathbf{r}_{0\mathrm{m}}\times\mathbf{v}_{0\mathrm{m}}\right)\mathrm{d}m = \omega_j\int_{\mathcal{K}}\left(x_k^2\,\delta_{ij} - x_i\,x_j\right)\mathrm{d}m\ \mathbf{e}_i\ . \tag{14.50}$$

Die **Massenmomente 2. Grades** werden für den allgemeinen Fall der mehrachsigen Rotation durch

$$\boxed{J_{ij} := \int_{\mathcal{K}}\left(x_k^2\,\delta_{ij} - x_i\,x_j\right)\mathrm{d}m = \int_{\mathcal{K}}\left(r^2\,\delta_{ij} - x_i\,x_j\right)\mathrm{d}m} \tag{14.51}$$

definiert, wobei hier der Radius r wegen

$$x_k^2 = x_1^2 + x_2^2 + x_3^2 = \|\mathbf{r}_{0m}\|^2 =: r^2$$

im räumlichen Sinne als Abstand vom Punkt 0 zu verstehen ist. Im Falle $i = j$ handelt es sich um die **Massenträgheitsmomente**

$$J_{11} = \int_\mathcal{K} \left(x_2^2 + x_3^2\right)\,\mathrm{d}m\,, \quad J_{22} = \int_\mathcal{K} \left(x_1^2 + x_3^2\right)\,\mathrm{d}m\,, \quad J_{33} = \int_\mathcal{K} \left(x_1^2 + x_2^2\right)\,\mathrm{d}m$$

und im Falle von $i \neq j$ um die **Deviationsmomente**

$$J_{12} = J_{21} = -\int_\mathcal{K} x_1\,x_2\,\mathrm{d}m$$

$$J_{13} = J_{31} = -\int_\mathcal{K} x_1\,x_3\,\mathrm{d}m$$

$$J_{23} = J_{32} = -\int_\mathcal{K} x_2\,x_3\,\mathrm{d}m\,.$$

Wir können jetzt (14.50) auch in der kurzen Form

$$\mathbf{L}_0 = J_{ij}\,\omega_j\,\mathbf{e}_i \tag{14.50a}$$

angeben, und schreibt man weiterhin das Impulsmoment zu

$$\mathbf{L}_0 = L_{0,i}\,\mathbf{e}_i\,,$$

so erhält man durch Gleichsetzen und anschließendes Ausheben von $\mathbf{e}_i$ die Komponentengleichung

$$L_{0,i} = J_{ij}\,\omega_j \tag{14.52}$$

des Impulsmomentes im körperfesten Koordinatensystem. Wir erkennen in (14.52), dass auf der rechten Seite eine Überschiebung vorliegt. Offensichtlich repräsentiert J_{ij} einen symmetrischen Tensor 2. Stufe, welchen wir als **Trägheitstensor**

$$\mathbf{J}_0^{(2)} = J_{ij}\,\mathbf{e}_i\,\mathbf{e}_j \tag{14.53}$$

bezeichnen. Dabei ist zu beachten, dass sich die J_{ij} in jedem Fall auf den Ursprung des körperfesten Koordinatensystems beziehen. Liegt dieser – wie bei der eben erfolgten Herleitung – im raumfesten Lagerpunkt 0, bezeichnen wir den Trägheitstensor mit $\mathbf{J}_0^{(2)}$. Für den in Abbildung 14.6 gezeigten Fall, dass das körperfeste Koordinatensystem aber in den Schwerpunkt S gelegt wird, können wir eine analoge Herleitung unter Verwendung von $\mathbf{r}_{Sm}$ und $\mathbf{v}_{Sm}$ durchführen. Wir haben es dann mit dem Impulsmoment $\mathbf{L}_S$ und dem Trägheitstensor $\mathbf{J}_S^{(2)}$ zu tun.

In symbolischer Schreibweise ergibt sich der Impulsmomentenvektor gemäß

$$\boxed{\mathbf{L}_0 = \mathbf{J}_0^{(2)} \cdot \boldsymbol{\omega}} \qquad \text{oder} \qquad \boxed{\mathbf{L}_S = \mathbf{J}_S^{(2)} \cdot \boldsymbol{\omega}} \tag{14.54}$$

als *verjüngendes Produkt* aus Trägheitstensor und Winkelgeschwindigkeitsvektor. Wir wollen dafür im Weiteren kurz

$$\boxed{\mathbf{L}_{0/S} = \mathbf{J}_{0/S}^{(2)} \cdot \boldsymbol{\omega}} \tag{14.54a}$$

schreiben (für 0/S lies: bezüglich raumfestem Lagerpunkt 0 **oder** Schwerpunkt S).

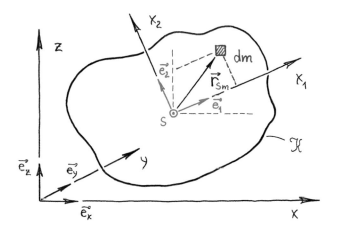

Abb. 14.6 Zur mehrachsigen Rotation um Schwerpunkt S

Da der Trägheitstensor bzw. die zugehörige **Trägheitsmatrix**

$$\underline{\underline{\mathbf{J}}} = \begin{pmatrix} J_{11} & J_{12} & J_{13} \\ J_{21} & J_{22} & J_{23} \\ J_{31} & J_{32} & J_{33} \end{pmatrix}$$

symmetrisch und reell besetzt ist, sind sämtliche Eigenwerte reell, und es existiert ein (orthogonales) Hauptachsensystem. Bei Übergang zu einem solchen verschwinden sämtliche Deviationsmomente, d.h.

$$\underline{\underline{\mathbf{J}}}^+ = \begin{pmatrix} J_{\mathrm{I}} & 0 & 0 \\ 0 & J_{\mathrm{II}} & 0 \\ 0 & 0 & J_{\mathrm{III}} \end{pmatrix} = \begin{pmatrix} J_1 & 0 & 0 \\ 0 & J_2 & 0 \\ 0 & 0 & J_3 \end{pmatrix},$$

und x_1, x_2, x_3 repräsentieren **Hauptträgheitsachsen**.

Einen Körper **dynamisch auszuwuchten**, bedeutet, seine bereits vorhandene Drehachse durch Anbringen (ggf.) von Zusatzmassen in eine Hauptträgheitsachse zu verwandeln, welche den Schwerpunkt enthält.

Wir machen uns die Zeitabhängigkeit des Impulsmomentes klar und schreiben

$$\mathbf{L}_{0/\mathrm{S}}(t) \;=\; J_{ij}\,\omega_j(t)\,\mathbf{e}_i(t)\,.$$

Dabei sind die auf 0 oder S bezogenen Massenmomente J_{ij} bekanntlich konstante Größen, da jeder materielle Punkt im körperfesten Koordinatensystem seinen festen Platz hat! Wir erhalten für die Zeitableitung des Impulsmomentes zunächst

$$\frac{\mathrm{d}}{\mathrm{d}t}\big[\mathbf{L}_{0/\mathrm{S}}\big] \;=\; J_{ij}\,\dot{\omega}_j\,\mathbf{e}_i \;+\; J_{ij}\,\omega_j\,\dot{\mathbf{e}}_i\,,$$

und mit

$$\dot{\mathbf{e}}_i \;=\; \boldsymbol{\omega}\times\mathbf{e}_i \qquad\qquad\qquad\qquad (13.31)$$

folgt

$$\frac{\mathrm{d}}{\mathrm{d}t}\big[\mathbf{L}_{0/\mathrm{S}}\big] \;=\; J_{ij}\,\dot{\omega}_j\,\mathbf{e}_i \;+\; \boldsymbol{\omega}\times J_{ij}\,\omega_j\,\mathbf{e}_i$$

$$\;=\; J_{ij}\,\dot{\omega}_j\,\mathbf{e}_i \;+\; \boldsymbol{\omega}\times\mathbf{L}_{0/\mathrm{S}}\,.$$

An dieser Darstellung stört allerdings noch, dass die symbolische und indizierte Schreibweise gemischt auftreten. Um den Term $J_{ij}\,\omega_j\,\mathbf{e}_i$ in die symbolische Schreibweise zu überführen, erinnern wir uns an die **körperfeste Ableitung** $\frac{\mathrm{d}^*}{\mathrm{d}t}$ aus Abschnitt 13.2.2, welche die Zeitabhängigkeit der Basis ignoriert. Diese wenden wir auf den Impulsmomentenvektor an und erhalten mit

$$\frac{\mathrm{d}^*}{\mathrm{d}t}\big[\mathbf{L}_{0/\mathrm{S}}\big] \;=\; \frac{\mathrm{d}^*}{\mathrm{d}t}\big[J_{ij}\,\omega_j(t)\,\mathbf{e}_i(t)\big]$$

$$\;=\; \frac{\mathrm{d}}{\mathrm{d}t}\big[J_{ij}\,\omega_j(t)\big]\,\mathbf{e}_i(t)$$

$$\;=\; J_{ij}\,\dot{\omega}_j\,\mathbf{e}_i$$

gerade den gesuchten Ausdruck. Anstelle von (14.36) bzw. (14.42) können wir den **Impulsmomentensatz** letztlich auch durch

$$\boxed{\;\sum_\nu\mathbf{M}_\nu[0/\mathrm{S}] \;=\; \frac{\mathrm{d}}{\mathrm{d}t}\big[\mathbf{L}_{0/\mathrm{S}}\big] \;=\; \frac{\mathrm{d}^*}{\mathrm{d}t}\big[\mathbf{L}_{0/\mathrm{S}}\big] \;+\; \boldsymbol{\omega}\times\mathbf{L}_{0/\mathrm{S}}\;} \qquad (14.55)$$

angeben. Für praktische Anwendungen aber ist die indizierte Komponentendarstellung günstiger. Dazu schreiben wir

$$\sum_\nu\mathbf{M}_\nu[0/\mathrm{S}] \;=\; \sum_\nu\mathbf{M}_{\nu,i}\,\mathbf{e}_i$$

sowie

$$\boldsymbol{\omega} \;=\; \omega_k\,\mathbf{e}_k\,.$$

Einsetzen in (14.55) liefert

$$\sum_\nu \mathbf{M}_{\nu,i}\, \mathbf{e}_i \;=\; J_{ij}\, \dot\omega_j\, \mathbf{e}_i \;+\; J_{n\ell}\, \omega_\ell\, \omega_k\, \mathbf{e}_k \times \mathbf{e}_n$$

$$=\; \left(J_{ij}\, \dot\omega_j \;+\; J_{n\ell}\, \omega_\ell\, \omega_k\, \varepsilon_{kni} \right) \mathbf{e}_i \;,$$

und nach Ausheben von $\mathbf{e}_i$ sowie dem (ästhetisch motivierten) Indextausch $k \rightleftharpoons n$ bekommen wir die gesuchten Komponentengleichungen zu

$$\boxed{\; \sum_\nu \mathbf{M}_{\nu,i} \;=\; J_{ij}\, \dot\omega_j \;+\; J_{k\ell}\, \omega_\ell\, \omega_n\, \varepsilon_{nki} \;}\;. \qquad (14.55\,\text{a})$$

Legt man das körperfeste x_i-System aber in die Hauptachsen des Körpers, so vereinfacht sich (14.55 a) wegen

$$J_{k\ell}\, \omega_\ell\, \omega_n\, \varepsilon_{nki} \;=\; J_{11}\, \omega_1 \left(\omega_2\, \varepsilon_{21i} + \omega_3\, \varepsilon_{31i} \right) \;+\; J_{22}\, \omega_2 \left(\omega_1\, \varepsilon_{12i} + \omega_3\, \varepsilon_{32i} \right) \;+$$

$$+\; J_{33}\, \omega_3 \left(\omega_1\, \varepsilon_{13i} + \omega_2\, \varepsilon_{23i} \right)$$

nicht unerheblich, da im Hauptachsensystem mit $J_{k\ell} = 0$ für $k \neq \ell$ die Deviationsmomente verschwinden. Wir setzen ferner für die Hauptträgheitsmomente $J_{(kk)} = J_k$ und erhalten im Einzelnen

$$J_{k\ell}\, \omega_\ell\, \omega_n\, \varepsilon_{nk1} \;=\; J_2\, \omega_2\, \omega_3\, \varepsilon_{321} + J_3\, \omega_3\, \omega_2\, \varepsilon_{231} \;=\; \omega_2\, \omega_3 \left(J_3 - J_2 \right),$$

$$J_{k\ell}\, \omega_\ell\, \omega_n\, \varepsilon_{nk2} \;=\; J_1\, \omega_1\, \omega_3\, \varepsilon_{312} + J_3\, \omega_3\, \omega_1\, \varepsilon_{132} \;=\; \omega_1\, \omega_3 \left(J_1 - J_3 \right),$$

$$J_{k\ell}\, \omega_\ell\, \omega_n\, \varepsilon_{nk3} \;=\; J_1\, \omega_1\, \omega_2\, \varepsilon_{213} + J_2\, \omega_2\, \omega_1\, \varepsilon_{123} \;=\; \omega_2\, \omega_3 \left(J_2 - J_1 \right).$$

Außerdem ist

$$J_{1j}\, \dot\omega_j \;=\; J_1\, \dot\omega_1\,, \qquad J_{2j}\, \dot\omega_j \;=\; J_2\, \dot\omega_2\,, \qquad J_{3j}\, \dot\omega_j \;=\; J_3\, \dot\omega_3\,.$$

Durch Einsetzen in (14.55 a) kommen wir schließlich zu den drei ausgeschriebenen Komponentengleichungen

$$\boxed{\begin{aligned} \sum_\nu \mathbf{M}_{\nu,1} &\;=\; J_1\, \dot\omega_1 \;-\; \left(J_2 - J_3 \right) \omega_2\, \omega_3 \\[4pt] \sum_\nu \mathbf{M}_{\nu,2} &\;=\; J_2\, \dot\omega_2 \;-\; \left(J_3 - J_1 \right) \omega_3\, \omega_1 \\[4pt] \sum_\nu \mathbf{M}_{\nu,3} &\;=\; J_3\, \dot\omega_3 \;-\; \left(J_1 - J_2 \right) \omega_1\, \omega_2 \end{aligned}}\;, \qquad (14.56)$$

welche die **EULERschen Gleichungen** genannt werden. Wie man leicht erkennt, handelt es sich um ein gekoppeltes System aus drei nichtlinearen, gewöhnlichen Differentialgleichungen. Sie bilden die Grundlage zur Kreiseltheorie.

Es kann bei bestimmten Problemstellungen sinnvoll sein, ein nur **teilweise körperfestes Koordinatensystem** einzuführen, d.h., dieses Koordinatensystem macht bestimmte Rotationen mit – andere nicht. Dann muss man zwischen dem Vektor $\boldsymbol{\omega}$, der in das Impulsmoment $\mathbf{L}_{0/S}$ eingeht und die tatsächliche Rotation des Körpers beschreibt, und demjenigen unterscheiden, welcher die Rotation des teilweise körperfesten x_1, x_2, x_3-Systems wiedergibt. Letzterer sei $\boldsymbol{\omega}^{\oplus}$ genannt. Der Impulsmomentensatz lautet nun

$$\sum_{\nu} \mathbf{M}_{\nu}[0/S] \;=\; \frac{\mathrm{d}^*}{\mathrm{d}t}\big[\mathbf{L}_{0/S}\big] \;+\; \boldsymbol{\omega}^{\oplus} \times \mathbf{L}_{0/S} \,. \tag{14.57}$$

Die gesamte Vorgehensweise ist aber nur möglich, wenn der rotierende Körper bezüglich des lediglich *teilweise körperfesten* Koordinatensystems einen Trägheitstensor mit konstanten Komponenten besitzt! Das war zuvor schließlich der Grund für die Einführung des körperfesten Koordinatensystems. Wie wir an folgendem Beispiel sehen werden, muss der betrachtete Körper gewisse Symmetrien aufweisen.

Beispiel 14.8   Kollergang

Zum Zerkleinern von dispersen Feststoffen (z.B. Getreide) kommt folgende Anlage zum Einsatz:

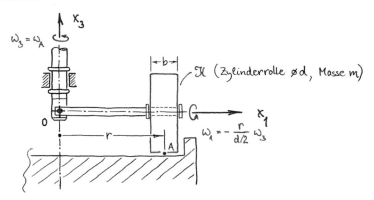

Wir interessieren uns für die Druckkraft im Punkt A („Mahlkraft") während des Betriebes. Im Stillstand entspricht diese trivialerweise der Gewichtskraft des Körpers $\mathcal{K}$ (Zylinderrolle mit Masse m und Durchmesser d). Den Gewichtsbeitrag der Rollenachse wollen wir vernachlässigen.

Für die nun folgende Berechnung wollen wir außerdem die Trägheitswirkung von Antriebswelle und Rollenachse vernachlässigen. Der Körper $\mathcal{K}$ rotiert um die x_1-Achse und (wegen der Schwenkbewegung der Rollenachse auch) um die x_3-Achse. Zwischen den zugehörigen Komponenten des Winkelgeschwindigkeitsvektors besteht aufgrund des Abrollvorgangs die *kinematische Kopplung*

$$\omega_1 = -\frac{r}{d/2}\,\omega_3 \,.$$

(Das Minuszeichen verifiziert man leicht mit der 2. Rechte-Hand-Regel!)

Das teilweise körperfeste x_1, x_2, x_3-System hingegen rotiert lediglich um die x_3-Achse, nicht aber um die beiden anderen Achsen! Nach Freischneiden

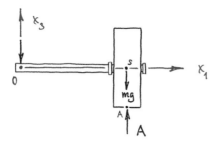

erhalten wir die Momentenbilanz (in vektorieller Form) zu

$$\sum_\nu \mathbf{M}_\nu[0] \; = \; \mathbf{r}_{0A} + \mathbf{r}_{0S} \times \mathbf{G} \; = \; \frac{\mathrm{d}^*}{\mathrm{d}t}\left[\mathbf{L}_0\right] \; + \; \boldsymbol{\omega}^\oplus \times \mathbf{L}_0 \; . \tag{1}$$

Die Lagerkraft im Punkt 0 spielt dabei wegen des fehlenden Hebelarmes keine Rolle.

Das x_1, x_2, x_3-System ist ein Hauptachsensystem von $\mathcal{K}$, obwohl es nicht körperfest ist. Denn die Rotationssymmetrie um die x_1-Achse sorgt dafür, dass die Eigenwerte des Trägheitstensors mit $J_2 = J_3$ eine (mindestens) einfache algebraische Vielfachheit besitzen. In der x_1, x_2-Ebene ist jede Achse Hauptträgheitsachse unabhängig von der Winkellage. Daher hat die im x_1, x_2, x_3-System stattfindende Kreisbewegung aller Körperpunkte um die x_1-Achse, die es in einem (vollständig) körperfesten System ja nicht gäbe, keinen Einfluss auf J_2 und J_3. Wir berechnen die benötigten Massenträgheitsmomente zu

$$J_1 \; = \; \frac{m}{8}\,d^2 \qquad\qquad\qquad \text{(Zylinder bezüglich Längsachse)}$$

$$J_2 \; = \; J_3 \; = \; \underbrace{m\left(\tfrac{d^2}{16} + \tfrac{b^2}{12}\right)}_{\approx\,0\,,\ \text{wegen}\ \frac{d^2}{16} + \frac{b^2}{12}\,\ll\,r^2} + \; m\,r^2 \qquad\qquad \text{(nur STEINER-Anteil}\ m\,r^2)$$

Mit der gegebenen Antriebswinkelgeschwindigkeit ω_A ermitteln wir die Komponenten von $\boldsymbol{\omega}$ aufgrund der **tatsächlichen Rotation von** $\mathcal{K}$:

$$\omega_1(t) \; \equiv \; -\frac{2r}{d}\,\omega_A\,, \qquad \omega_2(t) \; \equiv \; 0\,, \qquad \omega_3(t) \; \equiv \; \omega_A\,.$$

Damit bekommt man den Impulsmomentenvektor zu

$$\mathbf{L}_0 \; = \; \mathbf{J}_0^{(2)}\cdot\boldsymbol{\omega} \; = \; J_1\,\omega_1\,\mathbf{e}_1 \; + \; J_2\,\omega_2\,\mathbf{e}_2 \; + \; J_3\,\omega_3\,\mathbf{e}_3$$

$$= \; m\,\omega_A\,r\left(-\tfrac{d}{4}\,\mathbf{e}_1 + r\,\mathbf{e}_3\right),$$

was wegen der Zeitunabhängigkeit der Komponenten auch sofort

$$\frac{\mathrm{d}^*}{\mathrm{d}t}\left[\mathbf{L}_0\right] \;\equiv\; \mathbf{0} \qquad\qquad\qquad\qquad\qquad \text{(stationäre Rotation)}$$

liefert. Im Gegensatz zur tatsächlichen Rotation von $\mathcal{K}$ findet die **Rotation des** x_1, x_2, x_3**-Systems** mit

$$\omega_1^{\oplus}(t) \;\equiv\; 0\,, \qquad \omega_2^{\oplus}(t) \;\equiv\; 0\,, \qquad \omega_3^{\oplus}(t) \;\equiv\; \omega_{\mathrm{A}}$$

nur um die x_3-Achse statt, d. h.

$$\boldsymbol{\omega}^{\oplus} \;=\; \omega_1^{\oplus}\,\mathbf{e}_1 \;+\; \omega_2^{\oplus}\,\mathbf{e}_2 \;+\; \omega_3^{\oplus}\,\mathbf{e}_3 \;=\; \omega_{\mathrm{A}}\,\mathbf{e}_3\,.$$

Wir erhalten somit

$$\boldsymbol{\omega}^{\oplus}\times\mathbf{L}_0 \;=\; m\,\omega_{\mathrm{A}}^2\,r\,\left(\mathbf{e}_3\right)\times\left(-\tfrac{d}{4}\,\mathbf{e}_1 + r\,\mathbf{e}_3\right) \;=\; -\,m\,\omega_{\mathrm{A}}^2\,r\,\tfrac{d}{4}\,\mathbf{e}_2\,.$$

Die aus den Kraft- und Hebelarmvektoren

$$\mathbf{A} \;=\; A\,\mathbf{e}_3\,, \qquad\qquad \mathbf{r}_{0\mathrm{A}} \;=\; r\,\mathbf{e}_1 \;-\; \tfrac{d}{2}\,\mathbf{e}_3\,,$$

$$\mathbf{G} \;=\; -\,mg\,\mathbf{e}_3\,, \qquad \mathbf{r}_{0\mathrm{S}} \;=\; r\,\mathbf{e}_1$$

resultierenden Momentenvektoren lauten

$$\mathbf{r}_{0\mathrm{A}}\times\mathbf{A} \;=\; A\left(r\,\mathbf{e}_1 - \tfrac{d}{2}\,\mathbf{e}_3\right)\times\left(\mathbf{e}_3\right) \;=\; -\,A\,r\,\mathbf{e}_2\,,$$

$$\mathbf{r}_{0\mathrm{S}}\times\mathbf{G} \;=\; \qquad -\,mg\,r\,\mathbf{e}_1\times\mathbf{e}_3 \qquad =\; mg\,r\,\mathbf{e}_2\,.$$

Eingesetzt in (1) ergibt sich

$$-\,A\,r\,\mathbf{e}_2 \;+\; mg\,r\,\mathbf{e}_2 \;=\; \mathbf{0} \;-\; m\,\omega_{\mathrm{A}}^2\,r\,\tfrac{d}{4}\,\mathbf{e}_2\,,$$

was nach Kürzung von r und skalarer Multiplikation mit $\mathbf{e}_2$ das Ergebnis

$$\boxed{\;A \;=\; \underbrace{mg}_{\text{statischer}} \;+\; \underbrace{m\,\omega_{\mathrm{A}}^2\,\tfrac{d}{4}}_{\text{dynamischer Anteil}}\;}$$

liefert. Der dynamische Anteil der Mahlkraft wächst also quadratisch mit der Winkelgeschwindigkeit (Drehzahl), was die Wirksamkeit der Anlage wesentlich erhöht. Der Radius r hingegen hat interessanterweise keinen Einfluss.

Hauptsätze der Körperdynamik

Bewegung	Ursache	Trägheit	Bewegungsgröße	Satz	Standardfälle
Translation	result. Kraft $$\sum_\nu \mathbf{F}_\nu$$	m	Impuls $$\mathbf{I} = m\,\mathbf{v}$$	Impulssatz $$\sum_\nu \mathbf{F}_\nu = \frac{d\mathbf{I}}{dt}$$	$m \equiv \mathrm{const}$ Schwerpunktsatz $$\sum_\nu \mathbf{F}_\nu = m\,\frac{d\mathbf{v}}{dt}$$
einachsige **Rotation** um Hauptträgheitsachse D	result. Moment $$\sum_\nu M_\nu[\mathrm{D}]$$	J_D	Impulsmoment $$L_\mathrm{D} = J_\mathrm{D}\,\omega$$	Impulsmomentensatz $$\sum_\nu M_\nu[\mathrm{D}] = \frac{dL_\mathrm{D}}{dt}$$	$J_\mathrm{D} \equiv \mathrm{const}$ Impulsmomentensatz $$\sum_\nu M_\nu[\mathrm{D}] = J_\mathrm{D}\,\frac{d\omega}{dt}$$
mehrachsige **Rotation** um 0/S	result. Moment $$\sum_\nu \mathbf{M}_\nu[0/\mathrm{S}]$$	$\mathbf{J}^{(2)}$	Impulsmoment $$\mathbf{L}_{0/\mathrm{S}} = \mathbf{J}^{(2)}_{0/\mathrm{S}} \cdot \boldsymbol{\omega}$$	Impulsmomentensatz $$\sum_\nu \mathbf{M}_\nu[0/\mathrm{S}] = \frac{d\mathbf{L}_{0/\mathrm{S}}}{dt}$$	Indexschreibweise für 0/S $$\sum_\nu M_{\nu,i} = J_{ij}\,\dot\omega_j + J_{k\ell}\,\omega_\ell\,\omega_n\,\varepsilon_{nki}$$

0/S bedeutet „raumfester Lagerpunkt 0 **oder** Schwerpunkt S"

Tab. 14.2: Hauptsätze der Körperdynamik im Überblick

14.2.4   Arbeit und Leistung, Arbeitssatz

Wir haben den **Arbeitssatz** bereits im Rahmen der Punktkinetik durch Integration des NEWTONschen Grundgesetzes hergeleitet. Es steht nun die Erweiterung für Körperbewegungen an. Translationen von Körpern sind hier insofern problemlos, da wir uns den Körper aufgrund des Schwerpunktsatzes durch seinen Schwerpunkt ersetzt denken dürfen. Neu ist hingegen die Berechnung der Arbeit bei der Rotation von Körpern. Wir untersuchen das für den technisch wichtigen Fall der einachsigen Rotation bezüglich fester Lager. Bezüglich der mehrachsigen Rotation beschränken wir uns auf die Berechnung der kinetischen Energie.

Einachsige Rotation

Ausgangspunkt ist der Impulsmomentensatz bei Rotation um feste Drehachse D

$$\sum_{\nu} M_{\nu}\,[\mathrm{D}] \;=\; J_{\mathrm{D}}\,\frac{\mathrm{d}\omega}{\mathrm{d}t}\,, \tag{14.48*}$$

den wir mit ω erweitern zu

$$\sum_{\nu} M_{\nu}\,[\mathrm{D}]\;\omega \;=\; J_{\mathrm{D}}\,\frac{\mathrm{d}\omega}{\mathrm{d}t}\,\omega\,.$$

Da wir hier von

$$\frac{1}{2}\frac{\mathrm{d}}{\mathrm{d}t}\big[\omega^{2}\big] \;=\; \frac{1}{2}\frac{\mathrm{d}}{\mathrm{d}t}\big[\omega\,\omega\big] \;=\; \frac{\mathrm{d}\omega}{\mathrm{d}t}\frac{\omega}{2} + \frac{\omega}{2}\frac{\mathrm{d}\omega}{\mathrm{d}t} \;=\; \frac{\mathrm{d}\omega}{\mathrm{d}t}\,\omega$$

Gebrauch machen können, folgt nach Integration über der Zeit mit $\omega = \frac{\mathrm{d}\varphi}{\mathrm{d}t}$

$$\int_{t_{1}}^{t_{2}} \sum_{\nu} M_{\nu}\,[\mathrm{D}]\,\frac{\mathrm{d}\varphi}{\mathrm{d}t}\,\mathrm{d}t \;=\; \frac{J_{\mathrm{D}}}{2}\int_{t_{1}}^{t_{2}}\frac{\mathrm{d}}{\mathrm{d}t}\big[\omega^{2}\big]\,\mathrm{d}t$$

und damit

$$\int_{\varphi_{1}}^{\varphi_{2}} \sum_{\nu} M_{\nu}\,[\mathrm{D}]\,\mathrm{d}\varphi \;=\; \frac{J_{\mathrm{D}}}{2}\int_{\omega_{1}}^{\omega_{2}}\mathrm{d}\big[\omega^{2}\big]$$

$$=\; \frac{J_{\mathrm{D}}}{2}\,\omega_{2}^{2} \;-\; \frac{J_{\mathrm{D}}}{2}\,\omega_{1}^{2}\,.$$

Analog zur Definition der Arbeit nach (14.18) führen wir jetzt durch

$$\mathrm{d}W \;=\; M\,\mathrm{d}\varphi \tag{14.58}$$

die **Arbeit** ein, die verrichtet wird, wenn unter dem Moment M eine einachsige Verdrehung um $\mathrm{d}\varphi$ stattfindet. Weiterhin lautet die **kinetische Energie der** (einachsigen) **Rotation** (Spezialfall von (14.62))

$$\boxed{E^{\text{rot}} \;=\; \frac{J_{\mathrm{D}}}{2}\,\omega^2}\;.$$
(14.59)

Mit

$$W_{1\to 2} \;=\; \int\limits_{\varphi_1}^{\varphi_2} \sum_\nu M_\nu\,[\mathrm{D}]\;\mathrm{d}\varphi$$

erhalten wir durch Einsetzen schließlich den **Arbeitssatz** zu

$$\boxed{W_{1\to 2} \;=\; E_2^{\text{rot}} \;-\; E_1^{\text{rot}}}\;.$$
(14.60)

Die durch eine rotierende Welle unter dem Moment M übertragene **Leistung** berechnet sich mit (14.58) zu

$$P \;=\; \frac{\mathrm{d}W}{\mathrm{d}t} \;=\; M\,\frac{\mathrm{d}\varphi}{\mathrm{d}t} \qquad \text{bzw.} \qquad \boxed{P \;=\; M\,\omega \;=\; 2\pi\,M\,n}\;,$$
(14.61)

wobei n die Drehzahl der Welle ist.

Mehrachsige Rotation

Wir berechnen vorab

$$
\begin{aligned}
(\boldsymbol{\omega}\times\mathbf{r})^2 \;&=\; \big(\varepsilon_{ijk}\,\omega_i\,x_j\,\mathbf{e}_k\big)\cdot\big(\varepsilon_{mnr}\,\omega_m\,x_n\,\mathbf{e}_r\big)\\[4pt]
&=\; \varepsilon_{ijk}\,\varepsilon_{mnr}\,\omega_i\,\omega_m\,x_j\,x_n\,\delta_{kr}\\[4pt]
&=\; \varepsilon_{jik}\,\varepsilon_{mnk}\,\omega_i\,\omega_m\,x_j\,x_n\\[4pt]
&=\; (\delta_{im}\,\delta_{jn} - \delta_{in}\,\delta_{jm})\,\omega_i\,\omega_m\,x_j\,x_n\\[4pt]
&=\; \omega_i\,\omega_i\,x_j\,x_j \;-\; \omega_i\,\omega_j\,x_i\,x_j\\[4pt]
&=\; \omega_i\,\omega_j\left(r^2\,\delta_{ij} - x_i\,x_j\right).
\end{aligned}
$$

vgl. Entwicklungssatz (12.1)

$$\left(x_j^2 =: r^2,\;\; \omega_i = \omega_j\,\delta_{ij}\right)$$

Zur Berechnung der **kinetischen Energie bei mehrachsiger Rotation** greifen wir auf die kinetische Energie des Massenpunktes

$$E^{\text{kin}} \;:=\; \frac{m}{2}\,v^2$$
(14.24)

zurück. Für das Massenelement $\mathrm{d}m$ (anstelle des Massenpunktes) gilt dann

$$\mathrm{d}E^{\mathrm{kin}} \;=\; \tfrac{1}{2}\,\mathbf{v}^2\,\mathrm{d}m\;, \qquad\qquad \left(\text{Man beachte: } \mathbf{v}^2 = \|\mathbf{v}\|^2 = |v\,|^2 = v^2\right)$$

so dass wir für den Körper $\mathcal{K}$

$$E^{\mathrm{kin}} \;=\; \tfrac{1}{2}\int_{\mathcal{K}} \mathbf{v}^2\,\mathrm{d}m$$

bekommen. Bei Bezug auf festen Lagerpunkt 0 folgt somit

$$E^{\mathrm{kin}} \;=\; E^{\mathrm{rot0}} \;=\; \tfrac{1}{2}\int_{\mathcal{K}} \mathbf{v}_{0\mathrm{m}}^2\,\mathrm{d}m$$

$$\qquad\qquad\quad =\; \tfrac{1}{2}\int_{\mathcal{K}} \left(\boldsymbol{\omega}\times\mathbf{r}_{0\mathrm{m}}\right)^2\,\mathrm{d}m$$

$$\qquad\qquad\quad =\; \tfrac{1}{2}\,\omega_i\,\omega_j \int_{\mathcal{K}} \left(r^2\,\delta_{ij} - x_i\,x_j\right)\,\mathrm{d}m$$

$$\qquad\qquad\quad =\; \tfrac{1}{2}\,J_{ij}\,\omega_i\,\omega_j\;,$$

womit wir

$$\boxed{E^{\mathrm{kin}} \;=\; E^{\mathrm{rot0}} \;=\; \tfrac{1}{2}\left(\mathbf{J}_0^{(2)}\!\cdot\boldsymbol{\omega}\right)\!\cdot\boldsymbol{\omega} \;=\; \tfrac{1}{2}\,\mathbf{L}_0\!\cdot\boldsymbol{\omega}} \qquad\qquad (14.62)$$

erhalten. Bei Bezug auf den Schwerpunkt S hingegen bekommen wir

$$E^{\mathrm{kin}} \;=\; \tfrac{1}{2}\int_{\mathcal{K}} \mathbf{v}_{0\mathrm{m}}^2\,\mathrm{d}m$$

$$=\; \tfrac{1}{2}\int_{\mathcal{K}} \left(\mathbf{v}_{0\mathrm{S}} + \mathbf{v}_{\mathrm{Sm}}\right)^2\,\mathrm{d}m$$

$$=\; \tfrac{1}{2}\,\mathbf{v}_{0\mathrm{S}}{}^2 \int_{\mathcal{K}}\mathrm{d}m \;+\; \mathbf{v}_{0\mathrm{S}}\cdot\int_{\mathcal{K}}\mathbf{v}_{\mathrm{Sm}}\,\mathrm{d}m \;\mid\; \tfrac{1}{2}\int_{\mathcal{K}}\mathbf{v}_{\mathrm{Sm}}^2\,\mathrm{d}m$$

$$=\; \tfrac{1}{2}\,\mathbf{v}_{0\mathrm{S}}{}^2 \int_{\mathcal{K}}\mathrm{d}m \;+\; \mathbf{v}_{0\mathrm{S}}\cdot\underbrace{\left(\boldsymbol{\omega}\times\int_{\mathcal{K}}\mathbf{r}_{\mathrm{Sm}}\,\mathrm{d}m\right)}_{=\,\mathbf{0}} \;+\; \tfrac{1}{2}\int_{\mathcal{K}}\left(\boldsymbol{\omega}\times\mathbf{r}_{\mathrm{Sm}}\right)^2\,\mathrm{d}m$$

$$=\; \frac{m}{2}\,\mathbf{v}_{0\mathrm{S}}{}^2 \;+\; \tfrac{1}{2}\int_{\mathcal{K}}\left(\boldsymbol{\omega}\times\mathbf{r}_{\mathrm{Sm}}\right)^2\,\mathrm{d}m$$

$$=\; \frac{m}{2}\,\mathbf{v}_{0\mathrm{S}}{}^2 \;+\; \tfrac{1}{2}\,\mathbf{L}_{\mathrm{S}}\!\cdot\boldsymbol{\omega}$$

$$=\; E^{\mathrm{trans}} \;+\; E^{\mathrm{rotS}}\;.$$

Die kinetische Energie setzt sich hier zusammen aus einem translatorischen Anteil des Schwerpunkts

$$E^{\text{trans}} = \frac{m}{2}\,\mathbf{v}_{0S}{}^2 \tag{14.63}$$

und aus einem rotatorischen

$$E^{\text{rotS}} = \tfrac{1}{2}\left(\mathbf{J}_S^{(2)}\cdot\boldsymbol{\omega}\right)\cdot\boldsymbol{\omega} = \tfrac{1}{2}\,\mathbf{L}_S\cdot\boldsymbol{\omega} \tag{14.64}$$

bezüglich desselben. Für bewegte Bezugspunkte[7] abseits des Schwerpunkts bekommt man zusätzlich noch einen gemischten Anteil (vgl. z.B. [12], Abschnitt 6.2.1).

---

[7] Wir hatten auf diesbezügliche Berechnungen verzichtet, vgl. die Bemerkungen nach (14.42).

Über den Umgang mit „infinitesimalen" Größen

Die Infinitesimalrechnung (= *calculus*) ist eine der tragenden Säulen der Ingenieurmathematik. In der Schule begegnet einem – meist nach ausführlicher Kurvendiskussion – zuerst die Ableitung einer gegebenen Funktion wie $u(x)$ durch die Definition

$$\frac{\mathrm{d}u}{\mathrm{d}x} \quad := \quad \lim_{\Delta x \to 0} \frac{\Delta u}{\Delta x} \quad = \quad \lim_{\Delta x \to 0} \frac{u(x + \Delta x) - u(x)}{\Delta x} \,, \tag{A.1}$$

die sich geometrisch als Steigung der Tangente des Funktionsgraphen im Punkte x auffassen lässt. Durch die auf LEIBNIZ zurückgehende Schreibweise $\frac{\mathrm{d}u}{\mathrm{d}x}$, die das formale Äußere des Differenzenquotienten übernimmt, wird nicht so recht deutlich, dass auf $u(x)$ im Sinne von

$$\frac{\mathrm{d}}{\mathrm{d}x} \big[u(x) \big] \qquad \text{oder} \qquad u'(x)$$

ein Operator „losgelassen" wird. Ganz wie in alten Zeiten ist man vielmehr geneigt, in $\mathrm{d}u$ und $\mathrm{d}x$ selbstständige Größen zu sehen, die durch den Grenzübergang „infinitesimal", d.h. „unendlich klein"[1] werden, andererseits aber doch von null verschieden sind, da Division durch null nicht definiert ist. Von der Vorstellung einer Größe, die kleiner als jede reelle Zahl ist, aber trotzdem größer als null, hat man sich inzwischen wieder verabschieden müssen. Das ist in der modernen Mathematik nicht haltbar.

Mitunter bekommt man in der Vorlesung auch einen Einwand ganz anderer Art zu hören: Ein solches $\mathrm{d}x$ sei wegen des atomistischen Aufbaus der Materie nicht denkbar! Nun, davor jedenfalls schützt uns die kontinuumstheoretische Betrachtung – auch wenn das nur ein Modell ist.

Wir sind da in einer nicht ganz einfachen Lage. Einerseits ermöglichen die „infinitesimalen" Größen eine vergleichsweise einfache Herleitung wichtiger Gleichungen. Dabei ist

---

[1] Also so gut wie null, sonst könnte man ja gleich Δx schreiben.

unstrittig, dass die physikalischen Sachverhalte richtig beschrieben werden. Aber auf der anderen Seite hantieren wir mit Größen, die jeder gestandene Mathematiker vor unseren Augen sofort zerreißt. Die naheliegende Frage ist nun:

Wie leiten wir wichtige Gleichungen her, ohne dabei mathematisch „unkorrekt" vorzugehen?

A.1   Herleitungen ohne infinitesimale Größen

Wenn es darum geht, skalare Größen als Funktion einer unabhängigen Variablen herzuleiten, wie es z. B. bei **Haftung/Reibung bei Zylinderumschlingung** in Abschnitt 4.3 der Fall war, lässt sich der Gebrauch der infinitesimalen Größen $\mathrm{d}S$, $\mathrm{d}\varphi$ mit vertretbarem Aufwand dadurch vermeiden, dass man statt dieser zunächst auf Differenzen wie ΔS, $\Delta\varphi$ zurückgreift mit dem Ziel, durch Grenzübergang $\Delta\varphi \to 0$ schließlich zu einer Gleichung für $S(\varphi)$ zu kommen.

Wir beschränken uns hier auf den Fall der Reibung und schreiben die Kräftebilanz in normaler und tangentialer Richtung zu

$$(S + \Delta S)\,\cos\!\left[\frac{\Delta\varphi}{2}\right] \;-\; S\,\cos\!\left[\frac{\Delta\varphi}{2}\right] \;-\; \Delta R \;=\; 0\,,$$

$$(S + \Delta S)\,\sin\!\left[\frac{\Delta\varphi}{2}\right] \;-\; S\,\sin\!\left[\frac{\Delta\varphi}{2}\right] \;-\; \Delta N \;=\; 0\,.$$

$$(\text{statt } (5.4))$$

Dabei ist für hinreichend kleine $\Delta\varphi$

$$\cos\!\left[\frac{\Delta\varphi}{2}\right] \approx 1 \qquad \text{und} \qquad \sin\!\left[\frac{\Delta\varphi}{2}\right] \approx \frac{\Delta\varphi}{2}\,.$$

Aus der Kräftebilanz erhalten wir damit

$$\Delta R \;=\; \Delta S \qquad \text{und} \qquad \Delta N \;=\; S\,\Delta\varphi \;+\; \Delta S\,\frac{\Delta\varphi}{2}\,,$$

was mit dem Reibungsgesetz

$$\Delta R \;=\; \mu\,\Delta N$$

schließlich auf

$$\frac{\Delta S}{\Delta\varphi} \;=\; \frac{\mu\,S}{1 \;-\; \mu\,\frac{\Delta\varphi}{2}}$$

führt. Der Grenzübergang $\Delta\varphi \to 0$ liefert uns nun mit

$$\lim_{\Delta\varphi\to 0} \frac{\Delta S}{\Delta\varphi} \;=\; \lim_{\Delta\varphi\to 0} \frac{\mu\,S}{1 \,-\, \mu\,\frac{\Delta\varphi}{2}}$$

die Differentialgleichung

$$\frac{\mathrm{d}S}{\mathrm{d}\varphi} \;=\; \mu\,S\;,$$

welche mit den Randbedingungen $S(\varphi = 0) = S_1$ und $S(\varphi = \alpha) = S_2$ dann

$$\boxed{S_2 \;=\; S_1\,\mathrm{e}^{\mu\alpha} \quad \text{für} \quad S_2 > S_1} \tag{5.5}$$

wie in Abschnitt 5.3 hervorbringt.

Bei mehreren unabhängigen Variablen bzw. höherer Tensorstufe wird die Sache allerdings schwieriger: Natürlich lässt sich z.B. das **Kräftegleichgewicht** nach (8.8) bzw. (12.6) auch herleiten, ohne von infinitesimalen Kraftvektoren Gebrauch zu machen. Dazu betrachtet man ein Gebiet[2] $\Omega \subset \mathbb{E}^3$ mit Rand(fläche) Γ. Das Kräftegleichgewicht lautet dann

$$\underbrace{\int_\Omega \mathbf{f}\,\mathrm{d}\Omega}_{\text{Volumen-}} + \underbrace{\int_\Gamma \mathbf{t}\,\mathrm{d}\Gamma}_{\text{Oberflächenkräfte}} \;=\; \mathbf{0} \qquad \text{bzw.} \qquad \int_\Omega f_i\,\mathrm{d}\Omega \,+\, \int_\Gamma t_i\,\mathrm{d}\Gamma \;=\; 0\;.$$

Das Oberflächenintegral wird nun unter Verwendung der CAUCHYschen Spannungsgleichung mit dem Integralsatz von GAUSS in ein Volumenintegral umgewandelt:

$$\int_\Gamma \mathbf{t}\,\mathrm{d}\Gamma \;=\; \int_\Gamma \boldsymbol{\sigma}^{(2)}\cdot\mathbf{n}\,\mathrm{d}\Gamma \;=\; \int_\Omega \nabla\cdot\boldsymbol{\sigma}^{(2)}\,\mathrm{d}\Omega$$

$$\text{bzw.} \qquad \int_\Gamma t_i\,\mathrm{d}\Gamma \;=\; \int_\Gamma \sigma_{ij}\,n_j\,\mathrm{d}\Gamma \;=\; \int_\Omega \frac{\partial\sigma_{ji}}{\partial x_j}\,\mathrm{d}\Omega\;.$$

Das Kräftegleichgewicht lässt sich damit zu

$$\int_\Omega \left(\nabla\cdot\boldsymbol{\sigma}^{(2)} + \mathbf{f}\right)\mathrm{d}\Omega \;=\; \mathbf{0} \qquad \text{bzw.} \qquad \int_\Omega \left(\frac{\partial\sigma_{ji}}{\partial x_j} + f_i\right)\mathrm{d}\Omega \;=\; 0$$

umformen. Da nun aber das Gebiet Ω nach Größe und Gestalt beliebig gewählt werden kann, wird diese Gleichung nur erfüllt, wenn der Integrand identisch verschwindet. Somit wäre

$$\boxed{\nabla\cdot\boldsymbol{\sigma}^{(2)} + \mathbf{f} \;=\; \mathbf{0}} \qquad \text{bzw.} \qquad \boxed{\sigma_{ji,j} + f_i \;=\; 0} \tag{12.6),\,(8.8}$$

hergeleitet!

---

[2] Das sei eine einfach zusammenhängende, beschränkte, offene Teilmenge des $\mathbb{E}^3$.

Ob solch formaler Aufwand vor Studenten des ersten Semesters, deren mathematisch-physikalisches Verständnis im Wesentlichen noch durch den Schulunterricht vorgeben wird, angebracht ist, muss fraglich erscheinen. Am besten wäre es, wenn sich die unter Verwendung jener infinitesimalen Größen erfolgten Herleitungen vor einem erweiterten mathematischen Hintergrund rechtfertigen ließen. Hierzu heißt es in [21], Abschnitt 1.5.10.:

> **LEIBNIZscher Differentialkalkül:** Für die moderne Analysis, Geometrie und Mathematische Physik ist der Begriff des Differentials von fundamentaler Bedeutung. Für LEIBNIZ handelte es sich bei den Differentialen df um *unendlich kleine Größen*, die seine philosophischen Vorstellungen von kleinsten geistigen Bausteinen der Welt (Monaden) reflektierten. Die unscharfe, aber für das formale Rechnen sehr bequeme Begriffswelt der unendlich kleinen Größen findet man noch heute in der physikalischen und technischen Literatur. Um dem eleganten LEIBNIZschen Differentialkalkül eine strenge Basis zu geben, verwendet man das FRÉCHET-Differential $df(x)$. Dieses wurde zu Beginn des zwanzigsten Jahrhunderts von dem französischen Mathematiker MAURICE FRÉCHET eingeführt ...

Auf die formale Einführung des FRÉCHET-Differentials werden wir hier zwar verzichten, die Idee der Rechtfertigung lässt aber hoffen:

A.2 Rechtfertigung des bisherigen Vorgehens

Gegeben sei eine auf dem Intervall $I \subset \mathbb{R}$ differenzierbare Funktion

$$u : \quad \begin{cases} I \;\to\; \mathbb{R} \\[1ex] x \;\mapsto\; u(x) \end{cases}$$

Wir wollen diese nun um die Stelle $x_0 \in I$ herum linear approximieren:

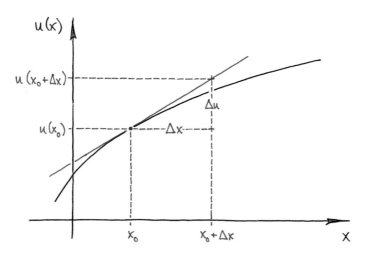

„Lineare Approximation" bedeutet, wir stellen $u(x)$ in der Umgebung von x_0 als **affin-lineare Funktion**[3]

$$u(x) = a\,x + b$$

dar, welche die Tangente des Funktionsgraphen in x_0 darstellt. Speziell an der Stelle x_0 gilt dann

$$u(x_0) = a\,x_0 + b\,,$$

und Subtraktion dieser beiden Gleichungen liefert

$$u(x) - u(x_0) = a\,(x - x_0)\,.$$

Da mit der Ableitung $u'(x_0)$ bekanntlich die Steigung der Tangente vorliegt, folgt sofort $a = u'(x_0)$ bzw.

$$u(x) - u(x_0) = u'(x_0)\,(x - x_0)$$

oder kürzer

$$\Delta u = u'(x_0)\,\Delta x\,.$$

Es ist unmittelbar einsichtig, dass diese Näherung das Verhalten der Funktion u umso besser wiedergibt, je kleiner Δx und damit auch Δu ist. Wenn wir stattdessen nun schreiben (mit x statt x_0)

$$\boxed{\mathrm{d}u = u'(x)\,\mathrm{d}x} \tag{A.2}$$

in dem Bewusstsein, dass $\mathrm{d}u, \mathrm{d}x$ sehr kleine, aber immer noch endliche Werte repräsentieren, so soll die Schreibweise d... statt Δ... dahingehend verstanden werden, dass der lineare Zusammenhang (A.2) die Funktion u in der Umgebung der Stelle x beliebig genau approximiert, wenn nur diese Umgebung hinreichend klein gewählt wird. Gelegentlich wird (A.2) auch als totales Differential bezeichnet[4], ein Begriff, der sonst eher im Zusammenhang mit Funktionen mehrerer unabhängiger Variabler vorkommt.

Ein sehr lesenswertes Plädoyer für die Verwendung von infinitesimalen Größen in Physik und Technik stammt von KLAUS JÄNICH (vgl. [8], Abschnitt 10.4). Das dort beschriebene „ε-Mikroskop" hat die Vergrößerung $\frac{1}{\varepsilon}$. Dazu muss man wissen, dass der skalare Parameter ε in der Mathematik ein Maß für die Ausdehnung einer Umgebung darstellt. Dreht man nun – kurz gesagt – die Vergrößerung des „Mikroskops" auf ∞ (das bedeutet $\varepsilon \to 0$), so gilt der lineare Zusammenhang (A.2).

---

[3] Im Ingenieurjargon nennen wir $u(x)$ meist eine „Funktion". Korrekt wäre es aber, vom „Wert der Funktion u an der Stelle x" zu sprechen. Und eine affin-lineare Funktion ist natürlich nichts anderes als eine Geradengleichung.

[4] Vgl. [1], Abschnitt 2.7.1.

A.3   Der CARTANsche Differentialkalkül

Ohne in dieses Gebiet der modernen Mathematik tiefer eindringen zu wollen, sei
hier lediglich erwähnt, dass der Umgang mit Differentialen dort auf mathematisch
sicherem Boden stattfindet. Funktionen, wie z. B.[5]

$$
u : \quad \begin{cases} \Omega & \to & \mathbb{R} \\[2mm] x, y, z & \mapsto & u(x, y, z) \,, \end{cases}
$$

sind **0-Formen**, und die Bildung des vollständigen oder **totalen Differentials**,
welches uns vom LEIBNIZschen Differentialkalkül vertraut ist, erscheint dann als
Übergang von der 0-Form $u(x, y, z)$ zu der **1-Form** $\mathrm{d}u$ gemäß

$$
\boxed{\; \mathrm{d}u \;=\; \frac{\partial u}{\partial x}\,\mathrm{d}x \;+\; \frac{\partial u}{\partial y}\,\mathrm{d}y \;+\; \frac{\partial u}{\partial z}\,\mathrm{d}z \;} \,. \tag{A.3}
$$

Solche 1-Formen werden auch als lineare oder PFAFFsche (Differential-)Formen
bezeichnet. Im Abschnitt 12.2 waren uns diese mit

$$
\mathbf{F} \cdot \mathrm{d}\mathbf{r} \;=\; F_i\,\mathrm{d}x_i \;=\; -\frac{\partial U}{\partial x_i}\,\mathrm{d}x_i \;=\; -\,\mathrm{d}U \tag{vgl. (12.11)}
$$

bereits begegnet sowie auch im Abschnitt 14.1.3 bei der Integration konservativer
Kräfte längs von Raumkurven.

Eine für Ingenieure gut lesbare Einführung in den CARTANschen Differentialkalkül findet
man in [11], Kapitel 11.

---

[5] Differenzierbarkeit auf $\Omega \subset \mathbb{E}^3$ sei vorausgesetzt.

B

Biographische Daten

AMONTONS [amɔ̃'tɔ̃], **GUILLAUME** (* Paris 1663, † ebd. 1705)
Frz. Physiker. Neben zahlreichen Experimenten auf dem Gebiet der Mechanik (Reibung, Seile) und Thermodynamik (Heißluftmaschine, Luftthermometer, absoluter Nullpunkt der Temperatur) erfand bzw. verbesserte er zahlreiche technische Apparate (optischer Telegraph, Rotationspumpe, Barometer etc.).

ATWOOD ['ætwʊd], **GEORGE** (* London 1745, † ebd. 1807)
Brit. Mathematiker und Physiker. Ab 1772 Lehrer am Trinity College in Cambridge. ATWOOD beschäftigte sich vor allem mit der Anwendung der Analysis auf praktische Probleme wie Stabilitätsuntersuchungen von Schiffen und Konstruktion von Gewölben. Seine Name ist uns heute noch durch die ATWOODsche Fallmaschine geläufig.

BELTRAMI, **EUGENIO** (* Cremona 1835, † Rom 1900)
Ital. Mathematiker, Geodät und Ingenieur. BELTRAMI verkörpert ein bewegtes Forscherleben: Wegen finanzieller Schwierigkeiten arbeitete er zunächst als Eisenbahningenieur, 1862 wurde er Professor für Geodäsie in Pisa. 1866 kam er als Professor für Mechanik nach Bologna, ab 1873 vertrat er die Mechanik in Rom. Anschließend wechselte er zur Mathematischen Physik in Pavia (1876) und ab 1891 wieder in Rom. Er erzielte bedeutende Ergebnisse auf dem Gebiet der Differentialgeometrie und gilt als Mitbegründer der Tensoranalysis. Seine zweite Schaffensperiode galt der Elastizitätstheorie, Thermodynamik, Optik und Wärmeleitung.

BERNOULLI [bɛr'nʊli], **JAKOB** I (* Basel 1654, † ebd. 1705)
Schweiz. Mathematiker und Physiker. Er stammte aus der berühmten Gelehrtenfamilie BERNOULLI. Zahlreiche Arbeiten zur Mathematischen Physik. Insbesondere seien hier seine Arbeiten zur Variationsrechnung genannt, die er mit seinem Bruder JOHANN I durchführte, mit dem er sich später gründlich zerstritt. Die BERNOULLIsche Theorie der Balkenbiegung ist uns aus dem Jahre 1694 überliefert.

CARTAN [kar'tã], **ÉLIE JOSEPH** (* Dolomieu 1869, † Paris 1951)

Frz. Mathematiker. Richtungsweisende Arbeiten in Differentialgeometrie und Topologie. Er schuf den CARTANschen Kalkül der alternierenden Differentialformen.

CAUCHY [ko'ʃi], **AUGUSTIN LOUIS** Baron de (* Paris 1789, † Sceaux 1857)

Frz. Ingenieur und Mathematiker. Der äußerst vielseitige CAUCHY hinterließ bedeutende Arbeiten zur Analysis, Funktionentheorie (CAUCHY-RIEMANNsche Differentialgleichungen, Integralsatz von CAUCHY), Differentialgleichungen, Elastizitätstheorie und Himmelsmechanik.

CORIOLIS [kɔrjɔ'lis], **GASPARD GUSTAVE** de (* Paris 1792, † ebd. 1843)

Frz. Ingenieur und Physiker. Ab 1816 wirkte CORIOLIS an der École Polytechnique in Paris. Er definierte die Begriffe *mechanische Arbeit* und *kinetische Energie* erstmalig im modernen Sinne. Bei seinen Untersuchungen zur Bewegung in rotierenden Relativsystemen führte er eine Scheinkraft ein, die später nach ihm benannt wurde. Die dieser Scheinkraft entsprechende Beschleunigung (CORIOLIS-Beschleunigung) kannte aber auch schon EULER.

COULOMB [ku'lɔ̃], **CHARLES AUGUSTIN** de (* Angouleme 1736, † Paris 1800)

Frz. Physiker und Ingenieur. Grundlegende Arbeiten zur Mechanik (Reibung, Rollwiderstand) und Elektrizitätslehre. Er wird als bedeutendster Physiker des 18. Jahrhunderts beschrieben.

EINSTEIN, **ALBERT** (* Ulm 1879, † Princeton (New Jersey, USA) 1955)

Dt. Physiker jüdischer Herkunft. Mit seiner speziellen und allgemeinen Relativitätstheorie wird er zum Mitbegründer der modernen Physik. Er wird, was das phys. Weltbild betrifft, auf einer Ebene mit NEWTON gesehen. 1933 emigriert er gerade noch rechtzeitig. Der schmerzliche Aderlass, den die deutsche Wissenschaft infolge der Vertreibung jüdischer Wissenschaftler durch die nationalsozialistische Massenpsychose erfuhr, findet in EINSTEIN sein prominentestes Opfer.

EULER, **LEONHARD** (* Basel 1707, † St. Petersburg 1783)

Schweiz./russ. Universalgenie, dessen Arbeiten kaum überschätzt werden können. Von der Exponentialfunktion über die elastische Stabknickung und Kreiseltheorie bis zur Variationsrechnung und Topologie (Polyederformel), überall begegnet einem der Name **EULER** (über 50 Begriffe, Sätze, Verfahren). Auch die Methode des Freischneidens ist von ihm. EULER war trotz seiner Erblindung einer der produktivsten Forscher aller Zeiten. An der Aufarbeitung seines gigantischen handschriftlichen Nachlasses wird bis heute gearbeitet. Historisch bemerkenswert ist seine Zeit in Berlin. Das Verhältnis zu FRIEDRICH II., dessen Ruf nach Berlin er gefolgt war, blieb stark unterkühlt. Nach 25 Jahren kehrte EULER nach St. Petersburg zurück. Er behandelte im Übrigen nicht nur zahlreiche Ingenieurprobleme (Turbinengleichung, Ballistik, Evolventenverzahnung, ...) – er ist für seine heuristische Vorgehensweise bei Ingenieuren bis heute äußerst beliebt.

EULER, 10-Franken-Schein (Schweiz)   GAUSS, 10-DM-Schein (Deutschland vor dem Euro)

FOURIER [fur'je], **JEAN-BAPTISTE JOSEPH** Baron de[1]

(* Auxerre 1768, † Paris 1830)

Frz. Mathematiker und Physiker. Aufgewachsen als Waisenkind an der Militärschule von Auxerre strebte FOURIER zunächst eine militärische Karriere an. Dies scheiterte an seiner nichtadeligen Herkunft. 1789 wurde er Lehrer an ebd. Militärschule. Nachdem er in der frz. Revolution und den Wirren danach mehrfach verhaftet und wieder freigelassen worden war, begleitete er NAPOLEON auf seinem Ägyptenfeldzug (1798-1801). Ab 1822 hatte FOURIER die Stellung eines Sekretärs der Pariser Akademie der Wissenschaften.

FOURIER gilt als einer der Begründer der *Mathematischen Physik*. In seiner bedeutensten Arbeit *Théorie analytique de la chaleur* entwickelt er die mathematische Theorie der Wärmeleitung. Dabei spielt die nach ihm benannte Entwicklung von Funktionen in trigonometrische Reihen eine wesentliche Rolle. Die Theorie dieser FOURIER-Reihen (bzw. die daraus später hervorgegangene FOURIER-Transformation) beschäftigte noch Generationen von Mathematikern. Sie fand insbesondere Anwendung in zahlreichen Problemen der mathematischen Physik – u.a. dem Problem der schwingenden Saite – und gab später den Anstoß für die Entwicklung der Mengenlehre und Funktionalanalysis.

FRÉCHET [fre'ʃɛ], **MAURICE RENÉ** (* Maligny 1878, † Paris 1973)

Frz. Mathematiker. Bedeutende Arbeiten zur Funktionalanalysis. Bekannt ist vor allem sein verallgemeinertes vollständiges Differential.

GAUSS, **CARL FRIEDRICH** (* Braunschweig 1777, † Göttingen 1855)

Dt. Mathematiker, Astronom, Geodät, Physiker. Bedeutende Arbeiten zur Algebra, (Differential-)Geometrie, Wahrscheinlichkeitslehre, Himmelsmechanik. Einer von den ganz Großen.

GRASSMANN, **HERMANN GÜNTHER** (* Stettin 1809, † ebd. 1877)

Dt. Mathematiker, Physiker und Philologe. GRASSMANN arbeitete die meiste Zeit seines Lebens als Lehrer an Stettiner Schulen. Seine Arbeiten zur Vektoralgebra, -analysis, Tensorrechnung und Geometrie wurden lange Zeit verkannt.

---

[1] seit 1808

HOOKE [hʊk], **ROBERT** (*Isle of Wight 1635, †London 1703)

Brit. Naturforscher. Mikroskopische Beobachtungen, Experimente zu Schmelz- und Siedepunkten sowie zur Elastizität.

HUBER, **MAKSYMILIAN TYTUS**

(*Kroscienku nad Dunajcem 1872, †Krakau 1950)

Poln. Ingenieur. Professor für Technische Mechanik an der TU Danzig. Er lieferte als Erster ein Festigkeitskriterium auf Basis der Gestaltänderungsarbeit.

JACOBI, **CARL GUSTAV JACOB** (*Potsdam 1804, †Berlin 1851)

Dt. Mathematiker. Arbeiten zur Theorie der elliptischen Funktionen und verschiedenen Gebieten der Analysis. Mitbegründer der HAMILTON-JACOBI-Theorie.

KÁRMÁN ['kaːrmaːn], **THEODOR** von (*Budapest 1881, †Aachen 1963)

Ungar. Mathematiker jüdischer Herkunft. Nach dem Studium der Mathematik arbeitete v. KÁRMÁN vor allem auf dem Gebiet der Aerodynamik. 1908 promovierte er bei L. PRANDTL in Göttingen, ab 1913 war er Professor für Mechanik an der TH Aachen. Seine jüdische Abstammung zwang auch ihn, 1932 in die USA zu emigrieren. Dort setzte er seine Laufbahn sehr erfolgreich fort. U. a. gründete er das *Jet Propulsion Laboratory*. Sein größter Erfolg war die KÁRMÁNsche Wirbelstraße, womit er Stabilitätsbetrachtungen in die Strömungslehre einführte.

KRONECKER, **LEOPOLD** (*Liegnitz (Schlesien) 1823, †Berlin 1891)

Dt. Mathematiker. Bedeutende Arbeiten zur Algebra, Zahlentheorie und Funktionentheorie.

LAGRANGE [la'grãʒ], **JOSEPH LOUIS** de (*Turin 1736, †Paris 1813)

Frz. Mathematiker und Physiker ital. Herkunft. Bedeutende Beiträge zur Variationsrechnung, Himmelsmechanik und Zahlentheorie. Begründer der *Analytischen Mechanik*, auch als LAGRANGE-Mechanik bezeichnet.

LAMÉ [la'mɛː], **GABRIEL** (*Tours 1795, †Paris 1870)

Frz. Mathematiker, Physiker und Ingenieur. Zahlreiche Arbeiten zur Mathematischen Physik. Er führte als erster Berechnungen mit krummlinigen Koordinaten durch.

LAPLACE [la'plas], **PIERRE SIMON** Marquis de (*Beau.-Auge 1749, †Paris 1827)

Frz. Physiker und Mathematiker. Beiträge zur Theorie der gewöhnlichen und partiellen Differentialgleichungen, Wahrscheinlichkeitsrechnung und Himmelsmechanik, insbesondere LAPLACE-Operator, -Transformation und LAPLACEscher Entwicklungssatz für Determinanten.

LEIBNIZ, GOTTFRIED WILHELM (* Leipzig 1646, † Hannover 1716)
Dt. Mathematiker und Philosoph. LEIBNIZ gilt als letzter Universalgelehrter[2]. Unabhängig von NEWTON begründete er die Infinitesimalrechnung. NEWTON gelang es im Prioritätsstreit um diese aber, LEIBNIZ in die Defensive zu zwingen. Als späte Genugtuung mag man es dagegen ansehen, dass sich die Schreibweise des LEIBNIZschen Differentialkalküls durchgesetzt hat.

LJAPUNOW [endbetont!], **ALEKSANDR MICHAILOWITSCH**
(* Jaroslawl 1857, † St. Petersburg 1918)
Russ. Mathematiker. Fundamentale Beiträge zur Stabilitätstheorie. Arbeiten zur Theorie der Gleichgewichtfiguren rotierender Flüssigkeiten sowie zur Wahrscheinlichkeitstheorie. Er gilt als bedeutender Vertreter der von TSCHEBYSCHEW begründeten Petersburger Schule.

LEVI-CIVITÀ ['lɛ:vi 'tʃi:vita], **TULLIO** (* Padua 1873, † Rom 1941)
Ital. Mathematiker jüdischer Herkunft. Beiträge zum absoluten Differentialkalkül (zusammen mit RICCI-CURBASTRO) und zur Differentialgeometrie. 1938 wurde er nach dem Gesetz zur Judenverfolgung vom Dienst suspendiert.

MISES, RICHARD Edler von (* Lemberg 1883, † Boston (Mass., USA) 1953)
Österr. Ingenieur und Mathematiker jüdischer Herkunft. Zahlreiche Arbeiten zur Mechanik und Strömungslehre (insbesondere Flugzeugbau). Er gründete die *Zeitschrift für Angewandte Mathematik und Mechanik* (ZAMM). 1933 emigrierte er zunächst nach Istanbul, 1939 geht er an die Havard University.

MOHR, CHRISTIAN OTTO (* Wesselburen 1835, † Dresden 1918)
Dt. Ingenieur. Zunächst war er beim Bau von Eisenbahntrassen beschäftigt. Später Professor am Polytechnikum Stuttgart, danach an der TH Dresden. Seine ausgezeichnete Didaktik ist durch den Physiker AUGUST FÖPPL überliefert.

NAVIER [na'vje], **CLAUDE L.M.H.** de (* Dijon 1785, † Paris 1836)
Frz. Ingenieur. Begründer der Elastizitätstheorie. Fundamentaler Beitrag zur Strömungsmechanik in Gestalt der NAVIER-STOKESschen Differentialgleichungen.

NEWTON ['nju:tn], Sir **ISAAC** (* Woolsthorpe 1643, † London 1727)
Brit. Physiker, Mathematiker und Naturforscher. NEWTON gehört zu den bedeutendsten Naturwissenschaftlern der Menschheit und ist Begründer der klassischen Theoretischen Physik, die immerhin zweihundert Jahre uneingeschränkte Gültigkeit besessen hat. Er lieferte bahnbrechende theoretische Ansätze über die Natur des Lichtes, über die Gravitation und Planetenbewegung sowie zur Infinitesimal-

---

[2] Das war in alten Zeiten das anzustrebende Ideal, was mit zunehmendem wissenschaftlichen Fortschritt schließlich nicht mehr haltbar war. Spezialisierung wurde unumgänglich. In diesem Sinne sind die Begriffe „Fakultät" (von lat. *facultas* = Möglichkeit) und „Professor" (von lat. *profiteri* = offen bekennen) zu sehen.

rechnung. In seinem Hauptwerk *Philosophiae naturalis principia mathematica* formuliert er die NEWTONschen Axiome. In menschlich-charakterlicher Hinsicht wird NEWTON als gewöhnungsbedürftig beschrieben. Wenn er Besuch hatte, ging er mitunter in ein Nebenzimmer, um einen Gedanken oder eine Gleichung zu notieren, und vergaß seinen Besuch darüber.[3] Und im Prioritätsstreit um die Infinitesimalrechnung hatte LEIBNIZ keine Chance, da er in NEWTON nicht nur den Kontrahenten, sondern auch den (damaligen) Schiedsrichter antraf.[4] NEWTON hatte alles zu seinem Vorteil „arrangiert". Seine große Leidenschaft im Alter war die Verfolgung von Falschmünzern.

REYNOLDS [ˈrenldz], **OSBORNE** (* Belfast 1842, † Watchet (Sommerset) 1912)

Brit. Physiker. Professor in Manchester. Berühmt ist der von ihm durchgeführte (REYNOLDSsche) Farbfadenversuch, bei dem in eine Rohrströmung Farbe injiziert wird. Er fand heraus, dass der damit zu beobachtende laminar-turbulente Umschlag stattfindet, wenn die nach ihm benannte REYNOLDS-Zahl den kritischen Wert $Re_{\text{krit}} \simeq 2300$ annimmt.[5] Die REYNOLDS-Zahl kann als Verhältnis der Trägheitskraft zur Zähigkeitskraft gedeutet werden. Sie besitzt in der Strömungslehre eine große Bedeutung hinsichtlich der Übertragbarkeit von experimentellen Ergebnissen auf andere Größenmaßstäbe.

RICCI-CURBASTRO [ˈrittʃi-], **GREGORIO** (* Lugo 1853, † Bologna 1925)

Ital. Mathematiker. Grundlegende Arbeiten zur Differentialgeometrie. Seine bedeutendste Leistung (zusammen mit LEVI-CIVITA) ist der absolute Differentialkalkül. Dieser fand Anwendung in EINSTEINs allgemeiner Relativitätstheorie.

RITTER, **AUGUST** (* Lüneburg 1826, † ebd. 1908)

Dt. Hochschullehrer. Er lehrte zunächst an der Polytechnischen Schule in Hannover, später an der Hochschule in Aachen. Bekannt durch das RITTERsche Schnittverfahren.

SAINT VENANT [sɛ̃vəˈnã], **ADHÉMAR-JEAN-CLAUDE BARRÉ** de
(* Villiers-en-Biérre 1797, † St. Quen 1886)

Frz. Ingenieur. Zunächst Ingenieur in einer Pulverfabrik, danach 25 Jahre im Brücken- und Straßenbau. Seine grundlegenden Werke zur Elastizitäts- und Plastizitätstheorie (Balkenbiegung und -torsion) entstanden erst danach. Er ist uns heute vor allem durch das SAINT VENANTsche Prinzip bekannt (vgl. Abschnitt 11.2).

SCHWARZ, **HERMANN AMANDUS** (* Hermsdorf (Schlesien) 1843, † Berlin 1921)

Dt. Mathematiker. Ausbildung bei WEIERSTRASS, KRONECKER und KUMMER in Berlin. Mit seinen Arbeiten leistete er wesentliche Beiträge zum Ausbau der Ana-

---

[3] ... was dem Verfasser dieses Buches aber auch schon passiert ist.

[4] Wir wissen heute, dass LEIBNIZ und NEWTON die Infinitesimalrechnung unabhañig voneinander entwickelt haben.

[5] ... sofern man als charakteristische Länge den Rohrdurchmesser einsetzt.

lysis. Insbesondere sind hier die Theorie der Minimalflächen, die zweidimensionale Variationsrechnung sowie die Theorie der Eigenfunktionen partieller Differentialgleichungen zu nennen. Nach Lehr- und Forschungstätigkeit in Halle, Zürich und Göttingen kehrte er 1892 nach Berlin zurück, wo er Nachfolger von WEIERSTRASS wurde. Er wird als ausgezeichneter Hochschullehrer beschrieben.

STEINER, JACOB (* Utzenstorf (CH) 1796, † Berlin 1863)
Oberlehrer an der Berliner Gewerbeschule. Arbeiten zur Geometrie. Der nach ihm benannte Satz war aber auch schon HUYGENS bekannt.

TAYLOR ['teilə], **BROOK** (* Edmonton 1685, † London 1731)
Brit. Mathematiker. Von 1712 bis 1718 war TAYLOR Mitglied der Royal Society. Danach lebte er – wohl aus gesundheitlichen Gründen – als Privatgelehrter. In seinem Hauptwerk *Methodus incrementorum...* findet sich die nach ihm benannte Entwicklung einer Funktion in eine Potenzreihe.

TETMAJER, LUDWIG von (* Krompach (Öster.-Ungarn)[6] 1850, † Wien 1905)
Öster./schweiz. Bauingenieur. Als Sohn eines Eisenhüttendirektors interessierte er sich schon früh für Fragen der Festigkeitslehre. Er studierte am Polytechnikum in Zürich, wo er später zum außerordentlichen Professor berufen wurde. Ab 1881 ständiger Direktor der Materialprüfungsanstalt (heute: EMPA). Seit 1901 Professor an der TH Wien.

TRESCA, HENRI ÉDOUARD (* Dunkerque 1814, † ebd. 1884)
Frz. Ingenieur. Bekannt durch das nach ihm benannte Fließkriterium.

VARIGNON [vari'ɲɔ̃], **PIERRE** (* Caen 1654, † Paris 1722)
Frz. Mathematiker. Arbeiten zur theoretischen Mechanik. Das Kräfteparallelogramm sowie die Einführung des Momentes gehen auf ihn zurück.

YOUNG [jʌŋ], **THOMAS** (* Milverton 1773, † London 1829)
Brit. Physiker und Arzt. Grundlegende Arbeiten zur Optik. Er beschäftigte sich darüber hinaus mit vielen anderen Themen, u. a. der Theorie der Gezeiten sowie der Entzifferung der Hieroglyphen. Im angelsächsischen Schrifttum wird sein Name mit dem Elastizitätsmodul verbunden. Allerdings arbeitete auch EULER schon mit einer entsprechenden Größe.

Quellen:

GOTTWALD; ILGAUDS; SCHLOTE: *Lexikon bedeutender Mathematiker.* Bibliographisches Institut, Leipzig 1990

BROCKHAUS-Enzyklopädie in 24 Bänden. F. A. Brockhaus, Mannheim 1986

---

[6] Heute heißt der Ort Krompachy und liegt in der Slowakei.

Zum Studienbeginn . . .

In diesem Buch wurde bewusst darauf verzichtet, mit moderner Computergraphik „perfekte" Bilder zu präsentieren. Alle Skizzen sind vielmehr Freihandzeichnungen des Autors! Sie sollen dazu anregen, selber den Griffel in die Hand zu nehmen. Denn handschriftliche Aufzeichnungen einschließlich Gleichungen und Zeichnungen spielen auch im Computerzeitalter bei der Bewältigung von Ingenieuraufgaben eine wesentliche Rolle – nicht nur in den Klausuren. Dabei kann man sich die Sache durch ein paar einfache Maßnahmen wesentlich erleichtern. Daher die folgenden Ratschläge:

- **Verwenden Sie nur weißes Papier im Format DIN A 4,**

  wie es für Drucker oder Kopierer in Paketen zu 500 Blatt angeboten wird. Sparen Sie nicht am Papier! Hefte und DIN A 5 sind was für Kinder. Kariertes oder liniertes Papier ist auf jeden Fall eine schlechte Wahl! Der Grund dafür liegt in der Tatsache, dass das menschliche Seh- und Konzentrationsvermögen durch die Karo-/Linienstruktur unnötig belastet wird. Probieren Sie es aus! Sie werden sehen, auf dem penetrant karierten Papier billiger Spiralblöcke wird die Betrachtung irgendwie anstrengend. Da auf Basis solcher Skizzen Bilanzgleichungen für Kräfte und Momente erstellt werden, dürfte einleuchten, dass diese Empfehlung nicht nur ästhetisch zu verstehen ist.

  Aus unterschiedlichen Gründen benutzen manche Leute gern Recyclingpapier. Das ist wegen seines Grauschleiers für unsere Zwecke ebenfalls nicht zu empfehlen. Aber wenn Sie unbedingt was sparen wollen: Als Schmierzettel lassen sich Altkopien mit noch beschreibbaren Rückseiten verwenden. Daran herrscht in Akademikerkreisen meist kein Mangel.

- **Schreiben Sie mit Bleistift!**[1]

  Für wenig Geld werden Druckbleistifte für Minen der Stärke 0,5 oder 0,7 mm angeboten. Damit entfällt das lästige Anspitzen. Der eigentliche Grund für

---

[1] Nicht in Klausuren! Dort sind aus juristischen Gründen dokumentechte Stifte vorgeschrieben.

diese Empfehlung liegt aber in der Möglichkeit des Radierens. Man mag sich noch so konzentrieren, früher oder später kommt der erste Fehler. Und wenn man in einer Gleichung z.B. sämtliche Indizes verwechselt, die man anschließend durchstreichen muss, um daneben die korrigierte Fassung anzubringen, ist jede Übersichtlichkeit dahin. Weitere Fehler sind vorprogrammiert. Des Weiteren „vertut" man sich in Skizzen gelegentlich mit den Größen- oder Winkelverhältnissen. Es ist gut, wenn man das korrigieren kann. Überkommenen Geistestraditionen zufolge erzieht das Schreiben mit Tinte zur Sauberkeit. Das ist Blödsinn. Allenfalls erzieht es zur geistigen Starrheit und zur Vermeidung von Kreativität. Das Ingenieurleben aber besteht zum großen Teil aus Änderungen!

Zur Hervorhebung besonderer Elemente (wie z.B. Kräfte) in einer Skizze sind zwei farbige Stifte oder Faserschreiber, vorzugweise rot und grün, sinnvoll. Im Allgemeinen sind die aber nicht mehr wegzuradieren. Mit diesem Nachteil muß man leben.

- **Beschreiben Sie das Papier nur einseitig!**

  Den Vorteil dieser Empfehlung werden Sie zur Prüfungsvorbereitung erleben. Sie können dann nämlich alle Seiten zu einem bestimmten Thema nebeneinander auf den Tisch legen und haben den vollen Überblick. Der Schreibtisch eines Ingenieurs sollte übrigens so groß sein wie ein Fußballfeld.

- **Keine Zeichnungen in Briefmarkengröße!**

  Man glaubt es kaum, aber unabhängig von Raum, Zeit oder Hochschultyp fertigen (fast) alle Studenten Prinzipskizzen und Freikörperbilder (FKB)[2] in geradezu mikroskopischem Format an! Zunächst ist dagegen nichts einzuwenden, hat man doch mit Anfang zwanzig die notwendige Sehkraft dazu. Der entscheidende Nachteil solcher Mikro-Darstellungen liegt aber darin, dass kein Platz für Bemaßungen und Formelzeichen ist. Man kann dem Bild dann kaum noch was entnehmen. Dementsprechend viele Fehler schleichen sich ein. Als Faustregel für die Zeichnungsgröße mag man sich an dieses Buch halten: Alle Darstellungen sind auf die Hälfte verkleinert, müssen im Original also doppelt so groß angefertigt werden.

- **Beschreiben Sie das Papier nicht zu eng!**

  Gemeint ist hier vor allem, dass die im laufenden Text abgesetzten Elemente wie Gleichungen oder Skizzen einen gewissen Mindestabstand zum umgebenden Text haben. Das erleichtert die Lesbarkeit außerordentlich. Auch in diesem Buch wurde darauf großer Wert gelegt. Achten Sie in der Bibliothek mal darauf: Das Lesen von Büchern, in denen Text und Gleichungen so eng gesetzt sind, dass sie zu einem einzigen „Matsch" verschwimmen, macht müde.

---

[2] Was das ist, erfahren Sie in Abschnitt 2.4 – ein Schelm, wer an FKK dabei denkt!

Über die zuvor gegebenen „handwerklichen" Ratschläge hinaus gibt es natürlich noch eine Menge zu sagen, was Vorgehensweisen betrifft. Doch dazu ist die Vorlesung da. Wir wollen hier nur noch auf eine Spezialität eingehen, die keinen Aufschub duldet, da man bereits in den ersten Vorlesungsstunden damit konfrontiert wird: die **griechischen Buchstaben** als Formelzeichen. Entgegen anderslautenden Ansichten handelt es sich hier nicht um eine Spielwiese für Bildungsprotzer. Es ist einfach so, dass die zweimal sechsundzwanzig Buchstaben des lateinischen Alphabets als „Vorrat" für Formelzeichen hoffnungslos zu wenig sind. Man braucht mehr. Aus der Schule kennen die meisten mit $\alpha, \beta, \gamma, \delta$ immerhin die ersten vier, welche als Winkelbezeichnungen Anwendung finden. Sie müssen aber auch die anderen kennen, sofern sie als Formelzeichen brauchbar sind. Die „Unbrauchbaren" – das sind die, die von entsprechenden lateinischen Buchstaben nicht zu unterscheiden sind – sind in der folgenden Aufzählung grau dargestellt:

Griechische Buchstaben als Formelzeichen

Die angegebenen Verwendungen als Formelzeichen sind lediglich als typische **Beispiele** aus den Ingenieurwissenschaften gedacht (nicht nur aus der Technischen Mechanik). Tatsächlich sind sämtliche Buchstaben in vielfacher Weise belegt.[3]

Kleinbuchstaben

α	„alpha"	Winkel(beschleunigung), thermischer Ausdehnungskoeffizient
β	„beta"	Winkel
γ	„gamma"	Winkel, Scherung, Aktivitätskoeffizient
δ	„delta"	Winkel, KRONECKER-Symbol δ_{ij}
ε	„epsilon"	(Normal-)Dehnung, LEVI-CIVITÀ-Symbol ε_{ijk}
ζ	„zeta"	Koordinate (statt z), exergetischer Wirkungsgrad
η	„eta"	Koordinate (statt y), Wirkungsgrad, dynamische Viskosität
ϑ	„theta"	Scherungswinkel, CELSIUS-Temperatur
ι	„iota"	Abzählvariable
κ	„kappa"	Krümmung, Isentropenexponent
λ	„lambda"	LAMÉ-Koeffizient, Wärmeleitfähigkeit, Luftzahl, Wellenlänge
μ	„my(mü)"	Haftungs-/Reibungskoeffizient, LAMÉ-Koeffizient
ν	„ny(nü)"	Querkontraktionszahl, kinemat. Viskosität, Abzählvariable
ξ	„xi"	Koordinate (statt x), Massenanteil
o	„omikron"	
π	„pi"	$= 3{,}141592...$
ϱ	„rho"	Dichte

---

[3] Von der Erstsemester-Illusion der (umkehrbar) eindeutigen Zuordnung trennt man sich bald!

σ „sigma"   (Normal-)Spannung, Oberflächenspannung

τ „tau"   Schubspannung

υ „ypsilon"

φ „phi"   Winkel, relative Feuchte, Fugazitätskoeffizient

χ „chi"   (siehe Parametertransformation, Abschnitt 13.1.1)

ψ „psi"   spezifische Dissipationsenergie

ω „omega"   Winkelgeschwindigkeit, Kreisfrequenz

Großbuchstaben

A „Alpha"

B „Beta"

Γ „Gamma"   Gammafunktion, CHRISTOFFEL-Symbol Γ^i_{jk}

Δ „Delta"   Differenzenoperator, z. B. $\Delta t := t_2 - t_1$

E „Epsilon"

Z „Zeta"

H „Eta"

Θ „Theta"   Massenträgheitsmoment, dimensionslose Temperatur

I „Iota"

K „Kappa"

Λ „Lambda"   Eigenwerte bei den EULERschen Knickfällen

M „My(Mü)"

N „Ny(Nü)"

Ξ „Xi"   großkanonische Zustandssumme (Statist. Thermodynamik)

O „Omikron"

Π „Pi"   Produktoperator, z. B. $\displaystyle\prod_{i=1}^{n} a_i = a_1 a_2 \ldots a_n$

P „Rho"

Σ „Sigma"   Summenoperator, z. B. $\displaystyle\sum_{i=1}^{n} a_i = a_1 + \ldots + a_n$

T „Tau"

Υ „Ypsilon"

Φ „Phi"   Winkel, Potential

X „Chi"

Ψ „Psi"   Dissipationsenergie

Ω „Omega"   Winkelgeschwindigkeit, Kreisfrequenz

Literaturverzeichnis

[1] BÄRWOLFF, GÜNTER: *Höhere Mathematik für Naturwissenschaftler und Ingenieure.* Elsevier - Spektrum Akademischer Verlag, Heidelberg 2006

[2] BETTEN, JOSEPH: *Kontinuumsmechanik.* Springer-Verlag, Berlin–Heidelberg–New York 2001

[3] BRÖCKER, THEODOR: *Lineare Algebra und Analytische Geometrie.* Birkhäuser-Verlag, Basel 2003

[4] EISENREICH, G.; SUBE, R.: *Wörterbuch Mathematik.* Verlag Harri Deutsch, Thun–Frankfurt/M. 1987

[5] HAGEDORN, PETER: *Technische Mechanik,* 3 Bände. Verlag Harri Deutsch, Frankfurt/M. 2003

[6] IBEN, HANS KARL: *Tensorrechnung.* B.G. Teubner, Stuttgart–Leipzig 1999

[7] JÄNICH, KLAUS: *Lineare Algebra.* Springer-Verlag, Berlin–Heidelberg–New York 2004

[8] JÄNICH, KLAUS: *Mathematik 1.* Springer-Verlag, Berlin–Heidelberg–New York 2005

[9] KREISSIG, R.; BENEDIX, U.: *Höhere Technische Mechanik.* Springer-Verlag, Wien–New York 2002

[10] KÜHNEL, WOLFGANG: *Differentialgeometrie.* Fr. Vieweg & Sohn, Braunschweig–Wiesbaden 1999

[11] LANG, C. B.; PUCKER, N.: *Mathematische Methoden in der Physik.* Elsevier - Spektrum Akademischer Verlag, Heidelberg 2005

[12] REBHAN, ECKHARD: *Theoretische Physik: Mechanik.* Elsevier - Spektrum Akademischer Verlag, Heidelberg 2006

[13] SCHMUTZER, ERNST: *Grundlagen der Theoretischen Physik, Bd. 1.* Wiley–VCH, Stuttgart 2005

[14] STOOP, RUEDI; STEEB, WILLI-HANS: *Berechenbares Chaos in dynamischen Systemen.* Birkhäuser-Verlag, Basel 2006

[15] SZABÓ, ISTVÁN: *Einführung in die Technische Mechanik.* Springer-Verlag, Berlin–Heidelberg–New York 2003

[16] SZABÓ, ISTVÁN: *Höhere Technische Mechanik.* Springer-Verlag, Berlin–Heidelberg–New York 2001

[17]   VOLMER, JOHANNES: *Getriebetechnik.* Verlag Technik, Berlin–München
       1992

[18]   WILLNER, KAI: *Kontinuums- und Kontaktmechanik.* Springer-Verlag, Ber-
       lin–Heidelberg–New York 2003

[19]   WITTENBURG, J.; PESTEL, E.: *Festigkeitslehre.* Springer-Verlag, Berlin–
       Heidelberg–New York 2001

[20]   WÜNSCH, VOLKMAR: *Differentialgeometrie.* B.G. Teubner, Leipzig 1997

[21]   ZEIDLER, E. (Hrsg.): *Teubner-Taschenbuch der Mathematik.* B.G. Teubner,
       Wiesbaden 2003

Index